科学出版社"十四五"普通高等教育本科规划教材

兽医公共卫生系列教材

动物检疫检验学

（第二版）

柳增善　任洪林　薛　峰　主编

科 学 出 版 社

北　京

内 容 简 介

本教材以全新的框架，将动物检疫检验的各项法规和实践操作上升为系统理论——动物检疫检验学。《动物检疫检验学》的修订再版，使动物检疫检验学基本具备了规范的学科范畴、理论体系和明确的专业方向，而不是单纯地阐释法规和实践操作。动物检疫检验的完善程度是一个国家发达程度的标志之一，其在动物疫病和生物安全防控、人兽共患病和动物源性食品源头控制等方面具有不可替代性作用，是公共卫生和人类健康不可或缺的重要组成。《动物检疫检验学》共12章，以世界动物卫生组织（WOAH）和国家相关法规体系为基准，对动物检疫检验、动物疫病、动物检疫程序与方法、动物防疫与检疫管理、动物疫病风险评估与管理、动物疫病防控经济学评估、进出境动物检疫、出入境动物产品检验、市场检疫进行了系统论述，并对动物卫生与动物福利监督和新版一、二类动物疫病检疫进行了系统阐述；对涉及动物检疫的一些发展中的理论和实践也进行了较为系统的论述，如动物疫病风险评估、预测与预警，管理机构与职能，质控及监督机制，外来入侵物种环境风险评估等。书中配有照片，图文并茂，便于教学和学习。

本教材适合作为动物医学、兽医公共卫生学、动植物检疫、动物科学、食品质量与安全等专业的本科生、研究生教材，同时也可以作为动物疫病防治、进出口检疫、市场检疫等领域教师、科研人员和相关工作人员的参考用书。

图书在版编目（CIP）数据

动物检疫检验学 / 柳增善，任洪林，薛峰主编. —2 版. —北京：科学出版社，2024.4
科学出版社"十四五"普通高等教育本科规划教材 兽医公共卫生系列教材
ISBN 978-7-03-077827-7

I.①动… II.①柳… ②任… ③薛… III.①动物-检疫-高等学校-教材 IV.①S851.34

中国国家版本馆 CIP 数据核字（2024）第 010143 号

责任编辑：林梦阳 赵萌萌 / 责任校对：严 娜
责任印制：赵 博 / 封面设计：无极书装

科学出版社 出版
北京东黄城根北街 16 号
邮政编码：100717
http://www.sciencep.com

保定市中画美凯印刷有限公司印刷
科学出版社发行 各地新华书店经销
*
2012 年 9 月第 一 版 开本：889×1194 1/16
2024 年 4 月第 二 版 印张：23
2024 年 12 月第十三次印刷 字数：740 000
定价：98.00 元
（如有印装质量问题，我社负责调换）

《动物检疫检验学》（第二版）编委会名单

主　编　柳增善　任洪林　薛　峰
副主编　唐　峰　孙永科　刘　东　柳溪林　王君玮　王传之　王建龙　于师宇　张永宁
　　　　王新平　王亚楠　王　颖　刘拂晓　王晓泉　程昌勇　姜艳芬　刘健华　方仁东
　　　　李建亮　王　洋　刘英玉　李有文　刘永宏　古少鹏　徐健峰　杨泽晓

编　者（按姓氏拼音排序）

安星兰　吉林大学第一医院
白　雪　吉林大学动物医学学院
程昌勇　浙江农林大学动物医学院
杜冬华　河北北方学院动物科技学院
方仁东　西南大学动物科技学院
古少鹏　山西农业大学动物医学学院
郭航宏　吉林延边朝鲜族自治州检验检测中心
胡　盼　吉林大学动物医学学院
胡延春　四川农业大学动物医学院
姜秋杰　吉林省动物疫病预防控制中心
姜艳芬　西北农林科技大学动物医学院
李建亮　山东农业大学动物科技学院
李瑞超　扬州大学动物医学院
李岩松　吉林大学动物医学学院
李有文　塔里木大学动物科学学院
连晓春　新疆生产建设兵团畜牧兽医工作总站
林　超　吉林工商学院
刘　东　吉林工商学院
刘拂晓　青岛农业大学动物医学院
刘健华　华南农业大学兽医学院
刘晓雷　吉林大学动物医学学院
刘英玉　新疆农业大学动物医学学院
刘永宏　内蒙古农业大学兽医学院
柳福玲　大庆师范学院
柳溪林　吉林大学中日联谊医院
柳增善　吉林大学动物医学学院
龙云凤　南京海关动植物与食品检测中心

毛　伟　内蒙古农业大学兽医学院
任洪林　吉林大学动物医学学院
孙永科　云南农业大学动物医学学院
唐　峰　锦州医科大学动物医学学院
王　琳　吉林大学动物医学学院
王　楠　吉林省畜牧兽医科学研究院
王　洋　吉林大学动物医学学院
王　颖　黑龙江八一农垦大学国家杂粮工程技术中心
王传之　宿州学院生物与食品工程学院
王建龙　内蒙古自治区动物疫病预防控制中心
王君玮　中国动物卫生与流行病学中心
王晓泉　扬州大学兽医学院
王新平　吉林大学动物医学学院
王亚楠　河南农业大学动物医学学院
肖　鹏　云南农业大学动物医学学院
徐健峰　辽宁盘锦市卫生健康委员会
薛　峰　南京农业大学动物医学学院
杨咏洁　延边大学
杨泽晓　四川农业大学动物医学学院
尹荣焕　沈阳农业大学动物科学与医学学院
于师宇　福建海关技术中心
张　虹　吉林医药学院
张建民　华南农业大学兽医学院
张永宁　中国农业大学动物医学学院
章沙沙　辽宁盘锦检验检测中心

第二版前言

动物检疫检验主要涉及动物饲养、管理、贸易等方面的安全保障，是健康养殖、动物健康、生物安全、食品安全和人兽共患病防控、环境保护的第一关口，具有不可替代的公共卫生学意义。习近平总书记针对人兽共患病防控提出"要实行积极防御、主动治理，坚持人病兽防、关口前移，从源头前端阻断人兽共患病的传播路径"，动物检疫检验是其中的关键构成。根据习近平总书记关于人兽共患病防控的"关口前移"宏观部署，我们将国家宏观政策融入教材当中，这些内容充分体现了党和政府对人民健康的重视，也充分体现了党的二十大提出的"推进健康中国建设"。

《2030健康中国》及农业农村部2022年9月颁布的《全国畜间人兽共患病防治规划（2022—2030年）》（农牧发〔2022〕31号）指出，人兽共患病防治工作事关畜牧业高质量发展和人民群众身体健康，事关公共卫生安全和国家生物安全，是贯彻落实乡村振兴战略和建设健康中国的重要内容，是政府社会管理和公共服务的重要职责。依据《中华人民共和国动物防疫法》《中华人民共和国传染病防治法》《中华人民共和国进出境动植物检疫法》《中华人民共和国生物安全法》等法律法规，进行动物检疫和人兽共患病防控，特别是兽医和公共卫生工作者做好人兽共患病的源头防控以保障食品安全，落实《全国畜间人兽共患病防治规划（2022—2030年）》非常必要。动物检疫检验的实践活动在国家法律层面上充分体现了兽医在动物健康、人兽共患病源头和生物安全防控中的不可替代性作用。在新版《中华人民共和国动物防疫法》等法规中强调了无特殊动物疫病区建设、风险评估、净化、公共卫生安全等，这些制度的实施绝对离不开动物检疫检验实践的开展，没有动物检疫检验的常规性实践活动就难以实现健康养殖和公共卫生安全。

为此，一定要加强重大动物疫病和人兽共患病防治实践活动的实施，一要推进重点病种从有效控制到净化消灭；二要强化源头防控力度，提高动物整体健康水平；三要加强外来动物的疫病防范，强化风险管理；四要实行区域化管理，重点加强国家优势畜牧业产业带、人兽共患病重点流行区、外来动物疫病传入高风险区、动物疫病防治优势区等"一带三区"防治工作；五要切实加强能力建设，着力提高动物疫情监测预警能力、突发疫情应急管理能力、动物疫病强制免疫能力、动物卫生监督执法能力、动物疫病防治信息化和社会化服务能力，以适应新时期动物疫病的防治工作需要。

农、林、牧、渔业生产在世界各国国民经济中都占有重要地位。我国是农业大国，动物疫病防治在国民经济发展中尤为重要。动物检疫在保障动物健康生产、保障人们身体健康及动物源性食品源头安全、保障动物及动物产品国际和国内贸易健康发展、保障环境卫生及生物安全等方面都起到至关重要的作用。

动物疫病对国家经济、社会和生态造成的影响是全方位的。动物检疫是国家公共卫生体系的组成部分，是动物疫病、人兽共患病、动物源性食品安全、生态安全等源头控制最重要的组成部分。动物检疫的完善程度是一个国家发达程度的标志之一，与人们的日常生活质量及健康质量、社会文明及物质文明密切相关。伴随我国开放程度增强、国际化加深、科技水平的逐步提升和人们健康水平的普遍提高，我国对动物检疫检验赋予了更加宽泛的内涵，如包括动物疫病及动物产品风险评估、动物疫病防控经济学评估、动物疫病预测和预警、外来入侵物种环境风险评估、动物福利与产品质量和公共卫生的关系等。因此，"动物检疫检验学"（animal quarantine and inspection）是动物医学、兽医公共卫生、动物科学的重要专业课程和必修内容。在我国，随着经济的快速发展，动物检疫事业也将快速接近世界发达国家水平，对相关的专业人才和高级管理人才也将有更多需求。

基于动物检疫的国际和国内背景、国家发展需求、不断完善的法律法规及快速发展的相关科学技术，本教材介绍了动物检疫检验学系统的基础理论、常规实践技术、相关法规和发展趋势，可作为动物医学、兽医公共卫生学、动植物检疫、动物科学、食品质量与安全等专业的本科生、研究生教材，同时也可以作为进出口检疫、动物疫病防治、市场检疫等领域教师、科研人员和相关工作人员的参考用书。

由于受到篇幅等限制，其他同类教材已涉及的本领域论述较深的内容，本教材作了简略阐述或省略处理，如动物屠宰检疫内容。动物检疫检验涉及面广，法规背景和实施条例内容众多，编著的内容和实践技术难免存在许多不足之处，敬请专家学者、同事、学生提出指导性意见（请直接发送邮件至 zsliu1959@sohu.com，编者在此致以诚挚的谢意！），以便完善本教材，使其更适合未来我国高等教育的需求。

本教材采用了大量彩色图片，但基于经济考虑，仅以黑白形式印刷。如已购买本教材，且在教学中需要书中图片，可发送邮件至上方邮箱。文字内容受版权限制，不予惠赠。

本教材在成稿、知识体系、文字润色等方面，科学出版社的编辑给予了合理化建议，使本教材在精益求精的前提下得以出版，在此表示衷心感谢！感谢吉林省教育厅对本教材的支持！感谢吉林大学及吉林大学动物医学学院对本教材出版的大力支持！感谢人畜共患传染病重症诊治全国重点实验室对本教材出版的大力支持！

吉林大学　柳增善

2024年2月

第一版前言

2012年5月2日，温家宝总理主持国务院常务会议，会上讨论通过了《国家中长期动物疫病防治规划（2012—2020年）》。会议指出，动物疫病防治关系到国家食物安全和公共卫生安全；要坚持"预防为主"的方针，按照"政府主导、社会参与"的原则，实施"分病种、分区域、分阶段"的防治策略，全面提升兽医公共服务和社会化服务水平，提高动物疫病综合防治能力，力争到2020年，口蹄疫、高致病性禽流感等16种优先防治的国内动物疫病达到规划设定的考核标准，动物发病率、死亡率和公共卫生风险显著降低，重点防范的外来动物疫病传入和扩散风险有效降低。

为此，一要加强重大动物疫病和重点人兽共患病防治，推进重点病种从有效控制到净化消灭；二要强化源头防治，提高动物整体健康水平；三要加强外来动物疫病防范，强化风险管理；四要实行区域化管理，重点加强国家优势畜牧业产业带、人兽共患病重点流行区、外来动物疫病传入高风险区、动物疫病防治优势区等"一带三区"防治工作；五要切实加强能力建设，着力提高动物疫情监测预警能力、突发疫情应急管理能力、动物疫病强制免疫能力、动物卫生监督执法能力、动物疫病防治信息化和社会化服务能力，适应新时期动物疫病防治工作的需要。

农、林、牧、渔业生产在世界各国国民经济中都占有重要的地位，我国又是农业大国，因此，动物疫病防治在国民经济发展中就显得更加重要。动物检疫在保证动物健康生产、保证人们身体健康及动物源性食品源头安全、保证动物及产品国际国内贸易健康发展、保证环境卫生及动物等方面都起着至关重要的作用。

动物疫病对国家经济、社会和生态造成的影响是全方位的。动物检疫是国家公共卫生战略的组成部分之一，是动物疫病、人兽共患病、动物源性食品安全、生态安全等源头控制最重要的组成部分。同时，动物检疫也是动物疫病防治最重要的组成部分。动物检疫的完善程度是一个国家发达程度的标志之一，与人们的日常生活质量及健康质量、社会文明及物质文明密切相关。伴随我国在世界贸易组织（WTO）及其他领域国际化进程的不断深入和科学技术的快速进步，我国对动物检疫赋予了更加宽泛的内涵，如动物疫病及动物产品风险评估、动物疫病防控经济学评估、动物疫病预测与预警、外来生物入侵物种环境风险评估、动物福利与产品质量和公共卫生的关系等。因此"动物检疫检验学"（animal quarantine and inspection）是动物医学、兽医公共卫生、动物科学的重要专业性课程和必修内容。在我国，随着经济的快速发展，动物检疫事业也将快速与世界发达国家水平接近，对相关的专业人才和高级管理人才也将会有更多需求。

基于动物检疫的国际国内背景、国家发展需求、法律法规的不断完善及相关科学技术的快速发展，本书提供了动物检疫检验学系统的基础理论、常规实践技术、相关法规和发展趋势，可作为动物医学专业、兽医公共卫生专业、动植物检疫专业、动物科学专业、食品安全专业等相关专业本科生、研究生教材，同时也可作为进出口检疫、动物疫病防治、市场检疫等领域教师、科研人员和相关国家工作人员的参考书籍。由于受到篇幅等的限制，其他同类教材涉及本领域论述较深的内容，本书作了简略阐述或省略，如动物屠宰检疫；动物检疫检验涉及面广，法律背景和实施条例内容众多，编著的内容和实践技术存在许多不足之处，敬请专家学者、各位同事、学生提出指导性意见（请直接发送到下面的邮件地址中，作者在此致以诚挚的谢意！），以便完善本书，使其更适合未来我国高等教育需求。

本书采用了大量彩色图片，但基于经济性考虑，仅以黑白形式印刷。如已购买本书，且在教学中需要书中图片，可联系 zsliu1959@sohu.com。文字内容受版权限制，不予惠赠。

在本书成稿、知识体系、文字润色等方面，科学出版社的编辑给予了非常合理化的建议，使本书在精益求精的前提下出版，在此表示衷心感谢！同时感谢吉林大学对本书出版给予的大力支持！

吉林大学　柳增善

2012 年 8 月 8 日

目　录

第一章 动物检疫检验导论

第一节 动物检疫检验的概念及意义

检疫（quarantine）一词，最初源自拉丁文"Quarantum"，意思是"四十天"，始于14世纪的威尼斯，是国际港口执行卫生检查的一种措施。当时，当地为了防止欧洲其他地区黑死病、霍乱、黄热病和疟疾等疾病传入，口岸当局规定船员必须在船上隔离，经过40天的检查未发生疾病才准许船员离船登岸。随后该措施被地中海沿岸许多国家采用，这种早期的检疫方法称为"隔离法"。而 quarantine 就成为隔离40天的专有名词，并演绎为今天的"检疫"。

动物检疫（animal quarantine）具有广义和狭义两个概念。

1. 广义动物检疫

广义动物检疫的含义是指为了预防、控制动物疫病，防止动物疫病传播、扩散和流行，保护养殖业发展和人身健康，由法定的机构和人员，依照法定的检疫项目、标准和方法，对法定的检疫物进行检查、定性和处理的强制性技术行政措施，是政府的一项重要职能。

2. 狭义动物检疫

1）根据《动物防疫 基本术语》，动物检疫定义为动物防疫监督机构的检疫人员按照国家标准、农业农村部行业标准和有关规定对动物及动物产品所进行的是否感染特定疫病，或是否有传播这些疫病危险的检查，以及检查定性后的处理。

2）《中华人民共和国动物防疫法》及《中华人民共和国进出境动植物检疫法》指出，为了加强对动物防疫活动的管理，预防、控制和扑灭动物疫病和人兽共患病的传播、传入，促进养殖业和对外贸易的健康发展，保护人体健康，限定该法适用于在中华人民共和国领域内的动物防疫活动；动物检疫的主要任务是动物疫病和人兽共患病的预防、控制和扑灭、动物防疫监督及履行相关的法律责任。

动物卫生监督机构依照《中华人民共和国动物防疫法》和国务院农业农村主管部门的规定，对动物、动物产品实施检疫。动物卫生监督机构的官方兽医具体实施动物、动物产品检疫。本教材主要从广义检疫的概念出发，以最基本的原理和方法阐述动物检疫的整体理念。

动物疫病的危害对经济、社会和生态造成的影响是全方位的、巨大的、深远的，甚至是不可逆转和难以弥补的，其中由动物引起的人兽共患病在公共卫生上具有重要意义。例如，2007~2008年的高致病性猪蓝耳病引起猪大量死亡，导致猪肉价格全国性上涨，同时也是全国性物价全面上涨的诱因之一；2005年，四川的猪链球菌病导致的损失约70亿元人民币；近几年流行的禽流感、非洲猪瘟、新型冠状病毒感染和流感在经济上及生物安全上都造成了我国和其他国家的巨大经济损失及人员死亡；在一些地区布鲁氏菌病再度流行，给人民的生命财产带来了巨大损失。动物检疫是我国农、林、牧、渔业生产安全的保障，是能促进生产和进出口贸易，有效防控人兽共患病的关键公共卫生措施。动物检疫是预防性措施，也是国家强制性措施。

本教材从广义检疫的概念出发，以最基本的原理和方法阐述动物检疫的整体理念。动物检疫检验学（animal quarantine and inspection）是动物疫病检疫和动物病原及动物产品检验，预防和控制动物疫病，保证动物产品质量和人类健康的综合性应用学科。

3. 官方兽医实施国家任命制度

官方兽医是指具备规定的资格条件并经兽医主管部门任命的，对动物及动物产品进行全过程监控并负责出具检疫等证明的国家兽医工作人员，或属于编制内人员，即在动物、动物产品检疫和其他动物卫生监督管理执法岗位的在岗工作人员。官方兽医应当具备国务院农业农村主管部门规定的条件，由省、自治区、直辖市人民政府农业农村主管部门按照程序确认，由所在地县级以上人民政府农业农村主管部门任命。具体办法由国务院农业农村主管部门制定。海关的官方兽医应当符合规定的条件，由海关总署任命。具体办法由海关总署会同国务院农业农村主管部门制定。官方兽医依法履行动物、动物产品检疫职责，任何单位和个人不得拒绝或者阻碍。官方兽医需经资格认可、法律授权或政府任命，其行为需保证独立、公正并具有权威性。县级以上人民政府农业农村主管部门制定官方兽医培训计划，提供培训条件，定期对官方兽医进行培训和考核。每个国家的官方兽医制度有差别，一些西方国家给予官方兽医更多的自主权，官方兽医签字即可代表官方。

4. 世界性组织对检疫的共识

在动物进出口贸易中，世界动物卫生组织（World Organisation for Animal Health，WOAH，原称OIE）、联合国粮食及农业组织（FAO）、世界贸易组织（WTO）等以法律文件规定了在进口或出口国设置检疫站或隔离场（quarantine station），它是在官方兽医控制下的一个场所，使动物处于与其他动物不能直接或间接接触的隔离状态，防止特殊病原传播，要观察一定时间。经过适当检验和处理，确认安全的情况下，解除隔离，恢复自然状态。

一般而言检疫（quarantine）通常是指活体动物（或人）的临床查验和有意的风险隔离行为，而检验（inspection）一般指对动物样品与病原的实验室鉴定和动物产品的安全评价，按顺序先有活体再有产品模式论述，因此，本教材定名为《动物检疫检验学》（animal quarantine and inspection）。

第二节 动物检疫检验的性质、原则和特点

一、动物检疫的基本性质

动物检疫是各国政府为了防止动物传染病在国内蔓延和在国际传播所采取的一项带强制性的技术行政措施。

1）检疫是一种以技术为依托的政府监督管理职能而不是职业行为或经营行为。

2）检疫是由法律、行政法规规定的具有强制性的技术行政措施，而不是一种可做可不做，或愿不愿做的行为。

3）检疫具有技术方法标准和处理方式的规范性和法律效力的时效性。

二、动物检疫的原则

1. 依法执行的原则

检疫工作必须做到有法可依，有法必依，否则就会受到法律的制裁。

2. 尊重事实的原则

检疫后必须要实事求是地按照检疫结果来处理，否则就是违法，也会给国家或者当事人带来损失。

3. 尊重科学的原则

检疫工作是一项以技术为基础的行政工作，没有技术方面的保障，检疫工作将无法开展。制定的规程、

标准和方法都要以科学为基础，技术方面的保障即来源于科学。

4. 预防为主的原则

由于动物疫病具有传染性、扩散性，因此预防为主在动物防疫工作中具有重要的意义。

5. 检疫与经营相分离的原则

检疫是行政行为，不能与经营搅在一起。

6. 有利于流通的原则

检疫工作是为社会发展及广大人民群众服务的。因此，检疫手续要简便，方法要快捷，工作要严谨，检疫布局要合理，既要有利于把关，又要方便往来、有利于生产和流通。

三、动物检疫的特点

动物检疫具有预防性、法规强制性、技术性强和国际性4个基本特征。

1. 预防性

实施动物检疫的国家，无论是防范外来动物疫病的侵入，还是对已入侵的动物疫病采取控制乃至消灭措施，都属于预防性措施。预防性是动物检疫的基本特征，具有超前和预警功能。

2. 法规强制性

进出境动物检疫是针对外来危害严重、在国内未发生（或分布范围较小）而可能人为传播的疫情。由于防治困难，一般采取检疫的特殊预防手段。因为是全局性的战略措施，也必须强制执行，不允许只顾眼前局部利益。境内动物检疫是针对境内动物流通、控制疫病传播采取的措施，也必须强制执行。

检疫工作不是任何单位和任何人员都可以实施的，必须由法定检疫机构和检疫人员实施才具有法律效力；所进行的检疫项目和检疫对象都是法定的，具有法定检疫标准和方法、法定处理方法及法定检疫证明。

3. 技术性强

检疫执法离不开病原鉴定、消毒灭菌、风险评估等科学技术的应用，是高水平的技术行政。

4. 国际性

进出境动物检疫是特殊的预防手段。WOAH、FAO、WTO都有法规性文件制约和实施进出口动物检疫，均具有国际通用性。例如，WOAH出台的《陆生动物卫生法典》（Terrestrial Animal Health Code）、《水生动物卫生法典》（Aquatic Animal Health Code）、《实施动植物卫生检疫措施协议》（Agreement on the Application of Sanitary and Phytosanitary Measures，简称 SPS 协议）、《关税总协定贸易技术壁垒协议》（Agreement on Technical Barriers to Trade of the General Agreement on Tariffs and Trade）和《技术性贸易壁垒协议》（Agreement on Technical Barriers to Trade，简称 TBT 协议）等文件都是成员方普遍适用的法规性文件。

第三节　动物检疫检验的主要任务与作用

动物检疫的根本任务，就是在国家法律和有关规定的约束和指导下，对畜禽及其产品进行疫病检查、确定病性，并采取相应措施，防止疫情扩散和蔓延，尽快扑灭疫病的流行，从而避免更大的经济、健康和社会损失,以保护畜牧业生产正常发展,保障人民身体健康和维护贸易信誉。

动物检疫的作用主要体现在以下4个方面。

1. 监督检查作用

检疫工作不仅仅是单纯的技术检查,按规定尚需对被检疫一方的行为进行检查。例如,产地检疫须首先查验被检动物的免疫证明或标记;屠宰检疫须首先查验当事人是否持有产地检疫或运输检疫证明,这些均属于监督检查范畴,因而动物检疫具有监督检查作用。通过这一作用可使动物饲养者自觉开展预防注射工作,提高免疫率,从而达到以检促防的目的。同时可促进动物及动物产品生产经营者主动接受检疫,合法经营,进而达到建立防检结合,以检促防,以监保检的防检工作良性运行机制的目的。

2. 监测动物疫情作用

监测动物疫情就是及时发现、收集、整理、分析动物疫情。通过监测,正确评估动物生活环境的卫生状况,为适时预防或治疗等措施提供科学依据,从而真正做到防患于未然。这对于保障动物健康、减少疫病的发生,具有十分重要的意义,可为制定动物疫病防治规划和防疫计划提供可靠的科学依据。

3. 是消灭某些动物疫病的有效手段

通过检疫、扑杀病畜、无害化处理染疫动物产品及污染物等手段,达到消灭疫源、净化疫病的目的。

4. 可保证动物产品质量,增进人民健康,具有不可替代性

通过检疫发现患病动物或者染疫动物产品并进行合理处理,是其他途径和手段不可替代的把控措施,从而可保证动物及动物产品质量,维护人体健康,防止疫病传播。

第四节　动物检疫检验的范围和对象

一、动物检疫的范围

依据检疫的性质,可将动物检疫范围分为生产型、观赏演艺型、贸易型和非贸易型、过境检疫等几种类型。

1. 生产型的动物检疫

养殖场、种畜禽场、奶牛场、单位和集体及个人饲养的动物,根据需要可进行定期或不定期检疫,如奶牛结核病、宠物等的检疫。

2. 观赏演艺型动物检疫

动物园、其他养殖场饲养的观赏动物和文艺团体的演艺动物等的检疫,也包括体育活动所用动物的检疫。

3. 贸易型动物检疫

国家进口动物(产品)检疫和国内市场交易动物、动物产品的检疫检验。

4. 非贸易型动物检疫

邮寄品、展品、交换、赠送、援助及旅客携带的动物、动物产品的检疫。

5. 过境检疫

包括对通过国境的列车、汽车、飞机等运载的动物及其产品的检疫检验。

依据检疫实物，可将动物检疫范围分为国内动物检疫、进出境动物检疫、运载饲养动物及其产品的工具检疫等几种类型。

（1）国内动物检疫的范围　　《中华人民共和国动物防疫法》规定：国内动物检疫的范围主要是指动物和动物产品。动物是指家畜、家禽和人工饲养、合法捕获的其他动物；动物产品是指动物的生皮、原毛、精液、胚胎、种蛋及未经加工的胴体、脂、脏器、血液、绒、骨、角、头、蹄等。

（2）进出境动物检疫的范围　　《中华人民共和国进出境动植物检疫法》规定：进出境动物检疫的范围主要是动物、动物产品和其他检疫物，还有装载动物、动物产品和其他检疫物的装载容器、包装物及来自动物疫区的运输工具。动物是指饲养、野生的活动物，如畜、禽、兽、蛇、龟、虾、蟹、贝、蚕、蜂等。动物产品是指来源于动物未经加工或虽经加工但仍有可能传播疫病的产品，如生皮张、毛类、肉类、脏器、油脂、动物水产品、奶制品、蛋类、血液、精液、胚胎、骨、蹄、角等，其他检疫物是指动物疫苗、血清、诊断液、动物性废弃物等。

（3）运载饲养动物及其产品的工具检疫的范围　　包括车、船、飞机、包装物、饲料和铺垫材料、饲养工具等。

二、动物检疫的对象

检疫对象主要包括两个方面，被检物和动物疫病。

1. 被检物

依据《中华人民共和国动物防疫法》的规定，被检物包括家畜禽、人工饲养及合法捕获的其他动物（产品），如水生动物、两栖动物、爬行动物、飞禽和哺乳类野生动物等。实际上被检物范围是非常宽泛的，特别是动物产品，动物疫病预防、诊断及治疗制品种类更是复杂多样。农业农村部规定的动物种类还不是很多，目前对一些水生动物、两栖动物、爬行动物还不能随便进行检疫出证和收费。

2. 动物疫病

对进出境动物疫病的检疫，无特殊要求的，属于WOAH成员方的均以通报性疫病（93种，见第二章第二节）和非通报性疫病来检疫。在我国，按2022年农业农村部公告（第573号）公布疫病种类修订目录，该目录包括174种动物疫病，其中一类动物疫病11种，二类动物疫病37种，三类动物疫病126种。

三、动物疫病的区域化管理

就国际贸易和公共卫生而言，一个国家要建立控制某种动物疾病的区划系统，该病必须是法定报告疾病或WOAH规定的通报性疫病。如果一个国家某一区域内有疫病存在，就视该国为疫情国家，可能大大地限制了该国的国际贸易，从动物卫生角度考虑不一定总是必要的。气候和地理屏障限制动物疾病比国界更有效，人口密度、媒介分布、动物流动及管理方式等，在决定动物疾病的国内和国际分布中起主要作用。在WOAH成员方中为便于动物贸易和疾病控制，就区划原理中的术语、地区边界、法律权限、无疫病期限、调查标准、缓冲地带、检疫程序及其他兽医法规问题，建立国际公认的标准。

地区（zone）：国内为控制疫病而划定的某一区域。区域（region）：为控制疫病而划定的几个国家或相邻国家的某一区域范围。地区的大小和范围应由兽医行政管理部门确定并通过国家立法实施，地区类型因病而异，地区大小、位置及界限取决于疾病及其传播方式和国内疫情。地区边界应由有效的自然、人为或法律边界划定。有以下几种地区类型。

1. 非免疫接种的（无规定动物）无疫病区

非免疫接种的（无规定动物）无疫病区即自然的缺乏某一种或一些疾病的地区。在一个国家内，即使有疫情，也可建立非免疫接种的无病疫区。无疫病区从国内其他地区或者从有此疫病国家引进动物时，必须按照兽医行政管理部门建立的严格控制制度进行操作。无疫病区不可从感染地区或国家进口动物或动物产品。

2. 监测区

对动物患有某种疫病的地区进行专业监控，区内不许免疫接种，动物流通必须控制。监测区需根据疾病性质、地理及气候条件、便于控制等因素划定。监测区必须有完善的疾病控制和监测计划。

3. 免疫接种的无疫病区

依靠免疫接种方式建立的无特定疫病区，仅适用于某些特定疾病。确定无疫病必须要有令人信服、深入有效的疾病监测证据支持。无疫病区不应当从感染地区或国家进口可能引进疾病的动物或动物产品，除非实施严格的进口条件。

4. 缓冲区

缓冲区即为保护无规定疫病国家或地区而对动物进行系统免疫接种的地区。免疫接种的动物必须用专门的永久性标记标识，动物流通必须受到控制，缓冲区内必须实施完善的疾病控制和监测计划，怀疑暴发疾病必须立即调查，若确证应立即扑杀。从国内其他疫区或国家进口易感动物时，必须按照兽医行政管理部门制定的控制措施进行操作，动物必须免疫后才能进入缓冲区。

5. 感染区

感染区即疫病存在的地区。感染区应与监测区和其他无疫病区隔离开，从感染区向无疫病区调运易感动物必须严格控制，有4种方式可供参考。
1）活畜禽不得调离疫区。
2）动物可用机械方式运往位于监测区的专门屠宰场实施急宰。
3）特别情况下，符合兽医行政管理部门制定控制措施的活畜禽可进入监测区，进入监测区的动物须经适当试验证实无感染。
4）从流行病学角度分析，这种疾病不会发生传播时，活畜禽可调离感染区。

6. 自然屏障

自然存在的局域阻断某种疫情传播、人和动物自然流动的地理阻隔，包括大江、大河、湖泊、沼泽、海洋、山脉、沙漠等。

7. 人工屏障

为建设无疫病区，限制动物和动物产品自由流动，防止疫病传播，由省级人民政府批准建立动物防疫监督检查站、隔离设施、封锁设施等。

四、无规定动物疫病区建设

1. 无规定动物疫病区建设的目的及意义

通过无规定动物疫病区建设，可改善动物疫病防治设施，提高人员素质，完善规章制度，健全动物疫病防治体系和畜禽良种繁育推广体系，积极推进养殖方式转变，有效控制规定畜禽疫病发生，保证畜牧业、养殖业持续、稳定增长。

新的动物防疫法在法律上明确了无规定动物疫病区建设。关于动物疫病区域化管理新的动物防疫法在原有无疫区建设规定的基础上，新增了三项重要内容。一是提出国家鼓励建设无规定动物疫病生物安全隔离区，这是首次将生物安全隔离区纳入法律规定，进一步拓展了动物疫病区域化管理的内容。二是规定了省级人民政府制定实施无疫区建设方案，明确地方政府在无疫区建设中的主体地位；明确国务院农业农村主管部门实施监督检查和指导跨省份无疫区建设权限。三是将动物疫病分区防控纳入法律规定，作为区域化管理制度的一项重要内容。

2.无规定动物疫病区内部体系建设

（1）具备一定的区域规模和社会经济条件　　无规定动物疫病区的区域需要集中连片，动物饲养相对集中。有足够的缓冲或监测区，无规定动物疫病区相邻地区间必须有一定的自然屏障和人工屏障区域。非免疫无规定疫病区外必须建立监测区，免疫无规定疫病区外必须建立缓冲区。政府必须有足够能力承担无疫病区的建设，可承受短期的、局部的不利影响，具有足够的维持经费等保障。在基础设施、设备投入和更新的同时，保证动物免疫、检疫、消毒、监督、诊断、监测、疫情报告、扑杀、无害化处理等工作经费。

（2）实施法制化、规范化管理　　省级人民代表大会常务委员会或人民政府制定并颁布实施与无规定疫病区建设相关的法律规章，省级人民政府制定并实施有关疫病防治的应急预案，下达无规定疫病区动物防治规划。省级兽医行政部门必须依据国家或地方相关法规，严格实施兽医从业许可、动物防疫条件审核、动物免疫、检疫、监督、疫情报告、畜禽饲养档案、防疫队伍和动物防疫工作档案等具体的管理规定；严格实施动物用药、动物疫病监控、防治等技术规范。

免疫无规定疫病区必须实行免疫标识制度，实施有计划的疫病监控措施和网络化管理。引入的易感动物及其产品只能来自于相应的免疫无规定疫病区或非免疫无规定疫病区。对进入免疫无规定疫病区的种用、乳用、役用动物，应先在缓冲区实施监控，确定无疫后，按规定实施强制免疫，标记免疫标识后，方可进入。

非免疫无规定疫病区必须采取有计划的疫病监控措施和网络化管理。引入的易感动物及其产品只能来自于相应的其他非免疫无规定疫病区。对进入非免疫无规定疫病区的种用、乳用、役用动物，应先在监测区实施监控，确定符合非免疫无规定疫病区动物卫生要求后，方可进入。

在无规定疫病区域与非无规定疫病区之间建立防疫屏障，在运输动物及其产品的主要交通路口设立动物防疫监督检查站，配备检疫、消毒、交通和及时报告的设备设施。对进入本区域的动物及其产品、相关人员和车辆等进行有效监督，控制疫病传入。

（3）有健全的管理机构和技术队伍　　区域内有稳定健全、职能明确的各级动物卫生监督机构、防疫技术支撑机构及乡镇动物防疫组织、防疫技术队伍。

（4）良好的基础设施条件　　区域内应建有与动物疫病诊断、监测、免疫质量监控和分析相适应的兽医实验室，具有与动物防疫监督工作相适应的设施、设备和监督车辆，能有效地对动物或动物产品在饲养、生产、加工、贮藏、销售、运输等环节中开展检疫、检测、执法、办案等工作。有相应的无害化处理设备设施；有完备的疫情信息传递和档案管理设备，具有对动物疫情准确、迅速报告的能力。有处理紧急动物疫情的物质、技术、资金和人力储备。

第五节　动物检疫检验的种类和要求

根据我国现行的动物检疫法律规定，我国动物检疫分为进出境动物检疫和国内动物检疫两大类。

一、进出境动物检疫

进出境动物检疫是指对进出我国国境的动物、动物产品，由口岸动物检疫机关实施的检疫。

进出境动物及动物产品要依法实施检疫。在自然界中，动物传染病和寄生虫病有一定的地区性。它们中的许多种类，包括某些危害大的传染病和寄生虫病，可以随人为调运动物及动物产品而传播蔓延，这些病原传入新地区，给人类带来巨大损失。古今中外随动物及其产品调运传带危害性传染病、寄生虫病而导致农牧业大灾害的事例屡见不鲜，如1978年马耳他一农户给猪喂了来自疫区飞机上的残羹剩饭，引起非洲猪瘟暴发，在一个月内波及304个猪场，发病猪达2.5万头。为控制此病，全国7万多头猪被全部宰杀，损失达500万英镑，全国当时已没有一头活猪，开创了一个国家范围内因一种传染病传入而使一种家畜绝种的先例。因此，加强进出境动物及动物产品检疫工作对防止传染病、寄生虫病及其他有害动物传入国境，以及对保护我国农牧业生产和人民健康而言是十分重要的。同时，加强出境动物及动物产品的检疫工作，可以保证我国的产品在国际市场竞争中处于优势地位，促进我国农业的外向型发展。因此，进出境动物检疫既有体现国家主权的一面，也有保证对外正常交往促进对外开放的一面。

根据《中华人民共和国进出境动植物检疫法》及《中华人民共和国进出境动植物检疫法实施条例》的有关规定，在国外发生严重传染病时，我国禁止进口该国相关动物及其产品，并采取严格的检疫检验措施。例如，在进境的动物中检出我国规定的一类动物传染病、寄生虫病，则全群退回或全群扑杀并销毁尸体；对于检出二类传染病、寄生虫病的动物，则退回或扑杀，全群其他动物隔离观察。如进境动物产品不合格，则作除害、退回或销毁处理。

二、国内动物检疫

国内动物检疫是指对国内饲养、流动的动物、动物产品所进行的检疫。其具体划分为产地检疫、运输检疫、屠宰检疫和动物产品检疫。动物产品检疫主要是针对未加工成熟制品的所有动物产品的检疫或消毒。《中华人民共和国动物防疫法》规定，动物检疫人员对检疫结果负责，动物防疫监督机构行使管理职权；经检疫检验合格的动物及其产品，才能作为食品，而未经检疫的则不能作为食品。产地检疫检验实施报检制度，是在动物离开饲养地之前进行的检疫检验，目的是确保不会有病畜禽进入流通环节。在管理上，产地检疫检验坚持"谁防疫，谁出证"的原则，以保证检疫检验的责任落实。为此，农业部2000年开始实施免疫耳标和免疫档案制度；为便于产品追溯，2002年农业部13号令《动物免疫标识管理办法》要求"凡在我国境内对动物重大疫病实行强制免疫，均须建立免疫档案管理制度对猪、牛、羊佩带免疫耳标"。2006年又颁布了《畜禽标识和养殖档案管理办法》；2021年6月25日，根据中华人民共和国国务院令第742号第四次修订，修订后的《生猪屠宰管理条例》自2021年8月1日起施行。农业部2005年颁布《病死及死因不明动物处置办法（试行）》，对饲养、溯源、检疫检验及流通环节的强力监督都做到了有法可依。《中华人民共和国畜牧法》也有明确规定。

《中华人民共和国动物防疫法》规定了国内动物检疫的主要内容。

1. 规范了预防动物疫病的制度和措施

1）将动物疫病按危害分为三类，采取针对性管理与处置措施。
2）制定国家动物疫病预防计划。
3）规定并公布动物疫病预防办法。
4）实施强制和计划免疫制度。
5）运用国家的力量进行动物疫病预防。
6）广泛组织动物疫病预防工作。
7）对动物疫病预防相关重要事宜进行规范。

2. 规范了控制和扑灭动物疫病的法律措施

1）规范了动物疫情管理的可操作原则。
2）明确了发生一、二和三类动物疫病时的控制措施。
3）明确了疫区管理的有关事项。
4）明确了人兽共患病控制和扑灭措施的原则。
5）规定了在动物发生疫情时社会支持的相关事宜。

3．规范了动物检疫为国家行为和依法检疫制度

1）依法实施检疫。
2）依法建立并管理检疫员队伍。
3）国家对猪等动物实施定点屠宰、检疫。
4）农民个人自宰自用猪等动物的检疫规定。
5）规范了检疫出证和检疫处理制度。
6）实施检疫证明制度。
7）实施检疫收费制度。

4．明确了动物防疫监督原则

1）规范了防疫监督的法定机构和手段。
2）规范了动物运输监督。
3）规范了动物防疫监督的具体规则。
4）对生产经营活动进行监督。

三、动物检疫实施部门

　　动物检疫实施部门必须是国家动物检疫法律规定或授权，在规定的区域或范围内行使动物检疫职权的单位。目前我国存在两类动物检疫实施部门：第一类是针对进出口检疫的实施部门——海关，包括对外开放的口岸动物检疫机关、进出境动物检疫业务集中地点的口岸动物检疫机关、国家进出口商品检验机构（海关主责关税和相关缉私工作）；第二类是各级畜牧兽医行政管理部门所属的动物防疫监督机构，2018年11月23日，中共中央办公厅、国务院办公厅印发了《关于深化农业综合行政执法改革的指导意见》，将"分散在同级农业农村部门内设机构及所属单位的行政处罚以及与行政处罚相关的行政检查、行政强制职能剥离"，"整合组建农业综合行政执法队伍，由其集中行使，以农业农村部门的名义统一执法"。受这一改革影响最大和最直接的，就是动物卫生监督机构。

　　按照上一版《中华人民共和国动物防疫法》规定，动物卫生监督机构为经法律授权、负责动物检疫和防疫监管执法的机构，各地成立动物卫生监督所，虽大部分为事业单位性质，但可以依法开展行政许可（检疫出证）和监管执法工作。

　　改革后，执法职能及相关编制被划入农业综合行政执法机构，检疫和监管职能划入农业农村部门，动物卫生监督所纷纷改为动物检疫技术支撑单位，更名为动物卫生技术中心，或并入动物疫病预防控制中心等。在法律修订中，虽保留了对动物卫生监督机构的单独表述，但其已无法承担动物防疫监管执法职能；而从各地机构改革的实际情况看，法律中的动物卫生监督机构已很难与动物卫生技术中心之类的技术性事业单位挂钩，保留动物卫生监督系统及其机构、人员的努力更多只具有象征意义。

　　动物检疫工作机制及动物卫生监督机构和官方兽医建设，应该成为下一步重点研究和破解的课题。

第六节　兽医勤务实施质量

一、兽医勤务质量

　　兽医勤务（veterinary service）是指与兽医专业所有相关的工作，包括组织架构和实施职能。兽医勤务质量主要依赖于道德基本原则、所属组织和技术性质，兽医勤务将坚持这样一个原则：无论其所处国家的政治、经济或社会环境如何，服务宗旨是一致的，即兽医的服务不受上述因素干扰。在国际上，WOAH成员方要建立和维持国际兽医资格的信誉度是非常重要的。对于其他组织在行使兽医职能时也要遵循这样的原则。

动物疾病既可能是社会不稳定的前兆，也可能是社会动荡的结果。为了预防甚至快速控制疾病暴发，高效和结构良好的兽医勤务至关重要。通过官方审计监测，官方兽医勤务的效率是有效控制和根除疾病的必要条件。Official Veterinary Service（OVS）则翻译为兽医官方机构，与兽医勤务是两个含义。

二、兽医勤务的质量原则

兽医勤务质量保障原则包括如下 8 个方面。

1. 职业判断（professional judgment）

从事兽医勤务的个人应具备有关的资质要求、专业知识和技能。

2. 独立性（independence）

兽医人员在行使职能时不受商业、经济、上级权力、政治或其他方面的压力。

3. 公平（impartiality）

兽医勤务应该是公平、公正的，应该在合理和无差别情况下进行。

4. 完整性（integrity）

兽医勤务的每一个成员的工作完成必须保证一致性的高质量服务，任何欺骗、讹误或曲解都应该修正。

5. 客观性（objectivity）

兽医勤务全程应该是以客观、透明和一视同仁的方式进行。

6. 所属组织机构（general organisation）

兽医勤务必须是在法律允许、有充足的经济资源和有效的组织下实施其动物卫生措施或兽医公共卫生活动。

7. 质量政策（quality policy）

兽医勤务应该明文规定其政策和目的、约束或承诺、质量等，并保证其政策容易被理解及在同一个水平上进行实施。只要条件允许就应该制定质量标准以针对活动的区域、工作的类型、范围和工作的容量。

8. 程序和标准（pocedures and standards）

兽医的所有服务活动应该建立适当的程序和标准，应该包括以下几点。
1）工作程序和处理方式。
2）疾病暴发的预防、控制和通告。
3）风险分析，流行病学调查和疫区划分。
4）检验和采样技术。
5）动物疾病诊断。
6）用于疾病诊断或预防的生物制品的制备、生产、注册和控制。
7）边界控制和进出境法规。
8）消毒和灭菌。
9）动物产品中病原的销毁处理。
10）信息、申述和投诉（information, complaint and appeal）。兽医主管部门有义务发布相关信息；兽医主管部门依据相关法律、法规及时回答投诉和诉求，这是兽医勤务的重要功能之一。

11）文件处理（documentation），兽医勤务活动应该具备最新的文件处理系统。

12）自我评价（self-evaluation），兽医勤务对工作成绩与目标要定期地进行自我评价，以验证组织的有效性和资源适妥性。

13）信息交流（information communication），兽医勤务应该进行国内外有效的信息交流。

14）人力和金融资源（human and financial resources），权威部门应保证兽医勤务活动的人力和金融资源提供的有效性。

在国际贸易中，我国的兽医人员有权监督和评价有关国家与我国进行贸易时的兽医勤务，主要依据 WOAH 的《陆生动物卫生法典》《水生动物卫生法典》和世界贸易组织 SPS 协议、双边协议、TBT 协议等。

三、兽医勤务质量评价

1. 一般性考虑

1）在国家间动物和动物产品贸易风险分析过程中，兽医勤务评价是一个重要因素，所评价的对象包括动物、动物产品、动物遗传材料和动物饲料等。

2）为保证评价过程的客观性，WOAH 建立了兽医勤务质量评价指导说明。

3）WOAH 兽医勤务质量评价指导说明的目的是帮助国家权威对兽医勤务进行自我评价或者是帮助国家贸易中动物和动物产品风险评估过程中 SPS 的应用。

4）服务评价能够说明控制动物和动物产品卫生的能力和有效性，关键因素包括资源适妥性、处理能力、法律和应用配套设施、办公职能和执行能力的独立性。

5）能力和诚实还要依靠个人或组织的信仰。

6）虽然兽医勤务提供了数量资料，但最终评价仍是质量问题。当评价资源和配套设施（组织、执行和立法）时也要强调兽医勤务的产出和执行能力的质量评价，兽医勤务质量评价可以使用任何评价体系。

7）在动物和动物产品国际贸易中输入国有权要求输出国家提供相关信息，特别是输出国的兽医资格的有效性。

8）输出国家希望进口国对动物和动物产品在到达目的国家输入检验时进行适当及有效处理，输入国应该具备在非歧视性基础上的执行任何标准的评价能力。

9）如果兽医勤务不是法定团体的构成部分，在团体进行评价时应保证兽医人员是注册或副教授级别以上人员参加。

2. 评价范围

1）依据兽医评价目的，在评价过程中要考虑如下因素：①兽医勤务的组织、结构和权威性；②人力资源；③物质资源（包括金融）；④操纵能力和法律支持；⑤动物卫生和兽医公共卫生控制；⑥正规的质量系统，包括质量政策；⑦性能评价和设计程序。

2）兽医勤务评价补充：兽医法定团体组织结构和功能应该考虑。

3. 兽医勤务组织结构的评价标准

1）评价的关键因素是官方兽医的组织和结构研究。兽医勤务应对质量系统和标准建立相应的政策、目的和承诺，并对其进行详细的阐述。首席兽医官或兽医指导者的作用和责任应明确，管辖范围应详细指出。

2）在组织结构方面应清晰国家的农业部门与首席兽医官所在权威部门之间的相互关系，法定权威、工业组织和协会的正常关系都要明晰。要认识到服务可能随着时间而变化，主要变化要通知贸易伙伴，以便评估重建结构的效应。

3）兽医勤务的组织构成要与操纵能力的职责相对应。这些操纵能力包括流行病学调查、疾病控制、进口控制、动物疾病报告系统、流行病信息交流系统、追溯系统、动物迁运控制系统、训练、检验和认证的高质量操作。实验室、田间系统和相关组织的相互关系要明晰。

4）为加强兽医勤务的可靠性和可信度，应建立针对活动领域、性质和范围的质量体系，这样一个系统的评价尽可能客观。

5）兽医主管部门代表国家与其他国家对话，特别重要的例子如疫区划分，应明确权威部门对兽医勤务的评估责任。

6）国家兽医主管部门有权安排省、市政府团体参与活动，也可以安排大学、实验室、信息服务机构等参与活动或评价。

4. 质量系统的评价标准

1）兽医勤务应该对其服务过程和结果质量设定具体条件，即对兽医勤务过程文件进行审计，以确定其质量可靠。

2）大量应用正规的质量系统对兽医勤务进行评价，要对这些评价结果给予重视，而不是去重视资源和配套资源。

5. 人力资源的评价标准

1）人力资源可能包括兽医人员部分时间参加、全职全程参加和私人兽医参加，核心必须有兽医人员参加，即必须是法律上许可的人参加。

2）除执行以兽医为主的核心任务的人员数量外，还要考虑人员分工，对疾病监控的人员数量一定要够，要有实践经验丰富的兽医人员参加。

3）在兽医勤务队伍中要有对动物卫生知识了解较多的人员，以便对动物疾病控制到最佳水平。虽然私人兽医数量巨大，但却不能提供有效的流行病学信息，因为他们不具有法律使命和职责范畴。

4）除了人员，还要考虑其他相关因素，如大量的兽医专业固定人员、汽车、用于动物卫生活动的资金预算等。

6. 物质资源的评价标准

（1）经济支持　　必须有关于兽医勤务的年度预算，具体预算规模参照"14. 国家兽医勤务所要求的自我评价或评价纲要"。

（2）行政管理　　①管理部门尽可能为兽医勤务提供方便服务，以使兽医人员发挥最大效能。各个组成部分尽可能不拉开太远距离，交流和服务都方便。②有效的交流是兽医勤务的关键条件之一，特别是动物卫生调查和控制程序，实验室之间、实验室和田间工作之间的交流条件必须具备。③必须具备良好的运输系统，较好的运输系统对样品采样、动物检疫和快速传递到实验室非常重要。

（3）技术　　实验室资料应包括资源资料、最近完成的程序、实验室作用或功能的综合报告。

1）实验室采样的冷链和兽医学：冷链系统对病原类或蛋白质类样品采集、运输和分析至关重要，如果冷链系统不能保证，分析结果也难以保证。

2）诊断实验室：用于兽医勤务的实验室包括官方实验室和其他具有资格的特殊实验室。兽医诊断实验室要保证诊断质量，其实验室必须具备标准诊断程序、国际或国家认可的标准检验方法和检验效率、能够保证检验进行的高素质人员、标准试剂等。

3）研究：在国家层面上关心动物疾病范畴和兽医公共卫生问题、控制的程度，这些信息可用于评价目的。

7. 职能素质和法律依据

（1）动物卫生与兽医公共卫生　　兽医管理部门应该表明其职能、法律依据，应具备对所有动物卫生相关事宜的处理能力。

（2）进出口检验　　兽医主管部门依据有关法规建立控制和处理进出口动物的卫生检验方法。

8. 动物卫生控制

（1）动物卫生状态　　在进出口检验时对方国家的最新动物疾病评估信息非常重要，特别是WOAH通报性疫病信息。

（2）**动物卫生控制**　最新动物疾病控制程序在兽医评价中要重点考虑，这些程序包括流行病学调查，政府允许的工业上使用的对特殊疾病的控制或消除程序，动物疾病应急计划等。

（3）**国家动物疾病报告系统**　在国家农业区具备实用的动物疾病报告系统，并且兽医保障措施都已具备。防疫法已经明确建立国家各级动物疫病报告系统。

9. 兽医公共卫生控制

（1）**食品卫生**　兽医管理部门应该加强兽医公共卫生职能，特别是动物产品的生产和加工监督，如动物屠宰、加工、运输和贮存等过程的卫生监督。

（2）**人兽共患病**　在兽医团队中要安排具有适当资格的人员负责人兽共患病监控，并负责与医学权威联络。

（3）**化学残留检测程序**　对进出口的动物、动物产品、饲料的化学残留应进行适当监控，对来自环境和其他化学物质污染动物、动物产品、动物饲料具有统计学意义的调查和监控必须做。检测方法应该与国际接轨，检测结果与互贸国家共享。国家应定期进行监测工作，以便及时了解残留情况。就评价而言，保证政府对动物和动物产品中化学残留的有效监控直接关系到公共卫生风险问题。

（4）**兽医医疗**　我们国家对动物产品的管理由多部门负责，而兽医勤务评价的目的是了解兽医主管部门对动物生产、进出口、注册、供应、销售和兽医技术应用、生物学和诊断试剂及动物来源等试剂控制程度如何。兽医学的监控直接与动物卫生和公共卫生有关。

在动物卫生领域，这里主要关注生物制品，如果兽医管理部门对生物制品注册控制得不好，将会对动物疾病预防安全提出严峻挑战。

（5）**动物卫生控制与兽医公共卫生之间的统一协调**　对动物源性产品如肉和乳产品卫生监督的信息反馈系统非常重要，兽医勤务是动物卫生管理中一个重要因素，特别是动物产品通过食物链在兽医相关控制下使其微生物和化学污染保持最低水平是兽医勤务的重要目标。

10. 绩效考核和审查程序

（1）**发展规划**　如果官方已经公布有发展规划，对兽医勤务评价来讲，关键看其发展目标和优先项目实现得如何。

（2）**绩效考核**　如果已经制定发展规划，相关组织就会有依据来考核实现发展规划目标的实际效果，即主要观察其业绩指标。结果应该列入评估中。

（3）**可塑性**　一些因素可能影响评价结果，如官方认证时的错误或偏差、错误的证据、国际政治因素影响、资源缺乏和不良的基础设施等。最理想的状况是兽医勤务独立行使其职能并能严厉审查其操作行为，目的是保证兽医单位能够具有一致性和高度完整地完成任务，其完整性的一个重要特征是能够修正不良认证和错误行为。

（4）**兽医勤务行政管理**

1）年度报告。官方兽医必须有年度报告，内容包括兽医勤务的组织和结构、预算、各项工作和取得的成绩。在国际贸易中报告的现场本和回顾本要与贸易伙伴共享。

2）政府定期专业回顾报告。任何兽医定期报告，或者是特别政府总结，或者是兽医勤务的特殊作用报告都可以作为评价处理。

3）特殊委员会咨询报告。注意最新的兽医勤务报告、取得成绩的关键因素、随后建议补充的各个细节，兽医团队关注原来不利结果的修正信息，对随后的有效审查和反馈程序都是很好的证据，这样就会使信息更加透明。

4）在职成员培训规划。为了应对国内国际兽医勤务的不断变化和挑战、技术的不断更新，国家兽医主管部门必须制定相应计划对在职人员进行适当培训，包括一些动物卫生组织的科学大会。这也是评价兽医勤务效果的内容之一。

5）发表文章。兽医人员可以通过在期刊上发表文章等，讨论各自的专业观点。

6）其他相关资源的综合利用。必须建立在适当地方兽医部门与当地（或国外）大学、科研机构或认定的兽医组织进行正式的商讨机制，可以增进国际认同，获得最新知识和技术交流。

7）商业绩效。国家的兽医职能评价主要看其最近国家的商贸处理情况。

11. WOAH 活动参与

世界动物卫生组织成员方和非成员方都有义务提供兽医活动和动植物卫生评价状况。

国际兽疫局，也称为国际动物流行病办公室（Office International des Epizooties，OIE），现在更名为世界动物卫生组织（World Organisation for Animal Health，WOAH），是国际性动物卫生组织，至2023年有183个成员方，总部设在巴黎。WOAH的主要目标是促进和协调国际在动物传染病因及控制方面的合作实验和研究；收集动物流行病信息及控制措施，提起政府及动物卫生组织的关注；审核有关国际动物疫病控制法规的协定草案，并向成员方提供监督实施办法。WOAH有完整的动物疫情通报系统和科学保证体系。WOAH集中了世界上一批一流兽医专家，设立了6个专家（技术）委员会。委员会负责研究制定国际动物卫生法规，制定各种动物疫病的诊断、预防和控制方法，为全球动物卫生工作制定并提供标准化和规范化的技术资料。

12. 兽医法定团体评价

（1）范围　　在兽医法定团体评价过程中，依据评价目的考虑（2）～（7）项内容，即目标和职能的评价，法律依据、自主和职能评价，会员资格代表权的评价，决策的负责任程度和透明性，资金来源和处理，兽医专业人员的在职培训和提高的实施情况等。

（2）目标和职能的评价　　兽医法定团体应该限定其政策和目标，包括权利和职能的详细解释。

1）通过执照或注册管理相关人员。

2）确定具备认定资格成员的最低学历。

3）确定兽医职业规范和这些规范出台。

（3）法律依据、自主和职能评价　　兽医法定团体行使能力必须有法律依据，才能依据相关法规行使职能，如执照和注册、最低（原始和继续教育）教育程度、职业行为标准及惩罚措施的实施。兽医法定团体可独立行使权利而不受政治和商业利益干扰。

（4）会员资格代表权的评价

1）兽医当局任命的兽医职位，如首席兽医官。

2）兽医法定团体内注册会员选举的专业职位。

3）兽医协会任命的专业职位。

4）非职业性兽医的代表。

5）兽医学会的代表。

6）私营部分利益相关者的代表。

7）任命的选举程序和任期。

8）成员的资格和要求。

（5）决策的负责任程度和透明性　　对于不良职业行为、决策透明度、资金使用情况、判决和申述机制等信息都要公开。工作报告、注册人员及相关信息都应公开。

（6）资金来源和处理　　对使用和收入资金情况进行审查。

（7）兽医专业人员的在职培训和提高的实施情况　　包括职业提高、培训等实施情况。

13. 国家兽医职能部门在国家利益层面上或标准上要有自我评价

进口国对输出国的动物或动物产品进行风险分析，以确定是否采取必要的卫生措施保护人类或动物健康，防止疾病传入或病原输入，针对商业活动定期进行评价报告。国家贸易评价中根据上述原则进行，并提出"14. 国家兽医勤务所要求的自我评价或评价纲要"中的模式问题。进口国要详细分析评价结果，并按重要程度把问题排列开，具体问题具体分析。

14. 国家兽医勤务所要求的自我评价或评价纲要

（1）兽医勤务的组织和结构

1）国家兽医管理部门：组织结构图，包括数量、位置和空置数。

2）省市级兽医管理部门：组织结构图，包括数量、位置和空置数。

3）其他兽医单位：相关描述。

（2）人力资源的国家信息

1）兽医专业人员数：国家兽医法定团体的注册/具有资格兽医人员总数。其他兽医人员数：归政府管辖的全日制兽医专业人员（包括国家部门和省市管辖的）及非全日制兽医人员（包括国家部门和省市管辖的）、私营兽医人员、其他兽医人员总数。动物卫生人员数：与家畜饲养有关的、具备兽医职能的人员数。兽医公共卫生人员数：食品卫生检验人员数。与兽医有关的国家指数：按地理区域从事畜牧的人数和畜牧场数占全人口数比。兽医教育：兽医学校数，兽医专业学制年限，兽医教育的国际认可度。兽医专业协会数量。

2）非兽医专业人员数：在兽医行政部门中非兽医专业人员数量，包括生物学、生物统计学、经济学、工程和法律等方面为兽医专业服务的人员数。

3）兽医勤务中的助理人员数。动物卫生：根据农场中家畜的分类和数量进行区域划分，包括区域人员分类、区域兽医官员、教育和培训人员比例。

兽医公共卫生：从事食品检验人员的数量，包括肉品检验、乳品检验、其他食品检验、进出口食品检验、教育和培训人员数量。

4）辅助人员数：管理、通信、运输领域人员数量。

5）上述人员的职能叙述。

6）家畜拥有者、农场主和其他相关人员。

7）其他信息和注释。

（3）资金管理信息

1）现在和过去两个财政年度兽医管理部门全部投资额：国家兽医管理部门、省市兽医管理部门、其他相关政府部门投资。

2）投资额度来源：政府投资、省部级投资、税收和罚金、补助金或赠款、私人服务等。

3）兽医勤务各项活动资金分配额度。

4）国家公共部门投资所占比例数。

5）全部家畜生产实际和分配比例。

（4）行政管理细节

1）国家兽医管理部门的数量和分布状态。

2）国家和地方政府在兽医勤务中通信系统的形式。

3）运输。能提供运输工具的方式、资金配套或保障情况。

（5）实验室职能

1）诊断实验室。政府设置的兽医实验室的组织结构和作用，特别是田间检验的职能评估。国家兽医诊断实验室数量与质量：政府操纵的实验室、政府认可的用于动物卫生控制或公共卫生检验、监控和进出口检验的私人实验室职能执行能力评估；非政府实验室鉴定程序和标准的详细描述；政府对兽医实验室人力资源和资金投入，包括职员数、大学毕业生和研究生数及进一步培训的机会等予以评估。诊断方法范围，国内外兽医实验室合作情况，实验室兽医勤务质量控制和评估状况，官方兽医实验室收到样品和外来动物疾病调查情况最新报告，样品取回、检验和保藏程序情况，政府和私人兽医实验室独立报告，官方兽医实验室操作计划。

2）研究实验室。国家开放研究型兽医实验室数量与质量评估：归政府所有的，针对动物卫生和兽医公共卫生研究的非政府所有的实验室；政府用于兽医研究的人力和金融资源投资状况；未来政府用于兽医研究的规划；政府管辖的研究实验室年度报告。

（6）职能和法律依据

1）动物卫生和兽医公共卫生。相关法律的采用和完善的评价：在控制国家边界动物和兽医公共卫生方面的职能质量；地方动物疾病包括人兽共患病的控制；外来病暴发包括人兽共患病的突发事件的控制；检验和设备登记；国内消费肉品的生产、加工、保藏、销售的兽医公共卫生控制；兽医药品包括疫苗的注册和使用；强制性法律的兽医实施能力评价。

2）进出口检验。相关国家法律使用和完善的评价：出口肉品的生产、加工、保藏和销售的兽医公共卫生控制；出口鱼、乳品和其他动物源性食品的生产、加工、保藏和销售的兽医公共卫生控制；进出口动物、动物遗传材料、动物产品、动物饲料兽医卫生和公共卫生控制；动物疾病、病理材料的进口动物卫生控制；进口动物卫生材料包括疫苗的动物卫生控制；用于控制目的的设备检验和注册的兽医实施能力；备案和承诺等相关法律强制实施兽医勤务能力评价。

（7）动物卫生和兽医公共卫生控制

1）动物卫生。动物疾病及采样报告的系统描述。官方实施的控制程序：流行病学调查和监控程序；特殊疫病官方认可实施或清除程序；突发动物疾病应急计划；最新（十年内）动物疾病状况。

2）兽医公共卫生。食品卫生：官方对过去3年的各种动物屠宰统计年度报告中遗漏的屠宰数的估计，不同动物出口注册占全国屠宰动物的比例，兽医管理部门注册出口商售鲜肉数量，屠宰场，肉加工类型，冷藏，商售鲜肉的公共卫生控制。

人兽共患病：兽医管理部门监控人兽共患病的人员数和职能，其他与人兽共患监控相关组织的作用和关系。

化学残留检测：来自于动物、动物产品和饲料的环境和化学残留、污染物国家调查和监控程序，兽医管理部门和兽医勤务部门在这些程序中的作用和职能，分析方法与国际认可的标准一致性的情况。

兽医保障：兽医药物包括疫苗的注册、供应和使用的管理和技术状况，重点考虑食用动物食用时的兽医公共卫生问题。

（8）质量系统

1）兽医勤务部门驻外机构的正式任命材料。

2）质量手册。

3）对兽医勤务内部的独立审查报告。

（9）绩效评价和审查程序

1）发展规划和回顾：兽医勤务组织发展规划和操作程序的备案材料、使用范围、兽医管理部门的年度报告。

2）其他报告：最近3年兽医勤务部门的职能和作用的官方回顾、建议。其他科技资源：国内外的大学和研究所发表的文章。

（10）WOAH成员资格　　我国是WOAH成员，该成员资格是有任期限定的，到期还要再申请。

（11）其他评价标准　　此处省略。

（12）举例　　中国动物卫生与流行病学中心的主要职责。中国动物卫生与流行病学中心为承担重大动物疫病流行病学调查、诊断、监测，动物和动物产品兽医卫生评估，动物卫生法规标准和重大外来动物疫病防控技术措施研究等工作的国家级动物卫生机构，主要职责如下。

1）负责组织开展动物流行病学调查、分析、研究和疫病普查；负责收集、处理、保藏各种动物血清，开展重大动物疫病动态监测和疫情追溯。

2）负责重大外来动物疫病诊断、疫情监测及防控技术措施研究。

3）负责收集国外动物疫情信息，建立国家动物卫生与流行病学数据库，开展动物疫病预警分析工作。

4）承担动物和动物产品兽医卫生评估、动物疫病区域风险评估工作，组织实施企业动物卫生认证。

5）协调国家动物卫生与流行病学分中心、国家兽医参考实验室、各级各类兽医实验室的流行病学调查工作，分析和汇总流行病学调查的相关数据，提出流行病学调查的总体报告。

6）开展动物疫病诊断技术和诊断试剂研究。

7）收集分析国际动物卫生法律法规和SPS协议相关法规及案例，开展动物卫生法规标准研究工作；承担动物卫生技术性贸易措施及国际兽医事务的综合评估工作。

8）承担全国动物防疫标准化技术委员会和全国动物卫生流行病学专家委员会的日常工作。

9）完成农业农村部交办的其他任务。

15. 兽医的食品安全职责

我国兽医工作涵盖了从养殖、屠宰、加工到流通的全过程，是保障动物源性食品生产体系、从农场到餐桌全过程的安全标准实施的关键组成部分。

兽医在动物源性食品的生产过程中担负着环境卫生、疫病防治、动物健康、检疫检测等系统工作，其行为直接影响动物源性食品安全，具有不可替代性。

（1）保证食用动物健康

1）从生产源头完善产品可追溯体系，实施全过程质量监控。动物源性食品安全最关键的环节之一是保证原料安全。而保证原料安全是兽医工作者的主要任务之一，首先是保证食用动物健康，只有动物健康才能保证食品原料安全。建立动物源性食品生产环节安全追溯管理系统，是国外成功的食品安全监管体系有效运作的经验，我国要根据不同畜禽生产的基础条件，逐步建立起从生产源头的动物源性食品追溯体系。建立动物源性食品生产商、加工商、销售商和顾客之间的责任与权益关系，使质量安全责任主体明确，实现整个流通过程的信息公开化，确保动物源性食品全程监控和追溯可能性，为动物源性食品安全监管部门提供科学决策依据。

2）全程监测非法药物销售与使用，确保残留药物不会传递到人。所有禽兽药的使用，必须遵守法规，必须坚决禁止已明令禁用或淘汰的盐酸克伦特罗、己烯雌酚、氯丙嗪、氯霉素等药物和添加剂使用。每一位从事动物食品生产人员、检疫兽医、疾病防治兽医、饲料及其添加剂生产技术人员、药品批发销售人员、饲养场经营管理人员都要关注政府相关明令禁用或淘汰的药物和添加剂清单公告，做到有令必止，维护公共卫生利益，保障公众健康安全。

3）兽医是动物福利的指导和直接执行者。我国动物源性食品安全问题本质上是生产和动物福利健康问题，中国执业兽医、临床兽医、乡村兽医的职业操守、职责行为对健康动物生产、动物源性食品安全负有最直接相关责任。动物福利直接关系到动物健康、动物源性食品的品质与卫生安全，因此，在动物源性食品生产过程中要更加注重动物福利执行情况，提升食品品质。

4）全程监测动物源性食品有机物和有毒有害金属违法添加剂的使用。实验证明，环境中难降解的有机污染物和有毒有害金属造成的动物产品污染虽然是局部现象，但影响严重，必须充分认识到长期违法使用带来的食物链污染后果。

非法添加的各种化学、生物物质通过食物链进入人体后可能导致人类多种有害效应。食用环境中的铅和汞污染动物产品可引起婴儿和儿童的神经系统损害，镉暴露也可造成肾脏损害。这些污染物可能通过受污染的空气、水和土壤而污染动物源性食品。三聚氰胺奶粉事件的教训让我们明白：任何动物源性食品安全事件都不是出于一个环节的原因，更不是一个部门能处理得了的事情，特别是流通环节的监管措施有待完善，重点是农业（包括兽医）、卫生、质检、工商、食品药品、商务等相关部门在分工明确的前提下更需要互相配合协调，堵塞动物源性食品安全监管漏洞。

（2）指导监督动物源性食品生产过程　严格加工过程中的质量控制，确保食品品质和卫生质量。

动物源性产品加工过程中如果缺乏严格的质量控制措施，会导致致病微生物污染事件的发生。近百年来，沙门菌、弯曲杆菌、肠出血性大肠杆菌、李斯特菌、金黄色葡萄球菌等细菌污染动物源性产品而造成的世界各国群发性食品安全事故告诉我们，如果不在动物源性产品加工过程中进行质量控制，会对人民大众的健康生命安全构成巨大威胁。

规范执业兽医岗位，落实加工过程的质量控制，实施屠宰加工企业分级管理制度，开展动物源性食品加工企业资质等级认定工作，严格施行屠宰加工技术人员、肉品品质检验人员持证上岗制度和肉品品质强制检验制度。

第七节　国内外动物检疫工作的组织与管理

动物检疫的常规做法是对动物及其产品进行检查、检验和监测（主要是针对列入国家动物疫情监测计划并监测合格的），证明符合健康和卫生条件的，即由官方兽医签发动物卫生证书。各国实施的国内屠宰检疫和流通环节的监督检查均属于这种类型。这种做法在国家贸易中往往要通过检疫协定或协定书的形式，对进出口双方产生约束力。贸易双方通过这种监督检查措施，保障和证明其动物的卫生状况。

我国动物检疫管理体制与国外多数国家不一样，因此，国内外动物检疫工作的组织与管理是有所不同的。

一、国外动物检疫工作的组织与管理

1. 国外动物检疫管理体制

国外动物检疫管理体制由官方兽医制度及垂直管理的兽医机构组成，其主要特征表现在：由国家考核任命和授权的兽医官作为动物卫生监督执法主体，通过实行全国范围的或者省（州）级垂直管理，对动物疫病防治及动物产品实施独立、公正、科学和系统的兽医卫生监督，以保证动物及动物产品符合兽医卫生要求，切实降低疫病和有害物质残留风险，确保畜牧业生产和食品安全，维护人类和动物健康。官方兽医是在国家授权之下行使职权，不仅有权对动物及动物产品生产过程实施动物卫生措施的情况进行独立、有效的监督，而且还负责签发相关的动物卫生证书。目前，官方兽医制度的健全性已经成为一个国家动物卫生管理能力的主要指标，是畜产品安全监管能力国际认可度的重要标志。

世界上多数国家实行官方兽医制度，具体做法却不尽相同，官方兽医的称呼也不完全一致，但在管理上有着明显的共性。首先，它们依据世界动物卫生组织制定的标准、准则或建议，在本国法律和标准体系中，突出了兽医统一的、全过程的管理，即不仅包括饲养、屠宰、加工、运输、贮藏、销售、进出口的全过程，也包括相关的场所、环境、设施、工艺、操作规程和操作方法，还包括了科学研究、实验、检验机构及兽医诊疗管理、动物福利等各个方面。这种管理方式更好地保证了动物产品生产全过程的兽医监督，把动物疫病防治和动物源性食品安全的风险降到了最低水平。其次，在管理体制方面，它们基本上都采用了兽医机构垂直管理制度。国外官方兽医制度大致分为三种类型：欧洲和非洲的多数国家，特别是欧盟成员国属于第一类型，其官方兽医制度和世界动物卫生组织规定的完全一致，属于典型的垂直管理的官方兽医制度；美洲国家属于第二种类型，采取的是联邦垂直管理和各州共同管理的官方兽医制度；澳大利亚和新西兰等国家属于第三类型，采用的是州垂直管理的政府兽医管理制度。

德国是典型垂直管理模式，德国最高兽医行政官为首席兽医官，统一管理全国兽医工作，州和县市的兽医官都由国家首席兽医官统管，并以县市级兽医官为主行使职权，每个县市都设有一个地方首席兽医官和另外三名兽医官，分别负责食品卫生监督、动物健康保护和动物流行病防治等三个方面的工作，兽医官只与当地发生业务联系，而不受地方当局领导，以保证其公正性。美国动植物检疫局是联邦最高的兽医行政管理部门，局长为最高兽医行政长官，由农业部副部长兼任。总部设有若干高级兽医官和助理兽医官，分别负责全国动物卫生监督、动物及动物产品进出口监督和紧急疫病扑灭三方面工作。此外，该局还在全国设了东、中、西三个区域兽医机构，分别管理分布在全国各地的地方兽医局。地方兽医局具体负责当地动物调运的审批、免疫接种的监督、动物登记和突发疫情的扑灭工作。地方兽医局由地方兽医主管，下设助理兽医官，划片负责相关地区的兽医卫生监督工作。动植物检疫局总部的兽医官和地方兽医官都属于联邦兽医官。除地方兽医局外，美国每一个州还都设有州兽医管理机构，属于该州农业部管理。其最高行政首长为州立动物卫生官，下设州立兽医。在工作方面，地方兽医局和各州兽医管理机构通过签订协议明确各自的职责，共同负责该州的动物卫生工作。

尽管世界各国的官方兽医制度不尽相同，但其本质却极相似，即官方兽医由国家兽医行政管理部门垂直管理，并对动物疫病防治和动物及动物产品生产全过程进行有效监督，以达到兽医卫生执法的公正、科学和系统性。

2. 国外的动物检疫检验工作

（1）企业动物卫生认证与注册　　目前，世界各国通过世界贸易组织《实施动植物卫生检疫措施协议》（SPS 协议）及《技术性贸易壁垒协议》（TBT 协议）要求的合格评定程序，对动物源性产品企业实行相关的认证和注册。合格评定程序是指直接或间接用来确定产品是否达到技术法规或标准要求的程序。合格评定程序的主要内容包括两大类：一是对产品的安全、功能特性等进行的实验室检测程序，即产品认证；二是由国家认可机构对企业内部质量管理或环境管理等进行认可的程序，即所谓的体系认证。其中，产品认证又分为安全认证和合格认证两种。安全认证是强制性的，合格认证和体系认证是自愿性的。美国、日本、欧洲等国家和地区，为确保食品安全，实施了欧洲食品安全管理体系HACCP、ISO 22000和食品质量认证体系GMP、ISO 9001等。而欧盟对于申请进口的企业，不仅要看这个厂原来的认证条件，还要派官员到出口国进行考察；不仅对屠宰加工厂进行认证和注册，还要对屠宰加工厂所在地区及活畜禽养殖产区动物防疫管理体系及运行状况进行评估，以确保进入本国的动物产品安全卫生。

（2）**边境检疫检验**　　根据SPS规定，各国均在其边境的附近位置设置边境检疫站，主要功能是对进出境的动物和动物产品进行检疫。边境检疫站必须配备防止动物疫病扩散的设施和设备，装备必要的仪器，检疫人员（官方兽医及辅助人员）齐全，法律规范和监控程序完善。边境检疫站的数量受到严格限制。出口动物及动物产品的检疫则主要依靠国内动物疫病控制计划、监测计划的监测检验结果和临床检查，边境检疫站只做健康检查，并由官方兽医签发国际动物卫生证。

（3）**屠宰检疫检验**　　由于国外的动物屠宰企业均实行动物卫生管理体系认证，即由国家认可机构对企业内部质量管理或环境管理等进行认证，屠宰检验主要是实施监督检查职责，并通过屠宰检疫具体检查致病微生物。加上在屠宰检疫过程中可以方便地共享饲养及运输过程中的安全动物卫生信息，当发现异常时可随时调阅相关资料，故屠宰检疫在动物源性食品安全方面的保障作用是显而易见的。屠宰检疫合格的，由官方兽医出具动物卫生证书即可在国内省际进行流通。

（4）**流通控制[跨省（州）运输、进出境检疫]**　　　动物流通控制是预防动物疫病跨区域传播的主要措施。在发达国家，动物移动的基本流通模式：无疫病区→无疫病区；无疫病区→监测区→缓冲区→疫区；无疫病区→疫病低度流行区→疫区。严格禁止染疫或疑似染疫的动物反向流动。动物及动物产品跨省（州）流通和出入国境，必须凭"动物卫生证书"。

（5）**进出口检疫检验引入风险管理**　　　在WTO/SPS框架下，目前世界各国普遍实施进境动物及动物产品的风险评估。进口方通过对生物学、国家和商品因素的风险评估，综合评价引进、流行或传播某些病虫害的可能性及其生物学和经济后果，即进口方在进口前对进口产品可能带入的病虫害的定居、传播、危害和经济影响，或对进口食品、饮料或饲料中可能存在添加剂、污染物、毒素或致病有机体可能产生的不利影响作出科学评价，并在风险评估的基础上决定是否允许进口或隔离追溯措施。除此之外，进出口贸易双方还要对各自相关的出口企业分别进行相互的认证和注册，以确保出口的动物源性产品的质量与安全。

在贸易方面，国家官方保证体系是各国向其他国家提供其产品贸易安全的官方保证的机制。进口国主管当局对出口国主管当局的道德、管辖权和能力的信任程度，对于进口国对出口国官方保证的信任程度至关重要。WOAH《陆生动物卫生法典》和《水生动物卫生法典》为从事动物和动物产品贸易的进口国和出口国规定了与动物健康和人兽共患病有关的兽医证书要求。食品检验和认证体系法典委员会制定的指南对这些要求进行了补充，该指南涵盖了与食品安全和其他非健康相关技术事项（如成分、等级或有机状态）相关的，以及与食品国际贸易相关的检验和认证系统要求。

二、国内动物检疫管理体制

1. 动物检疫管理体制现状

在我国，动物检疫管理体制分为国内检疫和进出境检疫两个管理体制，并分别隶属于农业农村部和海关总署。国内检疫和进出境检疫分别依据《中华人民共和国动物防疫法》和《中华人民共和国进出境动植物检疫法》进行。在技术层面，两个不同的检疫检验系统分别执行不同的法律法规和技术标准体系。在动物进出境过程中依据《中华人民共和国海关法》，海关负责相关的监管（海关主责关税、通行和相关缉私工作），海关凭动植物检疫机关签发的"放行通知单"接受报关、出关。

我国畜产品产业链从养殖、加工、流通到国际贸易部门分段管理和交叉管理，其中农业农村部兽医行政管理主要是在动物饲养阶段的疫病防疫和兽医药品生产、流通、使用中的管理；动物源性食品的卫生安全由国家卫生健康委员会管理主责；海关总署负责管理动物和动物产品进出口的检疫检验；而畜产品的国际贸易又由商务部管理。这种分段管理的方式，执法主体呈现多头性，各部门各自为政，不利于兽医工作的统一实施，已影响了动物疫病的控制和动物源性食品安全保障链条的运行。按照《陆生动物卫生法典》的有关原则，动物饲养和动物产品的生产、加工、运输等活动都必须在政府的官方兽医体系监控之下，要达到这种格局，兽医工作就必须实施统一管理。

2.《中华人民共和国动物防疫法》新版颁布和动物检疫管理体制的改革

2021年1月22日第十三届全国人民代表大会常务委员会第二十五次会议第二次修订《中华人民共和国动物防疫法》，自2021年5月1日起施行。动物检疫检验是防疫法的重要组成部分。随着国家整体机构、单位功能和动物检疫等方面的发展，修订版的动物防疫法在4个方面进行了突出的修改，主要在关于政府机构改革、关于农业综合行政执法改革、非洲猪瘟疫情的影响与后效应和新冠疫情的影响等方面，对法律进行了相关的修改。

（1）关于政府机构改革对动物检疫的相关改变　　以大部制改革为主要的表现形式，在国务院层面成立农业农村部，原农业部内设机构畜牧业司和兽医局合并为农业农村部畜牧兽医局；在地方层面，原独立或半独立设置的畜牧兽医局合并进农业农村厅，内设畜牧兽医处；在机构职能方面，行政管理职能全部划入农业农村主管部门，很多地方检疫与行政检查等监督管理权限均纳入农业农村部门"三定"方案。针对行政机构的变化对法律修订影响的最直接表现，将原法中"兽医主管部门"修改为"农业农村主管部门"，动物卫生监督机构及其官方兽医不再履行监督检查等行政职能。

（2）关于农业综合行政执法改革对动物检疫的相关改变　　见第9页"三、动物检疫实施部门"。

（3）关于非洲猪瘟疫情的影响与后效应较大地影响了法律的修改　　在非洲猪瘟防控过程中虽然获得了部分控制效果，但暴露了我国动物防疫检疫的一些不足，如部分地方动物防疫体系失灵，防疫队伍能力严重不足，影响了防控措施的有效落实；非洲猪瘟带来的损失和尚无疫苗可用的现实，也暴露了动物防疫工作链条不全、重预防不重根除等问题。可以说，非洲猪瘟疫情是对本次法律修订影响最大的一个背景。

（4）新冠疫情的影响　　新冠疫情是在动物防疫法修订过程中突然暴发的，影响内容修改，集中加强了关于维护公共卫生安全的规定。疫情发生后，全国人大常委会迅速通过《全国人民代表大会常务委员会关于全面禁止非法野生动物交易、革除滥食野生动物陋习、切实保障人民群众生命健康安全的决定》，禁止非法野生动物交易和滥食野生动物等行为；首次制定专项立法修法计划，强化公共卫生法治保障，涵盖约30部法律修订任务，《中华人民共和国动物防疫法》作为这个专项计划中规定完成的第一部法律，受到格外重视。

正是在这一背景下，将"预防、控制和扑灭动物疫病"修改为"预防、控制、净化、消灭动物疫病"；法律修订后期大幅增加了关于防范人兽共患传染病和加强野生动物防疫检疫监管的内容。关于动物疫病净化消灭是新增条款。

（5）对动物疫病分类作了调整　　除了补充和调整，还增加了野生动物保护主管部门参与制定人兽共患传染病名录。

（6）关于防止境外动物疫病输入协作机制　　当前我国境外动物疫病防范形势依然严峻，防堵压力很大。虽然国家动植物检疫机关（先是原国家质量监督检验检疫总局，后是海关总署）与农业农村部在制定禁止进境名录、检疫疫病名录和发布禁令、解禁令等方面共同开展了多项工作，但近十年来小反刍兽疫、非洲猪瘟、牛结节性皮肤病等动物疫病先后传入，说明仍需进一步加强部门协作和联防联控，不断提高监测分析、风险防范能力和效果，切实防堵境外动物疫病传入。新增这一机制的规定是本次修法的一个亮点，旨在增强动物疫病防控合力。后续《中华人民共和国进出境动植物检疫法》若修订，如何与本条做出衔接，值得关注。

官方兽医制度实行的是官方兽医和个体兽医并行。官方兽医代表国家行使法律规定的权利，而个体兽医主要是为企业、动物诊疗等提供营利性服务而获取报酬，且将检疫检验、执法监督与兽医诊疗服务分开，将动物卫生工作中的政府行为与市场行为分开。除官方兽医由国家聘用外，其他兽医人员可一律走向社会，在官方兽医管理下从事兽医服务工作，更好地为动物防疫、动物检疫检验和食品安全做贡献。

第二章 动物疫病

第一节 动物疫病概念与特点

动物疫病指的是危害或可能危害动物及动物产品的任何传染病和寄生虫病，具有群体暴发的特点，因此危害严重。动物疫病包括传染病和寄生虫病，有些动物疫病是人兽共患的，对人的卫生健康也存在威胁。

一、传染病

传染病是指由特定病原微生物引起的，有一定的潜伏期和临床表现，并具有传染性。在临床上，不同的传染病表现千差万别，同一种传染病在不同种类动物上的表现也各不相同，甚至对同种动物的不同个体的致病作用和临床表现也有所差异。传染病具有以下一些共同特征。

1. 传染病是由病原微生物引起的

各种传染病都是由特定的病原体引起的，如禽流感是由流感病毒引起的。

2. 传染病具有传染性和流行性

引起传染病的病原微生物，能在患病动物体内增殖而不断排出体外，它可以通过一定途径再感染其他易感动物，从而引发具有相同症状的疾病，这种使疾病不断向周围散播传染的现象，是传染病与非传染病区别的一个最重要特征。多数传染病发生后，没有死亡的患病动物能产生特异性免疫力，并在一定时期内或终生不再患该病。

3. 被感染动物有一定的临床表现和病理变化

大多数传染病都具有其明显的或特征性的临床症状和病理变化，而且在一定时期或地区范围内呈现群发性。

4. 传染病的发生具有明显的阶段性和流行规律

个体发病动物通常具有潜伏期、前驱期、临床明显期和恢复期4个阶段，而且各种传染病在群体中流行时通常具有相对稳定的病程和特定的流行规律。

二、寄生虫病

在两种生物之间，一种生物以另一种生物体为居住条件，夺取其营养，并造成其不同程度危害的现象，称为"寄生"。过着这种寄生生活的生物，称为"寄生虫"。被寄生虫寄生的人和动物，称为寄生虫的"宿主"。由寄生虫所引起的疾病，称为"寄生虫病"。

寄生虫侵入宿主体内后，多数要经过一段或长或短的移行，最终达到其特定的寄生部位，发育成熟。寄生虫对寄主的危害一般是贯穿于移行和寄生的全部过程中的。由于各种寄生虫的生物学特性及其寄生部位的不同，致病作用和程度也不同，其危害和影响主要有以下几个方面。

1. 机械性损害

寄生虫侵入寄主机体之后，可使寄主的组织、脏器受到不同程度的损害，如创伤、发炎、出血、堵塞、挤压、萎缩、穿孔和破裂等。

2. 掠夺营养物质

寄生虫在寄主体内寄生时，常常通过用口吞食或由体表吸收的方式，将宿主体内的各种营养物质变为虫体自身的营养，有的则直接吸取宿主的血液、淋巴液作为营养，从而造成宿主营养不良、消瘦、贫血和抵抗力降低等。

3. 毒素的作用

寄生虫在生长发育过程中产生有毒的分泌物和代谢产物，易被寄主吸收而产生毒害，特别是对神经系统和血液循环系统的毒害作用较为严重。

4. 引入病原性寄生物

寄生虫侵害寄主的同时，可能将某些病原性细菌、病毒和原生动物等带入寄主体内，使寄主遭受感染而发病。

寄生虫的传播和流行，也必须具备传染源、传播途径和易感动物三方面的条件，但还要受自然因素和社会因素的影响和制约。

寄生虫的感染途径随其种类的不同，主要有以下几种方式。

（1）**经口感染**　即寄生虫通过易感动物的采食、饮水，经口腔进入宿主体内的方式。多数寄生虫病属于这种感染。

（2）**经皮肤传染**　寄生虫通过易感动物的皮肤进入宿主体内，如钩虫、血吸虫的感染。

（3）**接触感染**　即寄生虫通过宿主之间的相互直接接触，或通过用具、人员等的间接接触，在易感动物之间的传播流行。属于这种传播方式的主要是一些外寄生虫，如蜱、螨、虱等。

（4）**经节肢动物感染**　即寄生虫通过节肢动物的叮咬、吸血，传给易感动物。这类寄生虫主要是一些血液原虫和丝虫。

（5）**经胎盘感染**　即寄生虫通过胎盘由母体感染给胎儿，如弓形虫等寄生虫具有这种感染途径。

（6）**自身感染**　某些寄生虫产生的虫卵或幼虫不需要排出寄主体外就可以使原寄主再次遭受感染，这种感染方式就是自身感染。例如，猪带绦虫的寄主呕吐时，可以使孕卵节片或虫卵从寄主小肠逆行入胃，而使原寄主再次遭受感染。

将寄生虫病和传染病分为两大类，并不是认为寄生虫病不具有传染性。主要是根据以下原因划分的：一是这两类疾病的致病原因不同，寄生虫病较少表现在呼吸道感染中，体现了与其他病原的不同特性；二是传统上对这两类疾病就是分开进行研究的；三是近年来对传染病和寄生虫病的研究都达到了分子水平，将二者区分开来更有利于对其进行深入的研究，进而获得更适合的防治手段。

第二节　动物疫病分类

一、WOAH实施新的动物疫情通报系统

现在WOAH在《陆生动物卫生法典》和《水生动物卫生法典》中已经将A类、B类疾病的分类统一修改

成"通报性疫病"（或法定报告疫病）与"非通报性疾病"两类。通报性疫病116种，非通报性疾病54种。为了更好地与WTO的SPS保持一致，保证动物及动物产品在国际贸易中的安全性，WOAH 2005年1月决定实施新的动物疫情通报系统。新动物疫情通报系统主要关注以下几个方面的内容，即制定新的疫病通报名录，对疫病重新进行定义，制定新的疫情通报要求，修改现行的动物卫生信息系统等。

1. 制定新的疫病通报名录

根据疫病的危害程度对A类和B类病重新进行分类，制定单一的陆生、水生动物疫病通报名录，替代以往的A类和B类病名录，其他为非通报性疫病。规定各成员方在进行动物及动物产品的国际贸易时，应对名录中的所有疫病给予同等重要程度的对待。

2. 对疫病重新进行定义

制定了新的动物疫病通报名录之后，WOAH还要解决以下两方面的问题：①对名录中的每一种疫病重新进行定义，使其能被大多数成员方接受；②对每次报告的"紧急"程度进行定义。

为此，WOAH总干事召集了一个由国际知名专家组成的关于陆生动物疫病/病原通报的Ad hoc小组，帮助WOAH动物卫生信息部门对疫病进行定义，并最终确定将哪些疫病列入新的疫病通报名录。将三种新现疾病列入新现疾病（emerging disease）：①鲤浮肿病毒病（carp edema virus disease）；②虾肝肠胞虫病（hepatopancreatic microsporidiosis）；③新型冠状病毒感染（COVID-19）。

新的疫病定义要求简明扼要，可由几个简单的可定义的因素组成，并在全世界范围内适用。对列入名录的疫病最重要的指标是考虑其潜在的国际传播能力，其他指标包括疫病在国内畜群中的传播能力及成为人兽共患病的可能。每个指标都与可量化的参数相关联：如果某种疫病满足至少其中一个参数，那它就是须通报的动物疫病。

3. 制定新的疫病通报要求

新的疫情通报系统要求对指定的动物疫病及与其相关的事件进行紧急通报。根据《陆生动物卫生法典》1.1.3节1.1.3.3条（通报和流行病学信息）的规定，具有重要流行病学意义的事件必须及时通报WOAH，主要包括以下内容：①某国或某地区第一次发生或感染名录中的动物疫病；②某成员方代表宣布疫情结束后，该国或地区再次发生或感染名录中的动物疫病；③某国或某地区首次发现名录中疫病的新型病原毒（菌）株；④名录中疫病的发病率或死亡率突然增加，并超出预期想象；⑤具有高死亡率/发病率或成为人兽共患病潜在可能的紧急疫病；⑥有迹象表明名录中疫病的流行病学发生变化（包括宿主范围、致病力、病原类型等），尤其是有可能成为人兽共患病。

4. 修改现行的动物卫生信息系统

由于在新系统中，疫病通报名录和通报要求均发生较大变化，因此需要对现行的WOAH动物卫生信息系统进行重新设计，并使其得到最新的信息、通信技术包括制图软件等所能提供的最先进的性能。

5. 新系统实施时间

2004年5月，WOAH国际委员会讨论并采用新的疾病分类标准，现行的系统（A类和B类）保持不变；2005年1月，取消A类和B类系统，实施新的通报系统；2005年5月，WOAH国际委员会讨论和采取新的世界动物卫生组织疫病目录，应用2004年5月的标准，并及时通知成员方。

二、中华人民共和国农业农村部规定的动物疫病分类意义

依据2008年农业部公告（第1125号）公布的疫病种类修订目录和《中华人民共和国动物防疫法》，动物疫病国内仍然叫作一类、二类、三类疫病。2022年6月23日，农业农村部对动物疫病目录进行了修订，根据动物疫病对养殖业生产和人体健康的危害程度，动物疫病分为下列三类。

1. 一类疫病

是指对人与动物危害严重，需要采取紧急、严厉的强制预防、控制、扑灭等措施的。

2. 二类疫病

是指可能造成重大经济损失，需要采取严格控制、扑灭等措施，防止扩散的。

3. 三类疫病

是指常见多发、可能造成重大经济损失，需要控制和净化的。

上述一、二、三类动物疫病具体病种名录由国务院兽医主管部门制定并公布。

三、WOAH规定的通报性疫病

符合下述条件之一的疫病即被认为是通报性疫病（法定报告疫病）（WOAH listed disease）：具有国际传播性（证明流行过三次以上/在三个以上国家存在无疫病的易感动物群/WOAH年度报告中一些国家连续几年存在无疫病的大量易感群），具有人兽共患的潜在性，在疫区内具有明显的人兽致死性，具有明显突发或快速传播性质。共计有116种通报性疫病，54种非通报性疫病，如下是通报性疫病名录。

1. 多种动物疫病

炭疽（anthrax）

Crimean Congo hemorrhagic fever

马脑脊髓炎［equine encephalomyelitis（eastern）］

心水病（heartwater）

锥虫病（infection with *Trypanosoma brucei*, *Trypanosoma congolense*, *Trypanosoma simiae* and *Trypanosoma vivax*）

伪狂犬病［infection with Aujeszky's disease virus（pseudorabies）］

蓝舌病［infection with bluetongue virus（bluetongue）］

布鲁氏菌病［infection with *Brucella abortus*, *Brucella melitensis* and *Brucella suis*（brucellosis）］

Infection with *Echinococcus granulosus*

Infection with *Echinococcus multilocularis*

Infection with epizootic hemorrhagic disease virus

口蹄疫［infection with foot and mouth disease virus（foot and mouth disease）］

利什曼原虫病［infection with *Leishmania* spp.（leishmaniosis）］

结核病［infection with *Mycobacterium tuberculosis* complex（tuberculosis）］

狂犬病［infection with rabies virus（rabies）］

Infection with Rift Valley fever virus

牛瘟［infection with rinderpest virus（rinderpest）］

旋毛虫病（infection with *Trichinella* spp.）

日本乙型脑炎（Japanese encephalitis）

New World screwworm（*Cochliomyia hominivorax*）

Old World screwworm（*Chrysomya bezziana*）

副结核病（paratuberculosis）

Q 热（Q fever）

Surra（*Trypanosoma evansi*）

Tularemia

West Nile fever

2. 牛疫病

牛无浆体病（bovine anaplasmosis）
Bovine babesiosis
牛生殖道弯曲杆菌病（bovine genital campylobacteriosis）
牛海绵状脑病（bovine spongiform encephalopathy）
牛病毒性腹泻（bovine viral diarrhoea）
地方流行性牛白血病（enzootic bovine leukosis）
Haemorrhagic septicaemia
牛结节性皮肤病[infection with lumpy skin disease virus（lumpy skin disease）]
牛传染性胸膜肺炎[infection with *Mycoplasma mycoides* subsp. *mycoides*（contagious bovine pleuropneumonia）]
牛传染性鼻气管炎/传染性脓疱外阴阴道炎（infectious bovine rhinotracheitis/infectious pustular vulvovaginitis）
Infection with *Theileria annulata*, *Theileria orientalis* and *Theileria parva*
毛滴虫病（trichomonosis）

3. 绵羊和山羊疫病

山羊关节炎/脑炎（caprine arthritis/encephalitis）
Contagious agalactia
羊传染性胸膜肺炎（contagious caprine pleuropneumonia）
Infection with *Chlamydia abortus*（enzootic abortion of ewes, ovine chlamydiosis）
小反刍兽疫[infection with peste des petits ruminants virus（peste des petits ruminants）]
Infection with *Theileria lestoquardi*, *Theileria luwenshuni* and *Theileria uilenbergi*
梅迪-维斯纳病（Maedi-visna）
Nairobi sheep disease
Ovine epididymitis（*Brucella ovis*）
Salmonellosis（*Salmonella abortusovis*）
痒病（scrapie）
绵羊痘和山羊痘（sheep pox and goat pox）

4. 马疫病

马传染性子宫炎（contagious equine metritis）
马媾疫（dourine）
Equine encephalomyelitis（western）
马传染性贫血（equine infectious anaemia）
Equine piroplasmosis
马鼻疽[infection with *Burkholderia mallei*（glanders）]
Infection with African horse sickness virus
Infection with equid herpesvirus-1（equine rhinopneumonitis）
马病毒性动脉炎（infection with equine arteritis virus）
马流感（infection with equine influenza virus）
Venezuelan equine encephalomyelitis

5. 猪疫病

非洲猪瘟[infection with African swine fever virus（African swine fever）]
猪瘟[infection with classical swine fever virus（classical swine fever）]
猪繁殖与呼吸综合征[infection with porcine reproductive and respiratory syndrome virus（poricine reproductive

and respiratory syndrome）]

Infection with *Taenia solium*（porcine cysticercosis）
尼帕病毒性脑炎（Nipah virus encephalitis）
猪传染性胃肠炎（transmissible gastroenteritis）

6. 禽疫病

Avian chlamydiosis
禽传染性支气管炎（avian infectious bronchitis）
禽传染性喉气管炎（avian infectious laryngotracheitis）
鸭病毒性肝炎（duck virus hepatitis）
禽伤寒（fowl typhoid）
高致病性禽流感[infection with high pathogenicity avian influenza viruses（highly pathogenic avian influenza）]
Infection of birds other than poultry, including wild birds, with influenza A viruses of high pathogenicity
Infection of domestic and captive wild birds with low pathogenicity avian influenza viruses having proven natural transmission to humans associated with severe consequences
禽支原体病[infection with *Mycoplasma gallisepticum*（avian mycoplasmosis）]
禽支原体病[infection with *Mycoplasma synoviae*（avian mycoplasmosis）]
新城疫[infection with Newcastle disease virus（Newcastle disease）]
传染性法氏囊病[infectious bursal disease（gumboro disease）]
鸡白痢（pullorum disease）
Turkey rhinotracheitis.

7. 兔类动物疫病

兔黏液瘤病（myxomatosis）
兔出血症（rabbit haemorrhagic disease）

8. 蜜蜂疫病

Infestation of honey bees with *Acarapis woodi*
美洲蜂幼虫腐臭病（American foulbrood）
欧洲蜂幼虫腐臭病（European foulbrood）
Small hive beetle
Infestation of honey bees with *Tropilaelaps* spp.
Varroosis

9. 驼类疫病

Camelpox
Infection with Middle East respiratory syndrome coronavirus

10. 鱼类疫病

流行性溃疡综合征[infection with *Aphanomyces invadans*（epizootic ulcerative syndrome）]
Infection with epizootic hematopoietic necrosis virus
三代虫病（infection with *Gyrodactylus salaris*）
Infection with HPR-deleted or HPR0 infectious salmon anaemia virus
传染性造血器官坏死病[infection with infectious hematopoietic necrosis virus（infectious hematopoietic necrosis）]
鲤疱疹病毒病（infection with koi herpesvirus）

真鲷虹彩病毒病 [infection with red sea bream iridovirus（red sea bream iridovirus disease）]

Infection with salmonid alphavirus

鲤春病毒血症 [infection with spring viremia of carp virus（spring viremia of carp）]

Infection with tilapia lake virus

Infection with viral hemorrhagic septicaemia virus

11. 软体动物疫病

Infection with abalone herpesvirus

Infection with *Bonamia ostreae*

Infection with *Bonamia exitiosa*

Infection with *Marteilia refringens*

Infection with *Perkinsus marinus*

Infection with *Perkinsus olseni*

Infection with *Xenohaliotis californiensis*

12. 甲壳类动物疫病

Acute hepatopancreatic necrosis disease

Infection with *Aphanomyces astaci*（crayfish plague）

Infection with decapod iridescent virus 1

Infection with *Hepatobacter penaei*（necrotising hepatopancreatitis）

Infection with infectious hypodermal and haematopoietic necrosis virus

Infection with infectious myonecrosis virus

Infection with *Macrobrachium rosenbergii nodavirus*（white tail disease）

Infection with Taura syndrome virus

Infection with white spot syndrome virus

Infection with yellow head virus genotype 1

13. 两栖动物疫病

Infection with *Batrachochytrium dendrobatidis*

Infection with *Batrachochytrium salamandrivorans*

Infection with *Ranavirus* species

四、中华人民共和国农业农村部规定的动物疫病种类

农业农村部对原《一、二、三类动物疫病病种名录》进行了修订，并于2022年6月23日发布施行。我国新的动物疫病分类共计174种，其中一类11种、二类37种、三类126种。

1. 一类动物疫病（11种）

口蹄疫、猪水疱病、非洲猪瘟、尼帕病毒性脑炎、非洲马瘟、牛海绵状脑病、牛瘟、牛传染性胸膜肺炎、痒病、小反刍兽疫、高致病性禽流感。

2. 二类动物疫病（37种）

多种动物共患病（7种）：狂犬病、布鲁氏菌病、炭疽、蓝舌病、日本脑炎、棘球蚴病、日本血吸虫病。
牛病（3种）：牛结节性皮肤病、牛传染性鼻气管炎（传染性脓疱外阴阴道炎）、牛结核病。

绵羊和山羊病（2种）：绵羊痘和山羊痘、山羊传染性胸膜肺炎。

马病（2种）：马传染性贫血、马鼻疽。

猪病（3种）：猪瘟、猪繁殖与呼吸综合征、猪流行性腹泻。

禽病（3种）：新城疫、鸭瘟、小鹅瘟。

兔病（1种）：兔出血症。

蜜蜂病（2种）：美洲蜂幼虫腐臭病、欧洲蜂幼虫腐臭病。

鱼类病（11种）：鲤春病毒血症、草鱼出血病、传染性脾肾坏死病、锦鲤疱疹病毒病、刺激隐核虫病、淡水鱼细菌性败血症、病毒性神经坏死病、传染性造血器官坏死病、流行性溃疡综合征、鲫造血器官坏死病、鲤浮肿病。

甲壳类病（3种）：白斑综合征、十足目虹彩病毒病、虾肝肠胞虫病。

3. 三类动物疫病（126种）

多种动物共患病（25种）：伪狂犬病、轮状病毒感染、产气荚膜梭菌病、大肠杆菌病、巴氏杆菌病、沙门菌病、李氏杆菌病、链球菌病、溶血性曼氏杆菌病、副结核病、类鼻疽、支原体病、衣原体病、附红细胞体病、Q热、钩端螺旋体病、东毕吸虫病、华支睾吸虫病、囊尾蚴病、片形吸虫病、旋毛虫病、血矛线虫病、弓形虫病、伊氏锥虫病、隐孢子虫病。

牛病（10种）：牛病毒性腹泻、牛恶性卡他热、地方流行性牛白血病、牛流行热、牛冠状病毒感染、牛赤羽病、牛生殖道弯曲杆菌病、毛滴虫病、牛梨形虫病、牛无浆体病。

绵羊和山羊病（7种）：山羊关节炎/脑炎、梅迪-维斯纳病、绵羊肺腺瘤病、羊传染性脓疱皮炎、干酪性淋巴结炎、羊梨形虫病、羊无浆体病。

马病（8种）：马流行性淋巴管炎、马流感、马腺疫、马鼻肺炎、马病毒性动脉炎、马传染性子宫炎、马媾疫、马梨形虫病。

猪病（13种）：猪细小病毒感染、猪丹毒、猪传染性胸膜肺炎、猪波氏菌病、猪圆环病毒病、格拉瑟病、猪传染性胃肠炎、猪流感、猪丁型冠状病毒感染、猪塞内卡病毒感染、仔猪红痢、猪痢疾、猪增生性肠病。

禽病（21种）：禽传染性喉气管炎、禽传染性支气管炎、禽白血病、传染性法氏囊病、马立克病、禽痘、鸭病毒性肝炎、鸭浆膜炎、鸡球虫病、低致病性禽流感、禽网状内皮组织增殖病、鸡病毒性关节炎、禽传染性脑脊髓炎、鸡传染性鼻炎、禽坦布苏病毒感染、禽腺病毒感染、鸡传染性贫血、禽偏肺病毒感染、鸡红螨病、鸡坏死性肠炎、鸭呼肠孤病毒感染。

兔病（2种）：兔波氏菌病、兔球虫病。

蚕、蜂病（8种）：蚕多角体病、蚕白僵病、蚕微粒子病、蜂螨病、瓦螨病、亮热厉螨病、蜜蜂孢子虫病、白垩病。

犬猫等动物病（10种）：水貂阿留申病、水貂病毒性肠炎、犬瘟热、犬细小病毒病、犬传染性肝炎、猫泛白细胞减少症、猫嵌杯病毒感染、猫传染性腹膜炎、犬巴贝斯虫病、利什曼原虫病。

鱼类病（11种）：真鲷虹彩病毒病、传染性胰脏坏死病、牙鲆弹状病毒病、鱼爱德华氏菌病、链球菌病、细菌性肾病、杀鲑气单胞菌病、小瓜虫病、黏孢子虫病、三代虫病、指环虫病。

甲壳类病（5种）：黄头病、桃拉综合征、传染性皮下和造血组织坏死病、急性肝胰腺坏死病、河蟹螺原体病。

贝类病（3种）：鲍疱疹病毒病、奥尔森派琴虫病、牡蛎疱疹病毒病。

两栖与爬行类病（3种）：两栖类蛙虹彩病毒病、鳖腮腺炎病、蛙脑膜炎败血症。

五、进境检疫动物疫病种类

具体内容扫描二维码查看。　　　　　**进境动物检疫疫病名录**

第三节　动物疫病流行决定因素及特征

传染病能够通过直接接触或媒介物在易感动物群体中互相传染的特性，称为流行性。传染病流行必须具备3个最基本的条件，即传染源、传播途径和易感动物，且这3个条件必须同时存在并互相联系才能使其在动物群体中流行。

一、检疫性传染病流行的决定因素

1. 传染源

传染源指体内有某种病原体寄居、生长、繁殖，并能将这种病原体排出体外的动物机体，即患病动物、病原携带者。

1）患病动物是最重要的传染源，根据病原体的排出情况、排出数量和频度来确定。处于潜伏期的病原数量少，不具备排出病原条件；处于前驱期和临床明显期动物排出病原体数量多；恢复期多数动物基本不再排出病原体，只有少数能够排出少量的病原体。

2）病原携带者是指没有任何临床症状而能排出病原体的动物。带菌者、带毒者和带虫者统称为病原携带者。临床上又可将病原携带者分为健康病原携带者和恢复期病原携带者。健康携带者是外表无临床表现的隐性感染动物，它的危害在于随着动物移动而能随处排出病原体，一般又不引起检疫者注意。病原携带者具有间歇排出病原体的情况，因此仅凭一次病原检查的隐性结果不能反映动物群的状态，要经过两次以上的检查才能排除病原携带状态。

2. 传播途径

病原体从传染源动物体内排出体外，经过一定的传播方式，到达与侵入新的易感者的过程，称为传播途径。

（1）水平传播　传染病在动物个体之间直接或间接接触而引起的传播称为水平传播，按传播方式又分为直接接触传播和间接接触传播。

直接接触传播指在没有任何外界因素的参与下，传染源与易感者直接接触而引起疾病的传播，如交配、舐咬等所引起的病原体传播。在动物传染病中以这种方式传播的病种较少，如狂犬病、肉瘤、病毒性肿瘤等。一般容易控制，不易造成广泛流行。

间接接触传播指病原体必须在外界因素的参与下，通过传播媒介如饲草、饲料、饮水、空气、土壤、中间宿主、饲养管理用具、昆虫、鼠类、畜（禽）及野生动物等，间接地传染给健康动物。多数传染病属于间接接触性传染病。传播媒介指将病原体从传染源传播给易感动物的各种外界因素。

常见的间接接触传播途径有4种。

1）经空气传播，呼吸道内分泌物直接以飞沫的形式散布于空气中，其他动物经过吸入飞沫而感染，如结核病、牛肺疫、猪气喘病；随动物分泌物、排泄物和处理不当的尸体及较大的飞沫而散播的病原体，在外界环境中可形成尘埃，被动物吸入而感染。

2）经饮水传播，经污染的饮水传播；当动物接触疫水时可经皮肤或黏膜感染血吸虫病、钩端螺旋体病等。其危险性取决于动物体接触疫水面积的大小、次数及接触时间的长短。

3）经土壤传播，动物排泄物、分泌物或者尸体等含病原丰富的材料与土壤混合后，其中的微生物能够存活甚至繁殖增多，如炭疽、破伤风可长期存活，经消化道或破损皮肤黏膜感染。

4）经活媒介传播，作为媒介作用的有节肢动物、野生动物和人类，都可将病原体传播给易感动物，如宠物犬的主人接触的范围十分广泛，就有可能将病原体带给犬（犬瘟热）。一些动物传染病是经过蚊虫叮咬传播的，如马流行性乙型脑炎就是蚊叮咬后发病的。

（2）**垂直传播**　　指动物将传染病从上一代向下一代传播。传播方式有以下三种。

1）经胎盘传播，产前被感染的怀孕动物经过胎盘将其体内病原体传给胎儿的现象。

2）经卵传播，已经携带病原体的种禽卵在发育过程中将携带的病原体传播给下一代。

3）分娩过程的传播，存在于怀孕动物阴道和子宫颈口的病原体在分娩过程中造成新生胎儿感染的现象。

3. 易感动物

对某种传染病、寄生虫病的病原体易于感染的动物。例如，猪是猪瘟的易感动物，牛、羊、猪等偶蹄动物是口蹄疫病毒的易感动物。畜（禽）群中如果有一定量的易感家畜（禽）群，则称为易感畜（禽）群。动物易感性指动物个体对某种病原体缺乏抵抗力，容易被感染的特性。按现代分子生物学观点对病毒性或细菌性病原体易感是因为这些动物细胞上存在相应的受体。

（1）**导致动物易感性增高的主要因素**

1）某些地区饲养动物种类或品种。不同品种的动物对病原的易感性是不同的。

2）群体免疫力降低。

3）新生动物或新引进动物的比例增加，如春秋是传染病高发季节，原因之一就是新生动物急剧增加。

4）免疫接种程序的混乱或接种的疫苗量不足。

5）用于免疫接种的生物制品不合格。

6）各种外因造成动物群体免疫力下降、易感性升高，如饲料质量下降、饥饿、寒冷、暑热、运输、应激状态等，可导致机体抵抗力下降。

7）年龄及性别因素。

（2）**导致群体易感性降低的主要因素**

1）有计划预防接种。

2）传染病流行引起动物群体免疫力增加。

3）病原体隐性感染导致动物群体的免疫力提高。

4）培育抗病育种品系。

5）日龄提高，易感性下降。

二、寄生虫病流行的决定因素

寄生虫病流行必须经过4个基本环节，即传染源、传播途径、感染方式和易感动物。只有当这4个环节在某一地区同时存在并相互关联时，才会构成寄生虫病的流行。

1. 传染源

传染源通常是指寄生有某种寄生虫的宿主，包括患病动物、患者和带虫者。病原体（虫卵、幼虫、虫体）通过这些宿主的粪、尿、痰、血液及其他分泌物、排泄物不断排出体外，污染外界环境，然后经过发育，经一定的方式或途径转移给易感动物，造成感染。

2. 传播途径

传播途径指寄生虫从传染源排出，借助某些传播因素，侵入另一宿主的全过程。寄生虫的种类和寄生部位不同，从传染源排出时所处的发育阶段和排出途径也不相同。多数蠕虫以虫卵或幼虫期随宿主的粪便、尿液、痰液排出；一些丝虫的微丝蚴进入血液中，随中间宿主吸血昆虫的吸血而移出；寄生于宿主皮下结缔组织的种类，如麦地那龙线虫、鸟蛇线虫，在宿主伤口侵入水中时，幼虫即进入水中；旋毛虫在宿主肌肉中形成的包囊幼虫被新的宿主吞食后幼虫才开始进入其体内。寄生于消化道的原虫常以卵囊或包囊阶段随宿主粪便排出。一些血液原虫，如梨形虫、住白虫、疟原虫等则是在血细胞内形成配子体，随传播者的吸血而离开宿主。寄生于宿主生殖道的原虫，如马媾疫锥虫、胎儿毛滴虫则是在病畜同健康家畜交配时，虫体直接侵入健康家畜。

由传染源排出的虫卵、幼虫、卵囊等，必须通过适当的方式进行传播，才能到达新的宿主体上。而且，许多寄生虫在传播过程中，还必须在外界或中间宿主与传播者体内发育，甚至繁殖后才能达到感染期，进而对新宿主具有感染能力。动物寄生虫病常见的传播途径有以下几种。

（1）**经土、饲料、饲草和水传播**　这主要是直接发育的寄生虫传播途径。寄生虫的虫卵、幼虫、卵囊等随宿主粪、尿等排至外界，在适宜的条件下发育至感染期，污染土壤、饲料、饲草、水，再传播至新的宿主。

（2）**经中间宿主传播**　这主要是间接发育的寄生虫传播途径。由终末宿主体内排出的虫卵或幼虫，首先进入中间宿主体内发育繁殖后达到感染阶段，终末宿主因吞食这种含有感染性幼虫的中间宿主而受到感染。例如，华支睾吸虫的虫卵被第一中间宿主赤豆螺等淡水螺吞食后，在其体内发育繁殖最后形成尾蚴，尾蚴进入水中并侵入第二中间宿主鱼、虾体内发育为囊蚴，犬、猫和人等终末宿主因吞食含有囊蚴的鱼、虾而引起感染。

（3）**经媒介传播**　这是多种原虫和少数线虫的传播途径，如硬蜱传播梨形虫、蠓传播卡氏住白虫、虻传播伊氏锥虫、蚊传播疟原虫和丝状线虫等。经媒介节肢动物传播的寄生虫病的分布和流行季节具有同媒介节肢动物的地区分布和出现季节相一致的特点。在传播过程中，寄生虫在媒介节肢动物体内的发育情况也各有不同。媒介节肢动物在作为中间宿主或终末宿主时，寄生虫必须在其体内完成固有的发育繁殖阶段后，才能将感染阶段的寄生虫传播给新的宿主。

（4）**经褥草、挽具、鞍具、笼舍、饲养用具等传播**　这是一些外寄生虫，如虱、疥螨、痒螨等的传播途径之一。

（5）**经动物直接传播**　有些寄生虫可通过动物之间的直接接触而传播。例如，疥螨/痒螨、虱等外寄生虫在健康动物同传染源接触时，经皮肤传播；一些生殖道原虫，如马媾疫锥虫、胎儿毛滴虫则是在交配时经生殖道黏膜而传播；少数蠕虫和原虫，如弓形虫等可经胎盘直接由母体传播给胎儿。

（6）**经自身传播**　比较少见，指寄生虫产出的虫卵、幼虫无须到外界，即可使原宿主本身遭受感染。

3. 感染方式

指寄生虫侵入宿主的门户或方式。寄生虫离开传染源，经适当的传播途径到达动物体后，还必须经一定的感染途径才能侵入新的宿主建立寄生生活，引起寄生虫病的发生和流行。动物寄生虫的感染途径随寄生虫的种类不同而异，主要有以下几种。

（1）**经口感染**　寄生虫的感染性虫卵、幼虫、卵囊、包囊或含有感染性幼虫的中间宿主被终末宿主吞食而经口进入宿主体内，这是蠕虫侵入宿主的主要途径。

（2）**经皮肤感染**　有两种情况：一是主动钻入宿主皮肤，有的寄生虫感染性幼虫在接触到宿主皮肤时，能主动钻入皮肤而引起宿主感染，这是少数蠕虫和昆虫的感染途径，如仰口线虫、有齿冠尾线虫、皮蝇蛆等。二是借助于吸血节肢动物（媒介）叮咬，如丝状线虫借蚊的叮咬而侵入新的宿主。

（3）**经接触感染**　寄生虫在传染源同健康动物接触时侵入健康动物。有两种情况：一是经皮肤接触，外寄生虫多采用这种方式，如螨、虱等。这些外寄生虫还可通过褥草、挽具、鞍具等感染其他动物。二是经黏膜接触，常见的为交配感染，即一些生殖道原虫，如马媾疫锥虫、胎儿毛滴虫是在动物交配时，经生殖道黏膜传给健康动物。

（4）**经胎盘感染**　某些原虫或蠕虫幼虫随怀孕动物的血液通过胎盘进入胎儿体内，引起胎儿感染，如牛弓首蛔虫、弓形虫等。

（5）**经呼吸道感染**　如贝氏隐孢子虫、卡氏肺孢子虫等。

（6）**自身感染**　各种寄生虫都是循着一定的途径侵入宿主体内的，多数只能通过一种途径侵入宿主；有的则有两种感染途径，如仰口线虫、有齿冠尾线虫既可经口感染，也可经皮肤感染；还有的同时具有三种感染途径，如日本分体吸虫可以经口感染、经皮肤感染和经胎盘感染。

4. 易感动物

易感动物指对某种寄生虫缺乏免疫力或免疫力低下而处于易感状态的动物。易感动物的存在是寄生虫病传播、流行的必要因素。通常每一种动物只对一定种类的寄生虫有易感性，而这种易感性又受到宿主本身诸多因素的影响。宿主对寄生虫感染产生的免疫反应是最重要的影响因素，动物寄生虫的免疫多属带虫免疫，未经感染的动物因缺乏特异性免疫而成为易感动物；因感染寄生虫而产生了免疫力的动物，当寄生虫从动物体内清除时，这种免疫力也会逐渐消失，使动物重新处于易感状态。年龄也是影响动物对寄生虫易感性的重要因素，一般而言，宿主的易感性随着年龄的增长而降低，越是幼龄的动物，越易感染，且发病较重，而成年动物常常成为带虫者。动物的营养状态也与易感性密切相关，一般来说，当营养贫乏，特别是某些基本物质缺少时，宿主对寄生虫的抵抗力即全面减退。动物的品种、性别也是影响易感性的重要因素，尤其是因品种的不同，常表现出明显的差异。

三、动物疫病流行的影响因素

动物疫病的发生与流行，除必须具备三个基本环节之外，还受许多因素的影响，这些因素可概括为两方面。

1. 外界环境

（1）**生物因素**　有些寄生虫在其发育过程中需要中间宿主或节肢动物媒介的存在，这些动物的存在与否、数量多少及活动情况都对这些寄生虫病能否流行及流行情况起着决定性的作用。一些病毒和细菌生存必须具有一定的生物条件，要有适合的宿主、传播条件等。

（2）**地理气候条件**　外界环境指纬度、海拔、河流、湖泊、沼泽、土壤等地理环境和气温、湿度、雨量、光照等气候条件。许多传染病都呈现严格的地区和季节分布，一些自然疫源性疾病及虫媒传染病又与生态条件关系密切。地理气候条件的不同必将影响到植被和动物区系的不同，动物区系的不同就意味着宿主、中间宿主和媒介的不同。同时，纬度、海拔等地理条件还对温度、湿度、光照等气候因素产生重要影响，进而影响疫病的分布与流行。

2. 社会因素

社会制度、经济状况、生活方式、卫生条件、风俗习惯、肉品检验制度的实施情况、动物饲养管理条件、动物的防疫保健与调运等社会因素都对疫病的流行产生影响，与自然条件相比，社会因素的影响往往更为重要。

（1）**地方性**　某种疾病在某一地区经常发生，无须自外地输入，这种情况称为地方性。动物传染病和寄生虫病的流行常有明显的地方性，这是各地的宿主、中间宿主、媒介和气候条件的不同而造成的。地球上不同地区的地理气候条件不同，造成了植被类型和动物区系的不同，动物区系的不同就意味着寄生虫的终末宿主、中间宿主和媒介的分布不同，这些动物的不同使得相应的传染病和寄生虫病具有地方性流行的特点。某些社会因素也是造成一些寄生虫病呈地方性流行的原因；寄生虫的地理分布也并非一成不变的，动物的迁移、人类的旅游和迁移、家畜及野生动物的运输等都可以把一些寄生虫带往新的地区。

（2）**社会制度、卫生状况、检疫制度运行等情况**　自然灾害、经济贫困、战争或内乱、人口过剩或人口大规模迁移、城市衰败等因素均可影响疫病的发生与流行。

四、动物疫病流行特征

1. 流行过程的强度

动物疫病的流行范围、传播速度、发病率的高低及病例间的联系程度等称为流行强度。流行强度有以下几种形式。

（1）**散发性**　动物疫病在一定时间内呈散在性发生或零星发生，而且各个病例在时间和空间上没有明显联系的现象。主要原因：动物群对某种传染病的免疫水平相对较高，某种动物疫病通常主要以隐性感染方式出现，某种动物疫病的传播需要特定的条件，如破伤风。

（2）**地方流行性**　在一定地区或动物群体中，疫病流行范围较小并具有局限性传播特征。

（3）**流行性**　在某一定时间内一定动物群体中，某种疫病的发病率超过预期水平现象。流行性仅是一个相对概念，仅说明发病率比平时高，不同地区不同疫病流行性，其发病率高低并不一致。

（4）**暴发性**　在局部范围的一定动物群体中，短期内突然出现较多病例现象。暴发是流行的一种特殊形式。

（5）**大流行性**　某些疫病具有来势凶猛、传播快、受害动物比例大、波及面广的流行现象，如流感、口蹄疫等。

2. 流行过程的地区性

（1）**外来性**　本国没有流行而由别国传入的疾病。

（2）**地方性**　由于自然条件的限制，疫病仅在一些地区长期存在或流行，而在其他地区基本不发生或很少发生的现象。

（3）**疫源地**　疫源地指具有传染源及其所排出病原体污染的地区，包含传染源、被污染的物体、房舍、牧地、活动场所及在所能波及范围内所有可能被污染的可疑动物或贮存宿主等。疫源地的清除至少具备3个条件，即传染源被彻底扑灭并消除了病原携带状态；对污染的环境进行了彻底的消毒处理；经过该病的最长潜伏期，在易感动物中没有发生新的感染，而且血清学检查均为阴性反应。

（4）**自然疫源地**　自然界中某些野生动物体内长期保存某种传染性病原体的地区。在自然疫源地内，某种疾病的病原体可以通过特殊媒介感染宿主，长期在自然界循环，不依赖人而延续其后代，并在一定条件下传染给家养动物和人。自然疫源地一般分为以下几类：①自然疫源地带。某自然疫源性疾病呈不连续的链状分布，如流行性乙型脑炎自然疫源地带，大致分布在南纬8°至北纬46°和东经87°～145°，包括热带、亚热带和温带。②独立自然疫源地。由于地理的或生态系的天然屏障而隔开的自然疫源地，如里海西北部鼠疫区被乌拉尔河、伏尔加河和里海隔开成为若干个独立的自然疫源地。③基础疫源地。常为宿主动物喜欢栖息、病原体被固定而长期保存下来的小块地区，有时把鼠洞也归属于基础疫源地，或把前者称中疫源地，后者称小疫源地。自然疫源地具有地区性、季节性的特点，并受人类经济活动的影响。了解自然疫源地的分布规律，可以对这些疾病的发生进行预测预报，预防疾病的传播和消灭某些疾病的原始疫源地。

第四节　动物疫病诊断、控制与扑灭措施

一、动物疫病诊断

1. 样品采集与运送概要

（1）血清

1）采血方法及采血量。从翅静脉（禽）采血2～3mL，或耳静脉（前腔静脉、颈静脉）（猪、牛、羊等）采血5mL，室温放置约10min（以血液完全凝固为准），再置冰箱冷藏（4℃）30min，能清楚地看到血清与血凝块分离，然后分离血清，保存于1.5～2mL塑料具塞离心管中，冷冻保存待检。

2）编号要求。所有送检样品统一用阿拉伯数字1、2、3、…编号（养殖场请保存好原畜（禽）编号与送检编号对照表），用油性记号笔写在离心管上（或将编号写在胶布上，贴在管壁）。书写要工整清晰。

3）样品说明。所有送检样品要求附带采样场场名、免疫情况（免疫程序、疫苗种类、疫苗厂家、免疫剂量等）、样品名称等详细说明材料（表2-1）。

4）运输。每个养殖场的样品必须单独密封于两层自封口塑料袋中，粘贴单位名称标签，外包一层脱脂棉后，连同采样单一并放入稍大一些的自封口塑料袋，置于冰盒或装有冰袋的泡沫箱中航空快运至实验室。如不能及时送检，应将血清冻存于冰箱中。

（2）处理　如果养殖场出现疫病，在采集血清样品的同时，建议应同时采集发病动物的组织样品，填

写采样单后，一并送检。

1）采样组织。应采集实质脏器组织，包括肝脏、肾脏、脾脏、肺脏、心脏、淋巴结等。

2）采样部位。应采集病变与正常组织交界处的组织，以便于诊断观察。

3）采样大小。采集的组织样品不宜过大，一般采集3cm×3cm大小的组织用于病原分离与鉴定，同时再采集一份1.5cm×1.5cm大小的同一组织置于10%福尔马林中用作病理学诊断。同一动物的组织应保存于一个容器中。

4）样品的运送。用作病原分离与鉴定的样品应密封于密闭容器中，冷藏保存立即送至实验室进行检验。用作病理学诊断的样品可在48h内送至实验室。

表2-1 动物疫病检测采样单

场名				级别		□原种	□祖代	□父母代
通信地址					邮编			
联系					电话			
栋号	畜名	品种	日龄	规模	采样数量/样品名称		编号起止*	
免疫情况	疫苗种类	免疫程序		最近免疫时间	免疫剂量		疫苗厂家	
临床表现	发病动物日龄： 外观： 排便： 饮食欲： 发病死亡率： 其他：				临床表现： 呼吸： 体温： 发病率： 用药情况及疗效：			
病理剖检								
送检目的								

* 统一用阿拉伯数字1、2、3、…编号，各场保存原畜（禽）编号

2. 诊断检测样品的采集、处理和运送

（1）采样原则　　采集检验样品是诊断检测工作的重要内容。采样时机是否适宜，样品是否具有代表性，样品处理、保存、运送是否合适及时，对检验结果的准确性、可靠性影响较大。采集检验样品时（表2-2和表2-3），需要符合以下规定。

表2-2 主要动物疫病病原检验取样样品参考表

病名	样品
口蹄疫	水疱皮、水疱液、食道、咽分泌物、扁桃体
非洲猪瘟	全血、脾脏、扁桃体
猪水疱病	全血、水疱皮、水疱液
猪瘟	全血、骨髓、淋巴结、肾、脾
牛瘟	眼结膜分泌物、粪便、肠黏膜
小反刍兽疫	全血、眼鼻分泌物、淋巴、脾、肺、扁桃体
蓝舌病	全血、脾、肝
痒病	脑
牛海绵状脑病	脑
非洲马瘟	全血、肺
新城疫	眼分泌物、泄殖腔拭子、脾、气管黏膜、脑
鸭瘟	全血、鼻咽分泌物、粪便、病变组织
牛肺疫	肺、胸腹积液
牛结节性疹	病变皮肤、肿大的淋巴结
炭疽	全血（涂片）、脾、耳部皮肤
伪狂犬病	脑、脊髓液、扁桃体、淋巴结、流产胎儿、胎盘（猪）
心水病	全血、脑、肺巨噬细胞
狂犬病	唾液、脑
Q热	全血、唾液、乳、粪便、胎盘、胎水

病名	样品
裂谷热	全血、肝
副结核病	粪便、盲肠黏膜、肠系膜淋巴结
巴氏杆菌病	全血（涂片）、肝、肾、脾、肺
布鲁氏菌病	流产胎儿、胎盘、乳汁、精液
结核病	乳汁、痰液、粪便、尿、病灶分泌物、病变组织
鹿流行性出血热	全血、脾、骨髓
细小病毒病	牛：肠黏膜、局部淋巴结 猪：流产胎儿、胎盘、鼻咽气管分泌物、气管黏膜 犬：小肠及内容物、粪便、水疱皮（液）、食道咽分泌物、扁桃体
梨形虫病	全血（涂片）、脑、肝、肾、肺
锥虫病	全血（涂片）、脾、淋巴结
鞭虫病	全血（涂片）
牛地方流行性白血病	全血、病变组织
牛传染性鼻气管炎	全血、眼鼻气管分泌物、气管黏膜、肺淋巴结、流产胎儿、胎盘
牛病毒性腹泻-黏膜病	全血、粪便、肠黏膜、淋巴结
牛生殖道弯曲杆菌病	流产胎儿、胎盘、阴道分泌液、包茎阴道冲洗液、精液
赤羽病	脑组织、脊髓、脊髓液、脾、胎盘
水疱性口炎	全血、水疱皮、水疱液、病变淋巴结
牛流行热	全血、脾、肝、肺
茨城疫	全血、脾、淋巴结
绵羊痘和山羊痘	全血、新鲜病变组织及水疱液、淋巴结
衣原体病	阴道、子宫分泌物、流产胎儿、胎盘、粪、乳
梅迪-维纳斯病	全血、唾液、脊髓液
边界病	脑、脊髓、脾
绵羊肺腺瘤病	肺、鼻分泌物
山羊关节炎/脑炎	关节液、关节软骨、滑膜细胞
猪传染性脑脊髓炎	脑、脊髓、唾液、粪便
猪传染性胃肠炎	粪便、小肠及内容物
猪流行性腹泻	粪便、小肠及内容物
猪密螺旋体痢疾	粪便、病变肠段及内容物
猪传染性胸膜肺炎	鼻气管分泌物、肺支气管黏膜、肝、脾
猪生殖和呼吸综合征	全血、肺
马传染性贫血	全血、脾
马脑脊髓炎	全血、脑、脊髓液
委内瑞拉马脑脊髓炎	全血、脑、脊髓液
马鼻疽	鼻咽气管分泌物、病灶分泌物、病变组织
马流行性淋巴管炎	新破溃结节的脓汁、淋巴结
马沙门菌病	流产胎儿、胎盘、阴道子宫分泌物
类鼻疽	鼻咽气管分泌物、胸腔淋巴结化脓灶、肺、肝、脾
马传染性动脉炎	全血、眼鼻分泌物、脾
马鼻肺炎	流产胎儿、胎盘、鼻咽气管分泌物、气管黏膜、局部淋巴结
鸡传染性喉气管炎	鼻气管分泌物、气管黏膜
鸡传染性支气管炎	肺、气管黏膜
鸡传染性法氏囊炎	法氏囊、肾
鸭病毒性肝炎	全血、肝
鸡伤寒	全血、粪便、肝、脾、胆囊
禽痘	水疱皮、水疱液
鹅螺旋体病	全血、肝、脾

续表

病名	样品
马立克病	全血、皮肤、皮屑、羽毛尖、脾
猪白细胞原虫病	全血
鸡白痢	全血、粪便、肝、脾
禽支原体病	鼻咽气管分泌物、肺、气管黏膜
鹦鹉热	全血、眼结膜分泌物、粪、气囊、肝脾肾、心包、腹水、泄殖腔拭子
鸡病毒性关节炎	水肿的腱鞘、胫跗关节、脾、胫股关节的滑液
禽白血病	全血、病变组织
兔出血症	全血、肾、肺、唾液
兔黏液瘤病	病变皮肤、眼鼻分泌物
野兔热	全血、病变组织、肾、肺、唾液
犬瘟热	实质器官、分泌物
利什曼病	皮屑、脾、骨髓、淋巴结

表2-3　规模化养猪场疫病检测样品采集数量参考表　　　　（单位：头）

母猪群数量	仔猪群									
	2周龄	4周龄	6周龄	8周龄	12周龄	14周龄	16周龄	19周龄	23周龄	25周龄
300以下	5	5	5	5	5	5	5	5	5	5
300~700	6~7	6~7	6~7	6~7	6~7	6~7	6~7	6~7	6~7	6~7
700~1000	7~8	7~8	7~8	7~8	7~8	7~8	7~8	7~8	7~8	7~8
1000~2000	9~10	9~10	9~10	9~10	9~10	9~10	9~10	9~10	9~10	9~10
2000以上	11~15	11~15	11~15	11~15	11~15	11~15	11~15	11~15	11~15	11~15

母猪群数量	种猪群					
	公猪	青年母猪	1~2胎母猪	3~4胎母猪	5~6胎母猪	6胎以上母猪
300以下	5	5	5	5	5	5
300~700	6~7	6~7	6~7	6~7	6~7	6~7
700~1000	7~8	7~8	7~8	7~8	7~8	7~8
1000~2000	9~10	9~10	9~10	9~10	9~10	9~10
2000以上	11~15	11~15	11~15	11~15	11~15	11~15

1）适时采样。根据检测要求及检测对象和检测项目的不同，选择适当的采样时机十分重要。样品是有时间要求的，应严格按规定时间采样；有临床症状需要作病原分离与鉴定的，样品必须在病初发热期或症状典型时采样，病死的动物，应立即采样。

2）合理采样。根据诊断检测要求，须严格按照规定采集各种足够数量的样品。不同疫病需检样品各异，应按可能的疫病侧重采样。对未能确定为何种疫病的，应全面采样。

3）典型采样。选取未经药物治疗、症状最典型或病变最明显的样品，如有并发症，还应兼顾采样。

4）无菌采样。采集检验样品除供病理学诊断外，供病原学及血清学检验的样品，必须进行无菌操作采样，采样用具、容器均须灭菌处理，尸体剖检需采集样品的，先采样后检查，以免人为污染样品。

5）适量采样。采集样品数量要满足诊断检测的需要，并留有余地，以备必要的复检使用。

6）样品处理。采集的样品应一种样品一个容器，立即密封，根据样品形状及检验要求的不同，做暂时的冷藏、冷冻或其他处理。供病毒学检验的样品，数小时内要送到实验室，可只作冷藏处理。超过数小时的应冻结处理。供细菌学检验或血清学检验的样品，冷藏送实验室即可。装样品的容器应贴上标签，标签要防止因冻结而脱落，标签标明采集时间、地点、号码和样品名称并附上发病、死亡等相关资料，尽快送实验室。

7）安全采样。采样过程中，需做好采样人员的安全防护，并防止病原污染，尤其必须防止外来疫病扩散，避免事故发生。

8）样品包装。装载样品的容器可选择玻璃的或塑料的，可以是瓶式、试管式或袋式。容器必须完整无损，密封不漏出液体。装供病原分离与鉴定样品的容器，用前须彻底清洁干净，必要时经清洁液浸泡，冲洗干净后以干热和高压灭菌并烘干。如选用塑料容器，能耐高压的经高压灭菌，不能耐高压的经环氧乙烷熏蒸消毒或距离紫外线20cm直射2h后使用。根据检验样品的形状及检验目的选择不同的容器，一个容器装量不可过多，尤其液态样品不可超过容量的80%，以防冻结时容器破裂。装入样品后必须加盖，然后用胶布或封箱胶带固封。如是液态样品，在胶布或封箱胶带外还需用熔化的石蜡加封，以防液体外泄。如果选用塑料袋，则应用两层袋，分别用线结扎袋口，防止液体漏出或有水进入污染样品。

9）迅速送检。样品经包装密封后，必须尽快送往实验室。延误送检时间，常会严重影响诊断结果。因此，在送样品的过程中，要根据样品的保存要求和检验目的，妥善安排运送计划。供细菌检验、寄生虫检验及血清学检验的冷藏样品，必须在24h内送到实验室；供病毒检验的冷藏处理样品，须在数小时内送达实验室，经冻结的样品需在24h内送到，24h内不能送到实验室的，需要在运送过程中保持样品温度处于−20℃以下。送检样品过程中，为防止样品容器破损，样品装入冷藏瓶（箱）后应妥善包装，防止碰撞，保持尽可能的平稳运输。以飞机运送时，样品应放在增压舱内，以防压力改变，样品受损。

（2）血液

1）病毒检验样品。应在动物发病初体温升高期间采集。血液样品必须是脱纤血或是抗凝血。抗凝剂可选肝素或EDTA二钠，枸橼酸钠对病毒有轻微毒性，一般不宜采用。采血前，在真空采血管或其他容器内加肝素（10IU/mL）或EDTA二钠（0.5mg/mL），牛、马、羊从颈静脉或尾静脉真空采血，猪从前腔静脉真空采血或用注射器抽取，用量少时也可以从耳静脉抽取，家禽从翅静脉或颈静脉用注射器抽取血液。采集的血液立即与抗凝剂充分混合，防止凝固；采脱纤血时，先在容器内加入适量的小玻璃珠，加入血液后，反复振荡，以便脱去血液纤维。采集的血液经密封后贴上标签，以冷藏状态立即送实验室。必要时，可在血液中按每毫升加入青霉素和链霉素各500～1000IU，以抑制血源性或采血中污染的细菌。

2）细菌检验样品。应在动物发病初体温升高或发病期，并未经药物治疗期间采集，血液应脱纤或加肝素抗凝剂（或EDTA二钠或枸橼酸钠），但不可加入抗生素。血液密封后贴上标签，冷藏尽快送实验室，否则须置于4℃冰箱内做暂时保存，但时间不宜过久，以免溶血。

3）血清学检验样品。全血用真空采血管或注射器由动物颈静脉或其他静脉采集，用作血清学检验的血液不加抗凝剂或不作脱纤处理。为保证血清质量，一般情况下，空腹采血较好。采得的血液贴上标签，室温静置待凝固后送实验室，并尽快将自然析出的血清或经离心分离出的血清吸出，按需要分装若干小瓶密封，再贴上标签冷藏保存备检或冷藏送检。作血清学检验的血液，在采血、运送、分离血清过程中，应避免溶血，以免影响检验结果。中和试验用的血清，数天内检验的可在4℃左右保存。较长时间才能送检的，应冻结保存，但不能反复冻融，否则抗体效价下降。供其他血清学检验的血清，一般不必加入防腐剂或抗生素，若确有需要时也可以加入抗生素（每毫升血清加青霉素、链霉素500～1000IU），也可加入浓度为0.01%的硫柳汞或0.08%的叠氮钠。加入防腐剂时，不宜加入过量的液态量，以免血清被稀释。加入防腐剂的血清可置于4℃下保存，但存放时间长也宜冻结保存。

采集双份血清检测比较抗体效价变化的，第一份血清采于病的初期并作冻结保存，第二份血清采于第一份血清后3～4周，双份血清同时送实验室。

4）寄生虫检验样品。不同的血液寄生虫在血液中出现的时机及部位各不相同，因此，需要根据各种血液寄生虫的特点，取相应时机及部位的血液制成血涂片，送实验室。

5）常规检验样品。血液需加抗凝剂，防止血液凝固，抗凝剂可用肝素或枸橼酸钠、EDTA二钠均可，血液由静脉采集并与抗凝剂充分混合，尽快送实验室。运输中血液不可冻结，不可剧烈震动，以免溶血。

（3）组织 组织样品一般从扑杀动物或扑杀垂死的动物和病死尸体剖检中采集，也可以从活动物体内采集。从尸体中采样时，先剥去动物胸腹部的皮肤，以无菌器械将腹腔、胸腔打开，根据检验目的和对生前疫病的初步诊断，无菌采集不同组织。从活动物体采取组织样品，一般需使用特殊器械。

1）病毒检验样品。做病毒检验的组织，必须以无菌技术采集，组织应分别放入无菌的容器内并立即密封，贴上标签，放入冷藏容器立即送实验室。如果途中时间较长，可作冻结状态运送，也可以将组织块浸泡在pH 7.4左右的汉克氏液或磷酸缓冲肉汤保护液内，并按每毫升保护液加入1000IU青霉素、1000IU链霉素，然后放入冷藏瓶内送实验室。

2）细菌检验样品。供作细菌检验的样品应新鲜，并以无菌技术采集，如遇尸体已经腐败，某些疫病的致病菌仍可采集于长骨或肋骨；从骨髓中分离细菌。采集的所有组织应分别放入灭菌的容器内或灭菌的塑料袋内，贴上标签，立即冷藏送实验室。必要时也可以作暂时冻结送实验室，但冻结时间不宜过长。

3）病理组织学检验样品。作病理组织学检验的组织样品必须保证新鲜，采样时，应选取病变最典型最明显的部位，并应连同部分健康组织一并采集。若同一组织有不同的病变，应同时各取一块。切取组织样品的刀具应十分锋利，将需要采取的组织切成厚约0.5cm、长和宽1～2cm的组织块，立即浸泡在95%乙醇或10%中性甲醛缓冲固定液内固定（10%中性甲醛缓冲固定液：40%甲醛100mL，无水磷酸氢二钠6.5g，磷酸二氢钾4.0g，蒸馏水加至1000mL）。固定液容积应是组织块体积的10倍以上，样品密封后加贴标签即可送往实验室。若实验室不能在短期内检验，或不能在两天内送出，经24h固定后，最好更换一次固定液，以保持固定效果。

作狂犬病涅格里氏体检查的脑组织，取量应较大，一部分供在载玻片上作涂片用，另一部分固定，固定用Zenker固定液（重铬酸钾36g、氯化高汞54g、氯化钠60g、冰醋酸50mL、蒸馏水950mL）。做其他包涵体检查的组织用氯化高汞甲醛固定液（氯化高汞饱和水溶液9份、甲醛溶液1份）。

固定组织样品时，为了简便，一般一头动物的组织可在同一容器内固定。如有数头动物组织样品，可用纱布分别包好并附上用铅笔书写的标签后投入一个较大的容器内固定送检。

（4）粪便

1）病毒检验样品。分离病毒的粪便必须新鲜。少量采集时，以灭菌的棉拭子从直肠深处或泄殖腔黏膜上蘸取粪便，并立即投入灭菌的试管内密封，或在试管内加入少量pH 7.4的保护液再密封。需采集较大量的粪便时，可将动物肛门周围消毒后，用器械或用戴上手套的手伸入直肠内取粪便，也可用压舌板插入直肠，轻轻用力下压，刺激排粪，收集粪便。所收集的粪便装入灭菌的容器内，经密封并贴上标签，立即冷藏或冷冻送实验室。

2）细菌检验样品。作细菌检验的粪便，最好是在动物使用抗菌药物之前，从直肠或泄殖腔内采集新鲜粪便。采样方法与供病毒检验的相同。粪便样品较少时，可投入无菌缓冲盐水或肉汤试管内；较大量的粪便则可装入灭菌容器内，贴标签后冷藏送实验室。

3）寄生虫检验样品。粪便样品应选取新排出的或直接从直肠内采得的，以保持虫体或虫体节片及虫卵的固有形态，一般寄生虫检验的粪便用量较多，采得的粪便以冷藏不冻结状态送实验室。

（5）皮肤　　能在皮肤上引起疱疹或丘疹、结节、脓疱性皮炎、皮肤坏死等病变的疫病，均可采集有病变的皮肤进行病原分离与鉴定、病理组织学检验或寄生虫检验。供检验的皮肤样品病变应明显而典型。扑杀或死后的动物采集皮肤样品，用灭菌器械取病变部位及与之交界的小部分健康皮肤；活动物的病变皮肤如水疱皮、结节、痂皮等可直接剪取。剪取皮肤样品，供病原分离与鉴定的应放入灭菌容器内，或加入保护液后作冷藏送检；作组织学检验的应立即投入固定液内固定；作寄生虫检验的可放入有盖容器内供直接镜检。活动物的寄生虫如疥螨、痒螨等，在患病皮肤与健康皮肤交界处，用凸刃小刀，使刀刃与皮肤表面垂直，刮取皮屑，直到皮肤轻度出血，接取皮屑供检验。

（6）生殖道样品　　生殖道样品主要是动物死胎、流产排出的胎儿、胎盘、阴道分泌物、阴道冲洗液、阴茎包皮冲洗液、精液、受精卵等。这些样品可供作病原分离与鉴定。流产的胎儿和胎盘可按采集组织样品的方法，无菌采集有病变组织，也可按检验目的采集血液或其他组织；精液以人工采精方法收集；阴道、阴茎包皮分泌物可用棉拭子从深部取样，也可将阴茎包皮外周、阴户周围消毒后，以灭菌缓冲液或汉克氏液冲洗阴道、阴茎包皮，收集冲洗液。所采集的各种样品，供病毒检验的立即冻结或加入保护液；作细菌检验的立即冷藏；作组织学检验的迅速切成小块投入固定液固定，贴上标签后迅速送实验室。

（7）分泌液和渗出液

1）分泌液和渗出液包括眼分泌液、鼻腔分泌液、口腔分泌液、咽食道分泌液、乳汁、尿液、脓汁、阴道（包括子宫和宫颈）渗出液、皮下水肿渗出液、胸腔渗出液、腹腔渗出液、关节囊（腔）渗出液等。采集这些分泌液或渗出液时，必须无菌操作。

2）眼、口腔、鼻腔、阴道的分泌液或渗出液，以灭菌的棉拭子蘸取；脓汁采集，作病原菌检验的应在药物治疗前采取，采集已破口脓灶脓汁，宜用棉拭子蘸取；未破口的脓灶脓汁，用注射器抽取；咽食道分泌物，可用食道探子从已扩张的口腔伸入咽、食道处反复刮取；尿液样品可在动物排尿时收集，也可以用导管导尿或膀胱穿刺采集；皮下水肿液和关节囊（腔）渗出液，用注射器从积液处抽取；胸腔渗出液，用注射器在牛右侧第五肋间或左侧第六肋间刺入抽取，马在右侧第六肋间或左侧第七肋间刺入抽取；牛腹腔积液，在最后肋骨的后缘右侧腹壁作垂线，再由膝盖骨向前引一水平线，两线交点至膝盖骨的中点为穿刺部位，用注射器抽取；马的腹腔积液穿刺抽取部位与牛不同的是在左侧；乳汁，先将乳房、乳头作清洗消毒后，用手挤取乳汁，初挤出的乳汁弃去，收集后挤的乳汁。

3）所采集的各种分泌物或渗出物，立即分别加入已灭菌的玻璃瓶内密封，贴上标签，冷藏，迅速送实验室。

3．临床诊断

根据临床表现、病理诊断、流行情况初步获得临床诊断。详见第十一章和第十二章。

4．实验室诊断

相关的实验室诊断项目可参考表 2-4。

表2-4　兽医诊断检测项目一览表

序号	项目	依据标准	检测项目
1	猪瘟	GB 16551—1996 NY/SY 156—2000 SY/T 002—2003	免疫抗体检测，野毒感染抗体检测，PCR
2	猪伪狂犬病	GB/T 18641—2002 NY/SY 153—2000	病毒分离，PCR，抗体检测，野毒感染抗体检测
3	蓝耳病	GB/T 18090—2023 SY/T 001—2003	病毒分离，抗体检测，PCR
4	猪细小病毒病	NY/SY 152—2000 SY/T 003—2003	抗体检测，PCR
5	猪喘气病	NY/SY 183—2000	抗体检测
6	猪传染性萎缩性鼻炎	NY/T 546—2002	临床诊断，抗体检测
7	猪乙型脑炎	GB/T 18638—2002 NY/SY 154—2000 SY/T 004—2003	病毒分离，抗体检测，PCR
8	猪流感	SY/T 008—2003	抗体检测
9	猪圆环病毒	SY/T 007—2003	PCR
10	猪弓形体病	NY/T 573—2002	抗体检测
11	猪囊虫病	GB/T 18644—2002	病原分离，抗体检测
12	猪旋毛虫病	GB/T 18642—2002 NY/SY 185—2000	病原检测，抗体检测
13	新城疫	GB 16550—1996	病毒分离，抗体检测
14	禽流感	NY/SY 166—2000 SY/T 005—2003	病毒检测，抗体检测，PCR
15	鸡马立克病	GB/T 18643—2002	病原检测，临床诊断
16	禽白血病	NY/SY 157—2000	抗体检测，抗原检测
17	禽脑脊髓炎	NY/SY 160—2000	抗体检测
18	鸡病毒性关节炎	NY/T 538—2002 NY/T 540—2002	抗体检测
19	禽传染性支气管炎	NY/SY 164—2000	抗体检测
20	鸡传染性法氏囊炎	NY/SY 165—2000	抗体检测
21	鸡传染性贫血病	NY/SY 167—2000	抗体检测
22	鸡传染性喉气管炎	NY/T 556—2002	抗体检测
23	鸡痘	NY/SY 170—2000	抗体检测
24	禽网状内皮组织增殖病	NY/SY 171—2000	抗体检测
25	鸡支原体	NY/T 553—2002	抗体检测

序号	项目	依据标准	检测项目
26	鸡白痢	NY/T 536—2002	抗体检测
27	减蛋综合征	NY/T 551—2002	抗体检测
28	小鹅瘟	NY/T 560—2002	抗体检测
29	口蹄疫	GB/T 1839—2018 NY/SY 150—2000 SY/T 006—2003	抗原检测，抗体检测，PCR
30	牛病毒性腹泻	GB/T 18637—2002 NY/SY 158—2000	病毒分离，抗体检测，抗原检测
31	牛白血病	NY/T 574—2002 NY/SY 172—2000	抗体检测
32	牛日本血吸虫病	GB/T 18640—2002	粪便毛蚴孵化，抗体检测
33	牛结核病	GB/T 18645—2002	细菌分离，抗体检测
34	副结核病	NY/T 539—2002	抗体检测
35	伊氏锥虫病	NY/SY 181—2000	抗体检测
36	马传染性贫血病	GB/T 17494—1998 NY/T 569—2002	抗体检测
37	马鼻疽	NY/T 557—2002	抗体检测
38	大肠菌群	NY/T 555—2002	细菌检测
39	沙门菌	NY/T 550—2002	病原检测
40	布鲁氏菌病	GB/T 18646—2002	抗体检测，病原检测
41	衣原体病	NY/T 562—2002	抗体检测
42	牛传染性鼻气管炎	NY/T 575—2002	病毒分离，抗体检测
43	猪嗜血杆菌胸膜肺炎	NY/T 537—2002	细菌分离，抗体检测

（1）病毒病

A. 病毒的分离　　病毒分离的一般程序：检验标本→杀灭杂菌（青霉素、链霉素）→接种易感动物或细胞→鸡胚出现病状或细胞病变或死亡。

无菌标本（脑脊液、血液、血浆、血清）可直接接种细胞、动物、鸡胚；无菌组织块经培养液洗液洗涤后制成10%～20%悬液离心后，取上清接种；咽洗液、粪便、尿、感染组织或昆虫等污染标本在接种前先用抗生素处理，杀死杂菌。

1）细胞培养。用分散的活细胞培养称细胞培养。所用培养液是含血清（通常为胎牛血清）、葡萄糖、氨基酸、维生素的平衡溶液，pH 7.2～7.4。细胞培养适于绝大多数病毒生长，是病毒实验室的常规技术。

2）动物试验。这是最原始的病毒分离培养方法。常用小白鼠、田鼠、豚鼠、家兔及猴等。接种途径根据各病毒对组织的亲嗜性而定，可接种鼻内、皮内、脑内、皮下、腹腔或静脉，如新城疫病毒接种小鸡脑内。接种后逐日观察实验动物的发病情况，如有死亡，则取病变组织剪碎，研磨均匀，制成悬液，继续传代，并作鉴定。

3）鸡胚培养。用受精孵化的活鸡胚培养病毒比用动物更加经济简便。根据病毒的特性可分别接种在鸡胚绒毛尿囊膜、尿囊腔、羊膜腔、卵黄囊、脑内或静脉内，如有病毒增殖，则鸡胚发生异常变化或羊水、尿囊液出现红细胞凝集现象，常用于流感病毒及新城疫病毒等分离培养；但很多病毒在鸡胚中不生长。

B. 分离病毒的鉴定

1）病毒在细胞内增殖的指征。致细胞病变（cytopathogenic effect，CPE）：病毒在细胞内增殖引起细胞退行性变，表现为细胞皱缩、变圆、出现空泡、死亡和脱落。某些病毒产生特征性CPE，普通光学倒置显微镜下可观察上述细胞病变，结合临床表现可做出预测性诊断。免疫荧光（IF）法用于鉴定病毒具有快速、特异的优点，细胞内的病毒或抗原可被荧光素标记的特异性抗体着色，在荧光显微镜下可见斑点状黄绿色荧光，根据所用抗体的特异性判断为何种病毒感染。

红细胞吸附现象：流感病毒和某些副黏病毒感染细胞后24～48h，细胞膜上出现病毒的血凝素，能吸附豚鼠、鸡等动物及人的红细胞，发生红细胞吸附现象。若加入相应抗血清，可中和病毒血凝素、抑制红细胞吸附现象的发生，这称为红细胞吸附抑制试验。这一现象不仅可作为这类病毒增殖的指征，还可作为初步鉴定。

干扰现象（interference phenomenon）：一种病毒感染细胞后可以干扰另一种病毒在该细胞中的增殖，这种现象叫干扰现象。前者为不产生CPE的病毒（如风疹病毒）但能干扰以后进入的病毒（如ECHO-埃可病毒）增殖，使后者进入宿主细胞不再产生CPE。

2）病毒形态与结构的观察。病毒悬液经高度浓缩和纯化后，借助磷钨酸负染及电子显微镜可直接观察到病毒颗粒，根据大小、形态可初步判断病毒属哪一科。还可用分子生物学技术分析病毒核酸组成、基因组织结构、序列同源性比较加以鉴定。

3）血清学鉴定。用已知的诊断血清来鉴定。补体结合试验可鉴定病毒科属；中和试验或血凝抑制试验可鉴定病毒种、型及亚型。从病料中分离出病毒株，应结合临床症状、检材来源及流行季节等加以综合分析，并应注意混杂病毒、隐性感染或潜伏病毒的区别，须用疾病初发期与恢复期双份血清作血清学试验，血清抗体滴度有大于等于4倍的增高才有意义。

C. 病毒核酸及抗原的直接检测

1）直接检测病毒核酸。**核酸杂交**（nucleic acid hybridization）：临床病毒学中快速的诊断方法通常是检测标本中的病毒抗原，然而核酸分子杂交具有高度敏感性和特异性，斑点杂交（dot hybridization）广泛用于检测呼吸道标本、尿标本中的病毒核酸。标本滴加到硝酸纤维素膜上，病毒DNA结合到膜上，在原位进行碱变性处理后，有放射标记的已知病毒DNA片段，两条单股核酸按碱基互补配对原则结合成双股，经放射自显影，阳性结果出现斑点状杂交信号。含轮状病毒的粪便标本经热变性处理，点到膜上，使用轮状病毒体外转录的放射标记探针作斑点杂交，敏感性高于酶联免疫吸附试验（ELISA）。肠道病毒也可用互补的DNA探针作斑点杂交。

目前核酸杂交不但来检测急性患者和动物标本中的病毒DNA，也用于检测不易分离培养的慢性感染、潜伏感染、整合感染患者和动物标本中的病毒DNA。

聚合酶链反应（polymerase chain reaction，PCR）：一种体外基因扩增法。先将待检标本DNA热变性为单股DNA作为模板，加一对人工合成的与模板DNA两端各20～30个碱基互补的引物，在耐热DNA聚合酶的作用下，使4种脱氧核苷按模板3′端引物向5′端延伸DNA链，经20～40个循环，可使1个拷贝的核酸扩增至10^6以上，经琼脂糖电泳，可见到溴化乙锭染色的核酸条带，扩增片段的大小取决于两引物的间距。此法较核酸杂交敏感、快速、简便，已用于肝炎、获得性免疫缺陷综合征（AIDS）、疱疹病毒感染诊断，尤其适用于不易分离培养及含量极少的病毒标本，有较大应用前景。

2）直接检测病毒抗原。**免疫荧光（IF）技术**：如前所述IF可用于细胞培养病毒的鉴定，也适用于检测临床标本中的病毒抗原，具有快速、特异的优点。直接免疫荧光技术是用荧光素直接标记特异性抗体，检测病毒抗原；间接免疫荧光技术是先用特异性抗体与标本中的抗原结合，再用荧光素标记的抗体与特异性抗体结合，从而间接识别抗原。可取咽喉脱落细胞，检测流感及新城疫病毒抗原；取病灶刮片或脑活检标本，检测猪瘟病毒抗原等。近年来使用单克隆抗体大大提高了检测的灵敏度和准确性。

免疫酶法（EIA）：原理与应用范围同免疫荧光技术，IEA是用酶（通常是过氧化物酶）取代荧光素标记抗体，酶催化底物形成有色产物，在普通光学显微镜下清晰可见，无须荧光显微镜，便于推广使用。

放射免疫测定（RIA）：有竞争RIA和因相RNA两种方法。竞争RIA是同位素标记的已知抗原与标本中未标记的待检抗原竞争性结合特异性抗体的试验，将形成的复合物分离出来，用放射免疫检测仪测定放射活性，同时与系列稀释的标准抗原测定结果进行比较，确定出待检抗原浓度。因相RIA是用特异性抗体包被因相以捕获标本中抗原，然后加入放射性标记的特异性抗体与抗原结合，测定放射活性，得知抗原量。RIA是最敏感的方法。

酶联免疫吸附试验（ELISA）：敏感性接近RIA，不接触放射性物质，已被多数实验室采用。

此外，对难以分离培养，形态特殊且病毒数量较多的标本，可用电镜或免疫电镜法直接观察，是一种快速诊断与鉴定病毒的方法。

D. 特异性抗体的检测　　病毒感染后通常诱发针对病毒一种或多种抗原免疫应答，特异性抗体效价升高或IgM抗体出现有辅助临床诊断的价值。

1）中和试验（NT）。诊断病毒性疾病时，须取双份血清同时作对比试验，病后血清的中和抗体效价也必须超过病初血清4倍才能确诊。用此法鉴定病毒时，须将病毒分别与免疫血清及正常血清（对照）混合作对比试验，免疫血清比正常血清多中和50～100倍剂量的病毒，才能断定是该病毒。

2）病毒中和试验。病毒中和抗体的特异性高，持续时间久，以往受显性或隐性感染后，血中可长期存在中和抗体。

3）血凝抑制试验（hemagglutination inhibition test，HIT）。某些病毒（流感病毒、新城疫病毒等）能凝集红细胞，而抗体与这些病毒结合后却能阻止它们的凝集，若双份血清有超过4倍滴度增高，也可用于诊断这类病毒感染。此法简便、快速、经济、特异性高，常用于流行病学调查等。

4）琼脂凝胶扩散试验（AGP）。此法不太敏感，实验时间较长，一般比较准确。

5）酶联免疫吸附试验（ELISA）。此法灵敏快捷。

（2）细菌病

1）细菌形态检查。细菌的形态检查是细菌检验技术的重要手段之一。在细菌病的实验室诊断中，形态检查的应用有两个时机，一个是将病料涂片染色镜检，它有助于对细菌的初步认识，也是决定是否进行细菌分离培养的重要依据，还因为简便快捷、可为其他诊断方法指示方向。有时通过这一环节即可得到确切诊断，如禽霍乱和炭疽的诊断有时可通过病料组织触片、染色、镜检即可确诊。另一个时机是在细菌的分离培养之后，将细菌培养物涂片染色，观察细菌的形态、排列及染色特性，这是鉴定分离菌的基本方法之一，也是进一步生化鉴定、血清学鉴定的前提。

2）细菌分离培养。细菌分离培养及移植是细菌学检验中最重要的环节，细菌病诊断与防治及对未知菌的研究，常需要进行细菌的分离培养。细菌病的临床病料或培养物中常有多种细菌混杂，其中有致病菌，也有非致病菌，从采集的病料中分离出目的病原菌是细菌病诊断的重要依据，也是对病原菌进一步鉴定的前提。不同细菌在一定培养基中有其特定的生长现象，如在液体培养基中均匀浑浊、沉淀、形成菌环或菌膜，在固体培养基上形成菌落和菌苔等。细菌菌落的形状、大小、色泽、气味、透明度、黏稠度、边缘结构和有无溶血现象等，均因细菌的种类不同而异，根据菌落的这些特征，即可初步确定细菌的种类。将分离到的病原菌进一步纯化，可为进一步的生化试验鉴定和血清学试验鉴定提供纯的细菌。此外，细菌分离培养技术也可用于细菌的计数、扩增和动力观察等。细菌分离培养的方法很多，最常用的是平板划线接种法，另外还有倾注平板培养法、斜面接种法、穿刺接种法、液体培养基接种法等。

3）细菌生化试验。细菌在代谢过程中，要进行多种生物化学反应，这些反应几乎都靠各种酶系统来催化，由于不同细菌含有不同的酶，因而对营养物质的利用和分解能力不一致，代谢产物也不尽相同，据此设计用于鉴定细菌的试验，称为细菌生化试验。一般只有纯培养的细菌才能进行生化试验鉴定。由于每种细菌有自己独特的代谢方式，细菌生化鉴定是最准确的鉴定方法和依据之一。现在较好或较高级的实验室已经装备有自动微生物鉴定仪，可快速确定细菌种属。

4）动物接种试验。试验动物有"活试剂"或"活天平"之誉，是生物学研究的重要基础和条件之一。动物试验也是微生物学检验中常用的技术，有时为了证实所分离菌是否有致病性，可进行动物接种试验，最常用的是本动物接种和实验动物接种。

5）细菌血清学试验。血清学试验具有特异性强、检出率高、方法简易快速的特点，因此广泛应用于细菌病的诊断和细菌的鉴定。常用的血清学试验有凝集试验、沉淀试验、补体结合试验、免疫标记技术等，如生产中常用凝集试验来进行鸡白痢和布鲁氏菌病的检疫。

在细菌病实验室诊断或细菌的鉴定中，除应用上述方法外，分子生物学技术也逐步被广泛应用。例如，传统的猪链球菌检测方法为细菌分离法，至少需要3d时间。如果采用先进的PCR新技术，可将检测猪链球菌的时间缩短至1.5h左右。

（3）寄生虫病　　寄生虫病诊断与传染病诊断有一定区别，由于寄生虫特殊的发育史，决定了其诊断方法的特殊性。在动物检疫中除进行一般流行病学调查和临床诊断检查外，定性的实质方法有以下几种。

A. 虫卵检查法　　动物肠道寄生虫和虫卵相对密度较小的用虫卵漂浮法。配制相应漂浮液，适当离心，就可以将漂浮到液面上的虫卵收集起来。对密度较大的虫卵，采用水洗沉淀方法，在沉渣中收集检查虫卵。通过普通显微镜直接检查虫卵。

B. 虫体检查法

1）蠕虫成虫。生前主要针对绦虫病诊断；死后剖检可用于所有蠕虫病诊断。

2）蠕虫的幼虫。一般用于非肠道寄生虫或虫卵不易鉴定的寄生虫。幼虫培养法用于检查圆形线虫病，血液压片法和集虫检查法用于检查丝状线虫病，毛蚴孵化法用于诊断血吸虫病。

3）螨的检查法。螨主要存在于动物皮肤中，检查时主要采用皮屑内死虫检查法和皮屑内活虫检查法。皮屑内死虫检查可用漂浮法或沉淀法，适用于初步诊断；皮屑内活虫检查可采用直接检查法或温水检查法，适用于确诊。

4）血孢子虫病检查。可采用血液涂片法、浓集检查法、淋巴结穿刺涂片检查等方法。

5）鞭毛虫病检查。血液压滴标本检查，血液集虫检查，泌尿生殖器官刮下物、分泌物压滴标本检查等，如毛滴虫。

C. 免疫学检测方法

1）免疫沉淀技术。免疫扩散、免疫电泳，这些方法应用简便、快速、准确，但与其他免疫学方法相比较，敏感性稍差。

2）免疫荧光技术。可直接在细胞内或组织内定位，也可以测定抗体。

3）免疫酶技术。ELISA方法适应范围广，灵敏度高，特异性强，是应用最广泛的一种方法。

4）免疫凝集技术。常用间接血凝、乳胶凝集方法等。

D. 分子生物学检测方法　　随着核酸检测技术的快速发展，寄生虫检测也有着广泛的应用，如核酸探针技术、PCR技术，可用于虫种或虫株的鉴别。

二、动物疫病控制与扑灭措施

对于动物疫病的控制及扑灭在动物防疫法的第三章规定了原则和措施，包括疫情报告，发生疫情必须采取的封锁、隔离、扑杀、销毁、消毒、紧急预防接种等控制，扑灭措施，并规定了有关单位和个人的权利和义务。

1. 疫情报告

《中华人民共和国动物防疫法》第三十一条：从事动物疫病监测、检测、检验检疫、研究、诊疗以及动物饲养、屠宰、经营、隔离、运输等活动的单位和个人，发现动物染疫或者疑似染疫的，应当立即向所在地农业农村主管部门或者动物疫病预防控制机构报告，并迅速采取隔离等控制措施，防止动物疫情扩散。其他单位和个人发现动物染疫或者疑似染疫的，应当及时报告。

了解疫情、掌握疫情，是控制、扑灭动物疫病的首要条件，是动物疫病控制、扑灭工作必须首先解决的问题。疫情的收集、反馈、整理非常重要，其中及时发现疫情最为重要。

2. 疫情调查

防疫法规定当发生新的动物疫病时，当地县级以上地方人民政府兽医行政管理部门应当立即派人到现场、划定疫区、疫点、受威胁区，采集病料，调查疫源。调查的方式可通过现场调查，剖检病（死）动物，采取病料做实验室诊断，尽快确诊。了解第一或首先发病的动物情况，传入的可能途径、动物活动范围、饲养管理和使役情况，预防接种情况，动物发病和治疗情况，剖检变化等。以临床症状为基础，结合流行病学材料、剖检变化和微生物学检查，综合判定，提出控制和扑灭措施。

3. 封锁疫区，控制、扑灭传染源

封锁是为了防止传染病由疫区向安全地区传播，主要针对传染源、传播途径和易感动物三个环节采取对应措施，实施方法应按法律规定执行。当发生重大疫病或新发传染病时，当地县级以上政府畜牧兽医管理部门报请同级政府决定对疫区实施封锁。重大动物疫病应急处置原则上以"早、快、严、小"的方式进行，早就是早发现疫情、早封锁、早控制、早扑灭；快就是快速行动和快速扑灭；严就是严密封锁；小就是控制在最小范围内。

（1）**设立疫区标志** 禁止易感动物通过封锁疫区。

（2）**检疫隔离** 当对疫区可疑动物群体进行检疫时，把该群动物分为患病动物、疑似感染动物及假定健康动物，并分别进行隔离，将疫情控制在最小范围内，最后扑灭传染源。

（3）**疑似感染动物** 与已经明确诊断的患病动物共同使用饲槽及用具的（易感）动物，可能处于潜伏期，应在消毒后转移别处隔离，限制其活动，详细观察，如有发病及时处理，包括急宰。观察一定时间不发病，可解除隔离。

（4）**假定健康动物** 对没有和患病动物接触的、与患病动物邻近的动物采取相应措施加以保护，根据具体情况可分小群饲养，或转移到别处。对受到威胁的动物进行紧急预防接种。

（5）**对患病动物接触的环境及物品进行严格消毒处理** 对患病动物和疑似动物使用过的垫草、残余饲料，粪便及污染的土壤，用具、栏舍等进行严格消毒，尸体进行焚烧。

（6）**解除封锁** 最后一头患病动物痊愈或作急宰等处理后，经过一个疫病潜伏期再无病例发生，经过全面的消毒后，由当地政府宣布解除封锁。

对解除封锁的动物群体要继续观察是否发病。对于重大动物疫病或人兽共患病疫情，要采取相应的应急机制进行扑灭和控制。

第五节　动物疫情监测

一、动物疫情监测的概念

动物疫情监测实质是采用流行病学调查、临床诊断、采样检测等相结合的方法调查了解动物疫情的行为，即通过系统、完整、连续和规则地观察一种疾病在一地或各地的分布动态，调查其影响因子，获取疫病发生现状和规律，并及时采取正确防治对策和措施方法。概括描述监测是指对多种疫病和动物种类连续主动地采集数据。相对而言，监视是指针对一种疫病或一个物种，被动收集的日常活动。

流行病学监测是指对畜群及其健康事件进行的系统、连续的调查、观察和检测活动，包括一系列流行病学调查活动。狭义流行病学监测指通过实验室检测获取相应疾病的分布及其影响因素资料；广义流行病学监测指全面调查活动及其获得相关资料综合分析。

制定疫情监测规划和计划，科学、全面、准确地开展动物疫情监测预报，是做好防疫工作的重要内容。所有监测都属于政府行为，个人、动物医院、养殖场等基层监测行为是协助政府将动物疫情监测、预防和控制工作做好。

动物疫情监测的法律依据包括《中华人民共和国动物防疫法》《重大动物疫情应急条例》《国家突发重大动物疫情应急预案》《中华人民共和国野生动物保护法》《病原微生物实验室生物安全管理条例》《全国畜间人兽共患病防治规划（2022—2030年）》等法律、法规、条例。动物疫情监测最终是为了疫情预警及防疫处理。

重大动物疫情预警实质上是对各类重大动物疫情进行流行病学调查和对动物群体免疫率抽查、免疫抗体监测、病原学监测、动物卫生组织体系运行情况、候鸟迁徙规律和周边国家或地区重大动物疫情的风险进行评估和预报。

监测方法包括流行病学调查、临床诊断、病理学检查、病原分离或免疫学检测、相关信息收集等。

监测内容包括自然环境信息、畜牧业生产信息、动物及其产品进口信息、动物及其产品价格信息、动物饲养方式信息、动物免疫状况信息、实验室检测信息、疫病发生信息等。

自然环境信息是通过对野生动物分布、媒介分布、气象气候变化等方面的了解，判断相关疫病发生的风险变化情况。畜牧业生产信息用于了解易感动物的分布情况，密度大的地区，疫病发生风险相对较高。动物进口信息用于对外来病发生风险的分析。动物及其产品价格信息用于了解不同区域间动物的流通情况。价格差异越大，流通频率越高。动物饲养方式信息用于了解动物防疫条件，防疫条件越好，疫病发生风险越低。

动物免疫状况信息，即一般来说，免疫密度越高，疫病发生风险越低。但有时在使用特定疫病疫苗的地区，存在该种疫病流行的潜在风险。

二、动物疫情监测的目的和意义

1. 动物疫情监测的目的

监测是疾病防控的一项基础性工作，依据监测所获得的数据可以掌握病原存在及分布状况；掌握风险因素变化情况；分析疾病及其风险因素发展趋势，为疾病预警奠定基础；基于监测结果，评估疫病防控效果。通过监测能够及早发现外来病、新发病和突发传染病，并能确定病因；确定疫病发生及分布情况，评价危害程度，判断发展趋势；评估防控政策措施的执行和执行效果，为防控决策提供技术支持。

2. 动物疫情监测的意义

通过监测，正确评估动物生活环境的卫生状况，为适时使用疫苗及药物预防等有效措施提供科学依据，从而真正做到防患于未然。

（1）免疫抗体检测的作用和意义

1）通过监测评估疫苗免疫效果。动物疫病防控部门的主要工作之一就是防控重大动物疫情，而其中的重要工作就是免疫。但免疫率高并非标志着免疫成功，须借助免疫抗体监测了解或考核免疫是否成功。疫苗会因在使用过程中受到动物机体内外环境、饲养管理水平、各类动物疫病流行情况等因素的影响，其效果产生较大差异。因此，只有通过大量的免疫效果监测才能评定某种疫苗的优劣，而免疫抗体监测就是重要的监测手段之一。

2）通过监测制定免疫程序。从以往对养殖场长期的免疫抗体监测的实际情况可以看出，各个养殖场的免疫抗体水平不同。部分养殖场免疫抗体达到了较高水平，但也有每年监测抗体水平都不能提高的养殖场。这些养殖场因对疫病防控、疫苗免疫过程中的母源抗体干扰、免疫时间、免疫方法、疫苗种类、免疫次数、当地动物疫病流行情况、饲养管理、动物机体对疫苗应答的能力等不熟悉而造成对制定合理免疫程序、科学防控的忽视。只有通过抗体监测，才能及时掌握首次免疫和再次免疫的时机，了解不同疫苗之间合理的间隔时间，从而根据不同养殖场的具体情况制定出科学合理的免疫程序。

3）监测对免疫工作的促进作用。通过连续、广泛、有针对性地开展免疫抗体监测工作，能让基层政府和养殖户逐步提高对该项工作的重视程度，使大家清楚地认识到动物防疫工作不仅是看疫苗是否注射到位，还要通过科学手段监测，了解注射疫苗后的效果怎么样，即是否有抵御重大动物疫病发生的能力。这对相关业务部门也是一个促动，让相关工作人员意识到免疫工作不但要做到位，还须经得起科学技术的检验。

（2）病原监测的作用和意义　　在平时的疫情监测中能及时发现未发病或刚发病的动物，是疫情监测的主要功能之一，特别是条件病原菌或新的病原菌传入的起始阶段，监测起到至关重要的作用。病原携带者排出病原体的数量一般没有发病动物排出的量大，但因其没有发病不易被发现，有时可成为十分重要的传染源。如果在疫情监测时没有发现或检疫不严，还可以随动物及其产品的运输散播到其他地区，造成新的暴发流行。疫情监测最重要的作用就是要及时发现病原携带者，扑杀监测阳性动物及发病动物的同群动物，也就是消灭病原携带者这类传染源。

（3）临床诊断与监测的意义　　临床诊断或临床观察能及时发现动物异常或疫病始发的关键环节，现场的兽医人员、饲养员、动物诊所的医生、兽医监督人员等的临床观察和及时上报，包括平时和定期监测，对动物疫情发生及控制是非常重要的。从动物发病情况、死亡情况、主要症状、进食情况等获取有用信息。因此，要提高这些人员对疫情的警觉性，即使微小的临床差异，要及时追踪动物的变化，甚至使用实验室方法，确定动物临床表现是否与病原有关。

持续地、系统地收集和分析数据，以提供具有疾病防控指导意义的信息。动物疫病的发生时间、地理分布与疾病的发生原因和后果是密切相关的。因此，通过监测疾病分布的变化，可以推断病因、分析发展态势和防控效果，以提出防控措施的建议。

三、动物疫情监测的内容

动物疫情监测是科学、系统、长期地对动物疫病的发生和发展情况、养殖环境、社会环境和自然环境进行的监视和监测工作。

1. 自然环境

通过对气象、传播媒介分布、养殖场/户周边自然环境的调查和检测，收集相关数据，用以判断相关疫病的发生风险。

2. 社会环境

收集社会生产和消费习惯、动物和动物产品调运的趋势及方向、与养殖场/户有关人员的活动状况和规律等方面的数据，了解相关社会发展信息，用以判断疫病传播和扩散风险。

3. 经济环境

收集经济发展状况，畜牧业生产、养殖方式，动物和动物产品进出口及市场交易价格数据，用以判断疫病风险。

4. 免疫情况和抗体水平

收集免疫密度、免疫工作实施情况和动物群体抗体水平数据，用以分析动物疫病传播和扩散风险。

5. 感染状况

通过实验室检测、调查等方式，了解感染情况和疫病发生情况。

四、动物疫情监测系统

动物疫情监测系统有两类：全国动物疫病疫情报告系统及动物疾病定点流行病学调查与监测系统。建设监测系统在宏观上必须考虑：动物疫病防控中的长期规划与长效机制、国家级和省级动物疫情监测工作、人兽共患病、种畜禽场、散养动物、野生动物疫病等因素。

1. 通过动物疫情监测网络进行疫情评估

市、区、县动物疫病预防控制中心负责动物疫情监测信息的收集、整理、免疫抗体和病原监测、流行病学调查等工作。市、区、县动物疫病预防控制中心、乡镇兽医站、村委会为纵向动物疫情信息收集点；动物医院、动物检疫报检点、屠宰加工场所、养殖场等为横向动物疫情信息收集点，均设信息报告员，负责辖区内疫情信息收集和上报。市区动物疫病预防控制中心由2～4名中级及以上职称人员组成评估组，负责对监测结果进行动物疫情风险评估。

2. 兽医实验室建设

实验室工作以动物疫病疫情的临床诊断、疫情的处理为主，也贯穿到动物疫情监测、诊断、评估、疫病净化等过程中，为动物疫病的防控工作提供了科学依据。这就要求兽医实验室必须达到相应的实验室建设和生物安全要求。实验室要配备具有专业技术水平的工作人员，并保持人员组成的稳定性，还要组织有关检验人员参加国家或省级的专业技术培训，不断提高检验水平，以适应时代和社会发展的需要。

3. 动物疫情报告系统

在疫情监测体系中起枢纽作用。

4. 流行病学调查与分析系统

流行病学调查作为疫情监测工作的重要组成部分，其准确程度也直接影响到疫情的预警预报。有关部门要组织区域性动物防疫监督所每月对每个乡随机抽取养畜禽场（户），重点了解家畜禽健康状况、临床表现、发病率、死亡率、免疫情况、疫苗来源等，要真实可靠，客观地反映情况，对出现的可疑情况做到早发现、早监测、早处理。并根据病原学监测结果进行及时的统计分析与风险评估，开展风险交流，以便采取有效措施，防患于未然。中国动物疫病预防控制中心要定期开展疫情监测和疫情信息的分析评估工作，每季度组织各省级动物疫病预防控制机构和国家参考实验室或专业实验室召开一次全国性动物疫情监测与疫情信息的总结分析评估会议，总结监测工作，分析疫情形势，研究监测对策，提出政策建议。各省级动物疫病预防控制机构每月将上月省级定点动物疫情监测结果、全省动物疫情监测结果和全省动物疫情信息通过全国动物疫情监测和疫情信息系统报送至中国动物疫病预防控制中心。每季度报送一次本省动物疫情监测与疫情总结分析报告，并对本行政区域动物疫情监测结果和疫情发生情况进行科学分析评估。中国动物疫病预防控制中心每月将上月全国动物疫情监测和疫情信息总结分析报告报至农业农村部兽医局，每季度报送一次全国动物疫情监测与疫情信息总结分析报告。

5. 决策机构（信息发布系统）

依据风险分析报告，制定防控政策，发布疫情信息和预警信息。

五、监测分类

动物疫情监测分类有多种方法，如主动监测和被动监测，局部地区、全国性和国际性监测，全面监测、抽样监测、靶向监测及定点监测，养殖场、市场、屠宰场和动物医院疫情监测，行政性监测、研究型监测和国际认证性监测；对于流行病学监测可分为地方性流行病监测、外来病和新发病监测、疫苗免疫效果监测、基于风险监测和证明无疫监测；常规监测和哨点监测、传统监测、专项监测等。

1. 主动监测和被动监测

主动监测是国家或省级主管部门下达的年度动物疫情监测任务，主要包括特定疫病种类的监测范围（动物种类、监测的场所）、监测时间、监测数量、监测方法、阳性动物处理等，是一种有计划的行为。

被动监测（应急性监测）主要指下级单位常规上报监测数据和资料，上级单位被动接收；对暴发动物疫病病原情况、流行情况的应急监测，可疑疫病流行的确定监测，本地区突然动物进出的疫情监测等，政府计划外或因时间所迫的突然行为都属于被动监测。

2. 局部地区、全国性和国际性监测

根据需要，进行省内部分地区、省辖范围、全国范围的动物疫情监测，根据国际合作、国家贸易等需要，进行国际的动物疫情监测或无疫监测。

3. 全面监测、抽样监测、靶向监测及定点监测

全面监测是指较大区域、较多疫病种类或者是普查性质的监测，或者是一类疾病涉及多种动物的监测行为，或者是政府的年度监测计划。

抽样监测是有针对性抽取一定数量的样品，如某省采样数量、某种动物采样数量、表现某种症状动物采样数量、某区域采集动物数量等。

监测系统中的抽样方法有两种：概率抽样和非概率抽样。概率抽样又可分为简单随机抽样、分层抽样、整群抽样、系统抽样、多阶段抽样、双重抽样及概率比例规模抽样（PPS抽样）。

靶向监测是指针对某一疾病、某一类动物、某一类疫苗的使用效果等的监测行为。

定点监测是针对某一场、院进行检测，固定在一个属于最小单位或区域范围（县、市、区），如养殖场、

市场、屠宰场和动物医院疫情监测。

4. 养殖场、市场、屠宰场和动物医院疫情监测

养殖场、市场、屠宰场和动物医院是疫情监测的前沿场所，也是常规监测中主要的监测场所。这些场所能够第一时间、第一现场发现疫病苗头，为及时控制疫病蔓延提供第一手数据。

5. 行政性监测、研究型监测和国际认证性监测

凡属政府行为的监测都是行政性监测。

研究型监测应该隶属行政性监测范畴，是科研单位或科研项目需要进行的一类疫情监测活动。可以为政府的监测提供补充与翔实数据。

国际认证性监测：包括为满足外来病监测、证明无疫监测、国家间相互认证监测等需要而进行的监测行为。

6. 地方性流行病和外来病（或新发病）监测

地方性流行病监测旨在测量和描述疫病分布，分析疫病发展趋势；外来病和新发病监测旨在发现疫病存在与否。

六、监测程序

1. 任务下达

国家相关部门每年根据上一年疫情的流行情况下达监测任务。动物防疫监督机构应当根据国家和本省份动物疫情监测计划和监测对象的规定，定期对本地区的易感动物进行疫情监测和免疫效果监测。例如，2022年农业农村部下达的监测任务包括监测目的、监测对象、监测范围、监测时间、监测数量（免疫抗体监测、病原监测）、监测方法、判定标准。根据农业农村部总体要求，各省（自治区、直辖市）也可以根据自己的情况设计监测任务。

2. 监测方案的制订

根据国家和本省的计划，以及本地区疫情的流行情况，一般每年进行两次实验室监测，每月进行一次流行病学调查。每县（市、区）每次监测3个乡，每乡2个村，每村20个农户，每个乡抽查规模猪场、羊场、牛场、禽场各1个。重点对种畜禽场、规模饲养场及疑似患病动物和历史上曾经发生过疑似病例或周边地区流行疑似病例动物进行采样监测，按规定做好样品记录、保存、送检。种用、乳用动物饲养单位和个人应当按照国家和本省制定的动物疫情监测、净化计划实施监测、净化，达到国家和省级规定后方可向社会提供商品动物和动物产品。

3. 流行病学调查

流行病学调查是了解动物病原存在状况、动物抗体实际水平的最好方式，也是最基本的方式。调查前，必须拟订调查计划，明确目标，依目标决定调查种类、范围和对象。根据目的、方法和用途，流行病学调查可分为多种类型，如现况调查、暴发调查、前瞻性调查和回顾性调查等。

4. 样品采集

根据病理学检查和实验室检测需要采样。

5. 实验室监测

实验室监测一般包括血清学监测、分子生物学监测、微生物鉴定（病原分离、病毒学诊断）、动物试验

等。从实验室获得的数据是监测过程中最准确的依据之一，因此，相关实验室要配备足够的技术力量和仪器，才能发挥实用效果。

七、监测布局

1. 监测点

监测点布局原则：考虑经费支持情况，在经费允许的范围内确定监测点数量；考虑疫病流行情况，老疫区多设监测点，新疫区增设监测点，非疫区少设监测点；考虑当地的监测能力，尽可能在监测能力强、工作积极性高的县市设立监测点，以达到实用效果及目的。省级动物疫病预防控制机构要根据动物养殖情况、流通模式、动物疫病流行特点和地理环境等特征，在本行政区域内按照生猪、禽和反刍动物等分类，每类动物至少各设立1个固定监测点，重点监测高致病性禽流感、口蹄疫、高致病性猪蓝耳病、猪瘟、新城疫等主要动物疫病。各省（自治区、直辖市）固定监测点设置情况报中国动物疫病预防控制中心备案，国家参考实验室或专业实验室按照农业农村部部署，可到监测点开展直接采样监测工作。

设立监测点的目的是掌握特定病原的感染情况、病原变异情况、免疫效果和相关风险因素，属于主动监测。目前，中国已在候鸟主要迁徙所涉区域，建立了150个国家级监测站点，地方配套建设了400多个省级监测站点，初步搭建了以候鸟为重点的陆生野生动物疫源疫情监测体系。

2. 监测时间和监测频度

由省级动物疫病预防控制机构每月至少开展一次直接采样监测工作，月度常规监测由各地根据实际情况安排。一般春秋季节各进行一次集中重点监测，如发现可疑病例，随时采样，及时监测。

3. 监测数量

依据当地易感动物存栏数量、当地疫病流行频率、疫苗使用情况、预设的精确度和预设的置信水平确定监测点的抽样数量。

八、监测数据处理

根据监测类型将各种监测数据进行收集、逻辑核对和录入省级和国家相关系统，统计整理，而后进行监测数据分析，形成分析报告。

监测结果有六大分析技术：统计学分析、疫情预测与风险分析和预警、分子流行病学分析、空间信息分析、决策分析、荟萃分析。其中，统计学分析可通过疫病频率的计算、差异显著分析等数学方式进行结果分析。疫病频率的计算包括：发病率、累计发病率、患病率、死亡率、病死率等。国家相关部门在形成报告后及时将监测数据信息反馈给省级、县市相关部门，并提出指导性建议，以便采取适当措施。

附件1：国内动物疫情监测计划（仿自《2011年国家动物疫病监测计划》）

高致病性禽流感监测计划

一、监测范围

鸡、鸭、鹅和其他家禽及野生禽鸟，貂、貉、虎等人工饲养的野生动物以及高风险区域内的猪。重点对种禽场、商品禽场、活禽交易市场、水网密集区、候鸟密集活动区和重点边境地区家禽进行监测。

二、监测时间

月度常规监测由各地根据实际情况安排。春秋季节各进行一次集中重点监测，分别在5月底前和11月底前完成。如发现可疑病例，随时采样，及时检测。

三、监测数量

月度常规监测数量由各地根据实际情况自行确定。各市每次集中重点监测时采集血清学样品不少于110份,病原学样品不少于100份,水禽养殖量大的市区水禽采样数量不低于样品总数的30%。每次至少采集2个种禽场(血清样品≥20份/场,泄殖腔/咽喉拭子双份样品≥10份/场),3个商品代饲养场户(血清样品≥20份/场,泄殖腔/咽喉拭子双份样品≥20份/场),2个重点活禽市场(泄殖腔/咽喉拭子双份样品≥10羽份/场)、1个猪场(血清样品≥10头份/场)。省动物疫病预防控制中心负责病原学监测和对市级监测结果进行抽查,各市动物疫病预防控制中心负责采样、送样和血清样品监测。野鸟以及人工饲养的貂、貉、虎等野生动物根据实际情况进行采样监测。

四、检测方法

血清学检测方法及判定:①方法:血凝抑制试验(HI)。②判定:弱毒疫苗,商品代肉雏鸡第二次免疫14天后,鸡群免疫抗体转阳≥50%为合格;灭活疫苗,家禽免疫21天后,HI抗体效价≥2^4 为免疫合格。

病原学检测方法:RT-PCR或荧光RT-PCR检测方法。

五、病原学检测阳性样品及动物的处理

病原学检测结果为阳性的,应立即采取以下措施:①对阳性禽及同群禽进行隔离,必要时进行扑杀,并无害化处理。②将阳性样品送国家禽流感参考实验室进行确诊,经确诊阳性的进行扑杀,并进行无害化处理。③对检测阳性的活禽市场休市,并进行彻底清洗消毒,对同群禽采取扑杀措施并进行无害化处理,同时追溯来源,追查免疫情况。④将阳性情况按快报要求报告。

口蹄疫

一、监测范围

猪、牛、羊。重点对种畜场、规模饲养场、屠宰场、交易市场、发生过疫情地区以及边境地区的家畜进行监测。

二、监测时间

月度常规监测由各地根据实际情况安排。春秋季节各进行一次集中重点监测,分别在5月底前和11月底前完成。发现可疑病例,随时采样,及时检测。

三、监测数量

月度常规监测数量由各地根据实际情况确定。各市每次集中重点监测时采集血清样品不少于120份,O-P液不少于15份。每次至少采集1个种畜场(血清样品≥15头份/场),1个奶牛场(血清样品≥15头份/场);1个生猪屠宰场(血清样品≥10头份/场),1个牛羊交易市场(同时采集血清样品和O-P液各15份/场);3个存栏50~300头饲养场户(血清样品≥15头份/场),2个村散养户(家畜血清样品≥10头份/村,适当兼顾猪牛羊的比例)。省动物疫病预防控制中心负责病原学监测和对市级监测结果进行抽查,各市动物疫病预防控制中心负责采样、送样和血清样品监测。

四、监测内容

猪检测O型口蹄疫病原和免疫抗体;羊检测O型、亚洲Ⅰ型口蹄疫病原和免疫抗体;牛检测O型、亚洲Ⅰ型、A型口蹄疫病原和抗体。

五、检测方法

血清学检测方法及判定:猪免疫28天后,其他畜免疫21天后,进行免疫效果监测。①方法:O型口蹄疫:正向间接血凝试验,液相阻断ELISA,使用合成肽疫苗免疫的,采用VP1结构蛋白ELISA进行检测;亚洲Ⅰ型和A型口蹄疫:液相阻断ELISA。②判定:正向间接血凝试验:抗体效价≥2^5为免疫合格;液相阻断ELISA:抗体效价≥2^6为免疫合格;VP1结构蛋白抗体ELISA:抗体效价≥2^5为免疫合格。

病原学检测方法及判定:食道-咽部分泌物(O-P液)用RT-PCR方法检测;牛羊口蹄疫感染情况采用非结构蛋白抗体ELISA方法检测,检测结果为阳性的,采集O-P液用RT-PCR方法检测,如检测结果为阴性,应间隔15天再采样检测一次,RT-PCR检测阳性的判定为阳性畜。

对猪的检测:从屠宰场采集猪颌下淋巴结用RT-PCR方法进行检测,结果为阳性的判定为阳性猪。

六、病原学检测阳性样品及动物的处理

病原学检测结果为阳性的,应立即采取以下措施:①样品要及时送国家口蹄疫参考实验室进行病原分离鉴定。②扑杀阳性畜，必要时对同群畜进行扑杀，并进行无害化处理。③将阳性情况按快报要求报告。

高致病性猪蓝耳病

一、监测范围

猪。重点对种猪场、中小规模饲养场、交易市场和发生过疫情地区的猪进行监测。

二、监测时间

月度常规监测由各地根据实际情况安排。春秋季节各进行一次集中重点监测，分别在5月底前和11月底前完成。发现可疑病例，随时采样，及时检测。

三、监测数量

月度常规监测数量由各地根据实际情况确定。各市每次集中重点监测时采集血清样品不少于120份。至少采集2个种猪场（血清样品≥15头份/场）、4个商品猪场户（血清样品≥15头份/场）、3个村散养户（血清样品≥10头份/村）。省动物疫病预防控制中心负责病原学监测和对市级监测结果进行抽查，各市动物疫病预防控制中心负责采样、送样和血清样品监测。

四、检测方法

血清学检测方法及判定：①方法：ELISA。②判定：活疫苗免疫28天后，高致病性猪蓝耳病ELISA试验抗体阳性判为合格。

病原学检测方法：RT-PCR或荧光RT-PCR检测方法。

五、病原学检测阳性样品及动物的处理

对病原学检测结果为阳性的猪进行扑杀，并进行无害化处理。将阳性情况按快报要求报告。

猪瘟

一、监测范围

猪。重点对种猪场、中小规模饲养场、交易市场和发生过疫情地区的猪进行监测。

二、监测时间

月度常规监测由各地根据实际情况安排。春秋季节各进行一次集中重点监测，分别在5月底前和11月底前完成。发现可疑病例，随时采样，及时检测。

三、监测数量

月度常规监测数量由各地根据实际情况确定。各市每次集中重点监测采集血清学样品不少于120份。至少采集2个种猪场（血清样品≥15头份/场）、4个商品猪场户（血清样品≥15头份/场）、3个村散养户（血清样品≥10头份/村）。省动物疫病预防控制中心负责病原学监测和对市级监测结果进行抽查，各市动物疫病预防控制中心负责采样、送样和免疫抗体监测。

四、检测方法

血清学检测方法及判定：①方法：正向间接血凝试验或抗体阻断ELISA。②判定：使用正向间接血凝试验，免疫21天抗体效价≥25为免疫合格；使用猪瘟抗体阻断ELISA的，抗体阳性即为合格。

病原学检测方法：荧光免疫抗体方法、RT-PCR或荧光PCR方法或ELISA。

五、病原学检测阳性样品及动物的处理

对病原学检测结果为阳性的猪进行扑杀，并进行无害化处理。

猪甲型H1N1流感

一、监测范围

猪。重点对种猪场、规模饲养场和屠宰场的猪进行监测。

二、监测时间

1月～3月和10月～12月，每月对固定监测点进行一次监测。发现可疑病例，随时采样，及时检测。

三、样品数量

每月样品数量不低于30份鼻咽拭子或组织样品，至少采集1个种猪场（鼻咽拭子或组织样品≥10头份/场）、1个商品猪场户（鼻咽拭子或组织样品≥10头份/场）、1个屠宰场（鼻咽拭子或组织样品≥10头份/场）。

省动物疫病预防控制中心负责病原学监测，各市动物疫病预防控制中心负责采样和送样。

四、检测方法

RT-PCR方法。

五、病原学检测阳性样品及动物的处理

病原学检测阳性样品送国家禽流感参考实验室，经复核阳性的猪按农业农村部的有关规定处理。将阳性情况按快报要求进行报告。

鸡新城疫

一、监测范围

鸡、火鸡、鹌鹑等。重点对种禽场、商品禽场、活禽市场的家禽进行监测。

二、监测时间

月度常规监测由各地根据实际情况安排。春秋季节各进行一次集中重点监测，分别在5月底前和11月底前完成。发现可疑病例，随时采样，及时检测。

三、监测数量

月度常规监测数量由各地根据实际情况确定。各市每次集中重点监测时采集血清学样品不低于100份，病原学样品不低于100份，水禽养殖量大的市水禽采样数量不低于样品总数的30%。至少采集2个种禽场（血清样品≥20份/场、泄殖腔/咽喉拭子双份样品≥10份/场）、3个商品代饲养场户（血清样品≥20份/场、泄殖腔/咽喉拭子双份样品≥20份/场）、2个重点活禽市场（泄殖腔/咽喉拭子双份样品≥10羽份/场）。省动物疫病预防控制中心负责病原学监测和对市级监测结果进行抽查，各市动物疫病预防控制中心负责采样、送样和免疫抗体监测。

四、检测方法

血清学检测方法及判定：①方法：血凝抑制试验。②判定：免疫21天后抗体效价≥25为免疫合格。

病原学检测方法：RT-PCR方法。

五、病原学检测阳性样品及动物的处理

病原学检测阳性禽场应采取净化措施。

布鲁氏菌病

一、监测范围

所有乳用牛羊及种用牛羊（包括犊牛、羔羊）。各地应根据实际情况，对其他易感动物进行抽检。

二、监测时间和数量

每年进行一次集中监测，具体时间和数量由各地根据实际情况安排。发现可疑病例，随时采样，及时检测。

三、检测方法

按照国家标准（GB/T 18646—2002）进行，筛选检测用琥红平板凝集试验；阳性样品送省动物疫病预防控制中心用试管凝集反应或补体结合试验进行复核。

四、检测阳性动物处理

检测结果阳性的，应扑杀并进行无害化处理，对监测到阳性场定期进行跟踪监测。

牛结核病

一、监测范围

所有乳用牛（包括奶水牛）以及种畜场牛。

二、监测时间和数量

每年至少进行一次集中监测，具体时间和数量由各地根据实际情况安排。发现可疑病例，随时采样，及时检测。

三、检测方法

按照国家标准（GB/T 18645—2002），用牛提纯结核菌素皮内变态反应进行检测。

四、检测阳性动物的处理

检测结果为阳性的动物，应扑杀并进行无害化处理，对监测到的阳性场定期进行跟踪监测。

血吸虫病

一、监测范围

栖霞区、雨花区、六合区、江宁区、浦口区、高淳区、邗江区、扬州开发区、丹徒区、润州区、扬中市、京口区等重疫区县按规定数量进行抽检，非重疫区县和其他市根据实际情况进行抽检。

二、监测时间

4～5月份、9～10月份各监测一次。

三、监测对象和数量

血防重点村内所有易感家畜全部监测。疫情观测点每次须对辖区内所有的牛、羊进行监测。

四、检测方法

用间接血凝方法或 Dot-ELISA 检测，结果为阳性的，用粪检法复检，仍为阳性的确诊为阳性畜。

五、检测阳性动物的处理

检测结果为阳性的牛，对所在村的全部存栏易感家畜进行药物治疗。

狂犬病

一、监测范围

狂犬病高风险区域的犬、猫，重点对死亡、疑似发病及动物门诊的犬、猫进行采样检测。

二、监测时间

血清学监测：在犬、猫狂犬病免疫一个月后进行免疫抗体监测。病原学监测：全年开展月度常规监测，春夏季节安排一次集中监测。

三、监测数量

每市采集血清样品50份，于10月底前送至省动物疫病预防控制中心。死亡犬、猫随时采集脑组织，及时送样。

四、检测方法

血清学检测：ELISA。

病原学检测：脑组织采用直接免疫荧光试验或 RT-PCR 进行检测。

五、病原学检测阳性样品及动物的处理

脑组织样品送农业农村部狂犬病实验室（军事医学科学院长春兽医研究所）进行病毒分离鉴定。扑杀阳性犬，并进行无害化处理。

附件2：外来动物疫情监测计划（仿自2011年国家动物疫病监测计划》)

牛海绵状脑病监测计划

一、监测范围

重点在奶牛养殖场、屠宰场、种牛场和动物医院进行采样监测，采集对象主要为2岁以上的神经症状、紧急屠宰或非正常死亡牛，4～7岁的正常屠宰奶牛和种牛，以及从欧盟、美国、加拿大、日本等牛海绵状脑病发生地区进口的牛。

二、监测时间

全年监测送样。神经症状牛的样品随时送检。

三、检测机构及所负责省市

（1）国家牛海绵状脑病参考实验室。中国动物卫生与流行病学中心国家牛海绵状脑病参考实验室负责新疆、西藏、青海、甘肃、四川、陕西、山西、宁夏、河南、河北、天津、安徽、湖北、湖南、海南、山东、江苏、浙江、上海、福建、广东、广西、贵州、重庆、江西、云南等26个省、自治区、直辖市和新疆兵团的牛脑样品检测，以及全国牛海绵状脑病确诊工作。

（2）中国农业大学牛海绵状脑病检测实验室。中国农业大学牛海绵状脑病检测实验室负责北京、内蒙古、辽宁、黑龙江、吉林等5个省（自治区、直辖市）的牛脑样品检测。

四、监测数量和要求

（1）临床监测。各省对辖区内的所有奶牛群、育肥牛群和种牛群以及从欧盟、美国、加拿大、日本等疫情发生地区进口的牛进行临床监测，并填写临床监测登记表。临床监测频率为1年两次，相隔时间为4个月。临床监测发现神经症状和2岁以上的死牛应及时采样送检，若发现与牛海绵状脑病症状相似的病牛可立即与国家牛海绵状脑病参考实验室联系。

（2）采样数量。具体见表2-5。

（3）采样要求。样品应主要来自于奶牛，其中神经症状牛的样品应80%以上来自于奶牛；紧急屠宰、死亡或4~7岁正常屠宰牛的样品应50%以上来自于奶牛。采样时应填写采样单，要求每个样品均有详细的信息。

表2-5　2011年各省份应采集的牛脑总数量及神经症状牛数量

省份	采样总数量/头份	神经症状牛数量*/头份
浙江	50	5
山西	200	10
宁夏	200	10
贵州	50	5
云南	150	10
海南	50	5
西藏	50	5
新疆	500	50
新疆兵团	100	5
湖北	200	5
福建	50	5
广西	100	5
甘肃	200	10
安徽	150	10
天津	200	10
广东	150	5
河南	500	50
四川	300	10
上海	100	5
重庆	100	5
江苏	200	10
河北	700	50
陕西	200	10
江西	100	5
山东	500	10
湖南	100	5
青海	150	10
黑龙江	400	50
辽宁	150	10
吉林	150	10
内蒙古	400	50
北京	100	10
合计	6550	450

* 80%以上的样品应来自于奶牛

五、检测方法

免疫组织化学方法、酶联免疫吸附（ELISA）方法、免疫印迹方法和组织病理学方法。ELISA方法为筛检方法，免疫组织化学方法和免疫印迹方法为确诊方法，组织病理学方法为辅助诊断方法。

六、监测结果处理与报告

（1）各检测实验室检测完样品后应及时向送样单位出具检验报告，并保存好相关实验记录。

（2）各省份动物疫病预防控制机构在11月30日前向农业农村部兽医局提交年度监测报告，并抄送国家牛海绵状脑病参考实验室。报告内容包括：①检查的各种易感动物总数及其年龄结构；②每种易感动物总的死亡率和由神经性疾病造成的死亡率；③临床检查与流行病学调查的牛的数量与结果；④除牛科动物以外感染传染性海绵状脑病(TSE)的信息；⑤牛海绵状脑病相关知识的教育培训情况；⑥进口和饲喂肉骨粉的情况。

（3）各检测实验室发现疑似样品，应及时送国家牛海绵状脑病参考实验室确诊。

（4）中国农业大学牛海绵状脑病检测实验室在11月30日前将年度检测结果汇总送国家牛海绵状脑病参考实验室。

（5）国家牛海绵状脑病参考实验室汇总各方面信息后，形成年度监测报告，于12月31日前报农业农村部兽医局。参考实验室一旦发现阳性结果，应按规定立即报告农业农村部兽医局。

第六节 饲养场动物疫病综合防治措施

针对畜禽养殖业的健康发展，特别是规模化养殖场的安全养殖，必须重视严格的卫生防疫制度，防大于治，预防控制得好，会给企业或养殖户带来很好的经济效益。

一、防疫措施

1. 养殖场的兽医卫生要求

养殖场的选址一般要求地势较高，干燥平坦，被风向阳，排水方便，水源充足，水质良好，远离人口聚集场所如工厂、学校等，交通便利。同时也要考虑不要对周围环境造成污染，合理规划，科学布局，场周围最好建防疫沟或隔离带。谢绝参观和禁止外人出入，出入车辆和人员要消毒。场内应设有兽医室、病畜禽隔离圈舍、粪便污物处理场地。

2. 大规模养殖场须建立"全进全出"的饲养管理制度

对于大规模养殖场在整批出售后，畜禽圈舍和饲养区须经过全面彻底消毒清扫，再整批进入饲养。也可以采取分小区"全进全出"模式，轮流更新。有利于消灭病原和切断传播途径。

3. 建立检疫制度

引进的畜禽必须做好疫情调查和确认工作，进场前必须进行检疫和消毒。畜禽出场、销售或屠宰，要经过当地畜禽防疫检疫机构检疫并出具证明。对种畜禽、繁殖群、乳用、毛用等要定期进行检疫，对检出的阳性动物隔离，并分别进行治疗、淘汰、肥育、屠宰、扑杀或管制疫用等，建立和恢复健康群。

4. 建立消毒制度

消毒工作与疫苗免疫、药物治疗同等重要，保持环境的卫生清洁是防疫病发生的最基础条件。

5. 做好粪便污物和死亡动物处理工作

舍内粪便、垫草、污物都要适当处理，进行发酵或焚烧，如果是传染病畜禽的污物要撒上石灰、漂白粉等，然后深埋。对于传染病性质的死亡动物，分别采取焚烧、掩埋、炼油等方式处理。

6. 灭鼠、灭虫和防止动物进出

养殖场周围的鼠通过排泄物、机械性携带及鼠的直接啃咬等传播病原；各种媒介昆虫通过叮、咬、吸血等方式传播多种疫病。灭鼠、灭虫对防疫都很重要。防止大型动物进出场所也是防止病原传播的重要措施。

7. 加强饲养管理

好的饲养管理能够增强动物体质和抗病能力，是预防传染病的根本措施之一。需营养全面，环境清洁，加强幼龄动物分群管理，做好怀孕动物的产前免疫。

8. 建立疫病报告制度

在疫病发生的初期及时诊断、报告，对及时有效控制疫病蔓延非常重要。畜禽发生疫病后，饲养人员应迅速报告场兽医或兽医卫生人员进行初步诊断，封锁发病现场，并报告当地防疫检疫机构或乡镇畜牧兽医站。依据兽医诊断结果提出防治措施，进行封锁、隔离、治疗、紧急接种、急宰和无害化处理等。

二、免疫接种

就目前生物技术而言，免疫接种对大规模养殖业疫病控制来说是最方便操作、可行性强、预防效果也是最好的一类技术手段。

1. 主动免疫与被动免疫

用人工制备的病毒苗、细菌苗、亚单位苗、类毒素、重组苗等抗原接种动物，刺激机体产生特异免疫力，称为人工自动免疫（主动免疫）。这种方式产生的免疫力出现得慢，需要1~2周，但持续时间长。特异性抗体、抗毒素、干扰素和转移因子等活性因子，使身体迅速获得免疫力，这种方式获得的免疫称为人工被动免疫（被动免疫）。特点是出现快，但持续时间短。

2. 免疫接种方法

免疫接种方法很多，在生产中按免疫途径分为个体免疫（皮下注射、肌内注射、滴鼻、点眼、刺种、涂擦）和群体免疫（气雾、饮水、拌饲）；按用途分为常规免疫（对分离畜禽群的免疫）和紧急接种（病初或受威胁畜禽群的免疫）。生产实践中应根据实际情况合理选择接种方法。每种疫苗和生物制品都有自己的合适免疫方法，使用时尽量参照使用说明书进行。

3. 接种试剂的选择

由于细菌或病毒等病原按血清分型种类十分复杂，如沙门菌可分为2600多个血清型，禽流感也可分为多种致病型，因此，在实际应用时要注意当地以往流行病原的情况，针对当地主要流行病情况，有选择地注射疫苗或菌苗。因为家畜、禽可感染的疾病种类很多，而一种动物又不能注射所有疫苗，一方面是经济负担重，另一方面也没必要，选择针对性强的疫苗种类即可。所注射的疫苗必须安全可靠，保护率高，免疫期长，便于使用。

（1）**传统疫苗**　传统疫苗是指以传统的常规方法，用细菌或病毒培养液或含毒组织制成的疫苗。传统疫苗在防治畜禽传染病中起到重要作用，目前市场上所使用的疫苗，主要是传统疫苗。传统疫苗包括如下主要的类型。

1）灭活疫苗，又称死疫苗，将含有细菌或病毒的材料利用物理或化学的方法处理，使其丧失感染性或毒性而保持有良好的免疫原性，接种动物后能产生主动免疫或被动免疫。灭活疫苗又分为组织灭活疫苗（如猪瘟结晶紫疫苗）和培养物灭活疫苗（猪丹毒氢氧化铝疫苗、猪细小病毒疫苗）。此种疫苗无毒、安全、疫苗性能稳定，易于保存和运输，是疫苗发展的方向。

2）弱毒疫苗，又称活疫苗，是微生物的自然强毒通过物理、化学方法处理和生物的连续继代，使其对原宿主动物丧失致病力或只引起轻微的亚临床反应，但仍保存良好的免疫原性，用其制备的疫苗（如猪丹毒弱毒疫苗、猪瘟兔化弱毒疫苗等）。此外，从自然界筛选的自然弱毒株，同样可以制备弱毒疫苗。

3）单价疫苗，利用同一种微生物菌（毒）株或一种微生物中的单一血清型菌（毒）株的增殖培养物所制备的疫苗称为单价疫苗。单价疫苗对相应的单一血清型微生物所致的疾病有良好的免疫保护效能（如猪肺疫氢氧化铝菌苗，系由6:B血清型猪源多杀性巴氏杆菌强毒株制造，对由A型多杀性巴氏杆菌引起的猪肺疫无免疫保护作用）。

4）多价疫苗，指同一种微生物中若干血清型菌（毒）株的增殖培养物制备的疫苗。多价疫苗能使免疫动物获得完全的保护（如猪多价副伤寒死菌苗）。

5）混合疫苗，即多联苗，指利用不同微生物增殖培养物，根据病性特点，按免疫学原理和方法，组配而成。接种动物后，能产生对相应疾病的免疫保护，可以达到一针防多病的目的（如猪瘟、猪丹毒、猪肺疫三联苗）。

6）同源疫苗，指利用同种、同型或同源微生物制备的，而又应用于同种类动物免疫预防的疫苗。

7）异源疫苗，指利用不同种微生物菌（毒）株制备的疫苗，接种后能使其获得对疫苗中不含有的病原体产生抵抗力（如兔纤维瘤病毒疫苗能使其抵抗兔黏液瘤病），或用同一种中一种型微生物种毒制备的疫苗，接种动物后能使其获得对异型病原体的抵抗力。

（2）基因工程苗　利用基因工程技术制取的疫苗，包括亚单位疫苗、活载体疫苗、基因缺失苗及核酸疫苗。

1）亚单位疫苗，微生物经物理、化学方法处理，去除其无效物质，提取其有效抗原部分（如细菌荚膜、鞭毛，病毒衣壳蛋白等）制备的疫苗（如猪大肠杆菌菌毛疫苗）。

2）活载体疫苗，是应用动物病毒弱毒或无毒株如痘苗病毒、疱疹病毒、腺病毒等或活菌体作为载体，插入外源抗原基因构建重组活病毒载体，转染病毒细胞而产生的。

3）基因缺失苗，应用基因操作，将病原细胞或病毒中与致病性有关的基因序列除去或失活，使其成为无毒株或弱毒株，但仍保持免疫原性（如猪伪狂犬病基因缺失苗）。

4）核酸疫苗，应用一种病原微生物的抗原遗传物质，经质粒载体DNA接种给动物，能在动物细胞中经转录和翻译合成抗原物质，刺激动物产生保护性免疫应答。

（3）抗独特型疫苗　根据免疫系统内部调节的网络学说原理，利用第1抗体分子中的独特型抗原决定位（簇）制备的疫苗，免疫后可引起液体和细胞性免疫应答，能抵抗病原的感染。

4. 免疫程序

免疫程序是指实现计划好的各种疫苗具体的可行性使用顺序，包括疫苗总类、接种对象、接种时间、方法、剂量、次数等。由于不同地方畜禽中隔离、饲养方式、技术条件、疫病流行率等差别巨大，不可能有一个通用的免疫程序，最好是因地制宜地建立免疫程序。例如，猪的免疫程序建立，要考虑本地区疫病流行情况，母猪母源抗体状况，仔猪、生长猪、肉猪的发病日龄，发病季节，免疫间隔时间，健康状况，疫苗的协同及干扰等因素及以往的免疫效果。拟定一个好的免疫程序，不仅要有严密的科学性，而且要符合当地猪群的实际情况，也可考虑疫苗厂家推荐的免疫程序。根据综合分析，拟定出完整的免疫程序。

下列是一般中、小型猪场常用的免疫程序，供参考。

（1）猪瘟

1）种公猪：每年春、秋季用猪瘟兔化弱毒苗各免疫1次。

2）种母猪：每年春、秋季以猪瘟兔化弱毒苗各免疫接种1次或母猪产前30天免疫接种1次。

3）仔猪：20日龄及70日龄各以猪瘟兔化弱毒苗免疫接种1次，也可在仔猪出生后未吮初乳前用猪瘟兔化弱毒苗免疫接种1次，接种后2h可哺乳，于70日龄加强免疫1次。

4）正常的猪场，可在50日龄时，用猪瘟、猪丹毒、猪肺疫三联苗进行免疫接种，免疫期可达8个月。

对于商品肉猪只需免疫接种1次。

（2）猪丹毒、猪肺疫

1）种猪：春、秋两季分别用猪丹毒、猪肺疫疫苗各免疫接种1次。

2）正常的猪场，仔猪在50～70日龄时，可用猪丹毒、猪肺疫单苗或猪瘟、猪丹毒、猪肺疫三联苗或猪丹毒、猪肺疫二联苗免疫接种1次，免疫期6个月。

（3）仔猪大肠杆菌病　　妊娠母猪于产前40～42天和产前15～20天用大肠杆菌腹泻菌苗（K88、K99、987p）分别免疫接种1次。仔猪通过初乳抗体获得被动免疫。

（4）猪乙型脑炎苗　　在蚊蝇季节到来前（4～5月份），用乙型脑炎疫苗对100日龄至初配的公、母猪进行免疫接种1次。

（5）猪细小病毒感染　　对种公猪、种母猪，每年用猪细小病毒疫苗免疫接种1次。

（6）猪口蹄疫　　25kg以上的猪，用O型口蹄疫灭活苗每6个月免疫接种1次。

（7）猪流行性腹泻及猪传染性胃肠炎　　于母猪产前15～30d，分别以猪流行性腹泻疫苗或猪传染性胃肠炎疫苗免疫接种1次，也可用猪流行性腹泻及猪传染性胃肠炎二联苗免疫接种。对于断奶后各种日龄的猪，也可用上述疫苗免疫接种。

对于猪支原体肺炎、仔猪副伤寒、猪链球菌病、仔猪红痢、猪萎缩性鼻炎及猪伪狂犬病等疫苗的使用，可根据不同猪场的具体情况选择。

5. 免疫监测

免疫监测就是利用血清学方法，对某些疫（菌）苗免疫后动物体抗体水平的跟踪监测。通过免疫监测不仅可以观察到免疫效果，还可以确定下一次的接种时间，并为调整免疫程序提供科学依据，可及时发现疫情和及时采取扑灭措施。在监测实施中，应定期免疫监测，随机采取畜禽血清于实验室化验，采样量占畜禽群的2%～5%。

6. 注意事项

1）注射前的健康状况，在每个饲养场接种免疫前都要对动物群体进行普遍检查，对患病、瘦弱、妊娠末期的畜禽不能注射。

2）注射器具应该是无菌的，每次注射一个动物后要消毒或换一个注射器。手指和注射部位都要消毒。选择好注射部位：不同动物选择不同的注射部位，大动物一般为颈部皮下注射或合适处的肌内注射，禽类一般在无毛的翅下，在胸肌或股肌处。

3）对接种的动物要观察注射反应，一般在注射后24h进行，并对出现的情况及时处理。

三、卫生消毒

养殖场所由于接触粪便、动物体表、复杂环境等，存在的病原量多而复杂，病原体存在是养殖生产大敌，要减少和消灭病原体就必须搞好卫生消毒。消毒就是杀灭动物体内外及其生存环境中各种病原体的过程。基本消毒方法按采取的方式可分为生物消毒法、物理消毒法和化学消毒法。

1. 基本消毒方法

（1）物理消毒法　　主要通过清扫、冲洗、紫外线、焚烧、火焰、煮沸及高压蒸汽等方法消毒。

机械消毒：用清扫、冲洗等机械方式减少病原存在和繁殖机会。

紫外线消毒：利用日光中紫外线对表面进行消毒，用于饲养场、场地环境及物品的消毒。此种方法效果弱，受很多因素影响，需要配合其他方法同时进行才能获得良好效果。

焚烧消毒：除菌灭毒最彻底的方法，对烈性传染病的尸体、垫草、粪便等可用此方法。被污染的铁笼、铁栏、耐火的用具、泥墙、水泥地面等，用火焰喷灯消毒灭菌。

干热消毒：主要用于实验室的一些器材。

湿热消毒：煮、蒸都可以消灭病原，包括衣物、器材、有形空间的环境。

（2）**生物消毒法**　利用生物间的拮抗作用或用杀菌植物进行消毒；一般用于粪便、污水、垫料及其他废弃物的无害化处理消毒。生物发酵可使发酵物的内部温度快速升高（60~80℃），使粪便、污物、污水中的非芽孢菌、寄生虫及虫卵被灭掉。

（3）**化学消毒法**　利用化学药品以浸泡、喷雾、熏蒸、饮水等消毒方式进行。化学消毒方式效率高、作用快，因此普遍使用。在使用时要注意安全，要残留少，不宜散发异味。

2.**常用消毒方法**

（1）**进出人员消毒**　非生产人员严禁进入场区，饲养人员及上级业务检查人员必须进入场区时，必须严格按消毒程序——更衣，换鞋，喷雾和紫外线照射消毒后，方可进入。

（2）**环境消毒**　畜舍周围环境每2~3周用2%火碱消毒或撒生石灰1次；场周围及场内污水池、排粪坑、下水道出口，每月用漂白粉消毒1次。大门口、猪舍入口消毒池要定期更换消毒液。

（3）**畜舍消毒**　每批商品畜调出后，要将畜舍彻底清扫干净，用高压水枪冲洗，然后喷雾消毒或熏蒸消毒。间隔5~7d，方可转入下批新畜。

（4）**用具消毒**　定期对保温箱、补料槽、饲料车、各种运输车辆、料箱、针管等进行消毒，可用0.1%新洁尔灭或0.2%~0.5%过氧乙酸消毒，然后在密闭的室内进行熏蒸。

（5）**带畜消毒**　定期进行带畜消毒，有利于减少环境中的病原微生物。可用于带畜消毒的消毒药有：0.1%新洁尔灭、0.3%过氧乙酸、0.1%次氯酸钠。

（6）**储粪场消毒**　畜禽粪便要运往远离场区的储粪场，统一在硬化的水泥池内堆积发酵后，出售或使用。储粪场周围也要定期消毒，可用2%火碱或撒生石灰消毒。

（7）**病尸消毒**　畜禽病死后，要进行深埋、焚烧等无害化处理。同时立即对其原来所在的圈舍、隔离饲养区等场所进行彻底消毒，防止疫病蔓延。

需要注意的是，无论选择哪种消毒方式，消毒药物都要定期更换品种，交叉使用，这样才能保证消毒效果。

第七节　动物疫病预测与预警

一、概念

1.动物疫病预测的概念

依据历史资料及疫病内部发展规律，对疫病未来发展趋势的方向或强度进行定性或定量的估计，是当前对疫病的未来进行研究的方法。预测方式有两种：一是根据疫病当前的发展趋势及疫病之间相互影响的规律，恰当地估计疫病的未来；二是对不同假设条件下疫病的未来进行估计。

2.动物疫病预警的概念

在疫情普查、监测、报告和流行病学分析等行政技术手段的支撑下，对疫情发生的地域、规模、性质、影响因素、辐射范围、危害程度、可能造成的后果、发展趋势等进行预测和风险评估，对是否采取干预措施进行成本效益分析，由行政决策机构在一定范围内发布警告并采取相应级别的预警行动。主要目的是前瞻性预测疫病暴发及流行的可能性，以便及早采取防控措施，降低发病率和死亡率。

3.预测和预警的相互关系

预测（prediction）是一项技术性较强的研究探索工作，其方法和过程受研究人员的主观意志影响较大，而预测结果在很大程度上又是客观的。预警（early warning）是一项行政色彩较浓的政府行为，是在接受预测结果，并对其进行充分和必要的后果评估的前提下，按照固定程序和方式，对疫病是否暴发、流行及发生强度的可能性进行前瞻性公布。预测是预警的前提和基础，预警是对预测结果的具体应用。预测的最终目的是为决策机构提供发布预警所必需的信息支持，没有预测，就没有科学决策和预警。

新版《中华人民共和国动物防疫法》强调，国家实行动物疫情监测和疫情预警制度，就是预测及预警的具体实施，将来随着技术和能力的进步预测和预警都会进一步升级。县级以上人民政府建立健全动物疫情监测网络，加强动物疫情监测。国务院农业农村主管部门会同国务院有关部门制定国家动物疫情监测计划。省（自治区、直辖市）人民政府农业农村主管部门根据国家动物疫情监测计划，制定本行政区域的动物疫情监测计划。

二、分类

1. 动物疫病预测的分类

（1）按预测范围分类　　按预测范围可分为宏观预测和微观预测。宏观预测是针对全国或国际范围进行的预测；微观预测是针对基层单位和基层企业进行的预测。预测范围越大，影响预测变化的因素就越多、越复杂，预测的准确程度相对越低。

（2）按预测时间长短分类　　近期预测（1年以内）、短期预测（1～2年）、中期预测（2～5年）、长期预测（5年以上）。预测时间越长，偏差可能也越大。

（3）按预测方法分类　　有定性预测和定量预测。定性预测是一种直观性预测，一般采用调查研究方法进行，主要是判断疫病未来的发展趋势。定量预测侧重于疫病数量方面的预测，一般从疫病过去的数据值分析入手，按照疫病本身发展规律，建立数学模型，推导出预测对象的未来值。在实践中，一般讲定性预测和定量预测结合应用，提高预测的质量水平。

按照预测的具体过程，又可分为专家预测、趋势外推预测、时间序列预测、灰色预测等。

2. 动物疫病预警的分类

动物疫病预警还没有完善的机制，分类也不完善，可以按其性质分为直接预警、定性预警、定量预警和长期预警；也可以按照《国家突发公共事件总体应急预案》和《国家突发重大动物疫情应急预案》红橙黄蓝四色预警原则，分为Ⅰ、Ⅱ、Ⅲ、Ⅳ四个级别。随着国家监测网络的不断完善，预警能力会不断提升。

三、动物疫病预测原理及方法

1. 预测原理

在完善动物流行病学的基础上，通过研究导致疫病发生和发展的原因、疫病与风险因素之间的相关性和各种风险因素之间的交互作用，对疫病发生风险进行综合评估，再结合统计学方法建立疫病发生或传播模型，可以实现对疫病未来发生的可能性或发展趋势进行前瞻性估计，即动物疫病预测。

2. 预测方法

由于实践当中占有资料、人员水平和各种条件变化的影响，选择预测方法时要客观灵活。

（1）定性预测　　定性预测主要运用经验的分析判断方法，依靠专家进行预测，预测精度在很大程度上取决于专家的技术与技巧。从流行病学的基本理论出发，根据传染源、传播途径、畜群易感性、影响疫病流行主要因素的区域性和周期性分布情况，结合病原体分离、分型情况和血清学流行病学监测情况，研究有关疫病的流行规律和原因，进而对疫病未来的发展趋势进行预测。

1）分析易感畜禽群，适合于传播比较广泛的疫病，预测分析中主要考虑畜禽群养殖数量、养殖密度、易感性、免疫抗体水平、疫苗接种史等。使用病原学和血清学方法，抽查易感畜群病原及免疫抗体阳性率，使用统计学方法研究病原分型、变异情况，抗体变化规律，预测疫情发生及发展趋势。

2）分析传播途径，适合于经机械传播和虫媒传播的动物疫病。传播途径是疫病流行重要环节。

3）分析病原体，适合于病原体经常发生变异的疫病或病原体抗原型较多的疫病，当病原体发生变异或出现新亚型后，获得致病基因群，畜禽缺乏特异免疫力，新的疫情就有可能发生和流行。

（2）定量预测 运用以往的疫情资料及流行因素的大量数据，借助数学手段进行统计学分析，建立恰当的数学模型，对未来的疫情趋势进行预测。定量预测还可以根据概率论从数量角度来研究大量偶然现象，寻找和研究与其有关的未知的规律性；用来预测某病的流行强度，预测某病将在何时、何地、何种畜群中发生或流行，以及流行的程度和规模。根据数学模型中自变量的不同，定量预测可分为时间序列预测和多因素逐步回归预测两种。

1）时间序列预测，指观察或记录到的一组按时间顺序排列的数据，表现了研究对象在一定时期内的发展变化过程。分析时间序列的变化特征，选择适当的模型，确定其相应参数，利用模型进行趋势外推预测，最后对模型预测值进行评价和修正，得到预测结果，以惯性原理推测其未来状态。其中暂不考虑外界因素，当外界因素变化较大时，偏差较大。利用模型主要有最小平方法、三点法和指数平滑法等。

2）多因素逐步回归预测，是通过对动物疫病观察数据的统计学分析和处理，研究与确定疫病各因素间的相关关系，建立回归方程模型，根据自变量的数值变化，预测因量数值变化的方法。特点是将影响预测对象的因素分解，考察各个因素变动的基础，估计预测对象未来的数量情况。

在实际预测工作中，要充分考虑预测对象与各种影响因素的关联度。要对预测对象与各种影响因素之间的关系、影响和作用进行相关性分析。

四、动物疫病预警原理及方法

1. 预警原理

（1）信号预警理论 通过对一系列已获得的指标信号（数据）的分析，判断一个动物疫病暴发或流行的发生与否。这种识别方法将实际获得的数据与指标界值相比较，并采用敏感度、特异度和阳性预测值等指标评价预警系统的精确度，用接收者操作特征曲线（ROC曲线）描述敏感度和特异度的关系，根据二者最优组合水平，结合所要预警的具体疾病特征和所要求限，来确定预警指标和预警方法。

（2）决策预警理论 将预警技术应用在一个具体疫病的预警中，在对发生错误预警所需的费用和正确预警的收益评估基础上，结合疫病特征（如潜伏期和病程长短）分析，寻找敏感度、特异度与及时性的最佳组合，最后做出是否发出预警信息，在什么时间发出预警的决策。

2. 预警方法

预警方法目前还在探讨，有理论性预警方法和应用性预警方法。理论性预警需要大量流行病学数据，经过计算机处理，预测疫病未来的流行趋势。例如，根据禽流感的历史资料和流行特点，预测一般大流行在10年或20年左右，是一种长期预警。应用性预警可以根据流行病学、疫情监测、预警（哨兵）动物、全球动物监测（地理信息）系统、Delphi法等方式进行预警分析。预警方法的可靠性主要体现在预警指标体系，但这一工作非常复杂，需要同时考虑预警指标的敏感性、及时性、高效性、可操作性和可拓展性等。德尔菲（Delphi）法是一种通过向专家进行几轮咨询，获得专家一致性意见的预测方法，也是目前制定疫病预警指标体系常采用的方法。

3. 动物疫病预警体系的建立

FAO、WOAH、欧盟等国际组织都已经建立了动物疫病预警体系（或系统），如FAO建立的跨国界动植物病虫害紧急预防系统、跨国界动物疾病信息系统，WOAH也增加了动物疫病预警体系内容，欧盟建立了重大动物疫病通报系统、人兽共患病通报网络、畜禽及其交易监测网络和实验室监测网络等几个网络组成的重大动物疫病预警体系。FAO、WOAH和WHO还联合建立了动物疫病全球预警体系。

动物疫病预警体系主要包括动物疫情监测体系、动物疫病报告体系、国外疫情监视体系和动物流行病学分析体系4个部分。

（1）**动物疫情监测体系**　动物疫情监测体系是动物疫病流行病学分析和预警体系的一个重要组成部分，建立该体系的主要目的是早期发现疫病。各个国家都有国家级、省级兽医诊断实验室，每年都对大量样品或病料进行检测，根据监测结果，可以清楚地了解各地动物疫病的发生情况。

（2）**动物疫病报告体系**　高效、快速的疫病报告体系是预警体系的一个重要组成部分，疫病报告体系可以发现可能出现的任何疫情。有效的国家动物疫病预警体系，至少要有一个从基层到最高兽医行政主管部门的有效疫情报告系统。

（3）**国外疫情监视体系**　通过监视国外或周边国家和地区的疫情现状与发展趋势，对疫情传入国内的风险进行评估和预测，为及时制定并实施预防性措施、调整相关动物及动物产品的国际贸易政策提供决策信息支持，是预警体系中重要辅助支持系统，如世界动物卫生信息系统及其数据库接口——世界动物健康信息数据库。

（4）**动物流行病学分析体系**　动物流行病学分析体系是建立在实验室监测结果、动物疫情监测结果及其他疾病因素之上的综合分析系统，是预警体系中的技术性决策支持系统，为预警体系的核心组成部分。核心内容是依据某种疫病的发病历史和实时情况，结合疫病特定风险因子（如环境因子、生态因子、气象因子）等的变化规律，对疫情可能的发展趋势进行超前评估和预测。

4. 动物疫病预警系统评价原则

（1）**及时性**　及时性包括数据的及时收集、上报与分析；利用预警方法及时确定暴发的流行强度，并发出相应级别的预警；干预措施及时执行，以控制暴发流行范围的扩大，并及时组织进一步调查等。预警的及时性对公共卫生干预非常重要。

（2）**有效性**　主要体现在对疫病暴发流行的性质确定上。理论上，有效性应该根据不同的疫病特点，在综合考虑系统敏感性、特异性和阳性预测值等统计量后才能评定的。主要包括以下几个方面：暴发流行产生的危害程度，早期预警并干预的价值，干预和进一步调查需要的资源。

（3）**灵活性**　指预警系统根据不同地区、不同时期的实际情况，花最少的时间、人力和各种资源对预警指标体系本身进行调整，以适应实际需要的能力。调整的原则是在暴发的危害性、干预的有效性和有限资源间达到平衡。

（4）**可接受性**　指相关参与者和权力部门是否愿意对预警所需数据的收集和分析做出贡献，这包括相关的监测数据能否被授权利用，以及相关法律法规的制定。

5. 动物疫病预警的分级发布

经综合分析和决策部门确定，根据《国家突发公共事件总体应急预案》和《国家突发重大动物疫情应急预案》将其预警分为4级，特别严重是Ⅰ级，为红色预警；严重的是Ⅱ级，为橙色预警；较重的是Ⅲ级，为黄色预警；一般的是Ⅳ级，为蓝色预警。预警信息的主要内容应该具体、明确，要向公众讲清楚突发疫病的预警级别、可能影响范围、应采取的措施和发布机关等。

第三章 动物检疫程序与方法

第一节 动物检疫方式与程序

一、动物检疫方式

动物检疫具有被检动物在检疫现场停留时间短的特点。例如，托运动物时，一般要求全部检疫过程要在6h内完成。这就要求动物检疫员亲临现场，尽量在短时间内得出准确的结果，必要时还要隔离检疫。所以动物检疫的方式可分为现场检疫和隔离检疫两大类。动物检疫是净化的最基本方式。

1. 现场检疫

（1）现场检疫的概念 现场检疫是指动物在集中现场进行的检疫方式。它是内检、外检中常用的检疫方式，如进境动物在口岸经现场检疫合格后，准予入境。产地检疫时也采用现场检疫的方式。

（2）现场检疫的内容 现场检疫的内容是验证查物和三观一察。

1）验证查物，验证就是查看有无检疫证明，检疫证明出证机关的合法性，检疫证明是否在有效期内，进出境动物及其产品的贸易单据、合同及其他有关证明，产地检疫时还要查验免疫证明。查物就是核对被检动物的种类、品种、数量及免疫标记等，必须做到证物相符。

2）三观一察，三观是指对临床检查中群体检疫的静态、动态和饮食状态的观察。一察是指个体检疫。这是动物检疫中常用的方法，即通过"三观"发现可疑病态动物，再对可疑病态动物进行个体检疫，以确定动物是否健康。

当然，在某种情况下，现场检疫可能还有其他内容，譬如疫病流行病学调查，病理剖检，采样送检，监督货主对染疫动物及其产品、包装物、垫料、运载工具、尸体、污染场地等进行消毒和处理等。

2. 隔离检疫

隔离检疫是指动物在一定条件下的隔离检疫方式。主要用于进出境动物的检疫、种畜禽调运前后的检疫，有可疑检疫对象发生时或建立健康畜群时的检疫。例如，调运种畜禽一般于起运前15～30d在原种畜禽场或隔离场进行检疫。到场后可根据需要，隔离15～30d。

隔离检疫的内容主要包括临诊检查和实验室检验，即在指定的隔离场内，在正常饲养条件下，对动物进行经常性的临诊检查（临诊检疫和个体检疫），发现异常及时采取病料送检，有病死动物应及时剖检（可疑炭疽病畜禁止剖检）、确诊，同时按照有关法规或贸易合同要求或两国政府签订的条款进行规定项目的实验室检查。以上情况均应记录在案。

3. 净化检疫

（1）净化检疫的概念与特点 净化检疫也称疫区检疫，是指在国内某地发生规定的检疫对象流行时进行的检疫。因此，从检疫实质上讲，净化检疫是疫区处理的一部分，应引起检疫人员的高度重视。

（2）净化检疫的意义 扎实稳妥地开展净化检疫对防治动物疫病具有极其重要的意义。

通过净化检疫可以摸清发病动物的种类和数量，弄清疫情发生的地点和波及范围，了解疫情发生的时间和流行强度，掌握疫情发生原因与流行过程，提供扑灭疫情的可靠依据。另外，通过净化检疫，可以控制和清除某些动物疫病，净化畜群，这也是消灭某种疫病的最基础方式。

（3）净化检疫的要求

1）迅速确诊，饲养、经营、生产、屠宰、加工、运输动物及其产品的任何单位或者个人，发现患有疫病或疑似疫病的动物及其产品，都应当及时向当地动物防疫监督机构报告，动物防疫监督机构应当迅速采取措施做出确定诊断，并按国家有关规定，将疫情等情况逐级上报国务院畜牧兽医行政管理部门。

2）追查疫源，发现规定的动物疫病或当地新的动物疫病时，要追查疫源，掌握疫病的来源去向，并采取紧急扑灭措施。

3）摸清分布，疫区内易感动物都必须进行检疫，摸清疫情的畜群分布、地区分存和时间分布。

4）尽快控制，净化检疫时应根据疫病种类的不同，组织人力、物力，按《中华人民共和国动物防疫法》的有关规定迅速采取强制性控制、扑灭措施或防治和净化等措施。

（4）净化检疫的对象 净化检疫对象是国家规定的动物疫病或当地新发现的动物疫病。

（5）净化检疫的程序和方法

1）根据需要报请封锁，如发现为一类动物疫病，当地县级以上人民政府畜牧兽医行政管理部门应当立即派人到现场，划定疫点、疫区、受威胁区，并对疫区进行封锁。

2）制定净化检疫方案，应根据疫情处理的要求及时提出净化检疫方案，明确疫区检疫的目的、达到的目标、采用的方法和依据的标准。

3）进行物质准备，包括人力、物力、技术等方面的准备。

4）检疫实施，如为一、二类动物疫病，县级以上地方人民政府应当根据检疫需要立即组织有关部门和单位采取隔离、扑杀、销毁、消毒、紧急免疫接种等强制性控制、扑灭措施。如为三类动物疫病，县、乡级人民政府应当根据有关规定组织防治和净化。

（6）净化检疫的注意事项 净化检疫时要尽快澄清疫情并迅速采取防治措施，同时要与疫区处理的其他措施密切配合，并要防止因检传染，力争把疫情控制在最小范围内。

二、动物检疫程序

动物检疫程序按国内动物检疫和进出口动物检疫国家规定程序进行，见图3-1、图3-2。

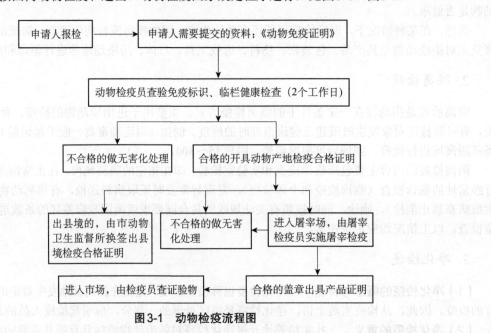

图3-1 动物检疫流程图

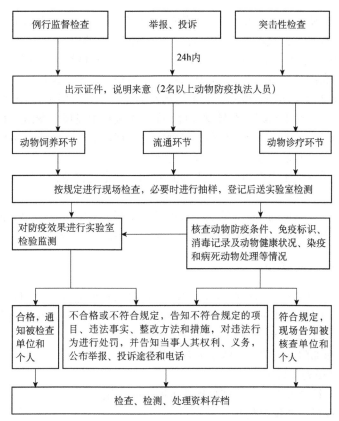

图 3-2　动物防疫检疫监督检查流程图

1. 国内动物及动物产品检疫的主要程序

（1）申报和出检

1）动物检疫申报。报检制度：国家对动物和动物产品的检疫实施报检制度，动物和动物产品在出售或者调出离开产地前，货主须向所在地动物检疫监督机构提前报检。动物产品、供屠宰或者肥育的动物提前3天报检。种用、乳用或役用动物提前15天报检。因生产特殊需要出售、调运和携带动物或动物产品的随报随检。

动物检疫申报点和产地集中检疫点：县级兽医行政管理部门根据具体情况设置动物检疫申报点，方便申报者办理具体事宜，并开设检疫受理电话。动物检疫员做到约定时间，到场、到户或到约定地点实施检疫。对交通不便地区应设立集中检疫点。加强动物检疫员和饲养者、经营者之间的联系。

引种审批：对于种用、乳用动物、精液、种蛋健康与否直接关系到动物和人类健康，"防疫法"规定对引进的这些动物和相关产品必须办理审批手续和检疫合格，按规定经输出地动物防疫监督机构检疫合格后方可运出，到达输入地后向当地动物防疫监督机构报检。

2）例行监督检查、举报和投诉检查、突击性检查。动物防疫监督部门有义务进行定期和不定期出检，特别是大批或大规模饲养的动物群体，并提出和指导防疫措施，及时发现疫病前兆；对有病例不报告或隐瞒的举报投诉要及时出检，并按规定及时予以处理，防止疫情继续扩大；对于一些中小饲养场也要适当地进行突击性检查，督促其防疫措施的实施和及时发现疫情。

（2）现场检查　现场检查主要针对动物饲养环节、动物和动物产品经营环节和动物屠宰环节进行检疫。

1）动物饲养环节检疫。种用动物必须来自于安全非疫区，饲养管理良好；饲料新鲜安全，不得添加违规添加剂，所用饲料必须定期到规定检验单位检验；饮用水符合标准。对动物群体健康状态进行检查，特别是精神状态和体温检查，检查消毒措施和实施情况。

2）动物和动物产品经营环节检疫。对动物及动物产品加工、经营、贮藏等环节进行检疫，查证验物，严禁未经检疫、病死畜禽肉类产品入库，严格按照《中华人民共和国动物防疫法》有关规定凭检疫合格证明入库，确保冻肉产品的肉品质量。严禁未经检疫动物产品上市销售，严禁病害肉上市销售。对超市肉品专柜要进行严格检查，凡未经检疫或检疫不合格的肉品，一律不准上柜销售。

3）动物屠宰环节检疫。屠宰点上检疫人员出证要规范，并对检疫结果负全责。要严把宰前检疫关，发现患病动物及时处理，提高肉品质量。宰杀后，要严把宰后检疫关，严格执行检疫规程，在应检部位要有刀痕，合格后盖章出证，保证屠宰动物受检率、病害动物及其无害化处理率达到100%。

（3）**实验室项目检查**　对于临床上有异常表现、在屠宰过程中发现病变组织和器官、正常屠宰过程中的必检过程样品（如猪膈肌）要进行实验室检验，以确定是否有传染性疾病或产品是否具有危害等。对临床上可疑的病料只能通过实验室检验才能确定是否含有病原。

（4）**判定和出证**　通过临床观察和实验室检验的结果，判定动物是否有病或产品是否安全，并按规定出证。

（5）**处理**　根据判定和出证的结果，依法进行现场检疫和实验室检验，如健康继续其他程序和继续加工处理；如发现病畜禽或其产品，要进行防疫、消毒、除害、销毁等处理。

2. 进出口动物检疫主要程序

（1）**检疫许可**　对于出境动物实行许可证制度，检疫机构对大批量、经常性输出动物的企业及中转包装场进行常年性、全过程检疫监督管理。对于具备如下条件的单位可以预先办理检疫许可证，而没有预先办理检疫许可证的单位必须报检时申请办理。

1）取得工商行政管理部门颁发的《企业法人营业执照》。

2）注册资金人民币150万元以上。

3）有固定营业场所及符合办理检验检疫报检业务所需的设施。

4）有健全的有关代理报检的管理制度。

5）有不少于10名取得报检员资格证的人员。

6）提交的声明符合《出入境检验检疫代理报检管理规定》。

在动物输入前，货主或其代理人必须到中华人民共和国海关总署办理检疫审批手续。入境伴侣动物须向口岸检疫机构申报并经检疫合格后方可入境。

（2）**检疫申报或报检**　出境动物和动物产品货主或其代理人应在动物出口前到口岸检疫机构预报，并提供与该动物有关的资料。

对于输入动物国家进出境检疫机构视进口动物的品种、数量和输出国（地区）的情况及互相议定书规定，派兽医赴输出国（地区）配合输出国（地区）官方检疫机构执行检疫任务，包括商定检疫计划、挑选动物、原农场检疫、隔离检疫、动物运输。动物及动物产品入境前同样报检。

（3）**现场检疫和实验室检测**　出境动物在产地检疫、隔离检疫均合格后，进入出境前的现场检疫，包括现场清理、消毒、查验单证、临诊检查等；出境动物产品现场检查所有有关单证，根据不同特点及检疫要求，采样做实验室检验，包装等进行消毒处理。

入境动物及产品需要入境现场检疫、隔离检疫和实验室检验。

（4）**检疫处理或出证放行**　根据现场检疫、隔离检疫和实验室检验结果，对符合协议书规定的动物及产品出具《检疫放行通知单》，准予入境。对于出境动物及产品检验合格并进行消毒处理，出具《兽医卫生证书》。对于不合格的，根据具体情况进行退回、销毁等处理。

第二节　动物检疫的基本方法

一、流行病调查与分析

1. 动物卫生调查

流行病学调查的目的是证明疫病或传染病是否存在，并确定其发生或分布状况，同时也尽可能较早判断是否为外来病或新发传染病。动物卫生调查是监测传染病、监控传染病发展趋势从而有利于控制疾病的基本方法，进而为风险分析、动物卫生或公共卫生采取合理措施提供资料和数据。有些传染病家畜和野生动物都易感，但一些安全措施仅针对家畜，调查资料能够支持疾病状态报告特性、满足风险分析要求，有利于国际贸易和国家贸易安全的决定。野生动物也应包括进来，因为它们是很多病原的保藏畜主、人兽共患病的预警动物或指示器。野生动物流行病学调查相对家畜而言具有更大的挑战性。

（1）动物卫生调查相关的概念　　偏移或偏差（bias）：对一个真实值在一个方向偏离的趋势估计。

病例界定/诊断标准（case definition）：归类动物或流行病学单位的标准。

可信度（credibility）：证明无传染病的可信度，有时相当于传染病检测敏感度。

概率抽样（probability sampling）：即样品采样计划。

采样（sampling）：来自于一个群体的一小部分要素，供检测或测定参数用并能提供调查信息。

采样（抽样）单位（sampling unit）：在随机调查或非随机调查中的采样单位，可能是单个动物或一小群动物，放到一起就构成了采样计划。

敏感性（sensitivity）：经过纠正检验确证为真阳性部分称为敏感性，也就是指对调查对象或被检测对象中的目的物识别能力的高低。

特异性（specificity）：经过纠正检验确证为真阴性部分称为特异性，也就是指对调查对象或被检测对象中的目的物"真假"识别能力的高低。

研究群体（study population）：意指调查资料中的群体，可以等同于研究靶群体或部分群体。

调查（survey）：系统性收集信息的活动，通常是指在限定时间内，对限定群体的采样活动。

调查系统/监控系统（supervisory control system）：对动物群体的健康、疾病或人兽共患病状态的一般信息中一个或多个成分活动的调查方法。

靶向群体（target population）：结论中所涉及的群体或调查限定的群体。

检验（test）：对疾病或传染进行阳性、阴性或可疑的分类过程。

检验系统（test system）：对于同一目的所使用的多个检测和判断规则的结合。

（2）调查原则

1）调查类型。按不同资料来源可分为主动和被动收集材料；病原特异性调查和一般性调查。按选择的观察方式可分为系统调查和自由来源资料方式。

这里主要论述两大类型调查：①以严密组织的动物群体为基础的调查，如屠宰中的系统采样、随机调查，以及临床正常动物，包括野生动物的传染病调查；②严密的非随机性调查，如疾病报告或通告、控制程序/健康计划、靶向检测/筛检、宰前和宰后检验、实验室检验记录、生物学样品库、预警单元、现场观察、农场生产记录、野生动物疾病资料。

2）关键因素。评估调查系统质量如何，必须关注如下因素。

族群：理想的调查方式包括国家、疫区中所有易感动物种类。如果只调查了部分动物群体或亚群，就要注意其结果具有推测性成分。

时间框架（调查资料的暂时价值）：调查应根据传染生物学和引入风险特点有规律地进行。

流行病群：流行病调查群要具有代表性，因此要考虑一些常规因素如携带者、宿主、媒介、免疫状态、遗传抵抗、年龄、性别和其他宿主因素。

群集：所发生传染病群体不一定有规律。

限定实例：调查中应根据评估、WOAH规定的标准和动物疫病存在的情况，逐步确定每种疫病限定病例模式。特别是进行野生动物疾病/传染调查时，最基本的就是正确鉴定和报告宿主动物分类。

分析方法学：分析方法依据实际情况而定，没有一种方法适合所有情况，方法学基础就是充分利用好已有信息。复杂数学模型或统计学分析只用于适当数量群体和田间数据的定性。

检测：调查中的检测用一个或几个感染或免疫状态试验结果确定病例，检测可能是系统的实验室检测到田间观察，对所有记录进行分析。该方法中涉及敏感性和特异性等指标。

质量保障：调查中定期进行审查以保证所获资料有效。

有效性：对得到的数据要考虑纠偏功能。

资料收集和处理：调查系统的成功运用是数据收集和处理的可靠过程。

（3）结构性群体的调查（structured population-based survey）

1）调查类型。调查应该是完全靶群（具有统计学意义）的或在一个有意义样本上的调查，选择一个样本应基于如下方式：①非机率抽样法，如方便取样、专业性选择、定量采样；②随机采样，如简单随机法、整群抽样、分层抽样、系统采样。对法定疾病周期性或反复性调查应该采用随机采样法，材料应来自统计学有效的靶向群体。信息描述尽量详细，包括采样战略，同时还要考虑调查设计的固有偏差。

2）调查设计。首先要限定流行病构成群体，然后依据调查设计针对每一个适当阶段分组采样。

调查的设计依据研究的群体大小和结构对传染与可利用资源进行流行病学分析。野生动物群体的大小经常是不存在的，因此，在调查前要设计好调查方法。对野生动物群体的调查需要野生动物专家的经验和以往的数据材料，但历史性数据需要更新。

3）采样。采样的目的是通过选择部分群体，代表所期望研究群体的整体状况。采样最好是采取最具有代表性的样品，以及在不同环境和生产系统的实践允许之内所采取的样品。

野生动物的样品可利用狩猎者、陷阱设置者、道路狩猎者、野生动物肉市场、野生动物卫生检验，一般公共场合、野生动物救助中心、野生动物学家、野生动物饲养管理者、工人和其他土地拥有者、自然学家和观察家对野生动物的致病-致死率观察等资源。野生动物的统计学、时间趋势、繁殖成功等农场记录都可用于流行病学调查。

4）采样方法。当选择一个群体进行流行病分组时，应采取随机采样（如简单随机采样）的方式，如果这样不行，则选择代表性靶群采样。所有的采样方法都应记录在案。

5）样本大小。一般情况下，调查的目的是欲证明感染因子的存在或缺失，或者提供传染的流行系数。计算样本大小的方法依赖于调查目的、预期流行情况、调查结果的可信度和检测方法的使用情况。

（4）结构性非随机调查（structured non-random surveillance） 常规使用的调查系统多数为结构性非随机资料，其单独或在调查中结合使用。

A. 结构性非随机调查资料来源 结构性非随机调查资料非常宽泛，依据调查目的和调查所能提供的信息类型分类采取，以一些调查系统作为早期检测系统是非常关键的，早期检测系统可能提供有价值的信息证明没有传染病。其他系统提供一些交叉信息用作流行评估，可一次或反复多次进行；而其他的连续信息适用于发病率资料（如疾病报告系统、预警点、检测试验计划表）的收集。

1）疾病报告或通告系统：来自于疾病报告系统并结合其他资料来源的资料可作为最真实的动物卫生状况报告或早期检测，任何一个报告系统其实验室的有效支持是最重要的组成部分。对临床可疑病例的分析严重依赖于实验室的证据，报告应该以实验室结果即时发布。

当疾病发生的状况超出兽医当局的管理权限时，如野生动物疾病，要及时通报相关主管部门。

2）控制程序/健康计划：重点关注对特殊疫病的控制或清除，应计划和构建以数据表格方式、科学方式进行的结构性调查。

3）靶向检测/筛检：应该包括对所选择的部分群体（亚群）进行靶向检测，这样更容易发现疾病。

4）宰前和宰后检验：屠宰过程的动物检验可提供价值非常高的调查资料，屠宰过程中针对疾病的检验系统的敏感性和特异性应该是已经测定好的。检验系统的精确程度受下列因素影响：①检验职工的训练、经验和数量。②主管部门对宰前、宰后检验的监督作用如何。③屠宰车间建筑质量、屠宰链的传送速度、光线质量等。④职工履行职责的精神状态和动机。

屠宰检验可很好地覆盖特殊年龄组和特殊地理区域的畜禽，但屠宰检验资料易受靶向群体影响而出现偏差（大量的屠宰动物只有在特殊年龄段和类型才适合人类食用），因此，在分析调查资料时应注意这样的偏差，如对群牧动物的追溯和空间分析尽可能考虑原始资料。

5）实验室检验记录：实验室检验记录的分析能够提供非常有用的调查信息。如果能够将国家的实验室、合乎国家标准的实验室、大学和私营部门实验室的分析结合起来，将增加分析系统的覆盖面。对不同实验室资料的有效分析要依赖于标准诊断程序、标准方法和数据记录，如屠宰检验就需要来源于相关农场的原始样品。

6）生物学样品库：由储存样品、通过代表性采样收集或随机采样，或随机与代表性采样来获得样品库。样品库可用于回顾性研究，包括无感染史，以及快速和经济的选择方法。

7）预警单元（sentinel unit）：包括对一个或多个在特殊地理位置已知健康/免疫状态的动物鉴定和依法

检测其疾病发生情况（一般用血清学方法）的预警单元/网站，特别是对空间组成上疾病的调查十分有用，如媒介源性疾病。预警单元依赖于可能的传染（与媒介习性和宿主群体分布有关）、费用和其他限定条件提供靶向调查，可以提供无感染史、流行资料和疾病发生与分布情况等。

8）现场观察（field observation）：动物的临床观察是调查资料的重要来源，现场观察的敏感性和特异性相对较低，但如果有清晰的标准化病例判定标准，其实施是比较容易控制的。用于病例限定的现场观察和报道是开展流行病学培训的重要环节。对理想情况下的阳性观察数量和总观察数都应该进行记录。

9）农场生产记录：农场生产记录的系统分析可用于指示在饲养或群牧水平上是否存在或没有疾病/传染。一般而言，这种方法的敏感性相当地高（依疾病种类而异），但特异性较低。

10）野生动物疾病资料：用于疾病/传染调查的野生动物样本可能来源于狩猎者、设陷阱的捕兽者、死于车祸的动物、野生动物肉市场、狩猎动物卫生检疫、一般公共卫生和野生动物收容中心、野生动物学家、野生动物组织现场观察员、农场主和土地所有者、自然学家和自然保护主义者对野生动物发病率和致死率的观察等，包括统计资料、流行趋势、繁殖成功等野生动物资料都可以类似于农场生产记录的方式用于统计学目的。

B. 结构性非随机调查的关键要素　　当使用结构性非随机调查资料时要考虑一些关键因素，如动物群体覆盖面、资料重叠率、检测方法的敏感性和特异性，都可能出现难以解释的资料信息。以简便、经济、有效的检测方法获得的非随机调查资料与随机样品调查相比可信度增加，并可检测到更低感染水平。

1）分析方法学。对非随机调查资料的分析可使用不同的、科学的有效方法，当没有资料可利用时，以专家具有的经验观点，用正规的、文件记载的和科学有效的方法进行整合估计。

2）多来源资料整合。对多来源资料的整合方法应该科学有效，包括涉及公开资料的完全文件信息。在不同时间的同一国家、地区或部分地域收集的调查信息，可提供动物健康状况的累计证据。汇聚较长时间的所有证据可提供全程可信水平，如每年反复进行的调查分析就可提供很好的累计可信水平。但就一个较大规模的调查，或在同一时期、多随机或非随机来源综合信息，在一年内也能够提供相同的可信水平。

对于所收集的间接或连续长时间调查信息的分析，要考虑较早时间段信息资料利用价值较低的情况。从每一个来源资料的敏感性、特异性和完整性来考虑最终的可信估计程度。

2. WOAH 要求的国家或地区证明无疾病/传染的调查

1）对国家、地区/区域宣称无特殊病原的特殊调查的要求。在一个较长时期没有疾病和疫苗免疫，动物群体将成为易感群体；致病病原可引起易感动物明显的临床症状；如果具备完善和有效的兽医服务，则能够很好地进行调查、诊断和报告病例；疾病/传染能够影响野生动物和家畜；各级兽医部门在较长时期内进行有效的调查和报告，没有发现易感动物群体的疾病/感染。

2）无病历史。对于25年没有发生过动物疫病的国家，除非另有规定，对于该国家无规定疫病区的认可，在如下情况下无须正式申请：从未发生过特殊疾病；清除或停止发病/传染已经25年以上。对于第二种情况要提供近10年发病情况：是否发生过通报性疫病；对相关种类动物和疾病具备现场早期诊断系统；具有现场预防疾病/传染病措施；没有对动物法典规定的疫病进行免疫。

对于一个国家或无规定动物疫病区，如果其没有建立野生动物传染病记录或不了解野生动物传染病情况，则这个国家或地区就不能宣称为无特殊疫病国家或地区。

对于一个国家或地区在前25年内已经清除疾病/传染（疾病/传染的发生已经停止），那还要对近10年特殊病原存在状况进行调查。

3）当支持证据充分证明没有已知传染病时，停止特殊病原筛查。野生动物传染病信息的收集非常困难，这种情况可借用这些数据进行评估。

4）当一个国家或地区自我宣称属于无特殊疾病/传染地区时，要通报WOAH，WOAH将公布相关信息。

5）无传染性疾病的证明。要证明一个国家或地区无特殊病原存在，科学的方法不能提供绝对证据说明其不存在传染。一般是证明在一个动物群体中没有特殊病原，实际上不可能百分之百证明无传染性群体。一般采用适当的证据，即可接受的证据（即非100%可信度），如果存在传染性疾病，其数量也是非常少，即在一个可接受水平上。然而，一旦发现任何水平靶向群体的传染病存在，则其无特殊疫病的宣称都是无效的，野生动物的疾病状态可以借用家畜状态进行估计。

3. 传染病分布和发生调查

调查是为了测定传染病分布及发生或其他相关健康状况，以便判断控制程序或传染病清除效果。如果调查是为证明无特殊疫病状况，则调查主要用于选择疾病和病原控制或清除程序的效果评估，一般是收集各种动物的卫生状况，包括如下几种情况：①传染病流行或发生情况。②致病率和致死率。③疾病/传染病风险因子和它们数量发生的频率。④饲养动物群体规模或其他流行病学单元分布的频率。⑤抗体效价的分布频率。⑥接种疫苗后免疫动物的比例。⑦在可疑传染病和实验室诊断证实和（或）采用其他控制措施之间的消耗天数的分布频率。⑧野生动物在保持或传播传染病中的作用。

二、临床检疫技术

临床检查的方法又称临诊检查法，即应用兽医临床诊断方法，对动物进行群体检疫和个体检疫，以分辨病健，并得出是否是某种检疫对象的结论和印象。动物临床检查的方法应用于产地、屠宰等流通环节的动物检疫，是动物检疫中最常用的方法。

1. 群体检疫

群体检疫是指对待检动物群体进行现场临诊观察。检查时以群为单位，将来自同一地区或同一批动物划为一群，或将一圈、一舍的动物划为一群。禽、兔、犬等可按笼、箱、舍划分，运输中可以同一车、船或机舱的动物为一群。群体检疫的方法内容，一般是先静态检查，再动态检查，后进行饮食状态检查。

（1）**静态检查**　在动物安静的情况下，观察其精神状态、外貌、营养、立卧姿势、呼吸、反刍状态、羽、冠、髻等，注意有无咳嗽、气喘、呻吟、嗜睡、流涎、孤立一隅等反常现象，从中发现可疑病态动物。

（2）**动态检查**　静态检查后，先看动物自然活动情况，后看驱赶活动状态。观察其起立姿势、行动姿态、精神状态和排泄姿势。注意有无行动困难、肢体麻痹、步态蹒跚跛行、屈背弓腰、离群掉队及运动后咳嗽或呼吸异常现象，并注意排泄物的质度、颜色、混合物、气味等。

（3）**饮食状态检查**　检查饮食、咀嚼、吞咽时的反应状态。注意有无不食不饮、少食少饮、异常采食及吞咽困难、呕吐、流涎、退槽、异常鸣叫等现象。

以上各步检查中，有异常表现或症状的动物须标上记号，单独隔离，进一步做个体检疫。

2. 个体检疫

个体检疫是指对群体检疫中检出的可疑病态动物进行系统的个体临诊检查。其目的在于初步鉴定动物是否患病、是否为检疫对象。一般群体检疫无异常的也要抽检5%～20%做个体检疫，若个体检疫发现患病动物，应再抽检10%，必要时可全群复检。个体检疫的方法内容，一般有视诊、触诊、听诊等。

（1）**视诊**　利用肉眼观察动物，要求检疫员有敏锐的观察能力和系统的检查经验。

检查精神状态：健康动物两眼有神、反应敏捷、动作灵活、行为正常；若有过度兴奋的动物，其表现为惊恐不安、狂躁不驯，甚至攻击人畜，多见于侵害中枢神经系统的疫病（如狂犬病、李氏杆菌病等）。精神抑制的动物，轻则沉郁、呆立不动、反应迟钝；重则昏睡，只对强烈刺激才产生反应；严重时昏迷、倒地躺卧、意识丧失，对强烈刺激也无反应。见于各种热性病或侵害神经系统的疾病等。

检查营养状况：营养良好的动物，肌肉丰满、皮下脂肪丰富、轮廓丰圆、骨骼棱角不显露、被毛光泽、皮肤富有弹性；营养不良的，则表现为消瘦、骨骼棱角显露、被毛粗乱无光泽、皮肤缺乏弹性，多见于慢性消耗性疫病（如结核病、肝片吸虫病等）。

检查姿态与步样：健康动物姿势自然、动作灵活而协调、步态稳健。病理状态下，有的动物异常站立，如破伤风患畜形似"木马状"，神经型马立克氏病病鸡两足呈"劈叉"状；有的动物强迫性躺卧、不能站立，如猪传染性脑脊髓炎；有的动物站立不稳，如鸡新城疫病鸡头颈扭转，站立不稳甚至伏地旋转；跛行则由神经系统受损或四肢病痛所致。

检查被毛和皮肤：健康动物的被毛整齐柔软而有光泽，皮肤颜色正常，无肿胀、溃烂、出血等。患病动物的被毛和皮肤常发生不同的变化而提示某些疫病。例如，动物被毛粗乱无光泽、脆而易断、脱毛等，可见于慢性消耗性疫病（如结核病）、螨病等；又如，猪瘟病猪的四肢、腹部及全身各部皮肤有指压不褪色的小点状出血，而猪丹毒病理则呈现指压褪色的菱形或多角形红斑。

正常鸡的冠、髯红润。若发白则为贫血的表现，呈蓝紫色则为缺氧的表现（如鸡新城疫病鸡冠髯黑紫）。

检查反刍和呼吸：主要检查眼结膜、口腔黏膜和鼻黏膜，同时检查天然孔及分泌物等。一般，马的黏膜呈淡红色；牛的黏膜颜色较马的稍淡，呈淡粉红色（水牛的较深）；猪、羊黏膜颜色较马的稍深，呈粉红色；犬的黏膜为淡红色。黏膜的病理变化可反映全身的病变情况。黏膜苍白见于各型贫血和慢性消耗性疫病，如马传染性贫血；黏膜潮红，表示毛细血管充血，除局部炎症外，多为全身性血液循环障碍的表现；弥漫性潮红见于各种热性病和广泛性炎症；树枝状充血见于心机能不全的疫病等；黏膜发绀见于呼吸道系统和循环系统障碍；黄染是血液中胆红素含量增高所致，见于肝病、胆道阻塞及溶血性疾病；黏膜出血，见于有出血性质的疫病，如马传染性贫血、梨形虫病等。

另外，口腔黏膜有水疱或烂斑，可提示口蹄疫或猪传染性水疱病；鼻盘干燥或干裂，就要注意有无热性疫病；马鼻黏膜的冰花样斑痕则是马鼻疽的特征病变。

检查排泄动作及排泄物：注意排泄动作有无异常及排泄是否困难。注意粪便颜色、硬度、气味、性状，见于侵害胃肠疫病（如仔猪副伤寒），里急后重是直肠炎的特征。粪尿的颜色性状也能提示某些疫病，如仔猪白痢排白色糊状稀粪，仔猪红痢排红色黏性稀便。

（2）触诊 触诊主要是检查皮肤弹性、温度、性状和疼痛情况。

触诊耳朵、角根：初步确定体温变化情况。

触摸皮肤弹性：健康动物皮肤柔软，富有弹性。弹性降低，见于营养不良或脱水性疾病。

检查胸廓、腹部敏感性：观察炎症和疼痛情况。

检查体表淋巴结：触诊检查其大小、形状、硬度、活动性、敏感性等，必要时可穿刺检查。例如，腺疫病马下颌淋巴结肿胀、化脓、有波动感，牛梨形虫病则呈现肩前淋巴结急性肿胀的特征。

对于禽，要检查其嗉囊，看其内容物性状及有无积食、气体、液体。例如，鸡患鸡新城疫时，倒提鸡腿可从其口腔流出大量酸性气味的液体食糜。

（3）听诊 听叫声、咳嗽声，如牛呻吟见于疼痛或病重期，鸡新城疫时发出"咯咯"声；肺部炎症表现为湿咳。借助听诊器听心、肺、胃肠音有无异常。

（4）检查"三数" 即体温、脉搏、呼吸数，它们是动物生命活动的重要生理常数，其变化可提示许多疫病。

体温测定：测温时应考虑动物的年龄、性别、品种、营养、外界气候、使役、妊娠等情况，这些都可能引起一定程度的体温波动，但波动范围一般为0.5℃，最多不会超过1℃。体温测定采用直肠测温，禽可测翅下温度。

体温升高的程度分为微热、中热、高热和极高热。微热是指体温升高0.5～1℃，见于轻症疫病及局部炎症，如胃肠卡他、口炎等。中热是指体温升高1～2℃，见于亚急性或慢性传染病、布鲁氏菌病、胃肠炎、支气管炎等。高热是指体温升高2～3℃，见于急性传染病或广泛性炎症，如猪瘟、猪肺疫、马腺疫、胸膜炎、大叶性肺炎等。极高热是指体温升高3℃以上，见于严重的急性传染病，如传染性胸膜肺炎、炭疽、猪丹毒、脓毒败血症和日射病等。

体温高者，需重复测试，以排除应急因素（如运动、晒、拥挤引起的体温升高）。体温过低则见于大失血、严重脑病、中毒病或热病濒死期。

脉搏测定：在动物充分休息后测定。脉搏增多见于多数发热病、心脏病及伴心机能不全的其他疾病等；脉搏减少见于颅内压增高的脑病、有机磷中毒等。

呼吸数测定：宜在安静状态下测定。呼吸数增加见于肺部疾病、高热性疾病、疼痛性疾病等，呼吸数减少见于颅内压显著增高的疾病（如脑炎）、代谢病等。各种动物的体温、脉搏和呼吸数见表3-1。

表3-1 各种动物的体温、脉搏和呼吸数一览表

动物种类	体温/℃	呼吸数/（次/分）	脉搏/（次/分）
猪	38.0～39.5	18～30	60～80
马	37.5～38.5	8～16	26～42

续表

动物种类	体温/℃	呼吸数/（次/分）	脉搏/（次/分）
乳牛	37.5～39.5	10～30	60～80
黄牛	37.5～39.5	10～30	40～80
水牛	36.5～38.5	10～50	30～50
牦牛	37.6～38.5	10～24	33～55
绵羊	38.5～40.5	12～30	70～80
山羊	38.5～40.5	12～30	70～80
骆驼	36.0～38.5	6～15	32～52
犬	37.5～39.0	10～30	70～150
猫	38.5～39.5	10～30	110～130
兔	38.0～39.5	50～60	120～140
鸡	40.5～42.0	15～30	140
鸭	41.0～43.0	16～30	120～200
鹅	40.0～41.0	12～20	120～200

（5）**必要时叩诊** 叩诊心、肺、胃、肠、肝区的音响、位置和界线及胸腹部敏感程度。

有时还要进行血、粪、尿常规实验室检查，如马传染性贫血时，血沉加快，红、白细胞数减少，有吞铁细胞出现等，必须借助血液学检查。

3. 各种动物群体检疫特点

（1）猪的临床检查

1）猪的群体检疫特点。静态观察：对猪群可于其在车船内或圈舍内休息时进行静态观察。若车船狭窄，猪群拥挤不易观察时，可于卸下休息时观察。动物检疫员悄悄地接近猪群，站立在全览的位置观察。主要检查站立和睡卧姿势，呼吸及体态状态。健康猪：睡卧常取侧卧，四肢伸展、头侧着地，爬卧时后腿屈于腹下；站立平稳，不断走动和拱食，呼吸均匀、深长，被毛整齐有光泽，反应敏捷，见人接近时警惕凝视。

病猪：垂头委顿，倦卧呻吟，离群独立，全身颤抖，呼吸促迫或喘息，被毛粗乱无光，饥窝凹陷，鼻盘干燥，颈部肿胀，眼有分泌物，尾部和肛门有粪污。

动态观察：常在车船装卸、驱赶、放出或饲喂过程中观察。健康猪：起立敏捷，行动灵活，步态平稳，两眼前视，摇头摆尾或尾巴上卷，随群前进。偶发洪亮叫声，粪软尿清，排便姿势正常；病猪：精神沉郁或兴奋，不愿起立，立而不稳。行动迟缓，步态踉跄，弓背夹尾，饥窝下陷，跛行掉队，咳嗽、气喘、叫声嘶哑，粪便干燥或泻痢，尿黄而短。

饮食状态观察：在对猪群按时喂食饮水时或有意给少量水饲料喂时观察。健康猪：饿时叫唤，争先恐后奔向食槽抢食吃，嘴伸入槽底，大口吞食并发出声音，耳髯震动，尾巴自由甩动，时间不长即腹满而去。病猪：懒于上槽，食而无力，只吃几口就退槽，有的猪表现闻而不吃，形成"游槽"，甚至躺在稀食槽中形成"睡槽"现象；有的猪饮稀或稀中吃稠，甚至停食，食后腹部仍下陷。

2）猪的个体检疫。根据我国各地区猪的疫病发生情况，一般以猪瘟、猪肺疫、猪繁殖与呼吸综合征等为重点检疫对象。

（2）牛的临床检查

1）牛的群体检疫特点。静态观察：牛群在车、船、牛栏、牧场上休息时可以对其进行静态观察。主要观察其站立和睡卧姿态、皮肤和被毛状况及肛门有无污秽。健康牛：睡卧时常呈膝卧姿势，四肢弯曲。站立时平稳，神态安定。鼻镜湿润，眼无分泌物，嘴角周围干净，被毛整洁光亮，皮肤柔软平坦，肛门紧凑，周围干净，反刍正常有力，呼吸平稳，无异常声音，粪不干不稀呈层叠状，尿清，正常嗳气。病牛：睡卧时四肢伸开，横卧、久卧或疝痛，眼流泪，有黏性分泌物，鼻镜干燥、龟裂，嘴角周围湿秽流涎，被毛粗乱，皮肤局部可有肿胀，反刍迟缓或停止，呼吸增数、困难、呻吟、咳嗽，粪便或稀或干，或混有血液、黏液、血尿，肛门周围和臀部沾有粪便，不嗳气。

动态观察：在对牛群进行车船装卸、赶运，以及放牛或有意驱赶时进行动态观察。主要观察牛的精神外貌、姿态步样。健康牛：精力充沛，眼亮有神，步态平稳，腰背灵活，四肢有力，耳尾灵敏，在行进牛群中不掉队。病牛：精神沉郁或兴奋，两眼无神，曲背弓腰，四肢无力，耳尾不动，走路摇晃，跛行掉队。

饮食观察：在牛群采食、饮水时观察。健康牛：争抢饲料，咀嚼有力，采食时间长。敢在大群中抢水喝，运动后饮水不咳嗽。病牛：厌食或不食，采食缓慢，咀嚼无力，采食时间短，不愿到大群中饮水，运动后饮水咳嗽。

2）牛的个体检疫。牛的个体检疫主要以口蹄疫、炭疽、牛肺疫、布鲁氏菌病、结核病、副结核病、蓝舌病、地方性白血病、牛传染性鼻气管炎、黏膜病、锥虫病、泰勒虫病为检疫对象。牛的个体检疫除精神外貌、姿态步样、被毛皮肤等与群体检疫基本相同外，还须检查可视黏膜、分泌物、体温和脉搏的变化。

牛体温检查是牛检疫的重要项目，常需全部逐头检测，并注意脉搏检查和肉垂皮温。牛的体温升高，常发生于牛的急性传染病。当在牛群中发现传染病时，更应逐头测温，并根据传染病的性质，对同群牛隔离观察一定时期。

（3）羊的临床检查

1）羊的群体检疫特点。静态观察：可在羊群在车、船、舍内或放牧休息时进行静态观察。观察的主要内容是姿态。健康羊：常于饱食后合群卧地休息，反刍，呼吸平稳，无异常声音，被毛整洁，口及肛门周围干净，人接近时立即起立走开。病羊：常独卧一隅，不见反刍，鼻镜干燥，呼吸促迫，咳嗽、喷嚏、磨牙、流泪，口及肛门周围污秽，精神萎靡不振，颤抖，人接近时不起不走。同时应注意有无被毛脱落、痘疹、痂皮等情况。

动态观察：对羊群在其装卸、赶运及其他运动过程中进行动态观察。主要检查步态。健康羊：精神活泼，走路平稳，合群不掉队。病羊：食欲不振或停食，放牧吃草时落在后面，吃吃停停，或不食呆立，不喝水更不暴饮，食后胁部仍下凹。

2）羊的个体检疫。羊的个体检疫主要以口蹄疫、炭疽、布鲁氏菌病、蓝舌病、山羊关节炎脑炎、绵羊梅迪-维斯那病、羊痘、羊疥癣为检疫对象。羊的个体检疫除姿态步样外，要对可视黏膜、体表淋巴结、分泌物和排泄物性状、皮肤和被毛、体温等进行检查。

羊群中发现羊痘和疥癣，同群羊应逐只进行个体检查。患传染病的羊常伴有体温升高症状。

（4）马的临床检查

1）马的群体检疫特点。静态观察：马群常在圈舍或马场，对其进行静态观察。主要观察其姿势、体表、天然孔和粪便。健康马：昂头站立，机警敏捷，稍有声响，两耳竖起，两眼凝视，多站少卧，若卧地则屈肢，平静似睡，被毛整洁光亮，皮肤无肿胀，鼻眼干净，外阴无异常，粪便呈球形、中等湿度。病马：睡卧不安，闭眼横卧，起卧困难，站立不稳，头呆耳耷，两眼无神，姿态僵硬，精神萎靡，对外界反应迟钝或无反应，被毛粗乱无光，皮屑积聚，皮肤有局部肿胀，眼鼻流出黏性或脓性分泌物，外阴污秽，粪便干硬或拉稀，混合恶臭脓血，呼吸气喘、嗳气。

动态观察：在马群活动或放牧中观察。

健康马：行动活泼，步伐轻快有力，昂首蹶尾，挤向群前。运动后呼吸变化不大或很快恢复正常；病马：行动迟缓，四肢无力，步伐沉重，有时跛跛，常落在马群后面，运动后呼吸变化大。

饮食观察：在马群采食饮水时观察。健康马：放牧时争向草场，舍饲给草料时两眼注意力集中在饲养员身上，有时发出"咳咳"叫声，食欲旺盛，咀嚼音较响，饮水有吮力；病马：对草料不理睬，对饲养员无反应，或吃几口即停食，或绝食，咀嚼、咽下困难，不喜欢水。

2）马的个体检疫。马的个体检疫常以炭疽、鼻疽、马传染性贫血、马鼻腔肺炎、马流行性淋巴管炎等为主要检疫对象。个体检疫主要内容是步态步样、可视黏膜、分泌物性状、被毛、淋巴结、排泄物、呼吸和体温检测。

（5）禽的临床检查

1）禽的群体检疫特点。静态观察：禽群在舍内或在运输途中休息时，可于笼内进行静态观察。主要观察其站卧姿态、呼吸、羽毛、冠、髯、天然孔等。健康禽：卧时头叠于翅内，站时一肢高收，羽毛丰满光滑，冠髯色红，两眼圆睁，头高举，常侧视，反应敏锐，机警。病禽：精神萎靡，缩颈垂翅，闭目似睡，反应迟钝或无反应，呼吸急迫或呼吸困难或间歇张口，冠髯发绀或苍白，羽毛蓬松，嗉囊虚软膨大，泄殖孔周围羽毛污秽，有时翅肢麻痹，或呈劈叉姿势，或呈其他异常姿态。

动态观察：可在家禽散放时观察。健康禽：行动敏捷，步态稳健；病禽：行动迟缓，跛行，摇晃，或麻痹，常落于群后。

饮食观察：可在喂食时观察。若已喂过食，可触摸鸡嗉囊或鹅、鸭的食道膨大部。健康禽：啄食连续，嗉囊饱满，食欲旺盛。病禽：啄食异常，嗉囊空虚、充满气体或液体，鸣叫失声，挣扎无力。

2）禽的个体检疫。禽的个体检疫以鸡新城疫、禽流感、鸡传染性法氏囊病、鸡白痢、鸡伤寒、禽痘、鸡传染性喉气管炎、禽白血病、鸡马立克氏病、鸭瘟、禽霍乱等为主要检疫对象。禽类个体检疫的重点是精神外貌、行走姿态、冠髯、鼻孔、眼、喙、嗉囊等或食道膨大部、颈肢、羽毛、皮肤、泄殖腔、粪便、呼吸及饮食状态。一般不做体温检查。

三、动物尸体病理解剖检疫

1. 畜尸剖检的意义与目的

家畜因故死亡之后，进行解体成为冷宰。对冷宰的尸体实施系统的病理学剖检是兽医卫生检验的一个组成部分。它是运用病理学知识检查尸体病理变化进行动物疾病诊断方法判定的一种重要手段。因此，剖检时必须对病尸的病理变化做全面观察、客观描述、详细记录，最终结合临床表现给予客观实际的病理学诊断。

通过动物尸体剖检，查明动物死亡原因，及早做出诊断和处理意见，以便对同群家畜（禽）采取相应措施。此外，动物尸体剖检资料的积累，可为各种疾病的综合研究提供重要的数据。动物尸体剖检是运用病理解剖知识，通过检查尸体的病理变化，来诊断疾病的一种方法。尸体剖检是最为客观、快速的动物疾病诊断方法之一。对于中、小动物如猪和鸡的一些群发性疾病，如传染病、寄生虫病、中毒性疾病和营养缺乏症等，通过尸体剖检，观察器官特征病变，可以及早做出诊断，以便对发病动物群体及时采取有效的防治措施。剖检在病畜禽死亡后越早进行越好，尸体放置过久，容易腐败分解，不利于对原有病变的观察。

当有病死动物或患病动物无法用临床检查方法确诊时，可进行病理解剖，根据其病理变化特征初步确定是何种检疫对象，或提出可疑疫病范围以便进一步确诊。

2. 尸体变化

畜禽死亡后，受体内存在着的细菌和酶类的影响，逐渐发生一系列的死后变化，包括以下内容。

（1）尸冷　畜禽死亡后，产热过程停止而散热过程仍继续进行，使体温逐渐降低至与外界环境温度相等的现象，称为尸冷。在最初几小时尸冷速度较快，以后逐渐变慢，通常在室温条件下，平均每小时下降1℃。冬季寒冷将加速其过程，而夏天炎热将延缓其过程。尸冷一般先从四肢末端开始，逐渐向躯干蔓延。尸温检查有助于确定死亡时间。

（2）尸僵　畜禽死亡后，肢体的肌肉收缩变硬即尸僵。最初由于神经麻痹，肌肉失去紧张而变松弛柔软，但经过很短时间后，即出现尸僵。尸僵发生的时间随外界条件及机体状态不同而异，大、中畜禽一般在死后1～6h开始发生，从头部肌肉开始，依次是颈部、前躯、前肢、后躯和后肢。经10～24h发展完全，24～48h开始缓解。死于败血症的动物尸僵不明显或不出现，死于破伤风和番木鳖碱中毒的动物，由于死前肌肉运动剧烈，尸僵发生得快而明显。

（3）尸斑　尸体下部皮肤的充血称尸斑，尸斑的发生是尸体内血液重新分配的结果，动物死后，心脏和大动脉的临终收缩及尸僵的发生，将血液排挤到静脉系统内，由于重力学关系，血液流向尸体的底下部位，使该部血管充盈血液，这种现象称为尸斑坠积，一般死后1～1.5h即可出现。尸斑坠积的组织呈暗红色，初期按压可使红色消褪，随着时间的延长，红细胞发生溶解，血红蛋白溶解在血浆内，并通过血管壁向周围组织扩散，可使心内膜、血管内膜及血管周围组织染成紫红色，这种现象称作尸斑浸润。

（4）血液凝固　畜禽死亡后，心脏和大血管内的血液即发生凝固。一般因败血症、窒息和一氧化碳中毒死亡时血液凝固不良。

（5）尸体自溶与尸体腐败　尸体自溶是指体内组织受到酶（溶酶体、胃液和胰液中的蛋白分解酶）的作用而引起的自体消化过程，表现最明显的是胃和胰腺。胃黏膜自溶时，表现为黏膜肿胀、变软、透明，极易剥离，或自行脱落，严重时可造成胃穿孔。

尸体腐败是指组织蛋白由于细菌作用而发生腐败分解的现象。参与腐败过程的细菌主要是厌氧菌，它们主要来自体内（特别是消化道），但也有从外界进入体内的。在腐败分解的同时产生大量气体，使尸体有以下表现形式。

1）臌气：胃肠道明显（反刍兽的瘤胃、单蹄兽的大肠明显），这是胃肠道内细菌繁殖，内容物腐败发酵产生大量气体的结果。

2）尸绿：组织分解产生的硫化氢与红细胞分解产生的血红蛋白和铁结合形成硫化血红蛋白和硫化铁，致使腐败组织呈污绿色，这种变化在肠道最明显。

3）尸臭：尸体腐败过程中产生的大量气体具有恶臭味的气体，如硫化氢、己硫醇、甲硫醇、氨等。

4）实质脏器的变化：实质脏器往往体积增大呈泡沫状。

3. 剖检原则及注意事项

尸体剖检前，应详细了解死亡家畜（禽）所在地区的流行病学、临床、化验、治疗、饲养管理和临死前表现等方面情况，并仔细检查尸体体表特征（如姿势、卧位、尸冷、尸僵和腹部鼓气情况）及天然孔、黏膜、被毛、皮肤等有无异常等，供剖检诊断的参考。如发现疑似炭疽病时，应先采取尸体末梢血液做涂片染色检查，对于猪则做颌下淋巴结涂片染色检查。确诊为炭疽时，应禁止解剖，同时应将尸体和被污染的场地、器械等进行严格消毒处理。

在进行尸体剖检时，综合来说，有3项原则和5项注意。3项原则：要早、要防、要全。"早"指早剖检，减少死后变化；"防"指防止疫病扩散和对人员的感染；"全"指全面观察、描述和记录病变。5项注意：要调查了解；要分析剖检病变；要选择剖检地点；要预先准备好器械和药品；要彻底消毒现场和用具，焚烧或深埋死体。因此，必须做好以下工作。

（1）剖检时间　一般死亡后超过12~24h的尸体，就失去了剖检的意义。最好在白天进行，灯光下剖检不易辨认病变的颜色和细微变化。

（2）剖检场所选择　尸体剖检一般应在病理剖检室里进行，便于消毒和防止病原扩散。如果条件不许可要在室外剖检，应选择地势较高、环境较干燥，并远离水源、道路、房舍和畜禽舍的地点进行。

（3）尸体运输　如果车辆搬运患炭疽等传染病尸体时，在搬运前要用浸透消毒液的棉花堵塞天然孔，并用消毒液喷湿体表各部，以防病原扩散。剖检场地、运送的车辆和绳索等，要严格消毒。如疑为炭疽，可在肢体末端皮肤上切一小口采血做涂片检查，或切开腹壁局部，取脾组织进行检查。若确定为炭疽，则严禁剖检，同时将尸体与被污染的场地、用具等进行严格消毒与处理。

（4）尸体剖检的器械和药品　剖检最常用的器械有：剥皮刀、剖检刀、脑刀、外科剪、外科刀、镊子、骨锯、双刃锯、钳子、丁字凿、阔唇斧头等。

剖检常见的消毒药：3%~5%来苏尔，石炭酸，0.2%高锰酸钾液，70%乙醇，3%碘酒等。最常用的固定液是10%甲醛液或95%乙醇。还应准备凡士林、滑石粉、肥皂、棉花和纱布等。

（5）剖检人员防护　剖检人员，特别是剖检传染病动物尸体时，应穿着工作服，外罩胶皮或塑料围裙、戴胶手套、工作帽，穿胶鞋，必要时还要戴口罩和眼镜。剖检时如不慎切破皮肤，应及时消毒和包扎。在剖检过程中，应保持清洁和注意消毒，常用清水和消毒液洗去剖检人员手上和刀剪等器械上的血液、脓液等各种污染物，未经检查的脏器切面，不可用水冲洗，以免改变原来的颜色和性质。

（6）其他应注意事项　在采取某一脏器前，应先检查与该脏器有关的各种关系。例如，在采取肾脏前，应先检查肾动脉和肾静脉的开口与分支、输尿管的情况。如发现某些方面有异常，应对此进行仔细检查。再如，当发现输尿管有异常时，可将整个输尿系统一同采下，并做系统检查。同样，采肝脏时，应先检查胆管、胆囊、肝管、门静脉、后大静脉、肝动静脉及肝门淋巴结等，如发现肝脏有淤血，还应对心脏和肺进行检查，以判明原因。

已采下的器官，在未切开之前，应测长度、宽度和弧度，一般采用目测或用卡尺测量。切脏器的刀要锋利，切开脏器时，要由前向后一刀切开，不要由上向下挤压，或做拉锯式切开。切未经固定的脑组织时，应先用清水或乙醇使刀口湿润，然后下刀，否则脑汁沾污刀面，且切面粗糙不平。

剖检后，双手先用肥皂洗涤，再用消毒液冲洗。为了洗去粪便和尸体异味，可先用0.2%过锰酸钾洗涤，再用0.5%~1%乙二酸洗退棕褐色后，再用清水冲洗。

剖检器械、衣物等都要消毒和洗净，胶皮手套消毒后，用清水冲洗。

4. 大中家畜、禽、兔等一般剖检法

决定剖检方法和顺序时，应考虑到各种家畜和家禽的解剖结构特点、器官和系统之间的生理解剖学关系、疾病的规律性及术式的简便和效果等。因此，剖检方法和顺序不是一成不变的，而是依具体条件和要求有一定灵活性。一般剖检方法是由体表开始，然后再进行体内剖检；体内的剖检顺序，通常从腹腔开始，然后是胸腔等。

（1）**外部检查** 根据肌肉发育和皮下脂肪确定是否营养不良，接着检查可视黏膜和天然孔，注意可视黏膜有无贫血、淤血、出血、黄疸、溃疡、外伤等变化，并检查天然孔的开闭情况。同时注意蹄部有无外伤、水疱，皮下有无气肿（触摸时有捻发音）、水肿（触摸时有捏粉样感）、尸僵变化等。死于肌肉活动较剧烈疫病（如破伤风）的动物尸僵发生快而显著；死于败血症（如炭疽）及伴有肌肉发生变性坏死疫病的动物，尸僵不明显。外部检查主要包括以下几个内容。

1）畜别、品种、性别、年龄、毛色、特征、体态等。

2）营养状态：根据肌肉发育、皮肤的厚度和被毛状况来判定。

3）皮肤状态：被毛光泽度、皮肤的厚度、硬度及弹性，有无脱毛、褥疮、溃疡、脓肿、创伤、肿瘤、外寄生虫等，有无粪便及其他病理产物的污染，皮下有无水肿和气肿。

4）天然孔（眼、鼻、口腔、肛门、外生殖器官等）检查。首先应检查各天然孔的开闭状态，有无分泌物、排泄物及其性状、量、色味和硬度等。对天然孔的观察有助于对该系统内部病变的注意，如猪瘟、牛恶性卡他热、马流行性感冒等病畜，眼部常附着脓性分泌物。其次，应检查可视黏膜，其变化往往能反映机体内部的状况。黏膜颜色变化，可能标志着一些病变，如黏膜苍白是内出血和贫血的征象。黏膜紫红色，有可能有血液循环系统的疾病。黏膜发黄，可能是黄疸。

5）尸体变化的检查。家畜死亡后，舌尖伸出于卧侧口角外，由此可以确定死亡时的位置。尸体变化的检查，有助于判定死亡发生的时间、位置，并与病理变化相区别。

（2）**内部检查**

1）剥皮和皮下检查。剥皮的方法有几种，即全身性、四肢、头部等部位的剥皮。全身性剥皮从下颌间正中线开始，经颈部、胸部，沿腹壁白线向后直至尾根切开皮肤。四肢剥皮，以系部作一轮状切线，沿屈腱切开皮肤，前肢至腕关节，后肢至飞节，然后切线转向内侧，与腹正中线垂直相交。头部剥皮，可先在口端和眼眶周围作轮状切线，然后由颌正中线开始向两侧剥开皮肤，外耳部连在皮上一并剥离。

皮下检查，看有无充血、出血、水肿、炎症和脓肿等病变，观察皮下脂肪组织的多少、颜色、性状、病理变化的性质等。皮下淋巴结与内脏淋巴结的病理变化常常是一致的。剥皮后，还要观察肌肉的丰瘦、色彩和有无病变。发现瘘管、溃疡、肿瘤等病变时，应立即进行检查。败血性传染病或药物中毒时，肌肉呈瘀斑或瘀点；恶性水肿和气肿疽时，部分肌肉中有大量气体、浆液和出血性浸润，并常有坏死性变化。

2）胸腔剖开和胸腔脏器视检。胸腔的剖开：先用刀切除切线部的软组织，并切除与胸廓相连的腹壁，用刀尖在胸壁的中央刺一小孔，胸腔剖开方法有两种：一是将横膈的左半部从季肋部切下，在肋骨上下两端切离肌肉并作二切线，用锯沿切线锯断肋骨两端，即可暴露左侧胸腔；二是用骨剪剪断近胸骨处的肋软骨，用刀逐个切断肋间肌肉，分别将肋骨向背侧扭转。

胸腔脏器视检：观察各脏器颜色、性状、体积、赘生物、液体积累、出血与否等。为便于观察，将心脏和肺依次采出进行仔细观察。

3）腹腔剖开和胸腔脏器视检。腹腔剖开：先将睾丸或乳房从腹壁切离。从胈窝部沿肋骨弓切开腹壁至剑状软骨部作第一切线，再从胈窝沿髂骨切开腹壁至耻骨前沿作第二切线，切开腹壁肌层和脂肪层，然后用刀尖将腹壁切一小口，以左手使食指和中指插到腹腔内，手指背面向腹腔内弯曲，使肠管与腹膜之间有空隙，将刀尖夹于两指之间。刀刃向上，沿上述切线切开腹壁。

腹腔脏器视检：腹腔脏器颜色、体积、形态、液体累积、赘生物、出血与否等。

4）口腔和颈部器官的采出和鉴定。先切断咬肌，在下颌骨的第一臼齿前锯断左侧下颌骨支，切断下颌骨支内面的肌肉和后缘的腮腺、下颌关节的韧带及冠状突周围的肌肉，将左侧下颌骨支取下，显露口腔。以左手握住舌头，切断舌骨及其周围组织，检查喉囊。然后分离咽喉头、气管、食管周围的肌肉和结缔组织，

直至胸腔入口处,即可将口腔和颈部的器官一并采出。检查舌、咽喉的黏膜及扁桃体有无发炎、坏死或化脓,切开食道检查黏膜状态。

5)盆腔器官的采出和鉴定。骨盆腔脏器采出的方法有两种:一种方法是不打开骨盆腔,只伸入长刀,将骨盆中各脏器自其周壁分离后取出;另一种方法则是先打开骨盆腔,锯开骨盆联合,再锯断上例骨骼骨骨体,将骨盆腔的左壁分离后,用刀切离直肠与骨盆腔上壁的结缔组织。母畜还要切离子宫和卵巢,再由骨盆腔下壁切离膀胱、阴道和生殖器等。在肛门、阴门做圆形切离,即可取出骨盆腔脏器。主要观察各器官性状、颜色、充血、出血、疤痕、结节、化脓和坏死等状况。

6)颅腔剖开、脑的采出和检查。颅腔剖开,先从第一颈椎部横切,取下头部。然后切离颅顶和枕骨髁部附着的肌肉。将头平放,在紧靠额骨颧突后缘一指左右部位做一横行锯线。再从枕骨大孔沿颈、顶两侧,经颞骨鳞状部做左右两条纵锯线,再用骨凿插入锯口,揭去颅顶骨,颅腔即可暴露。

观察脑膜颜色,充血和出血情况,是否有水肿、积水、肿瘤及化脓等情况。

7)鼻腔剖开和检查。将头骨于距正中线0.5cm处纵行锯开,把头骨锯成两半,其中一半带鼻中隔。检查鼻中隔、鼻道黏膜的色彩、外形,有无出血、结节、糜烂、溃疡、穿孔、炎性渗出物等。

8)脊椎管剖开和检查。先切除脊柱背侧棘突与椎弓上的软组织,然后用锯沿椎弓两侧与椎管平行锯开脊椎管腔,掀起椎弓部,即露出脊髓硬膜,再切断与脊髓相联系的神经,切断脊髓上下两端,即可取出脊髓。检查脊髓的性状、外形、色泽、质度,并将脊髓做多段横切,检查切面上灰质、白质和中央管有无病变。

9)肌肉和关节检查。肌肉检查通常是对眼观明显变化的部分进行观察。注意肌肉色泽、硬度,有无出血、水肿、变性、坏死、炎症等病变。

10)骨和骨髓检查。一般只针对有病变的骨组织进行检查,如局部炎症、坏死、骨折、骨软症和佝偻病。

5. 尸体剖检报告

(1)**概述** 记载畜主、畜种、性别、年龄、特征、临床摘要及临床诊断、死亡日期和时间、剖检日期和时间、剖检地点、剖检号数和剖检人等。

临床摘要及临床诊断内容:扼要记载病史、发病经过、主要症状、临床诊断、治疗方法、治疗经过及有关流行病学材料与组织学检查和实验室各项检查结果。

(2)**剖检观察** 以尸体剖检记录为依据,按尸体所呈现病理变化的主次顺序进行详述,客观记载,包括肉眼观察和组织学检查,剖检时所作的有关微生物学、寄生虫学、化学等检验材料也要记载。

(3)**结论** 依据病理解剖学诊断、临床资料等进行综合判定,并提出处理意见和防治建议。

四、实验室检查方法

1. 免疫学检查方法

(1)**血清学试验** 即体外的抗原-抗体反应,由于抗体主要存在于血清中,所以称血清学试验。

A. 凝集试验 许多感染或发生传染病、寄生虫病的动物血清中有抗体存在,可用凝集试验诊断。凝集试验包括直接凝集试验和间接凝集试验,前者用于疫病的诊断、细菌的鉴定等,如布鲁氏菌病及鸡白痢的平板凝集试验、伊氏锥虫病诊断和沙门菌鉴定等;后者以间接血凝试验应用最广,如鸡新城疫、口蹄疫和血吸虫病的检疫。

B. 沉淀试验 细菌的外毒素、内毒素、菌体裂解液、病毒、血清、组织浸出液等可溶性抗原与相应抗体结合,在适量电解质的参与下,经一定时间的作用,形成肉眼可见的白色沉淀,称为沉淀试验。常用的沉淀试验有环状沉淀试验和琼脂扩散试验,前者用于定性试验,如炭疽检疫;后者广泛用于疫病检疫中,如鸡马立克氏病、马传染性贫血、马媾疫的检疫。

C. 补体结合试验 抗体与抗原反应形成复合物,通过激活补体而介导溶血反应,可作为反应强度的指示系统。利用抗原抗体复合物同补体结合,把含有已知浓度的补体反应液中的补体消耗掉使浓度减低,以检测抗原或抗体的试验，即补体结合试验。其为高敏度检测方法之一，特别是根据抗原物质的特性，抗原抗体反应不能用沉淀反应或凝集反应观察时也可以利用此法。试验由两个阶段组成：首先将经过56℃处理30min使补体灭活的抗血清，与抗原及补体（通常将豚鼠血清做适当稀释后使用）混合起反应。然后是加入已同抗绵羊红细胞抗体相结合的绵羊红细胞（致敏红细胞）。在最初阶段对消耗补体建立起足够的抗原抗体反应时，没有发生致敏红细胞的溶血，但补体剩余下来则引起溶血反应。

D. 中和试验　　动物受到病毒感染后，体内产生特异性中和抗体，并与相应的病毒粒子呈现特异性结合，因而阻止病毒对敏感细胞的吸附或抑制其侵入，使病毒失去感染能力。中和试验是以测定病毒的感染力为基础，以比较病毒受免疫血清中和后的残存感染力为依据，来判定免疫血清中和病毒的能力。

常用的中和试验有两种方法：一种是固定病毒量与等量系列倍比稀释的血清混合，另一种是固定血清用量与等量系列对数稀释（即十倍递次稀释）的病毒混合；然后把血清-病毒混合物置适当的条件下感作一定时间后，接种于敏感细胞、鸡胚或动物，测定血清阻止病毒感染宿主的能力及其效价。如果接种血清病毒混合物的宿主与对照（指仅接种病毒的宿主）一样出现病变或死亡，说明血清中没有相应的中和抗体。

中和反应不仅能定性而且能定量，故中和试验可应用于以下几方面：①病毒株的种型鉴定：中和试验具有较高的特异性，利用同一病毒的不同型的毒株或不同型标准血清，即可测知相应血清或病毒的型，所以，中和试验不但可以定属而且可以定型。②测定血清抗体效价：中和抗体出现于病毒感染的较早期，在体内维持时间较长。动物体内中和抗体水平的高低，可显示动物抵抗病毒的能力。③分析病毒的抗原性。

毒素和抗毒素也可进行中和试验，其方法与病毒中和试验基本相同。用组织细胞进行中和试验，有常量法和微量法两种，因微量法简便，结果易于判定，适于做大批量试验，所以近来得到了广泛的应用。

a. 病毒中和试验：固定血清-稀释病毒法　　第一步：病毒毒价的测定。毒价单位：衡量病毒毒价（毒力）的单位过去多用最小致死量（MLD），即经规定的途径，以不同的剂量接种试验动物，在一定时间内能致全组试验动物死亡的最小剂量。但由于剂量的递增与死亡率递增不呈线性关系，在越接近100%死亡时，对剂量的递增越不敏感。而一般在死亡率越接近50%时，对剂量变化越敏感，故现多改用半数致死量（LD_{50}）作为毒价测定单位，即经规定的途径，以不同的剂量接种实验动物，在一定时间内能致半数实验动物死亡的剂量。用鸡胚测定时，毒价单位为鸡胚半数致死量（ELD_{50}）或鸡胚半数感染量（EID_{50}）。用细胞培养测定时，用组织细胞半数感染量（$TCID_{50}$）。在测定疫苗的免疫性能时，则用半数免疫量（IMD_{50}）或半数保护量（PD_{50}）。

1）LD_{50}的测定（以流行性乙型脑炎病毒为例）。测定方法：将接种病毒、并已发病濒死的小鼠，以无菌法取脑组织，称重，加稀释液充分研磨，配制成10^{-1}悬液，3000r/min离心20min，取上清液，以10倍递次稀释成10^{-1}、10^{-2}、10^{-3}、…、10^{-9}，每个稀释度分别接种5只小鼠，每只脑内注射0.03mL，逐日观察记录各组的死亡数（表3-2）。

表3-2　LD_{50}的计算（接种剂量为0.03mL）

病毒稀释度	接种鼠数	活鼠数	死鼠数	积累总计		死亡比	死亡率/%
				活鼠	死亡		
10^{-4}	5	0	5	0	15	15/15	100
10^{-5}	5	0	5	0	10	10/10	100
10^{-6}	5	1	4	1	5	5/6	83
10^{-7}	5	4	1	5	1	1/6	17
10^{-8}	5	5	0	10	0	0/10	0
10^{-9}	5	5	0	15	0	0/15	0

LD_{50}按Reed和Muench法计算。

$$距离比例 = \frac{高于50\%的死亡百分数-50\%}{高于50\%的死亡百分数-低于50\%的死亡百分数} = \frac{83\%-50\%}{83\%-17\%} = 0.5$$

LD_{50}的对数=高于50%病毒稀释度的对数+距离比例×稀释系数的对数

比例高于50%病毒稀释度的对数-6，距离比例为0.5，稀释系数的对数为-1。代入上式：

$$\lg LD_{50}=-6+0.5\times(-1)=-6.5$$

则 $LD_{50}=10^{-6.5}$，0.03mL，即该病毒作 $10^{-6.5}$ 稀释，接种0.03mL能使半数小鼠发生死亡。

注意：稀释血清法中和试验，计算 $TCID_{50}$、LD_{50} 或 MID50时，计算公式应改为

$$TCID_{50}\text{的对数=高于50\%血清稀释度的对数}-\text{距离比例}\times\text{稀释系数的对数}$$

如按Karber法计算，其公式为

$$\lg LD_{50}\text{（或}TCID_{50}\text{）}=L+d(S-0.5)$$

式中，L 为病毒最低稀释度的对数；d 为组距，即稀释系数；S 为死亡比值的和。本例 $L=-4$，$d=-1$，$S=1+1+5/6+1/6=3$，代入上式：

$$\lg LD_{50}=-4+(-1)\times(3-0.5)=-6.5$$

则 $LD_{50}=10^{-6.5}$，0.03mL。

注意：用本法计算稀释血清中和试验中和效价时，S 应为保护比值之和。

2）EID_{50} 的测定（以新城疫病毒为例）。将新鲜病毒液体以10倍递次稀释法释成 10^{-1}、10^{-2}、10^{-3}、…、10^{-9} 不同稀释度，分别接种9～10日龄鸡胚尿囊腔，鸡胚必须来自健康母鸡，并且没有新城疫抗体。每只鸡胚接种0.2mL，每个稀释度接种6只鸡胚，此为一组，以石蜡封口，置37～38℃培养，每天照蛋，24h之内死亡的鸡胚弃掉，24h之后死亡的鸡胚置4℃保存。连续培养5d，取尿囊液做血细胞凝集试验，出现血凝者判阳性，记录结果，按上述方法计算 EID_{50}。

3）$TCID_{50}$ 的测定（以致细胞病变病毒为例）。取新鲜病毒悬液，10倍递次稀释成不同稀释度，每个稀释度分别接种经Hank's液洗3次的组织细胞管，每管细胞接种0.2mL，每个稀释度接种4个细胞管，接种病毒后的细胞管放在细胞盘内，细胞层一侧在下，使病毒与细胞充分接触，放置37℃吸附1h，加入维持液，置37℃下培养，逐日观察并记录细胞病毒管数，按上述方法计算 $TCID_{50}$。

第二步：中和试验。

1）病毒稀释度的选择。选择病毒稀释度范围，要根据毒价测定的结果而定，如病毒的毒价为 10^{-6}，则试验组选用 10^{-8}～10^{-2}，对照组选用 10^{-8}～10^{-4}。其原则是最高稀释度要求动物全存活（或无细胞病变），最低稀释度使动物全死亡（或均出现细胞病变）。

2）血清处理。用于试验的所有血清在用前须做56℃30min加温灭活。但来自不同动物的血清，灭活的温度和时间也是不同的。

3）病毒的稀释。按选定的病毒稀释度范围，将病毒液做10倍递次稀释，使其成为所需要的稀释度。

4）感作。将不同稀释度病毒分别定量加入两排无菌试管内，第一排每管加入与病毒等量的免疫（或被检）血清作为试验组；第二排每管加入与免疫（或被检）血清同种的正常阴性血清作为对照组；充分摇匀后置37℃下感作12h。

5）接种。按"病毒价测定"中所述接种方法接种试验动物（或鸡胚、组织细胞）。观察持续时间，根据病毒和接种途径而定。

6）中和指数计算。按Reed和Muench两氏法（或Karber法）分别计算试验组和对照组的 LD_{50}（或 EID_{50}、$TCID_{50}$）：

$$\text{中和指数}=\frac{\text{试验级}LD_{50}(EID_{50}、TCID_{50})}{\text{对照组}LD_{50}(EID_{50}、TCID_{50})}$$

假如试验组 LD_{50} 为 $10^{-2.2}$，对照组 LD_{50} 为 $10^{-5.6}$。则中和指数为 $10^{3.4}$，$10^{3.4}=1995$，也就是说该待检血清中和病毒的能力比正常血清大1995倍。

7）结果判定。利用固定血清-稀释病毒法进行中和试验，当中和指数大于50时，表示补检血清中有中和抗体；中和指数在10～50为可疑；若中和指数小于10则为无中和抗体存在。

b. 血清中和试验：固定病毒-稀释血清法　　第一步：病毒毒价的测定（微量法）。

1）病毒的制备。将病毒接种于单层细胞，于37℃下吸附1h后加入维持液，置温箱培养；逐日观察，待细胞病变（CPE）达75%以上，收获病毒悬液进行冻融或超声波处理，以3000r/min离心10min，取上清液，定量分装成1mL小瓶置-70℃冰箱保存备用，选用的病毒必须对细胞有较稳定的致病力。

2）病毒毒价测定。取置-70℃冰箱保存的病毒一瓶，将病毒在96孔培养板上做10倍递次稀释，即 10^{-1}、

10^{-2}、…、10^{-11}，每孔病毒悬液量为50μL，每个稀释度做8孔，每孔加入100μL细胞悬液，每块板的最后一行设8孔细胞对照，制备细胞悬液的浓度以使细胞在24h内长满单层为度。把培养板置5%CO_2的37℃温箱中培养，从2～14d逐日观察细胞病变，记录结果见表3-3。

表3-3　$TCID_{50}$计算（接种剂量50μL）

病毒稀释度	接种数	CPE数	无CPE数	累计 CPE	累计 无CPE	CPE率	百分数/%
10^{-2}	8	8	0	39	0	39/39	100
10^{-3}	8	8	0	31	0	31/31	100
10^{-4}	8	7	1	23	1	23/24	96
10^{-5}	8	5	3	15	4	15/19	79
10^{-6}	8	4	4	10	8	10/18	56
10^{-7}	8	4	4	6	12	6/18	33
10^{-8}	8	2	6	2	18	2/20	10
10^{-9}	8	0	8	0	26	0/26	0

按Reed和Muench两氏法计算$TCID_{50}$。

$$距离比例 = \frac{56\%-50\%}{56\%-33\%}$$

比例高于50%病毒稀释度的对数为-6，距离比例为0.26，稀释系数的对数为-1。

$$lg\, TCID_{50} = -6+0.26×（-1）= -6.3$$

则$TCID_{50}=10^{-6.3}$，50μL，即病毒做$10^{-6.3}$稀释，每孔接种50μL，可使半数组织细胞管发生病变。

第二步：中和试验。

1）血清的处理。动物血清中，含有多种蛋白质成分，对抗体中和病毒有辅助作用，如补体、免疫球蛋白和抗补体抗体等。为排除这些不耐热的非特异性反应因素，用于中和试验的血清须经加热灭活处理。各种不同来源的血清，须采用不同温度处理，猪、牛、猴、猫及小鼠血清为60℃；水牛、狗及地鼠血清为62℃；马兔血清为65℃；人和豚鼠血清为56℃。加热时间为20～30min，60℃以上加热时，为防止蛋白质凝固，应先以生理盐水做适当稀释。

2）稀释血清。取已灭活处理的血清，在96孔微量细胞培养板上，用稀释液做一系列倍比稀释，使其稀释度分别为原血清的1:2、1:4、1:8、1:16、1:32、1:64，每孔含量为50μL，每个稀释度做4孔。

3）病毒。取-70℃冰箱保存的病毒液，按经测定的毒价作200 $TCID_{50}$稀释（与等量血清混合，其毒价为100 $TCID_{50}$），如本例病毒价为$10^{-6.3}$，50μL。所以应将病毒做$2×10^{-4.3}$稀释。

4）感作。每孔加入50μL病毒液，封好盖，置37℃温箱中和1h。

病毒与血清混合，0℃下，不发生中和反应，4℃以上中和反应即可发生。常规采用37℃下作用1h，一般病毒都可发生充分的中和反应。但对易于灭活的病毒可置4℃冰箱感作，不同耐热性的病毒，其感作温度和时间应有所不同。

5）加入细胞悬液。在制备细胞悬液时，其浓度以在24h内长满单层为度。血清病毒中和1h后取出，每孔加入100μL细胞悬液。置5%CO_2的37℃温箱培养，自培养48h开始逐日观察记录，14d终判。

由于各种病毒引起细胞病变的时间不同，终判时间应根据病毒致细胞病变的快慢而定。

6）设立对照。为保证试验结果的准确性，每次试验都必须设置下列对照，特别是在初次进行该种病毒的中和试验时，尤为重要。

阳性和阴性血清对照：阳性和阴性血清与待检血清进行平行试验，阳性血清对照应不出现细胞病变，而阴性血清对照应出现细胞病变。

病毒回归试验：每次试验、每一块板上都设立病毒对照相管，先将病毒做0.1 $TCID_{50}$、1 $TCID_{50}$、10 $TCID_{50}$、100 $TCID_{50}$、1000 $TCID_{50}$稀释，每个稀释度做4孔，每孔加50μL。然后每孔100μL细胞悬液。0.1 $TCID_{50}$应不引起细胞病变，而且100 $TCID_{50}$必须引起细胞病变，否则该试验不能成立。

血清毒性对照相：为检查被检血清本身对细胞有无毒性作用，设立被检血清毒性对照是必要的。即在组织细胞中加入低倍稀释的待检血清（相当于中和试验中被检血清的最低稀释度）。

正常细胞对照相：即不接种病毒和待检血清的细胞悬液孔。正常细胞对照应在整个中和试验中一直保持良好的形态和生活特征，为避免培养板本身引起试验误差，应在每块板上都设立这一对照。

7）结果判定和计算。当病毒回归试验，阳性、阴性、正常细胞对照相，血清毒性对照全部成立时，才能进行判定，被检血清孔出现100%CPE判为阴性，50%以上细胞出现保护者为阳性；固定病毒稀释血清中和试验的结果计算，是计算出能保护50%细胞孔不产生细胞病变的血清稀释度，该稀释度即为该份血清的中和抗体效价。

用Reed和Muench两氏法（或Karber法）计算结果，如表3-4所示。

表3-4　固定病毒–稀释血清法中和抗体效价计算

血清稀释	CPE数 总孔数	CPE数	无CPE数	积累		CPE比率	百分数/%
				CPE	无CPE		
1：4（$10^{-0.6}$）	0/4	0	4	0	12	0/12	0
1：8（$10^{-0.9}$）	0/4	0	4	0	8	0/8	0
1：16（$10^{-1.2}$）	1/4	1	3	1	4	1/5	20
1：32（$10^{-1.5}$）	3/4	3	1	4	1	4/5	80
1：64（$10^{-1.8}$）	4/4	4	0	8	0	8/8	100

$$距离比例=\frac{80\%-50\%}{80\%-20\%}=0.5$$

lg TCID$_{50}$=高于50%血清稀释度的对数−距离比例×稀释系数的对数

$$lg\ TCID_{50}=-1.5-0.5\times（-0.3）=-1.35$$

则TCID$_{50}$＝$10^{-1.35}$，50μL。因$10^{-1.35}$=1/22，即1：22的血清可保护50%细胞不产生病变，1：22就是该份血清的中和抗体效价。

影响中和试验的因素如下：①病毒毒价的准确性是中和试验成败的关键，毒价过高易出现假阴性，过低会出现假阳性。在微量血清中和试验中，一般使用100～500 TCID$_{50}$。②用于试验的阳性血清，必须是用标准病毒接种易感动物制备的。③细胞量度的多少与试验有密切关系，细胞量过大或过小易造成判断上的错误，一般以在24h内形成单层为宜。④毒价测定的判定时间应与正式试验的判定时间相符。

E. 荧光抗体技术　　荧光抗体技术是用荧光素标记抗体，利用抗体与特定抗原相结合的原理，在荧光显微镜下快速检测病原体的技术。荧光抗体技术是利用免疫球蛋白与异硫氰酸荧光黄等荧光素结合后制成的荧光抗体。在特定条件下着染组织标本，若检样中存在相应抗原，则形成抗原-抗体-荧光素复合物。在荧光显微镜下观察，可看到发荧光的复合物。该技术可以鉴别病原微生物，诊断动物疾病，并能进行病原微生物在动物组织中的分布研究。

1）直接荧光抗体技术。以禽传染性脑脊髓炎诊断为例，被检材料可选病（死）禽的脑、胰腺和胃组织进行冰冻切片，经丙酮固定处理后备用。诊断液包括鸡抗禽脑脊髓炎病毒高免血清、鸡抗禽脑脊髓炎病毒荧光抗体、羊抗鸡IgG荧光抗体等。步骤如下：①将被检病料进行涂片或压片，最好采用冰冻切片机切成6～10μm厚的组织片，自然干燥后以冷丙酮固定10min，直接进行染片或4℃保存备用。②用PBS将抗禽传染性脑脊髓炎病毒荧光抗体诊断液稀释至2倍浓度，加于待检标本片上，然后置湿盒中，37℃下作用30～60min。③取出染片，用pH 7.4的PBS冲洗3～5次，每次3min，除去多余的荧光抗体。④待染片自然干燥后，滴加1滴甘油缓冲液，置显微镜下观察，看是否有黄绿色荧光出现。如在组织细胞中有荧光出现，组织细胞形态完整，背景明显，即可判定其为阳性。

2）间接荧光抗体技术。①将疑似禽脑脊髓炎的病料组织制成涂片或冰冻切片，自然干燥后丙酮固定。②将鸡抗禽脑脊髓炎病毒阳性血清滴加在切片上，置湿盒中37℃下作用30～60min，取出后以PBS洗涤3～5次，每次3min。③滴加羊抗鸡IgG荧光抗体诊断液，使其布满整个切片标本，置湿盒中37℃下作用30min，取出用PBS漂洗3~5次，每次3min。④玻片干燥后，置荧光显微镜下观察荧光的强弱、位置及荧光的性质。

3）对照。①阳性对照。死于禽脑脊髓炎的病鸡组织切片，经荧光染色后应有较强的黄绿色荧光产生。②类属抗原对照。以其他病毒感染的病鸡脏器组织制片，经禽脑脊髓炎荧光抗体染色，应无特异性荧光产生。

F. 免疫酶技术　　免疫酶技术是将抗原抗体反应的特异性与酶的高效催化作用有机结合的一种方法。它以酶作为标记物，与抗体或抗原联结，与相应的抗原或抗体作用后，通过底物的颜色反应做抗原抗体的定性和定量，也可用于组织中抗原或抗体的定位研究，即酶免疫组织化学技术。例如，国家标准规定，猪瘟的诊断可用荧光抗体试验和免疫酶染色试验。

目前应用最多的免疫酶技术是酶联免疫吸附实验（ELISA），它是使抗原或抗体吸附于固相载体上，使随后进行的抗原抗体反应均在载体表面进行，从而简化了分离步骤，提高了灵敏度，既可检测抗原，也可检测抗体。实验方法包括间接法、夹心法及竞争法。

检测抗原可用夹心法。将特异性抗体吸附在固相载体（ELISA板）上，然后加被测溶液，如样品中有相应抗原，则其与抗体在载体表面形成复合物。洗涤后加入酶标记的特异性抗体，后者通过抗原也结合到载体的表面。洗去过剩的标记抗体，加入酶的底物，在一定时间内经酶催化产生的有色产物的量与溶液中抗原含量成正比，可用肉眼观察或分光光度计测定。

检测抗体可用间接法。此法使抗原吸附于载体上，然后加入被测血清，如有抗体，则与抗原在载体上形成复合物。洗涤后加酶标记的抗球蛋白（抗抗体）与其反应。洗涤后加底物显色，有色产物的量与抗体的量成正比。

常用的酶有辣根过氧化物酶（HRP）和碱性磷酸酶（AP），相应的底物分别是邻苯二胺（OPD）和对硝基苯磷酸盐，前者呈色反应为棕黄色，后者为蓝色。可用目测定性，也可用酶标仪测定光密度（OD）值以反映抗原含量。

（2）变态反应试验　　传染性变态反应是以病原体或其代谢产物为变应原，刺激机体产生Ⅳ型变态反应，也可以检疫疫病（如结核病、鼻疽等）。常用的变态反应为点眼法和皮内注射法。

牛结核菌素变态反应诊断有三种方法，即皮内反应、点眼反应及皮下反应。我国现在主要采用前两种方法，而且前两种方法最好同时并用。1985年以来，我国逐渐推广改用提纯菌素来诊断检疫结核病。

A. 老（或经典）结核菌素变态反应　　材料准备，老（或经典）结核菌素（O.T），卡尺、乙醇、来苏尔、脱脂棉、纱布、注射器、针头、煮沸消毒锅、镊子、毛剪、消毒盘、鼻钳、点眼管、记录表、工作服、帽、口罩、线手套及胶靴等。将牛只编号，术部剪毛。操作方法如下。

1）牛结核菌素皮内反应。注射部位：在颈侧中部上1/3处剪毛（3个月内犊牛可在肩胛部）。直径约10cm，用卡尺测量术部中央皮皱厚度。

注射剂量：用结核菌素原液对牛进行注射，3个月以内的小牛0.1mL；3个月至1岁牛0.15mL；12个月以上的牛0.2mL，必须注射于皮内。

观察反应：皮内注射后，应分别在72h、120h进行两次观察，注意肩部有无热、痛、肿胀等炎性反应，并以卡尺测量术部肿胀面积及皮皱厚度。在第72h观察后，对呈阴性及可疑反应的牛只，须在原注射部位，以同一剂量进行第二回注射。第二回注射后应于第48h（即120h）再观察一次。

判定：①阳性反应，局部发热，有痛感，并呈现不明显的弥漫性水肿，质地如面团，肿胀面积在35mm×45mm以上，或上述反应较轻，而皱皮厚度在原测量基础上增加8mm以上者，为阳性反应，其记录符号为（+）。②疑似反应，局部炎性水肿不明显，肿胀面积在35mm×45mm以下者，皮厚增加在5~8mm，为疑似反应，其记录符号为（±）。③阴性反应，局部无炎性水肿，或仅有无热坚实及界限明显的硬块，皮厚增加不超过5mm者，为阴性反应，其记录符号为（-）。

2）结核菌素点眼反应。牛结核菌素点眼（或鼻疽菌素），每次进行两回，间隔3~5d。

方法：点眼前对两眼做详细检查，正常时方可点眼，有眼病或结膜不正常者，不可做点眼检疫。结核菌素一般点于左眼，左眼有眼病可点于右眼，但须在记录上说明。用量为3~5滴，0.2~0.3mL。点眼后，注意将牛栓好，防止风沙侵入眼内，避免阳光直射牛头部及牛与周围物体摩擦。

观察反应：点眼后，应于3h、6h、9h各观察一次，必要时可观察第24h的反应。应观察两眼的结膜与眼睑肿胀的状态，流泪及分泌物的性质和量的多少，由结核菌素而引起的食欲减少或停止进食及全身战栗、呻吟、不安等其他变态反应，均应详细记录。阴性和可疑的牛72h后，于同一眼内再滴一次结核菌素，观察记录同上。

判定：①阳性反应，有两个大米粒大或2mm×10mm以上的呈黄白色的脓性分泌物自眼角流出，或散布在眼的周围，或积聚在结膜囊及其眼角内，或上述反应较轻，但有明显的结膜充血、水肿、流泪并有其他全身反应者，为阳性反应。②疑似反应，有两个大米粒大或2mm×10mm以上的灰白色、半透明的黏液性分泌物积聚在结膜囊内或眼角处，并无明显的眼睑水肿及其他全身症状者，判为疑似反应。③阴性反应，无反应或仅有结膜轻微充血，流出透明浆液性分泌物者，为阴性反应。

3）综合判定。结核菌素皮内注射与点眼反应两种方法中的任何一种呈阳性反应者，即判定为结核菌素阳性反应牛；两种方法中任何方法为疑似反应者，判定为疑似反应牛。

4）复检。在健康牛群中（即无一头变态反应阳性的牛群）经第二次检疫判定为可疑牛，要单独隔离饲养，1个月后做第二次检疫，仍为可疑时，经半个月做第三次检疫，如仍为可疑，可继续观察一定时间后再进行检疫，根据检疫结果做出适当处理。如果在牛群中发现有开放性结核牛，同群牛如有可疑反应的牛只，也应视为被感染。通过两回检疫均为可疑者，即可判为结核菌素阳性牛。

B. 提纯结核菌素（PPD）变态反应　　材料准备：牛型提纯结核菌素、酒精棉、卡尺、1～2.5mL注射器、针头、工作服、帽、口罩、胶鞋、记录表、线手套等。如果材料为冻干菌素，还需准备稀释用，注射用水或灭菌的生理盐水及带胶塞的灭菌小瓶。

1）注射部位及术前处理。将牛只编号后在颈侧中部上1/3处剪毛（或提前一天剃毛），3个月以内的犊牛，也可在肩胛部进行，直径约10cm，用卡尺测量术部中央皮皱厚度，做好记录。如术部有变化，应另选部位或在对侧进行。

2）注射剂量。不论牛只大小，一律皮内注射1万国际单位。即将牛型提纯结核菌素稀释成每毫升含10万国际单位后，皮内注射0.1mL。如用2.5mL注射器，应再加等量注射用水皮内注射0.2mL。冻干提纯结核菌素稀释后应当天用完。

3）注射方法。先以75%乙醇消毒术部，然后在皮内注入定量的牛型提纯结核菌素，注射后局部应出现小泡。如注射有疑问，应另选15cm以外的部位或对侧重做。

4）注射次数和观察反应。皮内注射后经72h时判定，仔细观察局部有无热痛、肿胀等炎性反应，并以卡尺测量皮皱厚度，做好详细记录。对疑似反应牛立即在另一侧以同一批菌素同一剂量进行第二次皮内注射，再经72h后观察反应。如有可能，对阴性和疑似反应牛，于注射后96h、120h再分别观察一次，以防个别牛出现较迟的迟发型变态反应。

5）结果判定：①阳性反应：局部有明显的炎性反应。皮厚差等于或大于4mm以上者，其记录符号为（＋）。对进出口牛的检疫，凡皮厚差大于2mm者，均判为阳性。②疑似反应：局部炎性反应不明显，皮厚差为2.1～3.9mm，其记录符号为（±）。③阴性反应：无炎性反应。皮厚差在2mm以下，其记录符号为（－）。

6）凡判定为疑似反应的牛只，于第一次检疫30d后进行复检，其结果仍为可疑反应时，经30～45d后再复检，如仍为疑似反应，应判为阳性。

2. 病原体检查方法

要进行实验室检查，必须准确地采集病料，才能得到准确的结果。所以在采集病料前必须根据临场检疫结果，针对可疑检疫对象存在的部位，选择适宜的病料送检。例如，布鲁氏菌病采血清，传染性、萎缩性鼻炎采鼻腔分泌物。另外，注意采集典型病例的病料，死后须立即取材，防止组织腐败，同时避免污染。

（1）病料的采取和保存

A. 供微生物学检验的病料

1）采取。血液：用无菌操作方法采血5～10mL（马、牛、羊自颈静脉，猪从耳静脉，禽自翅静脉处），注入盛有1mL 5%枸橼酸钠的灭菌试管中，立即加塞混匀，同时做血片数张，一并送检。

血清：以无菌操作方法采血5～10mL，置于灭菌试管中，摆成斜面，待血液充分凝固后竖起，血清析出后，以无菌吸管吸出血清置于灭菌小瓶中加盖送检。

乳汁：乳头及术者的手用新洁尔灭消毒，将最初挤出的乳汁弃去，采10～20mL乳汁于灭菌容器中。

脓汁、鼻液、水疱液、水肿液和开放性化脓灶：用灭菌棉拭子蘸取浓汁于灭菌试管中。未破的脓肿、水疱液、水肿液等用无菌注射器吸取，注入无菌容器中，尸体剖检后的胸水、心包液、关节囊液等可用灭菌吸管吸取，置于灭菌容器中。

粪便：以清洁玻棒挑取新鲜粪便少许（约1g）或用棉拭子自直肠内掏取，置于小瓶内。

淋巴结及内脏：淋巴结可连同周围脂肪整体采取，脏器在病变明显的部位采取1～4cm³的小方块，分别置于灭菌容器中，另取少许制片数张，一并送检。

肠：用线锁紧一段肠管（约6cm）两端，结外剪下置于灭菌容器中。

胆汁：整个胆囊于塑料袋中或以无菌注射器吸取胆汁于灭菌容器中。

脑和脊髓：采取脑、脊髓于适当保存液中，或将整个头割下，包于浸过0.1%升汞的纱布中，于木箱中送检。

小家畜、禽的尸体及胎儿：用不透水塑料膜、油布等包上，装入木箱送检。

2）保存。供微生物学检验的材料，必须新鲜，避免污染、变质。若不能立即送检，需冷藏保存。容器塞紧、蜡封，用冰瓶送检。也可用保存液浸泡。一般细菌检验病料可用灭菌液体石蜡或30%甘油缓冲盐水保存；病毒检料用灭菌的50%甘油缓冲盐水保存，血清学材料，固体的用硼酸或食盐保存，液体材料每毫升中加入3%～5%石炭酸1～2滴。

B. 供病理组织学检验材料　典型病变部位连同禽的健康组织一并采取（每块长宽1～1.5cm，厚0.4cm），冲去血污，置于固定液中送检。固定液一般用10%福尔马林或95%乙醇，用量为材料体积的10倍以上，用于保存材料的福尔马林保存的每24h更换一次；脑、脊髓等用10%中性福尔马林（加入5%～10%MgCO₃）固定。

C. 供寄生虫病学检验病料

1）采取。蠕虫病病料：一般多采集粪便，采集时尽可能取新排的粪便（粪堆上、中部），也可直接由动物直肠采取，装入容器内送检。血液内蠕虫病（如丝虫病）可采新鲜血液压片或涂片后送检。

原虫病病料：对于血液原虫（如伊氏锥虫、焦虫等）采血制成压片或涂片送检。对于生殖道原虫（如毛滴虫病）用一根长45cm、直径1.0cm的玻璃管，在距一端22cm处弯成15°角，消毒后，将"短臂"插入母牛阴道，另一端接橡皮管抽吸，少量阴道黏液可吸入管内。取出玻管，两端塞棉球送检；对于公牛要收集其包皮冲洗液，即将100～150mL 30～35℃生理盐水注入包皮腔内，用手捏紧包皮口，另一手按摩包皮后部，而后放松手指，将液体收入广口瓶内送检。组织内原虫死后可采集小块组织送检，生前可于肿大淋巴结处剪毛消毒后以带粗针头的10mL注射器抽取淋巴液送检。

螨病病料：剪毛后，用消毒凸刃小刀垂直刮取于培养皿内送检。

虫体：从腔道、皮肤等处剖出，或将脏器撕碎，于37℃温水中挤压，反复沉淀。

病变组织和寄生虫所在组织：选择典型变化部位连同健康组织切取一小块送检。

2）保存。粪便：可放入加热到50～60℃的5%～10%福尔马林中，冷却后密封保存。

涂片：用甲醇固定，片片相叠，涂片之间用火柴杆垫起，最外面的血膜向里，用细线捆扎送检。

虫体：依种类而定。

吸虫：用生理盐水洗净后，放在常水中杀死，而后放在70%乙醇中固定。

绦虫：节片的固定方法同上，也可放于绦虫固定液后，12h后再移到70%乙醇中保存。绦虫蚴及其病理标本可用10%福尔马林固定。

线虫和棘头虫：大型虫体洗净后，放在4%热福尔马林中保存。小型线虫放在甘油乙醇中保存（表3-5）。固定时虫体要用毛笔洗净，固定液应先加热，以便虫体彻底舒展。

蜘蛛昆虫：昆虫用针插法干燥保存，昆虫的幼虫、虱、毛虱、羽虱、蠕形蚤、虱蝇、舌形虫、蜱等放在加热的70%乙醇中保存，螨类用贝氏液封固。

经固定染色的原虫玻片：直接保存于标本盒内。

病变组织和寄生虫所在组织：于10%福尔马林中密封保存。

表3-5　甘油乙醇配方

巴氏液配方		贝氏液配方	
试剂	用量	试剂	用量
甘油	5.0mL	蒸馏水	20.0mL

续表

巴氏液配方		贝氏液配方	
试剂	用量	试剂	用量
70%乙醇	95.0mL	水合氯醛	20.0mL
福尔马林	30.0mL	糖浆	3.0mL
氯化钠	8.0mL	阿拉伯胶	20.0g
水	1000.0mL	酸性复红	10余滴

注：按顺序混合，溶解后加热，浓缩成胶状使用

病料送检时，应填写送检单，注明动物种类、器官、部位、寄生虫名称、采取的日期和地点及送检单位等。

（2）细菌性疫病的病原检查法

A. 形态学观察

1）显微镜观察。对病料（组织、淋巴结）做触片或涂片，染色后镜检。观察菌体的形状、大小和排列规律，注意有无特殊结构、染色反应等。

涂片检查方法如下：取洁净无油渍的玻片一张，液体材料（如血液、乳汁）直接用灭菌接种环取一环于玻片中央，涂成直径1cm左右的薄层；非液体材料（如脓汁、粪便、菌落等）则应先用灭菌接种环取少量生理盐水于玻片中央，再用灭菌接种环钓取少量材料，在液体中混合，涂成适当大小的薄层；组织材料则以无菌方法剪取新鲜切片，在玻片上压平或涂抹成一薄层。

干燥：室温下自然干燥。

固定：火焰固定。涂片正面朝上，背面在酒清灯上以钟摆速度来回通过3～4次；血液、组织、脏器等用甲醇固定3～5min。

染色：单染色法常用美蓝染色，方法是于固定好的抹片上滴加适量美蓝染液覆盖涂面，2～3min后水洗，吸干，镜检，菌体被染成蓝色。复染色法常用革兰氏染色法，方法是在已固定好的抹片上滴加适量草酸铵结晶紫液，1～3min后水洗，再滴加鲁氏碘液1～2min后水洗，接着用95%乙醇脱色0.5～1min后水洗，最后加稀释石炭酸复红复染30s，水洗、吸干、镜检。革兰氏阳性菌呈蓝紫色，阴性菌呈红色。

2）肉眼观察。通过分离培养，观察菌落的大小、表面特性隆起度、透明度和颜色，在半固体培养基上穿刺培养的情况及在特殊培养基上的生长情况等。

B. 生化试验　　形态相近的菌种单凭形态学观察无法鉴定，可通过生化试验，根据其新陈代谢产物的不同加以区别。常用的生化试验有糖发酵试验、靛基质量试验、VP试验、甲基红试验、硫化氢试验、柠檬酸盐利用试验、明胶液化试验等。

（3）病毒性疫病的病原检查法　　病毒不能在人工培养基上生长，可在敏感的活细胞中增殖。所以病毒的分离培养常采用动物接种、鸡胚接种或组织培养的方法，观察动物、鸡胚或敏感细胞的变化。例如，国家标准中对猪瘟的诊断可进行兔体交叉免疫试验，对鸡新城疫的检疫可将病料接种于9～10d鸡胚的尿囊腔内分离病毒。

病毒疫病的检查还常用血清学试验，此法简便、快速、准确；也可以用电镜直接观察。

（4）寄生虫性疫病的病原检查法

1）蠕虫病检查方法。大部分蠕虫寄生于动物的消化道，其卵、幼虫和某些虫体片段通常随粪便一同排出，因此检查粪便是常用的方法。

虫卵检查法：常用直接涂片法、饱和盐水漂浮法和沉淀法。直接涂片法操作简便，但检出率不高；饱和盐水漂浮法适于密度较小的线虫和绦虫卵；沉淀法则适于密度较大的吸虫卵，经反复洗涤，沉淀后即可获得。另外，通过虫卵计数可以对寄生性蠕虫的感染强度进行大致的判断。

幼虫检查法：有些线虫的虫卵在新排出的粪便中已变为幼虫（如网尾科线虫），类圆属线虫的卵随粪便排出后，在外界温度较高时经5～12h孵出幼虫，因此可用幼虫检查法确定。一般常用贝尔曼法和平皿法。

蠕虫虫体检查法：绦虫的孕卵节片或一些蠕虫的完整虫体可随粪便排出，用肉眼便可看到。较小的经反复清洗，沉淀置于平皿内，以肉眼或放大镜观察。

粪便培养：因虫卵形态相似而无法区别时，可将含虫卵的粪便加以培养，一般25℃、7～15d即可发育成第三期幼虫，用显微镜观察确定。

毛蚴孵化法：适于分体吸虫。

另外，血液蠕虫可用涂片法检查。

2）原虫病检查方法。可将病料（血液、分泌物、组织等）涂片、染色镜检。例如，马媾疫锥虫可采尿道及阴道黏膜刮取物涂片，姬氏染色后镜检。

3）螨病的检查方法。疥螨、痒螨等多寄生于动物体表和皮内，因此应刮取皮屑，于显微镜下观察虫体或虫卵。

4）虫体辨别检验。依据虫体特点进行区别。

五、动物检疫处理方法

动物检疫处理是指检疫检验机构单方面采取的强制性措施，对检疫不合格的动物（包括动物产品）和其他检疫物采取除害、扑杀、销毁、退回、截留、封存、不准入境、不准出境、不准过境、不准出入疫区等措施。

1. 检疫处理原则

在保证动物病虫害不传入或传出疫区、国境的前提下，尽可能减少经济损失，以促进贸易发展为基本原则。能做除害灭病处理的，尽可能不进行销毁。无法进行除害处理或除害处理无效的，或法规有明确规定的，要坚决作扑杀、销毁或退回处理；做出扑杀、销毁处理决定后，要尽快实施，以免疫病进一步扩散。

1）除害。通过物理、化学和其他方法杀灭有害生物，包括熏蒸、消毒、高温、低温辐照等方式处理。

2）扑杀。对检验不合格的动物，依照法规，用不放血的方式宰杀，消灭传染源。

3）销毁。以化学处理、焚烧、深埋或其他有效方法，彻底消灭病原体及其载体。

4）退回。对尚未卸离运输工具的不合格检疫动物、产品，可用原运输工具退回输出国（地区）；对已卸离运输工具的不合格检疫物，在不扩大传染的前提下，由原进出口岸检疫机构监管退回输出国（地区）。

5）截留。对旅客携带的检疫物，经现场检疫认为需要除害或销毁的，签发"进出境人员携带物留验/处理凭证"，作为检疫处理的辅助手段。

6）封存。对需要进行检疫处理的检疫物，应及时予以封存，防止疫情扩散，这也是检疫处理的辅助手段。此外，还有不准入境、不准过境等处理方式。

2. 入境动物检疫处理

（1）现场检疫处理　动物入境时，检疫人员在口岸现场（机场、码头）监察动物装载情况及动物临床健康状况。若发现有动物死亡或有临床症状，则应分析具体情况，包括因病死亡、机械性死亡、气温等物理性死亡，分别做处理。

1）对死亡的动物应及时移送指定地点做病理解剖检验，并采样送实验室检验，死亡动物尸体转运到指定地点进行无害化处理并出具证明进行索赔或其他处理。

2）对有临床症状动物，若超过半数动物死亡，则禁止卸离运输工具，全群退回并上报海关总署。

3）动物铺垫材料、剩余饲料和排泄物等，由货主及其代理人在检疫人员的监督下，做除害处理，如熏蒸、消毒、高温处理等。

4）对入境动物做群体临诊观察，发现疑似感染传染病动物时，在货主或者押运人员的配合下查明情况，立即处理。

（2）隔离检疫和实验室检验的检疫处理

1）发现入境动物有一类传染病、寄生虫病，按规定做全群退回或全群扑杀、销毁处理。

2）如发现二类传染病或寄生虫病，对患病动物做退回或扑杀、销毁处理，同群其他动物放行至指定地点继续观察，由当地检疫检验机构或兽医部门负责监管。

3）对经检疫合格的入境动物，由口岸检疫检验机构在隔离期满之日签发有关单证（入境货物检疫检验证明）予以放行。

4）检出的规定检疫项目以外的、对畜牧业有严重危害的其他传染病或寄生虫病的动物，由海关总署根据其危害程度做出检疫处理决定。

5）对旅客携带的伴侣动物，不能交验输出国（地区）官方出具的检疫证书和狂犬病免疫证书或超出规定限量的，做暂时扣留处理。

3. 出境动物检疫处理

根据输入国的建议卫生要求或双边议定书或贸易合同中的检疫要求，经检疫检验不合格的动物不准出境，根据具体情况做出退回原产地或者扑杀销毁处理，发现重大疫情要及时上报海关总署并向当地及原产地畜牧兽医部门通报，及时采取措施，扑灭疫情。

4. 国内动物检疫后的处理

（1）合格动物、动物产品的处理方法　经检疫确定为无检疫对象的动物、动物产品属于合格的动物、动物产品，由动物防疫监督机构出具检疫证明，动物产品同时加盖验讫标志。目前我国正在使用的动物防疫证照是农业部于1998年9月制定的动物防疫条件合格证（农业部令2010年第7号）。

1）合格动物。县境内交易迁移的动物，出具"动物产地检疫合格证明"。运出县境的动物，出具"出县境动物检疫合格证明"。

2）合格动物产品。县境内交易的动物产品，出具"动物产品检疫合格证明"。运出县境的动物产品，出具"出县境动物产品检疫合格证明"。

3）验讫标志。剥皮肉类（如马肉、牛肉、骡肉、驴肉、羊肉、猪肉等）在其胴体或分割体上加盖方形针码检疫印章，带皮肉类加盖滚筒式验讫印章。白条禽（鸡、鸭、鹅）和剥皮兔等，在其后腿（肢）上部加盖圆形针码检疫印章。

（2）不合格动物、动物产品的处理方法　经检疫确定患有检疫对象的动物、疑似动物及染疫动物产品为不合格动物、动物产品，应做防疫消毒和其他无害化处理；无法做无害化处理的，予以销毁。若发现动物、动物产品未按规定进行免疫、检疫或检疫证明过期的，应进行补注、补检或重检。

补注：对未按规定预防接种或已接种但超过免疫有效期的动物进行的预防接种。

重检：动物及其产品的检疫证明过期或在有效期内有异常情况出现时可重新检疫。

补检：对未经检疫进入流通的动物及其产品进行的检疫。

经检疫的阳性动物加施圆针码免疫、检疫印章。例如，结核病阳性牛，在牛左肩胛部加盖此章；布鲁氏菌病阳性牛，在其右肩胛部加盖此章。

不合格动物产品可在胴体上加盖销毁、化制或高温标志做无害化处理，脏器也要按规定做无害化处理。

（3）各类动物疫病的检疫处理

1）一类动物疫病的处理。当地县级以上地方人民政府畜牧兽医行政管理部门（畜牧局）应立即派人到现场，划定疫点、疫区、受威胁区，采集病料，调查疫情并及时报请同级人民政府决定对疫区实行封锁，并将疫情等情况于24h内逐级上报农业农村部。做好保密工作，因为只有农业农村部有权对外公布疫情。

县级以上地方人民政府应立即组织有关部门和单位采取隔离、扑杀、销毁、消毒、紧急免疫接种等强制性控制、扑灭措施，迅速扑灭疫病，并通报毗邻地区。

在封锁期间，禁止染疫和疑似染疫动物、动物产品流出疫区，禁止非疫区的动物进入疫区，并根据扑灭疫病的需要对出入封锁区的人员、运输工具及有关物品采取消毒和其他限制性措施。

当疫点、疫区内染疫、疑似染疫的动物扑杀或其死亡后，经过该疫病的一个潜伏期以上的监测，再无疫情发生时，经县级以上人民政府畜牧兽医管理部门确认合格后，由原决定政府宣布解除封锁。

2）二类动物疫病处理。当地县级以上地方人民政府畜牧兽医行政管理部门划定疫点、疫区和受威胁区，县级以上地方人民政府组织有关部门和单位采取隔离、扑杀、销毁、消毒、紧急免疫接种、严禁易感染的动物、动物产品及有关物品出入等控制、扑灭措施。

3）三类动物疫病处理。县级、乡级人民政府按照动物疫病预防计划和农业农村部的有关规定，组织防治和净化。

4）二、三类疫病呈暴发性流行时，按一类疫病处理。

5）人兽共患疫病处理，农牧部门与卫生行政部门及有关单位互相通报疫情，及时采取控制、扑灭措施。

第三节　动物检疫措施

目前，我国的动物检疫包括产地检疫、屠宰检疫、运输检疫和隔离检疫等，产地检疫采取的是报检制度，即动物、动物产品出售或调运离开产地前必须申报，并由动物检疫员实施产地检疫。针对检疫类别的不同，国家采取不同的检疫措施。

一、产地检疫措施

目前国家已经颁布（农牧发〔2023〕16号）的22个动物产地检疫规程，包括生猪产地检疫规程、反刍动物产地检疫规程、家禽产地检疫规程、马属动物产地检疫规程、犬产地检疫规程、猫产地检疫规程、兔产地检疫规程、水貂等非食用动物检疫规程、蜜蜂产地检疫规程、跨省调运乳用种用家畜产地检疫规程、跨省调运种禽产地检疫规程、鱼类产地检疫规程、甲壳类产地检疫规程、贝类产地检疫规程、生猪屠宰检疫规程、牛屠宰检疫规程、羊屠宰检疫规程、家禽屠宰检疫规程、兔屠宰检疫规程、马属动物屠宰检疫规程、鹿屠宰检疫规程、动物和动物产品补检规程。对这些产地检疫规程一般要进行如下工作。

1）了解当地疫情，确保动物是否来自非疫区。

2）检查按国家或地方规定必须强制预防接种的项目，动物必须处在免疫有效期内。

3）猪、牛、羊必须具备合格的免疫标识。

4）畜禽个体检查。检查精神外貌、营养状况、运动姿势、皮肤温度、弹性，听诊心、肺、胃、肠区的声音，检查体温、脉搏、呼吸数。

5）畜禽群体检查。检查精神状况、外貌、立卧姿势、运动状态、饮食状态、排泄物的颜色、气味。

6）必要时必须经过实验室检验。

7）经过以上6项指标检查合格的动物出具"动物产地检疫合格证明"。

8）对动物的生产、原毛、绒等产品的检疫，原产地无规定疫情，并按规定进行消毒。

9）精液、胚胎、种蛋的供体达到动物健康标志。

10）骨、角等产品原产地无规定疫情，按规定消毒。

11）达到以上指标的，出具"动物产品产地检疫合格证明"。

对各种动物检疫对象进行审查判断其是否进行过相关检疫，如《生猪产地检疫规程》规定的口蹄疫、非洲猪瘟、猪瘟、猪繁殖与呼吸综合征、炭疽、猪丹毒等检疫对象。如果已经检疫，即可出具证明。

二、隔离检疫措施

图3-3　牛检疫隔离场

隔离检疫是严防国外动物疫病传入我国所采取的一项重要措施，或者是严防疫区动物传染疫病到非疫区的重要防疫措施。在隔离检疫期应严格按照《国家进境动物隔离检疫场管理办法》（海关总署令第243号）、《进境动物隔离检疫场使用监督管理办法》（海关总署令第243号）、《动物检疫管理办法》（农牧发〔2023〕16号）、《进境牛羊指定隔离检疫场建设规范》（SNT 4233—2021）等，实施检疫、管理。

动物隔离检疫场（animal quarantine station）是检查外来的待进入流通领域的动物是否患有传染病的场所，是预防疫病传播的一种必备设施，如牛检疫隔离场，见图3-3。隔离场是指专用于进境动物隔离检疫的场所，包括两类：一类是海关总署设立的动物隔离检疫场所（简称国家隔离场）；另一类是由各直属海关指定的动物隔离场所（简称指定隔离场），截至 2023 年 9 月共有 104 个，依据各类进境动物的指定隔离检疫场建设规范（如《进境牛羊指定隔离检疫场建设规范》），必须向海关总署申请"进出境动物隔离检疫场使用证"。

动物隔离检疫场应建在交通便利（但不是在交通要道，以利于被检疫的动物迅速运进、运出）、邮电畅通（发生疫情时便于报告有关机构）、避开居民住宅区、远离家禽饲养繁育基地（以防止疫病传入、传出）、具有清洁水源和可靠供电系统的地方，并有备用的水电供应设施等。动物隔离检疫场内的动物隔离区、管理人员生活区和粪便尿液积存区之间应相互隔离，出入要各有通道；出入口必须设有冲洗、消毒设施；场内设有管理房、动物栏舍、饲料加工房、化验室、解剖间、焚化炉和排污设施等。房舍应各有围栏间隔至少 20m，室内有通风设备，防止通过空气相互感染。墙和地面用耐用和易清洗的材料建成；有专门的消毒车辆运送粪便、垫草和其他废物；并要有对病、死动物实行无害化处理和销毁的设施。凡出入场内的车辆、人员必须经过严格消毒；动物在隔离期间，不准任何人参观；不准把生肉、骨、皮、毛等有可能染病的畜产品带入场内；不准在隔离场内饲养或带进与检疫无关的动物；隔离动物所需的饲料和垫草，必须来自非疫区，对于需用但来源不明或有可能带疫的饲料草，要熏蒸消毒；场内污水须经无害化处理（可采用臭氧、漂白粉等）后，方准排入下水道；粪便和垫草等须经封闭堆积发酵后，方准运出场外。动物进场前和出场后都要立即对隔离场地进行全面大清扫和彻底消毒，否则不准重新引进动物。外来动物抵港口时，在查明其卫生证书和有关证件后，做初步临床观察和检查。未发现异常方准予不落地而直接装上经消毒的运载工具转运到动物隔离检疫场。入场时，动物先通过喷雾消毒间进行体表消毒，然后进入畜舍。以后每天测温并做观察记录，一周后采集血样，并按兽医检疫要求做血清学试验和病理、生化等方面的检查。隔离检疫期满，对无病者解除隔离检疫；对病畜或可疑病畜，则根据病情，对全群动物或只对病畜做扑杀、销毁或退回处理。隔离检疫观察期限视检疫程序和被检传染病的潜伏期长短由国家检疫确定，中国检疫规定隔离检疫时间一般为 45d，少则 30d，特殊情况报经上级机关批准，可延长隔离检疫期。美国对进口家禽、反刍动物和猪的最低期限为 30d，马属动物为 60d。但由于各种疫病的潜伏期长短不一，即使按规定作了一定时间的隔离检疫，也不能对所有疫病都查清。例如，绵羊痒病要经过长达 4～5 年的潜伏期才出现症状。因此，为避免染有疫病的动物进入，应尽可能从无疫病地区引进，并进行严格的检疫隔离。

国家入境动物隔离检疫场由海关总署统一安排使用，凡需使用隔离场的单位提前 3 个月到海关总署办理预定手续。使用单位须向口岸检疫检验机构预付 50% 的隔离场租用费，不能在预定的时间使用隔离场，须重新办理预定手续。因故取消使用预定的隔离场，应及时通知海关总署。没有在预定时间使用隔离场造成的经济损失，由预定使用单位承担。出入境动物临时隔离检疫场指由口岸检疫检验机构依据《进出境动物临时隔离检疫场管理办法》和《进境牛羊指定隔离检疫场建设规范》（SN/T 4233—2011）批准的，供出境动物或有关入境动物检疫时所使用的临时性场所。临时隔离场由货主提供。每次批准的临时隔离场只允许用于一批动物的隔离。在动物隔离检疫期，临时隔离场的防疫工作受口岸检疫检验机构的指导和监督。

种用家畜一般在正式隔离场隔离检疫，其他动物由海关总署根据隔离场的使用情况和输入动物饲养所需的特殊条件，可安排在临时隔离场隔离检疫。输入种用家畜、禽的隔离检疫期为 45d，其他动物为 30d。

隔离场不能同时隔离检疫两批动物，每次检疫期满后须至少空场 30d 才可接下一批动物。每次接动物前对隔离厩舍和隔离区至少消毒 3 次，每次间隔 3d。对于水生动物的临时隔离场，要用口岸检疫检验机构指定的方法、药物，在动物进场前 7～10d 进行消毒处理。

隔离检疫期对动物的饲养工作由货主承担，饲养员应在动物到达前至少 7d，到口岸检疫检验机构指定的医院做健康检查。患有结核、布鲁氏菌病、肝炎、化脓性疫病及其他人兽共患病的人员不得进驻隔离场内，不得食用与进口动物相关的肉食及其制品。货主在隔离期不得对动物私自用药或注射疫苗。动物隔离检疫期间所用的饲草、饲料必须来自非动物疫区，并用口岸检疫检验机构指定的方法、药物熏蒸处理，合格后方可使用。

一般在动物进场 7d 后开始对动物进行采血、采样，用于实验室检验。样品的采取必须按照农业农村部颁布的《出入境动物检疫采样》（GB/T 18088—2000）及其他相关标准进行。

采血的同时可进行结核病和副结核病等的皮内变态反应实验或马鼻疽的点眼实验。

隔离场的兽医需每天对动物进行临诊检查和观察。临诊检查可包括两方面的内容：首先做整体及一般检查，如体格、发育、营养状况、精神状态、体态、姿势、运动、行为、被毛、皮肤、眼结膜、体表淋巴结、体温、脉搏及呼吸数等。另外可根据需要进行其他系统的检查，如心血管系统、呼吸系统、消化系统、泌尿系统、生殖系统、神经系统等。发现有临诊症状的动物要及时对其单独隔离观察、检查。

三、屠宰检疫措施

家畜禽的屠宰检疫是保证肉品安全、防止疫病传播和净化的重要保障，国家实行定点屠宰、集中检疫制度（农村地区自宰自食除外）。屠宰检疫是动物疫病、人兽共患病最重要的过滤措施，通过检疫检验能够发现一些潜在隐患，是最重要的检疫环节，必须重视。国家出台多项法规涉及动物的屠宰检疫检验，如《中华人民共和国动物防疫法》，生猪有《畜禽屠宰操作规程 生猪》（GB/T 17236—2019）、《生猪屠宰管理条例》（国令第742号）、《生猪屠宰肉品品质检验规程（试行）》（农业农村部公告637号）、《生猪屠宰肉品品质检验规程（试行）》实施指南（中国动物疫病预防控制中心2023年）、《畜禽屠宰操作规程 生猪》（GB/T 17236—2019）、《畜禽肉水分限量》（GB 18394—2020）等相关规定执行。

1. 屠宰检疫检验法规管理

1）收购、运输、屠宰的动物必须具备"动物产地检疫合格证明"。

2）动物检疫员负责对待宰的动物查验收缴"动物产地检疫合格证明"和"动物及动物产品运载工具消毒证明"。

本县境内的动物：查看"动物免疫证""动物产地检疫合格证明"是否完备和有效，证物是否相符。

本县境外的动物：查看"出县境动物检疫合格证明""动物及动物产品运载工具消毒证明""非疫区证明"。

3）动物屠宰检疫实行全流程同步检疫，对头、蹄、酮体、内脏进行统一编号，对照检查。

2. 在屠宰检疫检验内容上重点关注如下几方面（以生猪屠宰为例）

1）生猪的健康状况检查，包括活体和宰杀后的全面检验。

2）动物疫病以外的疾病检验与处理，如黄疸、脓毒症、尿毒症、急性及慢性中毒、全身性肿瘤等。

3）甲状腺、肾上腺、淋巴结病变组织摘除、修割及处理。

4）注水或注入其他物质的检验与处理。

5）食品动物中禁止使用的药品及其他化合物等有毒有害非食品原料的检验及处理。

6）白肌肉、黑干肉、黄脂、种猪及晚阉猪等的检验及处理。

7）肉品卫生状况的检查及处理。

8）国家规定的其他检验内容。

3. 屠宰检疫检验中的人员要求

对屠宰动物检疫检验人员的检验岗位设置和职责具有明确规定：有宰前检验岗、宰后检验岗和实验室检验岗，宰后检验按顺序设置头蹄检验岗、内脏检验岗、胴体检验岗和复验岗。检验人员负有疫情报告及检测职责，在生猪宰前或宰后发现疫情有义务报告疫情及隔离措施等职责。

宰前检验岗包括接收检验、待宰检验、送宰检验等三个环节。接收检验：查证验物、临车观察、卸载检查。宰后检验岗包括头蹄检验岗，负责屠体头、蹄的检验，内脏检验岗负责检验心脏、肺脏、肝脏、胃肠、脾脏、膀胱、生殖器等，胴体检验岗负责检验体表、胴体肌肉、脂肪、体腔、肾脏、骨与关节，复验岗负责对胴体品质进行全面复查和加施标识。实验室检验岗负责理化、有毒有害非食品原料等的检验，以及国家规定需要开展的动物疫病的检验。急宰时应进行急宰检验，发现染疫病猪时，进行无害化处理。

四、办理检疫证明

1）出县境动物持"动物产地检疫合格证明"，到县动物检疫站办理"出县境动物检疫合格证明"。

2）对运载动物车辆消毒后出具"动物及动物产品运载工具消毒证明"。

3）查验"动物免疫证"办理"非疫区证明"。

4）检疫合格的动物产品，出具"动物产品检疫合格证明"，同时加盖验讫印章。

5）对检疫不合格的动物产品，按规定作无害化处理。

五、检疫监管

《进境动物隔离检疫场使用监督管理办法》（2018年海关总署令第243号）。《出口工业产品企业分类管理办法》（国家质检总局令113号）于2009年8月1日起实施，按照"企业分类＋产品风险分级"对企业实行分类监管。其中，对企业实施分类，由检疫检验机构根据企业的质量保证能力、质量信用和产品质量安全情况对企业进行综合评定，按评定结果的优劣程度将企业类别由高到低分为一类、二类、三类、四类4种类别。在此基础上，按照不同的企业类别和产品风险等级采取特别监管、严密监管、一般监管、验证监管、信用监管5种不同检验监管方式，使检疫检验工作更具科学性和系统性，为把好产品质量关提供了重要依据。

海关监管是指海关运用国家赋予的权力，通过一系列管理制度与管理程式，依法对运输工具、货物、物品的出入境活动所实施的一种行政管理。海关监管是一项国家职能，其目的在于保证一切出入境活动符合国家政策和法律的规范，维护国家主权和利益。海关监督管理主要对行政执法和缴税实施监管，一般不对专业检疫实施具体监督。

农业农村部主管全国动物检疫工作。农业农村部制定、调整并公布检疫规程，明确动物检疫的范围、对象和程序。

六、检疫证书、检疫收费及检疫人员管理

检疫证书及相关
表格模式

动物检疫证书是动物、动物产品有效的法律凭证。相关附件请扫描二维码查看。

《认证及认证培训、咨询人员管理办法》（中华人民共和国国家质量监督检验检疫总局令第61号公布，2022年修订）、《进境动物预检人员管理办法》（2004年3月17日国家质检总局国质检动〔2004〕111号）对各基层单位制定的基层产地检疫报检点及检疫人员管理细则进行了规范，包括各地的牲畜产品检疫人员和检疫证管理办法（肉检员的管理、肉检证的管理）、水生动物检疫人员任用管理办法等。按照有关规定，检疫需要付费。

七、食用动物抗菌药物与微生物耐药性风险评估

动物源性食品（肉、蛋、乳、蜂蜜和水产品及它们的制成品）药物残留是指给动物使用兽药或饲料添加剂后，药物的原形及其代谢产物可蓄积或储存于动物的细胞、组织、器官或可食性产品中，简称药物残留。由于畜牧业发展的需要，兽药和饲料添加剂在治疗和预防动物疾病、促进动物生长、提高饲料转化率、控制生殖周期与繁殖功能，以及改善饲料的适口性和动物源性食品对人的口味等方面起着重要的作用。我国绝大多数动物在其一生中或多或少均使用过药物或饲料添加剂。食用动物携带的耐药微生物可通过人类食用污染的食物、直接接触动物、耐药菌在环境中泛滥等方式蔓延至人类。国际市场上的水产品（鱼、虾、贝类食品）90%来自东南亚发展中国家，发达国家的水产品仅占10%；无论发展中国家还是发达国家的水产养殖业（包括食用水产品和观赏鱼）都使用了抗生素，有些抗生素未经批准就被擅自使用。在水产养殖业中大量使用抗生素对人类健康的影响主要有三个方面：①促使细菌，特别是人兽共患菌（如弧菌、气单胞菌、大肠杆菌等）产生耐药性；②可能导致耐药基因在同种和不同种细菌间的转移；③抗生素的残留给人类的直接损害（过敏、耳毒性、骨髓造血系统的伤害及遗传毒性等）。

（1）产生药物残留的原因

1）防疫体系不完善。粗放型的家庭式饲养模式，对疫病的监控和防治带来相当大的困难，再加上管理和技术方面的差异，致使兽药和药物添加剂的使用量增大，药物残留的可能性也增大。

2）疾病诊疗水平较低。我国养殖业的从业人员绝大多数是农牧民，由于其专业技术知识不足，滥用、误用兽药的现象经常出现。再者，目前动物感染性疾病属于混合感染，单一使用一种抗菌药物或剂量较小都难以控制住，因此，大剂量及混合使用抗菌药物非常普遍。

3）不按规定使用饲料药物添加剂及利润驱使。农业农村部公告《饲料药物添加剂使用规范》（农业部公告第168号）和《饲料药物添加剂使用规范》（农业部公告第220号），明确了可用于制成饲料药物添加剂的兽药品种及相应的停药期，所谓停药期是指畜禽停止给药到许可屠宰或它们的产品（乳、蛋）许可上市的间隔时间。畜禽在这段时间，通过新陈代谢，可将药物的绝大多数排出体外，使药物的残留量低于最高残留限量（即安全浓度）。但是，一些饲料添加剂生产企业在其产品标签上并未注明停药期；部分养殖户为了追求高额利润，不遵守停药期的规定，也把刚刚用过药后的肉、蛋、乳出售给经营者，从而导致兽药残留的存在。即使美国这些发达国家也普遍存在饲料添加抗菌药物的现象，主要是这样做能够增加10%～15%以上的利润。

4）兽药产品质量较差。近年来，我国兽药抽检的合格率一直徘徊在80%左右，伪劣兽药的存在，影响了动物疾病的治疗，同时也加大了用药量，使药物残留的机会增多。

5）农业生产中大量使用的农药、除草剂等。在农业生产中农药、除草剂、杀虫剂、杀菌剂的大量使用，对农业生产起着重要的作用，但是，这也使得作为饲料的秸秆、玉米、高粱等农作物的农药残留过高，导致动物食用后农药在体内的残留超标。

6）对畜禽产品质量的监管力度不够。兽医卫生和有关行政部门通常只对畜禽产品是否有传染病、寄生虫病、外观卫生和是否注水等比较关注，而对药物残留问题还缺乏足够的认识。加上药物残留的检测仪器和设备价格昂贵，检测成本高，药物残留的检测在全国也属刚刚起步，对饲养、屠宰、流通的畜禽产品监测还停留在只检疫病不检残留的阶段。

但相关的法制逐步健全，对控制药物残留十分有利。《食品安全国家标准食品中41种兽药最大残留限量》（GB 31650.1—2022）中列出了41种兽药在各种动物体内的脂肪、肌肉、脏器及蛋、奶中兽药允许的122个最高残留限量，基本覆盖了我国常用兽药品种和主要食品动物及组织，标志着我国兽药残留标准体系建设进入新阶段。

（2）药物残留对人类健康影响

1）过敏反应。当动物源性食品中残留的抗菌药物随食物链进入人体后，由于许多抗菌药物如青霉素、四环素类、磺胺类等在机体中易与其他蛋白质结合而具有抗原性，能刺激体内抗体的形成而引起许多人的过敏反应。轻者体表出现红疹、发热、关节肿痛、蜂窝组织炎及急性血管水肿，严重者休克甚至危及生命。

2）对人类胃肠道微生物的不良影响。残留的抗菌药可抑制或杀死胃肠道内正常的菌群，导致人们正常的免疫机能下降，体外病原更易侵入。

3）人类病原菌耐药性的增加。抗菌药在动物源性食品中残留，可使人类的病原菌长期接触这些亚剂量的药物而产生耐药性。并且细菌的耐药基因可以在人群中的细菌、动物群中的细菌和生态系统中的细菌间相互传递，致病菌产生越来越强的耐药性，致使人类或动物的感染性疾病的治疗难度加大，治疗费用增加。

4）给新药开发带来压力。随着病原细菌耐药性的增加，抗菌药物的使用寿命逐渐缩短，这就要求不断开发新的药物品种以克服耐药性。

5）增加体内脏器负担。残留药物进入人体后，人体在代谢这些药物时，不知不觉中增加了体内脏器的负担。抗生素在体内分解的产物很多是有毒性的，若长期食用含有此类药物的动物源性食品，就会造成慢性肾中毒，不利于人体健康。

6）农药残留。农药在防治病虫害、去除杂草、调节作物生长与控制人畜传染病、提高农副产品产量和质量方面确实起着重要的作用。但由于有些农药品种不易分解，如滴滴涕、六六六和部分有机磷农药等，农作物、畜禽、水产等动植物体内可受到不同程度的污染，并通过食物链的富集作用而危害人们的健康与生命。

7）对人类生存环境带来的不良影响。动物用药后，药物以原形或代谢物的形式随排泄物排出体外，残留于环境中，而绝大多数排入环境的兽药仍具有活性，将对土壤微生物、水生动物及昆虫等造成不良影响。低剂量的抗菌药长期排入环境中，会造成环境敏感菌耐药性的增加，而且其耐药基因还可以通过水环境扩展和演化。链霉素、土霉素、泰乐菌素、竹桃霉素、螺旋霉素、杆菌肽锌、己烯雌酚、氯羟吡啶等在环境中降解非常慢，有的甚至需要半年以上才能降解。阿维菌素、伊维菌素等在粪便中可以保持8周的活性，对草原上多种昆虫及堆肥周围的昆虫都有强大的抑制或杀灭作用。

（3）风险评估

1）具有耐药性的微生物种类。在自然状态下使用抗生素越多的地区、动物、人类，由于物竞天择规律，耐药性细菌自然就会被筛选出来而逐渐成为主流。这些具有药物抗性的细菌经人类和动物的各种排泄物、分泌物释放到环境中，传到其他人或动物身上。在微生物耐药风险定性评估中，首先要调查动物、饲料、环境中抗菌药物的使用情况，包括人本身使用情况；再根据相关的细菌分离株耐药情况分析，定性评估该地区和动物传带耐药性微生物的种类及风险。

2）微生物耐药广谱性。细菌耐药的广谱程度可能是对微生物耐性风险评估最为重要的一项，现在已经出现了"超级细菌"的概念，即一种细菌可耐多种甚至几十种抗菌药物。例如，美国曾从番茄、人体分离得到超级沙门菌，能耐药30多种；从人体中分离到能耐30多种抗菌药物的超级金黄色葡萄球菌；从食品中分离到多重耐药的沙门菌，可耐5种以上。据国家细菌耐药检测中心和中国药品生物制品检定所2002年报告6个省市的60余家医院，对多重耐药的铜绿假单胞菌1994年与2000年相比：双重耐药由10.8%升至15.3%，三重耐药由4.5%升至11.6%，四重耐药由4.1%升至9.3%。现在不同国家、地区也相继出现了"超级细菌"，如不动杆菌。因此，对细菌耐药谱评估具有重要意义。

3）微生物耐药程度。国家细菌耐药监测中心曾对71株（1986年分离）和86株（2001年分离）正常猪粪便分离的大肠杆菌耐药性进行试验，环丙沙星的耐药率从1986年的0%到2001年的65.4%；2003年李家泰等2000～2001年从13家医院分离的805株革兰氏阳性菌，MRSA（β-内酰胺类抗生素）检出率为37.4%，2001年分离的2081株MRSA检出率为27.55%。更多的研究显示细菌耐药能力不断增强，迫使临床抗菌药物的使用剂量不断加大。因此，对微生物耐药程度风险评估是对动物、动物产品危及人类健康的重要指标之一。

4）细菌耐药基因与耐药质粒及转移的风险。动物或动物产品携带的微生物耐药能力是由其基因所决定的，而该类基因主要存在于质粒上。细菌质粒的特点之一是能够在细菌之间转移的。这样由一种细菌所携带的质粒在动物、动物产品、环境、人类、微生物等之间的互动使其基因传播到其他细菌中，导致耐药细菌的普遍存在。在对其风险评估时，要考虑基因稳定性、转移的可能性有多高。

5）新的耐药菌株与基因出现风险。由于新的抗菌药物的不断出现和使用，微生物也会为了生存而不断产生新的耐药机制。同时，由于自然环境中微生物基因也能不断重组，也会产生新耐药基因和菌株。从流行趋势看，耐药的速度越来越快，耐药的程度越来越高，耐药的微生物种类越来越多，耐药的频率越来越高，耐药造成的后果越来越棘手，耐药造成的负担越来越沉重。如大肠杆菌更多地表现为多重耐药，大肠埃希菌多重耐药的产生并非由质粒介导，而是由位于染色体上的多重耐药操纵子介导。在大肠埃希菌中发现的多药耐药基因有 *MarRAB*、*SoxRS*、*acrAB*、*emrAB* 等。其中，MarRAB操纵子中的基因突变为目前研究领域的热点。李斯特菌耐药性：李斯特菌多重耐药株的耐药决定因子由pIP811携带，包括 tet（S）及以下基因的同源基因：*cat211*（编码氯霉素乙酰基转移酶）、*ermAM*（编码rRNA甲基化酶）、*aad6*（编码62N2氨基糖苷核苷酸转移酶），由pUBX1质粒携带及pWDB100质粒携带包括与肠球菌和链球菌中普遍存在的 cat221Pcat223、ermB 和 tet（M）。在风险评估中也要考虑和重视新的耐药菌株和新耐药基因的风险评估。

6）微生物耐药风险信息交流。国家要建立微生物耐药风险的信息交流制度，国家细菌耐药监测中心也应注意收集和及时发布相关信息，便于平时指导和控制。

还有一些新的风险评估模式有利于推动健康养殖的风险评估，如东北农业大学王洪斌教授团队基于产前指标预测奶牛酮病风险预测模型，该研究旨在应用奶牛产前无创性指标构建奶牛酮病预测模型，并基于 Shiny 网络应用框架开发了一个开放式的奶牛酮病风险预测平台-PreCowKetosis（https://2xzl2o-neaop.shinyapps.io/PreCowKetosis/），PreCowKetosis 可为奶牛场产前大规模筛选酮病风险奶牛提供辅助决策。

（4）减少药物残留危害应采取的措施

1）政府重视、强化监管职能、加强相关法律法规与检测标准的建设。政府职能部门必须高度重视新的历史条件下的畜产品安全建设，特别是药物残留检测标准的建设。很多国家已把涉及安全、卫生、环保等因素的标准和规范都以法律、法令的形式公布和实施。这一点，无论是对保证国民食品安全，还是适应WTO规则都具有十分重要的意义。

2）大力发展集约化畜牧业。实施畜产品市场准入制度，积极推进集约化畜牧业，特别是龙头企业建设，为龙头企业配备专业技术人员，建立生产质量检测中心，从源头上根本解决粗放型畜牧业存在的滥用、误用和恶意使用兽药的不良行为。在企业内部建立一整套规章制度，如动物疫病防检疫制度、药物使用登录制度、药物使用检查制度、停药期制度、屠宰加工药检制度、动物粪便无害化处理制度等。建立和实施科学养畜和生态畜牧业体系，按照HACCP的要求，逐步实施从生产源头（饲料生产）到终端动物源性食品的全过程在线控制，严格执行市场准入制度，确保国民食品安全。

3）建立畜禽产品绿色生产基地。畜禽生产基地应远离工矿企业，确保基地的水质量、土壤质量和大气质量；基地所生产和使用的饲料必须符合国家法规及绿色产品的要求；加强饲养管理和实施动物保护工程，保护动物的福利与权益，积极组织实施无规定疫病区县的建设工程，减少特定疫病和疾病的发生，从而减少兽药的使用；在饲养、加工、运输和包装中严格执行操作规程，杜绝污染。

4）继续强化兽药和饲料添加剂的监管力度。坚决打击未标明药物成分与含量的兽药、伪劣兽药，特别是违禁药品。学会合理用药，科学用药，对症下药，鼓励开发和应用有益微生物、天然中草药等制剂。

第四节　动物产品检验

动物产品可分为可食性动物产品和非可食性动物产品两大类。

一、可食性动物产品检验程序

可食性动物产品包括肉及其制品、蛋及其制品、奶及其制品、水产品及其制品、血及其制品、蜂蜜、蚕蛹、食用昆虫、食用两栖类、食用油脂、动物内脏及其制品、食用副产品、药食两用动物产品等。

1. 动物产品检验（屠宰检疫）程序

屠畜禽疫病检疫→收购检疫→运输检疫→宰前检疫→屠宰检疫→宰后检验→宰后检验与处理（图3-4、图3-5）。

屠宰检疫程序的关键点包括：①宰前检疫；②宰后检验；③宰后检验处理，经检验后的肉尸、内脏和皮张按不同情况加盖不同检疫印章，病害肉类全部做无害化处理。

在动物屠宰检疫检验过程中，一旦发现对人类有害的不卫生因素，均应进行无害化处理，这一点要求肉品卫生检验与检疫必须同步实施。

2. 进境动物产品检验程序

报检→现场检验→采样→实验室检验→出证处理→监督管理。

3. 出境动物产品检验程序

报检→审核报检单→确定施检方式、方案→按方案施检（现场检疫、实验室检验）→出证处理。

4. 市场、商场动物产品检验程序

根据动物产品种类，确定检验项目（根据产品种类、可能残留或污染物类型、农药或兽药残留、微生物污染、寄生虫污染、化学污染等）→检验方法（根据污染物确定检验方法）、抽样方法→眼观、外观判定→实验室检验→风险判定原则及复检。

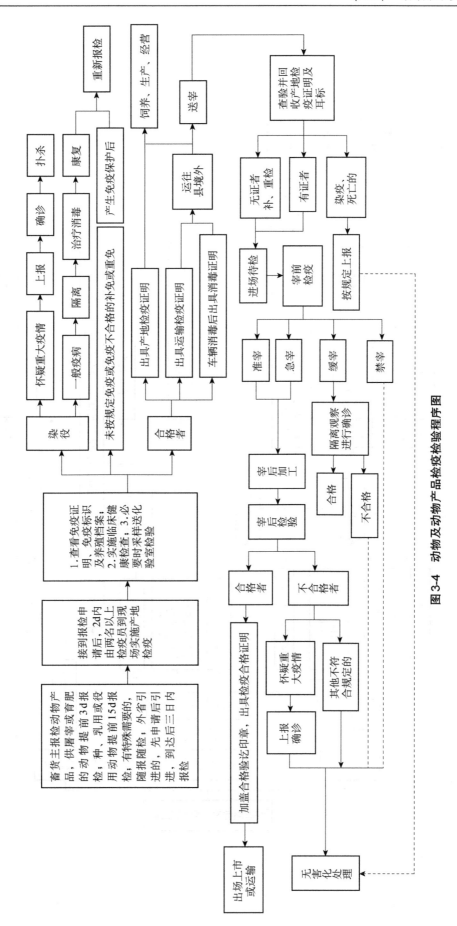

图 3-4 动物及动物产品检疫检验程序图

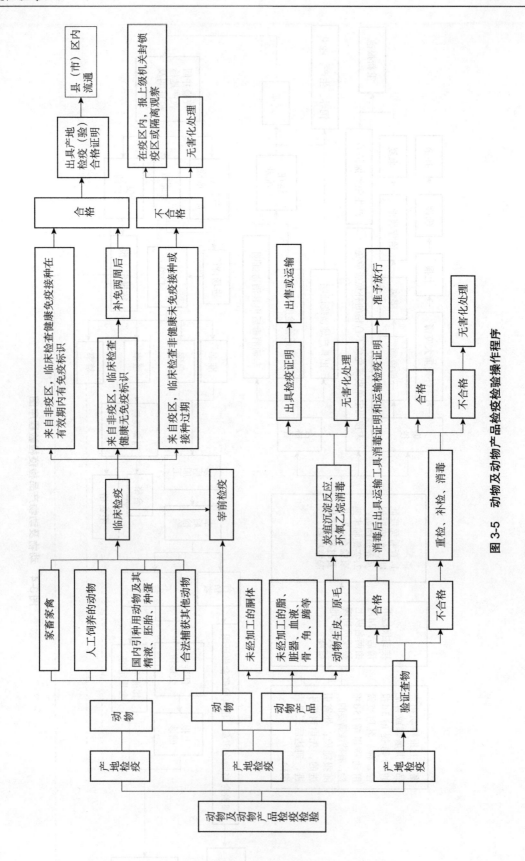

图 3-5 动物及动物产品检疫检验操作程序

二、非可食性动物产品检验程序

非可食性动物产品包括动物的毛、羽、绒、皮、角、骨、甲，动物血清类、诊断液、疫苗类，未经处理的动物废弃物（动物粪便、动物性废弃物），动物粉类等。

动物粉类是由不适于人类食用的动物、禽类、动物性水产品、软体及无脊椎动物等经加工制作而成，主要用作饲料添加剂，如骨肉粉、鱼粉、血粉、羽毛粉、贝壳粉等。

1. 进境动物产品检验程序

（如动物精液、胚胎检验）登记→检疫审批→产地检疫→报检→现场检验→实验室检验→检疫监督（图3-4、图3-5）。

1）输入动物产品，货主或其代理人须事先申请办理审批手续。

2）动物产品从输出国或地区运抵到达口岸后，货主或其代理人须向入境口岸出入境检疫检验机构报检。在口岸出入境检疫检验机构未同意的情况下，任何个人、单位不得将货物卸离运输工具。

3）输入的动物产品到达口岸时，检疫人员可以到运输工具上或货物现场实施检验检疫，核对货、证是否相符。检查有无腐败变质现象，容器、包装是否完好。符合要求的，允许卸离运输工具。发现散包、容器破裂的，由货主或者其代理人负责整理完好，方可卸离运输工具。根据情况，对运输工具的有关部位及装载动物产品的容器、外表包装、铺垫材料、被污染场地等进行消毒处理。需要实验室检验检疫的，按规定采取样品。对易滋生植物害虫或者混藏杂草种子的动物产品，同时实施植物检疫。

2. 出境动物产品检验程序

报检→审核报检单→确定施检方式、方案→按方案施检（现场检疫、实验室检验）→出证处理（图3-6）。

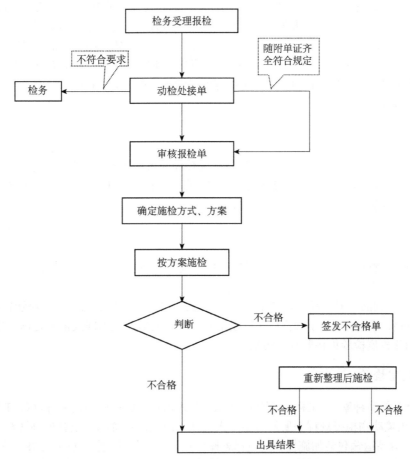

图3-6 动物产品检验程序包括可食性动物产品检验程序和非可食性动物产品检验程序

3．市场、商场动物产品检验程序

根据动物产品种类，确定检验项目→检验方法、抽样方法→眼观（动物器官病理检验）、外观判定→实验室检验→判定原则及复检。

第五节　动物产品检验方法

根据《中华人民共和国动物防疫法》《动物检疫管理办法》（农业农村部令2022年第7号）的要求，动物及动物产品在上市出售之前必须进行检疫，凭有效的检疫合格证才能进入市场进行交易。对于县内动物查证验物主要检查是否有产地检疫合格证明；对于外县进入的动物检查是否有产地检疫合格证明、出境检疫合格证明及运载工具消毒证明。没有上述证明的必须按照动物检疫操作技术程序进行动物和动物产品检疫检验，包括产地检疫和屠宰检疫。

一、入境动物产品检验

依据《进出境非食用动物产品检验检疫监督管理办法》（海关总署令第262号）、《中华人民共和国进出口商品检验法》（2018年修正）及其实施条例、《中华人民共和国进出境动植物检疫法》及其实施条例、《进境水生动物检验检疫监督管理办法》（海关总署令第243号）、《进出口饲料和饲料添加剂检验检疫监督管理办法》（海关总署令第243号）等法规，进行进境动物产品检验。

依据进境动物产品属于食用和非食用性质特性进行检疫检验。海关总署第240号令修改，对进境非食用动物产品相关检验检疫要求进行了规定。进境非食用动物产品指进境非直接供人类或者动物食用的动物副产品及其衍生物、加工品，如非直接供人类或者动物食用的动物皮张、毛类、纤维、骨、蹄、角、油脂、明胶、标本、工艺品、内脏、动物源性肥料、蚕产品、蜂产品、水产品、奶产品等。根据风险分析，海关总署将进境非食用动物产品风险分为四个等级，分别为Ⅰ级、Ⅱ级、Ⅲ级和Ⅳ级，其中Ⅰ级和Ⅱ级风险产品在进境前需获得相应的"进境动植物检疫许可证"方可进行贸易活动。食用类包括肉、奶类、水产品和其他可食产品。两类产品具体检验指标不同。

1．报检

在入境前或入境时货主或其代理人应当向入境口岸检疫检验机构报检，若输入动物粉类，作为饲料添加剂用的肉骨粉、鱼粉、血粉、羽毛等，货主或其代理人应当在入境前3～5d向入境口岸检疫检验机构预报检，以便检验检疫局做好采样和实验室检验的准备工作。

2．查单验货

1）对进口非食用动物性粉类，口岸检疫检验官员应逐仓进行检查，检查有无包装破损、霉烂等现象，详细记录在案并按规定处理。

2）在进境内脏类及制品、奶制品、动物水产品软体及无脊椎动物时应注意查验冷藏温度，是否符合注册标注，包装是否破损、霉烂等。如不合格口岸检疫检验机构根据情况做退回或销毁处理，对于退回或销毁的动物产品必须在口岸检疫检验机构监督下实施。

3．采样及实验室检验

由于输入动物产品的品种繁多，采样标准也各异，依据《进出境动物检验检疫采样》（GBT 18088—2000）、《中华人民共和国进出境动物检疫规程手册》、《中华人民共和国进出口食品安全管理办法》（2021年海关总署令第24号）、《出口食品运输包装加施检验检疫标志操作规范》（国质检通〔2007〕378号）、《食品动物禁用的兽药及其它化合物清单》（农业部第193号公告）等法规分别进行采样和实验室检验。

可食性肉类等实验室要检测重金属、农兽药残留、微生物指标等，水产品检验还有贝类毒素检测。输入冷冻动物产品，一旦融化不可使其再冻，保持冷却即可。实验室未出结果前，输入的动物性产品不得生产、加工或上市销售。

4. 检验处理

现场检验和实验室检验合格，贴上口岸检疫检验机构检验合格标志方可使用。及时出具检疫证书，供货主作对外索赔依据，同时签发《检验检疫处理通知书》，通知并监督或者作无害化处理方可使用。对分港卸货的，各口岸检疫检验机构各自出证。

二、出境动物产品检验

1) 出境用的动物产品必须是来源于非疫区健康群的动物。对于出口肉食类动物产品所用的屠宰动物，根据输入国对活动物产地的检疫要求，必须是检疫合格的动物。凡用于加工、生产、存放出口动物产品的肉联厂、屠宰场、动物产品加工厂、专用仓库要符合兽医卫生要求，这些单位必须向出入境检疫检验机构申请注册登记，获取注册登记证。出入境检疫检验机构对出境动物产品的生产、加工、存放和运输过程实行检疫监督管理制度。

2) 出入境检疫检验机构派出检疫人员对出境动物产品的加工厂、仓库实施监督管理。检疫人员在执行任务时依法查阅或索取加工厂、仓库与出境动物产品检疫有关的记录、报告或资料等。

3) 出境动物产品的加工厂、仓库必须制定兽医卫生管理制度，并做好兽医卫生工作，定期对水质和污水进行抽样检验。

4) 运载出境动物产品的运输工具必须是清洁的，货物装卸前后要洗刷干净，并用经出入境检疫检验机构批准的有效消毒药品消毒。

5) 出境动物产品从产地至离境口岸的运输凭出入境检疫检验机构出具的有关检验检疫证书。

6) 出境动物产品到达离境口岸，所在地出入境检疫检验机构应立即实施监督管理。对检疫证书或货物单证不符的视情况实施检疫、消毒或退回原产地，并将发现的问题通知产地出入境检疫检验机构。

7) 出境肉类产品、蛋、水产品，需到指定机构办理手续，空运水产品需到国际机场进出境检验检疫局办理手续。出境动物产品检疫处理经检疫不合格又无有效方法做无害化处理的，不准出境。

三、市场动物产品检验

市场动物产品检验包括合法捕获的其他动物产品如生皮、原毛、精液、胚胎、卵、种蛋，以及未经加工的胴体、肉、骨、头、蹄、脂、脏器、血液上市出售和运输等。

1. 申请材料与程序

（1）书面申报材料

1) "动物及动物产品检疫申报单"（原件1份）。

2) 申请人为自然人的，提供申请人身份证（复印件2份，验原件）；申请人为法人的，提供事业单位法人证书或工商营业执照及法人代表身份证（复印件各1份，验原件）。

3) "出县境动物产品检疫合格证明"（复印件1份，验原件）。

4) "动物及动物产品运载工具消毒证明"（复印件1份，验原件）。

（2）采用电话申报 需在现场补填检疫申报单，补交上述材料。

（3）申报程序

1) 出售、运输乳用动物、种用动物及其精液、卵、胚胎、种蛋，应当提前15d申报检疫。

2) 向无规定动物疫病区输入相关易感动物产品的，货主除按规定向输出地动物卫生监督机构申报检疫外，还应当在起运3d前向输入地省级动物卫生监督机构申报检疫。

3) 屠宰动物及屠宰动物产品，应当提前向所在地动物卫生监督机构申报检疫；急宰动物的，可以随时申报。动物卫生（防疫）监督机构接到检疫申请后，不予受理的，应当说明理由；受理申报的，应当派出官方兽医到现场或指定地点实施检验检疫。

（4）检验及处理

1）出售、运输的种用动物精液、卵、胚胎、种蛋，经检疫符合下列条件，由官方兽医出具《动物检疫合格证明》。①来自非封锁区，或者未发生相关动物疫情的种用动物饲养场；②供体动物按照国家规定进行了强制免疫，并在有效保护期内；③供体动物符合动物健康标准；④农业农村部规定需要进行实验室疫病检测的，检测结果符合要求；⑤供体动物的养殖档案相关记录和畜禽标志符合农业农村部规定。

2）出售、运输的骨、角、生皮、原毛、绒等产品，经检疫符合下列条件，由官方兽医出具《动物检疫合格证明》。①来自非封锁区，或者未发生相关动物疫情的饲养场（户）；②按有关规定消毒合格；③农业农村部规定需要进行实验室疫病检测的，检测结果符合要求。

3）屠宰检疫中，对胴体及分割、包装的动物产品加盖检疫验讫印章或者加施其他检疫标志。①无规定的传染病和寄生虫病；②符合农业农村部规定的相关屠宰检疫规程要求；③需要进行实验室疫病检测的，检测结果符合要求。

4）动物和动物产品出售或者调运离开产地前，货主应当向当地动物防疫监督机构报检。

5）经检疫合格的动物和动物产品，由动物检疫员出具国家统一制发的检疫合格证明，并加盖验讫印章或者加封检疫标志。不符合许可要求的，出具《不予行政许可决定书》。

动物防疫监督机构依法进行检疫，按照国家和当地的规定收取检疫费用，不得加收其他费用，也不得重复收费。收取的检疫费用缴入同级国库。

2. 动物产品检验证明

动物产品检验证明需要向动物检疫部门申请，动物检疫部门派专人依法进行检疫检查后，方可发放检验证明。具体办理流程如下。

1）出售、运输动物产品和供屠宰、继续饲养的动物，应当提前3d申报检疫。

2）出售、运输乳用、种用动物及动物精液、卵、胚胎、种蛋，以及参加展览、演出和比赛的动物，应当提前10个工作日申报检疫。

3）种用、成体养殖、增殖放流用水生动物及受精卵、发育卵，应当在出场前提前15个工作日申报检疫。

4）出售、运输宠物的，应当提前5d申报检疫。

5）向无规定动物疫病区输入相关易感动物产品的，货主除按规定向输出地动物卫生监督机构申报检疫外，还应当在起运前3d向输入地省级动物卫生监督机构申报检疫。

6）屠宰动物的，应当提前6h申报检疫。

7）申报检疫的，应当提交检疫申报单；跨省（自治区、直辖市）调出乳用动物、种用动物及其精液、胚胎、种蛋的，还应当提交输入地省（自治区、直辖市）动物卫生监督机构批准的《跨省引进种用乳用动物检疫审批表》。

8）申报检疫可以采取报检点填报、信函、传真等方式；不具备以上条件的，可以采取电话、电子邮件等方式申报，并在检疫现场补填检疫申报单。

第六节 产地检疫程序与方法

动物产地检疫是一项维护养殖业和环境公共卫生安全的重要工作，因此，国家将越来越重视产地检疫，动物卫生监督机构的工作任重道远。

一、产地检疫的法律定位和相关解释

1. 产地检疫概念

产地检疫是指动物及其产品在离开饲养、生产地之前由动物卫生监督机构派官方兽医所进行的到现场或指定地点实施的检疫。

2. 产地检疫实施主体

产地检疫的法定主体。《中华人民共和国动物防疫法》明确了动物卫生监督机构对动物和动物产品实施检疫，明确了动物卫生监督机构是唯一的检疫执法主体，具有排他性，除动物卫生监督机构之外，任何公民、法人和其他社会组织都没有资格对动物和动物产品实施检疫。

3. 产地检疫的性质和法律依据

《中华人民共和国动物防疫法》明确了实施检疫工作是代表国家的执法行为，有国家强制力为后盾。法律依据是《中华人民共和国动物防疫法》和《中华人民共和国动物检疫管理办法》及国务院兽医主管部门的有关规定。

4. 产地检疫的法定范围

《中华人民共和国动物防疫法》明确了产地检疫的受检者即动物和动物产品。其第三条明确了动物的种类和动物产品的类别，不是任何动物和动物产品都要开展产地检疫的。动物包括猪、牛、羊、马、驴、骡、骆驼、鹿、兔、犬、鸡、鸭、鹅、鸽等，以及人工饲养合法捕获的其他动物，包括各种实验、特种经济、观赏、演艺、伴侣、水生动物和人工驯养繁殖的野生动物。动物产品包括动物的肉、生皮、原毛、绒、脏器、脂、血液、精液、卵、胚胎、骨、蹄、头、角、筋，以及可能传播动物疫病的奶蛋等动物源性产品。

5. 产地检疫的法定对象

《中华人民共和国动物防疫法》所指的动物和动物产品的检疫对象是法定的、需要检疫的动物传染病和寄生虫病。

6. 产地检疫的法定执行者

《中华人民共和国动物防疫法》明确了产地检疫的执行者是官方兽医。动物卫生监督机构可以根据检疫工作需要，指定兽医专业人员协助官方兽医实施动物检疫。

二、产地检疫的法定程序

《中华人民共和国动物防疫法》明确了国家对产地检疫工作实行申报检疫制度，即货主在屠宰、出售或运输动物及产品之前，应当按照相关规定向当地动物卫生监督机构申报检疫，该机构接到检疫申请后，应按规定时间派官方兽医对所申报的动物及其产品到现场或指定地点实施检疫，合格的由官方兽医出具《动物检疫合格证明》。

三、产地检疫的社会作用

产地检疫的意义：一是可以防止染疫的动物及其产品进入流通环节；二是通过执法手段，切断运输、屠宰、加工、储藏和交易等病原传递环节，防止动物疫病蔓延；三是防止人兽共患病在人间流行；四是将动物疫病的发生最大程度地局限化；五是及时发现危害公共卫生安全的迹象并采取强有力的措施将其消除；六是通过产地检疫在为消费者提供安全生活必需品时还可给予其身心的愉悦；七是可以借助检疫工作加快动物养殖周边环境环保工作的推进，净化空气，促进绿色低碳经济的发展等，确保动物源性产品的质量安全；八是"防检结合，以检促防"。通过《动物免疫证》或免疫标记（如针刺或免疫标章）查验，对不按规定开展动物预防免疫工作的畜主依法代作处理，对于贯彻落实预防为主的方针起到保障作用。

四、产地检疫特点

1. 工作量大

目前，我国养殖业生产力还处于比较低下的状态，农牧民的主要生产方式仍是分散饲养。这个特点决定了产地检疫必然要动用大量的人力，否则就不可能完成这样浩大的工作量。

2. 方法简便实用

产地检疫是在饲养生产现场进行的，由于各方面条件较差，因此难以进行复杂的检验，这就要求产地检疫必须在操作方法上简便实用。

3. 基层实施

根据产地检疫面广、量大、分散等现状，产地检疫主要依靠基层县级动物防疫监督机构和乡镇畜牧兽医站人员负责实施。其中乳用、种用、实验、役用动物产地检疫必须由县级以上动物防疫监督机构实施。

五、产地检疫规程

农业部制定的《生猪产地检疫规程》《反刍动物产地检疫规程》《家禽产地检疫规程》《马属动物产地检疫规程》是实施产地检疫的法定规程，还有水产养殖产地检疫和反刍动物产地检疫。

1.《生猪产地检疫规程》

（1）适用范围　　该规程规定了生猪产地检疫的检疫对象、检疫合格标准、检疫程序、检疫结果处理和检疫记录。该规程适用于中华人民共和国境内生猪的产地检疫及省内调运种猪的产地检疫。合法捕获野猪的产地检疫参照该规程执行。

（2）检疫对象　　口蹄疫、猪瘟、高致病性猪蓝耳病、炭疽、猪丹毒、猪肺疫。

（3）检疫程序与方法

A. 申报受理　　动物卫生监督机构在接到检疫申报后，根据当地相关动物的疫情情况，决定是否予以受理。予以受理的，应当及时派出官方兽医到现场或到指定地点实施检疫；不予受理的，应说明理由。

B. 查验资料及畜禽标识

1）官方兽医应查验饲养场"动物防疫条件合格证"和养殖档案，了解生产、免疫、监测、诊疗、消毒、无害化处理等情况，确认饲养场6个月内未发生相关动物疫病，确认生猪已按国家规定进行强制免疫，并在有效保护期内。省内调运种猪的，还应查验"种畜禽生产经营许可证"。

2）官方兽医应查验散养户防疫档案，确认生猪已按国家规定进行强制免疫，并在有效保护期内。

3）官方兽医应查验生猪畜禽标识加施情况，确认其佩戴的畜禽标识与相关档案记录相符。

C. 临床检查

a. 检查方法

1）群体检查，从静态、动态和食态等方面进行检查。主要检查生猪群体精神状况、外貌、呼吸状态、运动状态、饮水饮食情况及排泄物状态等。

2）个体检查，通过视诊、触诊和听诊等方法进行检查。主要检查生猪个体精神状况、体温、呼吸、皮肤、被毛、可视黏膜、胸廓、腹部及体表淋巴结，排泄动作及排泄物性状等。

b. 检查内容

1）出现发热、精神不振、食欲减退、流涎；蹄冠、蹄叉、蹄踵部出现水疱，水疱破裂后表面出血，形成暗红色烂斑，感染造成化脓、坏死、蹄壳脱落，卧地不起；鼻盘、口腔黏膜、舌、乳房出现水疱和糜烂等症状的，怀疑感染口蹄疫。

2）出现高热、倦怠、食欲不振、精神委顿、弓腰、腿软、行动缓慢；间有呕吐，便秘腹泻交替；可视黏膜充血、出血或有不正常分泌物、发绀；鼻、唇、耳、下颌、四肢、腹下、外阴等多处皮肤点状出血，指压不褪色等症状的，怀疑感染猪瘟。

3）出现高热；眼结膜炎、眼睑水肿；咳嗽、气喘、呼吸困难；耳朵、四肢末梢和腹部皮肤发绀；偶见后躯无力、不能站立或共济失调等症状的，怀疑感染高致病性猪蓝耳病。

4）出现高热稽留；呕吐；结膜充血；粪便干硬呈粟状，附有黏液，下痢；皮肤有红斑、疹块，指压褪色等症状的，怀疑感染猪丹毒。

5）出现高热；呼吸困难，继而哮喘，口鼻流出泡沫或清液；颈下咽喉部急性肿大、变红、高热、坚硬；腹侧、耳根、四肢内侧皮肤出现红斑，指压褪色等症状的，怀疑感染猪肺疫。

6）咽喉、颈、肩胛、胸、腹、乳房及阴囊等局部皮肤出现红肿热痛，坚硬肿块，继而肿块变冷，无痛感，最后中央坏死形成溃疡；颈部、前胸出现急性红肿，呼吸困难、咽喉变窄，窒息死亡等症状的，怀疑感染炭疽。

D. 实验室检测

1）对怀疑患有规定疫病的及临床检查发现其他异常情况的，应按相应疫病防治技术规范进行实验室检测。

2）实验室检测须由省级动物卫生监督机构指定的、具有资质的实验室承担，并出具检测报告。

3）省内调运的种猪可参照《跨省调运种用、乳用动物产地检疫规程》进行实验室检测，并提供相应检测报告。

2.《家禽产地检疫规程》

（1）适用范围　　该规程规定了家禽产地检疫的检疫对象、检疫合格标准、检疫程序、检疫结果处理和检疫记录。该规程适用于中华人民共和国境内家禽的产地检疫及省内调运种禽或种蛋的产地检疫。合法捕获的同种野禽的产地检疫参照本规程执行。

（2）检疫对象　　高致病性禽流感、新城疫、鸡传染性喉气管炎、鸡传染性支气管炎、鸡传染性法氏囊病、马立克氏病、禽痘、鸭瘟、小鹅瘟、鸡白痢、鸡球虫病。

（3）检疫程序与方法

A. 申报受理　　动物卫生监督机构在接到检疫申报后，根据当地相关动物的疫情情况，决定是否予以受理。予以受理的，应当及时派官方兽医到现场或到指定地点实施检疫；不予受理的，应说明理由。

B. 查验资料

1）官方兽医应查验饲养场"动物防疫条件合格证"和养殖档案，了解生产、免疫、监测、诊疗、消毒、无害化处理等情况，确认饲养场6个月内未发生相关动物疫病，确认禽只已按国家规定进行强制免疫，并在有效保护期内。省内调运种禽或种蛋的，还应查验"种畜禽生产经营许可证"。

2）官方兽医应查验散养户防疫档案，确认禽只已按国家规定进行强制免疫，并在有效保护期内。

C. 临床检查

a. 检查方法

1）群体检查，从静态、动态和食态等方面进行检查。主要检查禽群精神状况、外貌、呼吸状态、运动状态、饮水饮食及排泄物状态等。

2）个体检查，通过视诊、触诊、听诊等方法检查家禽个体精神状况、体温、呼吸、羽毛、天然孔、冠、髯、爪、粪、触摸嗉囊内容物性状等。

b. 检查内容

1）禽只出现突然死亡、死亡率高；病禽极度沉郁，头部和眼睑部水肿，鸡冠发绀、脚鳞出血和神经紊乱；鸭、鹅等水禽出现明显神经症状，并有腹泻，角膜炎，甚至失明等症状的，怀疑感染高致病性禽流感。

2）出现体温升高、食欲减退、神经症状；缩颈闭眼、冠髯暗紫；呼吸困难；口腔和鼻腔分泌物增多，嗉囊肿胀；下痢；产蛋减少或停止；少数禽突然发病，无任何症状而死亡等症状的，怀疑感染新城疫。

3）出现呼吸困难、咳嗽；停止产蛋，或产薄壳蛋、畸形蛋、褪色蛋等症状的，怀疑感染鸡传染性支气管炎。

4）出现呼吸困难、伸颈呼吸，发出咯咯声或咳嗽声；咳出血凝块等症状的，怀疑感染鸡传染性喉气管炎。

5）出现下痢，排浅白色或淡绿色稀粪；肛门周围的羽毛被粪污染或沾污泥土；饮水减少、食欲减退；消瘦、畏寒；步态不稳、精神委顿、头下垂、眼睑闭合；羽毛无光泽等症状的，怀疑感染鸡传染性法氏囊病。

6）出现食欲减退、消瘦、腹泻、体重迅速减轻，死亡率较高；运动失调、劈叉姿势；虹膜褪色、单侧或双眼灰白色混浊所致的白眼病或瞎眼；颈、背、翅、腿和尾部形成大小不一的结节及瘤状物等症状的，怀疑感染马立克氏病。

7）出现食欲减退或废绝、畏寒，尖叫；排乳白色稀薄黏腻粪便，肛门周围污秽；闭眼呆立、呼吸困难；偶见共济失调、运动失衡、肢体麻痹等神经症状的，怀疑感染鸡白痢。

8）出现体温升高；食欲减退或废绝、翅下垂、脚无力，共济失调、不能站立；眼流浆液性或脓性分泌物，眼睑肿胀或头颈浮肿；绿色下痢，衰竭虚脱等症状的，怀疑感染鸭瘟。

9）出现突然死亡；精神萎靡、倒地两脚划动、迅速死亡；厌食、嗉囊松软，内有大量液体和气体；排灰白色或淡黄绿色混有气泡的稀粪；呼吸困难，鼻端流出浆液性分泌物，喙端色泽变暗等症状的，怀疑感染小鹅瘟。

10）出现冠、肉髯和其他无羽毛部位发生大小不等的疣状块，皮肤增生性病变；口腔、食道、喉或气管黏膜出现白色结节或黄色白喉膜病变等症状的，怀疑感染禽痘。

另外，出现精神沉郁、羽毛松乱、不喜活动、食欲减退、逐渐消瘦；泄殖腔周围羽毛被稀粪沾污；运动失调、足和翅发生轻瘫；嗉囊内充满液体，可视黏膜苍白；排水样稀粪、棕红色粪便、血便、间歇性下痢；群体均匀度差，产蛋下降等症状的，怀疑感染鸡球虫病。

D. 实验室检测

1）对怀疑患有规程规定疫病及临床检查发现有其他异常情况的或者不能明确进行诊断的家禽，应按相应疫病防治技术规范进行实验室检测。

2）实验室检测须由省级动物卫生监督机构指定的具有资质的实验室承担，并出具检测报告。

3）省内调运的种禽或种蛋可参照《跨省调运种禽产地检疫规程》（农牧发〔2023〕16号）进行实验室检测，并提供相应检测报告。

3.《马属动物产地检疫规程》

（1）适用范围　　该规程规定了马属动物产地检疫的检疫对象、检疫合格标准、检疫程序、检疫结果处理和检疫记录。该规程适用于中华人民共和国境内马属动物的产地检疫。合法捕获的同种野生动物的产地检疫参照该规程执行。

（2）检疫对象　　马传染性贫血病、马流行性感冒、马鼻疽、马鼻肺炎。

（3）检疫程序与方法

A. 申报受理　　动物卫生监督机构在接到检疫申报后，根据当地相关动物的疫情情况，决定是否予以受理。予以受理的，应当及时派出官方兽医到现场或到指定地点实施检疫；不予受理的，应说明理由。

B. 查验资料

1）官方兽医应查验饲养场"动物防疫条件合格证"和养殖档案，了解生产、免疫、监测、诊疗、消毒、无害化处理等情况，确认饲养场（养殖小区）近期未发生相关动物疫病，确认动物已按国家规定进行免疫。

2）官方兽医应查验散养户防疫档案，了解免疫、诊疗情况，确认动物已按国家规定进行免疫，并在有效保护期内。

C. 临床检查

a. 检查方法

1）群体检查，从静态、动态和食态等方面进行检查。主要检查动物群体精神状况、外貌、呼吸状态、运动状态、饮水饮食情况及排泄物状态等。

2）个体检查，通过视诊、触诊、听诊等方法进行检查。主要检查动物个体精神状况、体温、呼吸、皮肤、被毛、可视黏膜、胸廓、腹部及体表淋巴结，排泄动作及排泄物性状等。

b. 检查内容

1）出现发热、贫血、出血、黄疸、心脏衰弱、浮肿和消瘦等症状的，怀疑感染马传染性贫血。

2）出现体温升高、精神沉郁；呼吸、脉搏加快；颌下淋巴结肿大；鼻孔一侧（有时两侧）流出浆液性或黏性鼻汁，可见鼻疽结节、溃疡、瘢痕等症状的，怀疑感染马鼻疽。

3）出现剧烈咳嗽，严重时发生痉挛性咳嗽；流浆液性鼻液，偶见黄白色脓性鼻液，结膜潮红肿胀，微黄染，流出浆液性乃至脓性分泌物；有的出现结膜浑浊；精神沉郁，食欲减退，体温达39.5～40℃；呼吸次数增加，脉搏增至每分钟60~80次；四肢或腹部浮肿，发生腱鞘炎；颌下淋巴结轻度肿胀等症状的，怀疑感染马流行性感冒。

4）出现体温升高，食欲减退；分泌大量浆液乃至黏脓性鼻液，鼻黏膜和眼结膜充血；颌下淋巴结肿胀，四肢腱鞘水肿；妊娠母马流产等症状的，怀疑感染马鼻肺炎。

D. 实验室检测

1）对怀疑患有规程规定疫病及临床检查发现其他异常情况的或者不能明确诊断的马属动物，应按相应疫病防治技术规范进行实验室检测。

2）实验室检测须由省级动物卫生监督机构指定的具有资质的实验室承担，并出具检测报告。

4. 水产养殖产地检疫

为规范水产苗种产地检疫，按照《中华人民共和国动物防疫法》《动物检疫管理办法》（农牧发〔2023〕16号）规定，农业农村部制定了《鱼类产地检疫规程（试行）》《甲壳类产地检疫规程（试行）》《贝类产地检疫规程（试行）》。下面主要以《鱼类产地检疫规程（试行）》论述鱼类产地检疫。

（1）使用范围 该规程规定了鱼类产地检疫的检疫范围、检疫对象、检疫合格标准、检疫程序、检疫结果处理和检疫记录，适用于中华人民共和国境内鱼类的产地检疫。

（2）检疫对象 检疫对象及其相应的检疫范围如表3-6所示。

表3-6 鱼类产地检疫的检疫对象及检疫范围

类别	检疫对象	检疫范围
淡水鱼	鲤春病毒血症	鲤鱼、锦鲤、金鱼等鲤科鱼类
	草鱼出血病	青鱼、草鱼
	锦鲤疱疹病毒病	鲤、锦鲤
	斑点叉尾鮰病毒病	斑点叉尾鮰
	传染性造血器官坏死病	虹鳟等冷水性鲑科鱼类
	小瓜虫病	淡水鱼类
海水鱼	刺激隐核虫病	海水鱼类

（3）检疫程序与方法

A. 申报点设置 县级渔业主管部门（或其所属的水生动物卫生监督机构）应当根据水生动物产地检疫工作需要，合理设置动物检疫申报点，并向社会公布。

B. 申报受理 申报检疫采取申报点填报、传真、电话等方式申报。采用电话申报的，需在现场补填检疫申报单。县级渔业主管部门在接到检疫申报后，根据当地相关水生动物疫情情况，决定是否予以受理。予以受理的，应当及时派出官方兽医到现场或到指定地点实施检疫；不予受理的，应说明理由。县级渔业主管部门可以根据检疫工作需要，指定水生动物疾病防控专业人员协助官方兽医实施检疫。

C. 查验相关资料和生产设施状况

1）官方兽医应当查验养殖场的"水域滩涂养殖证""水产养殖生产记录"等资料，检查生产设施是否符合农业农村部的规定；对于从事水产苗种生产的，还应当查验"水产苗种生产许可证"。核查过去12个月内引种来源地的"动物产地检疫合格证明"，了解进出场、饲料、用水、疾病防治、消毒用药、疫苗和卫生管理等情况，核实养殖场过去12个月内未发生相关水生动物疫情。

2）合法捕获的野生水产苗种实施检疫前，应当查验合法捕捞的相关证明材料和捕捞记录，设立的临时检疫场地应当符合下列条件：①与其他养殖场所有物理隔离设施；②具有独立的进排水和废水无害化处理设施及专用渔具；③农业农村部规定的其他防疫条件。

D. 临床检查

a. 检查方法

1）群体检查，主要检查鱼类群体的活力、体色、体态、生长状况、游动状态、摄食情况、排泄物状态及抽样存活率等是否正常。

2）个体检查，通过外观检查、解剖检查、显微镜检查等方法进行检查。

外观检查：观察体形、体色、体态的变化，体表黏液的多少，有无竖鳞、疖疮、囊肿、充血、出血、溃疡等症状，鳍条、鳞片等损伤情况，眼球有无突出、凹陷或浑浊等变化，鳃黏液及颜色变化，肛门有无红肿、拖便等现象，有无胞囊及其他寄生虫寄生等情况。

解剖检查：观察有无腹水，脾、肾、肝、胆、肠道、鳔、性腺、脑、肌肉等是否正常，有无寄生虫或胞囊及其他病理变化等。

显微镜检查：观察体表、鳃、肠道等部位寄生虫感染状况，检查鱼类器官、组织病变情况。

3）快速试剂盒检查。应采用经农业农村部批准的病原快速检测试剂盒进行检测。

4）水质环境检查。必要时，对养殖环境进行调查，对水温、溶解氧、酸碱度、氨氮、亚硝酸盐、化学耗氧量等理化指标进行测定。

b. 检查主要内容

1）群体检查，群体活力旺盛，逃避反应明显，体色、体态及外观正常，个体大小较均匀，摄食正常，通过随机抽样进行进一步临床症状和试剂盒检查。

群体中若有活力差、逃避反应弱、体色暗淡、外观缺损、畸小、翻白、浮头、离群、晕眩、厌食的个体，优先选择其进行进一步临床症状和试剂盒检查。

2）个体检查。鲤春病毒血症：鲤科鱼类出现无目的漂游，体发黑，腹部肿大，皮肤和鳃出血；解剖后见到血性腹水；肠、心、肾、鳔、肌肉出血，内脏水肿，怀疑患鲤春病毒血症。

草鱼出血病：草鱼、青鱼出现鳃盖和鳍条基部出血；解剖见肌肉点状或块状出血、肠壁充血、肝脾充血或因失血而发白，怀疑患草鱼出血病。

锦鲤疱疹病毒病：锦鲤、鲤皮肤上出现白色块斑、水疱、溃疡，鳃出血并产生大量黏液或组织坏死，鳞片有血丝，鱼眼凹陷，一般在出现症状后1～2d内死亡，怀疑患锦鲤疱疹病毒病。

斑点叉尾鮰病毒病：斑点叉尾鮰出现嗜睡、打旋或水中垂直悬挂；眼球突出，表皮发黑，鳃丝发白，鳍条和肌肉出血，腹部膨大；解剖后见腹腔内有黄色腹水，肝、脾、肾出血或肿大；胃内无食物，怀疑患斑点叉尾鮰病毒病。

传染性造血器官坏死病：虹鳟等冷水性鲑科鱼类出现昏睡或活动异常（狂暴乱窜、打转等）；体表发黑，眼球突出，腹部膨胀，皮肤和鳍条基部充血，肛门处拖着不透明或棕褐色的假管型黏液粪便；解剖后见脾、肾组织坏死，偶见肝、胰坏死，颜色苍白。怀疑患传染性造血器官坏死病。

小瓜虫病：淡水鱼体表和鳃丝见白色点状的虫体和胞囊，同时伴有大量黏液，表皮糜烂；镜检小白点为黑色、呈旋转运动的小瓜虫滋养体，怀疑患小瓜虫病。

刺激隐核虫病：海水鱼类体表和鳃出现大量黏液，严重时体表形成一层混浊白膜，肉眼见鱼体和鳃有许多小白点；镜检小白点为圆形或卵圆形、体色不透明、缓慢旋转运动的虫体，怀疑患刺激隐核虫病。

3）快速试剂盒检查。按照病原快速检测试剂盒说明书进行采样和现场快速检测，样品出现试剂盒所指示的阳性反应，怀疑存在相应疫病病原。

c. 临床健康检查判定　　在群体和个体检查中均正常，临床健康检查合格；在群体和个体检查中发现疫病临床症状的，临床健康检查不合格。

E. 实验室检测　　对怀疑患有鲤春病毒血症、锦鲤疱疹病毒病、传染性造血器官坏死病及临床检查发现其他异常情况的，应按相应疫病检测技术规范进行实验室检测，所需样品的采集按《水生动物产地检疫采样技术规范》（SC/T 7103—2008）的要求进行。

跨省（自治区、直辖市）运输的鱼类，应按照《水生动物产地检疫采样技术规范》（SC/T 7103—2008）采样送实验室检测。但以下情况除外：①已纳入国家或省级水生动物疫情监测计划，过去2年内无该规程规定疫病的；②群体和个体检查均正常，现场采用经农业农村部批准的核酸扩增技术快速试剂盒进行检测，结果为阴性的鱼类。

实验室检测由省级渔业主管部门指定的具有资质的水生动物疫病诊断实验室承担，实验室应当出具相应的检测报告。

5. 反刍动物产地检疫

依据《反刍动物产地检疫规程》（农牧发〔2023〕16号）进行检疫。

（1）**适用范围**　　该规程规定了反刍动物产地检疫的检疫范围、检疫对象、检疫合格标准、检疫程序、检疫结果处理和检疫记录。规程适用于中华人民共和国境内反刍动物的产地检疫及省内调运种用、乳用反刍动物的产地检疫。合法捕获的同种野生动物的产地检疫参照该规程执行。

（2）**检疫对象**

A. 检疫范围　　牛、羊、鹿、骆驼。

B. 检疫对象　　牛：口蹄疫、布鲁氏菌病、牛结核病、炭疽、牛传染性胸膜肺炎。

羊：口蹄疫、布鲁氏菌病、绵羊痘和山羊痘、小反刍兽疫、炭疽。

鹿：口蹄疫、布鲁氏菌病、结核病。

骆驼：口蹄疫、布鲁氏菌病、结核病。

（3）**检疫程序与方法**

A. 申报受理　　动物卫生监督机构在接到检疫申报后，根据当地相关动物的疫情情况，决定是否予以受理。予以受理的，应当及时派出官方兽医到现场或到指定地点实施检疫；不予受理的，应说明理由。

B. 查验资料及畜禽标识

1）官方兽医应查验饲养场"动物防疫条件合格证"和养殖档案，了解生产、免疫、监测、诊疗、消毒、无害化处理等情况，确认饲养场6个月内未发生相关动物疫病，确认动物已按国家规定进行强制免疫，并在有效保护期内。省内调运种用、乳用反刍动物的，还应查验"种畜禽生产经营许可证"。

2）官方兽医应查验散养户防疫档案，确认动物已按国家规定进行强制免疫，并在有效保护期内。

3）官方兽医应查验动物标识加施情况，确认所佩戴标识与相关档案记录相符。

C. 临床检查

a. 检查方法

1）群体检查，从静态、动态和食态等方面进行检查。主要检查动物群体精神状况、外貌、呼吸状态、运动状态、饮水饮食、反刍状态、排泄物状态等。

2）个体检查，通过视诊、触诊、听诊等方法进行检查。主要检查动物个体精神状况、体温、呼吸、皮肤、被毛、可视黏膜、胸廓、腹部及体表淋巴结，排泄动作及排泄物性状等。

b. 检查内容

1）出现发热、精神不振、食欲减退、流涎；蹄冠、蹄叉、蹄踵部出现水疱，水疱破裂后表面出血，形成暗红色烂斑，感染造成化脓、坏死、蹄壳脱落，卧地不起；鼻盘、口腔黏膜、舌、乳房出现水疱和糜烂等症状的，怀疑感染口蹄疫。

2）孕畜出现流产、死胎或产弱胎，生殖道炎症、胎衣滞留，持续排出污灰色或棕红色恶露及乳房炎；公畜发生睾丸炎或关节炎、滑膜囊炎，偶见阴茎红肿，睾丸和附睾肿大等症状的，怀疑感染布鲁氏菌病。

3）出现渐进性消瘦，咳嗽，个别可见顽固性腹泻，粪中混有黏液状脓汁；奶牛偶见乳房淋巴结肿大等症状的，怀疑感染结核病。

4）出现高热、呼吸增速、心跳加快；食欲废绝，偶见瘤胃膨胀，可视黏膜紫绀，突然倒毙；天然孔出血、血凝不良呈煤焦油样、尸僵不全；体表、直肠、口腔黏膜等处发生炭疽痈等症状的，怀疑感染炭疽。

5）羊出现突然发热、呼吸困难或咳嗽，分泌黏脓性卡他性鼻液，口腔内膜充血、糜烂，齿龈出血，严重腹泻或下痢，母羊流产等症状的，怀疑感染小反刍兽疫。

6）羊出现体温升高、呼吸加快；皮肤、黏膜上出现痘疹，由红斑到丘疹，突出皮肤表面，遇化脓菌感染则形成脓疱，继而破溃结痂等症状的，怀疑感染绵羊痘或山羊痘。

7）出现高热稽留、呼吸困难、鼻翼扩张、咳嗽；可视黏膜发绀，胸前和肉垂水肿；腹泻和便秘交替发生，厌食、消瘦、流涕或口流白沫等症状的，怀疑感染传染性胸膜肺炎。

D. 实验室检测

1）对怀疑患有该规程规定的疫病及临床检查发现其他异常情况的，应按相应疫病防治技术规范进行实验室检测。

2）实验室检测须由省级动物卫生监督机构指定的具有资质的实验室承担，并出具检测报告。

3）省内调运的种用、乳用动物可参照《跨省调运种用、乳用动物产地检疫规程》进行实验室检测，并提供相应检测报告。

第四章 动物防疫与检疫管理

第一节 动物传染病一般防治措施

为使畜禽疫病防治工作与养殖业快速发展相适应，尤其是规模化养殖场必须树立"防疫第一、预防为主"的观念，建立一套严格的卫生防疫制度，这是保护畜禽生产、获得更大经济效益的一项重要工作。动物传染病一般防治措施实际就是动物防疫工作的基本原则和内容，动物传染病预防措施可分为3类：①疫情未出现时的预防措施；②疫情出现后的防疫措施；③治疗性预防措施。

一、疫情未出现时的预防措施

1）加强饲养管理，搞好卫生消毒工作，增加动物机体的抗病能力。

2）拟定和执行预防免疫及接种、补种计划。

3）定期杀虫、灭鼠，进行粪便无害化处理。

4）认真贯彻执行国境检疫、交通检疫、市场检疫和屠宰检疫等相关防疫检疫工作，及时发现并消灭传染源。

建立检疫制度，定期或临时进行检疫，对检出的阳性畜禽进行隔离，分别进行治疗、淘汰、育肥、屠宰、扑杀或管制役用等，建立和恢复健康群。

5）调查研究当地疫情分布，组织相邻地区对动物传染病的联防协作，有计划地进行消灭和控制，并防止外来疫病的侵入。

6）饲养场建设和兽医卫生设施。

7）建立畜禽更新的"全进全出"的饲养管理制度，也可采取分小区"全进全出"方法，轮流更新。

二、疫情出现后的防疫措施

1）及时发现、诊断和上报疫情，并通知邻近单位做好预防工作。建立疫病报告制度，许多畜禽传染病在流行早期传染性最强。早期、迅速、准确地对已经发生的畜禽传染病做出正确诊断，对于及时清除传染源和查明传染来源、防止疫病扩散十分重要。畜禽发生疫情后，饲养人员应迅速报告场兽医或兽医卫生人员进行初步诊断，封锁发病现场并立即报告当地畜禽防疫检疫机构或乡镇畜牧兽医站。本单位确诊有困难时，应采取可疑病料送往上一级兽医检验部门请求协助诊断。

2）迅速隔离病畜，污染的地方进行紧急消毒。

3）实施疫苗紧急接种，对病畜禽进行及时合理的治疗。

4）对病死和淘汰病畜禽合理处理。

三、治疗性预防措施

1. 针对病原体治疗

特异性治疗法：使用高免血清、痊愈血清（或全血）、高免卵黄等特异性生物制品进行治疗。

抗生素疗法：对细菌性急性传染病有很好的疗效，但不可滥用。

化学疗法：使用化学药物帮助机体消灭病原体的治疗方法，如磺胺类药物、抗菌增效剂、硝基呋喃类药物等。

2. 增强动物机体免疫力和抵抗力

免疫接种：有组织、有计划地进行免疫接种，激发动物机体产生特异性抵抗力，使动物转化为不易感状态。

预防接种：在经常发生传染病的地区或有某些传染病潜在地区或受到临近地区某些传染病威胁地区，在平时有计划地对健康动物进行免疫接种。

紧急接种：在动物发生传染病时，为迅速控制和扑灭疫病的流行，而对疫区和受威胁区尚未发病的动物进行的应急性免疫接种。一般分为血清紧急接种和疫苗紧急接种。

第二节　动物防疫技术

动物防疫技术主要包括预防消毒方法、免疫接种技术和药物预防等方面的技术。

一、消毒、杀虫、灭鼠的基本防疫技术

1. 消毒

利用物理、化学和生物学方法清除并杀灭外界环境中所有病原体的措施称为消毒。及时正确的消毒能有效切断疫病传播途径，防止疫病蔓延与扩散，是重要的综合性防疫措施之一。

（1）消毒的种类　依据消毒的时机和目的不同将其分为预防性消毒、临时性消毒和终末消毒。

1）预防性消毒。在平时为预防疫病发生而进行的对圈舍、饲养工具、屠宰车间、运输工具等一切物品、设施等进行定期或不定期的各种消毒措施。

2）临时性消毒。发生疫病期间，为及时清除、杀灭患病动物排出的病原体而采取的消毒措施。例如，在隔离封锁期间对患病动物的排泄物、分泌物污染的环境及一切用具、物品、设施等进行多次、反复的消毒。

3）终末消毒。在疫病控制、平息之后，解除疫区封锁前，为了消灭疫区内可能残留的病原体而采取的全面、彻底的大消毒。

（2）消毒的方法及其选择

A. 物理消毒法

1）机械清除。清扫、洗刷圈舍地面，清除粪尿、垫草、饲料残渣，洗刷畜体被毛，除去体表上污染物及附在污物上的病原体，圈舍通风换气。这些措施一般能减少畜体、圈舍等表面微生物的数量。

2）日光消毒。日光中具有较强的紫外线，对细菌等微生物有较好的杀菌作用。利用阳光暴晒，对牧场、草地、畜栏、用具和物品等消毒是一种简单、经济、易行的消毒方法。但杀毒作用相对较弱。

3）干热消毒。焚烧法：对染病的畜禽尸体、病畜垫草、病料及污染的垃圾、废弃物等物品的消毒，可直接点燃在焚烧炉内焚烧。地面、墙壁等耐火处可用火焰喷灯进行消毒。

烧灼法：用于实验室接种环、试管口、玻片等耐热器材，直接用火焰烧灼灭菌。

热空气消毒法：利用干热空气进行消毒，需要在特制的电热干燥箱内进行，主要用于各种耐热玻璃器皿的消毒，消毒比较彻底，可灭掉细菌芽孢。

4）湿热消毒。煮沸消毒法：是最常用的消毒方法之一，适用于一般器械如剪刀、注射器、针头等的消毒。

流通蒸汽消毒法：也称常压蒸汽消毒法，就是不加压，直接以100℃左右水蒸气进行连续流通消毒，一般维持30min。

巴氏消毒法：用热力杀死物品中的病原菌或其他细菌的繁殖体，特点是对产品的品质影响不大。广泛用

于牛奶的消毒。牛奶的巴氏消毒一般采用63~65℃，保持30min，然后迅速冷却至10℃以下；加热至71~75℃，保持15min，然后冷却至10℃以下。现在也可使用瞬时高温高压法。

高压蒸汽灭菌法：利用高压灭菌器进行，121℃，30min，对耐热物品消毒效果最好。

B. 化学消毒法　　化学消毒法是指用化学药物杀灭病原体的方法。利用各种消毒剂对病原体污染的场所、物品等进行清洗、浸泡、喷洒、熏蒸，以达到杀灭病原体和防止疫病扩散的目的。

C. 生物消毒法　　生物消毒法是指通过堆积发酵、沉淀池发酵、沼气发酵等产热或产酸，以杀灭粪便、污水、垃圾及垫草等内部病原体的方法。在发酵过程中，由于粪便、污物等内部微生物产生的热量可使温度升高达70℃以上，经过一段时间后便可杀死病毒、病原菌、寄生虫卵等病原体，从而达到消毒的目的。

（3）消毒药品的选择、配制和使用

A. 消毒药品的选择原则

1）对病原体杀灭力强且广谱，易溶于水，性质比较稳定。

2）对人、畜及动物性产品无毒、无残留、不产生异味，不损坏被消毒物品。

3）价格低廉，使用简便。

B. 消毒药品的配制　　多数消毒药物从市场购回后，要进行稀释配制或经其他形式处理，才能正常使用。配制时需注意以下几个问题。

1）依据需要配制的消毒液浓度及用量，正确计算所需溶质、溶剂的用量。

2）对固态消毒剂，要用比较精确的天平称量；对液态消毒剂，要用刻度精细的量筒或吸管量取。准确称量后，先将消毒剂原粉或原液溶解在少量水中，使其充分溶解后再与足量的水混匀。

3）将容器洗净，灭菌消毒后使用。

4）尽量现配现用。

C. 常用的消毒剂及其使用

1）酚类。酚类消毒药包括苯酚、煤酚皂、复合酚等，低浓度时能破坏菌体细胞膜，使胞质漏出；高浓度时可使病原体的蛋白质变性而起杀菌作用。

苯酚（石炭酸），无色针状结晶，可杀灭细菌繁殖体，但对芽孢、病毒无效。2%~5%水溶液用于污物、用具、车辆、墙壁、运动场及动物圈舍的消毒。因有特殊味道不适合肉、蛋运输车辆及贮藏库的消毒。

煤酚皂，无色或淡黄色透明液体，与苯酚味道类似。毒性小，比苯酚杀毒效果高3倍，能杀灭细菌繁殖体，但对芽孢的作用差。来苏尔是其50%的肥皂溶液，其2%的水溶液用于术前洗手及皮肤消毒；3%~5%的水溶液用于器械、物品消毒；5%~10%的水溶液用于动物圈舍及排泄物等的消毒。

复合酚，41%~49%酚和22%~26%乙酸的混合物，能杀灭细菌、霉菌和病毒，对多种寄生虫卵也有杀灭作用。0.5%~1%水溶液可用于动物圈舍、笼具、排泄物等的消毒，但不得与碱性药物或其他药液混合使用。

2）醇类。能够去除细菌细胞膜中的脂类并使菌体蛋白质凝固和变性。能杀灭繁殖体细菌，不能杀死芽孢。一般使用75%的浓度进行皮肤消毒和器械消毒。

3）醛类。有甲醛及多聚甲醛等。甲醛常用于熏蒸消毒。

4）酸类。2.5%盐酸和15%食盐水等量混合，保持溶液30℃左右，可用于炭疽芽孢污染的皮张消毒，将皮张浸在该溶液中40h可杀灭炭疽的芽孢。20%乳酸溶液在密闭室内加热蒸发30~90min，用于空气消毒。有时也用乙二酸和甲酸溶液以气溶胶形式消毒口蹄疫或其他传染病污染的宿舍。

5）碱类。碱制剂对细菌、病毒和细菌芽孢都有强大的杀灭作用，可对多种病原进行杀灭。对革兰氏阴性的杀灭作用比对阳性菌有效，高浓度溶液可杀灭细菌芽孢。

氢氧化钠，对细菌芽孢、寄生虫卵也有杀灭作用。2%的溶液用于病毒、细菌污染场所和器具的消毒；5%的溶液用于细菌芽孢的杀灭。

生石灰，对多数细菌有强力杀灭作用，对炭疽芽孢和结核杆菌无效。10%~20%的石灰乳混悬液，用于涂刷消毒动物的圈舍、墙壁和地面。有时则直接将生石灰按一定比例加入被消毒的液体，也可将生石灰撒在阴湿地面、粪池周围及污水沟等处进行消毒。

6）氯制剂。气态氯具有强大杀菌作用，遇水后生成次氯酸能进入细胞内而发挥杀菌作用。常用的包括漂白粉、氯胺-T、二氯异氰尿酸钠。

7）碘制剂。碘有很强的消毒作用，可杀死细菌及其芽孢、霉菌、病毒及原虫等，在酸性环境中碘的杀菌力较强；而在碱性环境或有机物存在时，其杀菌作用减弱。包括碘酊、碘甘油、碘伏等。

8）氧化剂类。该类消毒剂含有不稳定的结合态氧，当与病原体接触后可通过氧化反应破坏其活性基团而呈现杀灭作用。常用高锰酸钾、过氧乙酸。

高锰酸钾在有机物、加热、加酸、加碱时均能释放新生态氧，呈现杀菌、杀病毒、除臭和解毒作用。0.1%水溶液能杀死多数细菌的繁殖体，用于皮肤、黏膜、创面冲洗消毒；2%～5%溶液能在24h内杀灭芽孢，多用于器具消毒。

过氧乙酸能迅速杀死细菌、病毒、霉菌和细菌芽孢，0.5%溶液可用于动物圈舍、饲槽、车辆等物品的喷洒消毒；0.04%～0.5%溶液用于污染物的浸泡消毒；5%溶液可用于污染实验室、无菌室、动物圈舍、仓库、屠宰车间等空间的喷雾消毒。

9）表面活性剂类。表面活性剂可通过吸附于细菌菌体表面，改变菌体细胞膜的通透性，使胞内酶、辅酶和中间代谢产物逸出，造成病原体代谢过程受阻而呈现杀菌作用。

新洁尔灭，对化脓性病原菌、肠道菌及部分病毒有较好的杀灭能力，对结核杆菌和真菌的杀灭能力差，对细菌芽孢也有一定的杀灭能力。0.05%～0.1%水溶液用于手的消毒，0.1%水溶液用于皮肤黏膜及器械消毒，也可用于蛋壳的喷雾消毒和种蛋的浸泡消毒。

百毒杀，能杀灭多种病原体和芽孢。0.0025%～0.005%溶液用于预防水塔、水管、饮水器污染，以及杀毒、除藻、除臭和改善水质；0.015%溶液可用于舍内、环境喷洒或设备器具洗涤、浸泡等预防性消毒，疫病发生时的瞬间控制消毒，使用浓度为0.05%；饮水消毒使用浓度为0.005%。

消毒净，易溶于水和乙醇，水溶液易起泡沫。0.05%溶液可用于黏膜冲洗、金属器具浸泡消毒，0.1%溶液可用于手和皮肤消毒。

10）挥发性烷化剂。挥发性烷化剂主要通过其烷基取代病原体中具活性的氨基、巯基、羧基等基团的不稳定氢原子，使其变性或功能改变而达到杀菌目的。挥发性烷化剂可杀死细菌及其芽孢、病毒和霉菌。常用环氧乙烷，可用于精密仪器、医疗器械、生物制品、皮革、裘皮、羊毛、橡胶、塑料制品、图书、谷物、饲料等怕热、怕湿物品的消毒，也可用于仓库、实验室、无菌室等空间的消毒。在密闭条件下，环境相对湿度30%～50%，最适温度38～54℃，不得低于18℃。一般过夜或24h。

D. 消毒药品的使用方法

1）喷雾法。把药液装在喷雾器内，手动或机动加压使消毒液呈雾状喷出，均匀落在动物体表或地面、物体表面。

2）熏蒸法。将消毒药加热或利用药品的理化特性使消毒药形成含药的蒸汽。一般用于空间消毒或密闭消毒、室内物品消毒，如福尔马林熏蒸消毒。

3）喷洒法。将药液装入喷壶或直接泼洒，使消毒药均匀地洒到物体表面或地面。场地和圈舍消毒时常用此法。

4）浸泡法。将消毒物品浸泡在消毒液中一定时间，如皮毛和器械。

5）冲洗法。将消毒液装入密闭容器或高压枪内，以压力喷洗。

6）涂擦法。用纱布等蘸取消毒液在物体表面擦拭消毒，或用消毒液浸湿脱脂棉球在皮肤、黏膜、伤口等处涂擦。

7）洗刷法。用毛刷等蘸取消毒液适量，在动物体表或物品表面洗刷。

8）撒布法。将粉剂型消毒药均匀撒布在消毒对象表面，如生石灰加适量水，撒布在潮湿地面、粪池周围及污水沟进行消毒。

9）拌和法。对粪便、垃圾等污物消毒时，可用粉剂消毒药品与其拌和均匀，堆放一定时间，就能达到消毒目的。

2. 杀虫

昆虫，特别是媒介昆虫是动物疫病传播的重要媒介，杀灭这些昆虫对防止动物疫病具有重要意义。

（1）**物理杀虫法**　根据具体需要选择适当的杀虫方法，如昆虫易聚集的墙壁、用具、垃圾等，可用火焰焚烧；车船、畜舍和衣物上的昆虫，可用沸水或蒸汽热灭活；机械拍打、捕捉等也能杀灭部分昆虫。

（2）生物杀虫法　　生物杀虫法是以昆虫的天敌或病菌、雄虫绝育等技术杀灭昆虫的方法。消灭昆虫滋生繁殖的环境，如排除积水、污水，清理粪便垃圾，间歇灌溉农田等改造环境的措施，也是有效的杀虫方法。

（3）药物杀虫法　　应用化学杀虫剂杀虫，按其中毒及接触方式可分为胃毒剂、接触毒剂、熏蒸毒剂、内吸毒剂等。

1）敌百虫，对多种昆虫有很高的毒性，具有胃毒、接触毒和熏蒸毒作用。

2）敌敌畏，杀虫效力比敌百虫高10倍以上，但杀虫持续时间短，遇碱易分解。具有接触毒、熏蒸毒及胃毒作用。常用毒饵或熏蒸方式进行消毒，大量接触、吸入过多气体或误食可使人畜中毒。

3）倍硫磷，一种低毒高效的有机磷杀虫剂，具有接触毒、胃毒、内吸等作用。主要用于杀灭成蚊、蝇等。

4）马拉硫磷，具有接触毒、胃毒和熏蒸毒作用。能杀灭成蚊、蝇蛆和臭虫等。

5）拟除虫菊酯类杀虫剂，具有高效、广谱、快速、残留短、毒性低、用量小等特点，如胺菊酯、溴氰菊酯（敌杀死）、氯氰菊酯（兴棉宝）、戊氰菊酯（速灭杀丁）等。以溴氰菊酯为例：①气雾剂，溴氰菊酯0.01%，益必添0.25%；②微型乳剂，微粒溴氰菊酯0.02%，益必添0.01%～0.04%，增效醚0.05%～0.2%；③可湿性粉剂（凯素灵），含药2.5%，用于滞留处理，每平方米用有效成分5mg（蚊、蟑螂）10mg（蝇）；④粉笔（杀蟑螂），含量为0.03%～0.05%。

6）昆虫生长调节剂，调节或扰乱昆虫正常生长发育而使昆虫个体死亡或生活能力减弱的一类化合物。主要为昆虫保幼激素、抗保幼激素、蜕皮激素及其类似物。昆虫生长调节剂是一类特异性杀虫剂，在使用时不直接杀死昆虫，而是在昆虫个体发育时期阻碍或干扰昆虫正常发育，使昆虫个体生活能力降低、死亡，进而使种群灭绝。这类杀虫剂包括保幼激素、抗保幼激素、蜕皮激素和几丁质合成抑制剂等。

防治害虫的主要药剂有保幼激素类似物和几丁质合成抑制剂。常见的农药品种有除虫脲、灭幼脲、氟虫脲、米满等。

3. 灭鼠

鼠是很多人兽共患病的传染源和传播媒介。在常规实践中，灭鼠方法主要以器械灭鼠和药物灭鼠为主；有条件的地方可进行生物灭鼠法，生物灭鼠法可获得持久的效果。

（1）生物灭鼠法　　生物灭鼠法是采取各种措施破坏鼠类的适应环境，以抑制其繁殖和生长，使其死亡率增高的方法。可结合生产进行深翻、灌溉和造林，以恶化其生存条件。须与其他方法配合，才可奏效。

保护鼠类的天敌猫头鹰、黄鼠狼、獾、猫及多数以鼠为主食的蛇，以控制害鼠数量。鼠类的天敌很多，主要是食肉目的小兽如黄鼬、野猫、家猫、狐等，鸟类中的猛禽如鹰、猫头鹰等，还有蛇类。因此保护这些鼠类天敌，对减少鼠害是有利的，其主要是通过恶化鼠类的生存条件、降低环境对鼠类的容纳量来实现，其中减少鼠的隐蔽场所和断绝鼠的食物来源更为重要。生态学灭鼠是综合鼠害防治中很重要的一个环节。

（2）化学灭鼠法　　化学灭鼠法是大规模灭鼠中最经济的方法。使用时应注意安全，防止发生人、畜中毒事故。化学灭鼠可分为毒饵法、毒气法、毒水法及毒粉和毒糊法。

1）毒饵法。目前使用的肠道灭鼠药有急性和慢性灭鼠剂两类。只需服药一次就可奏效的称急性灭鼠剂或速效药；需一连几天服药效果才显著的称慢性灭鼠剂或缓效药。前者多用于野外，后者多用于居民区内。

磷化锌，主要作用于神经系统，破坏代谢。鼠中毒后食欲减退，活动性下降，常常后肢麻痹，最终死亡。其作用快，是速效药。配制毒饵浓度一般为2%～5%。本品毒力的选择性不强，对人类与禽、畜毒性和对鼠类相近，故应注意安全。第一次中毒未死的鼠再次遇到时，容易拒食，不宜连续使用。

毒鼠磷，主要毒理作用是抑制神经组织和细胞内胆碱酯酶，对鼠类毒力大，且选择性不强。鼠吃下毒饵经4～6h出现症状，10h左右死亡。毒鼠磷对大鼠类的适口性较好，再次遇到时拒食不明显。用于野鼠与家鼠效果均较好。毒鼠磷对人、畜的毒力也强，对鸡的毒力很弱，但对鸭、鹅很强。毒鼠磷灭家鼠常用浓度是0.5%～1.0%，灭野鼠可增加到1%～2%。

杀鼠灵，世界上使用最广的抗凝血灭鼠剂，是典型的慢性药。杀鼠灵的毒力和服药次数有密切的关系，服药一次，只有在剂量相当大时才能致死；多次服用时，虽各次服药总量远低于一次服药的致死量，也可能致鼠死亡。它主要破坏鼠类的血液凝固能力，并损伤毛细血管，引起内出血，以致贫血、失血，终于死亡。

作用较缓慢，一般服药后4～6d死亡，少数个体可超过20d。加大剂量并不能加速死亡。

敌鼠钠盐，毒力强于杀鼠灵，因而，投饵次数可减少，但对禽、畜危险性相应增加。它对小家鼠、黄胸鼠的毒力也强于杀鼠灵，对长爪沙鼠等野鼠有较好的杀灭效果。按照敌鼠钠盐的毒力，其使用浓度应为0.01%～0.0125%，但为了减少投饵次数而往往用0.025%，在野外灭鼠甚至用0.1%～0.2%浓度。

除灭鼠药外，诱饵的好坏也直接影响其效果，必须选择鼠类喜食者。目前大规模灭鼠使用的诱饵有以下几种类型：①整粒谷物或碎片，如小麦、大米、莜麦、高粱、碎玉米等；②粮食粉，如玉米面、面粉等，主要用于制作混合毒饵，通常可用60%～80%玉米面加20%～40%面粉；③瓜菜，如白薯块、胡萝卜块等，主要用于制作粘附毒饵，现配现用。

2）毒气法。毒气灭鼠所用熏蒸剂有两种类型：一类是化学熏蒸剂，另一类是烟剂。常用的化学熏蒸剂是磷化铝和氯化钴，以及不同配方的烟剂。

用于熏蒸灭鼠的某些药物在常温下易气化为有毒气体或通过化学反应产生有毒气体，这类药剂统称为熏蒸剂。利用有毒气体使鼠吸入而中毒致死的灭鼠方法称熏蒸灭鼠。熏蒸灭鼠的优点：具有强制性，不必考虑鼠的习性；不使用粮食和其他食品，且收效快，效果一般较好；兼有杀虫作用；对畜禽较安全。缺点：只能在可密闭的场所使用；毒性大，作用快，使用不慎时容易使人中毒；用量较大，有时费用较高；熏杀洞内鼠时，需找洞、投药、堵洞，工效较低。本法使用有局限性，主要用于仓库及其他密闭场所的灭鼠，还可以灭杀洞内鼠。

目前使用的熏蒸剂有两类：一类是化学熏蒸剂，如磷化铝等；另一类是灭鼠烟剂。化学熏蒸剂和烟剂，它们的共同特点：有强制性，作用快，一般情况下对非靶动物安全，不需诱饵；但支出多，工效低，对有的鼠种效果较差。

3）毒水法。毒水灭鼠多选在缺水场所，面积较大，如粮库等。多在春秋干燥季节，用盛水容器盛装灭鼠溶液进行灭鼠，可收到事半功倍的效果。而作为营业性服务单位，遇到干燥地方灭鼠用水果黏附毒粉即可收到满意效果。

4）毒粉和毒糊法。此法主要是利用鼠类用嘴舔前足和身上皮毛的自身粉饰作用的习性。将配制的毒粉（一般超过毒饵浓度10倍）撒布在鼠类经常通过的地方，或者将毒胶抹在鼠洞口周围和鼠类经常爬越的管道拐角处。这种方法对灭鼠后残留的顽鼠（超级老鼠）是很好的杀灭方法。

（3）器械灭鼠　用鼠夹、捕鼠笼捕鼠。此法不适用于大面积或害鼠密度高的情况。器械灭鼠效果最好的应该是电子捕鼠器灭鼠。电子捕鼠器是利用"鼠目寸光"的原理，老鼠在碰到细铁丝时，会被细铁丝的高压电流击晕，电子捕鼠器会发出声光报警，把击晕的老鼠捡走，然后就可以打第二只老鼠了，如此反复，一晚上可捉活鼠10～100只，电子捕鼠器只适用一些老鼠较多的区域，如酒店厨房、超市的操作间等。由于电子捕鼠器有一定危险性，需要专业的技术人员操作。

二、免疫接种技术

1. 免疫接种概念和意义

免疫接种是根据特异性免疫的原理，采用人工方法，给动物接种病毒苗、菌苗、虫苗及免疫血清等生物制品（实际上是模仿一个轻度的自然感染），使机体产生相对应病原体的抵抗力，使易感动物转变为非易感动物，从而达到保护个体乃至群体、预防和控制传染病的目的。

2. 主动免疫和被动免疫

用人工制备的灭活苗、弱毒活疫苗、亚单位疫苗、基因工程苗、类毒素等抗原物质接种动物，刺激机体产生特异性免疫力，称为人工自动免疫（主动免疫）。这种免疫力出现得较慢，一般要在接种1～2周才能产生，但维持时间长，达6个月至数年。

接种含有特异性抗体等免疫物质，以及抗毒素、干扰素和转移因子等淋巴因子，使机体迅速获得免疫力称为人工被动免疫。这种免疫效果出现得快，但维持时间短。主要用于治疗或紧急预防。

3. 免疫接种方法

免疫接种方法有很多，按免疫途径可分为个体免疫（如皮下注射、肌内注射、滴鼻、点眼、刺种、涂擦）和群体免疫（如气雾、饮水、拌饲等）；按用途可分为常规免疫（健康畜禽群的免疫）和紧急接种（病初或受威胁畜禽群的免疫）。根据生产实际合理选择免疫方法，每种疫苗都有各自的最佳免疫接种方法，使用时应按说明书进行，不要轻易更改接种方法及接种部位。另外，临时为避免某些疫病发生而进行的免疫接种称为临时免疫接种。例如，引进、外调、运输动物时，为避免中途或到达目的后暴发某些疫病而临时进行的免疫接种；又如，家畜去势、手术时，为防止发生某些疫病而进行的临时免疫接种等。

一般而言，灭活苗、类毒素和亚单位疫苗需要注射才有效，弱毒活疫苗则不受此限制。气雾免疫适用于大型养鸡场，可分为两种：喷雾和气溶胶免疫，可根据疫苗特点适当选择。

4. 疫苗选择

优质疫苗应具备毒（菌）株或血清型对应、安全性高、保护率好、免疫期长、性质稳定、使用简便的优点。

（1）疫苗类型   疫苗是指由病原微生物或其成分、代谢产物经过特殊处理所制成的，用于人工主动免疫的生物制品。包括由细菌、支原体、螺旋体或它们的成分制成的菌苗；由病毒、立克次体或其成分制成的疫苗；由某些细菌外毒素脱毒后制成的类毒素。传统上人们将菌苗、疫苗和类毒素统称为疫苗。按构成成分及其特性，可将其分为常规疫苗、亚单位疫苗和生物技术疫苗三大类。

1）常规疫苗。常规疫苗包括细菌、病毒、立克次体、螺旋体、支原体等完整微生物制成的疫苗，有灭活苗和弱毒苗两种。

灭活苗指选用免疫原性强的细菌、病毒等，经过人工培养后，用物理或化学方法致死（灭活），使传染因子被破坏而保留较好的免疫原性所制成的疫苗，又称为死苗。灭活苗保留的免疫原性物质在细菌中主要为细胞壁，在病毒中主要为结构蛋白。灭活苗的优点在于：安全性好，不发生全身副作用，无返祖现象；有利于制成联苗、多价苗；制品稳定，受外界影响小，便于贮存和运输；激发机体产生的抗体持续时间较短，利于确定某种传染病是否被消灭。灭活苗的不足在于：需要接种次数多、剂量大，必须经注射途径免疫，工作量大；不产生局部免疫；免疫力产生较迟，通常2~3周后才能获得良好的免疫力，不适用于紧急免疫；需要佐剂增强免疫效应。生产实践中有时还使用自家苗，是指用本场分离的病原体或含病原微生物的患病动物脏器制成乳剂，经过灭活后制成的疫苗，主要用于本场传染病的控制。

弱毒苗又称为活苗，是指通过人工诱变获得的弱毒株、筛选的天然弱毒株或失去毒力但仍保持抗原性的无毒株所制成的疫苗。用同种病原体的弱毒株或无毒变异株制成的疫苗称为同源疫苗；通过含杂交保护性抗原的非同种微生物制成的疫苗称为异源疫苗。弱毒苗的优点：一次接种即可成功，并且可采取注射、滴鼻、饮水等多种免疫途径接种；通过对母畜禽免疫接种而使幼畜禽获得被动免疫；可以引起局部和全身性免疫应答，免疫力持久，有利于清除野毒；生产成本低。缺点：散毒问题；残余毒力，弱毒苗保护力好，但副作用也大；某些弱毒疫苗可引起接种动物的免疫抑制；存在返祖的危险。

类毒素是指某些细菌产生的外毒素，经适当浓度（0.3%~0.4%）甲醛脱毒后制成的生物制品。生态制剂或生态疫苗：动物机体的消化道、呼吸道和泌尿生殖道等处存在正常菌群，他们是机体的保护屏障，是机体非特异性天然抵抗力的重要因素，对一些病原体具有拮抗作用。由正常菌群微生物制成的生物制品称为生态制剂或生态疫苗。多联和多价苗：不同种微生物或其代谢产物组成的疫苗称为联合疫苗或联苗，同种微生物不同型或株共同制成的疫苗称为多价苗。

2）亚单位疫苗。亚单位疫苗是指用理化方法提取病原微生物中一种或几种具有免疫原性的成分所制成的疫苗。接种动物后同样能引起机体产生相对应病原微生物的免疫抵抗力。由于除去了病原体中与激发保护性免疫无关的成分，没有病原微生物的遗传物质，因此副作用小，安全性高，具有广阔的应用前景。

3）生物技术疫苗。基因工程亚单位疫苗：将病原微生物中编码保护性抗原的肽段基因，通过基因工程技术导入表达载体，高效表达后产生大量保护性肽段，提取此保护性肽段，加佐剂后即成为亚单位疫苗。

合成肽疫苗：人工合成病原微生物中保护性抗原的氨基酸序列，连接到载体蛋白后制成疫苗。

基因工程活载体苗：将病原微生物保护性抗原基因，插入病毒疫苗株等活载体的基因组或质粒制成的疫苗。

基因缺失苗：通过基因工程技术在DNA或cDNA水平上去除与病原体毒力相关的基因，但仍保持复制能力及免疫原性的毒株制成的疫苗。

DNA疫苗：编码病原体有效抗原的基因与细菌质粒构建的重组体。用该重组体可直接免疫动物机体，可诱导机体产生持久性细胞免疫和体液免疫。

抗独特型疫苗：抗体的Fab片段既可作为抗体也可作为抗原，注射到机体后可产生相应病原体的免疫力。

（2）疫苗的运送和保藏

1）疫苗运送。疫苗运输前要有良好的防破包装，运输途中避免高温、暴晒和冻融，尽量低温保存运输，以最快速度送达目的地。

2）疫苗保存。各种疫苗应在低温、阴暗及干燥的场所保存，在不同条件下保存不得超过规定期限。

（3）疫苗选择　根据畜禽日龄、接种目的、接种方式来选择所需要的疫苗种类、类型。一般来讲一种疫苗只能防一种病，所以选择动物疫苗时，应根据本地、本场的流行病学，有针对性地选取，不是越多越好，而是越少越好，要少而精，少而专。为确保免疫效果，必须选择正规厂家的有批准文号的疫苗。

选择疫苗和制定合理的免疫程序可从以下几方面考虑。

1）当地畜禽疫病流行情况。接种疫苗的种类应是当地比较流行或曾经发生和受威胁较重的病种。如果该地区从未发生过这种疫病，则没必要接种其疫苗。有些同种但型或亚型不同的病原制备的疫苗也只对本型或亚型病原的侵袭有保护作用（如流感、口蹄疫疫苗）。

2）畜禽种类和免疫对象。繁殖障碍类疾病的疫苗（如细小病毒疫苗），适合于后备和初产母猪的接种，而育肥猪则不需要。肉用鸡就不用接种鸡产蛋下降综合征的疫苗。例如，鸡新城疫Ⅰ系苗仅用于3月龄以上鸡的初免或经弱毒苗免疫过的鸡再免。

3）季节性。如秋冬季饲养肉鸡应接种鸡痘苗，而春夏季饲养则不需要。季节性明显的疾病要在流行前1～2月注苗。

4）母源抗体水平和免疫状态。根据不同疫苗接种后，抗体产生的时间、峰值及衰减规律、疫苗免疫期，最好监测母源抗体或上次免疫后的抗体水平，确定首免日龄和加强免疫日龄。在发生疫病时进行紧急免疫接种，其接种顺序应先从安全区再到受威胁区，最后到疫区，免疫的应是健康动物。

5）动物状况。一般要求是在易感阶段之前免疫，使其获得免疫保护力。鸡马立克病的免疫要尽早，妊娠母猪的免疫则尽量避开配种后3周和产前2周。

5. 免疫程序

根据一定区域或养殖场内不同传染病的流行状况及疫苗特性，为特定动物群体制定的免疫接种方案，称为免疫程序，它是事先计划好的各种疫苗具体的可行性使用顺序，主要包括所用疫苗的名称、类型、接种顺序、次数、途径及间隔时间。

（1）免疫程序制定原则

1）根据传染病的三维分布特征决定。动物传染病在地区、时间和动物群中的分布特点与流行规律不同，它们对动物造成的危害程度也会随之发生变化，一定时期内兽医防疫工作的重点就有明显的差异，因此需要根据具体情况随时调整。有些传染病流行持续时间长、危害程度大，应制定长期的免疫防制对策。

2）根据疫苗的免疫学特性决定。疫苗的种类、接种途径、产生免疫力需要的时间、免疫力持续期等的差异是影响免疫效果的重要因素，在制定免疫程序时要进行充分的调查、分析和研究。

3）具有相对稳定性。如果没有其他因素，某一地区或某一养殖场在一定时期内动物传染病的分布特征是相对稳定的。因此，若实践中证明某一免疫程序的应用效果良好，则应尽量避免改变这一免疫程序。如果发现该免疫程序执行过程中仍有某些传染病流行，则应及时查明原因，并适时调整。

（2）免疫程序制定的方法和程序

1）确定需要免疫的疫病。根据疫情监测和调查结果，分析本地区或养殖场内常发、多发传染病的危害程度，以及周围地区威胁性较大的传染病流行和分布特征，并根据动物的类别确定哪些传染病需要列入免疫计划，哪些传染病需要根据季节或动物年龄进行免疫防制。对本场或本地区从未发生过的疫病，一般不需进行免疫。主要发生于某一季节或某一年龄段的传染病，可在流行季节到来前的2～4周进行免疫接种，接种的次数则由疫苗的特性和该病的危害程度决定。

2）了解疫苗的免疫学特性。在制定免疫程序时必须考虑疫苗的特性，应分析疫苗的适用对象、保存及接种方法、适用剂量、接种后免疫力产生的时间、免疫保护效力及其持续期、最佳免疫接种时机及间隔时间等，然后确定本场具体的免疫方案。

3）充分利用免疫监测结果。年龄分布较广的传染病需要终生免疫，应根据定期测定的抗体消长规律确定首免日龄及再次免疫的时间。初次应用的免疫程序，应定期测定免疫后的动物群获得的免疫水平发现问题并及时采取补救措施。新生动物的首免日龄应根据其母源抗体的消长规律确定，以防止高滴度的母源抗体对免疫力产生干扰。

（3）免疫接种途径　　选择合理的免疫接种途径可以充分发挥全身体液免疫和细胞免疫的作用，大大提高动物机体的免疫应答能力。常用如下几种免疫途径。

1）皮内、皮下和肌内注射免疫。皮下接种、皮内接种、肌内注射、刺种都可用于灭活苗和弱毒苗接种，其优点是接种量准确、免疫密度高、效果确实可靠，在实践中可被广泛应用；缺点是费时费力，消毒不严格时病原体容易造成人为传播和局部感染，而且捕捉动物时易出现应激反应。

皮下接种多用于灭活苗，选择皮薄、被毛少、皮肤松弛、皮下血管少的部位。大家畜在颈侧部中1/3部位，猪在耳根后或股内侧，犬、羊宜在股内侧，家禽在翼下或胸部。

皮内接种应选择皮肤致密、被毛少的部位。大家畜选择颈侧、尾根、眼睑，猪在耳外侧或耳后，羊在颈侧或尾根部，鸡在肉髯部位。

肌内注射药物吸收快，副作用小。应选择肌肉丰满、血管少、远离神经干的部位，大家畜应在臀部或颈部，猪宜在耳后、臀部、颈部，羊宜在颈部，鸡宜在翅膀基部或胸部肌肉。多用于弱毒疫苗。

刺种常用于禽痘、禽脑脊髓炎等疫病的弱毒苗接种。将疫苗稀释后，用接种针或蘸水笔尖蘸取疫苗液刺入禽类翅膀内侧无血管处的翼膜内即可。刺种免疫操作较为烦琐，应用范围较小。

2）点眼和滴鼻。鼻腔黏膜下有丰富的淋巴样组织，禽类眼部具有哈德腺，对抗原的刺激能产生很强的免疫应答反应，操作时用乳头滴管吸取疫苗液滴于眼内或鼻孔内，如鸡新城疫Ⅱ系疫苗的免疫接种。

3）经口免疫接种。经口免疫效率高、省时省力、操作方便，能使全群动物在同一时间共同被接种，对群体的应激反应小；但动物群体中抗体滴度往往不均匀，免疫持续时间短，免疫效果容易受到其他因素影响。经口免疫有饮水或拌料两种方法，必须用活苗。

4）呼吸道气雾免疫。用稀释的疫苗在气雾发生器的作用下，形成雾化粒子悬浮于空气中，通过呼吸而刺激动物口腔和呼吸道等部位黏膜的免疫接种方法称为气雾免疫，可分为气溶胶免疫和喷雾免疫两种形式，其中气溶胶免疫最为常用。

5）静脉注射。静脉注射主要用于抗血清紧急预防或治疗疾病。马、牛、羊的注射部位在颈静脉，猪的在耳静脉，鸡的在翼下静脉。疫苗因残余毒力等原因，一般不做静脉注射。

6）其他免疫途径。如擦肛免疫接种、皮肤涂擦免疫接种等，目前很少使用。

6. 免疫效果评价

免疫效果评价的方法主要包括兽医流行病学方法、血清学方法和人工攻毒试验。

（1）兽医流行病学方法　　采用流行病学调查的方法，检查免疫动物群和非免疫动物群发病率、死亡率等指标，可以比较评价不同疫苗或免疫程序的保护效果。保护率越高，免疫效果越好。

保护率=对照组发病（或死亡）率-试验组发病（或死亡）率/对照组发病（或死亡）率×100%

效果指数=对照组发病（或死亡）率/试验组发病（或死亡）率

保护率=[（对照组发病率-免疫组发病率）/免疫组发病率]×100%

（2）血清学方法　　通过测定免疫动物群血清抗体的几何平均滴度，比较接种前后滴度升高的幅度及其持续时间，以此来评价疫苗的免疫效果。如果接种后的平均抗体滴度比接种前升高4倍以上，即认为免疫效果良好；如果小于4倍，则认为免疫效果不佳或需要重新进行免疫接种。

（3）人工攻毒试验　　通过对免疫动物的人工攻毒试验，确定疫苗免疫保护率、开始产生免疫力的时间和免疫持续时间等指标。

（4）疫苗接种反应观察　　疫苗对动物机体来说是外源物质，接种后会出现一些不良反应，按照反应的强度和性质可分为如下三种类型。

1）正常反应。由疫苗本身特性而引起的反应，如少数疫苗接种后，常常出现一过性的精神沉郁、食欲下降、注射部位的短时轻度炎症等局部性或全身性异常表现。如果这种反应的动物数量少、反应程度轻、持续时间短，则认为是正常反应。

2）严重反应。指与正常反应在性质上相似，但反应程度重或出现反应的动物数量较多的现象。其多数是疫苗质量低劣或毒株毒力偏强、使用剂量过大、操作不正确、接种途径错误或使用对象不正确等因素造成的。

3）过敏反应。疫苗本身或其培养液中某些过敏原的存在，导致疫苗接种后动物迅速出现过敏性反应的现象。表现为黏膜发绀、缺氧、严重的呼吸困难、呕吐、腹泻、虚脱或惊厥等全身性反应和过敏性休克症状，以异源性细胞或血清制备的疫苗接种时常出现。

7. 免疫监测

免疫监测就是利用血清学方法，对某些疫苗免疫后畜禽体内抗体水平的跟踪监测。通过免疫监测不但可以检查疫苗接种的免疫效果，还可以为确定下一次接种时间、调整免疫程序提供科学依据；同时还能及时发现疫情，以便尽快采取扑灭措施。应建立定期免疫监测制度，畜禽养殖场随机采取畜禽血清进行实验室检查，采样数量一般为畜禽群的2%～5%，小群适当多采，大群适当少采。

8. 免疫失败原因分析

免疫接种是预防和控制动物传染病的有效途径之一，正确选择、保存、使用疫苗是保证免疫效果的基础。但在实际工作中，往往由于各种因素的影响，部分动物免疫后，抗体达不到国家规定的标准，存在免疫效果不佳或免疫失败的情况，导致动物发病，给养殖业带来损失。

（1）疫苗运输保管不当　不同的疫苗有不同的运输条件，如冻干苗要求保存条件是-15℃，灭活疫苗要求在2～8℃下保存。这就需要不同的运输工具和运输方式才能保证疫苗质量。疫苗运输环节较多，从生产地到省级动物疾控部门，再到市县乡，最终到养殖场或农户，任何一个环节的保管不当，都会对疫苗质量产生影响。运输疫苗的条件不符合要求，造成疫苗丧失真空保存状态，致使疫苗抗原失活，使疫苗质量受到影响，用此种疫苗免疫接种，必然导致免疫失败。

（2）疫苗保存不当　不同种类的疫苗，其保存温度要求不一样，因此必须按产品说明书要求进行保存。在生产实践中，冷藏设备不足，不能按要求条件进行有效储藏，将疫苗运（购）回后置于常温下保存，有的甚至放在露天暴晒，有的不分冻干苗还是灭活苗都放入冰箱冷冻室保存等，这些现象必然会影响疫苗的效价，从而影响免疫的效果。

（3）饲养管理不善　这个问题在农村及散养户中尤为突出。首先，饲料营养不均衡，造成动物体况不良，养分缺乏，能影响机体对抗原的免疫应答，免疫反应明显受到抑制；其次，恶劣的饲养环境，如饲养密度大、拥挤，环境卫生状况差，畜禽在环境过冷、过热、过湿、通风不良，以及噪声、捕捉、运输、转栏、免疫注射时保定等应急因素作用下，将会造成精神抑制，降低免疫效果。另外，有时候饲喂的饲料发生霉变或垫料发霉，重金属、工业化学物质和杀虫剂等损害免疫系统，引起免疫抑制，即使在不使畜禽群体发生中毒症状的剂量下，也能使畜禽群体易发感染性疾病，免疫力降低。

（4）免疫程序不合理

1）缺乏必要的流行病学调查。大部分县市由于监测经费有限，技术力量薄弱，对辖区内动物免疫抗体水平和疫病流行情况缺乏动态监测，动物春、秋季集中免疫工作以行政命令为主，免疫时机的选择随意性较大，免疫程序选择缺乏合理性，有的甚至没有免疫程序。

2）不进行母源抗体检测。接种时机非常关键，如果不严格按照免疫程序进行免疫接种，将会影响免疫力的产生。在畜牧养殖生产中，各种因素的影响，造成动物机体对某种疾病的抗体水平和母源抗体水平存在差异，部分个体首次免疫因母源抗体水平高而不产生免疫应答；还有的个体因加强免疫间隔时间过长，易形成免疫空白期而成为易感畜群；而超前免疫又容易使仔畜发生过敏性休克。

（5）对免疫动物健康情况不了解　部分防疫人员注射之前不按要求对免疫动物进行健康检查，不了解动物的免疫史及病史等，被注射动物本身处于疫病发生期、潜伏期或临产期，致使发生不良反应或免疫失败。

（6）疫苗注射不当

1）不按说明书使用。有的兽医人员注射之前对疫苗的外包装、标签、批准文号、生产批号、出厂日期、失效期、是否破损等不进行检查登记，没有仔细阅读产品使用说明书、注意事项等，常常在注射过程中将疫苗置于高温暴晒，温度上升使保存期缩短。为了节省疫苗，部分防疫人员将疫苗稀释4～6h后还在使用，造成免疫效果不佳。

2）免疫操作不当。首先，有些疫苗配有专用稀释液，不能用其他的水或溶液替代，如用水稀释，水质不良或含有化学成分，会降低疫苗的效价和抗原性，造成免疫失败。

3）注射器械及注射局部消毒不严。在动物免疫接种过程中，有的防疫人员不按规范操作，对器械、注射部位消毒不严，大多数不是一畜一针，而是一圈一针或一户一针，容易造成疫苗污染或动物交叉感染。

4）免疫注射剂量不准。在免疫注射过程中，有的防疫人员为了提高免疫效价，随意加大注射剂量或免疫次数，造成免疫耐受或免疫麻痹；有的怕出现免疫副反应而随意减少剂量，造成免疫剂量不足，达不到理想的免疫效果；有的防疫人员没有按要求将疫苗注射到适宜的部位，而是采取打飞针的方法，在很大程度上影响了注射剂量和注射部位的准确性；有的不根据动物和注射部位的准确性进行免疫；有的不根据动物的大小和说明书要求，统一注射相同剂量，导致有些动物免疫剂量不足。另外，注射用的疫苗，如果操作不当，疫苗注入脂肪层或者从注射孔逆流出，都会减少免疫剂量，使免疫后抗体水平低下。

5）接种途径不当。不同的免疫途径激发的免疫应答类型不同。例如，滴鼻或点眼可诱导局部黏膜免疫，接种途径不正确不能产生适当的免疫力。应该肌内注射的，有的防疫人员使用的针头过短，使大部分疫苗留在脂肪内，不易被动物吸收，影响免疫效果。另外，部分防疫人员为了减少工作量，同时接种两种或两种以上相互干扰的疫苗，导致机体对各种疫苗的应答都显著降低，影响免疫效果。

（7）免疫抑制 除饲养管理不当引起的免疫抑制外，还有两个原因：一是病原体感染性免疫抑制。有些疾病，如猪瘟、圆环病毒病、严重的寄生虫感染、雏鸡的传染、囊虫病及其他疾病等处于潜伏期时，将抑制免疫反应，降低免疫效果。二是药物引起的免疫抑制。滥用药物或免疫接种期使用一些药物，如地塞米松类、磺胺类、四环素类等，可致畜禽机体的免疫器官受到抑制，也会造成免疫抑制。

9. 接种时注意事项

（1）注意外界环境温度 尽量不要在高温天气接种。如果在炎热季节可选在早晨或傍晚进行，避开中午高温时段。

（2）强化无菌操作 接种疫苗的全过程要树立无菌操作概念。接种前、后对所有容器、器械、用具必须进行消毒，以防交叉污染。注射疫苗的部位先用5%碘酊消毒，再用75%乙醇脱碘消毒，并防止消毒剂渗入针头或针管内，以免影响免疫效果。给动物注射用过的针头，不能吸液，以免污染疫苗。生产实践中可在瓶塞上固定一个消毒的针头专供吸取药液，吸液后不拔出，用酒精棉包裹，以便再次吸取。如果忽略了无菌操作概念，注射部位、针头或橡皮塞子一旦污染，都会使细菌进入疫苗内。遭污染的疫苗或针头接种动物，其则可能出现局部脓肿，甚至全身性败血症而死亡，从而给养殖户带来不必要的损失。

（3）现配现用 应在尽量短的时间内用完。使用冻干疫苗前，注意检查疫苗瓶的真空度，对疫苗瓶破裂、瓶塞脱落、瓶内有异物的不能使用。使用液体灭活疫苗前，应充分摇匀。使用前要将其回升至室温。冻干苗稀释后应放在冷暗处，在4h内用完，湿苗、油乳苗在开封后6~12h内用完，免疫用具、器材及稀释后的剩余疫苗应作消毒处理，不得随意丢弃，以免污染场地及畜禽舍。同批疫苗一般可保存1～2瓶，免疫后如有不良反应和异常情况，便于向疫苗供应单位反映并检查原因。

（4）严格注射操作 注射部位要准确。选用的针头口径大小、长度应合适。使用过大口径针头或注射过快（飞针），疫苗液容易倒流，造成苗量不足，免疫效果不确实。吸药时注意排除注射器中的空气，右手握注射器，针头朝上，左手用镊子夹取挤干的酒精棉球裹住针体头，使空气（允许少量药液）通过针头经酒精棉球向外排出。

（5）认真做好登记 登记内容包括疫苗名称、类型、规格、生产厂、批号和有效期，接种途径、剂量和接种日期及接种员姓名，免疫动物的种类、数量、日龄、状态。对未注射的动物也要详细登记，以便日后按时补针、防止遗漏，避免因少数动物发病而影响全群。

（6）**免疫前后动物体况的检查** 要对动物群体的品种及健康状况进行认真检查，在确认健康状况良好、无疾病感染时方可进行疫苗免疫。凡是患病、体温升高、食欲不振、饲养管理不良、阉割后伤口尚未愈合、体质衰弱、处于疫病潜伏期、产仔不久的个体不宜接种疫苗，要待机体恢复正常后再接种疫苗。对不健康的动物要进行隔离观察，怀孕后期的家畜应慎用或不用反应较强的疫苗。注射疫苗后加强对动物的饲养管理，改善饲养环境条件，使动物注射疫苗后产生很强的免疫力。

10. **应避免疫苗接种时的一些错误用法**

（1）**多种疫苗的同时接种** 有时可以采用多联苗免疫接种（如猪瘟-猪肺疫-猪丹毒三联苗），以减少接种对动物造成的应急。但如果当地猪瘟流行比较严重，为保证免疫效果，其猪瘟疫苗最好单独接种，在产生免疫力之后再接种三联苗。要尽量避免两种或两种以上的单苗同时接种，两种不同的疫苗接种必须间隔7~10d以上。盲目使用2种或2种以上活疫苗同时接种，疫苗毒之间可能会产生相互干扰而影响免疫效果。但病毒性活疫苗和灭活疫苗可同时或分开使用。

（2）**药物和疫苗的同时应用** 为防止药物对疫苗接种的干扰，在免疫接种前后7~10d内尽量不要使用抑制免疫的药物。因为这些药物对细菌性活疫苗具有抑杀作用，对病毒性疫苗也有一定程度的影响。使用活疫苗前后1~2d，也不要使用化学消毒剂消毒，多种药物可以影响菌苗在体内的繁殖，免疫效果可能受到影响。注射活菌疫苗前后5d严禁使用抗生素，有些疫苗要求更高，如猪气喘病弱毒苗胸腔注射前15d及注射后两个月内不得饲喂或注射土霉素、卡那霉素等对疫苗有抑制作用的药物。

（3）**弱毒苗和干扰素的同时使用** 在使用干扰素后96h内不要接种弱毒苗，如果弱毒苗和干扰素同时使用，干扰素可以干扰弱毒苗在体内的增殖，降低疫苗的免疫效果。同时使用灭活苗时也不要混合注射。

（4）**灭活油佐剂疫苗和猪用转移因子混合肌内注射** 弱毒苗和猪用转移因子可以混合肌内注射，但灭活油佐剂疫苗和猪用转移因子要分别肌注。主要原因是油佐剂疫苗与灭活猪用转移因子混合后，改变了其原来的乳化性质。

（5）**免疫不分对象和途径** 如幼畜雏禽使用基因疫苗，实际上幼畜雏禽的免疫系统此时尚未发育完全，不能产生完全的细胞免疫。当母源抗体较高时使用弱毒疫苗，此时接种的弱毒疫苗被完全中和，造成免疫失败或效果很差。

三、药物预防

在正常管理状态下，适当将化学药物、抗生素、微生态制剂等加入饲料或饮水，以调节机体代谢、增强抵抗能力和预防多种疫病发生，称其为药物预防。

1. **药物预防的原则**

（1）**药物敏感性** 病原体对某些药物的敏感性和耐药性是药物预防的基础性问题，选择最敏感的或抗菌谱广的药物用于预防，以期获得良好的预防效果。要适时更换药物，防止产生耐药性。

（2）**动物敏感性** 不同种属动物对药物的敏感性不同，应区别对待。某些药物剂量过大或长期使用会引起动物中毒。对将要出售的畜禽应适时停止用药，以免药物残留。

（3）**有效剂量** 药物必须达到最低有效剂量，才能收到应有的预防效果。要按固定的剂量，均匀地拌入饲料或完全溶解于水中。

（4）**注意配伍禁忌** 两种或两种以上药物配合使用时，有的会产生理化性质改变，使药物产生沉淀或分解、失效，甚至产生毒性。在进行药物预防时，一定注意配伍禁忌问题。

（5）**药物价格** 尽可能选用价廉、易得而又确有预防作用的药物。

2. **预防性药物的给药方法**

不同的给药方式可以影响药物的吸收速度、利用程度、药效出现时间及维持时间。药物预防一般采用群体给药方式，药物一般添加在饲料或溶解在饮水中。

（1）拌料给药　　将药物均匀地拌入饲料中，让畜禽自由采食。该方法简便易行，节省人力，减少应急，适用于预防性用药，尤其是长期给药。对于患病的畜禽，不宜使用。拌料给药时要准确掌握药量，确保拌和均匀，注意不良反应。

（2）饮水给药　　将药物溶解到饮水中，畜禽饮水的同时也将药物饮入机体，一般用于预防和治疗疫病。使用时应注意药物的水溶性质，严格掌握畜禽的一次饮水量。

（3）气雾给药　　是以气溶胶的形式，通过动物呼吸道或黏膜的一种给药方式。这种方式给药简便，药物吸收及作用迅速，节省人力，尤其适用于现代化大型养殖场，但需要一定的气雾设备，且畜舍门窗能够密闭。

（4）体外用药　　指为杀死畜禽体表的寄生虫、微生物所进行的体表用药。包括喷洒、喷雾、熏蒸和药浴等不同方式。涂擦法适用于畜禽体表寄生虫的驱虫、部分体内寄生虫的驱治。药浴主要适用于羊体外寄生虫的驱治，特别是牧区，每年在剪毛后，选择晴朗无风的天气，配制好药液，进行药浴或喷淋。

3. 微生态制剂

微生态制剂又叫作活菌制剂、益生菌制剂，指能在动物消化道中生长、发育或繁殖，并起有益作用的微生物制剂。根据其作用特点，微生物制剂可分为益生素、微生物生长促进剂两类。益生素即直接饲喂的微生物制剂，主要由正常消化道优势菌群的乳酸杆菌或双歧杆菌等菌种、属菌株组成；微生物生长促进剂是由真菌、酵母、芽孢杆菌等具有很强消化能力的种、属菌株组成。

第三节　人兽共患病的防治

WOAH将人兽共患病概念定义为动物自然地传播给人的所有疾病或传染病。WHO将人兽共患病定义为在人和脊椎动物之间自然传播的疾病或感染。人兽共患病主要是动物传染给人，患病动物既是某些病原体的贮藏库，也是人类某些疫病的传播者，人类1415种疾病中61%为人兽共患病。人兽共患病是指所有动物传播给人类的疾病，范围更为广泛；而人兽共患病指养殖或驯养动物传播人类的疾病。农业农村部颁布的《全国畜间人兽共患病防治规划（2022—2030年）》重点突出了动物源性人兽共患病的防治地位和源头防控重要性。

一、人兽共患病防治原则

人兽共患病防治原则主要是消灭传染源，切断传播途径，增强畜禽机体抵抗力以抵御感染和传染。切断传播途径，主要是切断动物与动物之间的传播途径；切断动物和人的互传环节；切断人与人之间传播的途径。

1. 消灭传染源

传染源指的是凡是体内有病原体生存、繁殖，并能持续向外界排毒的动物，简而言之，就是带毒排毒动物。传染源包括患传染病动物、病原携带者及人兽共患病的患者。病畜禽是主要的人兽共患病传染源，其排毒量大，且毒性强，如禽流感；人也具有排出人兽共患病病原的能力，相对于动物而言，人作为传染源的能力小，而且不常见。以人兽共患病传染源的作用来说，动物占绝大多数，也是人类人兽共患病的主要来源。因此，动物防疫检疫，特别是对人兽共患病源头控制有着极其重要的作用，也是动物检疫的重要功能之一。

排毒从感染开始，持续整个发病过程。而有些传染源作为隐性感染者、健康带毒者、初愈者，虽然排毒量小、毒力弱，但因其症状不明显，难以被发现，成为危险的传染源。根据带毒强弱和时间长短，应及时采取措施消灭传染源。

2. 切断传播途径

传播途径是病原体从传染源到达新动物的途径，其方式有直接性和间接性。直接接触传播，它是不借助外界条件，由带毒者与健康者直接接触引起（交配、舔、咬、哺乳等），如马媾疫、狂犬病等。间接性传播是病原体借助传播媒介传播，包括经空气、污染物、土壤、活的媒介等传播。人也可作为人兽共患病的传染源传播结核、布鲁氏菌病、鼻疽等。通过了解传染源排毒量的大小和病原体的传播途径，可制定防治的具体措施。

二、人兽共患病防治的具体措施

人兽共患病防治应着重采取以下几个方面的措施。

1. 免疫预防

免疫是动物机体的一种保护性反应，其作用是识别和排除抗原体异物，以维护机体的生理平衡和稳定。在人兽共患病防治中，应加强对动物疫苗的注射，强化免疫接种，使机体自身产生或被动获得特异性免疫力，达到预防和治疗传染病。特别是宠物经常与人们接触，对其定期免疫预防如进行狂犬病预防，对防止人们感染人兽共患病十分重要；对群体饲养的畜禽要注意维护动物福利，保护动物健康，才能保证群体饲养动物的健康而不受人兽共患病的侵害，同时也就自然保护了人类的安全；注意饮食卫生，加强对动物源性食品检验；避免接触病死动物及其产品。

2. 消灭传播媒介和储存宿主

传播媒介主要有媒介昆虫和野生动物。媒介昆虫有：虻类、厩螫蝇、蚊、蜱、螺、家蝇等。野生动物主要是鼠类；它具有易感性，可传播钩端螺旋体病、布鲁氏菌病等；它还可以机械地传播疫病，如猪瘟和口蹄疫等。防治措施主要是杀虫、灭鼠，切断传染病源。①搞好畜禽栏舍附近的环境卫生。经常消除垃圾、杂物乱草堆，搞好畜禽栏舍外面的环境卫生，是杀虫、灭鼠的重要措施。②灭蚊蝇。保持畜禽栏舍有良好的通风，使用杀虫药如蝇毒磷等，每月喷洒两次；使用黑光灯。③防鼠灭鼠。可采用捕鼠夹捕杀和使用毒鼠药。

3. 治疗

人兽共患病治疗是综合性的，其目的是减少损失，防止疫病扩散。针对动物治疗的原则：对流行性强、危害严重的传染病，治疗时应在严密封锁或隔离条件下进行，绝不能使被治疗的患病动物成为散播病原的传染源，造成不应有的损失。针对动物机体的疗法主要是加强护理，精心饲喂，对症治疗。针对病原体的疗法主要是特异性疗法、抗生素疗法、化学疗法和中兽医疗法。

4. 消毒、检疫隔离、封锁等

消毒的目的是消除或杀灭外界环境中、畜禽体表面及物体上的病原微生物，它是切断传播途径的一项重要措施。在发生疫病期间，应对病畜禽的圈舍、粪便及污染的用具等物体和人居住的环境随时进行消毒。当全部病畜禽痊愈或死亡后，应对患病动物接触过的一切器物、栏（圈）舍、场所及痊愈动物的体表进行一次全面彻底的消毒。常用的化学消毒药品有石炭酸、甲醛、来苏尔等。检疫也是防止疫病传入、传出的重要措施。可采取临床检查和必要的血清学方法等检查，如鼻疽、结核可用变态反应检查。对检出的患病动物要立即进行隔离治疗，并及时报请动物防疫监督机构处理。对购进的动物应坚持从非疫区引入，并有针对性地免疫接种。新引进的动物应放入隔离舍内进行观察。检疫后，病畜禽和同群畜禽应立即采取扑杀无害处理。对疑似病畜禽应分别隔离，加强观察，及时分化。隔离期限依传染病的种类不同而异，如有带菌现象，隔离期限相当于这种病的最长的带菌期，经过观察确定健康后，方可解除隔离。封锁是为了防止传染病由疫区向安全地区传播。封锁时，既要有防疫观点，也要有生产观点和群众观点。要按传染的特性、特点划定疫点、疫区和受威胁区。同时，在封锁区内采取的措施要针对传染源、传播途径、易感动物三个环节，本着"早、快、严、小"的原则进行治疗。对封锁区内的病死畜禽一律采取焚烧或深埋等无害化处理或销毁处理。在封锁区周围的通道上，还应设立监督检查和消毒站。

5. 捕杀屠宰

捕杀屠宰是对已经发生的传染病而言的,要因地制宜,根据人兽共患病每种传染病在不同时间、地区的具体流行特点而采取措施,未经兽医卫生监督员或检疫人员许可,不得随意急宰患病动物,不得剖检尸体,更不能扒皮吃肉,尤其是人兽共患病,要严防病原传播扩散,一旦动物发生如猪丹毒、炭疽病、结核病、口蹄疫、布鲁氏菌病、钩端螺旋体病、狂犬病时,捕杀屠宰要严格按动物防疫法及其法规、规章的有关规定处理。

第四节　动物防疫监督管理

一、动物防疫监督管理的法律依据

1. 主要涉及的法规

动物防疫监督管理主要依靠国家的相关法律法规来进行,包括《中华人民共和国动物防疫法》、《重大动物疫情应急条例》(国务院令第687号)、《病原微生物实验室生物安全管理条例》(国务院令第424号)、《实验动物管理条例》(2017年国务院第三次修订)、《动物检疫管理办法》(农业农村部令2022年第7号)、《动物防疫条件审查办法》(农业农村部令2022年第8号)、《兽用生物制品管理办法》(农业农村部令2021年第2号)、《畜禽标识和养殖档案管理办法》(农业部令第67号)、《畜禽产地检疫规范》(农牧发〔2023〕16号)、《种畜禽调运检疫技术规范》(GB 16567—1996)、《非洲猪瘟常态化防控技术指南(试行版)》(农业农村部2020年)、《新城疫检疫技术规范》(GB 16550—1996)、《奶牛场卫生规范》(GB 16568—2006)、《病死畜禽和病害畜禽产品无害化处理管理办法》(农业农村部令2022年第3号)、《畜产品消毒规范》(GB/T 16569—1996)、《农业部关于印发动物检疫合格证明等样式及填写应用规范的通知》(农医发〔2010〕44号)、《中华人民共和国畜牧法》、《中华人民共和国农业法》、《中华人民共和国野生动物保护法》、《中华人民共和国进出境动植物检疫法》、《中华人民共和国进出口商品检验法》、《中华人民共和国食品安全法》、《中华人民共和国传染病防治法》等。

2. 动物防疫法律法规的基本内容

(1)**动物防疫管理**　我国动物防疫体系是上下对口,统一管理,统一监督,分工与协作,宏观管理和具体执法监督相分离。

(2)**动物疫病预防**　动物疫病预防由农业农村部统一管理,预防为主,实行计划与强制免疫,实行防疫消毒制度及疫情监测监督制度。

(3)**动物疫情管理**　国家实行动物疫情通报制度。根据相关法规和上级部署、当时情况进行控制和扑灭。

(4)**重大动物疫情应急处置**　重大动物疫情应急准备;重大动物疫情监测、报告和公布;重大动物疫情应急处理。

(5)**动物检疫**　动物检疫的主管机构是各级兽医行政管理部门;统一动物检疫规程、统一检疫出证、实行证章标识统一管理、对检疫人员进行管理。

(6)**动物防疫监督**　兽医防疫部门、兽医人员对从事动物饲养、经营和动物生产进行监督,促使其依法履行动物防疫的义务活动,对下级执法情况进行监督。

(7)**执业兽医**　实施执业兽医制度。

(8)**动物防疫条件审核**　实行《动物防疫审查办法》制度(农业农村部令2022年第8号)。

(9)**兽医实验室生物安全**　兽医实验室活动要符合《病原微生物实验室生物安全管理条例》(国务院令第424号)。

二、许可证制度

《中华人民共和国行政许可法》《中华人民共和国动物防疫法》和农业农村部《动物防疫条件管理办法》（已于2022年8月22日经农业农村部第9次常务会议审议通过，于2022年12月1日起施行）等都规定了动物防疫许可证制度，包括"动物防疫条件合格证""动物诊疗许可证""兽药经营许可证""种畜禽生产经营许可证"。兴办动物养殖场（饲养小区）、动物隔离场所、动物屠宰加工场所、动物和动物产品无害化处理场所，应当向当地县级以上兽医主管部门提出申请，申领审批表，办理动物防疫条件合格证明。

1. 申报"动物防疫条件合格证"需提交的材料

1）"动物防疫条件审查申请表"。

2）场所地理位置图、各功能区布局平面图。

3）设施设备清单：场区入口处配置消毒设备；生产区有良好的采光、通风设施设备；圈舍地面和墙壁选用适宜材料，以便清洗消毒；配备疫苗冷冻（冷藏）设备、消毒和诊疗等防疫设备的兽医室，或者有兽医机构为其提供相应服务；有与生产规模相适应的无害化处理设施设备；有与生产规模相适应的污水污物处理设施设备；有相对独立的引入动物隔离舍；有相对独立的患病动物隔离舍；有必要的防鼠、防鸟、防虫设施或方法。

4）管理制度文本：免疫制度，用药制度，检疫申报制度，疫情报告制度，消毒制度，无害化处理制度，畜禽标识制度，养殖档案制度，国家规定的动物疫病的净化制度。

5）人员情况：法人代表或负责人身份证复印件（带原件审核），兽医资格证明材料，从事动物饲养工作人员的健康证明等。

申请前申请人需对照动物防疫条件逐条核查，完成"动物防疫条件自查表"。

2. 申报"种畜禽生产经营许可证"（畜禽父母代场）需提交的材料

1）申请报告及申请表原件各1份。

2）引种证明材料。主要有：供种单位的"营业执照"及"种畜禽生产经营许可证"复印件（需供种单位盖章）各1份；种畜禽引种证明、种畜禽合格证明、检疫合格证明、家畜系谱、购买发票、定购合同原件及复印件各1份。

3）具备相关法律、法规、规章规定条件的证明材料。主要有：有关单位的批准文件、与生产经营规模相适应的畜牧兽医技术人员材料、与生产经营规模相适应的繁育设施设备清单、生产经营场所所有权或经营权证明材料、质量管理和育种记录制度。

3."动物诊疗许可证"制度

（1）法律依据 《中华人民共和国动物防疫法》第五十条规定："从事动物诊疗活动的机构，应当具备下列条件：有与动物诊疗活动相适应并符合动物防疫条件的场所；有与动物诊疗活动相适应的执业兽医；有与动物诊疗活动相适应的兽医器械和设备；有完善的管理制度"。第五十一条规定："设立从事动物诊疗活动的机构，应当向县级以上地方人民政府兽医主管部门申请动物诊疗许可证"。

（2）申请"动物诊疗许可证"的单位应具备的条件

1）有固定的动物诊疗场所，且动物诊疗场所使用面积符合省（自治区、直辖市）人民政府兽医主管部门的规定。

2）动物诊疗场所选址距离畜禽养殖场、屠宰加工场、动物交易场所不少于200m。

3）动物诊疗场所设有独立的出入口，出入口不得设在居民住宅楼内或者院内，不得与同一建筑物的其他用户共用通道。

4）具有布局合理的诊疗室、手术室、药房等设施。

5）具有诊断、手术、消毒、冷藏、常规化验、污水处理等器械设备。

6）具有1名以上取得执业兽医师资格证书的人员。

7）具有完善的诊疗服务、疫情报告、卫生消毒、兽药处方、药物和无害化处理等管理制度。

8）动物诊疗机构应当使用规范的名称。使用"动物医院"名称的应具备进行动物颅腔、胸腔和腹腔手术的能力。

4."兽药经营许可证"制度

（1）法律依据 《中华人民共和国兽药管理条例》第二十二条规定："经营兽药的企业，应当具备下列条件：与所经营的兽药相适应的兽药技术人员；与所经营的兽药相适应的营业场所、设备、仓库设施；与所经营的兽药相适应的质量管理机构或者人员；兽药经营质量管理规范规定的其他经营条件。符合前款规定条件的，申请人方可向市、县人民政府兽医行政管理部门提出申请，并附具符合前款规定条件的证明材料；经营兽用生物制品的，应当向省、自治区、直辖市人民政府兽医行政管理部门提出申请，并附具符合前款规定条件的证明材料"。第二十三条规定："兽药经营许可证应当载明经营范围、经营地点、有效期和法定代表人姓名、住址等事项。兽药经营许可证有效期为 5 年"。

（2）条件和标准 申请"兽药经营许可证"的单位或个人应具备以下条件。

1）与所经营的兽药相适应的兽药技术人员。

2）与所经营的兽药相适应的营业场所、设备、仓库设施。

3）与所经营的兽药相适应的质量管理机构或者人员。

4）《兽药经营质量管理规范》规定的其他经营条件。

（3）所需材料 申请"兽药经营许可证"的单位或个人需要提报的材料。

1）兽药经营许可证审核表、申请书、工商预先核准通知书。

2）营业场所使用权证明（房产、设施、设备、库房证明）。

3）法定代表人（负责人）身份证明。

4）专职专业技术人员的身份证、资格证书（执业兽医师，助理执业兽医师）原件及复印件。

5）专职兽药经营质量负责人承诺书。

5. 兽医师资格许可制度

出台《执业兽医和乡村兽医管理办法》的目的是规范执业兽医执业行为，提高执业兽医业务素质和职业道德水平，保障执业兽医的合法权益，保护动物健康和公共卫生安全。在我国境内从事动物诊疗和动物保健活动的执业兽医适用《执业兽医管理办法》（农业部令 2013 年第 5 号）。执业兽医包括执业兽医师和执业助理兽医师。执业兽医资格考试由农业农村部组织，全国统一大纲、统一命题、统一考试。

（1）执业兽医资格考试和注册 国家实行执业兽医资格考试制度。执业兽医，是指从事动物诊疗和动物保健等经营活动的兽医。具有兽医相关专业大学专科以上学历的，可以申请参加执业兽医资格考试；考试合格的，由国务院兽医主管部门颁发执业兽医资格证书；从事动物诊疗的，还应当向当地县级人民政府兽医主管部门申请注册。

（2）执业兽医的权利和义务 具有执业兽医资格，方可从事动物诊疗、开具兽药处方等活动，参加预防、控制动物疫病的活动。

（3）乡村兽医服务人员管理规定 乡村兽医是指尚未取得执业兽医资格，经登记在乡村从事动物诊疗服务活动的人员。乡村兽医只能在本乡镇从事动物诊疗服务活动，不得在城区从业。

（4）兽医执业注册和备案

1）申请和备案。取得执业兽医师资格证书，从事动物诊疗活动的，应当向注册机关申请兽医执业注册备案；取得执业助理兽医师资格证书，从事动物诊疗辅助活动的，应当注册备案。

2）执业证书。兽医师执业证书和助理兽医师执业证书应当载明姓名、执业范围、受聘动物诊疗机构名称、动物诊疗机构聘用证明及其复印件等事项。兽医师执业证书和助理兽医师执业证书的格式由农业农村部规定，由省（自治区、直辖市）人民政府兽医主管部门统一印制。

动物诊疗机构是指有动物诊疗许可证的兽医院、有兽药实验许可证的兽药厂、有实验动物生产或使用许可证的实验动物生产和使用场合、或有防疫要求的畜牧养殖场、负责动物检疫防疫实验和处理的部门，也包括有出售处方兽药的兽药销售单位或可进行动物医学类科研教学的教学实验部门。

（5）执业活动管理

1）执业场所。执业兽医不得同时在两个或者两个以上动物诊疗机构执业，但动物诊疗机构间的会诊、支援、应邀出诊、急救除外。

2）执业权限。执业兽医师的权限：执业兽医师可以从事动物疾病的预防、诊断、治疗和开具处方、填写诊断书、出具有关证明文件等活动。

执业助理兽医师的权限：执业助理兽医师在执业兽医师的指导下协助开展兽医执业活动，但不得开具处方、填写诊断书、出具有关证明文件。

6. 食品市场准入制度（包括屠宰企业）

食品市场准入制度也称食品质量安全市场准入制度，是指为保证食品的质量安全，具备规定条件的生产者才被允许进行生产经营活动，具备规定条件的食品才被允许生产销售的监管制度。因此，实行食品质量安全市场准入制度是一种政府行为，是一项行政许可制度。在食品安全领域兽医卫生监督与防疫的职责范围主要是动物源性食品范畴，但法律依据与食品准入市场制度一致。

（1）食品市场准入制度的核心内容

1）对食品生产加工企业实行生产许可证管理。实行生产许可证管理是指对食品生产加工企业的环境条件、生产设备、加工工艺过程、原材料把关、执行产品标准、人员资质、储运条件、检测能力、质量管理制度和包装要求等条件进行审查，并对其产品进行抽样检验。对符合条件且产品经全部项目检验合格的企业，颁发食品质量安全生产许可证，允许其从事食品生产加工。

已获得进出境检疫检验机构颁发的"出口食品厂卫生注册证"的企业，其生产加工的食品在国内销售的，以及获得HACCP认证的企业，在申办食品安全质量许可证时可以简化或免于工厂生产必备条件审查。

2）对食品出厂实行强制检验。其具体要求有两个：一是那些取得食品质量安全生产许可证并经质量技术监督部门核准，具有产品出厂检验能力的企业，可以实施自行检验其出厂的食品。实行自行检验的企业，应当定期将样品送到指定的法定检验机构进行定期检验。二是已经取得食品质量安全生产许可证，但不具备产品出厂检验能力的企业，按照就近就便的原则，委托指定的法定检验机构进行食品出厂检验。三是承担食品检验工作的检验机构，必须具备法定资格和条件，经省级以上（含省级）质量技术监督部门审查核准，由国家市场监督管理总局统一公布承担食品检验工作的检验机构名录。

3）实施食品质量安全市场准入标志管理。获得食品质量安全生产许可证的企业，其生产加工的食品经出厂检验合格的，在出厂销售之前，必须在最小销售单元的食品包装上标注由国家统一制定的食品质量安全生产许可证编号，并加印或者加贴食品质量安全市场准入标志，并以"质量安全"的英文名称quality safety的缩写"QS"（下方标注："生产许可"）表示。国家市场监督管理总局统一制定食品质量安全市场准入标志的式样和使用办法。

食品生产许可证制度是工业产品许可证制度的一个组成部分，是为保证食品的质量安全，由国家主管食品生产领域质量监督工作的行政部门制定并实施的一项旨在控制食品生产加工企业生产条件的监控制度。该制度规定：从事食品生产加工的公民、法人或其他组织，必须具备保证产品质量安全的基本生产条件，按规定程序获得"食品生产许可证"，方可从事食品的生产。没有取得"食品生产许可证"的企业不得生产食品，任何企业和个人不得销售无证食品。

实行食品质量安全市场准入制度，是从我国的实际情况出发，为保证食品的质量安全所采取的一项重要措施。实行食品质量安全市场准入制度是提高食品质量、保证消费者安全健康的需要。食品是一种特殊商品，它最直接地关系到每一个消费者的身体健康和生命安全。

实行食品质量安全市场准入制度是保证食品生产加工企业的基本条件，强化食品生产法制管理的需要。我国食品工业的生产技术水平总体上同国际先进水平还有较大差距。许多食品生产加工企业规模极小，加工设备简陋，环境条件很差，技术力量薄弱，质量意识淡薄，难以保证食品的质量安全。企业是保证和提高产品质量的主体，为保证食品的质量安全，必须加强食品生产加工环节的监督管理，从企业的生产条件上把住市场准入关。采取审查生产条件、强制检验、加贴标识等措施，对此类违法活动实施有效的监督管理。

（2）食品质量安全市场准入制度的适用范围 根据《中共中央、国务院关于深化改革加强食品安全工作的意见》（中共中央、国务院2019年5月9日发布实施）规定："凡在中华人民共和国境内从事食品生产加工的公民、法人或其他组织，必须具备保证食品质量的必备条件，按规定程序获得《食品生产许可证》，生产加工的食品必须经检验合格并加贴（印）食品市场准入标志后，方可出厂销售。进出口食品的管理按照国家有关进出口商品监督管理规定执行。"同时规定国家市场监督管理总局负责制定"食品质量安全监督管理重点产品目录"，并对纳入"食品质量安全监督管理重点产品目录"的食品实施食品质量安全市场准入制度。如2023年1月20日，市场监管总局发布关于印发《全国重点工业产品质量安全监管目录（2023年版）》的通知，共包含14类247种工业产品。其中，食品相关产品共13类。

按照上述规定，食品质量安全市场准入制度的适用范围如下。

1）适用地域。中华人民共和国境内。

2）适用主体。一切从事食品生产加工并且其产品在国内销售的公民、法人或者其他组织。

3）适用产品。列入国家市场监督管理总局公布的"食品质量安全监督管理重点产品目录"且在国内生产和销售的食品，以及进出口食品。

三、动物卫生监测与监督

对从事动物饲养、经营和动物产品生产的单位和个人是否遵守动物防疫法律法规进行监督、检查、纠正，促使其依法履行义务，保证动物防疫工作秩序的相关活动。各级动物防疫监督机构应根据本地区情况制定监督检查工作计划，定期对辖区内生产、加工、经营动物、动物产品的活动及场所进行监督检查；根据动物疫病流行及动物、动物产品流通活动情况，针对性对辖区内生产、加工、贮藏、运输、经营动物及其产品活动、场所进行不定期的突击监督检查；监督检查时必须有两名以上动物防疫监督员；防疫监督员执行任务时，应佩戴规定标识，携带证件；如需采样，需携带相关器具设备；做好监督检查记录。

1. 动物防疫监督检查的方法与程序

（1）检查的方法 审查：通过对管理相对人的文字材料、申请书、报告、证件等进行审查，判定这些材料的真伪，了解管理相对人的情况。

采样：依据法规和监督检查的需要对动物或动物产品进行采样。

留验：在监督机构监督检查动物或动物产品时，如发现可疑，应该依法扣留并采取必要措施进行检验。

抽检：动物防疫监督机构根据需要及法定程序，对动物或动物产品进行不定期抽查检验，一般多用于饲养场、屠宰、加工、经营、冷藏等场所的动物、动物产品的检验、监督。

调查：对管理相对人从事动物及动物产品生产、加工、经营等防疫活动情况进行调查。

派驻：动物防疫监督机构为执行监督任务，可以在动物饲养、屠宰、经营和动物产品生产、经营等有关场所和单位派驻机构或人员。

（2）程序 出示证件，说明来意；全面检查，了解情况；调查取证，做好笔录；认定事实，依法处理；手续完备，监督执行。

2. 动物防疫监督检查的项目与内容

（1）动物饲养场所 是否持有合法有效的动物防疫合格证，防疫制度落实情况，免疫、消毒、驱虫等动物防疫制度是否健全，免疫标识、免疫档案及动物排泄物等无害化处理等情况，动物、动物产品调运记录。

（2）孵化场所 是否持有合法有效的动物防疫合格证，防疫制度落实情况，种蛋来源、幼雏出场等工作记录情况，消毒、污水、污物、无害化处理设施、设备情况。

（3）动物屠宰场 是否持有合法有效的动物防疫合格证，防疫制度落实情况，屠宰厂环境、待宰间、急宰间、隔离间、无害化处理设施情况等，屠宰检疫设备、检疫人员、检疫工作等情况，病死动物、染疫动物及其产品和污水、污物、粪便等无害化处理情况，屠宰设备和屠宰场所消毒情况，入场查验、宰前宰后检疫及消毒、无害化处理等记录，待宰动物佩戴耳标及健康状况。

（4）动物及动物产品经营、加工、仓储等场所 是否持有合法有效的动物防疫合格证，防疫制度落实情况，动物及产品经营、加工、仓储环境、设施、设备、工具、用具等动物防疫情况，消毒、污水、污物、无害化处理设施、设备情况。

（5）**动物及产品运输**　　是否持有动物检疫合格证明、运载工具消毒证明，证物是否相符，动物临床诊断是否健康。

（6）**种（乳）用动物调运**　　是否持有动物检疫合格证明、运载工具消毒证明，证物是否相符，免疫标识佩戴情况，临床诊断是否健康。

（7）**动物诊疗活动**　　从事诊疗场所是否持有合法有效的动物防疫合格证、动物诊疗许可证，诊疗的场所消毒、污水、污物、无害化处理设施等动物防疫情况，诊疗活动、厨房、消毒、无害化处理等记录资料。

（8）**动物防疫监督临时检查站、临时消毒**　　站卡的设立是否符合国家有关规定，是否有消毒设施，是否有2名以上的动物防疫工作人员，是否按规定进行定期检查消毒工作，是否对检查情况进行记录。

（9）**病原微生物保存场所**　　实验动物、病料、废弃物、污水、污物、被污染的空气处理设备情况，生物安全设施完备情况。

（10）**检疫情况监督**　　检疫人员是否持有"动物检疫员证"，检疫是否按国家或地方标准执行，检疫证明是否按规范填写，是否按国家规定收取检疫费。

四、防疫区域划分

动物疫病防疫区域的划分包括非免疫接种的无规定疫病区、监测区，免疫接种的无规定疫病区、缓冲区、感染区（疫区）等。

1. 无规定疫病区

在规定期限内，没有发生过某种或几种疫病，同时在该区域及其边界和外围一定范围内，对动物和动物产品、动物源性饲料、动物遗传材料、动物病料、兽药（包括生物制品）的流通实施官方有效控制并获得国家认可的特定地域。无规定疫病区包括非免疫无规定疫病区和免疫无规定疫病区两种。

2. 非免疫无规定疫病区

在规定期限内，某一划定的区域没有发生过某种或某几种动物疫病，且该区域及其周围一定范围内停止免疫的期限达到规定标准，并对动物和动物产品及其流通实施官方有效控制。

3. 免疫无规定疫病区

在规定期限内，某一划定的区域没有发生过某种或某几种疫病，对该区域及其周围一定范围内允许采取免疫措施，对动物和动物产品及其流通实施官方有效控制。

4. 无规定疫病区基本条件

（1）区域要求

1）区域规模。无规定疫病区的区域应集中连片，有足够的缓冲区或监测区，具备一定的自然或人工屏障。

2）社会经济条件。无规定疫病区的建设必须在当地政府的领导下，有关部门积极参与，并得到社会各界的广泛支持。社会经济水平和政府财政具有承担无疫区建设的能力，可承受短期的、局部的不利影响，并在维持方面提供经费等保障。无规定疫病区的建立能带来显著的经济和社会生态效益。

3）动物防疫屏障。无规定疫病区与相邻地区间必须有自然屏障和人工屏障。

4）非免疫无规定疫病区外必须建立监测区，免疫无规定疫病区外必须建立缓冲区。

5）免疫无规定疫病区必须实行免疫标识制度、实施有计划的疫病监测措施和网络化管理。免疫无规定疫病区引入的易感动物及其产品只能来自于相应的免疫无规定疫病区或非免疫无规定疫病区。对进入免疫无规定疫病区的种用、乳用、役用动物，应先在缓冲区实施监控，确定无疫后，按规定实施强制免疫，标记免疫标识后，方可进入。

6）非免疫无规定疫病区必须采取有计划的疫病监控措施和网络化管理。非免疫无规定疫病区引入的易感动物及其产品只能来自于相应的其他非免疫无规定疫病区。对进入非免疫无规定疫病区的种用、乳用、役用动物，应先在监测区按规定实施监控，确定符合非免疫无规定疫病区动物卫生要求后，方可进入。

（2）法制化、规范化条件

1）省（自治区、直辖市）的人民代表大会或者人民政府制定并颁布实施与无规定疫病区建设相关的法规规章。

2）省级人民政府制定并实施有关疫病的防治应急预案，并下达无规定疫病区动物疫病防治规划。

3）依据国家或地方法律法规和规章的有关规定，省级畜牧兽医行政管理部门必须严格实施兽医从业许可、动物防疫条件审核、动物免疫、检疫、监督、监督检查站、疫情报告、畜禽饲养档案、机构队伍和动物防疫工作档案等具体的管理规定；必须严格实施动物用药、动物疫病监控和防治等技术规范。

（3）基础设施条件

1）区域内应有稳定健全的各级动物防疫监督机构和专门的乡镇畜牧兽医站，并有与动物防疫工作相适应的冷链体系。

2）区域内的实验室应具备相应疫病的诊断、监测、免疫质量监控和分析能力，以及与所承担工作任务相适应的设施设备。

3）动物防疫监督机构具备与检疫、消毒工作相适应的检疫、检测、消毒等仪器设备。

4）动物防疫监督机构具有与动物防疫监督工作相适应的设施、设备和监督车辆，保证省、市、县三级动物防疫监督机构有效开展检疫、执法、办案和技术检测等工作。具备对动物或动物产品在饲养、生产、加工、储藏、销售、运输等环节中实施动物防疫有效监控的能力。

5）有相应的无害化处理设施设备，具备及时有效地处理病害动物和动物产品及其他污染物的能力。

6）省、市、县、乡有完备的疫情信息传递和档案资料管理设备，具有对动物疫情准确、迅速报告的能力。

7）在无规定疫病区与非无规定疫病区之间建立防疫屏障，在运输动物及其产品的主要交通路口设立动物防疫监督检查站，并配备检疫、消毒、交通和及时报告的设施设备。具有对进入本区域的动物及其产品、相关人员和车辆等进行有效监督和控制疫病传入传出的能力。

（4）机构与队伍

1）组织机构：有职能明确的兽医行政管理部门；有统一的、稳定的、具有独立法人地位的省、市、县三级动物防疫监督机构；有健全的乡镇动物防疫组织。

2）队伍：有与动物防疫工作相适应的动物防疫人员；动物防疫监督机构设置的动物防疫监督员必须具备兽医相关专业大专以上学历，动物检疫员必须具备兽医相关专业中专以上学历。

3）动物防疫监督机构内从事动物防疫监督、动物检疫及实验室检验的专业技术人员比率不得低于80%。

4）兽医行政管理部门及动物防疫监督机构应制定并实施提高人员素质的规划，有组织、有计划地开展培训和考核，并具有相应的培训条件和考核机制。

5）各级政府应采取有效措施，保证动物防疫监督机构及动物防疫组织从事的动物防疫活动按照国家和省财政、物价部门制定的费用标准收费。

（5）其他保障条件

1）动物产地检疫和屠宰检疫均由动物防疫监督机构依法实施。

2）有处理紧急动物疫情的物资、技术、资金和人力储备。

3）有足够的资金支撑，在保证基础设施、设备投入和更新的同时，保证动物免疫、检疫、消毒、监督、诊断、监测、疫情报告、扑杀、无害化处理等的工作经费。

5. 监测区

环绕某疫病非免疫无规定疫病区，依据自然环境、地理条件和疫病种类所划定的、按非免疫无规定疫病区标准进行建设的、对非免疫无规定疫病区有缓冲作用的足够面积的地域，且该地域必须有先进的疫病监控计划，实行与非免疫无规定疫病区相同的防疫监督措施。

6. 缓冲区

环绕某疫病免疫无规定疫病区而对动物进行系统免疫接种的地域，是依据自然环境和地理条件所划定的、按免疫无规定疫病区标准进行建设的、对免疫无规定疫病区有缓冲作用的一定地域，且该地域必须有先进的疫病监控计划，实行与免疫无规定疫病区相同的防疫监督措施。

7. 感染区

感染区是指有疫病存在或感染的一定地域，由国家依据当地自然环境、地理因素、动物流行病学因素和畜牧业类型而划定公布的一定范围。

8. 自然屏障

自然屏障是指自然存在的具有阻断某种疫情传播、人和动物自然流动的地理阻隔，包括大江、大河、湖泊、沼泽、海洋、山脉、沙漠等。

9. 人工屏障

人工屏障是指为建设无规定疫病区需要，限制动物和动物产品自由流动，防止疫病传播，由省级人民政府批准建立的动物防疫监督检查站、隔离设施、封锁设施等。

五、运输条件监督

运输环节是动物疫病传播的重要途径，甚至会引起动物疫病远距离、跳跃式传播，造成动物疫病蔓延。所以，加强对运输环节进出省市界动物监督管理，切断传播途径，对控制、扑灭动物疫病十分必要。出售或者运输的动物、动物产品经所在地县级动物卫生监督机构的官方兽医检疫合格，并取得"动物检疫合格证明"后，方可离开产地。进出省市界的动物须事先申报，并取得"动物调运申报备案单""动物检疫合格证明""动物及其产品运载工具消毒证明""非疫区证明""动物免疫证明"等五证。

第五节　死亡动物处理

动物疫病暴发时，必须对大量死亡动物进行处理，而兽医机构在进行处理时首先必须以灭活病原为基本科学原则，而且必须考虑公众和环境等问题。在紧急疫情发生之前，国家和地区必须制定好死亡动物（全部或部分动物）的处理措施。大量死亡动物的处理将是昂贵的，固定的和可变的成本也会随着处理方法选择的不同而不同，使用的每种方法将会使环境、地方经济、生产者和畜牧业产生间接的成本。除从生物安全考虑外，决策者需要了解不同处理技术对经济、社会、环保和美学的冲击影响。

一种处理方法的选择不可能将危险的相关因素都充分捕捉和系统化，决策者必须考虑最佳方案。因而，要求全面理解处理方法的各种排列，反映危险在科学、经济和社会问题的一种平衡。

一、死亡动物处理时应考虑的关键因素

（1）**适时性**　早期检测新发生的感染、感染动物的立即扑杀、死亡动物的快速处理和病原的灭活同等重要，必须尽快而有效地阻断病原的散播。

（2）**人员的健康和安全**　处理时应保障工作人员免受风险，特别是人兽共患病的风险。工作人员应该受到适当培训，采用保护服、手套、面罩、呼吸机、护目镜、免疫预防及药物治疗等措施充分保护其免受感染，并且定期进行健康检查。

（3）**病原灭活**　所选择的处理方法必须保证能够灭活病原。

（4）**对环境的影响**　不同处理方法对环境可产生不同的影响。例如，焚烧会产生烟和气味；埋葬可能

导致毒气和渗出液产生，进而导致空气、土壤、水的表面和深层潜在污染。

（5）**容量的可利用度**　在疫情突发之前应对不同处理方法的容量进行评价。为了减轻加工容量的欠缺，死亡动物可在冷藏室中暂时保存。

（6）**充足的资金**　为了获得最佳选择，必须尽早确定和提供足够的资金。

（7）**人力资源**　应该保证有足够的经过良好培训的人力资源以供使用，尤其当实施范围扩展时。技术人员和检验人员尤其重要。

（8）**社会认同**　得到社会认同是选择处理方法的一个重要方面。

（9）**农场主接受**　农场主对于选择适宜的预防疫病蔓延的安全措施和死亡动物到处理场所的运输非常敏感。对于动物的损失或埋葬、焚烧场所而给予农场主足够的补偿将提高处理方法的可接受性。

（10）**设备**　处理过程中使用的设备可以造成感染的传播。起重机、集装箱、卡车等设备外表面的清洁和消毒，以及运输工具从农场的启程应该得到特别重视。运输死亡动物的卡车应该是防漏的。

（11）**食腐动物和媒介**　必须高度重视预防食腐动物和媒介接近死亡动物，避免造成疫病的传播。

（12）**经济冲击**　所采用的处理方法对于经济的冲击情况（短期和长期的）同样必须加以考虑。

二、对死亡畜禽动物的处理

依据农业部《病死及死因不明动物处置办法（农医发〔2005〕25号）》及《中华人民共和国动物防疫法》对饲养、运输、屠宰、加工、贮存、销售及诊疗等环节发现的病死及死因不明动物的报告、诊断及处置工作的规定，任何单位和个人发现病死或死因不明动物时，应当立即报告当地动物防疫监督机构，并做好临时看管工作。任何单位和个人不得随意处置及出售、转运、加工和食用病死或死因不明动物。当地动物防疫监督机构接到报告后，应立即派人员到现场做初步诊断分析，能确定死亡病因的，应按照国家相应动物疫病防治技术规范的规定进行处理。对非动物疫病引起死亡的动物，应在当地动物防疫监督机构的指导下进行处理。对病死但不能确定死亡病因的，当地动物防疫监督机构应立即采样送县级以上动物防疫监督机构确诊。尸体要在动物防疫监督机构的监督下进行深埋、化制、焚烧等无害化处理。对发病快、死亡率高等重大动物疫情，要按有关规定及时上报，对死亡动物及发病动物不得随意进行解剖，要由动物防疫监督机构采取临时性的控制措施，并采样送省级动物防疫监督机构或农业农村部指定的实验室进行确诊。对怀疑是外来病，或者是国内新发疫病，应立即按规定逐级报至省级动物防疫监督机构，对动物尸体及发病动物不得随意进行解剖。经省级动物防疫监督机构初步诊断为疑似外来病，或者是国内新发疫病的，应立即报告农业农村部，并将病料送至国家外来动物疫病诊断中心（农业农村部动物检疫所）或农业农村部指定的实验室进行诊断。发现病死及死因不明的动物所在地的县级以上动物防疫监督机构，应当及时组织开展死亡原因或流行病学调查，掌握疫情发生、发展和流行情况，为疫情的确诊、控制提供依据。

出现大批动物死亡事件或发生重大动物疫情的，由省级动物防疫监督机构组织进行死亡原因或流行病学调查；属于外来病或国内新发疫病的，国家动物流行病学研究中心及农业农村部指定的疫病诊断实验室要派人协助进行流行病学调查工作。除发生疫情的当地县级以上动物防疫监督机构外，任何单位和个人未经省级兽医行政主管部门批准，不得到疫区采样、分离病原、进行流行病学调查。当地动物防疫监督机构或获准到疫区采样和流行病学调查的单位和个人，未经原审批的省级兽医行政主管部门批准，不得向其他单位和个人提供所采集的病料及相关样品和资料。

在对病死及死因不明动物采样、诊断、流行病学调查、无害化处理等过程中，要采取有效措施做好个人防护和消毒工作。发生动物疫情后，动物防疫监督机构应立即按规定逐级报告疫情，并依法对疫情做进一步处置，防止疫情扩散蔓延。动物疫情监测机构要按规定做好疫情监测工作。确诊为人兽共患病时，兽医行政主管部门要及时向同级卫生行政主管部门通报。各地应根据实际情况，建立病死及死因不明动物举报制度，并公布举报电话。对举报有功的人员，应给予适当奖励。对病死及死因不明动物的各项处理，各级动物防疫监督机构要按规定做好相关记录、归档等工作。

三、动物诊疗单位医疗废弃物及死亡动物无害化处理

1）每日发生的医疗垃圾及各种废弃物必须采用专用的废弃物消毒桶统一收集，当日用5%氢氧化钠溶液消毒后送指定地点深埋，或者统一到环卫处指定的医疗废弃物处理厂进行无害化处理。
2）医疗废弃物必须设专人保管，由专人处理，做到彻底无害化处理，严防疫源扩散。
3）对解剖和病死动物必须用密闭的专用装尸袋封闭后送指定地点焚烧、消毒，进行无害化处理。
4）对于病死动物、解剖动物现场，要及时用5%氢氧化钠溶液消毒后，清洗干净。
5）注射用一次性注射器、输液管严禁出售，每次使用之后到指定的地点焚烧深埋。

四、对水生动物死亡的无害化处理

如果对已死亡、携带病原菌或含违禁药物残留的水生动物处理不当，就会对公共环境和公共卫生安全构成严重威胁。为防止水生动物对环境造成二次污染，最大程度地保护水产品的安全、保障人民的健康，必须对其进行无害化处理。

1. 下列情况需进行无害化处理

（1）**水源污染**　养殖区水源受到有毒、有害物质的污染。
（2）**投入品污染**　养殖过程中使用了含有有毒、有害物质的饲料、肥料和禁用药品等。
（3）**病害导致死亡**　养殖过程中发生水生动物疾病导致大量死亡。
（4）**自然灾害导致大量死亡**　高温、冰冻、地震等严重的自然灾害引起水生动物大量死亡。

2. 无害化处理的主要步骤和方法

（1）**及时收集**　首先及时清捞水体和底泥中的死鱼等水生动物，以防经浸泡和太阳照射滋生传染性病菌及污染空气和水源；再运送到远离水源、河流、养殖区和居住区的地点，进行集中处理。
（2）**深埋处理**　对由自然灾害或一般疾病引起的水生动物死亡，采用普通的深埋处理即可，其方法是首先挖一深埋坑，要求坑深在1.5m以上，直径不宜过大，1.5～2m即可，在坑底铺垫2cm厚的生石灰，然后放一层死亡水生动物，再放一层生石灰，再放一层死亡水生动物，如此反复处理，再用土覆盖，与周围持平，覆盖土层厚度应不少于0.5m，最后在表面撒一层生石灰，并对周围进行消毒处理。填土不要太实，以免尸腐产气造成气泡冒出和液体渗漏。水生动物腐烂后能引起土质软化、塌陷等情况，所以掩埋后应设清楚标识，并做好后续填实工作。
（3）**发酵处理**　对因自然灾害或一般疾病引起的水生动物死亡，也可采用发酵法进行无害化处理。其方法是首先挖一发酵坑，用塑料薄膜作为土地的衬里，将消毒后的死亡水生动物置于坑内，上用塑料薄膜密封，用土覆盖，发酵后可作农业用肥，发酵坑可用鱼场或就近居民区的化粪池代替。
（4）**高温处理**　对由传染性疾病导致的水生动物死亡，要进行高温处理杀死病菌，控制传染源，高温处理分一般煮沸法和高压蒸煮法两种。
一般煮沸法：将死亡和带病原菌的水生动物放在普通锅内煮沸2～2.5h（从水沸腾时算起）。
高压蒸煮法：把死亡和带病原菌的水生动物分割成小块，放在密闭的高压锅内，在112kPa压力下蒸煮1.5～2h。
（5）**焚烧处理**　在发生严重传染性疾病（尤其是人鱼共患的疾病）、重金属污染、不易分解的禁用药物残留或其他不正常的情况下，必须采用焚烧处理的方法进行彻底销毁，以免水生动物对环境产生严重污染。其方法是用焚尸炉焚烧或浇注汽油焚烧，烧毁炭化处理后还要进行掩埋工作。
（6）**水体消毒**　发生水生动物大量死亡的养殖水体排放时必须进行消毒处理，达到国家废水排放标准后，方可向自然水域排放。消毒方法：清塘时用每立方米水体20g的漂白粉（含有效氯25%）全池泼洒。
（7）**工具消毒**　在打捞、运输、装卸等无害化处理环节要避免洒漏，并需对打捞、运输、装卸工具用漂白粉消毒杀菌。消毒方法：用500mg/L的漂白粉（含有效氯25%）溶液喷洒或浸泡。

第六节　动物检疫应急管理

一、自然灾害后动物疫病的应急管理和防控措施

自然灾害如地震、洪水、台风等是人类依赖的自然界中所发生的异常现象。我国是世界上自然灾害种类最多的国家。据有关部门统计，2008年3次灾害造成经济损失近6800亿元，其中雨雪冰冻死亡畜禽达6956万头（只），四川地震死亡畜禽达3383万头（只）。自然灾害不仅直接破坏养殖设施，造成大量畜禽死亡，还会导致饲养环境恶化、畜禽抵抗力下降、传染源增加，以及引发动物疫情等次生灾害。因此，如何抓好灾后动物疫病防治，确保大灾之后无大疫，是防灾抗灾工作的重要组成部分。

1. 自然灾害对动物疫病的影响

（1）**饲养环境恶劣，传染源大量增加**　　影响畜禽环境的主要有物理、化学、生物和社会4类因素；地震、洪水、台风等灾害直接造成栏舍毁坏，使饲养环境更加恶劣；饲料与牧草霉变、内外有寄生虫和病原微生物等生物因素，给人兽共患传染病流行创造了便利条件。地震、洪水有可能使土壤深层的炭疽芽孢等病原微生物暴露而污染草场、村屯或其他场所。洪水退后，溺死的动物尸体若得不到及时处理，各种有机废物在村庄、废墟中大量沉积，如不能及时消除，将成为动物或人兽共患病危险的传染源。若病害肉进入流通环节，还会带来食品安全问题。灾害造成防疫设施损坏，　也将严重制约防控工作的开展。

灾害发生使原有安全饮用水源被淹、被毁，这些水源往往被上游的人畜尸体、排泄物所污染，尤其在被洪水长时间围困的低洼内涝地区，人和动物被迫利用地表水作为饮用水源，更易引起水源性疾病的流行。

（2）**饲料霉变**　　饲料霉变是由霉菌的生长繁殖引起的，饲料在含水量11.5%～22.0%、空气湿度80%～100%时最有利于霉菌毒素的产生。水灾常伴随阴雨天气，饲料被水浸泡或在恶劣条件下储存，极易霉变。畜禽饲喂霉变饲料或腐败食物后很容易造成饲料中毒和食源性肠道传染病流行。

（3）**媒介生物活动范围扩大**　　借助洪水、大风，或通过鼠、蚊蝇携带病原可长距离、大面积传播扩散，从而暴发疫情。从资料分析来看，近年来洞庭湖地区血吸虫病疫区不断扩大与洪水泛滥密切相关。

2. 灾后动物疫病防控措施

自然灾害破坏了人与动物生活环境间的生态平衡，形成了传染病易于流行的条件，控制灾后疫情暴发无疑是防灾抗灾工作的重要组成部分。灾区动物疫病的防控工作应从传染源、传播途径和易感动物着手，贯彻"预防为主，防重于治，防治结合"的方针，充分发动群众，加强饲养管理，采取综合性防控措施，控制和杜绝疫病扩散蔓延，才能从根本上确保大灾之后无大疫。

（1）**及时无害化处理死亡畜禽**　　灾后应把组织群众及时处理溺死的动物尸体及各种有机废物放在首位，防止病害肉进入流通环节带来食品安全问题，减少人和动物接触传染源的机会。在灾区，简单有效的处理方法是将死亡的畜禽进行深埋或焚烧，对在野外发现的动物尸体也要及时进行无害化处理，尽可能消灭传染源。炭疽老疫区（点）应特别注意一旦有不明原因死亡的家畜，严禁剖食和销售，应采取全尸焚毁的办法彻底消灭病原，以免留下后患。

（2）**做好灾后消毒和环境卫生工作**　　灾后要指导养殖场（户）、动物及产品经营业主及时对栏舍、场所进行全面彻底的消毒灭源工作，降低发生疫病的风险。被污染的生产、生活环境、垃圾、粪便要集中收集清理。大力开展灭鼠灭蚊灭蝇工作，血吸虫病疫区还要做好灭螺工作，禁止到有螺地区放牧，阻断传播途径。

（3）**开展免疫和检疫工作**　　灾后动物机体抵抗力下降，尤其在整体免疫密度低的情况下，极易造成疫病流行。因此，应针对灾后实际情况及历年疫情流行特点，组织兽医，重点做好禽流感、口蹄疫、高致病性猪蓝耳病和猪瘟等疫病的强制免疫工作。对规模养殖场要及时进行免疫抗体监测，抗体未达标的畜禽群体，应及时补免。对容易发生的一些人兽共患病如炭疽、狂犬病、钩端螺旋体、流行性乙型脑炎等，应加强与卫生部门协作，采取有效措施，防止人畜间疫病的相互传染。各级动物卫生监督机构要严格产地检疫和屠宰检疫，严禁无检疫合格证、无免疫标识的畜禽上市，加强对饲养、屠宰、加工、运输、储藏等生产经营环节的

监管，严格兽药市场管理，依法严厉打击贩卖病死动物及其产品、制售假冒生物制品及防疫物资的不法行为。公路动物防疫监督检查站要加大监督检查力度，既要保证进出灾区的动物及其产品顺畅调运，又要保障动物防疫秩序，防止疫情跨区域传播。

（4）完善应急机制，加强疫情监测、报告　　建立健全疫情监测、报告和预警机制，制定和完善突发动物疫情应急预案，做好应急物资储备，建立疫情应急处理预备队。一旦发生疫情，要按照"早、快、严"的原则，采取隔离、消毒、扑杀病畜禽等措施，坚决把疫情控制在疫点上。加强疫情检测、报告工作，做到早发现、早报告、早隔离、早治疗。开展动物疫病流行病学调查，掌握疫情动态，并及时向周边和下游地区通报。

（5）加强畜禽的饲养管理，提高机体抵抗力　　良好的饲养管理条件是保障畜禽处于最佳生活和生长状态、提高抗病力的重要因素。灾后应选择合格的饲料和经过消毒的饮水饲喂畜禽，适当增加蛋白质，添加维生素和矿物质等抗应急的药物。为防止饲料霉变，可以在饲料中添加丙酸钠等防霉剂或采取暴晒、脱毒处理等办法，减轻毒素的危害。

（6）重视人员安全防护　　救援人员在灾区实施救援作业，掩埋、焚烧病死动物尸体、清理垃圾污染物时，要穿戴防护服、橡胶手套、面罩（口罩）、胶靴等，防止感染。并注意做好清洁消毒，进行健康监测，出现不良症状时应尽快检查治疗。

二、检疫中发现动物暴发疫病后的应急管理和防控措施

1. 动物疫情管理

动物防疫法对动物疫情管理做了规范，法规明确规定如下。

1）全国动物疫情由国务院畜牧兽医行政管理部门统一管理并公布。

2）依据需要授权省级人民政府的畜牧兽医行政管理部门公布本行政区域内的动物疫情。

3）任何单位或个人发现患有疫病或可疑疫病的动物，都应当及时向当地动物防疫监督机构报告。

4）动物防疫监督机构接到有关动物疫情报告后，应当迅速采取措施，并按照国家有关规定上报。

5）任何单位或个人不得瞒报、谎报、阻碍他人报告动物疫情。

2. 发生一类动物疫病时的特别措施

1）当发生或发现一类动物疫病时，当地县级以上地方人民政府畜牧兽医行政管理部门应立即派人到现场，划定疫点、疫区、受威胁区，采集病料，调查疫源。

2）及时报请同级人民政府决定对疫区实行封锁。

3）县级以上地方人民政府应当立即组织有关部门和单位采取隔离、扑杀、销毁、消毒、紧急免疫接种等强制性控制、扑灭措施，并通报毗邻地区。

4）对疫区封锁时采取的法定措施包括：禁止染疫的动物、动物产品流出疫区；禁止非疫的动物进入疫区，以防止疫病扩散；依据扑灭动物疫病需要对出入封锁疫区的人员、运输工具及有关物品采取消毒和其他限制性措施。

5）疫区封锁的决定权，在一个行政区域内由当地县级以上地方人民政府决定；如果疫区涉及两个以上行政区域的，由有关行政区域连同上一级人民政府决定对疫区实行封锁，或由各有关行政区域上一级人民政府共同决定对疫区实行封锁。

3. 发生二、三类动物疫病时的措施

1）发生二类动物疫病时，同样要由当地县级以上地方人民政府的畜牧兽医行政管理部门划定疫点、疫区、受威胁区，以便控制和扑灭疫病，但未规定实行封锁。

2）在发生二类动物疫病时，同样可造成严重后果，有必要采取隔离、扑杀、销毁、消毒、紧急免疫接种、限制易感动物、动物产品及有关物品出入等控制、扑灭措施，具体的则由县级以上地方人民政府根据需要决定。

3）发生三类动物疫病时，由县级、乡级人民政府按照动物疫病预防计划和国务院畜牧兽医行政管理部

门的有关规定，组织防治和净化。

4）特殊情况即当二类、三类动物疫病呈暴发性流行时，也会造成严重的危害，因此动物防疫法专门规定，应当按照有关发生一类动物疫病时的规定办理。

4. 疫区的有关管理事项

动物防疫法规定疫区内有关单位和个人应当遵守县级以上人民政府及其畜牧兽医行政管理部门依法做出的有关控制、扑灭动物疫病的规定。

为了控制、扑灭重大动物疫情，动物防疫监督机构可以派人参加当地依法设立的现有检查站执行监督检查任务；必要时经省一级人民政府批准，可以设立临时性动物防疫监督检查站，执行监督检查任务。

关于疫点、疫区、受威胁区和疫区封锁，规定由原决定机关决定解除并宣布。

5. 人兽共患病的控制、扑灭

动物防疫法规定发生人兽共患病时，有关畜牧兽医行政管理部门应当与卫生行政部门及有关单位互相通报疫情；畜牧兽医行政管理部门、卫生行政部门及有关单位及时采取控制、扑灭措施。

6. 关于社会支持的规定

动物防疫法规定发生动物疫情时，航空、铁路、公路、水路等运输部门应当优先运送控制、扑灭疫情的人员和有关物质，电信部门应当及时传递动物疫情报告。

总结我国重大动物疫情应急管理和突发疫情应急处置工作实践经验，借鉴国外和其他行业的成熟理论和经验，建立适合我国实际的预案体系、技术标准、应急准备、物资储备、管理理论、工作机制等，提高我国重大动物疫病应急管理和处置工作的科学性、时效性和针对性。

三、国家层面公共卫生事件应急机制

国务院于2006年发布了4类公共卫生突发事件专项应急预案，包括《国家突发公共卫生事件应急预案》《国家突发公共事件医疗卫生救援应急预案》《国家突发重大动物疫情应急预案》《国家重大食品安全事故应急预案》。

编制公共卫生类突发公共事件专项应急预案，是为了有效预防、及时控制和消除公共卫生类突发公共事件及其危害，指导和规范相关应急处理工作，最大程度地减少对公众健康造成的危害，保障公众身心健康与生命安全。在这4类公共卫生事件应急处理中，兽医起着重要作用。

预案规定，建立全国统一的突发公共卫生事件监测、预警与报告网络体系，开展日常监测工作。各级人民政府卫生行政部门根据监测信息，及时分析并做出预警。发生突发公共卫生事件时，事发地各级人民政府及其有关部门要按照分级响应的原则和有关规定做出相应级别的应急反应。实施中采取边调查、边处理、边抢救、边核实的方式。特别重大突发公共卫生事件应急处理工作由国务院或国务院卫生行政部门和有关部门组织实施，事发地省级人民政府按照统一部署组织协调开展有关工作。其他级别的应急处置工作由地方各级人民政府负责组织实施。

国家突发公共事件医疗卫生救援应急预案适用于突发公共事件所导致的人员伤亡、健康危害的医疗卫生救援工作。如果为人兽共患病，则应有兽医人员参加。

国家重大食品安全事故应急预案适用于在食物（食品）种植、养殖、生产加工、包装、仓储、运输、流通、消费等环节中发生食源性疾患，造成社会公众大量病亡或者可能对人体健康构成潜在的重大危害，并造成严重社会影响的重大食品安全事故。预案规定，各部门应当按照各自职责，加强对食品安全的日常监管，建立全国统一的重大食品安全事故监测、报告网络体系，设立全国统一的举报电话，并建立通报、举报制度。重大食品安全事故发生后，一级应急响应由国家应急指挥部或国家应急指挥部办公室组织实施，二级以下由省级人民政府负责组织实施。

1. 突发公共事件应急机制

我国虽然已经制定了若干突发事件应急处理的规定，但它们散见于各项有关法律、法规和规章中，而且大多是针对单一灾种、事件或疾病的，如《中华人民共和国防震减灾法》《中华人民共和国防洪法》《中华人民共和国安全生产法》《中华人民共和国传染病防治法》《突发公共卫生事件应急条例》《国家自然灾害救助应急预案》（国务院办公厅 2016 年）等，没有形成纲领性的突发事件应急处理基本法。我国在相当大的程度上和范围内，在应对突发公共事件方面，还有以政策和行政手段代替着法律的功能。我国也缺乏各级政府处理突发事件的应急机构。我国各级政府虽然也有一些处理突发事件的议事协调机构，如防治非典型肺炎领导小组及一些职能部门，如卫生机构、安全生产监督管理部门等，但它们是政府的某一个工作部门或议事协调机构或临时成立的机构，有的缺乏法定权限，有的机构之间的关系还不顺，还不是处理突发应急事件的专门机构。

2. 重大动物疫病应急机制

健全应急机制、防控重大疫情。重大动物疫病防控工作，是保证畜牧业健康发展和公共卫生安全的重要任务。随着全球经济一体化进程和我国养殖业快速发展，动物及动物产品国际贸易和国内流通日趋频繁，重大动物疫情发生和扩散蔓延的风险在增加，防控重大动物疫病的任务日益繁重。

当前，从全球疫情形势看，禽流感疫情继续呈发展态势，扩散蔓延速度明显加快。由于禽流感等重大动物疫情具有突发性、危害性、传播性等特点，防控工作的关键是要建立健全应急机制，切实加强应急管理，确保把疫情控制在疫点上，防止扩散和蔓延。

重大动物疫情应急管理，是国家突发公共事件管理体系的重要组成部分。近年，中央提出"加强领导、密切配合，依靠科学、依法防治，群防群控、果断处置"防控禽流感的重大方针，国务院颁布了《重大动物疫情应急条例》（以下简称《条例》）、《国家突发公共事件总体应急预案》和《国家重大动物疫情应急预案》（以下简称《预案》），为加强重大动物疫情应急管理、提高应急处置能力，提供了有力的法律和制度保障。

近几年，农业农村部和地方各级兽医部门严格执行《条例》和《预案》，迅速扑灭了多起家禽禽流感疫情，有效遏制了亚洲 I 型口蹄疫的扩散，及时防控了四川猪链球菌病疫情的发展，有效防堵了周边国家疫情的传入。

加强重大动物疫情应急管理，是一项长期而艰巨的任务，必须建立健全禽流感等重大疫情应急管理长效机制。农业农村部将从以下几方面加强应急能力建设：一是结合禽流感等重大动物疫情发展态势和特点，进一步增强应急预案的可操作性；二是加强应急预备队伍培训和演练，做到关键时刻拉得出、用得上，提高突发疫情应急处置水平；三是加快推进兽医管理体制改革，切实解决一些地方的"人散、线断、网破"问题；四是加强动物疫情测报网络体系建设，提高重大动物疫情的预警预报能力；五是加强应急管理基础设施和支撑体系建设，完善应急防疫物资和防控技术储备。

（1）重大动物疫病防控，进一步完善应急机制　各级兽医部门要进一步完善应急机制，制定应急方案，推进应急体系建设；完善应急手段，建立健全物资储备制度，加强应急预备队培训和演练，提高应急处置能力。完善重大动物疫病免疫方案，规范免疫程序，组织好全国免疫大检查，提高免疫密度和质量。制定养殖小区和中小规模养殖场兽医卫生管理制度和方案，提高防疫水平。切实做好调运奶牛的强化免疫和隔离检疫，有效防止调运动物发生疫情。进一步加强重大动物疫情监测，完善疫情监测方案，规范采样、送样和阳性畜禽处置工作。加强疫情报告，强化风险分析和预警预报。加大人兽共患病防控力度，落实强制免疫政策，实施扑杀净化措施。进一步完善重大动物疫病防控定点联系制度，加强对各地防控工作的监督检查和指导。加大兽医实验室生物安全监管力度，依法查处违法从事病原微生物实验活动的行为，严防高致病性微生物扩散。

（2）动物卫生监督，推进动物标识及疫病可追溯体系建设　建立和完善动物标识及疫病可追溯体系。依据《中华人民共和国畜牧法》和《畜禽标识与养殖档案管理办法》（农业部令第67号）及有关规定，全面推进动物标识及疫病可追溯体系建设，完善"6个系统"（即技术支持系统、信息采集系统、监督检查系统、屠宰检疫系统、兽药标签监管系统、机构队伍支持系统），切实提高动物卫生监督执法能力和水平，有效防控重大动物疫病、保障动物产品质量安全，保护健康养殖业发展。加快推进动物卫生监督体制改革，全面加强动物卫生监督体系建设。加强对动物及动物产品生产、运输、加工、储存、销售等环节的监管，切实规范产地检疫和屠宰检疫工作，严禁病死动物和检疫不合格动物出场出户。

（3）**兽医管理体制改革，组建完成三级机构**　组建完成省、市、县三级兽医行政管理、执法监督、技术支持机构。要始终把机构编制和经费保障问题作为改革的核心内容，切实解决畜牧兽医机构编制问题，完善动物防疫经费保障机制。要积极推进官方兽医制度、执业兽医制度建设。突出抓好乡镇畜牧兽医站建设，稳定基层防疫和畜牧技术推广队伍，健全村级防疫网络。

（4）**无规定动物疫病区建设，组织开展监测与评估**　在无规定动物疫病区建设中，重点开展监测与评估工作，按照国际标准逐步推进国际认证。同时尽快建立和完善动物标识溯源系统，提升畜禽产品国际竞争力。要通过推进无规定动物疫病区建设，有效防控重大动物疫病，促进对外贸易，推进畜牧业产业升级。

（5）**兽药行业监管，坚决淘汰不达标企业和产品**　当前，我国畜产品安全问题日益突出，特别是兽药残留和养殖过程中使用各类违禁物等安全隐患还远未消除。因此，农业农村部要求严格执行兽药行业准入制度和准入条件，坚决淘汰达不到准入条件的企业和产品。加强对兽药生产企业的监督，建立兽药企业监督员和兽药企业巡查制度，建立和完善兽药生产企业产品质量责任制，逐步建立企业诚信档案和不良信用记录公开制度。

（6）**建立政府预警网络，利用动物疫病预警机制应对生物恐怖袭击**　可能利用野生动物的一些烈性传染病病原进行生物恐怖袭击。很多动物对疫病病原如禽流感、鼠疫、炭疽病、土拉热及霍乱等敏感，在一些重要的水域、场所增加一些敏感动物，如果这些动物发病，就很可能预示类似袭击发生，起到预警作用。

很多恐怖袭击所采用的病原是人兽共患的，所以动物可以起到预警作用。对生物恐怖袭击的早期监测是兽医和医学共同的任务。对可疑人群和动物群体进行调查和评价是关键措施之一，动物患病或死亡是非常有效的预警信号之一。其中，哨兵动物就是有效的监测工具之一，特别是对农业生物恐怖袭击来说是最恰当的监测手段之一。

四、市县层面以下动物检疫应急处置

1. 特别重大突发动物疫情（Ⅰ级）的应急处置

确认特别重大突发动物疫情后，按如下程序进行处置。

（1）**县重大动物疫情防制指挥部和各乡镇人民政府**

1）迅速向上级人民政府报告疫情。

2）组织协调有关部门参与突发重大动物疫情的处理。

3）根据突发重大动物疫情处理需要，调集本行政区域内各类人员、物资、交通工具和相关设施、设备参加应急处理工作。

4）发布封锁令，对疫区实施封锁。

5）在本行政区域内采取限制或者停止动物及动物产品交易、扑杀染疫或相关动物，临时征用房屋、场所、交通工具；封闭被动物疫病病原体污染的公共饮用水源等紧急措施。

6）组织公安、交通、质检等部门依法在交通站点设置临时动物防疫监督检查站，对进出疫区、进出境的交通工具进行检查和消毒。

7）按国家规定做好信息发布工作。

8）组织乡镇、街道、社区及居委会、村委会，开展群防群控。

必要时，可请求上级政府予以支持，保证应急处理工作顺利进行。

（2）**县畜牧局**

1）组织动物防疫监督机构开展突发重大动物疫情的调查与处理，划定疫点、疫区、受威胁区。

2）组织突发重大动物疫情专家委员会对突发重大动物疫情进行评估，提出启动突发重大动物疫情应急响应的级别。

3）根据需要组织开展紧急免疫和预防用药。

4）对应急处理工作进行督导和检查。

5）对新发现的动物疫病，及时按照国家规定，开展有关技术标准和规范的培训工作。

6）有针对性地开展动物防疫知识宣教，提高群众防控意识和自我防护能力。

（3）县动物防疫监督站

1）做好突发重大动物疫情的信息收集、报告与分析工作。

2）组织疫病诊断和流行病学调查。

3）按规定采集病料，送省级实验室或国家参考实验室确诊。

4）承担突发重大动物疫情应急处理人员的技术培训。

5）县境外发生重大动物疫情时，会同有关部门停止从疫区输入相关动物及其产品；加强对来自疫区运输工具的检疫和防疫消毒。

6）县境内发生重大动物疫情时，加强出县境货物的查验，会同有关部门停止疫区和受威胁区的相关动物及其产品出县境。

2. 重大突发动物疫情（Ⅱ级）的应急处置

确认重大突发动物疫情后，按如下程序进行处置。

（1）县重大动物疫情防制指挥部　县重大动物疫情防制指挥部根据县畜牧局的建议，启动应急预案，统一领导和指挥本行政区域内突发重大动物疫情应急处理工作。组织有关部门和人员扑疫；紧急调集各种应急处理物资、交通工具和相关设施设备；发布或督导发布封锁令，对疫区实施封锁；依法设置临时动物防疫监督检查站查堵疫源；限制或停止动物及动物产品交易、扑杀染疫或相关动物；封锁被动物疫源污染的公共饮用水源等；按国家规定做好信息发布工作；组织乡镇、街道、社区及居委会、村委会开展群防群控，保证应急处理顺利进行。

（2）县畜牧局　重大突发动物疫情确认后，向市畜牧、水产局报告疫情。同时，迅速组织有关单位开展疫情应急处置工作。组织开展突发重大动物疫情的调查与处理；划定疫点、疫区、受威胁区；组织对突发重大动物疫情应急处理的评估；负责对本行政区域内应急处理工作的督导和检查；开展有关技术培训工作；有针对性地开展动物防疫知识宣教，提高群众防控意识和自我防护能力。

（3）乡镇人民政府　疫情发生地乡镇人民政府及有关部门在县人民政府或县重大动物疫情防制指挥部的统一指挥下，按照要求认真履行职责，落实有关控制措施。具体组织实施突发重大动物疫情应急处理工作。

3. 较大突发动物疫情（Ⅲ级）的应急处置

（1）县重大动物疫情防制指挥部　县重大动物疫情防制指挥部根据县畜牧局的建议，启动应急预案，采取相应的综合应急措施。必要时，可向上级人民政府申请资金、物资和技术援助。

（2）县畜牧局　对较大突发动物疫情进行确认，并按照规定向县人民政府和市畜牧、水产局报告调查处理情况。加强对疫情发生地疫情应急处理工作的督导，及时组织专家对疫情应急处理工作提供技术指导和支持，向本县有关地区发出通报，及时采取预防控制措施，防止疫情扩散蔓延。

4. 一般突发动物疫情（Ⅳ级）的应急处置

县重大动物疫情防制指挥部根据县畜牧局的建议，启动应急预案，组织有关部门开展疫情应急处置工作。县畜牧局组织专家对疫情应急处理进行技术指导。县动物防疫监督站对一般突发重大动物疫情进行确认，并按照规定向县人民政府和县畜牧局报告。

5. 非突发重大动物疫情发生地区的应急处置

应根据发生疫情地区的疫情性质、特点、发生区域和发展趋势，分析本地区受波及的可能性和程度，重点做好以下工作。

1）保持与疫情发生地的密切联系，及时获取相关信息。

2）组织做好本区域应急处理所需的人员与物资准备。

3）开展对养殖、运输、屠宰和市场环节的动物疫情监测和防控工作，防止疫病的发生、传入和扩散。

4）开展动物防疫知识宣传，提高公众防护能力和意识。

6. 应急人员的安全防护

县市重大动物疫病防治指挥部要储备一定数量的消毒药品、消毒设备和防护服、手套等基本防护用品，以备随时取用。加强对应急人员及物资进出疫区的管理，应急人员进入疫区必须做好自我防护，特别是发生一些重大人兽共患传染病时；应急人员还应接种相应的疫苗、穿戴有生命支持系统或呼吸保护装置的特种防护服，定期进行血清学监测等。应急人员离开疫区前必须经过彻底的消毒。

7. 疫区群众防护

加强疫区的治安管理，依法采取措施，有条件地限制人员、物资流动，加强环境消毒，加大科普宣传教育，使疫区群众及时了解疫病的发生发展规律和预防控制手段，动员群众积极开展群防群治。根据情况，对疫区和受威胁区人群进行紧急免疫接种，预防疫病的发生，指挥专门医院对已发病群众开展救治工作，防止疫病的进一步扩散和蔓延。

8. 社会力量动员与参与

发生重大动物疫情依法封锁疫区时，应立即派出宣传工作组，开展宣传教育工作，大力宣传重大动物疫病的基本知识、危害和控制手段与措施，特别是人兽共患病的防范基本手段，增强群众的安全防范和自我保护意识。

9. 重大动物疫情的调查分析、检测与后果评估

县畜牧局负责重大动物疫情的流行病学调查分析、处理、检查、风险分析与评估工作。发生人兽共患重大动物疫情时，县卫生局负责组织实施重大动物疫情人间流行病学的调查监测与风险评估。

第七节　动物检疫系统管理

一、我国兽医管理机构与职能

在动物及动物产品检疫检验管理方面，我国实施中央、省、地（市）、县4级防疫、检疫、监督体系。

1. 国家兽医行政管理部门

（1）农业农村部　农业农村部主管全国的兽医工作，负责全国的动物疫病防治、检疫与监督的宏观管理，负责起草动物防疫与检疫的法律法规，签署政府间协议、协定，制定有关标准及相关标识、标志、认证资格等的管理与审批办法制定。

（2）兽医局　农业农村部下设兽医局，专门负责全国的兽医宏观管理工作。

1）组织拟定兽医及兽药、兽医医疗器械行业发展战略、规划和计划，起草兽医、兽药管理和动物检疫有关法律、法规和规章，拟定有关政策并组织实施；负责提出兽医及兽药行业投资计划检疫、初选项目，组织本行业项目实施、监督检查及竣工验收工作。

2）拟定兽医、兽药管理体系和队伍建设发展规划并组织实施；负责兽医医政和兽药药政管理工作；组织拟定动物卫生标准，负责制定、发布兽药国家标准、兽药残留限量标准和残留检测标准，并组织实施；负责兽药、兽医医疗器械监督管理和进出口管理工作。

3）负责拟定重大动物疫病防治政策，依法监督管理动物疫病防治工作。

4）负责动物疫情管理工作，组织动物及动物产品检疫检验、卫生质量监督管理工作；拟定动物医疗、动物实验的技术标准并组织实施。

5）组织制定、修订药物、饲料添加剂品种名录和禁止使用的药品及其他化合物目录。

6）负责兽医科学与技术发展、兽医微生物参考实验室管理工作；负责兽医微生物毒种管理工作。

7）承办兽医、兽药和动物检疫多边、双边合作协议、协定的谈判和签署工作；承办我国与世界动物卫

生组织等国际组织的交流与合作工作；承办《禁止生物武器公约》履约的相关工作。

8）分析评估国外或境外有关动物的卫生信息，负责发布动物疫区名单；拟定禁止进境的动物及动物产品名录，承办发布禁令和解除禁令工作。

2. 国家动物卫生事业机构

农业农村部在兽医管理方面下设3个事业机构。

（1）中国动物疫病预防控制中心　　中国动物疫病预防控制中心（北京）成立于2006年，是农业农村部直属事业单位。业务归口畜牧兽医局管理。该中心主要负责指导地方动物疫病预防控制机构实施动物疫病的预防控制、预警、疫情扑灭，协助兽医局指导地方动物卫生监督机构做好动物检疫、监督执法、产品溯源等工作；搞好动物疫病预防控制的技术指导和培训；建设并实施好疫情报告、兽医基础数据统计、应急指挥、网络溯源四大防疫网络化平台，完善动物疫情信息传输、动物疫病诊断和疫情监测等各项防控措施。

具体来说，该中心协助兽医行政主管部门拟定有关法律、法规和政策建议；协助开展重大动物卫生违法案件的调查。研究提出重大动物疫病（包括人兽共患病）预防控制规划、扑灭计划、应急预案建议，指导、监督重大动物疫病预防、控制和扑灭工作，指导人兽共患病防治工作。研究提出动物疫病防治技术规范建议，经批准后组织实施。负责全国动物疫情收集、汇总、分析及重大动物疫情预报预警工作；指导全国动物疫情监测体系建设；组织实施动物疫情监测工作，指导国家级动物疫情测报站和边境动物疫情监测站的业务工作。负责国家动物防疫网络信息系统、网络溯源及应急指挥平台的建立及管理。承担全国动物卫生监督的业务指导工作，组织实施动物及动物产品检疫。承担全国高致病性动物病原微生物实验室资格认定及相关活动的技术、条件审核等有关工作；承担全国动物病原微生物实验室生物安全监督检查工作；协调各级诊断实验室的疫情诊断工作；承担动物及动物源性产品质量安全检测及其有关标准、标物研制工作；承担动物标识管理、动物和动物产品溯源工作；承担动物诊疗机构和执业兽医的相关工作；承担兽医执法人员的培训工作。负责兽医行业职业技能鉴定工作；组织开展动物防疫技术研究、国际交流与合作等。

（2）中国兽医药品监察所　　该所主要承担兽药、兽用生物制品质量标准制定、修订工作；承担全国兽药的质量监督及兽药违法案件的督办、查处等工作；负责全国兽用生物制品批发管理和兽药产品批准文号审查工作；承担兽药残留标准的制定、修订工作和兽药残留监控工作；承担兽用微生物毒种保存、提供及管理工作；承担行业试验动物管理工作；承担Ⅰ、Ⅱ级兽医病原微生物菌（毒）种的试验和生产条件的审查工作。

（3）中国动物卫生与流行病学中心　　中国动物卫生与流行病学中心（青岛）的前身是农业部动物检疫所，成立于1979年，直属国家农业部，是农业部实施全国动物卫生行业管理的技术依托单位。2005年，根据新时期农业农村经济发展需要，根据当前重大动物疫病防控的新任务、新要求，为提高我国重大动物疫病预防控制和应急处置能力，保障公共卫生安全，促进畜牧业持续、快速健康发展，根据国务院《国务院关于加快推进兽医体制改革若干意见》和事业单位分类改革的有关精神，经中央机构编制委员会办公室批准，农业部对部属畜牧兽医单位的机构编制进行了调整，将其更名为中国动物卫生与流行病学中心。该中心同时在中国农业科学院北京畜牧兽医研究所、哈尔滨兽医研究所、兰州兽医研究所和上海兽医研究所分别加挂中国动物卫生与流行病学中心北京分中心、哈尔滨分中心、兰州分中心和上海分中心牌子。

各大学、研究所在必要时派出人员和提供条件，协助各相应机构、所、中心进行动物防疫工作。

3. 地方兽医行政管理部门

（1）县级以上地方人民政府畜牧兽医行政管理部门　　负责国家关于动物防疫工作法律法规在本区域内的实施，以及强制免疫以外的预防计划；发生一类动物疫病时，立即派人到现场划定疫点、疫区、受威胁区，采集病料调查疫源，及时报请同级人民政府决定对疫区实行封锁，同时上报；发生二类动物疫病时，负责划定疫点、疫区、受威胁区；发生人兽共患病时，负责与卫生行政部门及有关单位互相通报疫情，并与卫生行政部门及有关单位及时采取控制、扑灭措施。

（2）县级以上人民政府所属的动物防疫监督机构　　负责对动物疫病预防的宣传教育和技术指导、技术培训、咨询服务，组织实施动物疫病免疫计划，负责检测、监督饲养；接受单位或个人的动物疫情报告，并迅速采取措施，按照规定上报疫情；必要时经上级批准，设立临时性动物防疫监督检查站，派人执行监督检查任务；平时设动物检疫员，按照国家相关法规依法对动物、动物产品实施检疫检验；办理国内异地引进种用动物及其精液、胚胎、种蛋的检疫审批手续；对捕获的野生动物出售、运输实施检疫，对家畜禽运输实施检疫；对动物饲养场、屠宰场、肉类联合加工厂和其他定点屠宰等单位进行防疫条件监督检查；行使相关法规允许的行政处罚和行政措施的决定权。

（3）乡、民族乡、镇的动物防疫组织　　在动物监督机构的指导下，组织好动物疫病预防工作。

军队动物防疫参照当地和国家相关规定执行，还有国家市场监督管理总局、工商部门、食品安全监督部门（包括地方的动物产品检测站）、生产厂家等对动物产品进行随时监督和检验。

二、动物防疫法律法规的基本内容

我国动物防疫法律体系由相关法律、行政法规、地方性法规、规章、标准、规范性文件和其他相关法律法规所组成。

1. 防疫法律体系

1）法律。《中华人民共和国动物防疫法》《中华人民共和国食品安全法》。

2）行政法规。《重大动物疫情应急条例》《病原微生物实验室生物安全管理条例》《实验动物管理条例》《国务院关于加强食品等产品安全监督管理的特别规定》等。

3）地方性法规。《吉林省无规定动物疫病区建设管理条例》《湖南省血吸虫病防治条例》《湖南省实施〈中华人民共和国动物防疫法〉办法》等。

4）规章。《动物检疫管理办法》《动物防疫条件审核管理办法》《兽用生物制品管理办法》《畜禽标识和养殖档案管理办法》《农业部农业行政处罚程序规定》等。

5）标准。《畜禽产地检疫规范》、《种畜禽调运检疫技术规范》、农业农村部关于印发《非洲猪瘟疫情应急实施方案（2020年版）》、《奶牛场卫生检疫规范》（GB 16568—2006）、《病死畜禽和病害畜禽产品无害化处理管理办法》（农发令2022年第3号）、《畜禽产品消毒规范》等。

6）规范性文件。《动物疫情报告管理办法》《动物防疫证照填写及应用规范》《动物防疫条件合格证》《湖南省防疫证、章、标识管理办法》等。

7）其他相关法律法规。《中华人民共和国畜牧法》《中华人民共和国农业法》《中华人民共和国野生动物保护法》《中华人民共和国进出境动植物检疫法》《中华人民共和国进出口商品检验法》《中华人民共和国传染病防治法》等。

2. 动物防疫法律法规的基本内容

动物检疫检验的法律法规概括起来主要有下列几项。

（1）动物防疫管理　　由中央到基层统一管理、上下对口、统一监督、宏观管理、具体执法、分工协作的管理模式。检疫人员的管理，动物检疫员的设置、培训、考核和资格认证由动物防疫监督机构和兽医行政管理部门统一管理。

（2）动物疫病预防　　动物疫病预防由农业农村部实行统一管理，实行预防及免疫制度，预防为主，实行计划强制免疫、防疫消毒制度、疫情监测监督制度。

（3）动物疫情管理　　农业农村部统一管理并公布动物疫情，在此模式下实施疫情报告制度，实施规范性疫情控制与扑灭制度。

（4）重大动物疫情紧急处理　　重大动物疫情监测、报告和公布，疫情应急准备，重大动物疫情应急处理。

（5）动物检疫　　①动物检疫的主管是各级兽医行政管理部门；②动物检疫的主体是动物防疫监督机构，具体由动物检疫员实施，对种用、乳用动物及其精液、胚胎、种蛋等国内异地调运实施检疫审批；③统一动物检疫规程；④统一检疫出证；⑤实施证、章、标识统一管理。

（6）动物防疫监督　　对从事动物饲养、经营或与动物防疫相关活动的单位、个人进行监督检查，促使其履行防疫义务；对动物防疫监督的机构工作人员及下级机构执法情况进行监督。

（7）**执业兽医** 执业兽医人员从事兽医行业或工作，应取得畜牧兽医行政管理部门发放的"动物诊疗许可证"，具有执业兽医资格，否则视为违法。

（8）**动物条件审核** 国家对动物防疫条件的审核管理实行"动物防疫条件合格证"制度。从事动物饲养、经营和动物产品生产、经营及动物防疫有关的活动，应符合国家规定并具备相应的防疫条件，接受动物防疫监督机构的管理。

（9）**兽医实验室生物安全** 进行疫病研究、生产和诊断的实验室，必须具有《病原微生物实验室生物安全管理条例》（2018 年 3 月 19 日国务院第二次修订）规定的基本条件。

三、动物防疫行政执法主体与人员

1. 动物防疫行政执法主体

畜牧兽医行政机关和法定授权的行政或社会组织是行政执法主体，其享有国家行政执法权，能以自己的名义从事执法活动，并能独立承担由此产生的法律后果，在我国一般指动物防疫监督机构。行政执法就是该主体依法定职权和程序，将法律法规直接应用于具体的人或组织的活动。

2. 动物防疫行政执法人员

动物防疫行政执法主体必须是组织而不是自然人，该主体的成立必须有合法的依据，其行政执法必须具有明确的职责范围，具有相应的技术能力，以自己的名义能够做出具体的行政行为和承担相应执法责任。也就是说动物防疫监督机构必须具备法人资格，有独立的经费预算，如果对被执行相对人造成不适当损害的，应当具有赔偿能力。

动物防疫行政执法人员是指代表县级以上动物防疫监督机构执行动物防疫行政执法任务，有权依据动物防疫法律法规实施动物检疫、监督检查和查处违反动物防疫法律法规行为的工作人员，主要有动物防疫监督员和动物检疫员。

《国际动物卫生法典》明确规定了对贸易伙伴所要求的最低卫生保证，避免因为国际贸易传播动物疫病的危险。它是动物和动物产品的国际贸易中世界各国应当遵守的动物卫生标准，也是整个动物疫病防治的国际标准。《陆生动物卫生法典》要求实行专门的国家官方兽医制度。国家官方兽医制度也是各个成员方通用的兽医管理体制。

官方兽医应该是由国家畜牧兽医行政管理部门授权，代表国家和地方政府对动物生产、加工、流通等环节的动物防疫及与其相关的公共卫生情况进行监督检查，并可签署有关健康证书的国家兽医人员。官方兽医的最高行政长官叫首席兽医官。国家官方兽医制度是一种个人执法主体制度。这种制度也将是我国未来要采取的执法形式之一。国家官方兽医制度有三个特点。

首先，官方兽医和私人兽医功能有别。官方兽医为国家公务员，代表国家行使法律规定的权力。官方兽医有三个重要的职能：检疫执法、出示检疫证书并对其负责；负责对动物产品从生产一直到餐桌全过程的卫生监管；对社会防疫监督，并负责通报给自己的上级首席兽医官。与官方兽医对应的是私人兽医，他们主要是为企业、动物门诊等提供营利性服务。在发生重大疫情时，政府除动员官方兽医外，还可以雇佣私人兽医有偿参与防疫活动，或者在紧急状态下无偿征用私人兽医。法律要对私人兽医的相关法律义务作出规定。

加入WTO后，我国产品主要由内销转变为以出口为主，国家兽医的性质也由为生产服务转变为主要进行卫生监督、防治疫病传播和扩散。而为生产服务的功能则主要由从事服务工作的私人兽医承担。官方兽医制度最重要的内容是跟畜牧生产要分开，一个国家动物卫生问题不仅涉及该国动物和人的安全问题，还涉及该国动物和动物产品能否进入国际市场的问题。

其次，官方兽医制度强调垂直管理。实行官方兽医制度后，动物和动物产品的生产、加工、流通一直到餐桌都由官方兽医全程管理。我国现有体制下，动物产品的卫生监督实行的是分段管理和交叉管理，兽医执法有很多部门。

最后，目前实行的是从国家到省、市、县的分级管理体制。地方保护的缘故，不利于重大疫病的防制。目前欧洲国家多实行国家一级垂直管理的官方兽医制度，北美多为联邦政府和地方协管的二级垂直管理制度。

我国将会采用中央和省二级垂直管理的官方兽医制度。在农业农村部设立首席兽医官，各省也会设立相应的兽医官。各个官方兽医由各省的首席兽医官派出，只对首席兽医官负责。可以有效摆脱地方的干扰。

3. 动物检疫员职责

1）在规定辖区和规定权限内，依法进行动物及其产品的检疫检验，对检疫合格的，按规定出具合格证明，加盖验讫印章或加封规定的检疫标志。

2）对染疫动物或检验不合格产品，按照规定提出处理要求，并监督有关单位和个人按要求处理。

3）发现动物疫情，按规定及时上报。

4）按规定做好检疫记录和统计报表工作。

5）及时完成动物防疫监督机构交办的其他工作。

4. 动物防疫监督员职责

1）依法对辖区内单位和个人履行动物防疫情况监督。

2）对动物、动物产品是否符合动物防疫标准进行检测检查。

3）对有关单位或个人动物防疫条件、诊疗资格、引种检疫申请等进行行政许可审查。

4）对违反动物防疫法规的单位和个人依法给予行政处理。

5）对染疫动物或检验不合格产品，按照规定提出处理要求，并监督有关单位和个人按要求处理。

6）发现动物疫情，按规定及时上报。

7）按规定做好监督检查与执法情况记录工作。

8）承办动物防疫监督机构交办的其他工作。

第八节 动物标识及疫病可追溯体系

"可追溯管理"属于国家畜禽标识管理和动物防疫制度管理的范畴，是动物防疫和检疫行政管理的重要组成部分，是控制动物疫病、食品安全、兽药残留和重金属等有毒有害物质超标的保证，是一种全程系统化管理，具有长期性安全保证的特性。"可追溯管理"包括组织结构、法律法规与标准、监督管理、企业标识、动物标识、动物产品标识、动物标识信息管理和计算机数据库等（图4-1），其重要依据是《重要产品追溯　追溯体系通用要求》（GB/T 38159—2019）及各地方规范，如《山东省动物和动物产品追溯制度》的通知（鲁牧动卫中心字〔2022〕1号）。

动物和动物产品可追溯系统包括动物标识、中央数据库和信息传递系统及动物流动登记三个基本要素。动物性产品质量标准的限定，主要是保护人类和动物生命及健康的卫生标准。

一、先进国家动物疫病可追溯体系概况

为了提高消费者的安全信心，以及动物产品的地区和品牌优势，世界各国争相发展和实施动物标识体系与动物产品可追溯体系，有的已立法强制性执行。

加拿大制定的《动物卫生法》明确规定了动物需要标记或加施标记物，并具体规定了动物标识的认可、发放、使用、记录及监管等制度。同时，还制定了动物饲养企业与动物个体编码标准、动物标记设施标准、动物及其产品标识数据库标准、射频识别（RFID）标准等。

打耳号和戴耳标是法国目前最常用的动物标识方法，自动化管理水平较高的农场才具备电子标识。畜主为适应此种管理，必须提供大量的饲养管理信息，尤其要对有病史的个体进行特殊标记。家畜进入屠宰车间之前，必须具备饲养地农场的编码与家畜病史记录、个体标识码且屠宰编码与产品（分割肉）编码一一对应。

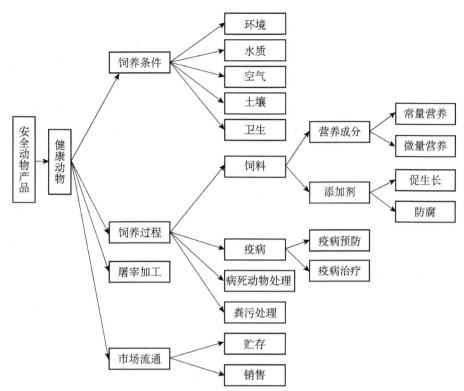

图4-1　安全动物产品的追溯环节和影响因素

日本政府已通过新立法，要求肉牛业实施强制性的从零售点到农场的追溯系统，系统允许消费者通过互联网输入包装盒上的牛身份号码，获取他们所购买牛肉的原始生产信息，作为对疯牛病的反应。日本肉品加工者在屠宰时采集并保存每头家畜的DNA样本。日本政府没有要求进口肉类的可追溯性。

澳大利亚70%的牛肉产品销往海外，国家牲畜标识系统（NLIS）是澳大利亚家畜标识的可追溯系统。NLIS的优点：通过将胴体信息与家畜个体生产数据关联起来，改善管理和提高育种决策能力，满足消费者需求，通过自动数据采集，提高家畜个体记录准确性。

美国动物疫病追溯体系采取用户自愿参加的原则，而非强制执行。美国农业部也将充分发挥州地方政府的优势和专长，全力打造一种新型的联邦政府和州政府的协作方式，提高动物疫病追溯体系的覆盖面。2010年以后，美国实施一项全新的动物疫病追溯体系。联邦政府在国家动物标识系统（NAIS）的基础上制定相关技术标准，保证系统采集的数据可比较和可保存。各州可以根据标准自行决定最适合的操作方式和实施办法，保证实现动物疫病可追溯。

美国动物疫病追溯体系实现步骤如下所述。

1）联邦政府会同州地方政府共同努力，搭建动物疫病追溯平台，提出基本的法规和技术标准。与各州地方政府和当地生产者充分协商后，提出适合本地区的动物疫病追溯方式和意见，该意见将直接构成新动物疫病追溯体系的一部分。

2）农业部倡议重建动物健康咨询委员会。对动物疫病追溯体系提出意见，以及对其他诸如信息保密、落实责任等问题进行讨论并反馈意见。

3）农业部成立由州动物卫生官员组成的监管工作小组（在各州地方政府成立分小组），对动物疫病追溯体系方案进行评估，成立相关机构并提供资金，收集和整理来自公众和其他合作伙伴的反馈意见。

4）农业部将在监管工作小组的支持下，收集公众对州地方政府提出的动物疫病追溯方案的反馈意见，与各州地方政府的分小组一起提出拟议的动物疫病追溯体系方案。

5）公布适用于动物疫病追溯的基本标准和政策，可用通俗易懂的语言阐明拟议的动物疫病追溯规则。同时提供90天的评议期，给有关方面反馈意见提供充足的时间。

美国农业部同时也指出，由于政策制定是一个复杂的过程，很难预计最终政策出台的时间。但其将与州地方政府一起以公开透明的工作方式完成政策制定过程，也将给州地方政府提供充足的时间完善符合操作程序的地方性法规（图4-2、图4-3）。

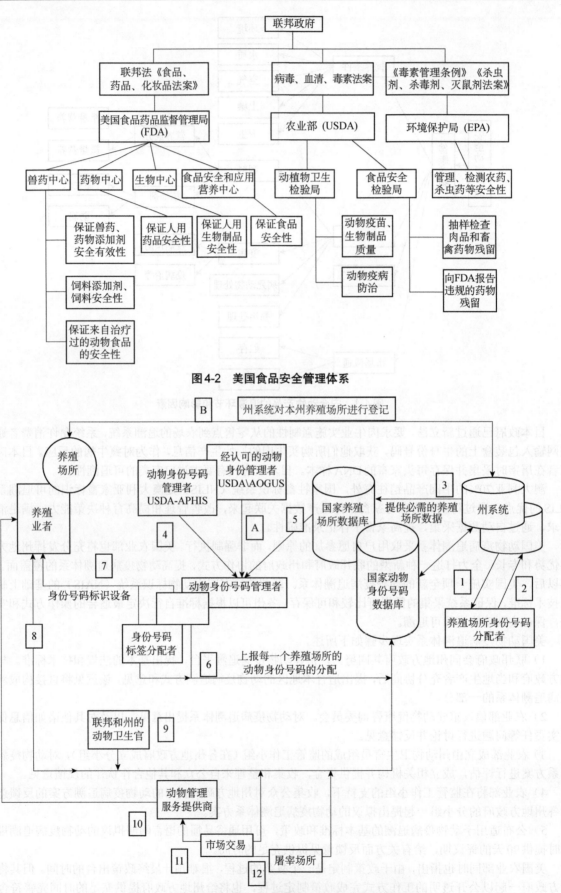

图4-2 美国食品安全管理体系

图4-3 美国动物疫病及产品质量的可追溯体系建设架构

在美国的编码体系中，养殖场的编码为养殖场标识码（PIN）。当动物从一个养殖场转移到另外一个养殖场时，动物将用单独的动物标识码（AIN）进行标识。如果动物是一群，作为生产链来进行管理，则用群体标识码（GIN）进行标识。PIN、AIN、GIN标识码是有机结合起来的，并主要推广条形码结合数字编码的耳标，将电子识别与传统的肉眼识别结合起来，动物个体的识别号码由15位数字组成，前3位为国家代码，后12位为动物在本国的顺序号，而对组群的识别则由13位数字组成。

二、建立适合中国国情的动物疫病可追溯体系

1. 适合中国国情的可追溯管理模式

猪、牛和羊在出生后30d内，佩戴二维条码耳标，一畜一号。追溯时，牛按个体标识追溯；猪和羊按个体标识或批次追溯；肉鸡按批次追溯；鸡蛋采用喷码的方法。

可追溯规模，以规模化养殖场和养殖小区为主。对于农户散养的畜禽，由于饲喂方法多种多样，难以规范控制，不能如实将信息采集、录入计算机，暂不考虑。

建议在适当时间，在有条件的大城市近郊接合部与区域，可由地方政府给农户适当补贴，出台不允许散养畜禽的法规。

2. 国家畜禽标识信息管理系统

（1）可实现目标　依据《中华人民共和国畜牧法》《中华人民共和国动物防疫法》《畜禽标识和养殖档案管理办法》，实行畜禽标识和养殖档案信息化管理。建立国家、省级畜禽标识与养殖档案信息数据库，为畜禽及其产品提供可追溯手段，可有效防控重大动物疫病，保证畜禽产品质量安全。

（2）实施原则　为了让消费者能对动物及动物产品溯源，需在饲养场建立一个完善的信息报告录入系统。在收集信息过程中，固然要考虑信息的全面，但重点应集中在某一或某些特定方面，如育肥猪的休药期等。在系统设计时，应首先确定消费者追溯动物产品需要查询的重点，以确定信息收集范围。获取信息，只是整个信息处理的一个方面，重要的是对信息进行分析与判断。在对信息分析方面，真实性至关重要，虚假的、不真实的信息所导致的后果是不可估量的，对信息的判断一定要客观，要排除主观臆想。

（3）实施步骤　中央数据库应由大型养殖场、县、地（市）、省、中央分块，逐级通过网络传输，设置密码口令、基层输入的数据，一般不允许改动。除确有错误，由地方向上一级申请，由专人更正，并有专门修改文档的记录。采用分阶段、分地区逐步推进的方式实施，拟分短期、中期和长期三个阶段实施。

1）短期。建立国家级目录数据库，依据《畜禽标识和养殖档案管理办法》中第二章第八条规定畜禽标识编码规则，编写自动编码派号程序，为畜禽个体或群体提供唯一编号。

建立各级数据库内容与字段格式，规范统一数据接口和数据传输文件类型，各行政区在此基础上，根据各地具体情况，养殖档案格式和内容可以有所不同，以利于国家统一档案管理。在有条件的省份，在所属行政区内对畜禽养殖企业进行登记、编制养殖单位代码，倡导动物卫生监督机构率先推行检疫档案网络信息化管理、电子出证。在有条件的规模商品化饲养场、种畜禽场和屠宰加工厂建立电子畜禽档案管理。

2）中期。建立各级数据库内容与字段格式，完善统一各类检验、防疫、养殖电子档案格式和内容，完全实施畜禽养殖电子档案管理，由各级省市区对档案内容汇总、归档至国家中央数据库，实现动物疫病控制的可追溯性。

3）长期。对屠宰加工厂电子数据的管理，由动物卫生监督机构查验、登记畜禽标识，并与畜产品检验标识编码联系起来，实施畜产品的溯源。对食品安全事件要快速反应与处理，实施产品召回与问责。

对工作人员要进行可追溯管理的常规培训，培训由国家或省兽医行政管理安排，选择有经验的畜牧兽医专家和计算机人员进行。建立一个用网络传递的国家动物卫生信息系统，在动物卫生信息系统中建立可追溯管理信息子系统，用专用的中央数据库储存动物及动物产品的饲养、饲料和使用药物等相关信息。建立适合中国动物防疫体制的动物疫病和畜产品安全质量相关的培训制度，其内容应与国家可追溯管理计划结合在一起。

培训内容：国家疫病控制战略，疫病特征；畜产品食物链过程，采购环节、饲料生产和疫病防治等控制

规范，以及畜产品安全全程质量监控技术；动物个体标识、中央数据库和信息传递系统及动物流动登记。

培训方式：专家授课形式；录像或幻灯片等形式；也可通过远程教育培训。

借鉴国外经验，可追溯管理实行专家组制度，利用专家专业知识和经验，可有效地按动物个体标识或批次来追溯畜禽产品的源头，利于食品安全。应建立一个专家库，在全国范围内选聘，被选聘人员主要来自高等院校、科研单位、全国和各省市畜牧兽医总站的研究人员。专家库中的专家种类应包括畜牧饲养专家、饲料专家、流行病学专家、兽医专家、风险评估专家、兽医公共卫生专家，以及从事畜牧兽医计算机应用的专家。

建立风险评估和区域化管理机制。与WTO规则衔接，引入风险评估和区域化管理机制。

认真贯彻《中华人民共和国畜牧法》及农业部令第67号《畜禽标识和养殖档案管理办法》，根据中国广大农村畜禽养殖的实际情况，在农村畜禽养殖场所建立畜禽养殖档案，当前采用纸质养殖档案与电子养殖档案两种形式。农村90%～95%仍以纸质养殖档案为主；对于少数（5%～10%）有条件的，采用电子养殖档案。

3. 有效控制重大动物疫病和重大食品安全突发事件

根据动物流动数据，建立源动物和来源地附加参数，建立肉链加工质量保证体系的附加参数，建立肉产品加工质量保证体系的附加参数；实现在跨省大流通格局下肉链产品的可溯源性，实现对质量的全程进行安全溯源管理。通过可追溯管理系统，实现对饲养场—屠宰加工厂——销售或出口贸易的全程进行质量安全可追溯管理，由国家颁布一个规程，要求进入超市或出口的动物必须佩戴耳标。同时，要附有电子文档追溯信息的记录，否则动物卫生监督机构不得出具检疫合格证明，不予屠宰。在此基础上，未来动物及动物产品改由一个部门统一管理，有利于畜禽产品的质量与安全。

第九节　引进种用动物检疫

一、引种检疫审批

跨县级以上行政区域引进种畜禽的，应当符合下列要求：①符合畜禽品种改良规划和良种生产布局；②符合畜禽良种标准；③符合动物防疫规定；④有利于保护和利用畜禽品种资源。从省外引进种畜禽的，应当经省畜牧行政主管部门批准；跨地、州、市引进种畜禽的，应当经地、州、市畜牧行政主管部门批准；跨县（市）引进种畜禽的，应当报县级畜牧行政主管部门备案（表4-1）。

表4-1　引进种用动物公开行政审批项目备案表

审批条件	申请表格	《××省引种畜（禽）审批（备案）表》
	申请材料	1.引进的种畜禽需有：①养殖档案；②免疫证明。 2.引进种畜禽的单位或个人需提交以下资料 （1）引种申请、审批（备案）表。 （2）调运检疫申请表。 （3）非疫区证明。 （4）种畜禽生产单位的经营许可证复印件
	前置条件	1.引进的种畜禽必须来自非疫区、免疫在有效期内并有畜禽标识；种畜禽产地近三个月没有列入农业农村部或省级畜牧兽医主管部门公布的疫区名单；种畜禽产地没有列入农业农村部或省级畜牧兽医主管部门公布的禁止引种的名单中；种畜禽场及产地周围10km内近三个月没有发生重大动物疫情；产地种畜禽场符合国家规定的动物防疫条件，依法取得"动物防疫条件合格证"。 2.引进种畜禽需符合下列要求 （1）符合畜禽品种改良规划和良种生产布局。

续表

审批条件	前置条件	（2）符合畜禽良种标准。 （3）符合动物防疫规定。 （4）有利于保护和利用畜禽品种资源
审批程序		1.提交申请。 2.提交引种材料。 3.核查是否符合引种条件。 4.批准引种。 5.引进的种畜禽经检疫合格的，具有效检疫证明。 6.存档
备注		

负责人签字： 填表部门盖章：

《中华人民共和国动物防疫法》（实施办法）需引进种用动物及其精液、胚胎、种蛋的，应到输入地动物防疫监督机构办理检疫审批手续。引进的种用动物及其精液、胚胎、种蛋，应经输出地县级动物防疫监督机构检疫合格并出具检疫证明。引进的种用动物应按照国家有关规定在输入地动物防疫监督机构的监督下隔离观察饲养，合格后方可投入使用。

引种检疫可分为国内异地引种和国外引种两种检疫方式。

二、国内异地引种检疫

引种单位或个人办理了引种审批手续之后，实施调种前应在约定的时间内，到输出地动物防疫监督机构申请检疫。输出地动物防疫监督机构应严格执行《种畜禽调运检疫技术规范》，做好调运前的动物检疫工作；输入地动物防疫监督机构应做好到达后的检疫工作。

1. 调运前检疫

调出种畜禽，于启运前15～30d内在原种畜禽场或隔离场进行检疫。调查了解该种畜禽场近6个月内的疫情状况，若发现有一类传染病及炭疽、鼻疽、布鲁氏菌病等应停止调运。同时查看种畜禽档案和预防接种记录，然后进行群体和个体检疫，并做好详细记录。根据技术规范做临床检查和实验室检验，确为健康的动物，发放"健康合格证"或"动物检疫合格证明"，准予运输。

2. 启运时的检疫

种畜禽装运离开饲养地时，当地动物防疫监督机构派人员到现场进行监督检查。运载种畜禽的工具和饲养工具等必须在装运前清扫、洗刷和消毒，消毒后间隔6h以上才能装运动物。检查合格后，由动物防疫监督机构发放运载工具消毒证明。

3. 启运时交代货主注意事项

（1）运输保护措施 运输保护是保证调种成功的重要一环，要选择有责任心、工作细致的人押运。装运动物时不能太拥挤，车上要有隔架、隔板，以防运输颠簸造成挤压伤。随车应带足饮水草料，夏天要特别注意遮阳、中途休息和补充饮水草料等。

（2）押运员责任

1）应经常观察种畜禽健康状况，发现动物患病或可疑患病情况时，应及时向当地动物防疫监督机构报告，以便按规定采取适当处理措施。

2）运输途中不准在疫区、港口、机场装填草料、饮水和有关物质。

4. 到达后的检疫

种畜禽到达输入地后，根据需要应在隔离场所隔离观察15～30d。隔离场所要有充足的水源、清洁的草料，特别是要有容易消毒的环境条件和足够的存栏空间，并做到二次以上消毒才能放进动物。在隔离观察期内，必须进行临床检查和实验室检验。隔离观察时动物进入新的环境后有的容易出现减食、互相打斗等情况，要注意加强看护。临床上怀疑有疾病需做实验室检验的，采样后送省级动物防疫监督机构检验。采样时应注意采血、病变组织和鼻拭子及异常分泌物、排泄物等。经检查确定为健康动物的，方可供繁殖、生产使用。

三、国外引种检疫

输入动物、动物产品和其他检疫物的，货主或者其代理人应当在进境前或者进境时向进境口岸动植物检疫机关报检。属于调离海关监管区检疫的，运达指定地点时，货主或者其代理人应当通知有关口岸动植物检疫。属于转关货物的，货主或者其代理人应当在进境时向进境口岸动植物检疫机关申报。到达指运地时，应当向指运地口岸动植物检疫报检。输入种畜禽及其精液、胚胎的，应当在进境前30d报检；输入其他动物的，应当在进境前15d报检。

装载动物的运输工具抵达口岸时，口岸动植物检疫应当采取现场预防措施，对上下运输工具或者接近动物的人员、装载动物的运输工具和被污染的场地作防疫消毒处理。输入动物、动物产品和其他检疫物，应当在进境口岸实施检疫。未经口岸动植物检疫机构同意，不得卸离运输工具。输入动物需隔离检疫的，在口岸动物检疫指定的隔离场所检疫。因口岸条件限制等，可以由国家动植物检疫决定将动物、动物产品和其他检疫物运往指定地点检疫。在运输、装卸过程中，货主或者其代理人应当采取防疫措施。指定的存放、加工和隔离饲养或者隔离场所，应当符合动物检疫和防疫的规定。输入动物、动物产品和其他检疫物，经检疫合格的，准予进境；海关凭口岸动物检疫签发的检疫单证或者在报关单上加盖的印章验放。输入动物、动物产品和其他检疫物，需调离海关监管区检疫的，海关凭口岸动物检疫机关签发的"检疫调离通知单"验放。

输入动物，经检疫不合格的，由口岸动物检疫签发"检疫处理通知单"，通知货主或者其代理人做如下处理：①检出一类传染病、寄生虫病的动物，连同其同群动物全群退回或者全群扑杀并销毁尸体；②检出二类传染病、寄生虫病的动物，退回或者扑杀，同群其他动物在隔离场或者其他指定地点隔离观察。输入动物产品和其他检疫物经检疫不合格的，由口岸动物检疫签发"检疫处理通知单"，通知货主或者其代理人做除害、退回或者销毁处理。经除害处理合格的，准予进境。

通过贸易、科技合作、交换、赠送、援助等方式输入动物、动物产品和其他检疫物的，应当在合同或者协议中写明中国法定的检疫要求，并写明必须附有输出国家或者地区政府动物检疫出具的检疫证书。

引进陆生野生动物外来物种种类及数量审批管理办法参照国家林业局《引进陆生野生动物外来物种种类及数量审批管理办法》（2016年9月22日国家林业局令第42号修改）执行。

第十节　水产种苗产地检疫

一、申报与检疫

水产种苗检疫是指对用于水产繁育、养殖生产、科研试验和观赏的水产动物的幼体、受精卵进行的疫病检疫。各级渔业行政主管部门设立或委托的水产种苗检疫机构具体负责水产种苗检疫工作。

在省内生产、经营和出省境的水产种苗实行报检制度。单位和个人自备亲本在繁殖生产前10d或购入亲本后10d内，应当上报相应的水产种苗检疫机构；在出售水产种苗时应当提前10d上报相应的水产种苗检疫机构。水产种苗检疫机构接到申报后，应当在3d内派检疫员对其水产种苗进行现场取样，经检疫后对合格的水产种苗在5d内出具检疫证明。

对进入省境内的水产种苗，应当填写入境水产种苗登记表，同时应当出具县级以上水产种苗检疫机构的水产种苗产地检疫证明（表4-4）。

对无产地检疫证明的水产种苗，应当进行补检，检疫合格前暂不移动和扩散。对不合格的水产种苗，要在水产种苗执法人员的监督下由货主进行无害化处理；无法做无害化处理的，予以销毁。

二、采样与处理

取样人员由水产种苗检疫机构指派，每次参与取样不得少于2名。取样前，应当向受检方说明取样方法、检疫项目、检疫依据及收费标准等。取样工具应当经过消毒处理。盛装样品的容器应当在取样前预先标识。取样人员应当现场填写取样记录单。取样记录单一式两份，一份随同样品送检机构，另一份交受检方。应当随机抽取能代表群体水平的生物体作样本。取样基数依品种、亲本数量而定（表4-2、表4-3）。

表4-2　水产种苗取样基数表

检疫品种	取样基数
虾类	中国对虾1000万尾或100m³水体日本对虾和南美白对虾500万尾或100m³水体
蟹类	30kg（500万头）或100m³水体
扇贝类	1500万枚或60m³水体
鲍鱼类	12.5万枚或50m²水面
其他贝类	2000万枚或100m²水面
海参、海胆类	秋苗20万头或200m³水体，春苗25万头或100m³水体
海蜇类	100万头或200m³水体
海水鲆鲽鱼类	3cm左右苗1.5万尾或50m²水面
海水其他鱼类	3cm左右苗6万尾或200m³水体
海藻类	100帘
淡水鲶、黄颡鱼类	乌仔、夏花鱼种10万尾，秋片、春片鱼种2万尾
淡水其他鱼类	乌仔、夏花鱼种50万尾，秋片、春片鱼种2500kg
鲑、鳟鱼类	乌仔、夏花鱼种10万尾，秋片、春片鱼种2万尾
观赏鱼类	1万尾

注：表中所列为一个样品取样基数；每个样品取样数不少于10尾（头、枚）

表4-3　水产种苗（亲本）取样数量表

亲本数量（尾/头/枚）	取样数量（个）
≤100	3
101~500	5
501~1000	7
1001~1500	9
1501~2000	11
≥2001	13

注：亲本可以采取非破坏性取样，每个样品取样数不少于1尾（头、枚）

三、水产重大疫病检疫种类

重大水产疫病按有关规定确定（表4-4）。

表4-4　现行水产种苗检疫品种、疾病名录表

检疫品种	检疫内容
虾类	1.感官要求；2.寄生性疾病：固着类纤毛虫病、孢子虫病、拟阿脑虫病；3.细菌性疾病：弧菌病；4.病毒性疾病：白斑综合征、对虾杆状病毒、对虾桃拉综合征
蟹类	1.感官要求；2.寄生性疾病：固着类纤毛虫病、孢子虫病、拟阿脑虫病；3.细菌性疾病：弧菌病
扇贝、鲍鱼类	1.感官要求；2.寄生性疾病：才女虫病（亲体）、固着类纤毛虫病（幼体）；3.细菌性疾病：弧菌病

续表

检疫品种	检疫内容
其他贝类	1.感官要求；2.寄生性疾病：固着类纤毛虫病、派金虫病、吸虫病；3.细菌性疾病：弧菌病
海参、海胆类	1.感官要求；2.寄生性疾病：扁虫病；3.细菌性疾病：腐皮综合征
海蜇类	1.感官要求；2.寄生性疾病；3.细菌性疾病：弧菌病
海水鲆鲽鱼类	1.感官要求；2.寄生性疾病：隐核虫病、指状拟舟虫病；3.细菌性疾病：鳗弧菌病
海水其他鱼类	1.感官要求；2.寄生性疾病：车轮虫病、隐核虫病；3.细菌性疾病：细菌性肠炎病
海藻类	幼苗烂苗、脱苗病；绿烂病、斑点烂病
淡水鲶、黄颡鱼类	1.感官要求；2.寄生性疾病：指环虫（三代虫）病、小瓜虫病；3.真菌性疾病：鳃霉病
淡水其他鱼类	1.感官要求；2.寄生性疾病：指环虫（三代虫）病、黏孢子虫病、绦虫病；3.细菌性疾病：细菌性败血症
鲑、鳟鱼类	1.感官要求；2.寄生性疾病：鱼波豆虫病、四钩虫病；3.真菌性疾病：内脏真菌病
观赏鱼类	1.感官要求；2.寄生性疾病：小瓜虫病、三代虫病；3.细菌性疾病：细菌性烂鳃病

1. 鱼病

鲤春病毒病、鲤鳔炎症、草鱼出血病、鲑鳟传染性造血器官坏死病、鲑鳟传染性胰脏坏死病、鱼鳃霉病。

2. 甲壳动物疫病

对虾桃拉综合征（Taura syndrome in shrimp）、对虾白斑综合征、对虾杆状病毒病。

3. 软体动物疫病

单孢子虫病、派金虫病。

四、水产药物残留检测

对于药物残留检测，根据不同的水产苗种暂定检测氯霉素、呋喃唑酮、喹乙醇药物残留。药物残留检测的结果，检测出所列药物浓度超过规定指标的即不合格（表4-5）。

表4-5　不同水产种苗药残检测项目和方法

种类	检测项目与方法
虾、蟹类	氯霉素（气相色谱法、酶联免疫法）、喹乙醇（液相色谱法）、呋喃唑酮（液相色谱法）
贝类	氯霉素（气相色谱法、酶联免疫法）、呋喃唑酮（液相色谱法）
海参、海胆类	氯霉素（气相色谱法、酶联免疫法）、呋喃唑酮（液相色谱法）
海水鱼类	氯霉素（气相色谱法、酶联免疫法）、喹乙醇（液相色谱法）、呋喃唑酮（液相色谱法）
淡水鱼类	喹乙醇（液相色谱法）、呋喃唑酮（液相色谱法）

五、其他检疫与检验

病毒检测的结果，检测出所列病毒性疾病病原的即不合格。

感官要求、寄生性疾病和细菌性疾病检测的判定，运用综合安全等级评价方法，进行综合评价，得出安全等级（真菌检测结果评分标准参照寄生虫部分），结果为比较危险或危险等级的即不合格。

实验室检验后，应当填写检验结果报告单。检验结果报告单一式两份，用于存档和上报。

第十一节　畜牧业中抗生素使用量的监控

随着国内外动物产品中抗生素或抗微生物药物抗性的普遍增加，耐药及耐药性监测也应该成为动物检疫检验的重要内容。

一、调查与监控的目的

1. 微生物耐药性调查与监控的必要性

对动物耐药性监测便于追踪细菌耐药发展趋势，监测新出现的新的耐药机制，为临床治疗提供参考，从而进行相关的风险评估。

2. 国家级微生物耐药性的监控和调查

国家有规律的耐药监测，便于科学性基础调查；农场、市场和屠宰场动物的常规采样和检测；有计划地进行预警程序，对动物、牛羊群和媒介动物进行采样；兽医实践分析和诊断实验室记录。

3. 热不稳定性抗生素残留的食品安全性评估

一些种类抗生素（如青霉素）在肉等长链食品中残留，虽然这类抗生素种类并不多，但因热加工改变结构，可能使其毒性增加若干倍，并造成遗传毒性等人体损害，需要进行食品安全风险评估和监测。

二、建立和完善兽医微生物耐药调查和监控计划

1. 概述

对于动物、食品、环境和人源性药物抗性细菌流行变化的调查要有规律的间歇或持续监测，制定一个关键战略以限制微生物耐药性扩散，为临床治疗提供参考。收集动物产品进行监测，在食物链的不同阶段进行采集，包括加工、包装和贮藏阶段等。

2. 采样

（1）**一般考虑**　　采样以统计学为基础，还应该具有所感兴趣动物群体的代表性，需考虑如下关键因素：样品量、样品来源、动物种类、同一动物种类的不同类群、动物的健康状态、随机采样及采样种类。

（2）**样品量大小**　　采样量应足以保证能够检测到抗性细菌的存在，但不要造成太大大浪费。

（3）**样品来源**　　①动物类群，②动物源性食品和动物饲料。

（4）**样品的收集**　　采集家畜的粪便、家禽的盲肠、牛和猪的粪便至少要5g。屠宰动物胴体采样要考虑屠宰卫生和加工时肉可能被粪便污染的水平，零售链采样关注这一阶段的流行变化。

3. 细菌分离

（1）**动物细菌病原**　　对动物病原耐药性的检测是非常必要的，这样的动物病原信息主要来自兽医临床常规诊断材料及后来的实验室诊断与分离结果。

（2）**人兽共患病细菌**　　人兽共患病细菌：沙门菌、空肠弯曲菌、肠出血性大肠杆菌、链球菌、金黄色葡萄球菌等。共生细菌：大肠杆菌和肠球菌都是常见的人和动物的共生菌，这些细菌应该考虑是耐药抗性基因的贮存库，这些基因是病原菌传播动物和人疾病的可能来源。

（3）**细菌菌株的保存**　　如果可能的话，分离菌株应该至少保存到完整报告出来，最好是分离菌株永久保存。细菌菌株的收集是一个长期过程，可能需要很多年，这样才能很好地进行溯源性研究。

三、耐药性的敏感性检测技术

对于医学和动物医学临床重要的耐药病例应该进行监控，但许多耐药性检测由于经济因素在临床上受

到限制，普及性还不高。

1. 需氧菌及兼性厌氧菌的药物敏感试验

（1）纸片琼脂扩散法　纸片琼脂扩散法又称Kirby-Bauer试验，是操作最简易、使用最广泛的抗菌药物敏感性试验。

1）试验原理。将含有定量抗菌药物的纸片贴在已接种测试菌的琼脂平板上。纸片中所含的药物吸收琼脂中的水分，溶解后不断向纸片周围区域扩散形成递减的梯度浓度。在纸片周围抑菌浓度范围内，测试菌的生长被抑制，从而形成透明的抑菌圈。抑菌圈的大小反映测试菌对测定药物的敏感程度，并与该药对测试菌的最低抑菌浓度MIC呈负相关关系，即抑菌圈越大，MIC越小。

2）细菌接种。细菌接种采用直接菌落或细菌液体生长方法。用0.5麦氏比浊标准的菌液浓度。校正浓度后的菌液应在15min内接种完毕。接种步骤如下：①用无菌棉拭子蘸取菌液，在管内壁将多余菌液旋转挤去后，在琼脂表面均匀涂片接种3次，每次旋转60°，最后沿平板内缘涂抹1周；②平板置室温下干燥3～5min，用纸片分离器或无菌镊将含药纸片紧贴于琼脂表面；③置35℃孵育箱孵育16～18h后阅读结果，对甲氧西林和万古霉素药敏试验结果应孵育24h。

3）结果判断和报告。用精确度为1mm的游标卡尺量取抑菌圈直径，抑菌圈的边缘应是无明显细菌生长的区域。葡萄球菌对苯唑西林的药敏试验或肠球菌对万古霉素的敏感试验，围绕纸片周围只要有极少细菌生长则提示为耐药。对另外一些菌，在抑菌圈内有散在菌落生长提示可能是混合培养，必须再分离鉴定及试验；也可能提示为高频突变株。根据CLSI/NCCLS标准，以量取的抑菌圈直径判断病原菌对该药物的敏感性形式（敏感/中度敏感/中介、耐药）。

（2）稀释法　如果要进一步检测某种病原菌对多少剂量浓度的抗菌药物呈敏感，就必须使用稀释法（dilution method）。稀释法包括肉汤稀释法和琼脂稀释法，具体方法参考相关文献和标准检验方法。

2. 苛养菌的药物敏感试验

肺炎链球菌及其链球菌属、流感嗜血杆菌等苛养菌不能在普通环境及普通MH培养基中快速生长，上述的药敏试验条件不适合它们。它们需要更为复杂的培养基、孵育条件，在进行药敏试验时，质控菌株、药敏抗生素的选择、结果解释标准也有所不同，如嗜血杆菌属。

（1）试验条件

1）培养基。嗜血杆菌属试验培养基（*Hemophilus* test medium，HTM）。

2）接种菌液。菌悬液终浓度为5×10 CFU/mL。

3）孵育条件。35℃下孵育20～24h观察结果；对于扩散法，35℃、5%～7%CO_2下孵育16～18h观察结果。

（2）质量控制　以流感嗜血杆菌ATCC49247、流感嗜血杆菌ATCC49766、大肠杆菌ATCC35218用于β-内酰胺抗生素/β-内酰胺酶抑制剂的参考菌株。

（3）结果判断　需做氨苄西林、头孢克洛、头孢孟多、头孢尼西、氯霉素和美罗培南、阿莫西林/克拉维酸、哌拉西林/他唑巴坦的耐药试验等。

3. 分枝杆菌药物敏感试验

结核及慢生长分枝杆菌生长缓慢，在生长前，药物已扩散至培养基中，不能有效影响其生长，故不适用于需氧或兼性厌氧菌的药敏试验。结核及慢生长分枝杆菌药敏试验的药敏培养基、含药浓度、接种菌量、结果解释等都有其特殊性。比例法是WHO/IUATLD全球结核病耐药监测方案中推荐的方法，目前国外普遍采用此法。国内多采用绝对浓度法，据报道，该法比比例法的耐药菌检出率要低5%～10%。

4. 厌氧菌的药物敏感试验

由于厌氧菌对目前常用抗生素的敏感性较为稳定，加上厌氧菌培养要求特殊，实验室一般不做体外药敏试验。厌氧菌药敏试验的基本原理和方法与需氧菌相同，只是培养基、操作环境和培养条件等应根据厌氧菌的特点需要变动，如质控菌株脆弱类杆菌ATCC25285、多型类杆菌ATCC29741、迟缓优杆菌ATCC43055。培养基采用布氏血琼脂。

5. 抗菌药物敏感试验的质量控制

抗菌药物药敏试验必须做有效的质量控制，以保证检验结果的精确性、可靠性和可重复性。要完成有效的药物敏感试验，除必须采用可靠的试剂和检测系统外，实验室应建立一套完善的操作流程和评价程序，以规范试验中使用的各种试剂，规范操作者的操作和对结果的判断。

1）质量控制参考菌株的质控试验，除阳性生长对照试验、纯度对照试验、接种量对照试验、结果终点判读对照试验等外，临床微生物实验室常通过对已知抗生素敏感的菌株进行测试，以达到综合质量控制目的。质控试验应每日进行。MIC在预定值范围外时，需查找误差原因并予以纠正。产生误差的原因包括：①质控菌株选用不当；②细菌菌液浓度不对；③培养基储藏不当或过期失效；④质控菌株或培养基被污染；⑤培养基平板的制作不符合要求；⑥孵育的温度和气体条件不符。

2）药敏试验平板、肉汤的质量控制。

3）常量稀释法的含药肉汤试管、微量稀释法的条板和稀释琼脂平板在使用前均应进行合适质控菌株的测试，观察其MIC是否在预期值范围，不在预期值范围内者应丢弃。当然，上述培养基应做无菌试验，至少每批抽样一支，孵育过夜，观察细菌有无生长，以确保培养基无菌。

第十二节 防疫检疫证章、档案、防疫收费管理

《中华人民共和国动物防疫法》、农业农村部发布的《动物检疫管理办法》对动物防疫检疫证章标志管理有明确规定。

一、动物防疫检疫证章的标志管理

动物防疫检疫证章是畜牧兽医行政管理部门为履行其法定的社会职责，依动物防疫法等规定，由农业农村部、海关总署统一设置、监制的动物防疫检疫证书、证件、许可类证书等法律凭证和其他特有法律含义的标志、标记、印章等。

1. 动物防疫检疫证章标志种类

（1）证类 包括动物免疫、检疫、检验、消毒、无害化处理证书；动物防疫行政处理、处罚、动物防疫行政许可类证书；行政授权、行政委托等证书；执法人员身份证等书面凭证；动物检疫员证。

（2）章类 包括检疫检验专用印章、肉品检验验讫印章、行政许可专用印章、执法人员名章等。

动物检疫专用章：由省名、地市名或县名及动物检疫机构名称三部分组成。用于县以上动物防疫监督机构对动物及其产品依法实施检疫和对运载工具实施消毒后，出具检疫合格证明或运载工具消毒证明时签用。

肉品检验验讫印章：有"肉检验讫""高温""销毁"等印章。

（3）标志 动物防疫标志包括动物防疫专用配章、图案、标牌及其他特殊法定意义的标志等。现行动物检疫标志有铝卡标、塑料套杯、验讫标签等。

2. 管理原则

（1）统一设置与监制 全国通用的动物防疫证章标志由国务院畜牧兽医行政管理部门统一设置，并监督定点厂制作，或委托省级动物防疫监督机构统一组织定点生产，监督制作（如动物免疫耳标）。

地方用动物防疫证章标志或国务院畜牧兽医行政管理部门应当设置而尚未设置的动物防疫证章标志，由省畜牧兽医行政管理部门根据需要，由动物防疫监督机构监督定点厂制作。

（2）计划定制，逐级领用 动物防疫监督机构应将辖区各使用单位的使用计划汇总，根据上级动物防疫监督机构的要求，按年度或季度上报制订计划。省级动物防疫监督机构按计划向农业农村部定点厂家和本省定点厂家或省政府招标采购，报农业农村部备案。

（3）**专人管理，专库保管**　专人管理是对各种证章要有计划汇总、定制、领取、发放和回收，造册登记；负责办理回收到期待销毁的动物防疫证章销毁审批手续。应有专用仓库存放。

3. 规范使用

动物防疫证章使用必须按《农业部关于印发动物检疫合格证明等样式及填写应用规范》（农医发〔2010〕44号）填写和使用。

出具动物防疫证章标志的单位必须是依法享有出证权的畜牧兽医行政管理部门，其负责审批相关证件，如"动物防疫合格证""动物诊疗许可证""动物防疫监督员证"等；出具检疫、消毒、认证及有关动物健康、疫情证书和规定的标志，如检疫证明、消毒证明、种畜禽、乳用动物合格证、监测检验报告、鉴定书、行政处罚通知书、检验验讫章、标志、无害化处理章等。根据出具的证明书范围在县、乡或省级范围使用。在填写各种证书、证件时要按规定填写，加盖印章。

对违反相关法规的依法追究刑事或经济处罚。

二、动物防疫档案管理

1. 健全档案管理制度

包括材料收集归档制度、档案借阅管理制度、档案保密管理制度、档案复制制度、档案统计制度、档案库房管理制度、档案销毁制度、档案工作责任制等系列管理制度等。

2. 公文立卷与归档

档案要分类管理、回归和出卷，使档案材料系统化，充分体现其科学价值。

3. 档案的利用

档案材料时效性高、保密性强，一般仅供本单位使用。借阅必须有手续，珍贵的实物档案、重要照片、底片、缩微胶片等档案不能借出。

三、动物防疫收费管理

1. 动物防疫收费项目

（1）**依法对动物实施各种防疫措施项目**　动物免疫接种、驱虫、药浴等。

（2）**依法对动物及动物产品实施检疫检验的项目**　动物离开饲养地之前的产地检疫；动物的屠宰检疫；种、乳用动物进入隔离场，隔离饲养期间的检疫；市场和流通环节的监督检疫等。

（3）**实验室各项检验项目**　根据动物检疫、动物疫病诊断、法律仲裁、技术仲裁等需要进行的实验室检验项目。

（4）**消毒和无害化处理项目**　依法对动物毛、蹄、骨、角、皮和病害动物产品，以及动物、动物产品的运载工具和有关场所、设施等进行消毒或无害化处理的项目。

（5）**防疫检疫平衡调节费项目**　省、地（市）、州、县三级动物防疫监督机构分别收取。

2. 动物防疫收费依据与标准

动物防疫收费依据《中华人民共和国动物防疫法》《中华人民共和国行政许可法》《畜禽及畜禽产品防疫检疫收费管理办法》及各省相关规定等。

收费标准一般为对动物检疫，在猪、牛、羊等大家畜中按货值的0.5%收取检疫费，对其产品检疫按0.7%收取检验费。对达到规定数量的批量动物、动物产品、监督市场的监督检疫费按收费标准的70%收取。其他收费标准参照各相关规定执行。

第五章　动物疫病风险评估与管理

第一节　动物疫病风险评估的法律依据

一、工作依据

实行动物疫病风险评估是提高动物防疫科学性的重要措施。《陆生动物卫生法典》要求各成员方在制定和实施动物卫生措施时，应用动物疫病风险评估，提高动物卫生措施的科学性。近年来在动物产品国际贸易中，进口国不断要求我国提供有关风险评估的法律依据，并依法出具动物疫病风险评估报告。为适应我国畜产品国际贸易的新要求，《中华人民共和国动物防疫法》第十一条规定"国务院兽医主管部门对动物疫病状况进行风险评估，根据评估结果制定相应的动物疫病预防控制措施"，这对提高我国动物疫病预防控制各项措施的科学性具有十分重要的意义。动物疫病风险评估是防控疫病的更细致、更规范化的科学措施和进步。

我国加入世界动物卫生组织（WOAH）后，其工作规则要求动物疫病防控应急管理规范化。2007年5月25日，第75届世界动物卫生组织国际委员会大会通过恢复我国在该组织的合法权利和义务的决议。这标志着我国兽医工作被全面纳入世界动物卫生体系。一是加入WOAH后，其成员方要严格遵守WOAH工作规则，行使相应的权利和义务。WOAH要求其成员方之间动物疫情全面公开透明，并规定了93种法定报告（通报性）疫病，要及时上报疫情及处置结果；二是WOAH高度重视兽医体系建设。在总结多个国家兽医体系建设经验的基础上，制定了"兽医机构运作效能评价工具（PVS）"，对各成员方兽医机构的工作能力、基础设施、兽医人员素质等进行评估，从而作为各成员方间开展动物及动物产品国际贸易、评价出口方兽医监管能力的重要依据。因此，我国加入WOAH既是将其作为平台宣传我国动物卫生工作成效、在制定调整规则时维护相关权益的机遇，更是对我国兽医工作管理机制、基础设施、人员素质等方面提出的挑战。

动物疫病风险评估的法律依据主要来源如下。

1）《中华人民共和国动物防疫法》。新的动物防疫法强调：国家建立动物疫病风险评估制度，国务院农业农村主管部门根据国内外动物疫情及保护养殖业生产和人体健康的需要，及时会同国务院卫生健康等有关部门对动物疫病进行风险评估，并制定、公布动物疫病预防、控制、净化、消灭措施和技术规范；省（自治区、直辖市）人民政府农业农村主管部门会同本级人民政府卫生健康等有关部门开展本行政区域的动物疫病风险评估，并落实动物疫病预防、控制、净化、消灭措施。

2）《中华人民共和国进出境动植物检疫法》。

3）《中华人民共和国进出境动植物检疫法实施条例》。

4）WOAH《陆生动物卫生法典》《水生动物卫生法典》《陆生动物诊断试验与疫苗手册》《实施动植物卫生检疫措施的协议》《技术性贸易壁垒协议》等。

二、工作程序

1）根据我国动物防疫、动物及动物产品对外贸易情况，按WOAH有关规定，对我国尚未发生的通报性动物疫病进行风险评估。

2）农业农村部畜牧兽医局成立"××病风险评估小组"。

3）"××病风险评估小组"进行风险评估、分析，并提交《风险分析与评估报告》。

4）农业农村部畜牧兽医局牵头组织有关单位和专家审评和论证《风险分析与评估报告》。

5）以农业农村部名义公布《风险分析与评估报告》。

第二节 动物疫病风险分析方法

动物疫病风险分析由危害因子鉴别、风险评估、风险管理和风险交流 4 个部分组成。基本原理见图5-1。

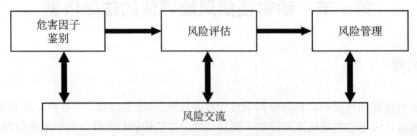

图5-1 风险分析的 4 个组成部分

风险评估是风险分析的组成部分，是对与风险有关的危害因子进行的评估。风险评估可以是定性的也可以是定量的。许多经典的疾病，在WOAH《陆生动物卫生法典》中明列的，有各国广泛认同的标准已经存在了，对于其可能的风险有着广泛的一致意见。这种情况只需要定性风险分析。在定性分析中不要求使用数学模型来实现，这种评估方法在日常评估中常用。但没有任何一种分析方法适用于所有情况。

一、动物疫病风险分析的基本方法

1. 危害因子的确定

确定潜在的可能造成损害后果的病原体，即动物可能携带何种病原体及该种病原体的危害程度有多大，将可能的病原体的范围尽量缩小在最小范围，以便于在实践中采取防疫措施。

2. 风险评估

对动物疫病的风险评估要考虑如下因素。

（1）病原传入评估

1）生物因素（流行病学）。动物种类、年龄、品种，动物来自何地，免疫、测试和检疫情况。

2）国家或动物所在地区因素。来自动物地区的疫病流行情况、影响范围及兽医当局的评价、监督和控制计划等。

3）商品因素。动物的引入或进口数量、处理效果、贮存和运输效果。

（2）接触（或释放）评估

1）生物因素。病原体的生物特性。

2）国家或地区因素。潜在病原携带者、人及动物数量统计、人文与生活习惯因素、地理与环境因素。

3）商品因素。数量、计划用途和处理惯例。

（3）后果评估

1）直接后果。动物感染、疾病、死亡、生产损失，对公共卫生的影响，对环境的影响。

2）间接后果。监督和控制成本、补偿损失、贸易损失及对环境和野生动物的不利影响。

3．风险管理

风险管理有很多措施，但在具体每个风险分析中并不是需要所有措施。在风险管理过程中要考虑效益和成本，风险管理设法确定降低风险和选择行动的最佳做法；风险管理人员应运用风险评估的结果优先分配有限的资源；可供选择的风险管理方案也应阐明，如果可能，这些方案应服从于成本效益分析。

（1）**风险评价**　　从风险评估的需求中来考虑风险管理，再对风险评估材料中风险因素的可承受能力进行阐明、比较，判断其意义并做出决定。

（2）**选项评价**　　以风险评估为依据，以最小的风险选择适当的卫生措施，尽量减少生物学不利因素和经济影响。评价可行性集中在影响风险管理选择的技术、操作、经济因素手段等方面。

（3）**手段**　　通过风险管理决定接受或拒绝引进的过程。

（4）**监督和复审**　　观察引进过程，如有必要，以风险评估、卫生措施和风险管理决定形成一个复审。

4．风险交流或风险沟通

风险交流是指风险审查人、风险管理者和其他利益部分对风险信息的交流。开始阶段需要风险分析，当对动物或动物产品已经决定接受或拒绝时就进行风险沟通。风险沟通是磋商、讨论和评价的过程，以此来加强风险评估和风险管理的有效性、高效性和普遍接受性。

风险沟通的原则如下：①风险沟通应该是公开和透明的。②沟通应包括相关官员及利益相关者。③同业互查。④对模型、模型输入和风险评估的风险预测中的不确定性应该进行沟通。

在风险分析中要注意其过程可能是一个反复或重复性较多的过程。

5．定性分析和定量分析

定性分析是不用数字衡量而用文字表达风险水平的方法，如用很可能、可能、不可能、非常不可能，以及高、中、低、忽略来描述结果。

定量分析是使用各种数字度量风险。定量风险分析可以提供关于风险程度大小的一些额外的理解及不同潜在风险管理措施的不同效果。但在获得准确数、准确判定上有许多困难。

二、动物疫病风险分析实例

规模牛场重大动物疫病风险评估模型见表5-1。

1．依据的标准

《"兴安盟牛肉"肉牛场建设规范》（DB15/T 2973—2023）、《奶牛场建设标准》（DB37/T 308—2002）、《无公害食品　肉牛饲养兽医防疫准则》（NY 5126—2002）、《无公害食品　奶牛饲养兽医防疫准则》（NY 5047—2001）、《畜禽养殖业污染物排放标准》（GB 18596—2022）、《口蹄疫诊断技术》（GB/T 18935—2018）等法规。

2．使用方法

（1）**风险因子结果判定**　　用本模型所列的各项"风险因子（要求）"对照牛场实际情况，将各项风险因子的对照结果填在"判定结果"栏中。依据模型中的"判定标准"，符合要求的项，在"A"下打"√"，基本符合要求的项，在"B"下打"√"，不符合要求的项，在"C"下打"√"。

（2）**风险级别确定**

1）高风险。特别关键项和一个关键项同时不符合要求；关键项中有三个不符合要求。

2）中等风险。风险因子判定结果符合以下两种情况之一的，判定为中等风险：特别关键项和关键项有一项不符合要求或基本符合要求；普通项不符合要求和基本符合要求共达到6项。

3）低风险。凡是不符合"高风险"和"中等风险"判定条件的，均判定为低风险。

表5-1 规模牛场重大动物疫病风险评估模型

条款	风险因子（要求）	判定标准			判定结果			备注
		符合要求	基本符合	不符合	A	B	C	
	一、选址							
1	与屠宰厂、畜产品加工厂及其他养牛场的距离	2000m以上	1000～2000m	1000m以下				
2	上风向3000m以内是否有屠宰场、养猪场、养牛场和养羊场	无	只有养猪场或养羊场	有				
3	与动物隔离场所、无害化处理场所的距离	3000m以上		3000m以下				
4	与主干道或村镇工厂的距离	1000m以上	500～1000m	500m以下				
	二、场内布局							
5	有围墙或防疫沟	有	有但不完整	无				
6	围墙外建立绿化隔离带	有	有但隔离作用差	无				
7*	管理区、生产区和隔离区分设且界限分明	是		否				
8	隔离区在生产区下风向	下风向		上风向				
9	净道和污道分开且互不交叉	是	分开但有交叉	否				
10	牛舍间距：牛舍内部排列方式视牛规模而定，主要有单列式和双列式。单列式内径跨度4.5～5.0m；双列式内径跨度9.0～10.0m，采用对头式饲养。牛舍可采用砖混结构或轻钢结构，棚舍可采用钢管支柱。每栋牛舍长度根据养牛数量而定，两栋牛舍间距不少于15m	符合要求	基本符合	不符合				
11	场内道路应硬化	是	部分硬化	否				
12	展示厅和装畜台在生产区边，有专用出口	符合要求	基本符合	不符合				
	三、设施设备							
13	牛场入口处设消毒池，且消毒池的长度和消毒液的深度能保证入场车轮外沿全部浸没在消毒液中	是	有但作用差	否				
14	牛舍地面、墙面便于清洗消毒	是	部分达到要求	否				
15	有引种隔离圈舍和患病动物隔离舍	有	使用不当	无				
16	有废弃物（粪便、污水、垫料等）无害化处理设施	有	不完善	无				
17*	场内运输车辆专用且不出场外	是	执行不严	否				
18	各功能区之间交通口设消毒设施，且有专用衣、帽、鞋等存放处	是	不完善	否				
19	有必要的防鼠、防鸟、防虫设施或设备	有	不完善	无				

条款	风险因子 （要求）	判定标准			判定结果			备注
		符合要求	基本符合	不符合	A	B	C	
四、饲养管理及卫生防疫								
20*	本场实行自繁自养	是	部分自繁自养	否				
21*	建立场外人员禁入生产区等防疫制度	是	执行不严	否				
22	建立场内、舍内环境定期消毒制度	是	执行不严	否				
23	建立污染物无害化处理制度	是	执行不严	否				
24	建立工作人员自身消毒制度	是	执行不严	否				
25	完善投入品、药品使用记录	是	记录不完整	否				
26	工作人员进入各功能区穿专用服装并按规定消毒	是	执行不严	否				
27*	牛场兽医人员不对外诊疗，种公牛不对外配种	是	执行不严	否				
28	场内不饲养其他畜禽动物	是		否				
五、免疫								
29	有固定而适用的免疫程序	有	有但不太适用	无				
30	按免疫程序及时免疫	是	免疫不及时	否				
31	免疫方法、剂量符合要求	符合要求	基本符合	不符合				
32	有存放疫苗的冷藏设备	有	条件简陋	无				
33**	整个牛群口蹄疫免疫抗体水平合格率	80%以上	70%～80%	70%以下				
34	其他重点疫病免疫抗体水平保持在有效范围	符合要求	基本符合	不符合				
六、疫情发生史								
35***	本场口蹄疫病原学检测结果	PCR检测阴性		PCR检测阳性				
36	本场口蹄疫发病史	无	三年前曾有	三年内曾有				
37	本地区口蹄疫发病史	无	二年前曾有	二年内曾有				

注："条款"栏中，"***"代表限制项；"**"代表特别关键项；"*"代表关键项。"判定结果"栏中，A代表高风险；B代表中等风险；C代表低风险

三、重大动物疫病风险预警

动物疫病预警是公共卫生应急及城市预警应急系统的重要组成部分。风险预警是风险分析的重要内容，风险分析是WTO等协定的构成部分，是技术性贸易措施的重要内容之一，是WTO各成员方检疫检验决策的主要技术支持。风险分析可保持检疫检验的正当技术壁垒作用，充分发挥检疫检验的保护功能，能强化检疫检验贸易的促进作用。重大动物疫病严重影响中国畜禽生产的产业发展，疫病控制不及时，将造成重大的经济损失，也影响中国畜禽活体和胴体出口。我国相关部门应重视研究重大动物疫病风险评估及预警体系的框架构建，形成风险评估及预警决策模型，采用基于地理信息系统（GIS）的数字化监控系统，将流行病学数据库、地理图形、非空间应用模型和空间应用模型有机地结合，实现图形和数据资源共享。系统可及时跟

踪疾病的蔓延，通过动物疫病流行病学图分析，可提出适宜的防治措施，达到重大动物疫病预警预报的目的。作为WTO成员，我国必须重视和提高风险预警技术。

1. 发达国家技术发展概况

动物流行病学的各种技术从19世纪初到20世纪60年代，一直伴随微生物学的发展而发展，成为人类同疾病斗争的有力武器。流行病学研究又扩展到新领域，除病原微生物外，又进行潜在致病作用的地理环境、气候和宿主因素等研究；20世纪70年代后，苏联利用彩色地理图形对穿基背卡亚地区狂犬病、野兔热、蜱引起的脑炎和泡状棘球囊病4种动物传染病，根据生物区域和已知啮齿类动物的分布绘制图形。通过点状图、方格坐标图、群体密度图、地理区域组合图和透明重叠图等进行流行病学的分析与应用。80年代后，许多系统增加了模型应用，能够将基于动物流行病疫情管理分析的评估结果与信息管理系统提供的程序相连接。这样，信息采集系统可应用于参数统计模型，所获结果又可重新运行应用模型，进一步获得新的评估结果；90年代后，向专家系统方向发展，集中和验证领域专家的知识和经验，并将GIS技术应用于公共卫生，帮助兽医人员分析、解释和处理大量的时空信息。现代基于卫星地理信息技术和大数据快速分析，流行病学分子生物学的快速进步，网络化技术进步，使得流行病学分析及预警更加便捷、高效。

（1）口蹄疫疫情预测　　J. Gloster等利用空气传播数学模型，综合气象因素及流行病学资料，成功预测了欧洲两次口蹄疫疫情。A. I. Donaldson等也利用数学模型成功预测了英国两次口蹄疫和以色列一次口蹄疫疫情，并被以后学者用分子生物学方法证实预测的准确性。欧、美对采取免疫注射来防治口蹄疫的国家和地区进行免疫畜群抗体水平的长期监测，对受威胁地区的抗体监测尤为重视。通过免疫抗体监测来确定免疫时间和免疫程序；通过对自然感染动物抗体监测来进行发病危害性评估。

（2）禽流感疫情空间分析　　S. Davison等利用GIS对美国宾夕法尼亚州1996～1998年发生的H7N2亚型禽流感进行空间分析与研究，为防疫措施提供参考。M. Ehlers等利用GIS对意大利1999～2001年发生的禽流感建立以家禽饲养密度为基础的空间分析模型。联合国环境规划署和迁徙物种公约（CMS）组织将联手建立一个全球性禽流感预警系统，以帮助各国政府更好地预防因鸟类迁徙而引起的禽流感传播。这一预警系统主要包括绘制各国的湖泊、沼泽及其他湿地的详细地图，弄清鸟类的迁徙路线与具体时节，以及向潜在的危险地区发出警告和提出预防建议等，从而使世界各国的卫生与环保机构能够根据这些信息更好地提前制定应对措施。

（3）重大动物疫病控制系统的建立　　EpiMAN是新西兰国家级主要动物疫病控制系统，系统最初集中从口蹄疫（FMD）开始实施，其核心由空间数据、文本数据和FMD流行病学的知识（包括内部FMD模型和专家系统）组成若干数据库，将可确定疾病和因子关联程度的流行病学方法与可确定因子将在哪些地方发生的GIS技术结合起来，可输出彩色地图和相关报告，从而描述众多环境因素影响的疾病空间分布。在动物流行病学研究中，基于GIS的空间分析为挖掘疾病流行和扩散的时空特征与模式开创了一个新的视角，通过电子地图的实时显示与剖析，让人们更直观地了解疾病的流行状况与未来流行的趋势。

（4）新型动物病原预测分析　　盖塔病毒（GETV）主要在牲畜中引起疾病，由于其宿主范围不断扩大，并有可能通过动物贸易远距离传播，因此可能构成流行病风险。赵金等使用宏基因组下一代测序（mNGS）来确定GETV是导致中国猪疾病复发的病原体，随后使用系统动力学和空间网络系统地理学方法估计了关键的流行病学参数。GETV分离株能够在包括人类细胞在内的多种细胞系中复制，并在小鼠模型中显示出高致病性，这表明其有可能成为更多哺乳动物宿主。通过对牲畜、宠物和蚊子的大规模监测，2016～2021年在中国收集的病毒株中获得了16个完整的基因组和79个 $E2$ 基因序列。系统发育分析表明，GETV的三个谱系是目前流行的主要毒株。GETV传播的系统地理学重建表明，采样谱系优先在年平均温度和猪种群密度相对较高的区域内循环。

为加强国际动物流行病的预防工作，欧盟的预警体系包括了畜禽及其产品交易监测网络、实验室监测网络等多个监测网络。美国动物卫生和流行病学中心（CEAH）负责通过监测等途径获得各种紧急动物疫情信息，并通过风险评估、流行病学分析、地理空间分析等多种手段对某种重大疫病可能对美国畜牧业造成的影响及可能的发生程度进行预警性风险分析，以提出最佳应急方案。美国的动物疫病报告体系相当完善，疫情报告主要分为常规报告、监测报告和紧急报告三种方式。常规报告主要由动物流行病学中心（CEAH）负责，通过国家动物卫生报告系统（NAHRS）定期向 WOAH 通报；监测报告主要由国家动物卫生计划中心

（NCAHP）负责；紧急报告（快报）则由紧急计划处（EP）负责。美国国家动物卫生与流行病学中心（CEAH）专设紧急疫情室（CEI）。英国国际动物卫生处下设的国际动物疫情监测组，24h内形成《国外动物疫情定性风险分析》，在英国农业部网站发布。

（5）国际上正在建立的全球和区域预警系统

1）FAO建立了跨国界动植物病虫害紧急预防系统（EMPRES）和跨国界动物疫病信息系统（TADinfo）及北非、中东和阿拉伯半岛区域性动物疫情监测和控制网络（RADISCON）。

2）欧盟建立了由重大动物疫病通报系统（ADNS）、人兽共患病通报网络、畜禽及其产品交易监测网络等几个网络组成的重大动物疫病预警体系。

3）FAO、WHO和WOAH于2006年7月24日共同发起"全球预警和反应系统"（GLEWS），用于追踪可传染给人类的动物传染病的出现及扩散。GLEWS是一个网上电子平台，旨在汇集上述三个组织及其各类下属部门所获得的信息资料，以便察觉流行病的突发或传播模式，并视需要发布警告。GLEWS的预期作用：通过信息的交流及对流行性疾病的分析，配合实地作业，从而判断和控制动物及人群中的突发病。通过以上措施，期望做到准确地预测和防止动物疾病威胁，这将有助于加强协调全球而不仅仅是某一国家或地区的应急反应。

（6）动物疫病风险预警模式

1）理论预测模式。对于重大疫病要准确发出早期预警信息不是个简单的事情，可以利用理论性预测。理论性预测需要大量疾病流行数据（理论流行病学），经过计算机处理，预测重大疾病未来流行趋势。现在我国已用医学预警系统、地理信息系统对急性传染病、慢性传染病、寄生虫病、地方病等进行早期预报，并给予直接预警、定性预警、定量预警或长期预警。

理论预警模式需要大量的基础数据积累、专家型计算机处理及实时数据跟踪（包括自然状况、社会情况、病原基因变异跟踪等）。目前还处于比较初始的阶段，需要大量的摸索。

2）生物系统预测模式。哨兵动物（animal sentinel）可作为人类和动物疫病的预警系统，动物既是人类疾病的传媒，同时也可以利用动物为人类疾病预警服务。哨兵动物定义为用于传染或污染影响测定的最近似生态系统指示和监控的动物，能直接涉及动物和人类健康并提供人类健康风险灾情预警。现阶段，已知蚯蚓、燕子、蝙蝠及其他野生动物，甚至宠物都可以作为人类疾病、动物传染性病原、环境污染物的哨兵动物。现在的公共卫生系统还没有足够地认识到哨兵动物在监测和减少人类环境危害方面的重要作用，还缺乏威胁动物健康与人类健康新发疾病的科学信息交流，还难以进行这方面的证据整合。

对于某些人类疾病，特别是营养缺乏症和中毒疾病容易发生的地方，动物也常有同样的疾病，而且发生于人患病之前，或比人更为严重，故可作为人类疾病的预警体系。例如，马来西亚的西尼罗病毒引起鸟类发病，后又导致人患西尼罗病毒病，鸟可以作为人类西尼罗病毒病的前哨动物。动物的潜伏期较短，如裂谷热在犊牛和羔羊中的潜伏期仅12h，而人的潜伏期需要几天，动物的预警作用明显。预警动物在兽医公共卫生预警当中将来可能会发挥重要作用，如禽流感最敏感的动物是鸡和鸭，对其进行禽流感疾病检测可及时预测该病的流行趋势及其对人类的威胁。

动物很难快速适应环境变化，因此是气候变化的宝贵"指示器"。美国预防医学和兽医公共卫生专家呼吁在全球范围内建立动物监测系统，观测疾病在动物中的蔓延情况，以便人类在遭受疫病袭击之前作出防范。

观测野生动物健康情况能够帮助人类预测疾病暴发地，并提前采取预防措施。野生动物可以成为我们的预警系统，我们已经看到气候变化对疾病产生的影响。"野生动物预警"曾经在部分地区取得良好效果，非洲国家刚果（布）的猎人通过向相关部门报告丛林中死于埃博拉出血的大猩猩，有效避免了这种疾病在当地居民中暴发；在南美洲，相关部门发现灵长类动物感染黄热病后，及时为生活在当地的居民接种了疫苗。动物园动物、野生动物、宠物及家畜都可以为公共卫生预警服务。曾在美国布朗克斯动物园（Bronx Zoo）门外因西尼罗病毒感染而死亡的一只乌鸦，为人们提供了该病的流行趋势预警；浣熊、狐狸和蝙蝠也是哨兵动物，可以预警狂犬病的暴发。上海崇明岛地区的湿地是西伯利亚与澳大利亚-新西兰候鸟飞越的中转站，每年有大批鸟类路过此地，中国科学家在此设立了野鸟疫情监测站。观察候鸟发病和携带病原状况，实际上也是将候鸟作为哨兵动物，主要观察禽流感的携带情况。

草原犬也是具有预警价值的动物，可以预警鼠疫的发生和蔓延程度。鼠疫菌在环境中以低含量存在，在虱体内以从草原犬到草原犬的方式传播。当虱携带病菌叮咬人时就可以引起人病的流行。宠物也是很好的哨兵动物，蜱携带莱姆病、巴贝西虫病的病原，而这些病原可感染宠物和人引起神经或血液性疾病。观察野生动物与人类疾病之间的关系，将信息贮存于国家相关信息中心，有利于警示流行于全国疾病的发生，有可能是最有价值的预警方式。

哨兵动物按公共卫生功能还分为以下几类：①作为灰尘和空气污染对人类健康威胁的哨兵动物；②作为饮水中健康威胁的哨兵动物；③作为人类饮食消费中健康威胁的哨兵动物；④作为媒介性和动物源性疾病对人类健康威胁的哨兵动物；⑤作为环境化学物质对人类健康威胁的哨兵动物；⑥宠物作为环境引发人患癌危险的哨兵动物（室内空气污染）。

3）动物卫生监测网络与地理信息系统结合预测模式（前面已叙述）。

2. 国内现状及对策

中国处理动物紧急疫情的方法同发达国家相比尚有一定差距，疫情监测与控制手段未能规范，尚未建立疫情监测与控制专家系统。因此对某些重大动物疫病的发生与流行难以做到准确预警、及早采取防范措施，常常不是预防在前，而是处理于后，即使处理也往往是传播开来再采取相应对策，造成不可挽回的巨大损失，严重阻碍和影响中国养殖业的持续稳定发展。重大动物疫病体系的建立，将对中国、周边国家或与中国有贸易往来的国家正在发生的或将要发生的重大传染病做出快速反应，对其流行趋势和流行规模及时预测与监控，对疫病的危害和危险进行评估，对疫病的控制情况做出总结，定期或在紧急情况下及时向政府部门提供疫情报告和合理建议，为国家制订防治措施和应对政策提供重要依据。

（1）预警研究的定位

1）现状。近几年国内大都集中于网络信息系统的建设，侧重于疫情的上报、信息的共享、疫情的GIS展示等；对于预警的研究，只涉及少部分比较前沿的预警原则的研究，多以定性研究为主，定量研究较少。

2）应加强以下研究。GIS分析：已建的预警应急系统中，GIS系统以疫病信息展示为主，空间分析模型相对较少。

经济分析：动物疫病防控经济学分析基本与预警应急系统相互脱离，大都为事后评估，缺乏预警应急的经济分析模型，没有实现动物经济学分析的实际效益。

政策分析：基于单个主题的政策分析较为容易，但面向预警应急的完整体系定性与定量结合的决策模型尚未建立。

（2）预警体系建设原则　　根据各国组织建设预警体系的经验，FAO在其《EMPRES跨国界动物疫病公告》（NO.20/1—2002）中提出，建立有效的动物疫病预警体系应当遵循以下原则。

1）重点集中。预警体系应当主要关注重大动物疫病，并利用和依靠现有的国家动物疫病报告体系和信息情报体系。

2）准确和及时。建立系统应当能够有助于国家获得准确及时的信息，包括利用所有田间和实验室设施，以及一些综合的监测技术获得及时准确的相关信息。

3）附加功能。建立系统应能够综合应用流行病学分析和风险评估技术，为国家、贸易伙伴提供最适当的预防控制措施的建议。

4）目标和导向明确。建立系统的最终目标应当是给那些受到疫病威胁的地区提供早期预警的建议和帮助。

5）信息易得。体系需要收集世界范围内关于疫病发生及疫情进展的信息，并在区域或国家水平发布经核实的信息，以便及时采取措施防止疫情扩散。关键问题是疫病分布地图、流行病学分析报告及紧急疫病建议通告等相关信息应当能够通过最直接和快速的渠道被那些使用信息的关键人员获得。

（3）如何提高GIS系统与风险分析在预警体系中的应用

1）进一步加强GIS系统在疫情预警中的应用。具体应用分析领域：①疫病的空间分析；②空间和时间发展趋势分析；③潜在高危群体分析；④危险因素分层分析；⑤资源分配评估；⑥疫病监控规划；⑦持续疫情监测控制；⑧疫病预测预警。

2）应注意动物疫病风险分析在预警体系中应用的三个不同因素。动物疫病风险评估工作主要涉及生物学因素、国家因素和商品因素三个方面。

在生物学因素上进口动物及动物产品时，首先考虑该种动物的易感疫病；确立动物危险疫病种类后，对出口国的国家和商品因素开展评估工作。在国家层次上，要评价该类动物疫病在出口国的流行率/发病率，以及该国控制和监控这些疫病的能力。在企业层次上，要对第三国生产企业进行严格的考察工作，以评价该企业是否存在污染动物产品的风险；在商品即动物和动物产品因素上，要检验该商品是否感染相关的疫病因子。风险预警可从以上三个因素展开，分析风险发生前的预警阶段，如何在信息更加模糊、危险更加不可知的状态下，得到相对确定的预警结论。

第三节　进口动物疫病的风险评估

对于输入国家来说，动物及其产品有疾病传播的风险，这种风险包括一种或几种疾病或传染性。输入风险分析的主要目的是为输入国提供与动物、动物产品、遗传材料、生物产品病理材料有关的疾病风险评估的主动和防御性方法。透明度是必须的，因为相关材料经常是不确定或不完全的，没有全部需要的文件，事实和分析值判断之间可能是模糊的。WOAH也是利用SPS协议进行风险评估或解释其应用原理的。

风险评估是与危害物有关分析的一部分，有定性风险评估和定量风险评估两类不同方法。在WOAH动物卫生法典中对于许多疾病各国已经达成广泛的一致标准，多数要求定性风险评估。定性风险评估不要求数学模型技术，而且常被使用。在进口风险评估中没有一种方法可以用到所有情况，不同情况下使用不同方法可能更合适。进口风险评估要考虑输出国（地区）的兽医服务、疫区、无疫小区和调查系统的动物卫生监控情况。

一、危害物鉴别

危害物包括病原、潜在产生副作用的物质。在输出国（地区）已经存在的危害物有可能随着商贸进入输入国内，因此必须对其进行鉴定。对输入国（地区）已有的危害物也要进行鉴定，无论是法定传染病或者是控制、清除等措施都不要影响正常贸易。对于输出国（地区）动物群体危害物的兽医勤务、调查和控制程序、分区和无疫小区系统的评价是非常重要的。

危害因素主要是指：①农业农村部会同海关总署组织修订的《中华人民共和国进境动物检疫疫病名录》（2020年256号公告）所列动物传染病、寄生虫病病原体；②国外新发现并对农牧渔业生产和人体健康有危害或潜在危害的动物传染病、寄生虫病病原体；③列入国家控制或者消灭计划的动物传染病、寄生虫病病原体；④对农牧渔业生产、人体健康和生态环境可能造成危害或者负面影响的有毒有害物质和生物活性物质。经确定不存在危害因素的进境动物产品，不再进行风险评估。

二、风险评估的原则

1）风险评估必须与实际处理情况进行灵活运用，没有任何单一方法适用于所有情况。不管使用何种方法必须以科学为依据，执行或者参考有关国际标准、准则和建议。

2）定性风险评估和定量风险评估方法都是有效的，虽然定量风险评估能够显示更深层次的特殊问题，当所需资料受到限制时定性风险评估方法可能更恰当。

3）风险评估依据现代思维应该利用最可靠的信息，评估结果应该很好地进行记录，有很充足的参考资料和来源，包括专家意见。

4）风险评估方法必须保持一致性，透明度是必须的。

5）应该对最终风险评估的不确定性、假定和影响效果记录在案。

6）随进口货物数量的增大，风险也随之增加。

7）当新的信息整合进来后，应对风险评估进行适当修改。

8）不对国际贸易构成变相限制。

三、风险评估的具体步骤

1. 释放评估

释放评估是对进口活动中可能释放病原的生物学途径进行必要描述，包括病原释放进特殊环境，并与当地生物整合，既定性又定量的过程。这种释放是在特殊环境和时间条件下才可能发生的，释放评估就是对这种可能性的分析，举例如下。

1）生物学因素：①动物的种类、年龄和繁育；②病原容易感染的场所；③疫苗、检测、处理和检疫。

2）国家地理因素：①病原发生/流行；②对输出国（地区）的兽医服务、调查和控制、疫区和无疫区系统评估；③传播媒介、人和动物数量、文化和习俗，地理、气候和环境特征。

3）货物因素：①货物的质量；②污染程度；③加工过程的影响；④保藏和运输的影响。

如果释放评估证明没有明显的危险，则评估不再进行下去。

2. 暴露评估

暴露评估是对进口国家可能暴露于动物和人的危险源的释放、暴露发生的生物学途径可能性进行定性和定量评估。这种暴露的可能条件包括可能与危险病原接触数量、时间、频率、接触持续时间、接触途径（如消化、吸入或昆虫叮咬），以及动物群体和人群数量、种类和其他特征性等评价分析。举例如下。

1）生物学因素：病原的性质。

2）国家地理因素：①潜在媒介存在与否；②人和动物统计数据；③当地居民和文化习惯；④地理和环境特征。

3）货物因素：①输入货物性质；②输入动物或产品的用途；③实践操作。

如果暴露评估证明没有明显的危害，则风险评估停止进行。

3. 后果评估

后果评估是对接触特殊病原和这些接触引起的后果之间互为因果关系进行分析，偶然过程存在接触或暴露产生副作用或对环境产生不良影响，又会导致社会-经济学后果。后果评估就是对这种可能性进行分析评估，既可定性也可定量评估。举例如下。

1）直接暴露：①动物感染、疾病和生产的损失；②公共卫生结果。

2）间接后果：①调查和控制花费；②补偿费用；③潜在的商业损失；④对环境的不良影响。

4. 风险预测

风险预测是释放评估、接触评估、后果评估对健康和环境风险定量测定的综合分析，对从危害物鉴别到不期望结果的各种风险途径的全面考虑。

对于定量评估应该包括如下结果：在相当一段时间内可能对动物及动物群体，或人群造成各种程度不利影响的因素数量的估计；在这些预测中表达不确定性范围包括分布的可能性、置信区间和其他不确定因素；各种模型输入的描述；对风险预测结果的可能变化排列出敏感分析输入可能；模型输入依赖和相关性分析。

5. 风险管理

（1）风险管理原理

1）风险管理是所有成员或相关成员为获得适当的保护水平所做出决定和补充措施的过程，在此过程中，能够保证商业风险降到最低。

2）WOAH的国家标准就是SPS风险管理原则。

（2）风险管理内容

1）风险评价。在所有成员都具有适当的保护水平风险评估中比较其风险预测的过程。

2）选择评价。为保持所有成员具有适当的保护水平，为较少输入风险所进行的鉴别、效率、可行性和适应程度的评价及选择措施的过程。效率是指措施选择旨在减少对健康和经济产生最小影响的程度。评价选择效率是一个反复的过程，包括风险评估和可接受风险程度比较的综合因素。可行性评价通常注意技术、操作和经济因素对风险管理选择的影响程度。

3）完成。通过风险管理决定的过程来保证风险管理措施能够落到实处。

4）监控和复核。通过对风险管理措施的连续审计，可以使结果达到预期。

6. 风险交流（风险沟通）

风险交流原则如下。

1）风险交流是输入国和输出国（地区）经风险分析后对危害物与风险所具有的潜在影响、进行风险管理及采取的措施所进行的信息和观点交流的过程。这是一个全方位及反复的过程，使风险分析能够顺利进行并贯穿始终。

2）风险交流战略应该存在于每个风险分析的开始。

3）风险的交流应该是公开的，互动式的，反复的，透明的，特别是决定输入动物或其产品后应该是一个连续式信息交流过程。

4）风险交流的主要接受者包括输出国（地区）的有关部门、利益相关者如本国的和外国的工业集团、家畜生产者及消费集团。

5）风险评估中模型、模型输入和风险预测中假定和不确定都应该进行交流。

6）同行评审是风险交流的重要组成部分，它能够使风险评估获得更加科学的关键点，并能保证资料、信息、方法及其假定得到最好的利用。

风险交流包括收集与危害和风险有关的信息和意见，讨论风险评估的方法、结果和风险管理措施。政府机构、生产经营单位、消费团体等可了解风险分析过程中的详细情况，可提供意见和建议。

在实际工作中应该善于运用风险分析为科学施检、精密施检提供依据，当输入国或总局对某种出口产品提出新要求时、当企业的产品出口到新的国家时、当企业出口新的产品时，我们都可以运用风险分析原理，根据企业原辅料、食品添加剂的使用情况、质量体系运行情况、生产过程加工工艺情况及诚信自律情况等，提出我们的检疫检验措施。

第四节　进口动物产品危害物鉴别

在实际工作中，对于各种风险因子的风险评估，我们可能常用的只是危害因素确定、风险评估（发生评估）、风险管理等几步。

一、相关国家及行业标准

1. 对于进出口动物产品危害物鉴别检验我国出台了一系列国家标准

1）《中华人民共和国进出口商品检验法》及其实施条例。

2）《中华人民共和国进出境动植物检疫法》及其实施条例。

3）《进出口兔皮检验检疫规程》（SN/T 2437—2010）。

4）《进出口饲料和饲料添加剂检验检疫监督管理办法》。

5）中华人民共和国进出境动植物检疫法实施条例。

6）进出境检验检疫报检规定。

7）《出入境特殊物品卫生检疫管理规定》（国家质量监督检验检疫总局令第83号2005年）。

8）《出入境检验检疫风险预警及快速反应管理规定》（中华人民共和国国家质量监督检验检疫总局第1号令2001年9月颁布，2018年修订）。

9）《出口食品生产企业备案管理规定》（国家质量监督检验检疫总局令第142号）。

10)《市场采购出口商品检验监督管理办法（试行）》（2012 年 3 月 2 日国家质量监督检验检疫总局第 31 号公告）。

11）出口肉禽《禁用药物名录》和《允许使用药物名录》（国家质量监督检验检疫总局公告 2002 年第 37 号）。

12）《中华人民共和国进出口食品安全管理办法》（海关总署令第 249 号，2022 年）。

13）《出口禽肉产品兽药残留控制指南（试行）》（国质检函〔2002〕285 号）。

14）《进出口肉类产品检验检疫监督管理办法》（海关总署令第 243 号）。

15）《供港澳活禽检验检疫管理办法》（2018 年海关总署令第 240 号第二次修正）。

16）《出入境检验检疫机构实施检验检疫的进出境商品目录》（2017）。

17）《出口禽肉及其制品的检验检疫要求（试行）》（国质检食〔2003〕212 号）。

2. 适用标准

(1) GB 16869—2005		《鲜、冻禽产品》
(2) GB 4789.2—2022	《食品微生物学检验	菌落总数测定》
(3) GB 4789.3—2016	《食品微生物学检验	大肠菌群计数》
(4) GB 4789.4—2016	《食品微生物学检验	沙门氏菌检验》
(5) GB 4789.6—2016	《食品微生物学检验	致泻大肠埃希氏菌检验》
(6) GB 4789.9—2014	《食品微生物学检验	空肠弯曲菌检验》
(7) GB 4789.10—2016	《食品微生物学检验	金黄色葡萄球菌检验》
(8) GB 4789.30—2016	《食品微生物学检验	单核细胞增生李斯特氏菌检验》
(9) GB/T 5009.116—2003		《畜禽肉中土霉素、四环素、金霉素残留量的测定（高效液相色谱法）》
(10) SN/T 0419—2011		《出入境鲜冻家禽肉类检验检疫规程》
(11) SN/T 0428—1995		《出口冻鸭、冻鹅检验规程》
(12) SN/T 0397—1995		《出口冻乳鸽检验规程》
(13) SN/T 0764—2011		《新城疫检疫技术规范》
(14) NY/T 772—2013		《禽流感病毒 RT-PCR 检测方法》
(15) SN/T 0212.2—2017		《出口禽肉中二氯二甲砒啶酚残留量测定》
(16) SN 0314—1995		《出口肉及肉制品中氯霉素残留量检验方法》
(17) SN 0530—1996		《出口肉品中呋喃唑酮残留量检验方法（液相色谱法）》
(18) MMFS CNJ—0076		《出口肉中磺胺喹恶啉（气相色谱法）》
(19) SN/T 0330—2012		《出口食品中微生物学检验通则》
(20) SN/T 0973—2010		《进出口肉、肉制品以及其他食品中肠出血性大肠杆菌O157：H7检验方法》

二、具体危害物鉴别举例

1. 相关法规规定的危害物范畴

动物源性食品中的危害物如生物学的病原、化学的或物理的有害物质，或者是在一定条件下能够引起健康副反应的食品，都可以成为动物源性食品危害物。因此，动物源性食品危害物可以分为物理的、化学的或生物的。物理危害物如石头、肉中的碎骨屑可以很好地被人理解，但生物和化学危害物则难以被人理解，每个人对不同病原或化学物的反应因身体差异或食入量的不同而不同。

进出口食品添加剂检验监督管理工作规范（总局 2011 年第 52 号公告）第十二条规定：现场检验检疫有下列情形之一的，检疫检验机构可直接判定为不合格。

1）不属于本规范第四条规定的食品添加剂品种。

2）无生产、保质期，或超过保质期或者腐败变质。

3）感官检查发现产品的色、香、味、形态、组织等存在异常情况，混有异物或被污染。

4）容器、包装密封不良，破损、渗漏严重，内容物受到污染。

5）使用来自国际组织宣布为严重核污染地区原料生产。

6）货证不符。

7）标签及说明书内容与报检前向检疫检验机构提供的样张和样本不一致。

8）其他不符合中国法律法规规定、食品安全国家标准或者国家市场监督管理总局检疫检验要求的情况。

对可疑或检验品种必须检验的各种危害物，按照国家相关标准进行检验或鉴别。表5-2为进出口饲料和饲料添加剂风险级别及检验检疫监管方式的详解。

表5-2 进出口饲料和饲料添加剂风险级别及检验检疫监管方式

类别	种类	风险级别	进口检验检疫监管方式	出口检验检疫监管方式
动物源性饲料	饵料用活动物	Ⅰ级	进口前须申请并取得"进境动植物检疫许可证"；进口时查验检疫证书并实施检疫；对进口后的隔离、加工场所实施检疫监督	符合进口国家或地区的要求
	饲料用（含饵料用）冰鲜冷冻动物产品	Ⅰ级	进口前须申请并取得"进境动植物检疫许可证"；进口时查验检疫证书并实施检疫；对进口后的加工场所实施检疫监督	符合进口国家或地区的要求
	饲料用（含饵料用）水产品	Ⅱ级	进口前须申请并取得"进境动植物检疫许可证"；进口时查验检疫证书并实施检疫	符合进口国家或地区的要求
	加工动物蛋白质及油脂：包括肉粉（畜禽）、肉骨粉（畜禽）、鱼粉、鱼油、鱼膏、虾粉、鱿鱼肝粉、鱿鱼粉、乌贼膏、乌贼粉、鱼精粉、干贝精粉、血粉、血浆粉、血球粉、血细胞粉、血清粉、发酵血粉、动物下脚料粉、羽毛粉、水解羽毛粉、水解毛发蛋白粉、皮革蛋白粉、蹄粉、角粉、鸡杂粉、肠膜蛋白粉、明胶、乳清粉、乳粉、蛋粉、干蚕蛹及其粉、骨粉、骨炭、骨制磷酸氢钙、虾壳粉、蛋壳粉、骨胶、动物油渣、动物脂肪、饲料级混合油、干虫及其粉等	Ⅱ级	进口前须申请并取得"进境动植物检疫许可证"；进口时查验检疫证书并实施检疫	符合进口国家或地区的要求
	宠物食品和咬胶	Ⅱ级	进口前须申请并取得"进境动植物检疫许可证"；进口时查验检疫证书并实施检疫	符合进口国家或地区的要求

2. 进口食品危害物风险系数在检测频率设定中的运用

（1）危害物风险系数的定义 衡量一个危害物风险程度的大小最直观的参数就是该危害物在一定时期内的超标率或阳性检出率，其施检频率多少及其本身敏感性（受关注的程度）也是重要的评估参数。

显然，对于具有同样大小阳性率或超标率的危害物，由于其施检频率的不同，其所反映的风险程度也各不相同。单纯依靠阳性率或超标率的高低，而不考虑施检频率的多少来对危害物的风险程度进行评估并不全面和科学。很显然，施检频率较低的危害物在阳性率或超标率相同的条件下，比施检频率较高的危害物具有更大的风险，因为从统计学角度来看，小样本对总体代表性的置信度更低。因此，有必要定义这样一个参数，它综合考虑了危害物的阳性率或超标率、施检频率和其本身敏感性的影响，并能直观而全面地反映出危害物在一段时间内的风险程度。

将此参数称为危害物的风险系数

$$R = aP + b/F + S$$

式中，P 为该种危害物的超标率（对病原微生物和禁用物质是检出率）；F 为危害物的施检频率；S 为危害物的敏感因子；a 和 b 分别为相应的权重系数。P 和 F 均为指定时间段内的计算值，敏感因子 S 可根据当前危害物在国内外食品安全上关注的敏感度和重要性进行适时的调整。

风险系数 R 的大小与 P 及 S 成正比,与 F 成反比。即危害物的超标率和受关注的程度越高,其风险系数越大;而危害物的施检频率越高,其相应的风险越小。P、F、S 随考察时间区段而动态变化,可根据具体情况采用长期风险系数(如一年、两年)、中期风险系数(如半年、三个月)和短期风险系数(如一个月、一周)等。

(2)风险系数 R 及其相关参数的说明

1)根据对历史数据的分析,正常情况下,危害物超标率或阳性率通常是小于5%的,而施检频率的取值大概在 $0.1\sim1$。为了使风险系数 R 能够准确和均衡地反映 P 和 F 的影响,在实际应用中,建议权重系数 a 的取值大约在100,b 的取值大约在0.1比较合适。

2)敏感因子的取值初步分为三种情况:对于新开检的、在国内外备受关注的、敏感度较高的危害物,$S=2$。对于正常施检、敏感度一般,该类食品中主要可能存在的危害物,$S=1$。对于那些国内外已较少使用的农兽药残留,关注程度日益下降、敏感度较低的危害物,$S=0.5$。

3)当 S 取值一定时,风险系数 R 将随 P 和 F 的变化而变化,并反映出危害物不同的风险程度情况。下面以敏感度一般的危害物($S=1$)情况来做一些具体的说明,其他 S 取值情况依此类推。

$R<1.5$ 时,称为危害物低度风险。当危害物无超标或阳性检出($P=0$),且每次必检($F=1$)时,$R=1.1$,此时的风险程度最低。

$1.5<R<2.5$ 时,称为危害物中度风险。作为两种特殊情况,有必要做一下说明。当危害物无超标或阳性检出($P=0$)时,施检频率 F 将为 $0.067\sim0.2$;当危害物每次必检($F=1$)时,其超标率或阳性检出率 P 将介于 $0.4\%\sim1.4\%$。

$R>2.5$ 时,称为危害物高度风险。即使当危害物无超标或阳性检出($P=0$),而施检频率 F 小于0.067时,仍可认为危害物处于高度风险中。作为一种特殊情况,当 $F=0$,即危害物从未进行过监测,此时的 $R=\infty$,危害物的风险为无穷大。

(3)危害物风险系数在食品卫生监督上的应用 危害物清单中所涉及的危害物的风险是各不相同的,在无法每次都对所有危害物进行全面检验的情况下,应对其中的风险程度较高的危害物进行重点监测。R 越大,风险越高,越需要对其加强检验和监管;R 越小,风险越低,可相对减少其施检频率。

第五节 进口及国内动物异地引种风险评估

一、引种风险

国内已有多次从国外引进优良畜禽品种带来疫病的教训。1980年我国从新西兰等国进口奶牛和种牛时把牛病毒性腹泻-黏膜病和传染性牛鼻气管炎等病带入国内;1987年从英国进口的萨能奶山羊中检出了山羊病毒性关节炎-脑炎血清学反应阳性羊,以后在国内检出的感染与发病羊均为引进的萨能、吐根堡奶山羊及其后代。我国曾于1983年从英国进口的边区莱斯特羊群中发现绵羊痒病疑似病例,经过根除措施,及时扑灭了疫情。目前从国外大量引种呈现盲目无序状态,存在着传入动物疫病的巨大风险。近几年来随着畜牧业的发展,从南非等国家引进波尔山羊的场家有数十家;从澳大利亚、加拿大等国引进大量种奶牛,随着克隆牛技术的发展,国内有数家单位从国外引进大量的牛胚胎进行克隆牛试验,而这一切都蕴含着引进动物疫病的巨大风险。

二、引进动物精液的(半定量)风险分析

为了防止异地引种带来的疫病风险,国内异地引进种用动物及其精液、胚胎、种蛋的,应当先到当地动物防疫监督机构办理检疫审批手续并须检疫合格。对于动物精液引进过程的风险评估目前国内还没有进行系统的研究,主要是对其质量进行鉴定。但对一些重要的传染病,如非洲猪瘟、猪繁殖和呼吸综合征等仍然可以通过精液进行传播,因此,风险评估也是十分必要的。

精液的品质是评定种公畜种用价值的重要依据,也是影响母畜受胎的关键因素。对精液一般性状进行鉴定,观察其品质优劣,对稀释、保存和运输后精液性状检查,有利于及时发现问题。精液一般性状检查包括

精液色泽和气味检查、精子密度检查、精子活力检查、精子存活时间和存活指数的测定等，如果品质达不到要求就存在育种风险。精液中可发现细菌、病毒、立克次体、衣原体、支原体、真菌、原虫等病原。

1. 进口引进动物精液

1）进境前要对供体动物进行卫生检查，如过去12个月出口国没有发生过重大或重要疾病，必须是纯种，自身没有感染性疾病。

检疫管理：与有关国家或地区商签从该国（地区）进口某种动物精液、胚胎的检疫议定书；商定并认可出口国或地区向中国出口动物精液、胚胎检疫证书的格式、内容、评语及文字；对出口国家或地区向我国出口动物精液、胚胎的生产、冷冻加工、存放单位进行实地考核；对国内进口单位进行考察和登记；检疫审批，办理检疫审批手续。

2）进境过程中的检疫管理。受理申报：货主或代理人必须持以下文件、材料向我国出入境检验检疫部门报检：出具报检单，检疫审批单，检疫证书，原产地证书，贸易合约或捐赠、援助文件等正本，信用证、发票，装货清单及其他材料。经审核合格者收取检疫费后接受报检。

进境检疫：查验货证是否符合，相符者按规定采样进行实验室检验；检验是否有双方检疫议定书中规定的疫病病原体。合格者出具检疫证书；不合格者，签发检疫处理通知单，并对产品进行销毁处理，由检疫机关进行监督。

3）进境后的检疫管理。运输部门必须凭进出境检疫签发的"检疫放行通知单"承运进境精液或胚胎，在运输途中，国内检疫部门凭单放行，不再检疫。

2. 国内异地引进种用动物及其精液、胚胎检疫

风险分析主要评估精液中细菌、病毒、立克次体、衣原体、支原体、真菌、原虫等病原存在的情况。

三、种羊、牛、猪等大中动物引进风险评估

对于牛、羊和猪等大中动物引进的风险评估，国内目前也同样没有系统进行研究，国家也没有相对应法规来执行，主要对重要传染病病原和寄生虫携带风险进行评估。

1. 检疫合格标准

1）符合农业农村部《生猪产地检疫规程》《反刍动物产地检疫规程》等要求。
2）符合农业农村部规定的种用、乳用动物健康标准。
3）提供规程规定动物疫病的实验室检测报告，检测结果合格。
4）精液和胚胎采集、销售、移植记录完整，其供体动物符合规程规定标准。

2. 检疫程序

（1）**申报受理**　动物卫生监督机构接到检疫申报后，确认"跨省引进乳用种用动物检疫审批表"有效，并根据当地相关动物疫情情况，决定是否予以受理。受理的，应当及时派官方兽医到场实施检疫；不予受理的，应说明理由。

（2）**查验资料及畜禽标识**　查验饲养场的"种畜禽生产经营许可证"和"动物防疫条件合格证"。按《生猪产地检疫规程》《反刍动物产地检疫规程》要求，查验受检动物的养殖档案、畜禽标识及相关信息。

（3）**临床检查**　主要观察动物临床表现，发现异常要查明原因，特别是要进行实验室检查。

3. 检疫结果处理

（1）参照《生猪产地检疫规程》《反刍动物产地检疫规程》做好检疫结果处理。
（2）无有效的"种畜禽生产经营许可证"和"动物防疫条件合格证"的，检疫程序终止。
（3）无有效的实验室检测报告的，检疫程序终止。

4. 检疫记录

做好检疫记录，对于合格的给予发放合格证。

四、对种禽、禽蛋重要传染病病原携带风险评估

调运检疫办妥检疫审批手续后，引种单位或个人在约定的时间内到种禽输出地动物防疫监督机构申请检疫。输出地动物防疫监督机构应严格执行《种畜禽调运检疫技术规范》，做好调运前和运输时的检疫工作。

调运前检疫应注意两点：一是检疫时间，调出种禽于起运前××～××天在种禽场或隔离场进行检疫；二是检疫项目和程序，调查了解该种禽场××个月内的疫情情况，同时查看调出种禽的档案和预防接种记录，然后进行群体和个体检疫，并作好详细记录。应做临床检查和实验室检验的疫病，要按技术规范严格进行检查检验。通过禽蛋传播的禽病有：鸡白痢、禽伤寒、禽大肠杆菌病、鸡霉形体病、禽脑脊髓炎、禽白血病、病毒性肝炎、包涵体肝炎、减蛋综合征等，要注意这些病原的风险评估和相关的实验室检疫。

检疫审批需从外县引进种禽的，引种单位或个人应事先到输入地动物防疫监督机构申请办理检疫审批手续。输入地动物防疫监督机构受理申请后，应派人到输出县进行产地疫情调查，根据情况确定是否同意引进。

五、鱼种苗引进风险评估

鱼种苗认证是一个质量保证体系，其目的在于给农（渔）民生产提供高品质的种苗。它是一个符合某些最低限度的预先确定的质量标准和准则体系，如遗传纯度、高产出性能、免于重大疾病及其他市场的需要等。同时，对其相关指标要进行简单风险评估。鱼种苗认证技术如果使用得当，对发掘水产养殖业生产的潜能所增加的价值将会超过预期增加的费用。现在应用淡水养殖鱼种种苗认证技术已有不同程度的成效。在引进鱼种苗时，也要对其运输过程进行质量和风险评估，主要对鱼苗体质、拉网锻炼、运输温度、运输水质、氧气条件、鱼苗密度等进行治疗与风险评估。

在亚洲，虽然孵化场生产了充足的经过专业培育的种苗数量，但低劣的质量被视为制约淡水养殖业发展的主要因素。为确保鱼苗质量，政府和农民采取了从体制到农民管理的决策等多种方法。区域鱼苗生产的重点已经由集中转向了分散，这种生产转变为贫困农民参与鱼苗产业提供了机会。分散的鱼苗生产应当辅以适当的育种策略，以维持亲体遗传质量。扩大鱼苗供应量，关键是建立地方支撑服务。鱼苗质量是优化水产养殖业生产潜力的关键，它和培育亲体及孵化鱼种的质量有关。遗传质量和良好的孵化管理是影响其质量的两个主要因素。了解造成鱼苗质量低劣的主因，研发调节措施解决其质量问题是很重要的。在许多水产养殖体系中，放养一个优质的种苗不一定保证一个好的收益，应当不断地探索鱼苗认证和鉴定的实践做法。

相关部门应该为农村水产养殖户、孵化场/护理场经营者和交易商提供相关的能力建设，如鱼苗护理、鱼苗生产各方面的简单操作及实践训练如育种、护理、水压测试、简单的鱼苗质量检验与基本健康检查，产品的检验、包装及运输，保管记录及基本会计或简单账簿登记，简单的风险理解和管理。

第六节 动物园和野生动物危害物鉴别的特殊考虑

一、动物园和野生动物危害物

野生动物与家畜禽所处的环境有很大不同，对其可能的危害物鉴别也要从不同角度考虑。野生动物的危害物鉴别缺乏连贯的科学信息和特殊疾病信息，有些疾病信息甚至科学家还不了解；只有抗体信息并不能充

分说明病原的风险，特别是肉食兽、草食兽，病原风险可能与家畜有很大不同。动物园如果引进动物就要对引进动物原来的环境、疫情的情况进行风险评估，然后又要有针对性地对重要病原进行检疫、实验室检测鉴定，保证使其风险降到最低。许多野生动物都携带病毒，当环境保护较好时，人类与野生动物没有密切接触的机会，但人类对自然资源的过度开发与利用，如对原始森林的滥砍、对野生动物的猎食，使携带病毒的野生动物有了和人类、家畜接触的机会，这为新兴疫病的传播创造了机会。那些原本存在于野生动物生物圈，只感染野生动物的病原体进入新的环境或侵入新的宿主后，转向侵袭家畜，使疫病在野生动物与饲养动物间循环、传播。

我国对于野生动物疾病（系统）的研究几乎是空白，对其中可能给人类造成威胁的疾病及其传播途径也不甚了解。人类活动可能增加野生动物患疾病的机会，这些对野生动物生存所构成的威胁，人们更是一无所知。

美国科学家列出了美国境内45种潜在的入侵性病毒、细菌、真菌和寄生虫。典型之一是西尼罗病毒，它通过蚊虫叮咬传播。西尼罗病毒于1999年被引入纽约市，在3年内传遍美国东北部整个温带地区。这些地区蚊虫活动的季节很长，进一步助长了西尼罗病毒的发展。这种病毒的扩散原因可能是候鸟迁徙，最容易受到这种病毒侵袭的是美国乌鸦和蓝松鸦，患病鸟的死亡率非常高。美国有150多种野生鸟类物、15个哺乳动物物种和1个爬行动物物种都感染上了这种病毒。目前在美国的44个州和加拿大的5个省份都发现了这种病毒，这种病毒可能会摧毁大量受威胁和濒危的物种。2002年，暴发了世界上最严重的一次西尼罗病毒感染，美国有4156人感染，284人死亡。由于寄主鸟类每年都会迁徙，而且蚊虫带毒种群在更加温暖的气候下全年都会出来活动，这种病毒有很大可能扩散。

生活在洛基山脉南部的一种西北蟾蜍，整个种群都处于生病或垂死的状态，在丹佛西部，每个月都发现有蟾蜍死亡。在被检验的蟾蜍尸体和活体体内都发现有壶菌。这表明，美国和世界上很多地区的两栖动物种群数量正在经历严重的、无法解释的剧减。壶菌引起的死亡阴影迅速扫荡着更加广泛的地区，甚至冲击到哥斯达黎加、巴拿马、波多黎各和澳大利亚等偏远未开发地区。科学家还不知道这种真菌是如何传播的，更搞不清楚它为什么在全世界的爬行动物种群之间如此之快地传染。然而壶菌是否是导致青蛙或蟾蜍数量下降的真正原因，还是未知数。

动物与人类一样，患病也是正常的自然现象。传染病在动物群中发生、传播和终止的过程即传染病的流行，其离不开传染源、传播途径和易感动物3个基本环节。其中一些疾病打破了动物与人的界面而自由感染和传播，即人兽（畜）共患病。它们不仅危害动物健康，对人类健康的威胁也越来越大，并造成极大的经济损失。近30年来，新兴的或突发的传染性疾病不断涌现，种类有30余种，而且绝大多数都在不同程度上与动物有关。这些新出现的传染病越来越多地威胁人类健康，给现代发达社会的人类带来灾难。

在细菌性传染病中，危害和影响最大的是鼠疫。鼠疫在《中华人民共和国传染病防治法》中被列为甲类传染病。历史上记载过3次世界性鼠疫大流行，据估计鼠疫累计已导致2亿人死亡。有230多种啮齿动物可自然感染鼠疫，有些还是鼠疫的主要传染源和储存寄主，其中以黄鼠属（Spermophilus）和旱獭属（Marmota）最显著。鼠疫通过蚤类在鼠中传播，导致莱姆病的包柔氏螺旋菌可以传播给人和动物，只要被鹿身上感染细菌的蜱叮咬就可以被传染上。这种疾病在美国很普遍，被称为第二艾滋病。莱姆病暴发最频繁的时期是从春末、夏季到早秋时节。蜱类生活在低矮的灌木丛和草丛中，然后爬到接触了这些植物的人和动物身上。当蜱类叮咬被感染莱姆病的动物时，细菌就可以传播到蜱类身上，而且这种细菌必须附在被感染的蜱类身上至少24h才能传染给人类。这种螺旋菌可以在蜱类体内存活，甚至繁殖，但是很少传染给下一代。导致发病率增加的3个主要原因是鹿数量增长、人与鹿接触越来越频繁、诊断和报道莱姆病的医师增多。

1976年，埃博拉病毒（Ebola virus）在非洲的扎伊尔（现刚果民主共和国）和苏丹首次暴发。扎伊尔发现318个病例，苏丹发现284个病例，共死亡270人。此后，又传播到加蓬、科特迪瓦共和国、南非、乌干达、刚果，甚至英国。第二次暴发在1995年，扎伊尔发现315个病例，死亡245人；1996年加蓬等地也发现近100新病例。在发现埃博拉病毒的20多年里，全世界死于这种病毒的大约有1万人。由于这种病毒多发生在非洲偏僻地区，因此实际死亡人数可能远远大于这一数字。后来，刚果（金）西北部与加蓬接壤的地区再次大规模暴发埃博拉病毒，已经死亡100多人。几次埃博拉病毒暴发的原因都是当地居民食用了附近森林里的灵长类动物或接触了它们的尸体。分布在该地区的大猩猩和黑猩猩数量的锐减也与病毒暴发有关，而且，埃博拉病毒传播主要可能是生态学原因而不是病毒变异引起的。

1994年9月，在澳大利亚昆士兰省布里斯班尼（Brisbane）近郊的亨德拉镇，一个赛马场发生了一种导致赛马急性呼吸道综合征的疾病，可导致高死亡率，还表现为人接触性感染。病原体属副黏病毒科，最初被命名为马麻疹病毒（equine morbillivirus），后命名为亨德拉病毒（Hendra virus）。对当地5000多只家养动物进行抗体检测，没发现亨德拉病毒的抗体，黑狐蝠等4种狐蝠体内具有抗亨德拉病毒的抗体。对当地1043个狐蝠样本进行血清学检测，发现47%样本呈亨德拉病毒阳性反应。虽然没有发现病毒由狐蝠直接传播给马，但实验室感染证实这种方式是可能的。最可能的传播途径是马采食了被携带病毒的狐蝠胎儿组织或胎水污染的牧草。在昆士兰马群的发病时间正好与狐蝠繁殖季节相重叠，而且从实验室感染和自然感染的狐蝠胎儿组织中分别分离到亨德拉病毒。马由于采食狐蝠吃剩的果实而感染也是发病的原因之一，病毒在马群中传播是通过感染的尿液或鼻腔分泌物，人由于与病马接触而感染。

1998～1999年，尼帕病毒（Nipah virus）在马来西亚首次暴发，导致成千上万头猪死亡，并在几周内传染给人，感染276人，其中105人死亡。这是一种类似亨德拉病毒样病毒，但临床及流行病学均与亨德拉病毒不同，也属于副黏病毒。在尼帕病毒感染的猪场内传播速度很快。人群中的感染病例多为与感染尼帕病毒猪直接接触的饲养人员，主要通过病猪伤口、分泌物、排泄物、体液及呼出的气体等直接接触而感染，没有发现尼帕病毒在人之间传播。鉴于这两种病毒有很近的亲缘关系，所以蝙蝠成了首要的监测目标。对14种324只蝙蝠进行血清检测，其中5种21只蝙蝠有尼帕病毒抗体。后来从小狐蝠（*Pteropus hypomelanus*）尿液内分离到尼帕病毒，进一步证实狐蝠是尼帕病毒的自然宿主。尼帕病毒的暴发直接与环境破坏有关：森林面积减小、食物不足，迫使狐蝠从森林生境中迁移到森林边缘附近的果园取食。而马来西亚有许多养猪场与果园毗邻，狐蝠污染的果实掉落到地上，被猪吃掉，从而猪把这种致命的病毒带给人类。

由于我国采取了积极的野生动物保护政策，近些年一些野生动物种群不断扩大，并不断骚扰人类生活，同时这些野生动物也有将疾病传播给家畜禽疾病的机会，在一些情况下要加强野生动物疫病的监测。

二、野生动物疾病控制策略

1. 对异地动物进行检疫

由于异地动物可能会将病原体带入新的环境，在放归或异地转移前要对动物进行必要的体检及病原体检疫，包括普通物理检测及血、粪、尿等常规检验。对野生动物来源地进行检疫，能在动物迁移之前，及时地发现问题，避免长途运输过程中，潜在疾病的发生及动物的死亡所带来的损失，防止疫病扩散与传播。

2. 防止野生动物与家养动物间疾病传播

卧龙自然保护区大熊猫及周边地区家养犬和猫的疾病调查表明，家养动物可能将病原体传染给野生动物，在野生动物栖息、放牧地区，通常可采用围堵政策防止野生动物与家畜间疾病的传播。用篱笆、铁丝网栅栏、警戒线等把野生动物和家畜分开，能有效地防止二者接触；对野生动物周边地区的家养犬、猫注射狂犬病疫苗、犬瘟热疫苗等，能有效地防止这些疾病传播。

3. 野生动物实行疫苗策略

通过免疫接种可以减少可疑动物的数量，用狂犬病疫苗免疫野生动物预防狂犬病是一个很成功的例子，但是，对于野外环境生存的动物很难进行免疫接种。近年来有实验室进行口服疫苗的研究，将口服疫苗注入作诱饵的食物内，投放到适当的地方，使动物吞服后得到主动免疫，降低野生动物的疾病感染率。欧洲国家已经有对野生狐进行口服狂犬病疫苗预防狂犬病且取得成功的例子，也有一些国家试图通过口服疫苗免疫野猪以预防猪瘟。

4. 提高人类的动物保护意识，改善人与动物之间的关系

传染性疾病的流行具有人与动物相互传播的特点，不仅可以从动物到人，还可以从人到动物。动物疾病对人类的威胁在某种程度上与人的生活方式有很大关系，如果人类不随便捕杀动物、吃食野生动物，减少人类对自然环境的破坏，保护野生动物栖息地，将有助于减少这类疾病的传播。

5. 控制野生动物种群大小

种群大小的控制已被用于降低种群中感染动物和可疑动物个体的密度，实际上，把种群数量降低到病原体难以传播的密度阈值以下，病原体会自然消失。病原体为了自己生存与繁殖，需要依附于特定的宿主，当宿主密度很低，不足以维持病原体的传播时，病原体便消失。英国控制獾肺结核，法国、德国对野猪猪瘟的控制就是采用这种策略。但是，这种策略适用于种群数量多、密度大且病原体为种群特异性的动物。不同动物、不同疾病要对其宿主病原体的相互关系具有了解的情况下，才能采取相对的措施。

6. 积累标本，阐述数据，丰富经验

野生动物疾病的控制策略视不同动物、不同疾病而异，收集各种动物的疾病信息是非常重要的。从海滩或海岸上收集死亡的海洋哺乳动物、鱼类或海鸟等，在森林、国家公园或自然保护区发现野生动物尸体等，更常见的是当地人或研究人员发现的动物尸体或患病的动物，这些是动物病例的一种积累，是一种被动的动物监测方法，对野生动物重要疾病的发生有更透彻的了解。用训练过的犬来寻找患病或死亡动物能提高对死亡和患病动物的发现率。一项研究表明，犬能发现92%鸟的尸体，而人只能找到45%。可以采用无线电遥感和卫星追踪的技术对目标物种的生存或其他方面的情况进行积极主动的监测，这在白尾鹿出血性疾病和臭鼬狂犬病研究中证明非常有效。

三、建立野生动物疫情监测、预警系统

由于野生动物疫病与人类生活和健康的关系重大，欧美等一些发达国家已建立了较为完善的野生动物疫情监测预警技术体系、管理体系和制度，但在我国尚属空白。我国现行的《中华人民共和国动物防疫法》《中华人民共和国传染病防治法》《中华人民共和国野生动物保护法》等法律中逐步重视对野生动物野外种群疫情的监测与预警。将野生动物检疫纳入常规动物检疫中，是国家公共卫生体系的巨大进步。

野生动物疫源疫情监测防控是维护生态安全和公共卫生安全的重要环节。2005年开始国家林业局启动重点区域野生动物疫源疫情监测体系建设，在野生动物疫源疫病多发区域、迁徙通道、野生动物集中分布等区域，建立第一批陆生野生动物疫源疫情监测点100多处。"十四五"时期，我国将全面提升野生动物疫源监测、疾病预警、疫情防控能力，并优化、新建一批国家级监测站，逐步将野生动物疫源疫情监测防控工作统筹纳入地方林长制考核指标。目前，我国陆生野生动物疫源疫情监测防控体系正在逐步完善中，许多监测站点网络得以设立，监测信息实现网络直报，监测预警能力稳步提升，但存在监测盲区，许多野生动物集中区域未设立监测点，不少已设立的监测点技术水平、专业监测人员不足，难以做到持续监测、上报及时准确、反馈及时。

第七节　兽医实验室生物安全与高致病性病原处理

动物检疫的检验离不开实验室，而兽医实验室主要是检验动物或动物产品中的生物病原或其他有害物，实验室生物安全，特别是高致病性病原的生物安全对操作人员、动物疫病扩散都极其重要。

一、兽医实验室生物安全

兽医实验室是指一切从事兽医病原微生物、寄生虫病原研究与使用，以及兽医临床诊疗和疫病检疫监测的实验室。

1. 动物实验生物安全水平标准

（1）**动物实验生物安全实验室分级**　　动物实验室安全分4级，所配备的动物设施、设备和操作分别适用于生物安全Ⅰ～Ⅳ级的病原微生物感染动物的实验，安全水平逐级提高。

（2）**Ⅰ级动物实验生物安全实验室**　　指按照 ABSL-1 标准建造的实验室，也称动物实验基础实验室。

A. 标准操作

1）动物实验室工作人员需经专业培训才能进入实验室。人员进入前，要熟知工作中潜在的危险，并由熟练的安全员指导。

2）动物实验室要有适当的医疗监督措施。

3）制定安全手册，工作人员要认真贯彻执行，知悉特殊危险。

4）在动物实验室内不允许吃、喝、抽烟、处理隐形眼镜和使用化妆品、储藏食品等。

5）所有实验操作过程均须十分小心，以减少气溶胶的产生和外溢。

6）实验中，当病原微生物意外溢出及出现其他污染时要及时进行消毒处理。

7）从动物室取出的所有废弃物，包括动物组织、尸体、垫料，都要放入防漏带盖的容器内，并焚烧或做其他无害化处理，焚烧要合乎环保要求。

8）对锋利物要制定安全对策。

9）工作人员在操作培养物和动物以后要洗手消毒，离开动物设施之前脱去手套、洗手。

10）在动物实验室入口处都要设置生物安全标志，写明病原体名称、动物实验室负责人及其电话号码，指出进入本动物实验室的特殊要求（如需要免疫接种和呼吸道防护）。

B. 特殊操作　　无。

C. 安全设备（初级防护屏障）

1）工作人员在设施内应穿实验室工作服。

2）与非人灵长类动物接触时应考虑其黏膜暴露对人的感染危险，要戴保护眼镜和面部防护器具。

3）不要使用净化工作台，需要时使用Ⅰ级或 2A 型生物安全柜。

D. 设施（次级防护屏障）

1）建筑物内动物设施与人员活动不受限制的开放区域用物理屏障分开。

2）外面门自关自锁，通向动物室的门向内开并自关，当有实验动物时保持关闭状态，大房间内的小室门可向外开，为水平或垂直滑动拉门。

3）动物设施要防虫、防鼠、防尘，易于保持室内整洁。内表面（墙、地板和天棚）要防水、耐腐蚀。

4）内部设施的附属装置如灯的固定附件、风管和功能管道排列整齐，并尽可能减少水平表面。

5）建议不设窗户，如果动物实验室内有窗户并需开启，必须安纱窗。所有窗户必须牢固，不易破裂。

6）如果有地漏都要始终用水或消毒剂充满水封。

7）排风不循环。建议动物室与邻室保持负压。

8）动物室门口设有一个洗手水槽。

9）人工或机器洗涤动物笼子，最终洗涤温度至少达到 82℃。

10）照明要适合所有的活动，不反射耀眼以免影响视觉。

（3）**Ⅱ级动物实验生物安全实验室**　　指按照 ABSL-2 标准建造的动物实验室。

A. 标准操作

1）设施制度除制定紧急情况下的标准安全对策、操作程序和规章制度外，还应依据实际需要制定特殊的对策。把特殊危险告知每位工作人员，要求他们认真贯彻执行安全规程。

2）尽可能减少非熟练的新成员进入动物室。为了工作或服务必须进入者，要告知其工作潜在的危险。

3）动物实验室应有合适的医疗监督，根据试验微生物或潜在微生物的危害程度，决定是否对实验人员进行免疫接种或检验（如狂犬病疫苗和 TB 皮试）。如有必要，应该实施血清检测。

4）在动物室内不允许吃、喝、抽烟、处理隐形眼镜和使用化妆品、储藏个人食品。

5）所有实验操作过程均须十分小心，以减少气溶胶的产生和防止外溢。

6）操作传染性材料以后，所有设备表面和工作表面用有效的消毒剂进行常规消毒，特别是有感染因子外溢和其他污染时更要严格消毒。

7）所有样品收集放在密闭的容器内并贴标签，避免外漏。所有动物实验室的废弃物（包括动物尸体、组织、污染的垫料、剩下的饲料、锐利物和其他垃圾）应放入密闭的容器内，高压蒸汽灭菌，然后建议焚烧。焚烧地点应是远离城市、人员稀少、易于空气扩散的地方。

8）对锐利物的安全操作（见前面所述）。

9）工作人员操作培养物和动物以后要洗手，离开实验室之前脱掉手套并洗手。

10）当动物实验室内操作病原微生物时，在入口处必须有生物危害的标志。危害标志应说明使用感染病原微生物的种类、负责人的名单和电话号码。特别要指出对进入动物室人员的特殊要求（如免疫接种和面罩）。

11）严格执行菌（毒）种保管制度。

B. 特殊操作

1）对动物管理人员和试验人员应进行与工作有关的专业技术培训，必须避免微生物暴露，了解评价暴露的方法。每年定期培训，保存培训记录，当安全规程和方法变化时要进行培训。一般来讲，感染危险可能性增加的人和感染后果可能造成严重的人不允许进入动物实验，除非有办法除去这种危险。

2）只允许用做实验的动物进入动物实验室。

3）所有设备拿出动物实验室之前必须消毒。

4）造成明显病原微生物暴露的实验材料外溢事故，必须立刻妥善处理并向实验负责人报告，及时进行医学评价、监督和治疗，并保留记录。

C. 安全设备（初级防护屏障）

1）动物实验室内工作人员穿工作服。在离开动物实验室时脱去工作服。在操作感染动物和传染性材料时要戴手套。

2）进行容易产生高危险气溶胶的操作时，包括对感染动物和鸡胚的尸体、体液的收集和动物鼻腔接种，都要同时使用生物安全柜或其他物理防护设备和个人防护器具。

3）必要时，把感染动物饲养在和动物种类相宜的一级生物安全设施里。建议鼠类实验使用带过滤帽的动物笼具。

D. 设施（次级防护屏障）

1）建筑物内动物设施与开放的人员活动区分开。

2）进入设施要经过牢固的气闸门，其外门自关自锁。进入动物实验室的门应自动关闭，有实验动物时要关紧。

3）设施结构易于保持清洁，内表面（墙、地板和天棚）防水、耐腐。

4）设施内部附属装置如灯架、气道、功能管道尽可能整齐并减少水平表面积。

5）一般不设窗户，如有窗户必须牢固并设纱窗。

6）如果有地漏，管道水封始终充满消毒液。

7）人工或冲洗器洗刷动物笼子，冲洗最终温度至少82℃。

8）设施内传染性废弃物要高压灭菌。

9）在感染动物室内和设施其他地方安装一个洗手池。

10）照明要适合于所有室内活动，不反射耀眼。

（4）Ⅲ级动物实验生物安全实验室　按照ABSL-3标准建造的实验室，适合于具有气溶胶传播潜在危害和引起致死性疾病的微生物感染动物的工作。

A. 标准操作

1）制定安全手册或手册草案。除了制定紧急情况下的标准安全对策、操作程序和规章制度，还应根据实际需要制定特殊适用的对策。

2）限制对工作不熟悉的人员进入动物实验室。为了工作或服务必须进入者，要告知他们工作中潜在的危险。

3）动物实验室应有合适的医疗监督，根据试验微生物或潜在微生物的危害程度，决定是否对实验人员进行免疫接种或检验（如狂犬病疫苗和TB皮试）。如有必要，应该实施血清检测。

4）不允许在动物室内吃、喝、抽烟、处理隐形眼镜、使用化妆品、储藏食品。

5）所有实验操作过程均须十分小心，以减少气溶胶的产生和防止外溢。

6）操作传染性材料以后所有设备表面和工作台面用适当的消毒剂进行常规消毒，特别是有传染性材料外溢和其他污染时更要严格消毒。

7）所有动物实验室的废弃物（包括动物组织、尸体、污染的垫料、动物饲料、锐利物和其他垃圾）都应放入密闭的容器内并加盖，容器外表面消毒后进行高压蒸汽灭菌，然后建议焚烧。焚烧要合乎环保要求。

8）对锐利物进行安全操作。

9）工作人员操作培养物和动物以后要洗手，离开设施之前脱掉手套、洗手。

10）动物室的入口处必须有生物危害的标志。危害标志应说明使用病原微生物的种类、负责人的名单和电话号码，特别要指出对进入动物实验室人员的特殊要求（如免疫接种和面罩）。

11）将所有收集的样品应贴上标签，放在能防止微生物传播的传递容器内。

12）实验和实验辅助人员要经过与工作有关的潜在危害防护的针对性培训。

13）建立评估暴露的方法，避免暴露。

14）对工作人员进行专业培训，所有培训记录要归档。

15）严格执行菌（毒）种保管和使用制度。

B. 特殊操作

1）用过的动物笼具清洗拿出之前要进行高压蒸汽灭菌或用其他方法消毒。设施内仪器设备拿出检修打包之前必须消毒。

2）实验材料发生外溢，要消毒打扫干净。如果发生传染性材料的暴露必须立刻向设施负责人报告，同时报国家兽医实验室生物安全管理委员会，最后的处理评估报告，也要及时报国家兽医实验室生物安全管理委员会，同时报实验室生物安全委员会负责人。及时提供正确的医疗评价、医疗监督和处理并保存记录。

3）所有的动物室内废弃物在焚烧或进行其他最终处理之前必须高压灭菌。

4）与实验无关的物品和生物体不允许被带入动物实验室。

C. 安全设备（初级防护屏障）

1）在危害评估确认的基础上使用个人防护器具。操作传染性材料和感染动物都要使用个体防护器具。工作人员进入动物实验室前要按规定穿戴工作服，再穿特殊防护服。不得穿前开口的工作服。离开动物室前必须脱掉工作服，并进行合适的包装，消毒后清洗。

2）操作感染动物时要戴手套，实验后以正确方式将其脱掉，在处理之前和动物实验室其他废弃物一同高压灭菌。

3）将感染动物饲养放在Ⅱ级生物安全设备中（如负压隔离器）。

4）操作具有产生气溶胶危害的感染动物和鸡胚的尸体、收取的组织和体液或鼻腔接种动物时，应该使用Ⅱ级以上的生物安全柜，戴口罩或面具。

D. 设施（次级防护屏障）　Ⅲ级动物实验生物安全实验室的感染动物在Ⅱ级或Ⅱ级以上生物安全设备中（如负压隔离器）饲养，所有操作均在Ⅱ级或Ⅱ级以上生物安全柜内进行，其次级屏障标准如下。

1）建筑物中的动物设施与人员活动区分开。

2）进入设施的门要安装闭门器。外门可由门禁系统控制。进入后为一更室（清洁区），其后是二更室（半污染区）。传递窗（室）和双扉高压灭菌器设置在清洁区与半污染区之间，为实验用品、设备和废弃物进出设施提供安全通道。从二更室进入动物室（污染区）经过自动互连锁门的缓冲室，进入动物房的门要向外开。

3）设施的设计、结构要便于打扫和保持卫生。内表面（墙、地板、天棚）应防水、耐腐。穿过墙、地板和天棚物件的穿孔要密封，管道开口周围要密封，门和门框间也要密封。

4）每个动物实验室靠近出口处设置一个非手动洗手池，每次使用后洗手池水封处用适合的消毒剂充满。

5）设施内的附属配件，如灯架、气道和功能管道排列尽可能整齐，减小水平表面。

6）所有窗户都要牢固和密封。

7）所有地漏的水封始终充以适当的消毒剂。

8）气流方向始终保证由清洁区流向污染区，由低污染区流向高污染区。空调系统应安装压力无关装置，以保证系统压力平衡，排风应采用一用一备自动切换系统。发生紧急情况时，应关闭送风系统，维持排风，保证实验室内安全负压。

9）供气需经HEPA过滤。排出的气体必须经过两级HEPA过滤排放，不允许在任何区域循环使用。

10）室内洁净度高于万级。

11）实验室送风口应在一侧的棚顶，出风口应在对面墙体的下部，尽量减少室内气流死角。保持单向气流，矢流方式较为合适。

12）实验室门口安装可视装置，能够确切表明进入实验室的气流方向。

13）Ⅱ级生物安全柜每年检测一次。2A型的排气可进入室内，2B2型安全柜和Ⅲ级安全柜的排风要通过实验室总排风系统排出。如果Ⅲ级安全柜是带有二次HEPA过滤、移动式，气流也可在室内自循环。

14）动物笼在洗刷池内清洗，如用机器清洗最终温度要达到82℃。

15）感染性废弃物从设施拿出之前必须高压灭菌。

16）有真空（抽气）管道的，每一个管道连接应该安装液体消毒罐和HEPA，安装在靠近使用点或靠近开关处。过滤器安装应易于消毒更换。

17）照明要适应所有的活动，不反射耀眼，以免影响视觉。

18）上述Ⅲ级生物安全设施和操作程序是强制性规定。

19）实验室验收或年检应参考ISO10648标准检测方法进行密封性测试，其检测压力不低于250Pa，半小时的小时泄漏率不超过10%，以保证维护结构的可靠性。

20）新建设施的功能必须检测验收，确认设计和运作参数合乎要求方能使用。

21）运行后每年进行一次检测确认。

（5）Ⅳ级动物实验生物安全实验室 按照ABSL-4标准建造的实验室，适用于本国和外来的、通过气溶胶传播或不知其传播途径的、引起致死性疾病的高度危害病原体的操作。必须使用Ⅲ级生物安全柜系列和正压防护服进行操作。

A. 标准操作

1）应该制定特殊的生物安全手册或措施。除制定紧急情况下的对策、程序和草案外，还要制定适当的针对性对策。

2）未经培训的人员不得进入动物实验室。因为工作或实验必须进入者，应对其说明工作的潜在危害。

3）所有进入ABSL-4设施的人必须建立医疗监督，监督项目必须包括适当免疫接种、血清收集及暴露危险等有效性协议和潜在危害预防措施。一般而言，感染危险性增加者或感染后果可能造成严重的人不允许进入动物设施，除非有特殊办法能避免额外危险。这应由专业保健医师做出评价。

4）负责人要告知工作人员工作中特殊的危险，让他们熟读安全规程并遵照执行。

5）设施内禁止吃、喝、抽烟、处理隐形眼镜、使用化妆品和储藏食品。

6）所有操作均须小心，尽量减少气溶胶的产生和外溢。

7）传染性材料处理工作完成之后，工作台面和仪器表面要用有效的消毒液进行常规消毒，特别是有传染性材料溢出和溅出或其他污染时更要严格消毒。

8）外溢污染一旦发生，应由具有从事传染性实验工作训练和有经验的人处理。外溢事故造成传染性材料明显暴露时要立即向设施负责人报告，同时报国家兽医实验室生物安全管理委员会，最后的处理评估报告，也要及时报国家兽医实验室生物安全管理委员会，同时报实验室生物安全委员会负责人。及时提供正确的医疗评价、医疗监督和处理并保存记录。

9）全部废弃物（含动物组织、尸体和污染垫料）、其他处理物和需要洗的衣服均需用安装在次级屏障墙壁上的双扉高压蒸汽灭菌器消毒。废弃物要焚烧。

10）要制定使用利器的安全对策。

11）传染性材料存在时，设施进口处标示生物安全符号，标明病原微生物的种类、实验室负责人的名单和电话号码，说明对进入者的特殊要求（如免疫接种和呼吸道防护）。

12）动物实验室工作人员要接受与工作有关的潜在危害的防护培训，懂得避免暴露的措施和暴露评估的方法。每年定期培训，操作程序发生变化时还要增加培训，所有培训都要记录、归档。

13）动物笼具在清洗和拿出动物实验室之前要进行高压灭菌或用其他可靠方法消毒。用传染性材料工作之后，对工作台面和仪器应用适当的消毒剂进行常规消毒。特别是传染材料外溅时更要严格消毒。仪器修理和维修拿出之前必须消毒。

14）进行传染性实验必须指派2名以上的实验人员。在危害评估的基础上，使用能关紧的笼具，操作动物要对动物麻醉，或者用其他的方法，必须尽可能减少工作中感染因子的暴露。

15）与实验无关的材料不许进入动物实验室。

16）严格执行菌（毒）种保管和使用制度。

B. 特殊操作

1）必须控制人员进入或靠近设施（24h监视和登记进出）。人员进出只能经过更衣室和淋浴间，每一次离开设施都要淋浴。除非紧急情况，不得经过气锁门离开设施。

2）在安全柜型实验室中，工作人员的衣服在外更衣室脱下保存。穿上全套的实验服装（包括外衣、裤子、内衣或者连衣裤、鞋、手套）后进入。在离开实验室进入淋浴间之前，在内更衣室脱下实验服装。服装洗前应高压灭菌。在防护服型实验室中，工作人员必须穿正压防护服方可进入。离开时，必须进入消毒淋浴间消毒。

3）进入设施的实验用品和材料要通过双扉高压灭菌器或传递消毒室。高压灭菌器应双门互连锁，不排蒸汽，冷凝水自动回收灭菌，避免外门处于开启状态。

4）建立事故、差错、暴露、雇员缺勤报告制度和动物实验室有关潜在疾病的医疗监督系统，这个系统要附加以潜在的和已知的与动物实验室有关疾病的检疫、隔离和医学治疗设施。

5）定期收集血清样品进行检测并把结果通知本人。

C. 安全设备（初级防护屏障）

1）在安全柜型实验室中，感染动物均在Ⅲ级生物安全设备中（如手套箱型隔离器）饲养，所有操作均在Ⅲ级生物安全柜内进行，并配备相应传递和消毒设施。在防护服型实验室中，工作人员必须穿正压防护服方可进入。感染动物可饲养在局部物理防护系统中（如把开放的笼子放在负压层流柜或负压隔离器中），操作可在Ⅱ级生物安全柜内进行。

2）重复使用的物品，包括动物笼在拿出设施前必须消毒。废弃物拿出设施之前必须高压消毒，然后焚烧。焚烧应符合环保要求。

D. 设施（次级防护屏障）

1）ABSL-4与BSL-4的设施要求基本相同，两者必须紧密结合在一起进行统一考虑，或者说，与前面讨论的规定（安全实验室）相匹配。本节没有提到的均应按Ⅳ级生物安全水平要求执行。

2）动物饲养方法要保证动物气溶胶经过高效过滤净化后方可排放至室外，不能进入室内。

3）一般情况，操作感染动物，包括接种、取血、解剖、更换垫料、传递等，都要在物理防护条件下进行。能在Ⅲ级安全柜内进行的必须在其内操作。

4）根据实验动物的大小、数量，要特殊设计感染动物的消毒和处理设施，保证不危害人员、不污染环境。污染区与半污染区之间的灭菌器（一次灭菌）安装位置、数量和方法见"Ⅳ级生物安全水平"部分。此外，在半污染区与清洁区之间再安装一台双扉高压蒸汽灭菌器（二次病菌），以便对其他污染物进行灭菌，必要时进行再次高压灭菌。

5）特殊情况不能在Ⅲ级安全柜内，如饲养的大动物或动物数量较多时，动物实验室要根据情况特殊设计。

6）确定动物实验室容积，结构密闭合乎要求，设连锁的气闸门。

7）要有足够的换气次数，负压过滤通风采用矢流方式，避免死角。

8）高压灭菌的尸体可经二次灭菌传出，也可密闭包装、表面消毒后通过设置在污染区与清洁区之后的气闸门送出、焚烧。

9）实验室的验收或年检应参考ISO10648标准检测方法进行密封性测试，其检测压力不低于500Pa，半小时的小时泄漏率不超过10%，以保证维护结构的可靠性。实验室每年必须检测一次，确认合乎设计和运行参数的要求，才能继续运行。

10）实验室内外应有适合的通信联系设施（电话、传真、计算机等），进行无纸化操作。

2. 生物危害标志及使用

（1）生物危害标志　　生物危害标志图标见图5-2。

（2）生物危害标志的使用

1）在BSL-2/ABSL-2级兽医生物安全实验室入口的明显位置必须粘贴标有危险级别的生物危害标志。

2）在BSL-3/ABSL-3级及以上级别兽医生物安全实验室所在的建筑物入口、实验室入口及操作间均必须粘贴标有危害级别的生物危害标志，同时标明正在操作的病原微生物种类。

3）凡是盛装生物危害物质的容器、运输工具、进行生物危险物质操作的仪器和专用设备等都必须粘贴标有相应危害级别的生物危害标志。

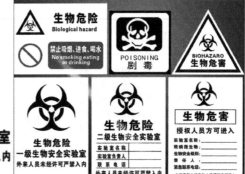

图5-2 生物危害标志图标

二、高致病性病原处理

《兽医实验室生物安全管理规范》对兽医实验室生物安全水平的评估按照微生物的危害程度和防护要求分为4级（表5-3）。在建设实验室之前，必须对拟操作的病原微生物进行危害评估，结合人和动物对其易感性、气溶胶传播的可能性、预防和治疗的获得性等因素，确定相应生物安全水平等级。

表5-3 兽医生物安全实验室的生物安全水平

安全水平	病原微生物	操作	安全设备（一级屏障）	设施（二级屏障）	备注
BSL-1	对个体和群体危害程度低，已知的不能对健康成年人和动物致病。包括所有一、二、三类动物疫病的不涉及活病原的血清学检测及疫苗用新城疫、猪瘟等弱毒株。危害1级	标准微生物操作[实验室诊断，病原的分离、鉴定（毒型和毒力），动物实验等及相关试验研究和操作]	无要求	要求开放台面，有洗手池	
BSL-2	对个体危害程度为中度，对群体危害较低，主要通过皮肤、黏膜、消化道传播。对人和动物有致病性，但对实验人员、动物和环境不会造成严重危害，具有有效的预防和治疗措施。除BSL-1含的病原微生物外，还包括三类动物疫病、二类动物疫病（布鲁氏菌病、结核病、狂犬病、马传贫、马鼻疽及炭疽病等芽孢杆菌引起的疫病除外）病原。危害2级	实验室诊断，病原的分离、鉴定（毒型和毒力），动物实验等及相关试验研究和操作。BSL-1操作基础上加：①限制进入；②生物危害标志；③"锐器伤"预防；④生物安全手册应明确废弃物的去污染处理和监督措施	一级屏障包括：对引起传染性飞溅物或气溶胶的病原体的所有操作使用的 I 或 II 级生物安全柜或其他防护设备。个人防护装备：必需的实验室工作外套和手套，必要时要有防护面罩	BSL-1实验室基础上加：高压灭菌	猪瘟等疫病的免疫荧光、免疫组化试验可在本级实验室进行
BSL-3	对个体危害程度高，对群体危害程度较高。能通过气溶胶传播的，引起严重的或致死性疫病。对人引发的疾病具有有效的预防和治疗措施。除BSL-2含的病原微生物外，还包括一类动物疫病（口蹄疫、猪水疱病、猪瘟、非洲猪瘟、非洲马瘟、牛瘟、牛传染性胸膜肺炎、牛海绵状脑病、痒病、蓝舌病、小反刍兽疫、绵羊痘和山羊痘、高致病性禽流感、鸡新城疫等）、二类动物疫病（布鲁氏菌病、结核病、狂犬病、马传贫、马鼻疽及炭疽病等引起的疫病）、所有新发病和部分外来病病原。从事外来病的调查和可疑病料的处理分析。危害3级	实验室诊断，病原的分离、鉴定（毒型和毒力），动物实验等及相关试验研究和操作。BSL-2操作基础上加：①控制进入；②所有废弃物去污染；③实验室衣服在清洗之前需灭菌；④工作人员保留血清本底样品	一级屏障包括：用于操作病原体的 I 或 II 级生物安全柜或其他防护设备。个人防护装备：必需的实验室工作外套和手套，必要时要有呼吸防护面罩	BSL-2实验室基础上加：①与走廊通道物理隔离；②有连锁门的缓冲间；③全新风通风系统；④室内负压	

续表

安全水平	病原微生物	操作	安全设备 （一级屏障）	设施 （二级屏障）	备注
BSL-4	对个体和群体的危害程度高，通常引起严重疫病，暂无有效预防和治疗措施的动物致病。通过气溶胶传播，引起高度传染性、致死性的动物致病，或导致未知的危险的疫病。 与BSL-4微生物相近或有抗原关系的微生物也应在此种水平条件下进行操作，直到取得足够的数据后才能决定，是继续在此种安全水平下工作还是在低一级安全水平下工作。国家根据防治规划和计划需要另有规定的，即除BSL-3含的病原微生物外，还包括一部分外来病（如裂谷热病毒、尼帕病毒、埃博拉病毒等）病原。危害4级	实验室诊断，病原的分离、鉴定（毒型和毒力），动物实验等及相关试验研究和操作 BSL-3操作基础上加：①进入之前更换衣物；②在出口处淋浴；③实验室拿出的所有材料在出口处消毒灭菌	一级屏障包括：所有操作应在Ⅲ级生物安全柜或穿上全身正压供气的个人防护服使用Ⅰ或Ⅱ级生物安全柜	BSL-3实验室基础上加：①独立建筑物或隔离带；②专用供气、排气、真空和净化系统；③全新通风系统和消毒灭菌设备等	

1. 微生物危害分级

微生物危害通常分为以下4级。

生物危害1级：对个体和群体危害程度低，已知的不能对健康成年人和动物致病的微生物。

生物危害2级：对个体危害程度为中度，对群体危害较低，主要通过皮肤、黏膜、消化道传播。对人和动物有致病性，但对实验人员、动物和环境不会造成严重危害的动物致病微生物，具有有效预防和治疗措施。

生物危害3级：对个体危害程度高，对群体危害程度较高。能通过气溶胶传播的、引起严重或致死性疫病，导致严重经济损失的动物致病微生物，或外来的动物致病微生物。对人引发的疾病具有有效的预防和治疗措施。

生物危害4级：对个体和群体的危害程度高，通常引起严重疫病的、暂无有效预防和治疗措施的动物致病微生物。通过气溶胶传播的，有高度传染性、致死性的动物致病微生物，或未知危险的动物致病微生物。

根据对象微生物本身的致病特征确定微生物的危害等级时必须考虑下列因素：①微生物的致病性和毒力。②宿主范围。③所引起疾病的发病率和死亡率。④疾病的传播媒介。⑤动物体内或环境中病原的量和浓度。⑥排出物传播的可能性。⑦病原在自然环境中的存活时间。⑧病原的地方流行特性。⑨交叉污染的可能性。⑩获得有效疫苗、预防和治疗药物的程度。

除考虑特定微生物固有的致病危害外，危害评估还应考虑以下几个因素：①产生气溶胶的可能性。②操作方法（体外、体内或攻毒）。③对重组微生物还应评估其基因特征（毒力基因和毒素基因）、宿主适应性改变、基因整合、增殖力和回复野生型的能力等。

2. 标准操作

1）工作一般在桌面上进行，采用微生物的常规操作和特殊操作。

2）工作区内禁止吃、喝、抽烟、用手接触隐形眼镜和使用化妆品。食物贮藏在专门设计的工作区外的柜内或冰箱内。

3）使用移液管吸取液体，禁止用嘴吸取。

4）操作传染性材料后要洗手，离开实验室前脱掉手套并洗手。

5）制定针对利器的安全操作对策（避免利器感染）。

6）所有操作均须小心，以减少实验材料外溢、飞溅、产生气溶胶。

7）每天完成实验后对工作台面进行消毒。实验材料溅出时，要用有效的消毒剂消毒。

8）所有培养物和废弃物在处理前都要用高压蒸汽灭菌器消毒。消毒后的物品要放入牢固不漏的容器内，按照国家法规进行包装、密闭传出处理。

第八节　外来入侵物种环境风险评估

一、概念与概述

外来物种是指在中华人民共和国境内无天然分布，经自然或人为途径传入的物种。包括该物种所有可能存活和繁殖的部分。外来物种入侵正以悄然的方式、疯狂的速度，改变和威胁着本地生物的多样性，进而破坏着那里的生态环境。如今，外来入侵物种已严重影响到人们的日常生活。据不完全统计，入侵我国的外来物种有200多种，所造成的经济损失相当惊人。据报道，每年几种主要外来入侵物种给我国造成的经济损失高达1000亿元人民币。福寿螺、非洲鲫、老虎斑等物种除供人们食用，用来欣赏、美化环境、改变环境、增加产量等外，其对周围生态环境也带来了危害。

依据中华人民共和国农业农村部、自然资源部、生态环境部、海关总署令2022年第4号《外来入侵物种管理办法》，以及《中华人民共和国生物安全法》《中华人民共和国环境保护法》《中华人民共和国环境影响评价法》《进境动物和动物产品风险分析管理规定》，规范我国外来入侵物种环境风险评估，保护生态环境，保障经济社会活动的正常开展，促进生态文明建设，建立《外来入侵物种环境风险评估技术规范》。外来物种风险事件的产生是自身因素、环境因素、人为因素和入侵后果等多种因素共同作用的结果。

1. 概念

自身因素：指外来物种本身具备的有利于入侵的生物学和生态学特性，如外来入侵物种很强的繁殖能力、传播能力等固有的特性及对环境改变的适应能力等。

环境因素：指适合外来物种入侵的各种生物和非生物因素，如本地的竞争者、捕食者或天敌，适宜外来物种生长、繁殖、传播、暴发等的气候条件等。

人为因素：指人类活动对外来物种入侵产生的影响，如人类活动为外来物种的引进创造了途径，对外来物种入侵、传播扩散和暴发疏于防范或采取了不适当的干预措施。

入侵后果：指外来物种各种不利于人类利益的生物学、生态学特性作用结果，表现为经济、环境、人类健康的损失。

2.《外来入侵物种环境风险评估技术规范》规定了"预先防范"和"逐步评估"基本原则

（1）预先防范原则　　在没有充分科学证据证明可能引进的外来物种无害时，应认为该物种可能有害。即使评估认为其风险是可预测和可控制的，也应该开展长期监测以防范未知的潜在风险。对有意引进的外来物种，即使评估不能证明其存在风险，也应遵循先试验后推广、逐步扩大利用规模的步骤。

（2）逐步评估原则　　外来入侵物种风险评估应按照识别风险、评估风险、管理风险的步骤进行，根据具体情况逐步开展。以此标准将评估分为三个阶段。第一阶段进行评估前的准备，收集评估区域基础信息，明确拟评估对象，决定是否进行风险评估；第二阶段开展风险评估，分析发生入侵的可能性及生态危害；第三阶段做出结论和建议，确定环境风险评估的最终结果，判断环境风险是否可预测并可接受，提出防控建议或替代方案。

二、风险评估

1. 评估步骤

（1）引进可能性的评估　　根据引进的方式分别对有意引进和无意引进的风险进行评估。对于有意引进的外来物种，引进的可能性是确定存在的。对于无意引进的外来物种，主要评估与物资、人员流动的联系，原产地的分布和发生情况，对货物采取的商业措施，检疫难度，存储和运输的条件与速度，在存储和运输中的生存与繁殖能力，专门处理措施等方面。

（2）**建立自然种群可能性评估**　对依赖人工繁育的外来物种，不需要评估其建立自然种群的可能性，主要评估：外来物种的适应能力和抗逆性，繁殖能力，有无适宜外来物种生存的栖息地及分布，有无外来物种完成生长、繁殖、扩散等生活史关键阶段所必需的其他物种，有无有利于外来物种建立种群的人为因素等方面。

（3）**关于扩散可能性评估**　对依赖人工繁育的外来物种，不需要评估其扩散的可能性，主要评估：外来物种的扩散能力，有无阻止外来物种扩散的自然障碍，人类活动对扩散影响等方面（图5-3、图5-4）。

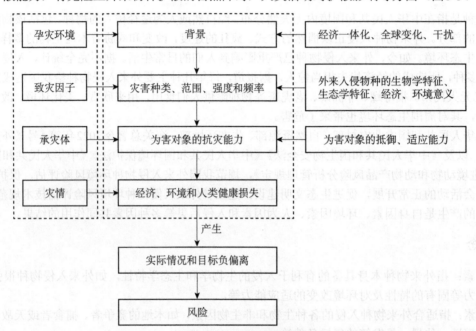

图5-3　外来物种入侵风险事件的识别过程

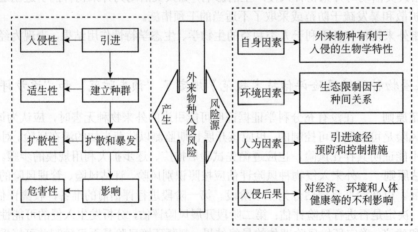

图5-4　决定风险的主要因素

（4）**关于生态危害评估**　主要评估：环境危害，经济危害，危害控制。

（5）**结论和建议**　首先要确定环境风险评估的最终结果和是否造成生态危害及生态危害的程度，然后根据环境风险可否预测和可否接受，提出相应的风险管理措施。

2. 对鱼类的评估

建立自然种群可能性：评估气候相似性、卵、产卵场、生命周期、雌雄性比、食物、繁殖策略、取食策略、杂交潜力、性别改变、耐受恶劣水质等方面。

扩散可能性的评估：评估人为携带、从隔离状态下逃脱、产卵量、性成熟、卵的扩散性、仔稚鱼的扩散能力，以及幼鱼和成鱼的可动性、对盐度和离开水体的耐受能力等方面。

生态危害评估：评估外来物种与本地鱼类的竞争、是否降低生境质量、食性、对人类健康风险等方面。

3. 对昆虫的评估

建立自然种群可能性：评估气候相似性、生命周期、抗逆能力、性成熟时间、繁殖周期、生殖方式等方面。

扩散可能性的评估：评估产生后代、迁飞及其被传播性等方面。

生态危害的评估：评估危害对象的重要性、传播其他有害生物、对目标对象的专一性、天敌、可控制性、耐药性等方面。

4. 对微生物评估

建立自然种群的可能性：原产地与评估区域的气候相似性，寄主的种类和分布。

扩散可能性的评估：传播介体的活动性，被人类有意或无意传播的可能性，被水流、风力等自然力传播的可能性。

生态危害的评估：为害对象的经济环境重要性；如为生物防治物，其目标对象的专一性高低；能否被杀菌剂控制及该杀菌剂的成本和安全性；对人工防除、化学防除等管理措施的耐受性。

5. 外来海洋物种入侵风险评估

外来海洋物种入侵风险是一个动态的过程，因此，对于确定的近海区域和外来海洋入侵物种，分析外来海洋物种入侵危害过程，是对海洋入侵物种的生态风险进行评价的基础。

外来海洋物种入侵危害过程分析见图5-5。

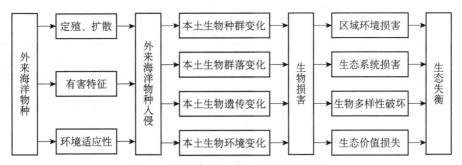

图5-5　外来海洋物种入侵风险评估框架

外来海洋物种入侵风险评估所选指标具有与外来物种引入、定居、扩散、本土种危害、生态系统环境危害密切相关的可以测量的特征（表5-4）。

表5-4　外来海洋物种入侵风险评估指标体系

目标层	准则层	指标层	数据来源	备注
外来海洋物种入侵风险综合指数（A）	外来物种入侵可能性指数（B1）	年扩展率（C1）	数据收集	
		生长密度（C2）	数据收集	
		对同种生物抑制率（C3）	统计资料	
		寄生物种数量（C4）	数据收集	病原微生物
		高密度占领生境能力（C5）	统计资料	
		温盐适应性能（C6）	统计资料	
		在退化环境中适应能力（C7）	统计资料	
		不利条件的适应能力（C8）	统计资料	

续表

目标层	准则层	指标层	数据来源	备注
外来海洋物种入侵风险综合指数（A）	本土生物损害指数（B2）	生态位相似性（C9）	统计资料	
		本土种生长率（C10）	数据收集	
		植物化感作用强度（C11）	数据收集	植物入侵
		遗传多样性指数（RAPD）（C12）	评价数据	
		等位基因平均数（同工酶）（C13）	评价数据	
		病原微生物扩散率（C14）	数据收集	
		病原生物寄主丰度（C15）	数据收集	
	环境损害指数（B3）	溶解氧变化率（C16）	数据收集	
		N、P变化率（C17）	数据收集	
		海水交换速率（C18）	数据收集	植物入侵
	生态系统损害指数（B4）	浮游生物种类降低率（C19）	数据收集	
		底栖生物种类降低率（C20）	数据收集	
		物种演替速率（C21）	数据收集	植物入侵
		本土种濒危增加率（C22）	数据收集	
		生物多样性指数（C23）	数据收集	
	生态价值损失指数（B5）	引入病原微生物损失（C24）	统计资料	
		养殖生物的经济损失（C25）	统计资料	
		海岸带植被被破坏损失（C26）	统计资料	

在外来海洋物种入侵风险综合评估中，对风险态势可作表5-5所述的综合性判别。

表5-5　外来海洋物种入侵风险等级综合评估

等级	表征状态	指标特征
I	无风险	不能在海洋环境中建立自我繁殖种群，不能高密度占领生境，没有入侵史，对野生生物、养殖生物、人没有明显影响
II	低风险	没有入侵史，当地水域条件不适合，没有竞争生态位，当地海域没有亲缘种，经10代以上遗传稳定，繁殖世代大于4年
III	中风险	容易被无意传播，自然传播速度慢，当地海域有亲缘种，能够高密度占领生境，有生态位竞争，温盐适应性中等，对养殖生物危害较重，局部发生
IV	高风险	有入侵史，适应广泛的水域类型，对野生生物、养殖生物、人有害，当地海域有亲缘种，自然传播远，传播速度中等，能无性繁殖。对养殖生物有危害，破坏当地自然景观
V	不可接受	快速传播，经10代以上遗传不稳定，与当地野生种交叉繁殖，对养殖生物危害严重，严重破坏当地自然景观

三、外来物种预警评估系统的职能

外来物种预警评估系统具备以下几点才能发挥其职能。一是建立外来物种的档案，密切记录一些外来物种行踪。二是建立一个完善的对外来物种进行科学评估的体系，分析对本地物种及物种多样性、自然生态和社会经济等将造成的影响。三是要建立起对外来物种的防范体系，如海关、动植物检疫、环保、农林牧业等都要加强防范。进一步加强边境海关检疫和阻截作用，阻止新的入侵物种入境，加强对入境的各种交通工具如火车、汽车、轮船和旅游者携带行李及各种货物检查工作，防止无意带入外来生物。四是要建立起法律体系。

基于环境的复杂性，我们应当在借鉴其他先进国家经验的基础上，设立跨部门风险分析专业机构。

这一机构应当由来自包括农业农村部、国家市场监督管理总局、海关总署、林草局、国家环境保护局、国家海洋局及各科研机构的专家组成，这些专家中兽医专家应当作为主要组成部分，只有这样，才能对外来物种的经济影响、环境（生态）影响和社会影响做出全面而准确的评估。国家市场监督管理总局发布的《进境动物和动物产品风险分析管理规定》在处理外来物种入侵与贸易自由化的关系上，应当优先保证当地的国家生态安全，因此，任何以损害生态为代价而换取经济增长的行为，都是违背可持续发展原则的，也是违背科学发展观的。《进境动物和动物产品风险分析管理规定》中的危害因素是指：《中华人民共和国进境动物检疫疫病名录》（农业农村部、海关总署第256号公告）所列动物传染病、寄生虫病病原体；国外新发现并对农牧渔业生产和人体健康有危害或潜在危害的动物传染病、寄生虫病病原体；列入国家控制或者消灭计划的动物传染病、寄生虫病病原体；对农牧渔业生产、人体健康和生态环境可能造成危害或者负面影响的有毒有害物质和生物活性物质等4类情形。

外来入侵物种管理是维护国家生物安全的重要举措，应当坚持风险预防、源头管控、综合治理、协同配合、公众参与的原则。农业农村部会同国务院有关部门建立外来入侵物种防控部级协调机制，研究部署全国外来入侵物种防控工作，统筹协调解决重大问题。省级人民政府农业农村主管部门会同有关部门建立外来入侵物种防控协调机制，组织开展本行政区域外来入侵物种防控工作。海关完善境外风险预警和应急处理机制，强化入境货物、运输工具、寄递物、旅客行李、跨境电商、边民互市等渠道外来入侵物种的口岸检疫监管。

第六章　动物疫病防控经济学评估

第一节　动物卫生经济学为疫病防控决策提供支持

　　动物卫生经济学是研究如何向动物卫生行业分配资源，以及动物卫生行业内部资源如何配置的一门学科。目的是提高疫病预防、控制和消灭等政策措施的效率，需要运用经济学分析方法，寻求生物学和经济学之间的相对平衡。主要包括动物疫病经济损失评估、动物疫病防控措施的成本效益分析及经济学评价。动物卫生经济学是关于兽医决策支持的学科，是为优化动物卫生管理决策过程提供概念、程序和数据构架支持的学科。在动物卫生经济学中，动物流行病的经济学研究实际上是兽医流行病学和经济学的结合，强调以群体的观点和经济评估来进行疫病预防和控制研究，是为疫病暴发国家、地区和农场疫病防控及动物卫生状况提供决策支持的重要学科。

　　动物卫生经济学是最近在欧美兴起的一门新兴学科。它可以为政府制定动物疾病防控方案和财政支持政策措施提供经济学支持，其分析结果已逐步成为各国政府决策的重要参考。动物疾病防控经济学研究，可以为我国政府优化动物疾病防控措施和制定畜牧业扶持政策等提供经济学支持，也为我国兽医管理尽快与国际接轨奠定基础。在我国开展动物卫生经济学可以科学地进行动物卫生经济学研究，提高政府决策支撑能力；完善动物防疫体系，提高突发重大动物疫病的应对能力；推行健康养殖，转变畜牧业生产方式；加强基础免疫工作，确保重大动物疫病免疫密度和免疫质量；加大对无疫区建设的投入，建设畜产品出口基地；借鉴先进畜牧业国家经验，健全动物疫病防控财政支持政策。

　　动物疫病经济损失指动物疫病对养殖业及其下游产业产生的经济损失，以及为控制和扑灭疫情而增加的各种常规支出及紧急支出。例如，发生动物疫情造成养殖面积及其上游产业的经济损失；为控制和扑灭疫情而增加的支出；对其他产业或行业造成的间接经济损失和影响；对社会公共卫生、福利、生态环境等造成的影响等一系列社会经济损失。

　　重大动物疫病对畜牧业危害非常严重，如2004年暴发的禽流感疫情，对社会经济的影响突出表现为家禽上下游产业遭受严重冲击，损失严重；家禽产品出口严重受阻；部分农民畜牧业和打工收入受到损失；对公众生活产生一定负面影响，家禽产品消费减少。运用社会总福利理论，测算出禽流感疫情给我国的社会总福利带来损失为120.90亿元。

　　在重大动物疫病暴发时，国外发达国家或地区多采取仅扑杀感染动物及疑似动物的政策，而在我国等发展中国家，则多采用扑杀加强制疫苗免疫相结合的防控政策。通过对我国不同家禽饲养规模化程度地区感染禽流感的家禽数量变化情况进行分析，发现疫苗免疫覆盖率和高风险持续时间对禽流感的防控效果具有明显的影响。

　　无规定动物疫病区建设取得明显的成效，在增强重大动物疫病控制能力、促进畜产品出口贸易、带动相关产业的发展、增加农民收入等方面发挥了积极的作用，无疫区建设的直接收益现值为48.31亿元（折现率按10%计算），成本收益率为7.95，可以拉动物流业、冷藏业和服务业等相关产业的发展，产生32.56亿元间接收益。

　　发达国家或地区为了减缓动物疫病对本国畜牧业的冲击，通常会采用一系列财政支持政策，这也给我国提供了有益的借鉴。随着经济不断发展和综合国力的不断增强，我国动物疫病防控体系建设投入不断增加。

仅靠通过成本收益分析，2004～2008年实施的我国动物防疫体系建设，建设期各年的财政投资的成本收益率为8.54%～14.78%，经济效益非常明显。口蹄疫强制免疫和扑杀政策（2002～2011年）的累计净现值为16.80亿元。

在制定动物疫病防控财政支持措施的过程中，经济学评估作为重要的参考项，既可以使财政支持政策获得经济学理论支持，使资金的使用效率进一步提高，也可以使兽医管理更加制度化、规范化、合理化，以促进我国动物卫生管理水平进一步提升。

第二节　动物疫病暴发的经济社会影响

据测算，我国每年仅动物发病死亡造成的直接损失近400亿元，相当于养殖业总产值增量的60%左右。例如，我国养猪生产中，不仅存在生产水平低、饲料转化率低、肥猪饲养期长、病死率高、经济效益低等问题，还面临着新、老猪病潜在扩张、饲料源性病原污染、严重摧毁动物免疫机能的重金属污染等问题。

动物疫病损失的性质可分为有形损失、无形损失；直接损失、间接损失；事前损失、事中损失、事后损失。

一、动物疫病暴发造成的直接经济损失

动物疫病的直接影响主要包括动物繁殖性能下降（幼畜死亡率上升）、资源要素的使用效率降低和畜产品的质量和数量变化等方面。

1. 疫病损失

（1）死亡扑杀等损失　动物因疫病暴发直接引致治疗、防疫及死亡等经济损失，使养殖业户直接造成有形损失。

（2）空栏损失　动物因疫病死亡而造成空栏，使生产连续性不好，直接引起经济损失。

目前动物疫病种类增多，疫病暴发，有时是毁灭性打击。病原微生物经过长期进化，越来越适应动物体内的环境，可以长时期潜伏于动物群体内和周围环境里，如新城疫病毒可以长期存在于种鸡群中，在鸡群抵抗力低下或受到应激时，将会乘虚而入，大多表现为非典型性新城疫的临床发病特点。有些病原在环境和机体免疫的压迫下，或者发生变异，出现新的变异株与血清型，或者毒力变得越来越强，可以突破传统疫苗免疫抗体的屏障，引起发病，如鸡马立克病超强毒株和高致病性蓝耳病病毒。一些疫病专门破坏动物的免疫系统，使其免疫抵抗力下降，造成多种病原混合感染，给诊断和治疗带来困难，难免会造成疫病损失，如猪2型圆环病毒和鸡法氏囊病毒对猪和鸡的免疫器官破坏严重，使淋巴细胞坏死、消失，影响到了其他疫苗的免疫效果。

2. 生产成本增高

因动物疫病而造成的扑杀赔偿费、扑杀处理费、紧急消毒费、紧急免疫费、组织管理费、实验室检测费、预防性免疫费、人工费等费用增加，因而生产成本升高。

畜禽养殖业生产成本增高与疫病的控制、预防和治疗有着密切的关系。规模化养殖场必须在生物安全体系上投入大量资金预防疫病病原的入侵，淋浴室、消毒室、围墙、防疫沟的建设，定期消毒、清棚消毒、畜禽粪便和病死畜禽的处理，疫苗的使用和药物治疗预防等无不与控制和预防疫病有关。老的疫病没有消灭，新的疫病在不断增加，疫病种类的增多使畜禽养殖业防不胜防。为了安全起见，养殖业不得不将已有的、可以预防的疫苗几乎都安排到免疫程序之中。以饲养种鸡为例，从种苗出雏到种鸡淘汰，饲养周期为60～70周，需要接种的疫苗有马立克病疫苗、鸡新城疫活苗及灭活苗、传染性支气管炎活苗及灭活苗、鸡球虫疫苗、

呼肠孤病毒灭活苗、法氏囊活苗及灭活苗、传染性鼻炎疫苗、禽脑脊髓炎+鸡痘疫苗、减蛋综合征疫苗、霉形体灭活苗、禽流感H5及Hg灭活苗等多达十几种，而且大多数疫苗均要免疫两次或两次以上，新城疫活疫苗及灭活疫苗更需要定期免疫，平均6~8周免疫一次，如此密集的接种疫苗使制定免疫程序都非常困难。除对种鸡的生产性能造成很大影响外，种鸡场要花费大量的人力、物力和财力去接种疫苗，导致生产成本越来越高，平均每羽种鸡接种疫苗的成本达4~6元。而未来养殖业将面对更多疫病的挑战，这意味着人类要研发更多的疫苗来预防疫病，总有一天人们将面对如此众多的疫病而无所适从，这是实实在在摆在畜牧兽医工作者面前的一项重要课题。

3. 贸易损失

动物疫病暴发对动物产品及贸易的影响包括国内贸易损失和国际贸易损失。

我国是世界上畜禽产品生产和消费大国，在国际畜产品贸易中，我国的畜产品具有价格竞争优势，如我国的猪肉价格低于国际市场40%，牛肉低50%，羊肉低80%，禽肉低30%，禽蛋低30%，按说这种价格竞争优势可使我国畜产品在国际贸易中占有一席之地。然而，事实上并非如此，近年来我国畜产品出口却步履维艰，屡屡受阻，肉类出口仅占国内肉类总产量的1.3%，占世界肉类出口总量的3.6%。其主要原因就是动物疫病问题没有解决。由于我国动物卫生监管防疫体系薄弱，与世界不接轨，相关标准不统一，很多国家怀疑我国畜类和禽类产品的卫生状况，设置贸易壁垒。

（1）动物疫病重创国际畜产品贸易　　口蹄疫、禽流感等动物病虫害和有害物质在许多国家流行和发生，使得近几年来动物疫病对畜产品国际贸易的影响越来越大，在各国采取的预防措施中，首要的就是禁止从疫病发生国家和地区进口动物和动物产品，并加强对入境动物和动物产品的检验检疫，使疫病发生国家和地区造成重大经济损失。

（2）动物疫病成为国际畜产品贸易的主要技术壁垒　　国际贸易的快速发展为各种动物疫病的跨国界传播提供了机会，而动物疫病直接对畜产品消费安全构成威胁。欧盟曾多次派专家到中国进行考察，都认为中国的动物疫病和动物防疫不符合欧盟要求，至今中国禽肉及相关产品仍不能进入欧盟市场。日本、韩国至今不允许我国的猪、牛等偶蹄动物产品进入，其主要原因就是认为我国是"疫情不明国家"，特别是口蹄疫疫情，只允许鸡肉和热加工的偶蹄动物熟食品进入，而且对进口偶蹄动物加工工艺的要求主要是针对口蹄疫。目前，日本和韩国对进口我国禽肉产品的要求是越来越严，标准也越来越高。

（3）动物疫病给我国畜产品贸易带来的影响　　据有关报道，自1980年以来，从国外传入或国内新发现的动物疫病达30多种；目前，猪、牛、羊、禽的死亡率分别达8%、1%、4%、18%，每年因发病死亡造成的直接经济损失高达200亿~250亿元，约相当于畜牧业总产值的2.5%~3.1%，农民人均损失25~35元。由于发病造成的动物生产性能下降、畜产品品质下降、饲料消耗增加、人工浪费、防治费用增加、环境损害及相关产业的经济损失就更加巨大，估计为发病死亡造成损失3~5倍。从目前情况来看，动物疫病正在直接或间接地影响着我国畜牧业在国内外市场中的竞争力发挥。

二、动物疫病暴发造成的间接经济损失

间接经济损失主要包括防疫措施的成本和人兽共患病对人类健康的损害。当动物疫病暴发后，为防止疫情流行蔓延和传播扩散，采取的管制措施会使旅游、宾馆、餐饮、交通运输等上下游产业遭受程度不同的经济损失。

1. 消费者损失

动物疫病暴发，导致动物产品数量下降、价格升高等引起消费者损失的现象非常常见，如近几年猪肉、禽蛋价格上涨或波动，主要原因之一就是疫病导致生产水平不均。

2. 养殖业后续影响

疫病导致养殖企业可生产成本和资金面临困境，甚至倒闭。重新再生产增加投资额，损失加大，同时也影响就业和农民收入。

3. 上游产业损失

由于养殖业不能按正常规律进行生产，相关的供应商及饲料产业等也会受到相应的影响，造成一定的经济损失。

4. 下游产业损失

下游包括动物源性食品、动物产品等生产企业同样面临生产和经济损失。

5. 餐饮业损失

产品的直接供应受到影响，因货物供应减少，价格升高，使餐饮业同样面临经济损失。

6. 对税收的影响

生产减少，经济链的共同损失，使税收减少。

7. 旅游业损失

动物疫病暴发，特别是人兽共患病，使旅游业减少或停止，造成经济损失。

8. 生态环境影响

动物疫病也会造成生态环境的不安全性增加。

三、动物疫病经济损失评估方法

1. 评估模型

疫病损失=直接损失+间接损失=直接经济损失+直接非经济损失+间接非经济损失

$$M = f(Q, N) = f(q_1, q_2, n_1, n_2); \quad M = \sum_{i=1}^{n} M_{Ai} + \sum_{j=1}^{m} M_{Bj}$$

式中，Q 为直接损失；N 为间接损失；q 为直接损失子项；n 为直接或间接经济损失。

2. 疫病损失评估方法

调查评估法：通过向专家调查的方式获得对疫病损失的估计。最常用的是德尔菲法，一般用于疫病发病前的评估。

影子价值法：又称恢复费用法，多用于损失实值评估。

市场价值法：以现行市场价格估算扑杀、死亡家禽的费用，或计算重新购置受损物质所需费用来估计财产、物质等的损失货币量。

海因里希法：灾害损失可用直接损失与间接损失比的规律来估计，即先计算直接损失，再按1∶4的规律，以5倍的直接损失量作为灾害损失估计值。但应根据具体情况确定比例。疫病间接损失一般是直接损失的7~20倍。海因里希法见图6-1。

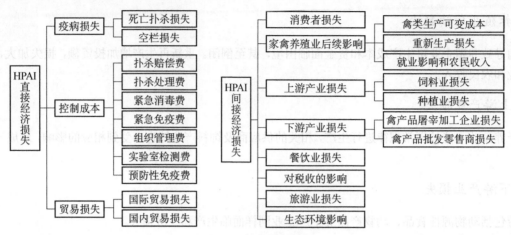

图6-1　海因里希法

3. 动物疫病防控措施的成本效益分析及经济学评价

（1）成本效益分析概念　对确定动物疫病防控目标，提出若干方案，详列各种方案的所有潜在成本和效益，并把它们转换成货币单位，通过比较分析，确定该项目或方案是否可行。

（2）成本和效益计算

成本分为损失和支出。损失：动物死亡、产量下降。支出：免疫费用、扑杀费用、消费费用等。

效益：减少的损失，如减少扑杀和无害化处理费用。

$$S = \mathrm{NS} \times (P_1 + P_2)$$

式中，S 为直接效益；NS 为不实施防控的情况下，畜禽感染某疫病的数量；P_1 为畜禽扑杀补偿标准（元/只）；P_2 为畜禽扑杀后无害化处理费用（元/只）。如图6-2为禽流感防控中的成本与效益分析。

（3）评价指标　有净现值：NPV＞0；内部效益率（IRR）＞社会贴现率；效益成本比＞1。

内部收益率法（internal rate of return，IRR）又称财务内部收益率法（FIRR）、内部报酬率法、内含报酬率。

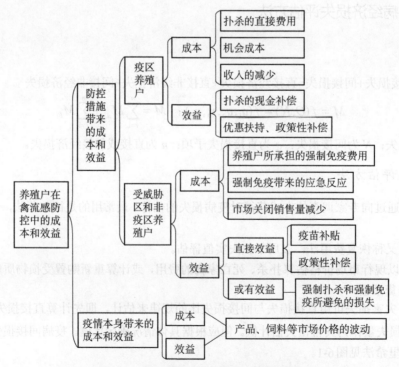

图6-2　禽流感防控中的成本与效益分析

内部收益率法是用内部收益率来评价项目投资财务效益的方法。所谓内部收益率，就是资金流入现值总额与资金流出现值总额相等、净现值等于零时的折现率。如果不使用电子计算机，内部收益率要用若干个折现率进行试算，直至找到净现值等于零或接近于零的那个折现率。内部收益率大于企业要求的收益率时可接受，小于时拒绝。

净现值法（NPV）是将未来所有现金流量贴现为现在价值，与项目的初始投资支出进行比较，所得差值为净现值。当风险值大于或等于零时，项目可行。当净现值为负时，项目不可行。

四、动物疫病暴发对社会及社会福利的影响

动物卫生安全问题的日益突出，正在成为各级政府必须正视的一个重大问题。从国际上看，近年来疯牛病、口蹄疫、禽流感、二噁英、O157大肠杆菌中毒等兽医卫生事件频繁发生，动物疫病和畜产品安全突破了传统意义上畜牧业生产及畜牧业经济领域，已经成为世界各国政府和人民广泛关注的公共卫生问题，并对各国政治、经济、社会等诸多领域产生了极其深远的影响。动物疫病暴发主要对社会造成日常生活秩序（或安全影响）和社会政治稳定等影响。例如，英国的疯牛病、沙门菌病造成政府更迭或国家的重大震荡，甚至国际影响，动物疫病如人兽共患病影响人们的正常工作、旅游和国际交往，贸易往来也会受到较大影响。在灾后动物疫病有可能引起人间疫病流行或暴发，形成国家重大公共卫生安全事件。

第三节 动物疫病防控策略选择与长期经济效益

重大动物疫病暴发后，世界各国的应急防控策略各异。以高致病性禽流感为例，在畜牧业发达国家，主要采取以扑杀为主的防治策略，即对暴发疫情的畜禽饲养场和疫点，采取扑杀感染家禽及疑似家禽，封锁疫点，建立隔离检疫区等措施。与同时强制免疫相比，只实施扑杀的优点主要表现在：避免了家禽在免疫后虽不表现出临床症状但可能成为病毒携带者，也避免了家禽免疫后产生的抗体可能妨碍疫情监测的情况。但对存在禽流感威胁的家禽实施扑杀需要充足的资金补偿作为后盾，如2003年荷兰、意大利发生禽流感后扑杀的家禽数量相当于两国当年家禽补栏量的30%。

我国幅员广阔，不同地区的家禽饲养规模差异很大。在东部沿海等家禽业发达地区，如在山东和辽宁无规定动物疫病区，家禽规模化养殖程度已非常高，规模饲养场饲养家禽的比例已经超过95%，而在西部等家禽业发展相对落后的地区，散养仍是家禽饲养的主要方式。不同饲养方式的家禽禽流感疫苗免疫覆盖率不同，一般来说，规模饲养场和专业户的家禽免疫较规范，免疫覆盖率较高。

一、我国重大动物疫病防控存在的主要问题

1. 兽医管理体制不顺

动物防疫和畜产品安全监管职责分散在多个部门，国内动物检疫管理体制没有完全理顺，部门间监管权责分离。管理机构设置混乱，职责不清，管辖关系十分复杂。现行管理体制与国际通行做法不一致，不符合"独立兽医管理体制"的要求。

2. 资金投入不足

国家和各级地方政府近年来的投入远不能满足防控工作的需要。要对每年饲养的十几亿头牲畜和上百亿羽家禽进行多次免疫，需要直接支付的人工费、交通费，器械、药品的损耗费用，疫苗运输、存贮等费用是巨大的。平时用于畜禽养殖场的消毒，疫情监测，发生疫情时对染病畜禽和同群畜禽进行扑杀的补贴，目

前都没有足够的经费保证，特别是肉牛、奶牛的扑杀补贴明显低于市场价值。

3. 地方保护

我国兽医管理以行政区划作为管理单位，这种管理特点与控制动物疫病的科学规律不相适应，也容易使各项工作受到地方保护主义的干扰。

4. 技术支撑力度不够

从为动物防疫提供有效的技术支持角度分析，我国目前尚未形成完善的技术支持体系。在动物疫情监测、诊断、流行病学调查研究等领域急需加大研究和建设力度。

二、我国重大动物疫病防控策略

我国兽医管理体制改革不断推进，动物疫病防控体系、队伍不断健全，兽医科技支撑能力明显加强，稳定的财政投入机制初步建立，以地方政府负总责的责任体系进一步落实。在此基础上，农业农村部根据动物疫病发生的流行规律，进一步研究实践动物疫病防控工作的长效机制。一是研究制定国家中长期动物疫病防控战略规划。为加强重大动物疫病防控长效机制的建立，2009年起农业部启动了《国家中长期动物疫病防治战略规划研究》和《国家中长期动物疫病防治规划（2012—2020年）》。目的是充分发挥兽医行政管理部门、技术支撑机构及科研单位等各方面的力量，深入研究分析影响我国动物疫病防控工作的深层次问题和关系全局的重大战略问题，科学设定未来10年甚至20年的发展目标、发展战略及发展措施，制定重大动物疫病控制计划。编制出符合我国实际、科学合理、操作性强的国家中长期动物疫病防治规划。目前，前期研究工作已经完成。二是分病种制定重大动物疫病防控计划。对已经初步具备扑灭或控制条件的动物疫病，分病种、分区域制定扑灭或控制计划。目前已经实施的有《全国血吸虫病农业综合治理规划》《全国畜间人兽共患病防治规划（2022—2030年）》等。三是建立科学的动物防疫决策机制。为推进动物防疫科学决策，2009年底农业部成立了全国动物防疫专家委员会，委员会下设禽流感、口蹄疫及兽医公共卫生专家组等13个专家组。各专家组承担防控决策咨询等重要任务，在国家防控策制定等方面也发挥了重要的作用。四是不断完善动物疫病区域化管理制度。对于动物疫病实行区域化管理是国际上的通行做法，我们在这些方面也做了一些探索。目前在四川、重庆、吉林、辽宁、山东、海南这6个省（直辖市）已经建设了5个无规定动物疫病示范区。下一步，我们将考虑各地在经济、自然环境、畜牧业发展水平等方面存在的差异，统一规划，整体布局，出台推进区域化管理的意见，加快建设适合各地特点的无疫区和生物安全隔离小区。同时，从现在起，农业农村部将在部分种禽畜场实施疫病净化措施，从源头上加强疫病防控。

三、国际组织动物疫病防控战略框架

分析FAO、WOAH、WTO框架下的全球重大动物疫病防控战略规划，可以看出，按照动物疫病防控工作的主体方向，全球重大动物疫病防控工作划分为（外来病）风险防范、（突发病）应急处置、（长期存在重大病）控制消灭三条主线，以强化兽医能力、改善动物防疫条件、加强疫情监测预警、开展无疫评估认证4项工作贯穿于整个动物疫病防控工作中，可以作为4条辅助线。按照这种划分，可将FAO、WOAH、WTO框架下的全球重大动物疫病防控战略规划为一个体系（表6-1）。

从欧盟、美国、澳大利亚、新西兰等畜牧业发达国家来看，它们的动物疫病防控战略和全球动物疫病防控战略基本是一致的，通常从三个方面入手：一是稳步控制消灭（净化）国内常发疫情；二是快速扑灭国内突发疫情；三是严把国门，防止外来疫情传入。三种策略并举，使它们收到了良好的疫病控制效果。例如，欧盟已扑灭10余种通报性疫病，美国近30种重大动物疫病无疫，澳大利亚和新西兰保持50多种动物疫病无疫。

表6-1　FAO、WOAH、WTO框架下的全球重大动物疫病防控战略体系

疫病防控工作主线		疫病防控工作辅线	备注
A-1　外来病风险防范	A-1-1 WTO-SPS 协议规定：成员方可以实施必须的进出口动物卫生监管措施。 A-1-2 WOAH《国际动物卫生法典》（简称《法典》）规定了口蹄疫等84种动物疫病的风险防范措施	B-1 强化兽医能力　B-1-l WOAH 兽医理念、行为和战略评估；对成员方兽医机构的评估（已完成19个国家评估工作） B-1-2 WOAH《法典》兽医机构评估准则：质量体系、人力资源、物资资源、立法支持、动物卫生控制、兽医公共卫生控制、效能评估、国际合作、区域区划、动物疫情监视、进出口控制等	B-1 项工作是保障A-l、A-2、A-3 全部工作正常开展的基础
		B-2 改善动物防疫条件，降低疫病发生风险　B-2-1 WOAH《法典》动物福利标准：规定了动物饲养、运输过程中的防疫条件 B-2-2 WOAH《陆生动物诊断试验与疫苗手册》规定了精液、胚胎、卵采集的卫生条件	B-2 项工作是达到A-2 项工作目标的基础
A-2　重大动物疫病控制消灭	A-2-1 FAO 全球牛瘟消灭计划 A-2-2 FAO 拉丁美洲古典猪瘟消灭方案 A-2-3 PAO 东南亚口蹄疫控制运动 A-2-4 FAO 全球高致病性禽流感控制消灭计划 A-2-5 FAO 跨界动物疫病全球渐进控制战略 A-2-6 WOAH《法典》动物疫病病原体灭活方法	B-3 强化监测预警　B-3-l FAO 全球动物疫病早期预警系统 B-3-2 FAO 跨界动物疫病信息系统 B-3-3 WOAH 世界动物卫生信息系统 B-3-4 WOAH《法典》：动物疫病通报制度 B-3-5 FAO 西非裂谷热监测计划 B-3-6 FAO 非洲动物流行病调查监测计划 B-3-7 FAO 亚洲高致病性禽流感诊断与监测网络导则 B-3-8 WOAH《法典》：牛瘟、牛肺疫、疯牛病、痒病、口蹄疫及6种动物疫病的流行病学监测技术规范 B-3-9 WOAH《陆生动物诊断试验与疫苗手册》：口蹄疫等51种动物疫病诊断方法和疫苗标准 B-3-10 WOAH《兽医（动物疫病）实验室质量标准和指南》 B-3-11 FAO 建立小反刍兽疫、口蹄疫、牛肺疫、裂谷热、猪瘟和其他动物疫病参考实验室，以及 PCR、ELISA 诊断技术协作中心等 B-3-12 WOAH 建立223个兽医诊断参考实验室和20个流行病学协作中心	B-3 项工作是保障A-l、A-2、A-3 全部工作正常开展的基础
A-3　突发病应急反应	A-3-1 FAO 跨界动物疫病应急中心 A-3-2 FAO 应急预案导则：牛瘟、牛肺疫、口蹄疫、裂谷热和非洲猪瘟应急预案	B-4 无疫评估认证　B-4-1 WOAH《法典》：认可无疫国家/地区的一般原则 B-4-2 WOAH《法典》：牛瘟、牛肺疫、疯牛病、痒病、口蹄疫及6种动物疫病无疫认证标准 B-4-3 WOAH《法典》：新城疫等78种动物疫病无疫国家/区域标准 B-4-4 WOAH 无疫国家/地区认证程序	B-4 项工作是 A-2 和 A-3 项工作的延续和终极目标

第四节　无规定动物疫病区建设的经济学评估

无规定动物疫病区建设除具有疾病防控价值外，还具有重要的经济学价值和社会效益。

一、动物疫病防控措施的经济学优化

动物疫病暴发后的防控措施主要包括在不同区域内实施扑杀、免疫、扑杀与免疫并举等措施，在不同国家的不同时期，不同的防控措施组合具有不同的经济学效果。Power和Harris（1973）在对1967~1968年英国暴发的口蹄疫（FMD）进行经济学分析后，发现扑杀和免疫两种措施都起到了积极的作用，但在无法量化收益的情况下，更倾向于扑杀措施。Dufour（1994）评估法国FMD防控体系变化的经济影响时，指出实施疫情暴发后扑杀的成本不足常年免疫成本的1/10。Suginra（2001）对2000年日本FMD暴发4个农场的防控措施进行评估时，认为在疫情暴发后扑杀所有受威胁动物并控制畜群流动是最经济的策略。Mauled（2000）认为，扑杀措施是无疫病国家和地区最优的选择，常年免疫并不能完全消除疫病暴发的风险。

但在一些地区，扑杀不一定是最经济的选择。Tomassen（2002）在对荷兰FMD暴发初期的4种控制策略进行经济评估后，发现在饲养密度较大的地区环状免疫较为经济，反之环状扑杀更为有利。Lorenz（1988）对德国实施的两种口蹄疫防治措施作了比较，一种是实行年度免疫，疫病暴发时扑杀易感染家畜；另外一种是仅在暴发时扑杀易感染动物，同时建立环状免疫带，从长期看后者更为经济。

WOAH首先提出了动物疫病区域化的概念，并于1996年公布了第一份非免疫无口蹄疫成员名单。Leslie等（1997）对乌拉圭建立FMD无规定动物疫病区进行了经济学评估，在未实施口蹄疫根除计划前，该国的损失为每年700万~900万美元，通过无疫区建设，乌拉圭对美国的牛肉出口量大增，成为世界上重要的牛肉出口国之一。

国外对动物疫病防控措施的研究模式主要利用已经发生疫病的相关资料数据，结合流行病学的研究成果，运用数理统计及逻辑推理等方法建立风险分析模型。基于模型分析结果，运用不同评价指标，如成本收益率（BCR）、净现值（NPV）、边际报酬率（MRR）和内部收益率（IRR）等，对各种防控措施产生的经济效果进行比较，从而得出最优化的防控措施。

Nielsen等（1993）在比较西班牙非洲猪瘟的两种根除方案时，计算出两者BCR分别为1.23和1.47，所以后者要优于前者。Okello-Onen等（1995）对奶牛实施不同消毒频率的MRR进行比较分析，虽然频率最高的措施可以最大限度地保障奶牛健康、提高产奶量，但是由于其MRR并不理想，并非最佳选择。Goldbach等（2006）用蒙特卡罗模拟和成本收益相结合的方法来评估荷兰猪肉生产中沙门菌的3种防控措施的经济影响，热水净化方案最优，其实施的NPV为350万欧元，而其他两种方案都为负值。McInerney等（1992）在对英国奶牛乳房炎防控进行经济评估时，没有将直接成本和间接成本简单相加来作为措施评价依据，而是将直接成本（产出损失）和间接成本（防控投入）作为一组具有替代关系组合，运用经济学边际原理给出最优组合选择。

随着我国动物防疫体系建设的不断深入，借鉴国外经验开展动物疫病防控措施的经济学评估研究对其进行经济学优化，不仅可以提高我国动物疫病防控财政支持资金的使用效率，也可以为政府实施动物疫病防控政策提供理论参考，从而全面提高我国的动物卫生管理水平，保障畜产品有效供给。通常将实施某项疫病防控措施可能产生的结果分为4个方面，即结果、效用、收益和福利，与经济学分析中最常用的经济学指标收益相比，效果常被用作评价那些难以货币化的动物疫病防控结果，也较其更加直观。在法律上建立坚实基础，新的《中华人民共和国动物防疫法》明确国家支持地方建立无规定动物疫病区，鼓励动物饲养场建设无规定动物疫病生物安全隔离区。对符合国务院农业农村主管部门规定标准的无规定动物疫病区和无规定动物疫病生物安全隔离区，国务院农业农村主管部门验收合格予以公布，并对其维持情况进行监督检查。

禽流感暴发后只实施扑杀而不实施强制免疫，实施扑杀与强制免疫并举分别是家禽规模化饲养比例较高或较低地区的经济学优化方案。在未来一段时期内，家禽农户散养在我国尤其是在中西部家禽饲养业相对落后地区仍将比较普遍，再加上散养户法制观念相对薄弱，免疫覆盖率有待提高，当禽流感暴发后，仅靠封锁和扑杀政策很难真正奏效。因此，禽流感疫苗强制免疫与封锁扑杀相结合的应急防控策略在我国还将持续一段较长时间。

二、我国无规定动物疫病区建设经济效益

农业农村部为总结近年来全国无规定动物疫病示范区建设成效，制定了进一步推进实施动物疫病区域化管理工作的有关政策和措施，在包括辽宁省等六省（直辖市）开展无规定动物疫病示范区建设经济学评估。评估内容包括：畜禽及畜禽产品基本情况、资金筹集及使用情况、示范区兽医工作体系建设情况、示范区产业化发展及吸引投资情况、动物及动物产品销售情况、示范区不同类型养殖户（普通农户、专业户和大型养殖场）生产收益情况和畜牧业产值等情况。

以重庆市无规定动物疫病区建设为例。经过项目4年来的建设，建成了较为完备的动物疫病控制体系、动物防疫监督体系、动物疫情监测体系、动物防疫屏障体系，项目区猪、鸡、大牲畜死亡率下降至2.9%、11%、0.2%，基本建成了免疫无口蹄疫、猪瘟、新城疫和非免疫无禽流感的国家级无疫区，取得如下成就。

1. 健全了动物防疫体系

（1）**动物疫病控制体系**　　完善了市、县、乡三级冷链、疫病诊断、监测、交通、信息传递、无害化处理等设施，初步建立起符合国际要求的动物疫病控制体系。具备了有效预防疫病，快速检验，诊断各种动物疫病、新发病、外来疫病的能力及对动物疫情迅速反应和及时扑灭的能力。

（2）**动物防疫监督体系**　　市、县两级监督机构检疫、执法、办案、技术检测等设施设备达到规定建设标准，建立了覆盖项目区的动物疫病控制快速反应指挥系统（110联动），示范区50台执法监督车装备了警灯、警报器，建设了市病害动物及动物产品无害化处理场。

（3）**动物监测体系**　　市、县两级疫情监测、疫情报告等硬件设施达到国家规定的建设标准，具备对口蹄疫、禽流感、猪瘟、新城疫重点动物疫病及其他主要疫病的疫情监测、分析能力。推行了动物防疫网络化管理。

（4）**动物防疫屏障体系**　　建立了完善的动物防疫屏障体系。一是在重庆市与周边省的交通要道和示范区周围建设了101个动物防疫监督检查站，市动物卫生监督总站在机场、铁路、港口设立了4个检疫监督分站，各地建立了1840多个动物检疫报检点。二是在成渝、渝涪、渝合等高速公路路口设置了1~2块"国家无规定动物疫病区示范区"警示牌，在示范区的国省道、主要县道的交界处设置了5~10块标志牌。这些站、点、牌与天然防疫屏障一起，构筑起了"陆、海、空"三位一体的多层次立体防疫屏障体系，确保了对进出项目区的动物及其产品、人员、车辆等进行有效的监督、检查和消毒净化，以达到有效控制疫病传入传出的能力。

2. 降低了动物疫病死亡率

牢固树立"防疫就是增收、少死就是增效"的观念，深入贯彻"五强制两强化"综合防治措施，极大地降低了重庆地区动物疫病死亡率。

3. 基本建成国家级无疫区

通过采取行政的、经济的、技术的、法律的手段，使动物重大疫病得到有效控制。重庆市基本建成免疫无口蹄疫、猪瘟、鸡新城疫，非免疫无禽流感国家级无疫区。

4. 社会经济效益显著

（1）**社会效益**　　通过项目实施，对动物疫病实行区域化管理，加快了重庆市兽医工作整体水平与国际标准接轨步伐，推动了全市畜牧业生产上规模、质量上档次、效益上台阶，延长了畜牧业产业链，促进了资源优势、技术优势向产业优势和经济优势转化。人民群众身体健康得到保障。作为公共卫生安全体系的重要组成部分，动物源性食品安全问题已成为政府工作重点、媒体关注焦点、人们谈论热点。通过项目实施，动物疫病和畜产品残留得到有效控制，促进了"放心肉工程"的顺利实施，确保了人民身体健康，维护了社会稳定。

（2）**经济效益**　　畜禽死亡率大幅下降。通过项目实施，减少直接经济损失上亿元。增强了畜产品出口创汇能力，促进了农民收入的持续增长，拉动了相关产业发展。

第七章　进出境动物检疫

第一节　进出境动物检疫概述

进出境动物检疫是针对我国动物、动物产品国际贸易过程，遵照国家法律运用强制性手段和科学技术方法预防或阻断动物疫病经贸易渠道传入中国，保证动物及动物产品出口的质量要求，由口岸动物检疫机关进行的检疫。我国在对外开放的港口、机场、车站和各省（自治区、直辖市）动物流动聚集的地方都设有动物检疫，担负着进出境动物和动物产品的检疫任务。

进出境动物及动物产品检疫涉及的主要法规有《中华人民共和国进出境动植物检疫法》《中华人民共和国进出境动植物检疫法实施条例》《中华人民共和国动物防疫法》及有关的配套法规，如《中华人民共和国进境动物检疫疫病名录》（农业农村部、海关总署第256号公告）、《中华人民共和国禁止携带、邮寄进境的动植物、动物产品及其产品和其他检疫物名录》（第470号公告）、《中华人民共和国生物安全法》等。

《中华人民共和国进出境动植物检疫法》是中国动植物检疫的一个重要法律，它对动物检疫的目的、任务、制度、工作范围、工作方式及动检机关的设置和法律责任等作了明确规定。《中华人民共和国进出境动植物检疫法》和《中华人民共和国动物防疫法》都是为了预防和消灭动物传染病、寄生虫病，保护畜牧业生产和人民身体健康而制定的。而《中华人民共和国进出境动植物检疫法》主要是进出境动物检疫方面的内容。中国经济发展举世瞩目，每年以较大幅度增长，国际双边贸易量也越来越大，动物检疫的合作与交流也越来越频繁，其作用也显得越来越重要。

目前中国政府和荷兰、蒙古、朝鲜、阿根廷、乌拉圭、巴西等国政府签署了动物检疫和动物卫生合作协定，并先后与美国、加拿大、阿根廷、乌拉圭、巴西、日本、新西兰、澳大利亚、泰国、蒙古、英国、法国、丹麦、德国、荷兰、意大利、奥地利、芬兰、以色列、博茨瓦纳、津巴布韦、俄罗斯、哈萨克斯坦等国家签署了双边输入、输出牛、羊、猪、马、禽、兔等动物及动物产品的单项检疫议定书共100多个。进出境检疫具体可分为以下几方面。

1. 进出口检疫

进出口检疫包括进境动物检疫、进境动物产品检疫、出境动物检疫、非贸易性动物产品出境检疫、贸易型出境动物产品检疫。

2. 旅客携带物检疫

对入境的旅客、交通员工携带的或托运的动物或动物产品进行现场检疫。

3. 国际邮包检疫

根据邮单填写内容确定检疫对象，邮寄入境的动物产品经检疫如果发现可疑危害物，进行消毒处理或销毁，并通知邮局和收件人。

4. 过境检疫

载有畜禽及其产品的列车、汽车等通过我国国境时，对畜禽及其产品进行检疫和处理。

第二节　出境动物检疫

一、适用范围

出境检疫包括出境动物检疫、出境动物产品检疫和出境动物疫苗、血清、诊断液等其他检疫物的检疫。是对输出其他国家或地区的种用、肉用或演艺动物饲养或野生的活动物出境前实施的检疫，对装载动物、动物产品和其他检疫物的装载容器、包装物，以及来自动物疫区的运输工具，同样依法实施检疫。

以下几种检疫即是出境动物检疫的代表类型。

（1）**供港澳活牛**　2024年1月22日海关总署令第266号《供港澳食用陆生动物检验检疫管理办法》。

（2）**供港澳活羊**　2024年1月22日海关总署令第266号《供港澳食用陆生动物检验检疫管理办法》。

（3）**供港澳活禽**　2024年1月22日海关总署令第266号《供港澳食用陆生动物检验检疫管理办法》。

（4）**供港澳活猪**　2024年1月22日海关总署令第266号《供港澳食用陆生动物检验检疫管理办法》。

（5）**供港澳食用水生动物**　国家质检总局令2001年第8号《供港澳食用水生动物检验检疫管理办法》。

（6）**出口观赏鱼**　海关总署令2018年11月23日第243号《出境水生动物检验检疫监督管理办法》。

（7）**海关总署令2023年第262号《进出境非食用动物产品检验检疫监督管理办法》**　涉及进出境犬、猫（伴侣动物除外）、兔、貉、水貂、雪貂、狐狸、灵猫等小动物现场检疫监管工作。

二、指定出境动物隔离检疫场

我国与出境动物的输入国家签订的双边检疫协定（含检疫协议、备忘录等）在明确动物隔离检疫要求时，或出境动物的输入国家或出境动物的贸易合同或协议中有隔离检疫要求时，应按照海关总署发布的"进出境动物隔离检疫场的指定程序"指定出境动物的隔离检疫场，截至2023年10月已批准120多个。

隔离检疫场的指定在出境动物报检前进行。

三、报检

1）需隔离检疫的出境动物，货主或其代理人在动物计划离境前60d向隔离检疫场所在地检疫检验机构预报检，在动物隔离检疫前一周报检。预报检时，货主或其代理人应提交该批输出动物的意向书、输入国的检疫要求等有关书面资料，经上一级检疫检验机构审核认可后方可签约。

2）无隔离检疫要求的出境动物，至少在报关或装运前7d向启运地检疫检验机构报检。需要进行实验室检验且检验周期较长的出境动物，应按照留有相应检疫时间的原则确定报检时间。

3）出境动物报检时，填写"出境货物报检单"，提供贸易合同或供货协议、县级以上动物产地动物防疫部门出具的产地检疫证明及其他相关单证。产地检疫证明可在出境动物进入隔离场时提供。

四、隔离检疫

1）出境动物的隔离检疫期。根据我国与动物输入国家签订的双边检疫协定，或输入国家书面要求，或贸易合同或协议确定出境动物的隔离检疫期。没有明确隔离检疫期要求的，根据输入国家提出的应检疫病或应证明卫生状况的疫病种类，或我国规定的检疫项目确定隔离检疫期，并报上一级检疫检验机构批准。

2）隔离检疫场所在地检疫检验机构对隔离检疫场实行监督管理，定期或不定期检查隔离检疫场的动物卫生防疫制度的落实情况、动物卫生状况、饲料及药物的使用情况、出境动物隔离检疫场日常监管记录填写是否完整等，必要时，可派检疫人员驻场。

3）出境动物进入隔离场时，检疫人员对大中动物进行逐头（只）临床检查，需要时，加施识别标记（如耳牌）；对小动物进行群体检查。

4）隔离检疫期间，出境动物的免疫程序必须报检疫检验机构批准。

5）隔离检疫场要切实做好日常防疫消毒工作，定期消毒饲养场地和饲养用具，定期灭鼠、灭蝇。

6）隔离检疫场内的动物发生疫情或疑似疫情时，必须及时采取紧急预防措施，并于12h内向所在地检疫检验机构报告。

7）隔离检疫期间，检疫检验机构监督隔离检疫场管理人员和饲养人员做好下列工作。①隔离检疫场内不得存放我国和输入国家或地区禁用的药物。动物隔离检疫期间，不得饲喂我国和输入国家或地区禁用的药物。对允许使用的药物，要遵守停药期的规定，并将使用情况填入日常监管记录。出口食用动物所用的饲料，应符合中华人民共和国国家出入境检验检疫局令1999年第5号《出口食用动物饲用饲料检验检疫管理办法》的规定；符合根据2018年11月23日海关总署令第243号《海关总署关于修改部分规章的决定》（第四次修正）正式颁布《进出口饲料和饲料添加剂检验检疫监督管理办法》的规定。②隔离检疫期间，隔离检疫场的管理人员和动物饲养人员应遵守海关总署制定的《进出境动物临时隔离检疫场管理办法》的规定。未经检疫检验机构允许，非工作人员不准进入隔离检疫场。③如实做好隔离观察记录，按规定定期进行群体临床检查，必要时，进行个体临床检查。

8）需进行实验室检验的，按照双边检疫协定、输入国家检疫要求或国家标准《出入境动物检疫采样》（GB/T 18088—2000）采集实验室检验所需样品，填写"送样单"送检疫检验机构认可的实验室。

9）根据需要，对检疫检验合格的动物加施检疫检验标志。

五、不需隔离检疫的出境动物的检疫检验

1）报检后，货主应将出境动物集中饲养。

2）启运地检疫检验机构对出境动物进行临床检查。根据双边检疫协定或输入国家检疫要求，或我国有关规定进行实验室检验。

六、实验室检验

检疫检验机构依据输入国要求或双边动物检疫协定，或贸易合同（信用证、供货协议），或我国有关规定，确定出境动物的实验室检验项目、检验方法和检疫结果。

七、检疫出证和处理

1）对检疫检验合格的出境动物，按照输入国要求或双边动物检疫协定，或贸易合同（信用证、供货协议）要求出具检疫检验证书。无特定要求时，通常出具"动物卫生证书""运输工具检疫处理证书""出境货物通关单"或"出境货物换证凭单"。

2）临床疑似或检出国家根据《中华人民共和国动物防疫法》规定的一类、二类动物传染病时，立即报上一级检疫检验机构，同时按照国家有关疫情通报的要求向各有关部门报告，并按照国家法律法规对患病动物及其同群动物进行处理。

3）检出国家根据《中华人民共和国动物防疫法》规定的一类动物传染病时，全群动物不得出境；检出二类动物传染病或一、二类动物传染病以外的应检疫病时，按照输入国家要求，或双边动物检疫协议规定，或贸易合同（信用证、供货协议）要求，做出全群动物不得出境或不合格动物不得出境的决定。对不得出境的动物出具"出境货物不合格通知单"。

八、监装

对检疫合格的出境动物，检疫检验机构派人员实行监装制度。监装时，监督货主或承运人对运输工具及装载器具进行消毒处理；对动物进行临床检查，临床检查应无任何传染病、寄生虫病迹象和伤残情况；核定动物数量，必要时，检查或加施检疫检验标识，对动物运输工具或装载器具加施检疫检验封识。

九、运输监管

1）必要时，检疫检验机构派人员押运出境大、中动物到离境口岸。

2）检疫检验机构未派人员押运时，应告知押运员或承运人做好下列工作。①做好动物运输途中的饲养管理和防疫消毒工作，不得串车，不准沿途抛弃或出售病、残、死动物，不得随意卸下或清扫饲料、粪便、垫料等，要做好押运记录。②运输途中发现重大疫情时应立即向启运地检疫检验机构和所在地兽医卫生防疫机构报告，同时采取必要的防疫措施。③抵达离境口岸时，押运员应向离境口岸检疫检验机构提交押运记录，途中所带物品和用具应在检疫检验机构的监督下进行有效消毒处理。

十、离境查验

1. 离境申报

货主或其代理人须向离境口岸检疫检验机构申报，提供启运地检疫检验机构出具的检疫检验证明。

2. 验物查证

离境口岸检疫检验机构对动物进行临床检查，核对动物数量，核对货证是否相符，检查检疫检验标识或封识等，必要时进行复检。

3. 放行及处理

1）经查验或复检合格的出境动物，准予离境。

2）经查验或复检不合格的出境动物，做出全群动物不得出境或不合格动物不得出境的决定。对不得出境的动物出具"出境货物不合格通知单"。

3）准予离境的，应根据工作实际和有关规定，更换有关检疫检验证明。

十一、资料归档

检疫结束后，检疫检验机构总结和整理检疫过程中的所有单证、原始记录、有关资料，并存档。

第三节　进境动物检疫

一、进境动物的概念及范围

"进境动物"在这里指饲养、野生的活动物。其中，大、中动物包括黄牛、水牛、牦牛、犀牛、马、骡、驴、骆驼、象、斑马、猪、绵羊、山羊、羚羊、鹿、狮、虎、豹、猴、豺、狼、貉、河马、海豚、海豹、海狮、平胸鸟（包括鸵鸟、鸸鹋和美洲鸵）等动物；小动物包括犬、猫、兔、貂、狐狸、獾、水獭、海狸鼠、鼬、实验用鼠、鸡、鸭、鹅、火鸡、鹤、雏鸡、鸽、各种鸟类等动物；水生动物和两栖爬行动物包括鱼（包括种苗)、虾、蟹、贝、海参、海胆、沙蚕、海豆芽、酸酱贝、蛙、鳖、龟、蛇、蜥蜴及珊瑚类等；进境演艺动物特指入境用于表演、展览、竞技，而后须复出境的动物。

进境宠物特指由进境旅客随身携带入境的宠物犬或猫。

二、进境动物检疫疫病的分类

《中华人民共和国进境动物检疫疫病名录》一、二类疫病170种，其他传染病、寄生虫病41种，共201种疫病。国家对进口动物疫病的检疫名单的确定，主要是依据该病对国内畜牧业、渔业生产的危害程度和该病在我国的分布情况，同时参考国际组织的规定。

三、进境动物检疫依据

对进境动物将依照《中华人民共和国进出境动植物检疫法》、《中华人民共和国进出境动植物检疫法实施条例》、《进境动物检疫审批管理办法》(海关总署令第262号2023年修改)、《中华人民共和国进出口食品安全管理办法》(海关总署令第249号)及其他相关规定进行检疫。对每批进口动物具体检哪些疫病，将按照我国与输出国所签订的双边动物检疫议定书的要求执行。但不排除对其他有可疑症状传染病的检疫。

对进境演艺动物将依照《进出境演艺动物现场检疫监管规程》(SN/T 2364—2009)行业标准实施检疫。

对进境宠物将依照《中华人民共和国农业部、中华人民共和国海关总署关于旅客携带伴侣犬、猫入境的管理规定》[(1993)农(检疫)字第3号]进行检疫。

四、进境动物检疫流程

1. 进境动物检疫许可证的申请

输入动物、动物遗传物质应在签订贸易合同或赠送协议之前，货主或其代理人向国家市场监督管理总局申办"进境动植物检疫许可证"。国家市场监督管理总局设在各地进出境检疫检验机构，根据申请材料及输出国家的动物疫情、我国的有关检疫规定等情况，对本地口岸进境动物进行"进境动植物检疫许可证"的初审，并将初审信息提交国家市场监督管理总局，国家市场监督管理总局对同意进境的动物签发"中华人民共和国进境动植物检疫许可证"("进境动植物检疫许可证")。

进境旅客随身携带的宠物无须办理"进境动植物检疫许可证"。

2. 境外产地检疫

为了确保引进的动物健康无病，国家市场监督管理总局视进口动物品种(如猪、马、牛、羊、狐狸、鸵鸟等种畜、禽)、数量和输出国(地区)的情况，依照我国与输出国(地区)签署的输入动物检疫和卫生条件议定书规定，派兽医赴输出国(地区)配合输出国(地区)官方检疫机构执行检疫任务。其工作内容及程序如下。

(1)同输出国(地区)官方兽医商定检疫工作　　了解整个输出国(地区)的动物疫情，特别是本次拟出口动物所在省(州)疫情，确定从符合议定书要求省(州)的合格农场挑选动物；初步商定检疫工作计划。

(2)挑选动物　　确认输出国(地区)输出动物的原农场符合议定书要求，特别是议定书要求该农场在指定时间内(如3年、6个月等)及农场周围(如周围20km范围内)无议定书中所规定的疫病或临诊症状等，查阅农场有关疫情监测记录档案，询问地方兽医、农场主有关动物疫情、疫病的诊治情况；对原农场所有动物进行检查，保证所选动物必须是临诊检查健康的。

(3)原农场检疫　　确认该农场符合议定书要求，检查全农场的动物是健康的，监督动物结核或副结核的皮内变态反应或马鼻疽点眼试验及结果判定；到官方认可的负责出口检疫的实验室，参与议定书规定动物疫病的实验室检验工作，并按照议定书规定的判定标准判定检验结果；符合要求的阴性动物方可进入官方认可的出口前隔离检疫场，实施隔离检疫。

（4）境外隔离检疫　确认隔离场为输出国（地区）官方确认的隔离场；核对动物编号，确认只有农场检疫合格的动物方可进入隔离场；到官方认可的实验室参与有关疫病的实验室检验工作及结果判定；根据检验结果，阴性的合格动物准予向中国出口；在整个隔离检验期，定期或不定期地对动物进行临诊检查；监督对动物的体内外驱虫工作；对出口动物按照议定书规定进行疫苗注射。

（5）动物运输　拟定动物从隔离场到机场或码头至中国的运输路线，并监督对运输动物的车、船或飞机消毒及装运工作，并要求使用的药物为官方认可的有效药物。运输动物的飞机、车、船不可同时装运其他动物。

3. 报检

《中华人民共和国进出境动植物检疫法实施条例》规定：输入种畜禽、货主或其代理人应在动物入境前30 d到隔离场所在地的检疫检验机关报检；输入其他动物，货主或其代理人应在动物入境前15 d到隔离场所在地的检疫检验机关报检。报检时提供报检员证、入境动物检疫许可证、贸易合同、协议、发票、正本动物检疫证书（可在动物入境时补齐），并预交检疫费。

旅客携带宠物进境，每人仅限1只，报检时必须提供输出国（地区）出具的动物检疫证书和疫苗接种证书。

4. 进境现场检疫

在货物到达进境口岸前，货主或其代理人要提前预报准确的到港时间，并做好通关和卸运准备。检疫人员对运输动物的车辆要提前进行消毒处理。

现场检疫人员应在卸运动物的场地设立简易隔离标志，并对场地进行消毒，闲杂人员不得靠近运输工具。检疫人员在卸运动物前登上运输工具，检查运输记录、审核动物检疫证书、核对货证，对动物进行临诊观察和检查。对动物的临诊观察包括精神状态、被毛、站立或俯卧姿势，天然孔或排泄物有无异常，如在机舱或甲板上散放的动物还要观察口腔、眼结膜及步履状态；特别要注意观察有无口蹄疫、非洲猪瘟、水疱病、禽流感、新城疫等一类传染病的临诊症状。如发现国家规定的一类传染病症状或不明原因大批死亡，须拒绝卸货并立即上报上一级检疫检验机关，经进一步确认为一类传染病时作"不准入境，全群退回"或"全群扑杀、销毁"处理；如发现个别动物死亡或临诊不正常，在确认为非一类传染病后，准予卸货，将死亡动物消毒、销毁。

对运输、卸运动物的工具，动物排泄物，废水，铺垫物，外包装物和卸运场地进行无害化处理。对装载动物的飞机、船舶消毒后出具"运输工具消毒证书"。现场检疫结束后，如未发现异常，动物由检疫人员押运至指定的动物隔离场。进境动物在进境口岸检疫检验机构管辖范围外隔离检疫的，由进境口岸检疫检验机构完成现场检疫后签发"进境货物通关单"，通知隔离检疫场所在地口岸检疫检验机构。运输途中车辆要封闭，严防动物脱逃和铺垫物泄漏，运输全程须由检疫人员押运。

对入境演艺动物现场检疫结束后，如未发现异常，出具"进境货物通关单"，将动物运至演出地。在进境后至演出地的运输途中由进境口岸的检疫人员对其进行检疫监督管理。主办单位或其代理人须执行如下规定：不得将进境演艺动物与其他动物用同一运输工具运输；运输途中车辆要封闭，严防动物脱逃和铺垫物泄漏。运输途中动物的排泄物、垫料及途中死亡的动物等废弃物需收集到不泄漏容器中，严禁沿途抛洒，抵达演出地时在演出地口岸检疫检验机构的监督下作无害化处理。

进境演艺动物抵达演出地前，主办单位或其代理人应向演出地口岸检疫检验机构申报。演艺动物抵达演出地时，进境口岸检疫检验机构派出的检疫人员向演出地检疫检验机构办理检疫监管交接手续，对演出进一步实施现场检疫。经现场检疫合格后将动物运至经演出地检疫检验机构批准的临时饲养场地饲养，由演出地检疫检验机构实施检疫监管。

主办单位或其代理人在演艺期间须执行如下规定：进境演艺动物不得与境内演艺动物在同一时期和同一场地演出；饲料须来自非疫区并符合兽医卫生要求；对演出场地和饲养场地定期清扫、消毒并对废弃物作无害化处理；禁止无关人员进入临时饲养场地；发现进境演艺动物患病、死亡或丢失须立即向演出地口岸检疫检验机构报告，不得私自处理。

演艺动物须运往下一演出地点或出境时，演出地检疫检验机构应派出检疫人员，在其监督下将进境演艺动物运至下一演出地或出境口岸。

进境演艺动物出境时，出境口岸检疫检验机构应核对数量和核查演出期间检疫监督的管理情况，并根据所去国家或地区的检疫要求实施检疫，出具动物检疫证书或"检疫放行通知单"。

5. 境内隔离检疫

隔离检疫是严防国外动物疫病传入我国所采取的一项重要措施。在隔离检疫期应严格按照《进境动物隔离检疫场使用监督管理办法》（2018年海关总署令第243号）和《进境牛羊指定隔离检疫场建设规范》（SN/T 4233—2021）实施检疫、管理。

国家进境动物隔离检疫场（简称隔离场）由国家市场监督管理总局统一安排使用，凡需使用隔离场的单位提前3个月到国家市场监督管理总局办理预定手续。使用单位须向口岸检疫检验机构预付50%的隔离场租用费，不能在预定的时间使用隔离场的，须重新办理预定手续。因故取消使用预定的隔离场，应及时通知国家市场监督管理总局。没有在预定时间使用隔离场造成的经济损失，由预定使用单位承担。进出境动物临时隔离检疫场（简称临时隔离场）指由口岸检疫检验机构依据《进境动物隔离检疫场使用监督管理办法》（2018年海关总署令第243号）和《进境牛羊指定隔离检疫场建设规范》（SN/T 4233—2021）批准的，供出境动物或有关入境动物检疫时所使用的临时性场所。临时隔离场由货主提供。每次批准的临时隔离场只允许用于1批动物的隔离使用。在动物隔离检疫期，临时隔离场的防疫工作受口岸检疫检验机构的指导和监督。

种用家畜一般在正式隔离场隔离检疫，其他动物由国家市场监督管理总局根据隔离场的使用情况和输入动物饲养所需的特殊条件，可安排在临时隔离场隔离检疫。输入种用家畜、禽的隔离检疫期为45d，其他动物为30d。

隔离场不能同时隔离检疫两批动物，每次检疫期满后须至少空场30d才可接下一批动物。每次接动物前对隔离厩舍和隔离区至少消毒3次，每次间隔3d。对于水生动物的临时隔离场，要用口岸检疫检验机构指定的方法、药物，在动物进场前7～10d进行消毒处理。

隔离检疫期对动物的饲养工作由货主承担，饲养员应在动物到达前至少7d，到口岸检疫检验机构指定的医院做健康检查。患有结核病、布鲁氏菌病、肝炎、化脓性疫病及其他人兽共患的人员不得进驻隔离场。在隔离场内不得食用与进口动物相关的肉食及其制品。货主在隔离期不得对动物私自用药或注射疫苗。动物隔离检疫期间所用的饲草、饲料必须来自非动物疫区，并用口岸检疫检验机构指定的方法——药物熏蒸处理合格后方可使用。

一般在动物进场7d后开始对动物进行采血、采样用于实验室检验。样品的采取必须按照农业农村部颁布的《进境牛羊指定隔离检疫场建设规范》（SN/T 4233—2021）及其他相关标准进行。

采血的同时可进行结核病、副结核病等的皮内变态反应试验或马鼻疽的点眼试验。

隔离场的兽医需每天对动物进行临诊检查和观察。临诊检查可包括两方面的内容。首先做整体及一般检查，如体格、发育、营养状况、精神状态、体态、姿势与运动、行为、被毛、皮肤、眼结膜、体表淋巴结、体温、脉搏及呼吸数等。其次，可根据需要进行其他系统的检查，如心血管系统、呼吸系统、消化系统、泌尿系统、生殖系统、神经系统等。发现有临诊症状的动物要及时单独隔离观察、检查。

对水生动物应进行以下几方面的检查。

1）动物群体有无死亡现象。尤其对于鱼、虾、贝等，要注意有无动物大量死亡的迹象。

2）动物群体活动是否正常。例如，观察鱼群游动是否正常，有无狂游、停游或游动不平衡等现象；观察虾群中虾弹跳是否有力，有无浮头等现象；观察贝类潜沙、游走、游动是否正常，排出孔排水是否有利等现象；观察蛙对外界反应是否敏捷，食欲是否正常等。

3）动物的体表是否正常。例如，观察鱼体色是否变黑，体表是否有溃疡、脓疱、出血点、白点，鱼眼球是否突出，身体有无畸形、鳃丝，鳍有无出血、腐烂，鳃上是否黏液过多，体表有无寄生生物等现象；观察虾体表有无黑斑、白斑，甲壳上是否有溃疡、附着物，虾体透明度是否异常，有无浊白现象，附肢是否变红等；对于贝类，观察其贝壳是否紧闭，贝壳上有无穿孔，剖开后外套膜和斧足是否有腐烂，上面是否有脓疱，鳃部是否正常，外套膜内有无寄生生物等现象；对于海胆要看棘是否有脱落，表皮层是否有变色、组织坏死、组织脱落、表皮损伤等现象；对于蛙类要看其体表有无出血斑块、溃烂、水肿、黏膜充血等现象。如发现有异常情况，应采取样品送实验室做进一步检验。

在隔离检疫期如发现规定检疫项目以外的动物传染病或寄生虫病可疑迹象的，应进一步实施检疫，并将结果及时报告国家市场监督管理总局。

对死亡动物要在专门的解剖室进行剖检、采集病料，查明病因，并对尸体做无害化处理。

6. 实验室检验

实验室检验是最终出具检疫结果的重要依据。实验项目和结果判定标准依照中国与输出国（地区）签订的动物检疫议定书（条款）、协定和备忘录或国家市场监督管理总局的审批意见执行。检出阳性结果或发现重要疫情须及时上报上级检疫检验机构，并通知隔离场采取进一步隔离措施。

实验室检验须在隔离期内完成，如遇特殊情况需延长隔离期的须提前向上一级检疫检验机构申报。

7. 检疫结果的判定和出证

对检疫结果的判定应严格按照我国与输出国（地区）签订的双边检疫议定书或协议中的规定执行，并参考国际标准和国家标准。对实验阳性的动物应出具动物卫生证书。

8. 检疫处理

根据现场检疫、隔离检疫和实验室检验的结果，对符合议定书或协议规定的动物出具"进境货物检验检疫合格证明"，准予入境。对不符合议定书或协议规定的动物按规定实施检疫处理，对检出患传染病、寄生虫病的动物，须实施检疫处理。检出农业农村部颁布的《中华人民共和国进境动物检疫疫病名录》中一类病的，全群动物或动物遗传物质禁止入境，做退回或销毁处理；检出其中二类病的阳性动物禁止入境，做退回或销毁处理，同群的其他动物放行；阳性的动物遗传物质禁止入境，做退回或销毁处理。检疫中发现有检疫名录以外的传染病、寄生虫病，但国务院农业行政主管部门另有规定的，按规定做退回或销毁处理。

9. 总结和上报

隔离检疫结束后2周内，将进口动物检疫工作总结和"进口种畜流向记录表"一并报总局。

10. 资料的收集与保存

对检疫检验中的临诊记录、原始实验记录、文字记载和声像资料要及时归档。实验材料、血清、病理材料、分离到的菌株及毒株要妥善保存至少半年。

我国进出境水生动物病害检疫面临的主要问题有以下几方面。

1）对进出境水生动物检疫的法律法规宣传力度不够。

2）水生动物病原生物的基础研究落后。

3）进出境检疫机关实验仪器不够先进，检疫技术水平有待提高。

4）进境水生动物病害检疫和监督管理存在以下问题：①证书真伪鉴别问题；②进境水产品输出国（地区）官方证书不符合要求；③进境水产品包装标识真伪鉴别问题；④检疫标准、设备和技术离检疫实际需求有不少差距；⑤全国各口岸进境水产品检疫执法尺度存在差别；⑥远洋捕捞水产品的检疫管理有待进一步完善。

5）出境水生动物病害检疫和监督管理存在以下问题：①水生动物病害产地检疫工作有待加强；②动物检疫部门水产信息资料缺乏；③企业的认证滞后，水生动物及其产品出口严重受阻。

第四节　过　境　检　疫

境外动物、动物产品在事先得到批准的情况下，允许途经中华人民共和国国境运往第三国。动物产品必须以原包装过境，在我国境内换包装的，按入境产品处理。根据《中华人民共和国进出境动植物检疫法》及其实施条例，检疫检验机构对过境动物和动物产品依法实施检疫检验和全程监督管理。

过境动物必须是经输出国（地区）检疫检验合格的，并有输出国（地区）官方机构出具的动物检疫证书。

一、过境动物检疫

1. 办理过境检疫审批

动物入境前，货主或其代理人须直接向各海关机构提出动物过境检疫申请，按要求填写"中华人民共和国动物过境检疫申请表"，说明拟过境的路线，并提供以下资料。

1）输出国（地区）官方机构出具的动物检疫证书复印件。

2）目的地或运输途经下一个国家、地区官方机构出具的"动物进境检疫许可证"或"动物接收证"复印件。

有以下情况者，拒绝过境申请。①输出国家、地区或进入中国国境前所途经国家、地区发生一类动物传染病、新发病或其他严重威胁我国畜牧业和人体健康的疾病，拟过境动物属该疫病的易感动物。②无输出国、地区官方检疫检验证书。③无目的地或运输途经下一个国家、地区官方机构出具的"动物进境检疫许可证"或"动物接收证"。

2. 进境报检

动物进境前或进境时，承运人或押运人应向"动物过境检疫许可证"中指定的进境口岸检疫检验机构报检，并提供以下资料。

1）货运单。

2）有效的输出国（地区）官方动物检疫证书正本。

3）输出国（地区）或途经国（地区）官方机构出具的过境动物使用饲料、铺垫材料检疫证书正本。

4）海关总署签发的"动物过境检疫许可证"。

以上证单经审核合格，由入境口岸检疫检验机构签发"入境货物通关单"将过境动物调离到离境口岸。通关单上注明动物过境期间的检疫防疫要求。

无"动物过境检疫许可证"及输出国（地区）官方机构出具的动物检疫证书的，入境口岸检疫检验机构将不予受理报检，动物不得过境。"动物过境检疫许可证"超过有效期的，在规定期限内补办过境检疫许可手续后，可重新办理报检手续。

3. 进境口岸现场检疫

动物到达前，货主或其代理人要提前预报准确的到港时间，并做好通关和接卸准备。动物到达入境口岸后，口岸检疫人员将对过境动物实施现场检疫，未经现场检疫合格，任何人不得擅自将动物卸离运输工具。现场疫工作主要包括以下内容。

1）登机（轮）了解动物启运时间、港口、途径国家或地区，并与"过境许可证"的有关要求进行核对。向承运人了解饲养管理、病、死及饲料等情况。

2）查验产地国（地区）官方检疫证书、货运单、贸易合同等，核对是否货证相符。

3）检查装载过境动物的运输工具、笼具是否完好并能防止渗漏。动物在吸血昆虫活动季节过境时，其运输工具、笼具还须装置有效的防护设施。

4）在指定的场地对过境动物进行临床检查，观察动物是否有传染病症状、死亡、流产、异常排泄物等，有传染病症状的，采样送检验室检验。

5）对装载过境动物的运输工具、笼具、接近动物的人员，以及被污染的场地作防疫消毒处理；对过境动物的尸体、排泄物、铺垫材料及其他废弃物按防疫要求进行处理。经现场检疫合格的，同意卸离运输工具，运往指定的出境口岸。

如在现场检疫中发现以下情况的，按相应规定处理。①货证不符或不能提供有效产地国（地区）官方检疫证书的，不准过境。②临床检查发现动物急性死亡或有一、二类动物传染病、寄生虫病症状的，全群动物不准过境。③经检查发现运输工具、笼具有可能造成途中散漏的，承运人或押运人应按检疫机关的要求采取密封措施，无法采取密封措施的，不准过境。④过境动物的饲料、铺垫材料受病虫害污染的，作除害处理，无法处理的，不准过境和作销毁处理。⑤动物到达前或到达时，产地国或地区突发动物疫情，按国家市场监督管理总局相关公告、禁令执行。

4. 过境期间的检疫监督

检疫检验机构对过境动物实施全程监督，主要的监管要求包括以下几点。

1）过境期间，未经检疫检验机关同意，任何人不得将过境动物卸离运输工具。

2）过境动物须按指定路线在中国境内运输，口岸检疫检验机构对其在中国境内的运输全过程实施检疫监督管理，可根据"动物过境检疫许可证"的要求，派人员监运过境动物至出境口岸，货主或其代理人须负责押运人员的一切费用。

3）过境期间动物尸体、排泄物、铺垫材料及其他废弃物必须按照检疫检验机关的有关规定，进行无害化处理，不得擅自抛弃。

4）上下过境动物运输工具的人员须经检疫检验机关允许，并接受必要的防疫消毒处理。

5）需在中国境内添装饲料、铺垫材料的，应事先征得检疫检验的同意，所添装的饲料、铺垫材料应来自非疫区并符合兽医卫生要求。

动物过境途中发生一类动物传染病、寄生虫病，全群扑杀；发生二类动物传染病、寄生虫病，扑杀阳性动物。

5. 离境检疫

过境动物离境时，承运人凭入境口岸检疫检验机构签发的"进境货物通关单"向出境口岸检疫检验机构申报，出境口岸检疫检验机构验证放行，不再实施检疫。

二、过境动物产品的检验

动物产品过境无须事先取得"检疫许可证"。承运人或押运人可在动物产品进境前或进境时向进境口岸检疫检验机构申请办理检疫检验手续。

1. 进境报检

过境动物产品入境报检须提供以下资料。

1）货运单复印件。

2）有效的输出国（地区）官方检疫证书正本。

以上单证经审核合格的，进境口岸检疫检验机构签发"进境货物通关单"，将货物调离到出境口岸。

2. 进境口岸现场检疫检验

检疫检验机构在进境口岸按以下要求对过境动物产品实施现场检疫检验。

1）登机（轮、车）查询启运时间、港口、途经国家或地区，查看航行日志。

2）查验货证，检查货物品名、数（重）量、产地、包装规格、唛头等是否与单证相符。

3）检查装载过境动物产品的运输工具、装载容器、包装是否完好并能防止渗漏。

4）对装载过境动物产品的运输工具、装载容器、包装、装卸动物产品的人员，以及被污染的场地进行防疫消毒处理。

5）未经检疫检验机关同意，任何人不得拆开包装或将过境动物产品卸离运输工具。

以下几种情况，不准过境。①货证不符，不准过境。②经检查发现运输工具、装载容器、包装有可能造成途中散漏的，承运人或押运人应按检疫检验的要求采取密封措施，无法采取密封措施的，不准过境。③发现货物被一、二类病虫害污染的，作除害处理，无法处理的，不准过境。

经现场检疫检验合格，同意卸离运输工具，运往指定的出境口岸。过境期间，未经检疫检验同意，任何人不得拆开包装或将过境动物产品卸离运输工具，必要时入境口岸检疫检验机构可对过境动物产品施加封识。

3. 离境检疫

过境动物产品离境时承运人凭入境口岸检疫检验机构签发的"进境货物通关单"向出境口岸检疫检验机构申报，出境口岸检疫检验机构验证放行，不再实施检疫。

第五节　运输工具检疫

一、进境交通运输工具

1. 来自动物疫区运输工具的检疫

1）动物疫区是指具有动物疫情或流行的区域。

2）来自动物疫区的船舶、飞机、火车等，无论是否装载动物、动物产品和其他检疫物，在入境口岸均应实施动物检疫。

3）来自动物疫区的运输工具，未经检疫不得卸货，经检疫合格的准予卸货，检疫不合格的须经除害处理，合格后方准卸货。

4）检疫时：①发现运输工具装有我国规定禁止或限制进境的物品，检疫检验机构施加标识予以封存，未经口岸检疫检验机构许可，不得启封动用。②发现有危险性病虫害的，作不准带离运输工具、除害、封存或销毁处理。③对卸离运输工具的非动物性物品或货物作外包装消毒处理，对可能被动物病虫害污染的部位和场地作消毒除害处理。

2. 装载进境动物的运输工具检疫

1）装载进境动物的运输工具无论是否来自动物疫区，均需实施动物检疫。

2）装载动物的运输工具抵达口岸时，未经口岸检疫检验机构消毒和许可，任何人不得上下运输工具。

3）动物和其他货物同一运输工具运抵口岸时，未经口岸检疫检验机构防疫消毒和许可，任何人不得接触和移动动物。

4）口岸检疫检验机构采取现场预防措施，对上下运输工具人员、接近动物的人员、装载动物的运输工具及被污染的场地、饲养用的铺垫材料及排泄物等做消毒、除害处理。

3. 进境车辆的检疫

来自疫区的车辆，由入境口岸检疫检验机构作防疫消毒处理。

4. 进境供拆船用的废旧船舶的检疫

1）不论是否来自动物疫区，一律由口岸检疫检验机构实施检疫。

2）检疫发现有我国禁止入境物、来自动物疫区或来历不明的动物及其产品及动物废弃物，均作销毁处理。

3）对发现危险性病虫害的舱室进行消毒、熏蒸处理。

二、装载过境动物和动物产品的运输工具

1. 运输动物的过境处置与注意事项

1）口岸检疫检验机构对运输工具和装载窗口外表进行消毒。
2）对动物进行检疫。检疫合格的准予过境，检疫不合格的不准过境。
3）过境动物的饲料受病虫害污染的，作除害、不准过境或销毁处理。
4）过境动物的尸体、排泄物、铺垫材料及其他废弃物，不得擅自抛弃。

2. 运输工具和包装检疫及注意事项

1）过境时，口岸检疫检验机构检查运输工具和包装容器外表，符合国家检疫要求的准予过境。
2）发现运输工具和包装不严密，有可能使过境货物在途中撒漏的，承运人或押运人应按检疫要求采取密封措施。无法采取密封措施的，不准过境。
3）检疫发现有危险性病虫的，必须进行除害处理，除害处理合格的准予过境。
4）动物、动物产品和其他检疫物过境期间，未经检疫检验机构批准不得拆开包装或者卸离运输工具。出境口岸对过境货物及运输工具不再检疫。

三、出境运输工具动物检疫的主要规定

1. 运输工具检疫出证

装载出境动物的运输工具，须在口岸检疫检验机构的监督下进行消毒处理，合格后，由口岸检疫检验机构签发"运输工具检疫处理证书"，方可装运。

2. 害虫检疫

如发现有危险性病虫害或一般生活害虫超过规定标准的，须经除害处理后，由口岸检疫检验机构签发"运输工具检疫处理证书"，准予装运。"运输工具检疫处理证书"只限本次出境有效。

第八章　出入境动物产品检验

第一节　概　　述

出入境动物产品检验是指对输出其他国家或地区，或输入我国的来源于动物未经加工或经加工但仍然有可能传播疫病的动物产品实施的检验。

一、检查内容

来源于动物未经加工或者虽经加工但仍有可能传播疫病的产品，如毛类、生皮张、动物水产品、肉类、奶制品、血液、骨、蹄、角等必须实施检疫检验。

进出境动物产品包含范围很广：来自家养或野生动物、禽鸟类、动物水产品、软体及无脊椎动物、甲壳类等动物的毛、羽、绒、皮、角、骨、蹄、甲、内脏类及制品、哺乳动物的奶及制品、蛋及蛋制品、动物油脂及动物粉类、其他动物产品和动物检疫物。

1. 毛、羽、绒、皮

1）毛：是指绵羊毛、山羊毛、兔毛、牦牛毛、驼毛、猪鬃毛、马鬃毛、马尾毛、牛耳毛、黄狼尾毛、洗净毛、炭化毛、毛条等。

2）羽：是指禽鸟类的羽毛，如鸡毛、鸭毛、鹅毛、火鸡毛、孔雀尾毛等。

3）绒：是指山羊绒、牦牛绒、驼绒、水洗山羊绒、羽绒、鸭绒等。

4）皮：是指牛皮、绵羊皮、山羊皮、猪皮、马皮、狐皮、貂皮、狗皮、兔皮、麝鼠皮、象皮、袋鼠皮、鳄鱼皮、蟒皮（蛇）、鸵鸟皮等。

2. 角、骨、蹄、甲

1）角：鹿角、鹿茸、广角、羚羊角等。

2）骨：虎骨、豹骨、牛骨、羊骨、猪骨及其他动物杂骨等。

3）蹄、甲：动物蹄壳、贝壳、龟板、玳瑁、甲片等。

3. 内脏类及制品

1）鲜、冷、冻的牛、羊、猪、马、驴、骡、野猪、犬、鸡、鸭、鹅、火鸡、鸽、兔的胴体（或整只）或分割肉。

2）鲜、冷、冻的牛肝、牛舌、鹅或鸭的肝，牛、羊、猪、马、驴、骡、兔的杂碎、肠衣、膀胱、胃等。

3）干、熏、盐制的火腿、熏腿、腌肉、咸肉、腊肉、干肉、香肠、腊肠、灌肠及其他内脏类制品。

4. 哺乳动物的奶及制品

哺乳动物的鲜奶及制品，如牛、羊、马的鲜奶及奶粉、炼乳、奶酪、酸奶、凝乳、黄油、乳清粉、冰淇淋等。

5. 动物水产品、软体及无脊椎动物

鲜、冷、冻、干、盐制的整体或分割的鳟鱼、大马哈鱼、鲑鱼、比目鱼、蝶鱼、金枪鱼、鲱鱼、沙丁鱼、鳗鱼、牡蛎、扇贝、贻贝、墨鱼、鱿鱼、章鱼、鲍鱼、海参、蜗牛、田螺、海螺等。

6. 甲壳类动物

鲜、冷、冻、干、腌的对虾、中华绒毛蟹（大闸蟹）、梭子蟹、草虾、蜈蚣、蝎子等。

7. 动物油脂及动物粉类

1）动物油脂是指未炼制或已炼制的动物、禽类、水生动物及海生哺乳动物的油脂肪，可供人类食用或工业用，如牛、羊、猪油脂，家禽油脂，羊毛脂，鱼油及海生哺乳动物的油、脂及其分离品。

2）动物粉类：是指不适宜人类食用的动物、禽类、动物性水产品、软体及无脊椎动物等经加工制作而成的粉类，主要用作饲料添加剂，如肉骨粉、鱼粉、血粉、羽毛粉、贝壳粉等。

8. 蛋及蛋制品

蛋及蛋制品是指禽鸟类除种蛋外的鲜、冻及腌制加工后的蛋，如鲜带壳的鸡蛋、鸭蛋、鹅蛋、鸽蛋、皮蛋、咸蛋、蛋黄、冰蛋等。

9. 其他动物产品

根据《农业部、海关总署关于进出境货物动植物检疫和海关监管有关问题的通知》[（1992）农（检疫）字第18号]的规定，其他动物产品主要是指蚕茧、蚕丝、蚯蚓、蝉蜕、燕窝、鲸腊、蜂蜜、皇浆、牛黄、珍珠（粉）、熊胆（粉）、麝香、龙涎香、灵猫香、蛇毒、海马、蛤蚧、动物胎盘、牛鞭、鹿鞭、狗宝、水牛胸腺、胆红素等。

10. 其他动物检疫物

按《中华人民共和国动植物检疫法实施条例》第8章第46条第5款的规定，其他动物检疫物是指动物疫苗、血清、诊断液及动物尸体和动物废弃物。

1）疫苗类：弱毒疫苗、灭活苗、基因工程疫苗等。

2）动物血清类：胎牛血清、小（犊）牛血清、马血清、兔血清、鼠血清等。

3）诊断液：抗原核酸、核酸制品、阳性血清、阴性血清、标记抗体、溶血素、原代细胞、传代细胞、杂交瘤细胞等。

4）动物性废弃物：未经处理的鸟粪、鸡粪、马粪等其他动物粪便、动物性废弃物。

二、检查程序

1. 进境动物产品检验检疫程序

1）输入动物产品，货主或其代理人须事先申请办理审批手续。

2）动物产品从输出国或地区运抵到达口岸后，货主或其代理人须向进境口岸进出境检疫检验机构报检。在口岸进出境检疫检验机构未同意的情况下，任何个人、单位不得将货物卸离运输工具。

3）输入的动物产品到达口岸时，检疫人员可以到运输工具上或货物现场实施检验检疫，核对货、证是否相符。检查有无腐败变质现象，容器、包装是否完好。符合要求的，允许卸离运输工具。发现散包、容器破裂的，由货主或者其代理人负责整理完好，方可卸离运输工具。根据情况，对运输工具的有关部位及装载动物产品的容器、外表包装、铺垫材料、被污染场地等进行消毒处理。需要实验室检验的，按规定采取样品。

对易滋生植物害虫或者混藏杂草种子的动物产品，应同时实施植物检疫。

4）经现场检疫后的动物产品由口岸检疫机关按如下规定处理：①对毛类产品等签发"进境货物检验检疫证明"。②对需要调离进境口岸海关管辖区而运往进出境检疫检验机构指定地点进行检疫及监督加工、使用、贮存的动物产品签发"进境货物检验检疫情况通知单"。③对上述①、②规定以外的动物产品根据规定进行采样带回实验室检验。经检验合格的签发"进境货物检验检疫证明"，不合格的签发"检验检疫证书"及"检验检疫处理通知单"。

5）当进境动物产品从入境口岸调往该地以外指定地点做进一步检疫、处理及存放、加工的，启运前进境口岸进出境检疫检验机构应通知被指定地进出境检疫检验机构。进境动物产品运抵指定地点后货主或其代理人，持有关单证向当地进出境检疫检验机构报检。进出境检疫检验机构对进境动物产品的存放、加工单位实施检疫监督制度。存放、加工进境动物产品的单位必须做到以下几点：①建立以本单位领导和下属部门负责人参加的动物卫生防疫小组，负责进境动物产品存放加工过程中的动物卫生工作；制定防疫制度和落实防疫措施，指定专人负责及时报检和填报表等。②进境动物产品专仓堆放。未经检疫或检疫不合格的产品不得与经检疫合格的产品混合堆放，并由专人负责保管。③根据不同的加工工艺流程，对进境动物产品分别采取有效方法进行消毒或杀虫处理。④对存放、加工进境动物产品的进出通道、门前设置适于人和车辆消毒的消毒设施。⑤对存放、加工进境动物产品的场所、工作台、搬运工具等及时做消毒处理。⑥接触入境动物产品的工作人员，须按国家有关规定做好安全防护工作。⑦对入境动物产品内外包装物，存放、加工过程中产生的下脚料、废弃物等进行无害化处理或予以销毁，并对污水进行消毒处理。⑧未经检疫检验机关批准的进境动物产品不得接收。未经进出境检疫检验、检疫不合格和未经加工或消毒、除虫处理的不得转移。

2. 出境动物产品的检疫检验程序

1）出境用的动物产品必须是来源于非疫区健康群的动物。对于出口肉食类动物产品用的屠宰动物，根据输入国对活动物产地检疫的要求，必须是检疫合格的动物。凡用于加工、生产、存放出口动物产品的肉联厂、屠宰场、动物产品加工厂、专用仓库要符合兽医卫生要求，这些单位必须向进出境检疫检验机构申请注册登记，获取注册登记证。进出境检疫检验机关对出境动物产品的生产、加工、存放和运输过程实行检疫监督管理制度。

2）进出境检疫检验机构派出检疫人员对出境动物产品的加工厂、仓库实施监督管理。检疫人员在执行任务时依法查阅或索取加工厂、仓库与出境动物产品检疫有关的记录、报告或资料等。

3）出境动物产品的加工厂、仓库必须制定兽医卫生管理制度，并做好兽医卫生工作，定期对水质和污水进行抽样检验。

4）运载出境动物产品的运输工具必须是清洁的，货物装卸前后要洗刷干净，并用经进出境检疫检验机构批准的有效消毒药品消毒。

5）出境动物产品从产地至离境口岸的运输凭进出境检疫检验机构出具的有关检疫检验证书放行。

6）出境动物产品到达离境口岸，所在地进出境检疫检验机构应立即实施监督管理。对检疫证书或货物单证不符的视情况实施检疫、消毒或退回原产地等，并将发现的问题通知产地进出境检疫检验机构。

7）出境肉类产品、蛋、水产品，需到指定机构办理手续，空运水产品需到××国际机场进出境检验检疫局办理手续。

三、双方权利义务

检疫人员依法对进出境的动物产品实施检验检疫，并遵守工作纪律，在规定时间内完成工作流程。货主或代理人应配合做好检验检疫工作。

四、检查依据

检查依据为《中华人民共和国进出口商品检验法》（进口商品的检验、出口商品的检验），《中华人民共和国进出口商品检验法实施条例》，《中华人民共和国进出境动植物检疫法》（进境检疫、出境检疫）及其实施条例等。

第二节　进出境动物精液、胚胎检验

一、概述

1. 精液、胚胎的种类

目前，人工授精和胚胎移植技术已成为动物繁殖和遗传育种的主要手段，在生产实践中得到广泛应用的动物精液和胚胎的种类主要有牛精液、猪精液、小反刍动物（如绵羊、山羊、鹿）精液、牛胚胎、绵羊胚胎、山羊胚胎、马胚胎和猪胚胎。

2. 精液、胚胎的规格等级

（1）精液　参照《牛冷冻精液国家标准》（GB 4143—2022），以牛为例，新鲜精液质量应符合以下标准：①色泽呈乳（灰）白色或淡黄色；②精子活力，普通牛、瘤牛≥40%，水牛、牦牛及大额牛≥35%；③精子数，普通牛、瘤牛≥$6.0×10^6$/mL，牦牛≥$8.0×10^6$/mL，水牛及大额牛≥$1.0×10^7$/mL；④精子畸形率，普通牛、瘤牛≤30%，水牛、牦牛、大额牛≤32%。

冷冻精液的规格按照细管冻精的剂量分为微型：≥0.19mL；中型：≥0.42mL。一剂量冻精解冻后的精液应符合下列标准：①活力≥35%；②呈直线前进运动的精子数≥$8.0×10^6$；③存活率≥1%；④顶体完整率≥40%；⑤畸形率≤18%；⑥细菌菌落数≤500CFU/mL。

（2）胚胎　正常生产中使用的胚胎，在第7天采集，胚胎发育阶段为囊胚期和桑椹胚期，级别分为A、B、C级，A、B级胚胎为可冷冻胚胎，C级为可鲜胚移植胚胎。从试验结果看，早期囊胚的移植受胎率比桑椹胚较高。牛胚胎多是每个细管中保存一枚胚胎，其他动物一个细管中可保存多枚，但必须来自同一供体。

3. 包装和运输

精液、胚胎可用安瓿、细管进行分装。分装精液、胚胎的安瓿或细管上应做好标记，标记应能体现产地、供体动物、生产单位、采集日期等内容。对于牛精液，应按照动物档案国际委员会（International Committee for Animal Recording，ICAR）的规定进行标记。胚胎的安瓿或细管上的标记应符合国际胚胎移植协会规定。

精液、胚胎应在液氮生物容器中保存和运输，运输过程中应防止液氮泄漏，按时检查液氮状况，及时补充液氮。

4. 进出口贸易概况

精液、胚胎在低温条件下可长期保存，国外已有使用保存16～30年冻精配种获得犊牛的事例。在防止动物疫病传播方面，精液、胚胎比活动物传播疫病的风险小。此外，精液、胚胎在长距离运输上也比活动物方便。以上这些优势促使精液、胚胎国际贸易日益频繁。

在畜牧业发达国家，如美国、加拿大、澳大利亚、新西兰及欧洲一些国家，猪、牛、羊等家畜人工授精和胚胎移植已经形成产业化，是家畜精液、胚胎的主要输出国。随着近年来人工授精和胚胎移植技术在我国的广泛应用，每年都从国外引进一定数量的家畜精液和胚胎，用于改良国内品种和发展家畜养殖业，上述国家是我国进口家畜精液、胚胎的主要贸易国。引进的家畜精液主要是牛精液、猪精液，牛精液主要输出国为美国、澳大利亚、加拿大，品种以荷斯坦黑白花奶牛为主。进口胚胎种类包括牛胚胎、绵羊和山羊胚胎，牛胚胎输出国为美国、加拿大，绵羊和山羊胚胎输出国为澳大利亚，品种有波尔山羊胚胎、道赛特羊胚胎、Texel羊胚胎等。目前我国没有动物精液、胚胎的出口贸易。

5. 国际贸易中的检疫要求

为防止动物疫病随精液、胚胎的国际贸易而传播，各国对进口的动物精液、胚胎都提出具体的检疫要求。WOAH颁布的《陆生动物卫生法典》对牛精液、小反刍动物精液、猪精液、牛胚胎、猪胚胎、绵羊和山羊胚胎、鹿科动物胚胎、马科动物胚胎、实验用啮齿类动物和兔胚胎及体外授精牛胚胎国际贸易中的检疫要求做了原则性规定，该规定可概括为以下几方面。

（1）**动物精液、胚胎生产场所要求**　人工授精中心或胚胎移植中心应经国家兽医行政管理部门批准，接受兽医当局的定期检查。人工授精中心或胚胎移植中心应包括精液、胚胎生产所必备的场所和设备，如供体隔离场所、精液采集场所、实验室、储存设备等。控制无关人员、车辆进入人工授精中心或胚胎移植中心。

（2）**工作人员要求**　精液、胚胎生产过程应在国家官方兽医或国家兽医管理部门认可的兽医监督下进行，所有技术人员应经过有关动物疫病控制原则和防治技术的培训。

（3）**精液、胚胎供体动物卫生要求**　所有用于生产精液、胚胎的动物，包括精液的供体、试情动物和胚胎供体，应来自未因动物疫病而受控制的地区，并在进入人工授精中心或胚胎移植中心前在兽医管理部门认可的隔离场进行隔离检疫，包括临床检查和实验室检疫。精液、胚胎正式生产前，供体动物应在人工授精中心或胚胎移植中心内的隔离场所进行进一步的检疫，合格后可用于生产。必要时，生产过程中或生产结束后应对供体动物进行复检。

（4）**生产要求**　生产过程中应防止污染。所有用于精液、胚胎生产的设备、用具、容器使用前后应清洗、消毒，精液的稀释液或胚胎的冲洗液应无菌，或经灭菌处理，或经过滤处理。

（5）**精液、胚胎检疫要求**　精液冷冻后应采样进行细菌检查，必要时进行病毒分离。胚胎应按照国际胚胎移植协会规定的方法进行冲洗，胚胎透明带应完整，无任何附着物。

（6）**储存要求**　用于储存精液、胚胎的细管或安瓶及液氮罐应无菌。来自同一供体动物的精液、胚胎可存放在同一细管或安瓶中，并在冷冻时做好标记和封识，标记应能体现产地、供体动物、生产单位、生产日期等内容。

（7）**检疫证书**　精液、胚胎输出国或地区兽医机构应出具动物卫生证书，证书内容应涵盖以上所有情况。精液、胚胎国际贸易的具体检疫要求和卫生措施通常以贸易国双方政府间签订的单项动物精液、胚胎检疫议定书为基础，予以实施。

我国参照WOAH《国际动物卫生法典》的规定，根据动物精液、胚胎输出国或地区的动物卫生状况，与有关国家兽医主管当局签订单项动物精液、胚胎检疫和卫生条件议定书，议定书可随时进行修改、废止。

我国已与30多个国家签订单项动物精液、胚胎检疫和卫生条件议定书。与我国签订了单项动物精液或胚胎检疫和卫生要求议定书的国家，可以向我国输出有关动物精液或胚胎，但必须按照议定书的要求对输出的精液或胚胎实施检疫。如果输出国或地区发生了我国法律规定的一类动物疫病，如某个国家发生牛海绵状脑病，我国将发布公告禁止该国家的反刍动物精液和胚胎进境，尽管议定书并未废止。没有与我国签订动物精液、胚胎检疫议定书的国家，不能向我国出口动物精液、胚胎。

二、进境精液、胚胎的检验

1. 登记

进境精液或胚胎使用、存放单位，办理检疫审批前，应在其所在地检疫检验机构登记。

2. 检疫审批

输入精液、胚胎的货主或其代理人，应在签订引进精液、胚胎合同或有关协议前办理检疫审批手续。办理检疫审批手续时，填写"进境动植物检疫许可证申请表"，到进境精液、胚胎存放、使用单位所在地直属检疫检验机构和货物进境口岸直属检疫检验机构进行初审，对初审合格的，有关检疫检验机构在"进境动植物检疫许可证申请表"签署初审合格意见并加盖公章。由初审机构将所有材料上报国家市场监督管理总局，初审不合格的，将申请材料退回申请单位。符合检疫审批规定的，国家市场监督管理总局签发"进境动植物检疫许可证"。每份"进境动植物检疫许可证"只允许进口一批精液或胚胎。

3. 产地检疫

我国与其他国家签订的动物精液、胚胎检疫和卫生要求议定书均明确规定我国对输入的精液、胚胎实施产地检疫。产地检疫措施有两种，一是国家市场监督管理总局选派兽医人员赴输出国或地区进行产地检疫；二是对输出精液、胚胎的人工授精中心或胚胎移植中心或农场，实行注册登记，对国家市场监督管理总局已经注册登记的人工授精中心进行定期考核。

4. 报检

输入动物精液、胚胎的货主或其代理人，应在货物进境前30d分别向入境口岸和目的地检疫检验机构报检，填写"入境货物报检单"，提供"进境动植物检疫许可证"第一联原件和贸易合同或有关协议。

检疫检验机构审核报检材料，符合要求的，受理报检，并收取有关检疫检验费用。无有效"进境动植物检疫许可证"的，不受理报检。"进境动植物检疫许可证"超过有效期的，不受理报检，货主应重新办理检疫审批。

5. 现场检疫检验

输入的动物精液、胚胎运抵入境口岸时，检疫检验机构派检疫人员进行现场检疫，内容包括以下几点。

1）查验输出国或地区官方检疫机构签发的动物检疫证书，核对检疫证书内容、格式、出证机关是否与我国和输出国或地区签订的检疫和卫生要求议定书相符。

2）查阅产地证书、运行日志、货运单、贸易合同、发票、装箱单等，了解货物的启运时间、港口、途经国家和地区，并与"进境动植物检疫许可证"的有关要求进行核对。

3）核对货物与检疫证书等单证是否相符。

4）检查装载容器是否发生泄漏。

5）检查装载容器内的液氮，是否需要补充。

6）如果装载容器上施加了封识，核对与检疫证书所证明的是否相符。

现场检疫合格后，同意卸离运输工具。入境口岸检疫检验机构出具"进境货物通关单"，调往"进境动植物检疫许可证"指定的地点实施检疫检验。

如果进境精液或胚胎装载容器发生泄漏或需要补充液氮时，检疫检验机构监督货主更换容器或补充液氮。

凡无检疫检验证书或证书无效的，检疫检验机构根据有关检疫和卫生要求议定书的规定进行处理。需要向国家市场监督管理总局上报的，检疫检验机构应及时上报有关情况，由国家市场监督管理总局与输出国或地区主管机关根据双方签订的检疫和卫生要求议定书来确定进境的精液或胚胎是否合法，并做出相应的处理。

对未经检疫检验机构同意，擅自将进境精液或胚胎卸离运输工具的，检疫检验机构按《中华人民共和国进出境动植物检疫法实施条例》的规定，对有关人员给予处罚。

未按"进境动植物检疫许可证"指定的路线运输的，按《中华人民共和国进出境动植物检疫法》的规定，进境精液或胚胎作退货或销毁处理。

如果精液或胚胎进境输出国（地区）突发动物疫情时，根据国家市场监督管理总局颁布的相关公告、禁令，对进境精液或胚胎进行处理。

6. 实验室检验

需要实施实验室检验的，按照有关规定或双边检疫和卫生要求议定书的规定，采取检疫样品，出具"抽采样凭证"。对精液来讲，采样标准以每头供精动物一次采精为一个单位，每个采精单位取3支冻精合为一个样品进行实验室检验，具体采样数量根据供精动物数量、采精次数和实验室检验项目确定。采样需留存复检样品。

7. 检疫处理

1）进境动物精液、胚胎经检验合格的，检疫机构出具"进境货物检验检疫证明"，准予使用。

2）进境动物精液、胚胎经检验不合格的，来自同一供精动物的精液退回或做销毁处理，将检验结果上报国家市场监督管理总局，并根据需要出具"兽医卫生证书"，供货主或其代理人向国外索赔。

3）进境动物精液、胚胎需做检疫处理的，出具"检验检疫处理通知单"。

8. 检疫监督

进境动物精液、胚胎的存放、使用单位的所在地检疫检验机构对精液、胚胎的存放、使用和后裔实施监督管理，存放、使用进境精液、胚胎的单位应做到以下几点。

1）输入的精液、胚胎应单独存放。

2）建立以单位领导和部门负责人参加的动物卫生防疫领导小组，负责精液、胚胎存放和使用过程中的动物卫生防疫工作，制定防疫制度和落实制度的措施。

3）输精、胚胎移植过程要接受检疫检验机构监督。

4）建立精液、胚胎使用记录，记录应包括使用时间、使用单位、使用数量。

5）精液、胚胎的后裔应给予标识，并建立饲养档案。

6）精液、胚胎使用完后，总结使用情况，报检疫检验机构。

第三节　进境动物源性生物材料及制品检疫检验管理

依据我国动物检疫的有关法律法规《关于做好进境动物源性生物材料及制品检验检疫工作的通知》（国质检动函〔2011〕2号）、《2015海关进境动物源性生物材料及制品检疫审批（暂行）办事指南》、《进境动物和动物产品风险分析管理规定》（国家质量监督检验检疫总局令第40号，2018年第一次修正）、《进境动物遗传物质检疫管理办法》（海关总署令第262号，2023年第三次修正），参考其他国家的相关技术法规，经过科学评估，对进境动物源性生物材料及制品按以下4级实施风险管理。

一、风险分析，科学管理

1. 一级风险产品

一级风险产品包括科研用动物病原微生物、寄生虫及相关病料（包括病原微生物具有感染性的完整或基因修饰的DNA/RNA）和来自动物疫病流行国家（地区）相关动物组织、器官和（或）血液及其制品。

进口一级风险产品，申请单位应向所在地直属市场监督管理局（直属局）提交办理进境动植物特许检疫审批手续的书面申请，申请材料应说明进口的数量、用途、使用或存放单位和进境后的防疫措施等，经直属局初审合格后书面提交总局批准。进境时应随附输出国家（地区）官方主管部门出具的卫生证书，入境后有关检疫检验机构应对存放、使用单位实施检疫监督。

科研用途进口的，申请材料应包括部级或部级以上单位出具的有效科研用途证明材料和有关检疫检验机构出具的存放、使用单位考核报告等。进口《动物病原微生物分类名录》（2005年农业部令53号）和2022年修订版《动物病原微生物分类名录》（农牧便函〔2024〕32号）中第一、二类动物病原微生物的，还应提供"高致病性动物病原微生物实验室资格证书"和从事高致病性动物病原微生物实验活动批准文件。

兽用疫苗注册有关用途进口的，申请材料应包括农业农村部指定的菌种保藏中心同意接受函。

国内实验室参加国际性对比试验进口的，应提供上级主管部门批准参加对比试验的文件并应按照有关规定具备相应的生物安全资质。中国世界动物卫生组织参考实验室检测、科研用途进口的，申请单位提供WOAH资质认定证明和情况说明后，直属局应通过电子审批系统尽快报总局予以核批。

2. 二级风险产品

二级风险产品包括来自疯牛病、痒病国家含微量牛、羊血清（蛋白）成分的体外诊断试剂，来自非动物疫病流行国家（地区）的动物（不含SPF级别及以上实验动物）器官、组织、血液及其制品、细胞及其分泌物、提取物等。

进口二级风险产品，申请单位应按照国内有关部门的规定取得相应的证明、批准文件，并通过电子审批系统办理进境动物检疫审批，进境时应随附输出国家（地区）官方主管部门出具的卫生证书，有关检疫检验机构应对存放、使用单位实施检疫监督。

附有"医疗器械注册证"和"医疗器械经营企业许可证"的进口疯牛病、痒病国家人用含微量牛、羊血清（蛋白）成分的体外诊断试剂，可以不要求输出国家（地区）出具卫生证书。

3. 三级风险产品

三级风险产品包括兽用疫苗，来自无相关动物疫病国家（地区）的含动物源性成分的培养基、诊断试剂，实验动物的器官、组织、血液及其制品、细胞及其分泌物、提取物等。

进口三级风险产品，不需要办理进境动物检疫审批，进境时应随附输出国家（地区）官方主管部门出具的卫生证书。产品进境报检时，进口兽用疫苗应提供按照国内有关部门规定取得的"进口兽药注册证书""兽用生物制品进口许可证"等批准文件。进口含动物源性成分培养基、实验动物的器官（组织）、血液及其制品、细胞及其分泌物、提取物的，需提供详细的品种、内容物组成、动物源性成分来源、产地和有效实验动物等级证明等材料。

4. 四级风险产品

四级风险产品包括经化学变性处理的动物组织、器官切片，动物干扰素、动物激素、动物毒素、动物酶、单（多）克隆抗体，《动物病原微生物分类名录》（农牧便函〔2024〕32号）外的微生物，非致病性微生物的DNA/RNA、质粒、噬菌体等遗传物质和基因修饰生物体。

进口四级风险产品，不需办理进境动物检疫审批和随附输出国家（地区）官方主管部门出具的卫生证书。进境报检时进口单位应提供产品加工工艺和相关证明，进口存放、使用单位的产品安全承诺和国外生产、制作单位的安全声明。

二、进境检疫审批

对一级和二级风险产品，需事先办理进境动物检疫审批。除上述申请材料外，申请单位还应提供进口产品的清单，产品组分和工艺，境外生产、加工单位的信息和相关资质证明。对商品化的产品，还应提供输出国家（地区）批准销售、使用的证明。对国内有关法律法规规定需要获得农业农村部、卫健委等有关部门批准、证明材料的，申请单位也应予以提供。

三、进境查验和实验室检测

根据产品的风险等级和相应的管理要求，进境口岸检疫检验机构对进境动物源性生物材料及制品进行查验，审核"进境动植物检疫许可证"、输出国家（地区）官方出具的卫生证书及有关材料，确认货证相符。严格核对品种、生产、加工单位、规格、数量，检查产品包装是否完好，是否符合运输要求。同时，对进境动物源性生物材料及制品申报为非法检产品的实施抽查，发现不符合要求的，严格按照《国务院关于加强食品等产品安全监督管理的特别规定》中的有关规定对有关产品和进口单位进行处理。各检疫检验机构根据工作实际可以对进境动物源性生物材料及制品进行实验室检测。

四、检疫监督管理

1. 对进境销售的动物源性生物材料及制品的进口企业实施备案管理

进口企业应当在首次报检前或报检时提供营业执照复印件、组织机构代码证、企业基本情况说明及相关资质说明等向进境口岸所在地检疫检验机构备案。备案企业应建立经营档案，记录进口产品的报检号、品名、数量、国外出口商及进口产品的流向等信息。经营档案应保存2年以上。检疫检验机构对备案进口企业的经营档案进行检查，发现不合格情况的，将其列入不良记录企业名单并对其进口的有关产品加强检疫检验。

2. 科研材料

对科学研究、产业研发等非商业目的进口一级和二级风险动物源性生物材料及制品，检疫检验机构监督存放、使用单位按照《病原微生物实验室生物安全管理条例》《兽医实验室生物安全管理规范》等规定制定安全使用、管理的有关制度并严格执行，未经检疫检验机构允许，不得将进口产品移出存放、使用单位。

第四节　进出境动物副产品检验

一、概述

动物的副产品是指不用于人类食用的动物源材料，如用于喂养动物的动物脂肪和奶粉、用于皮革生产的皮革和兽皮，以及用于诊断工具的血液。

按照欧洲议会和理事会（EC）No 1069/2009条例，根据动物副产品构成的健康风险，对动物副产品进行分类。该条例确定了收集、运输、处理、使用或出售动物副产品的方法。该规定将豁免已包装宠物食品、生物柴油、生皮鞣制和其他属于兽医管理的产品，因为这些产品的潜在健康风险可以通过适当的处理减轻。这将使动物副产品的重点集中在健康风险，同时保持目前对公众和动物健康的高水平保护。对血液部分（来自动物的酶和组织）的用药和诊断而产生的经济行为的管理负担也将降低。该规定允许用于研究和开发的任何种类动物副产品的进口，也将促进饲养受保护的物种并生产更多的动物副产品。这应有助于受保护物种改变其自然喂养方式，以防止疾病的传播。

（EC）No 1069/2009条例的主要内容包括以下几点：对某些动物材料可以采用诸如转换成沼气的新方式进行适当处理；只有经过官方兽医检验，那些适用于人类消费的动物性材料方可用于动物饲料的生产；厨房泔水将被禁止使用于除毛皮兽之外的农场饲养动物；禁止动物的"嗜食同类"现象。为了更好地控制动物副产品的应用，根据动物副产品对动物、公众及环境造成的潜在危害，该条例将它们分为三类进行控制。一类材料［即存在传染性海绵状脑病（TSE）或痒病危险的、含有被禁用药物残留的或有诸如二噁英与多氯联苯（PCB）等环境污染风险的动物副产品］必须被焚烧或经一定高温处理后再深埋；二类材料（即可能有其他动物疾病暴露风险的动物副产品，如为了控制疫病而被杀死的动物，或存在兽药残留超标风险的动物副产品）可以经过适当处理后用于沼气的转换、堆肥或化工用油脂产品的制造等，但不能用于饲料的加工；三类材料（即来自健康动物并可适用于人类消费的动物副产品）可以在官方认可的饲料制造公司被加工成动物饲料。该条例还要求各国官方建立一个可靠的动物副产品追溯与鉴定系统，确保用于食品与饲料的动物性材料不会被一些不合格产品冒充。包括中国在内的欧盟贸易伙伴，该条例是一样适用的。

二、进出境动物副产品检验

1. 报检

输入动物产品必须根据《中华人民共和国进出境动植物检疫法》和《中华人民共和国进出境动植物检疫

法实施条例》及其他法律、法规的规定，在入境前或入境时，货主或其代理人应当向入境口岸检疫检验机构报检，若输入动物粉类，如作为饲料添加剂用的肉骨粉、鱼粉、血粉、羽毛粉等，货主或其代理人应当在入境前3～5d向入境口岸检疫检验机构预报检，以便检验检疫局做好采样和实验室检验的准备工作。

货主或其代理人在入境口岸检疫检验机构报检或预报检时，应向检疫检验机关提交文件（具体见第三章"第五节　动物产品检验方法"，在此省略）。

2. 现场检疫

输入动物产品到达口岸后，货主或其代理人通知口岸检疫检验机构派人员进行现场检疫，口岸检疫机构派出的人员按规定登轮、登机或登车检疫，审核报检单、"进境动植物检疫许可证"、输出国家或地区政府出具的有效检疫证书、产地证书、信用证或贸易合同发票、提单等单证，同时查看航行（飞行）日志、沿途停靠港、配载情况及舱位图、上一航次装货清仓及消毒情况等（具体见第三章"第五节　动物产品检验方法"，在此省略）。

3. 采样

由于输入动物产品的品种繁多，采样标准也各异（具体见第三章"第五节　动物产品检验方法"，在此省略）。

实验室未出结果前，输入的动物性产品不得生产、加工或上市销售。

4. 实验室检验

输入动物产品的实验室检验的目的是既要防止有害生物危害农牧渔业生产的发展，又要防止危害人体健康，因此，按不同种类、不同要求做实验室检验（具体见第三章"第五节　动物产品检验方法"，在此省略）。

5. 出证处理

检验合格后出证。

6. 监督管理

具体见第三章"第五节　动物产品检验方法"，在此省略。

第五节　进出境动物源性食品检验

为加强进出口肉类等动物源性产品的检验及监督管理，保障进出口肉类产品质量安全，防止动物疫情传入、传出国境，保护农牧业生产安全和人类健康，根据《中华人民共和国进出口商品检验法》及其实施条例、《中华人民共和国进出境动植物检疫法》及其实施条例、《中华人民共和国国境卫生检疫法》及其实施细则、《中华人民共和国食品安全法》及其实施条例、《国务院关于加强食品等产品安全监督管理的特别规定》等法律法规的规定，进出境动物源性食品检验依据《中华人民共和国进出口食品安全管理办法》（2021年海关总署令第249号）进行操作。

一、概述

1. 进出口肉类检验的一般要求

肉类产品是指动物屠体的任何可供人类食用的部分，包括胴体、脏器、副产品，以及以上述产品为原料的制品，不包括罐头产品。

进口肉类产品应当符合中国法律、行政法规规定、食品安全国家标准的要求，中国与输出国家或地区签订的相关协议、议定书、备忘录等规定的检验要求，以及贸易合同注明的检疫要求。进口尚无食品安全国家标准的肉类产品，收货人应当向检疫检验机构提交国务院卫生行政部门出具的许可证明文件。

国家市场监督管理总局对向中国境内出口肉类产品的出口商或者代理商实施备案管理，并定期公布已经备案的出口商、代理商名单。进口肉类产品境外生产企业的注册管理按照国家市场监督管理总局的相关规定执行。检疫检验机构对进口肉类产品收货人实施备案管理，已经实施备案管理的收货人，方可办理肉类产品进口手续。进口肉类产品收货人应当建立肉类产品进口和销售记录制度。记录应当真实，保存期限不得少于两年。进口肉类产品的收货人应当在签订贸易合同前办理检疫审批手续，取得进境动植物检疫许可证。国家市场监督管理总局根据需要，按照有关规定，可以派人员到输出国家或地区进行进口肉类产品预检。

进口肉类产品应当从国家市场监督管理总局指定的口岸进口。进口口岸的检疫检验机构应当具备进口肉类产品现场查验和实验室检验的设备设施和相应的专业技术人员。进口肉类产品应当存储在检疫检验机构认可并报国家市场监督管理总局备案的存储冷库或者其他场所。肉类产品进口口岸应当具备与进口肉类产品数量相适应的存储冷库。存储冷库应当符合进口肉类产品存储冷库的检验要求。

2. 进口鲜冻肉类产品包装的要求

1）内外包装使用无毒、无害的材料，完好无破损。

2）内外包装上应当标明产地国、品名、生产企业注册号、生产批号。

3）外包装上应当以中文标明规格、产地（具体到州/省/市）、目的地、生产日期、保质期、储存温度等内容，目的地应当标明为中华人民共和国，加施输出国家（地区）官方检验检疫标识。

3. 许可和报检

肉类产品进口前或者进口时，收货人或者其代理人应当持进口动物检疫许可证、输出国家（地区）官方出具的相关证书正本原件、贸易合同、提单、装箱单、发票等单证向进口口岸检疫检验机构报检。

进口肉类产品随附的输出国家或地区官方检疫检验证书，应当符合国家市场监督管理总局对该证书的要求。检疫检验机构对收货人或者其代理人提交的相关单证进行审核，符合要求的，受理报检，并对检疫审批数量进行核销，出具入境货物通关证明。

4. 装运工具消毒处理

装运进口肉类产品的运输工具和集装箱，应当在进口口岸检疫检验机构的监督下实施防疫消毒处理。未经检疫检验机构许可，进口肉类产品不得卸离运输工具和集装箱。

二、现场检验

进口口岸检疫检验机构依照规定对进口肉类产品实施现场检验。

1）检查运输工具是否清洁卫生、有无异味，控温设备设施运作是否正常，温度记录是否符合要求。

2）核对货证是否相符，包括集装箱号码和铅封号、货物的品名、数（重）量、输出国家或地区、生产企业名称或者注册号、生产日期、包装、唛头、输出国家或地区官方证书编号、标志或者封识等信息。

3）查验包装是否符合食品安全国家标准要求。

4）预包装肉类产品的标签是否符合要求。

5）对鲜冻肉类产品还应当检查新鲜程度、中心温度是否符合要求，是否有病变及肉眼可见的寄生虫包囊、生活害虫、异物及其他异常情况，必要时进行蒸煮试验。

6）进口鲜冻肉类产品经现场检验检疫合格后，运往检疫检验机构的指定地点存放。

7）检疫检验机构依照规定对进口肉类产品采样，按照有关标准、监控计划和警示通报等要求进行检验或者监测。

8）口岸检疫检验机构根据进口肉类产品检验结果做出如下处理。①经检验合格的，签发"入境货物检验检疫证明"，准予生产、加工、销售、使用。"入境货物检验检疫证明"应当注明进口肉类产品的集装箱号、生产批次号、生产厂家名称和注册号、唛头（标识）等追溯信息。②经检验不合格的，签发"检疫检验处理通知书"。有下列情形之一的，做退回或者销毁处理。Ⅰ.无有效进口动物检疫许可证的。Ⅱ.无输出国家或地区官方机构出具的相关证书。Ⅲ.未获得注册生产企业生产的进口肉类产品。Ⅳ.涉及人身安全、健康和环境保护项目不合格。③经检验涉及人身安全、健康和环境保护以外项目不合格的，可以在检疫检验机构的监督下进行技术处理，合格后，方可销售或者使用。④需要对外索赔的，签发相关证书。

三、经港澳进口的肉类产品

目的地为内地的进口肉类产品，在香港或者澳门卸离原运输船只并经港澳陆路运输到内地的、在香港或者澳门码头卸载后到其他港区装船运往内地的，发货人应当向国家市场监督管理总局指定的检验机构申请中转预检。未经预检或者预检不合格的，不得转运内地。

指定的检验机构应当按照国家市场监督管理总局的要求开展预检工作，合格后另外加施新的封识并出具证书，入境口岸检疫检验机构受理报检时应当同时查验该证书。

四、肉类产品出口检验

出口的肉类产品由检疫检验机构进行监督、抽检，海关凭检疫检验机构签发的通关证明放行。

1. 检疫检验机构按照下列要求对出口肉类产品实施检验

1）输入国家或者地区检验要求。
2）中国政府与输入国家（地区）签订的检验协议、议定书、备忘录等规定的检验要求。
3）中国法律、行政法规和国家市场监督管理总局规定的检验要求。
4）输入国家或者地区官方关于品质、数量、重量、包装等的要求。
5）贸易合同注明的检验要求。

2. 检疫检验机构按照出口食品生产企业备案管理规定，对出口肉类产品的生产企业实施备案管理

输入国家（地区）对中国出口肉类产品生产企业有注册要求，需要对外推荐注册企业的，按照国家市场监督管理总局相关规定执行。出口肉类产品加工用动物应当来自经检疫检验机构备案的饲养场。检疫检验机构在风险分析的基础上对备案饲养场进行动物疫病、农兽药残留、环境污染物及其他有毒有害物质的监测。未经所在地农业行政部门出具检疫合格证明的或者疫病、农兽药残留及其他有毒有害物质监测不合格的动物，不得用于屠宰、加工出口肉类产品。

出口肉类产品加工用动物备案饲养场或者屠宰场应当为其生产的每一批出口肉类产品原料出具供货证明。出口肉类产品生产企业应当按照输入国家（地区）的要求，对出口肉类产品的原辅料、生产、加工、仓储、运输、出口等全过程建立有效运行的可追溯的质量安全自控体系。出口肉类产品生产企业应当配备专职或者兼职的兽医卫生和食品安全管理人员。

3. 建立企业记录制度

出口肉类产品生产企业应当建立原料进货查验记录制度，核查原料随附的供货证明。进货查验记录应当真实，保存期限不得少于二年。出口肉类产品生产企业应当建立出厂检验记录制度，查验出厂肉类产品的检验合格证和安全状况，如实记录其肉类产品的名称、规格、数量、生产日期、生产批号、检验合格证号、购货者名称及联系方式、销售日期等内容。肉类产品出厂检验记录应当真实，保存期限不得少于二年。

出口肉类产品生产企业应当对出口肉类产品加工用原辅料及成品进行自检，没有自检能力的应当委托有资质的检验机构检验，并出具有效检验报告。

4. 检疫检验机构监督检验

检疫检验机构应当对出口肉类产品中致病性微生物、农兽药残留和环境污染物等有毒有害物质在风险分析的基础上进行抽样检验，并对出口肉类生产加工全过程的质量安全控制体系进行验证和监督。检疫检验机构根据需要可以向出口肉类产品生产企业派出官方兽医或检疫人员，对出口肉类产品生产企业进行监督管理。

用于出口肉类产品包装的材料应当符合食品安全标准，包装上应当按照输入国家（地区）的要求进行标注，运输包装上应当注明目的地国家（地区）。发货人或者其代理人应当在出口肉类产品起运前，按照国家市场监督管理总局的报检规定向出口肉类产品生产企业所在地检疫检验机构报检。出口肉类产品的运输工具应当有良好的密封性能和制冷设备，装载方式能有效避免肉类产品受到污染，保证运输过程中所需要的温度条件，按照规定进行清洗消毒，并做好记录。发货人应当确保装运货物与报检货物相符，做好装运记录。

检疫机构对报检的出口肉类产品的检验报告、装运记录等进行审核，结合日常监管、监测和抽查检验等情况进行合格评定。符合规定要求的，签发有关检验检疫证单；不符合规定要求的，签发不合格通知单。根据需要，可以按照有关规定对检疫检验合格的出口肉类产品、包装物、运输工具等加施检疫检验标志或者封识。存放出口肉类产品的中转冷库应当经所在地检疫检验机构备案并接受监督管理。出口肉类产品运抵中转冷库时应当向其所在地检疫检验机构申报。中转冷库所在地检疫检验机构凭生产企业所在地检疫检验机构签发的检疫检验证单监督出口肉类产品入库。出口冷冻肉类产品应当在生产加工后 6 个月内出口，冰鲜肉类产品应当在生产加工后 72h 内出口。输入国家（地区）另有要求的，按照其要求办理。用于出口肉类产品加工用的野生动物，应当符合输入国家（地区）和中国有关的法律法规要求，并经国家相关行政主管部门批准。

五、过境检验检疫

运输肉类产品过境的，应当事先获得国家市场监督管理总局批准，按照指定的口岸和路线过境。承运人或押运人应当持货运单和输出国家（地区）出具的证书，在进口时向检疫检验机构报检，由进口口岸检疫检验机构查验单证。进口口岸检疫检验机构应当通知出口口岸检疫检验机构，出口口岸检疫检验机构监督过境肉类产品出口。进口口岸检疫检验机构可以派官方兽医或者其他检疫人员监运至出口口岸。

过境肉类产品运抵进口口岸时，由进口口岸检疫检验机构对运输工具、装载容器的外表进行消毒。装载过境肉类产品的运输工具和包装物、装载容器应当完好。经检疫检验机构检查，发现运输工具或者包装物、装载容器有可能造成中途散漏的，承运人或者押运人应当按照检疫检验机构的要求，采取密封措施；无法采取密封措施的，不准过境。过境肉类产品运抵出口口岸时，出口口岸检疫检验机构应当确认货物原集装箱、原铅封未被改变。过境肉类产品过境期间，未经检疫检验机构批准，不得开拆包装或者卸离运输工具。过境肉类产品在境内改换包装，按照进口肉类产品检验检疫规定办理。

六、监督管理

1. 一般监督

国家市场监督管理总局和检疫检验机构应当及时向相关部门、机构和企业通报进出口肉类产品安全风险信息。发现进出口肉类产品安全事故，或者接到有关进出口肉类产品安全事故的举报，应当立即向卫生、农业行政部门通报并按照有关规定上报。

进口肉类产品存在安全问题，可能或者已经对人体健康和生命安全造成损害的，收货人应当主动召回并立即向所在地检疫检验机构报告。收货人不主动召回的，检疫检验机构应当按照有关规定责令召回。出口肉类产品存在安全问题，可能或者已经对人体健康和生命安全造成损害的，出口肉类产品生产企业应当采取措施避免和减少损害的发生，并立即向所在地检疫检验机构报告。

2. 出口肉类产品加工用动物备案饲养场

出口肉类产品加工用动物备案饲养场有下列行为之一的，取消备案。

1）存放或者使用中国、拟输出国家或者地区禁止使用的药物和其他有毒有害物质，使用药物未标明有效成分或者使用含有禁用药物和药物添加剂，未按照规定在休药期停药的。

2）提供虚假供货证明、转让或者变相转让备案号的。

3）隐瞒重大动物疫病或者未及时向检疫检验机构报告的。

4）拒不接受检疫检验机构监督管理的。

5）备案饲养场名称、法定代表人发生变化后30d内未申请变更的。

6）养殖规模扩大、使用新药或者新饲料，或者质量安全体系发生重大变化后30d内未向检疫检验机构报告的。

7）一年内没有出口供货的。

3. 进境肉类产品指定存储冷库

进境肉类产品指定存储冷库要符合国家规定，参考《中华人民共和国进出口食品安全管理办法》（2021年海关总署令第249号）附件要求。

第六节　进出境皮、毛检验

一、检疫审批

申请单位（对外签约单位）办理"进境动植物检疫许可证"。

要求申请单位完整、规范地填写申请进境产品的有关信息并提交有关材料，对总局有关公告禁止进口、有疫情区域化要求而缺少具体产地信息，以及缺少皮毛进境后指定生产、加工、存放企业信息等材料不齐全或不完善的，不予受理并告知原因。

为规范检疫许可证管理，同一进口企业再次从同一国家或地区进口同一产品时，要求附上一次检疫许可证及核销表复印件。

二、检验检疫

1. 单证审核

口岸检疫检验机构要对进境皮毛检疫单证、装箱单、合同和发票等检疫检验单证的材料进行审核，严防疫区相关皮毛报检入境。审核时，各局可参考总局网站的《禁止从动物疫病流行国家/地区输入的动物及其产品一览表》。

口岸检疫检验机构应严格对检疫许可证的批准数（重）量进行网上核销。

2. 现场查验

口岸检疫检验机构应认真核对单证信息与货物的名称、重（数）量、输出国家或地区、包装、唛头标记、封识号、集装箱号等是否一致，确认货证相符。查验合格的，对运输工具、装载容器、外包装、污染场地进行有效防疫消毒处理，并根据实际情况对转运内地的运输工具施加检疫检验封识。

对洗净毛、洗净绒类产品检验时，应参照《洗净马海毛》（GB/T 16255.1—2008）。水洗火鸡毛参照《羽绒羽毛》（GB/T 17685—2016）中水洗鸭毛的透明度和耗氧量要求进行判定。

进入保税区及指定仓库存储的进境皮毛，须重新办理检疫许可证后方可出区（库）并在检疫检验机构指定场所使用、加工。

3. 目的地检验

进境皮毛到达指定生产、加工、存放企业后，目的地检疫检验机构应监督企业做好验收和防疫消毒工作，详细记录皮毛检疫许可证编号、入厂（库）时间、加工日期、产品流向、出厂（库）日期和检疫检验结果等相关信息。对需要进行实验室检测的，各局要按照有关规定和标准采样及检测，检疫检验合格后方可使用、加工。

4. 不合格处理

对在进境皮毛检疫检验过程中，发现货证不符，腐烂变质，夹带土壤、动物尸体、动物排泄物及检疫性有害生物且无法进行有效检疫处理的，按照有关规定做退回或者销毁处理。

三、监督管理

口岸检疫检验机构对进境皮毛指定生产、加工、存放企业进行日常监管和年审工作，确保企业持续符合有关要求。企业应遵守各项兽医卫生防疫制度，按照检疫检验核定的生产工艺生产、加工，认真做好原料和成品的出入库等记录，对加工过程产生的废弃物按照国家有关规定实施检疫处理。

日常监管过程中如发现不符合项，应要求企业限期整改。对年审不合格、不按要求整改、整改后仍不符合要求的及两年内未生产、加工、存放进境皮毛的企业，应取消生产、加工、存放进境皮毛的资格并报总局批准、公布。

口岸检疫检验机构可在风险分析的基础上，结合诚信记录、日常监管情况等对进境皮毛指定生产、加工、存放企业开展分类管理。

四、口岸与目的地检疫检验机构的配合

口岸和目的地检疫检验机构应建立通报、沟通机制，充分利用电子信息系统，及时通报调离货物的信息。需调离至目的地检疫检验机构辖区生产、加工、存放的，口岸检疫检验机构在现场查验合格后，应通过入境货物调离通知单或者其他有效方式将有关信息发送至目的地检疫检验机构。有关信息中须注明检疫许可证编号、品名、数重量、唛头标记和生产加工、存放企业信息。

参考《出入境检验检疫行业标准目录》进行具体检验和防疫管理（表8-1）。

表8-1 出入境检验检疫行业标准目录

序号	标准编号	标准名称	代替标准号	实施日期
1	SN/T 2548—2010	出口冻章鱼检验规程		2010-12-1
2	SN/T 2549—2010	食品接触材料检验规程 辅助材料类		2010-12-1
3	SN/T 2550—2010	食品接触材料 高分子材料 食品模拟物中1,3-苯二甲胺的测定 高效液相色谱法		2010-12-1
4	SN/T 2551—2010	食品接触材料 高分子材料 食品模拟物中3,3-双（3-甲基-4-羟苯基）-2-吲哚酮的测定 高效液相色谱法		2010-12-1
5	SN/T 2552.1—2010	乳及乳制品卫生微生物学检验方法 第1部分：取样指南		2010-12-1
6	SN/T 2552.2—2010	乳及乳制品卫生微生物学检验方法 第2部分：检验样品的制备与稀释		2010-12-1
7	SN/T 2552.3—2010	乳及乳制品卫生微生物学检验方法 第3部分：酵母、霉菌菌落计数		2010-12-1

续表

序号	标准编号	标准名称	代替标准号	实施日期
8	SN/T 2552.4—2010	乳及乳制品卫生微生物学检验方法　第4部分：嗜冷微生物菌落计数		2010-12-1
9	SN/T 2552.5—2010	乳及乳制品卫生微生物学检验方法　第5部分：沙门氏菌检验		2010-12-1
10	SN/T 2552.6—2010	乳及乳制品卫生微生物学检验方法　第6部分：柠檬酸杆菌检验		2010-12-1
11	SN/T 2552.7—2010	乳及乳制品卫生微生物学检验方法　第7部分：阴沟肠杆菌检验		2010-12-1
12	SN/T 2552.8—2010	乳及乳制品卫生微生物学检验方法　第8部分：普通变形杆菌和奇异变形杆菌检验		2010-12-1
13	SN/T 2552.9—2010	乳及乳制品卫生微生物学检验方法　第9部分：克雷伯氏菌检验		2010-12-1
14	SN/T 2552.10—2010	乳及乳制品卫生微生物学检验方法　第10部分：阪崎肠杆菌检验　免疫荧光方法		2010-12-1
15	SN/T 2552.11—2010	乳及乳制品卫生微生物学检验方法　第11部分：蜡样芽孢杆菌的分离与计数		2010-12-1
16	SN/T 2552.12—2010	乳及乳制品卫生微生物学检验方法　第12部分：单核细胞增生李斯特氏菌检测与计数		2010-12-1
17	SN/T 2552.13—2010	乳及乳制品卫生微生物学检验方法　第13部分：假单胞菌属的分离与计数		2010-12-1
18	SN/T 1737.6—2010	除草剂残留量检测方法　第6部分：液相色谱-质谱/质谱法测定食品中杀草强残留量		2010-12-1
19	SN/T 0009.4—2010	进出口商品鉴定检验检疫行业标准编写基本规定　第4部分：运载工具适载鉴定		2010-12-1
20	SN/T 0009.3—2010	进出口商品鉴定检验检疫行业标准编写基本规定　第3部分：重量鉴定		2010-12-1
21	SN/T 0751—2010	进出口食品中嗜水气单胞菌检验方法	SN/T 0751—1999	2010-12-1
22	SN/T 2557—2010	畜肉食品中牛成分定性检测方法　实时荧光PCR法		2010-12-1
23	SN/T 0172—2010	进出口食品中金黄色葡萄球菌检验方法	SN/T 0172—1992	2010-12-1
24	SN/T 2559—2010	进出口食品中苯并咪唑类农药残留量的测定　液相色谱-质谱/质谱法		2010-12-1
25	SN/T 2560—2010	进出口食品中氨基甲酸酯类农药残留量的测定　液相色谱-质谱/质谱法		2010-12-1
26	SN/T 2561—2010	进出口食品中吡啶类农药残留量的测定　液相色谱-质谱/质谱法		2010-12-1
27	SN/T 2562—2010	食品中霍乱弧菌分群检测　MPCR-DHPLC法		2010-12-1
28	SN/T 2563—2010	肉及肉制品中常见致病菌检测　MPCR-DHPLC法		2010-12-1
29	SN/T 2564—2010	水产品中致病性弧菌检测　MPCR-DHPLC法		2010-12-1
30	SN/T 0184.4—2010	食品中李斯特氏菌检测　第4部分：胶体金法	SN0184—1993	2010-12-1
31	SN/T 2565—2010	食品中志贺氏菌分群检测　MPCR-DHPLC法		2010-12-1

序号	标准编号	标准名称	代替标准号	实施日期
32	SN/T 2566—2010	食品中霉菌和酵母菌的计数 Petrifilm 测试片法		2010-12-1
33	SN/T 2567—2010	食品及包装品无菌检验		2010-12-1
34	SN/T 2570—2010	皮革中短链氯化石蜡残留量检测方法 气相色谱法		2010-12-1
35	SN/T 2571—2010	进出口蜂王浆中多种杀螨剂残留量检测方法 气相色谱-质谱法		2010-12-1
36	SN/T 2572—2010	进出口蜂王浆中多种氨基甲酸酯类农药残留量检测方法 液相色谱-质谱/质谱法		2010-12-1
37	SN/T 2573—2010	进出口蜂王浆中杀虫脒及其代谢产物残留量检测方法 气相色谱-质谱法		2010-12-1
38	SN/T 2574—2010	进出口蜂王浆中双甲脒及其代谢产物残留量检测方法 气相色谱-质谱法		2010-12-1
39	SN/T 2575—2010	进出口蜂王浆中多种菊酯类农药残留量检测方法		2010-12-1
40	SN/T 2576—2010	进出口蜂王浆中林可酰胺类药物残留量的测定 液相色谱-质谱/质谱法		2010-12-1
41	SN/T 2577—2010	进出口蜂王浆中 11 种有机磷农药残留量的测定 气相色谱法		2010-12-1
42	SN/T 2578—2010	进出口蜂王浆中 15 种喹诺酮类药物残留量的检测方法 液相色谱-质谱/质谱法		2010-12-1
43	SN/T 2579—2010	进出口蜂王浆中 10 种硝基咪唑类药物残留量的测定 液相色谱-质谱/质谱法		2010-12-1
44	SN/T 2580—2010	进出口蜂王浆中 16 种磺胺类药物残留量的测定 液相色谱-质谱/质谱法		2010-12-1
45	SN/T 2581—2010	进出口食品中氟虫酰胺残留量的测定 液相色谱-质谱/质谱法		2010-12-1
46	SN/T 2582—2010	产黄曲霉毒素真菌 PCR 检测方法		2010-12-1
47	SN/T 2594—2010	食品接触材料 软木塞中铅、镉、铬、砷的测定 电感耦合等离子体质谱法		2010-12-1
48	SN/T 2595—2010	食品接触材料检验规程 软木、木、竹制品类		2010-12-1
49	SN/T 2597—2010	食品接触材料 高分子材料 铅、镉、铬、砷、锑、锗迁移量的测定 电感耦合等离子体原子发射光谱法		2010-12-1
50	SN/T 2598—2010	羊毛色泽的测试		2010-12-1
51	SN/T 2599—2010	红脂大小蠹检疫鉴定方法		2010-12-1
52	SN/T 2606—2010	进出口食品检验中食品添加剂摄入量的简要评估方法指南		2010-12-1
53	SN/T 2609—2010	国境口岸流感、副流感、呼吸道合胞病毒的酶联免疫吸附试验检测方法		2010-12-1
54	SN/T 2610—2010	可疑样品中生物高风险因子现场排查方法 免疫层析法		2010-12-1
55	SN/T 2611—2010	食品接触材料 木制品中游离甲醛的测定 气相色谱法		2010-12-1
56	SN/T 2616—2010	国境口岸鼠携带鼠疫杆菌和汉坦病毒快速检测方法		2010-12-1
57	SN/T 0512—2010	进出口动物源性饲料检验规程	SN/T 0512—1995	2010-12-1

续表

序号	标准编号	标准名称	代替标准号	实施日期
58	SN/T 2623—2010	进出口食品中吡丙醚残留量的检测方法 液相色谱-质谱/质谱法		2010-12-1
59	SN/T 2624—2010	动物源性食品中多种碱性药物残留量的检测方法 液相色谱-质谱/质谱法		2010-12-1
60	SN/T 1446—2010	猪传染性胃肠炎检疫规范	SN/T 1446.1—2004 SN/T 1446.2—2006 SN/T 1697—2006	2010-12-1
61	SN/T 0801.7—2010	进出口动植物油脂 第7部分：不溶溴化物试验	SN/T 0801.7—1999	2010-12-1
62	SN/T 0801.12—2010	进出口动植物油脂 第12部分：闪点限值试验 宾斯基-马丁闭口杯法	SN/T 0801.12—1999	2010-12-1
63	SN/T 2625—2010	病毒性脑病和视网膜病检疫规范		2010-12-1
64	SN/T 2626—2010	国境口岸诺如病毒检测方法		2010-12-1
65	SN/T 2632—2010	微生物菌种常规保藏技术规程		2010-12-1
66	SN/T 5108—2019	国境口岸轮状病毒、星状病毒、诺如病毒、札如病毒四联HRMA检测方法		2020-03-01

第七节　进出境携带、邮寄物检验

来自疫区的宠物、动物产品、食品、血液、生物制品等应检物品通过旅客携带、邮寄、快递等方式入境，存在疫情隐患。对旅客携带、邮寄、快递等方式入境的动物及动物产品进行检验，程序如下。

1）旅客入境前应如实填写"入境检疫申明卡"，申明所携带的动物及其产品、食品、自用药品、人体器官、血液及其制品、微生物、生物制品等特殊物品情况。

2）携带动物、动物产品和其他检疫物进境的，进境时必须接受口岸进出境检疫检验机关检疫。未经检疫的，不得携带进境。

携带、邮寄其他繁殖材料进境，未依法办理检疫审批手续的，由口岸进出境检疫检验机关做退回或者销毁处理。邮寄品做退回处理的，由口岸进出境检疫检验机关在邮寄品及发递单上批注退回原因；邮寄品做销毁处理的，由口岸进出境检疫检验机关签发通知单，通知寄件人。

3）口岸进出境检疫检验机关可以在港口、机场、车站的旅客通道、行李提取处等现场进行检查，对可能携带动物、动物产品和其他检疫物而未申报的，可以进行查询并抽检其物品，必要时可以开包（箱）检查。

4）携带动物进境的，必须持有输出动物国家或者地区政府动物检疫机构出具的检疫证书，经检疫合格后放行；携带犬、猫等宠物进境的，还必须持有疫苗接种证书。没有检疫证书、疫苗接种证书的，由口岸进出境检疫检验机关做限期退回或者没收销毁处理。做限期退回处理的，携带人必须在规定的时间内持口岸进出境检疫检验机关签发的截留凭证，领取并携带出境；逾期不领取的，做自动放弃处理。

携带动物、动物产品和其他检疫物进境，经现场检疫合格的，当场放行；需要做实验室检疫或者隔离检疫的，由口岸进出境检疫检验机关签发截留凭证。截留检疫合格的，携带人持截留凭证向口岸进出境检疫检验机关领回；逾期不领回的，做自动放弃处理。

5）邮寄进境的动物、动物产品和其他检疫物，由口岸进出境检疫机关在国际邮寄品互换局（含国际邮寄品快递公司及其他经营国际邮寄品的单位，以下简称邮局）实施检疫。邮局应当提供必要的工作条件。禁止携带、邮寄进出境动植物检疫法第二十九条规定的名录中所列的动物、动物产品和其他检疫物进境。

经现场检疫合格的，由口岸进出境检疫检验机构加盖检疫放行章，交邮局运递。需要做实验室检疫或者隔离检疫的，口岸进出境检疫检验机构应当向邮局办理交接手续；检疫合格的，加盖检疫放行章，交邮局运递。

6）携带、邮寄进境的动物、动物产品和其他检疫物，经检疫不合格又无有效方法做除害处理的，做退回或者销毁处理，并签发"检疫处理通知单"交携带人、寄件人。

7）携带、邮寄食品、自用药品、人体器官、血液及其制品、微生物、生物制品等特殊物品，应接受以下检疫检查。①携带、邮寄人体组织、器官和血液及其制品在申报时须出示国家卫生健康委员会相关部门的批件。②检疫检验机关对相关的携带物和邮寄物实施卫生检疫。③检疫检验机关对经卫生检疫符合卫生标准的邮寄物签发"卫生证书"。④对来自检疫传染病疫区的、被检验传染病污染的及可能传播检疫传染病或者发现与人类健康有关部门的啮齿类动物和病媒昆虫的携带、邮寄物，应实施消毒、除鼠、除虫或者其他必要的卫生处理，处理合格后签发"卫生证书"。⑤对携带、邮寄的废旧物实施卫生处理，处理合格后签发"卫生证书"。

第九章　市场检疫

第一节　市场检疫监督

市场检疫是指对进入市场交易的动物及其动物产品直接进行的检疫。市场检疫监督的目的是发现依法应当检疫而未经检疫或检疫不合格的动物、动物产品，发现患病畜禽和病害尸及其他染疫动物产品。目的是保护人体健康，促进市场贸易，防止疫病扩散。

市场检疫监督包括如下情况。

（1）**农贸集市市场检疫监督**　　在集镇市场上对出售的动物、动物产品进行的检疫称为农贸集市市场检疫。农村集市多是定期的，如隔日一集、三日一集等，也有传统的庙会。活畜交易主要在农村集市。

（2）**城市农贸市场检疫监督**　　对城市农副产品市场各经营摊点经营的动物、动物产品进行检疫。城市农贸市场多是常年性的，活禽的交易主要在城市农贸市场。

（3）**边境集贸市场检疫监督**　　对中国边民与邻国边民在我国边境正式开放的口岸市场交易的动物、动物产品进行检疫检验。目前，中国许多边境省区正式开放的口岸市场，动物、动物产品交易量逐年增多，在促进当地经济发展的同时，畜禽疫病也会传入我国，必须重视和加强边境集贸市场检疫监督，防止动物疫病的传入和传出。

一、动物健康交易

1. 加强野生动物交易的监管与禁止措施的实施

依照《中华人民共和国野生动物保护法》，野生动物是绝对不能买卖的。在中国消费野生动物的市场图谱中，属粤文化圈的两广地区为最，其他省份或地区也存在同样现象。在华南地区，巨大的经济利益滋生出庞杂的交易网络，从东南亚到中国，作为华南地区经济中心的广东最终成为吸纳能力极强的消费终端，同时形成了全国野生动物交易的最大集散地。高端消费的食客支撑着野生动物贸易表面上的繁荣，并成为刺激走私贸易的动因。无论从来源还是去向，交易市场呈现出合法和非法交易两条脉络，合法的物种因人工大量养殖变得利润低廉，而禁止食用的野味物种价值相当暴利。因此，对这些非法交易动物检疫监督是十分困难的，这也就成为疫病或病原危险来源之一。

市场内一些商贩经营野生动物，使野鸟、刺猬、活蛇等成为商品，一批批青蛙、蛇类经过白色塑料箱的"分装"流向全市，成了餐桌上的菜肴。食用来历不明的野生动物对人体健康存在潜在危害，特别是青蛙、蛇类体内有不易被高温杀死的寄生虫，可在人体内寄生，这些寄生虫可引起眼部各种炎症、脓肿，导致角膜溃疡、视力减退，严重的还会造成双目失明。有些交易市场监管不力，到处都散发着令人窒息的臭味，卫生状况堪忧。在市场内看到，不少动物的尸体、皮毛、内脏被随意扔在路边，污水横流。各经营户的防范意识也很差，做饭、睡觉的地方与摆卖的野生动物仅一步之遥。野生动物有可能带来一些意想不到的病原。

2023年5月1日起施行的新的《中华人民共和国野生动物保护法》是为了保护野生动物，拯救珍贵、濒危的野生动物，维护生物多样性和生态平衡，推进生态文明建设，促进人与自然和谐共生。官方兽医和相关执法部门应加强对野生动物禁止措施的实施力度，确实从源头做起，防止动物疫病和人兽共患病从野生动物交易环节暴发。

2. 宠物或伴侣动物健康市场交易

城市中宠物的数量逐步增加，同时也必然存在着交易。由于宠物来源复杂，交易场合多样，在有宠物市场的城市其管理应该比较规范。但由于宠物防疫监管难度较大，交易时段集中，同时宠物门诊的出现也带来了其他服务，如宠物服务（宠物配种、宠物寄养、宠物美容、宠物训练、宠物领养寄养、宠物店宠物用品批发交换、种公借配等）、宠物救助（家养赠送、救养宠物）等，以及犬养殖场所泛滥，防疫监督难度加大。国家相关部门应该出台配套政策，以适应这种新变化。

目前我国对"另类宠物"的监管尚处于一个盲区，几乎各地均没有饲养相关"另类宠物"的规范，也不存在登记、上牌的规定，"另类宠物"市场及饲养仍然缺乏监管机制。红尾蟒、雨林蝎、毒蜘蛛等平日里让人望而生畏的小动物，如今渐成为一些追求新奇的市民的宠物新贵。但这些"另类宠物"能否随便饲养？伤人了该怎么办？因宠物携带病菌和寄生虫，给饲养者传染上皮肤病等病症情况时有发生，除狗、猫伤人外，每月注射狂犬病疫苗的人中有一部分是被猫狗以外的宠物抓伤或咬伤。宠物对人的伤害只有预防猫狗咬伤引起狂犬病的疫苗，尚没有另类宠物的疫苗，另类宠物防疫也成为一大难题。建议另类宠物以笼养为主，不要在家中放养，更不要做亲吻、搂抱着睡觉等亲密接触，以免染上病菌或被咬伤。依据规定，雨林蝎等"另类宠物"属于外来生物，必须经过检疫机构检测，并且一般情况下，不提倡生物活体引进，但目前一些市民从网上购买，给监管带来了难度。另类宠物不仅可能携带潜在的安全隐患，还可能出现生物入侵状况。一旦市民不小心将宠物遗失甚至将其丢弃，就可能破坏本地的生物链结构，对本地生态环境造成威胁，同时也可能因为它们本身带有动物疫病或携带病菌而形成传染源。根据《中华人民共和国野生动物保护法》规定，国家保护动物不得私自猎捕、驯养、买卖，如果违法销售国家保护野生动物的，按其销售数量的多少处以罚款，情节严重的追究刑事责任。

3. 家畜、家禽健康市场交易

市场检疫监督是政府行为，由农牧部门的畜禽防疫监督机构对进入牲畜交易市场、集贸市场进行交易的动物、动物产品所实施的监督检查，以验证、查物为主。牲畜交易市场、农贸市场的兽医卫生管理，以畜禽防疫检疫机构为主，以工商行政管理部门密切配合，共同负责。畜禽防疫检疫机构负责市场防疫、检疫工作；市场管理部门负责有关食品卫生检查工作和违章事件处理。进入市场的动物及其产品由动物检疫员逐头检疫，确定健康并取得检疫证明后进场交易。对肉品加盖验讫章。可疑病、死肉变质禁止销售。

凡进入交易市场的畜禽及其产品，畜禽（货主）必须出示产出检疫证，接受市场管理人员和兽医卫生检疫员的检查；无检疫证的，必须补防、补检后方可交易；鲜肉检验有效期只限当天。严禁有病、中毒及病死、毒死、死因不明的畜禽、肉类和腐败变质的肉类上市交易。对市场上发现的不合格肉类，可利用的由防疫、检疫机构指定加工单位统一处理；不能利用的，在兽医、卫生、工商行政管理人员的监督下销毁，处理费用由货主负担。

由于养禽业的发展，成长期缩短，每天都有大量活鸡、白条鸡及鸡的各种熟制品上市。但是，由于鸡的生产面广，货源分散，流通环节多，最易受外界环境影响而感染疾病，这就要求我们的市场检疫人员要掌握鸡的各种传染病、寄生虫病的知识，熟悉鸡的加工过程、渠道、环节，加强市场检疫，使消费者放心；重点查处私屠滥宰、出售病死畜禽及未经检疫的动物产品等违法行为。依据《中华人民共和国动物防疫法》，农业农村部、卫健委、国家市场监督管理总局联合制定的《活禽经营市场高致病性禽流感防控管理办法》，所有活禽必须凭证上市，凡调入城区交易的活禽，货主须持有效的动物检疫合格证明和运载工具消毒证明。经驻场检疫员查验或抽样监测合格后，出具由动物防疫监督机构监制的查验合格分销证明（一户一证），方可上市交易。市区内生产的禽类应当持有动物产地检疫合格证明。从事活禽经营的农贸市场必须符合国家规定的动物防疫条件，其举办者应加强对禽类入市的检查，核对检疫证明，防止不合格禽类进入市场。

城区农贸市场必须严格执行查证验物索证索票登记制度，没有检疫证明和查验合格分销证明的不得允许进场销售。从事活禽批发专业市场应当建立消毒、无害化处理等制度，配备相应的设施、设备。对禽类运载工具及经营场所每天进行清洗、消毒，对废弃物和物理性原因致死的禽类集中收集，并进行无害化处理。活禽报验站、点出现禽只异常死亡或有高致病性禽流感可疑临床症状的，市场管理者和经营者应立即向兽医行政管理部门报告，并采取隔离措施。对无检疫证明和查验合格分销证明而从事活禽经营的，依照《中华人民共和国动物防疫法》，按有关法律法规处理处罚。对来自禽流感疫区禽类和检疫不合格的禽类，在动物防疫监督机构的监督下由市场举办者负责扑杀和进行无害化处理。逐步实行农产品质量安全市场准入制度。

4. 水生动物健康市场交易

水生动物及其产品是指从海洋和内陆水域合法捕获及人工养殖的鱼类、甲壳类、贝壳类、软体类和其他水生动物鲜活品及其冷冻品等产品。从事水生动物及其产品养殖、加工、存储、运输、销售等生产、经营活动的单位和个人，其生产、经营活动应当符合国家规定的动物防疫条件，并接受水生动物防疫监督机构的监督检查；所生产、经营的水生动物及其产品，应当附有水生动物防疫监督机构出具的国家统一制式检疫合格证明。禁止经营未经检疫或者检疫不合格的水生动物及其产品。从事水生动物及其产品生产、经营活动的单位和个人，应当依照国家有关规定，对养殖、加工、存储、运输、销售水生动物及其产品的工具、设施、包装物、运载车辆及水体进行消毒处理。水生动物防疫监督机构可以在水生动物及其产品批发市场和运输水生动物及其产品的铁路、公路、航空、水运站点设立检查室，但航空站点的检查室应当由省（市）水生动物防疫监督机构设立。水生动物及其产品批发市场及铁路、公路、航空、水运等承运单位，应当配合水生动物防疫监督机构的检疫检查工作。经铁路、公路、水路、航空运输水生动物及其产品的，托运人应当凭水生动物及其产品检疫机构出具的检疫证明方可托运，承运人应当凭检疫证明方可承运。水生动物防疫监督机构可以对进入本辖区的外地水生动物及其产品所附检疫证明进行复核；复核中发现有下列情形之一的，可以进行抽样检验：①证、物不符的；②检疫证明超过有效期限的；③检疫证明有转让、涂改和伪造嫌疑。对外地进入本辖区无检疫证明的水生动物及其产品，由本辖区水生动物防疫监督机构及时予以检疫；对无法当场检疫的，由物主运至水生动物防疫监督机构指定的存储场所后进行检疫。

二、控制动物源性食品源头安全

把好市场检疫关。市场检疫人员加大回收票证力度，勤查、勤转、勤看，杜绝病害肉品上市销售。对市区冻库、外埠肉的管理进一步强化措施，规范检疫程序，真正做到现场检疫，入库有证，出库报检，监督管理过程有记录。对城区冻库、外埠肉的管理进一步强化措施，规范检疫程序。要求宾馆、饭店、学校、超市提供动物及动物产品来源、供货渠道、数量、检疫标识、检疫证明（验讫印章）等相关资料及检疫情况登记台账。同时配合化验检测中心抽查外埠肉质量，检查药物残留、瘦肉精等情况。

动物防疫监督站还应通过实施专项治理和巡回监督相结合，日常抽查和重点监察相结合的方式，使病害肉品上市的现象得到坚决遏制，逃避检疫违法行为会得到应有的处罚。坚持从源头防范入手，加强重点环节、重点领域监督管理。特别是加强冷藏场所、学校食堂、大型动物产品加工作坊的监督管理。同时加大经营病死、病害肉的地下窝点的查处力度。规范动物及动物产品的生产、经营行为，保障农产品质量安全市场准入制度的逐步实施和深入，保障广大市民的食肉安全和身心健康。

大型超市、商场等市场经营者要按有关规定建立动物及动物产品安全卫生质量管理制度，配备专、兼职质量管理员；依法履行索票索证和查证验物的义务，不得接纳未经检疫和检疫不合格的动物及动物产品进入本市场；积极组织有关畜产品的经营、加工、销售人员进行健康检查。从事生猪产品销售、加工的单位和个人及饭店、宾馆、集体伙食单位，不得购进未经检疫或检疫不合格的动物及动物产品。要建立动物及动物产品进货登记制度，依法索取并保存有效文书和凭证，查验验讫标志，明确记载进货渠道、品种、数量、时间，做到证货相符。

三、及时发现病畜禽，防止疫病扩散

市场检疫的主要意义在于保护人、畜卫生与健康，促进正常贸易发展。市场是动物及其产品集散的地方，动物集中时，接触机会多，来源复杂，容易互相传染疫病。同时，市场采购检疫的好坏，可以直接影响中转、运输和屠宰动物的发病率、死亡率和经济效益。集贸市场检疫是产地检疫的延伸和补充，应努力做好产地检疫，把市场检疫变为监督管理，才是做好检疫工作的方向。

1. 活体动物临床检查和动物产品现场检查

对市场的活体动物加强临床检查，有临床表现的一定要剔除，防止疫情扩散或危及人体健康。市场检疫的方法，力求快速准确，以感官观察为主，活畜禽结合疫情调查和测体温；鲜肉类视检结合剖检，必要时进行实验室检验。

（1）活畜禽检疫　　向畜主询问产地疫情，确定动物是否来自非疫区；了解免疫情况；观察畜禽全身状态，如体格、营养、精神、姿势等，确定动物是否健康，是否患有检疫对象。

（2）动物产品检验　　动物产品因种类不同各有侧重。骨、蹄、角多带有外包装，要观察外包装是否完整、有无霉变等现象。皮毛、羽绒同样观察毛包、皮捆是否捆扎完好。皮张是否有"死皮"。对于鲜肉类重点检查病、死畜禽肉，尤其注意一类检疫对象的查出，检查肉的新鲜度，检查三腺摘除情况。

2. 市场上禁止出售的动物、动物产品

1）封锁疫点、疫区内与所发生动物疫病有关的动物、动物产品。
2）疫点、疫区内易感染的动物。
3）染疫的动物、动物产品。
4）病死、毒死或死因不明的动物及其产品。
5）依法应当检疫而未经检疫或检疫不合格的动物、动物产品。
6）腐败变质、霉变、生虫或污秽不洁、混有异物和其他感官性状不良的肉类及其他动物产品。

3. 交易地点

凡进行交易的动物、动物产品应在有关单位指定的地点进行，尤其是农村集市上活畜禽的交易。交易市场在交易前、交易后要进行清扫、消毒，保持清洁卫生。对粪便、垫草、污物要采取堆积发酵等方法进行处理，防止疫源扩散。

4. 市场检疫监督的方法

1）验证，向畜主、货主索验检疫证明及有关证件。核实交易的动物、动物产品是否经过检疫，检疫证明是否处在有效期内。县境内交易的动物、动物产品须核查"动物产地检疫合格证明""动物产品检疫合格证明"，有运载工具的查"动物及动物产品运载工具消毒证明"。出县境交易的动物、动物产品须核查"出县境动物检疫合格证明""出县境动物产品检疫合格证明"及运载工具消毒证明，胴体还需查验讫印章。

对长年在集贸市场上经营肉类的固定摊点，经营者首先应具备四证，即"动物防疫合格证""食品卫生合格证""营业执照"及本人的"健康检查合格证"。经营的肉类须有检疫证明。

2）查物，即检查动物、动物产品的种类、数量，检查肉尸上的检验刀痕，检查动物的自然表现。核实证物是否相符。

通过查证验物，对持有有效期内的检疫证明及胴体上加盖有验讫印章，且动物、动物产品符合检疫要求的，准许畜主、货主在市场交易。对没有检疫证明、证物不符、证明过期或验讫标志不清或动物、动物产品不符合检疫要求的，责令其停止经营，没收非法所得，对未售出的动物、动物产品依法进行补检和重检。

第二节　饲料监督

动物饲料是食物链中的一个关键因素，它直接影响动物卫生和动物福利，也同样影响食品安全和公共卫生，《中华人民共和国食品安全法》明确了饲料作为食品安全源头的重要环节。以往WOAH特别强调饲料是传染性疾病进入及扩散的重要通路，如沙门菌、口蹄疫、猪水疱病和禽流感等。近些年，饲料作为病原传播媒介，如牛海绵状脑病通过脏器饲料传播受到人们的普遍关注，动物饲料和饲料添加剂广泛出现在国际贸易

中，并影响国家经济发展。WOAH、国际食物营养法典委员会（CAC）及其他国家组织共同研究制定了《食源性人兽共患病和动物饲料安全指导原则》，该指导重点强调饲料与食品安全密切相关。国内动物饲料中重金属、抗生素添加等状况也是令人担心的领域，其直接后果与食品安全和身体健康密切相关，尤其是对耐药性菌株产生的处理更是一个关键环节。饲料质量的安全与否，不仅关系到饲养动物的健康生长，更重要的是直接影响动物产品的质量和人类健康。在确保动物产品质量安全的基础上，饲料、兽药等投入品的质量安全至关重要，所以从某种程度上讲，饲料质量安全也就是动物产品的质量安全。全球 140 多个国家和 28 000 多家饲料厂，2021 年生产饲料为 12.355 亿 t，我国饲料加工企业有 15 500 余家，从业人数达 51 万人，饲料工业产品总量 2.61 亿余吨。2022 年，全国饲料工业总产值 13 168.5 亿元；饲料行业营业收入 12 617.3 亿元，已经成为饲料生产第一大国。

一、饲料监督一般原则

1. 饲料生产者的作用和责任

动物饲料和饲料添加剂生产必须符合国家相关规定，偶然事故的生产产品要能够做到溯源和召回。对于饲料生产、贮存和处理的所有相关人员都要进行适当训练，要使他们了解在预防或传播危险病因过程中自己所起的作用和责任。生产、贮存和运输的设备要处于良好和卫生的状态。饲料生产过程中要有特殊专家进行指导服务，如私人兽医、营养专家和实验室人员给予指导，包括疾病报道、质量标准、公开透明等。

2. 安全标准

所有饲料和饲料添加剂都应该制定安全标准，我国大部分品种饲料都有相关的安全标准。对危害物限定标准都有科学依据，如分析方法的敏感度及风险特征。

3. 风险分析

针对生物安全风险，在动物和公共卫生中使用不同风险评估方法时要尽量保证系统化和持续过程。相关的方法可参照 WOAH《陆生动物卫生法典》。

4. 良好的实践操作

国家应该制定相关操作指导原则并指导、鼓励良好的农业实践操作和良好的生产实践操作。条件允许的应该进行危害物分析和食品生产的危害分析与关键控制点（HACCP）操作，以控制饲料生产、运输中危害物安全。

5. 地理和环境因素

当评估饲料或饲料添加剂生产水源、场地或设备是否符合卫生条件时，要注意动物卫生或食品安全之间危害物潜在来源的流行病情况，动物卫生包括疾病情况、检疫场地位置及特殊卫生疫区建设情况等因素；食品安全包括工业生产污染和废水处理情况等因素。

6. 区划状况

饲料是生物安全的重要组成部分，当建设无特殊疫区时要考虑饲料生产因素。

7. 采样和分析

采样及分析过程要符合科学原理，采样要有代表性，可反映真实情况；分析方法须具有较高的敏感性和特异性，简便经济。

8. 标签

在饲料出售的包装上，标签应具有很好的信息性，明确无误，合法性好，放在明显的位置上，具有成分明细、处理、贮存和使用指导。

9. 监管规则

检验是保证动物卫生和公共卫生安全的关键环节，饲料生产企业应该有自己的安全规则以保证饲料在生产、加工、贮藏和使用、贸易进行时的实践安全。对加工操作必须有一个系统规则来保证安全生产。2021年10月，农业农村部发布《全国兽用抗菌药使用减量化行动方案（2021—2025年)》，稳步推进兽用抗菌药使用减量化行动，并规定到2025年末，50%以上的规模养殖场实施养殖减抗行动，确保"十四五"时期全国产出每吨动物产品兽用抗菌药的使用量保持下降趋势。

10. 安全确认

饲料贸易必须在企业控制下保证其安全到位，检疫监督部门有义务提供企业符合安全标准的生产程序和方法，指导其员工培训，监督其安全生产和产品的安全出厂。

动物饲料中有关的危害物包括如下三类。

（1）生物危害物　细菌、病毒、朊蛋白、真菌和寄生虫等。

（2）化学危害物　真菌毒素、棉籽酚（gossypol）、工业和环境污染物（二噁英、PCB），兽药和杀虫药残留、添加剂（如三聚氰胺、色素等）、放射性核素等。

（3）物理危害物　饲料的外源物体，如玻璃片、金属、塑料或木渣等。

11. 控制污染

在饲料生产、贮存及运输过程中尽量避免污染是非常重要的，这就要求分析方法敏感可靠，风险评估其风险因子的特征。在饲料批次或饲料各成分生产过程中，如清水冲洗、随后的清洁，都可以避免污染。

12. 抗生素使用安全

由于微生物耐药性公共卫生问题日益严重，一定要严格控制饲料中抗生素的使用，包括种类、剂量。国家已有相关的法规来约束其使用，相关监督部门也要加大监督力度。

13. 信息处理

检疫监督部门应注意相关信息的收集处理，特别是私人企业的信息收集，如生产记录、贸易涉及范围等，以便于问题追踪和及时处理。

二、饲料监督相关法规

1. 有关法律及法规

《中华人民共和国食品安全法》及其实施条例

《中华人民共和国进出口商品检验法》及其实施条例

《中华人民共和国进出境动植物检疫法》及其实施条例

《中华人民共和国农产品质量安全法》

《中华人民共和国畜牧法》

《国务院关于加强食品等产品安全监督管理的特别规定》

《中华人民共和国动物防疫法》

《中华人民共和国产品质量法》

《中华人民共和国兽药管理条例》
《中华人民共和国饲料和饲料添加剂管理条例》
《中华人民共和国农药管理条例》
《饲料和饲料添加剂管理条例》（国务院令第266号）
农业农村部《2022年饲料质量安全监管工作方案》
《饲料质量安全管理规范》

2. 有关规定

《饲料卫生标准》（GB 13078—2017）
《GB/T 22000—2006 在饲料加工企业的应用指南》（GB/Z 23738—2009）
《饲料和饲料添加剂生产许可管理办法》（农业农村部令2022年第1号）
《进出口饲料和饲料添加剂检验检疫监督管理办法》
《进出境粮食检验检疫监督管理办法》（海关总署令第243号）
《出境水生动物检验检疫监督管理办法》（根据2018年11月23日海关总署令第243号《海关总署关于修改部分规章的决定》第四次修正）
《进境水生动物检验检疫管理办法》
《供港澳食用陆生动物检验管理办法》
《饲料添加剂安全使用规范》（农业部公告第2625号）
《饲料添加剂允许使用品种目录》
《进出口商品检验实验室认可管理办法》
《进出口商品抽查检验管理办法》

3. 进口国家或地区相关法律法规要求

《禁止在饲料和动物饮用水中使用的药物品种目录》
《关于发布〈食品动物禁用的兽药及其他化合物清单〉的通知》

三、饲料监督执法程序

1. 监督范围

配合饲料、浓缩饲料、动物源性饲料（肉粉、鱼粉、骨粉、肉骨粉、鱼油等）、宠物饲料、添加剂、预混料等。

2. 检测项目

（1）**营养指标**　水分、粗蛋白、钙、磷、微量元素铜、锌等；动物源性饲料鱼粉、肉粉、骨粉等有没有标签。

（2）**卫生指标**　砷、铅、镉、沙门菌、黄曲霉毒素B_1等。不合格的饲料产品中60%左右是铜、铁、锌微量元素和重金属砷、氟、铅、汞、镉等超标造成的。

（3）**违禁药物**　盐酸克仑特罗、莱克多巴胺、苏丹红、喹乙醇、安定、三聚氰胺、孔雀石绿、砒霜、激素类、林丹、毒杀芬等。

（4）**限定使用药物**　监督检查畜禽养殖场在自配料中添加违禁药物或超范围、超剂量添加抗生素、抗生素类药物等情况，主要有喹乙醇、磺胺二甲嘧啶、土霉素、金霉素等。

抗生素属于限用性药物添加剂，欧盟自2006年1月1日起，禁止在饲料中添加任何抗生素。而我国无论是饲料厂还是养殖场（户），抗生素使用现象相当普遍，且是多种抗生素配合使用或加大剂量使用。动物源性饲料存在的安全隐患较多，如引发疯牛病等，另外，因其原料来源无法分清，容易造成卫生指标普遍不合格，易造成病原菌交叉感染，诱发疫情。饲料监督执法程序参考图9-1。

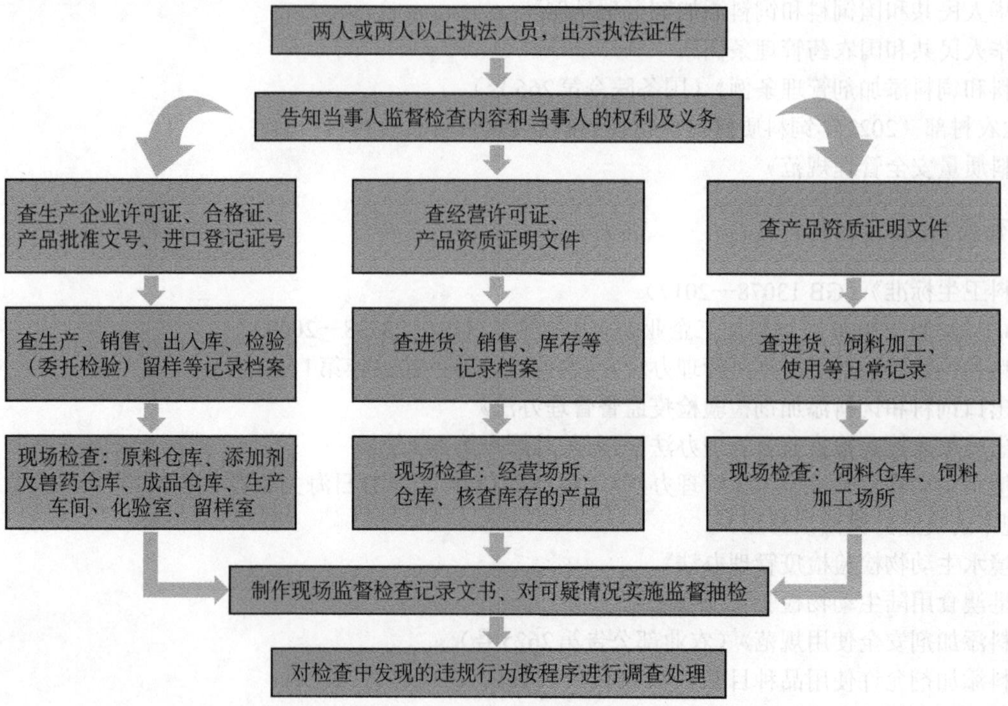

图 9-1　饲料监督执法程序

四、饲料卫生风险评估

我国对饲料安全风险评估还没有进行，一般参考食品安全风险评估模式。2008年应欧盟委员会要求，欧盟食品安全局生物危害性小组公布家畜饲料微生物风险评估报告。报告指出，沙门菌是饲料中最主要的生物性危害，其次是单核细胞增生李斯特菌、大肠杆菌（O157：H7型）、梭状芽孢杆菌，受沙门菌污染的饲料是动物源性食品沙门菌感染源。该评估重点对工业化生产饲料进行了分析，因为该领域饲料受沙门菌污染风险性很高。油料籽粗粉、动物源性蛋白是主要的饲料原料，同时也是沙门菌介入的重要渠道。沙门菌被发现在鱼粉和肉骨粉中的含量为0.2%～4%。陈沁等（2002）通过常规分离培养鉴定技术，对上海口岸2001年1～6月份进口的498份动物性饲料进行了沙门菌的分离鉴定。结果共分离到沙门菌23株，分离率为4.62%。其中，鱼粉阳性率为3.66%，肉骨粉阳性率为13.95%，明虾壳阳性率为18.52%。

国家质检总局发布《进出口饲料和饲料添加剂检验检疫监督管理办法》，并于2009年9月1日正式实施。总局已发布"允许进口饲料的国家/地区及产品名单"，并正逐步开展境外饲料生产、加工企业的注册登记。自2010年3月1日起，按照《进口饲料和饲料添加剂标签查验工作规程》，散装进口饲料（饲料粮谷暂时除外）必须分包加施标签后才可在国内进行销售。进口饲料标签不符合要求的，必须调运到检疫检验机构指定的场所重新加施或补正。在入境口岸所在地直属检验检疫局辖区内，检验检疫局指定的饲料生产加工企业进口自用散装饲料原料，可直接调运，免于加施标签。根据《进出口饲料和饲料添加剂检验检疫监督管理办法》《中国允许进口粮食和饲料种类及输出国家/地区名录》及配套文件，境外生产企业拟出口不在允许名单中的产品，可向出口企业所在国官方主管机构提出，由出口国向国家市场监督管理总局提交申请，进行风险分析，根据风险分析结果，制定调整并公布允许进口饲料的国家或者地区名单和饲料产品种类。

五、欧盟对宠物食品、狗咬胶加工厂及其产品的检验检疫要求

1. 对宠物食品、狗咬胶加工厂的要求

1）应具有足够的设施确保安全地存放和处理进厂原料。①应有非露天场所接收进厂原料；②工厂结构便于清洗消毒，地面便于排水；③应有足够的厕所、更衣室、洗手池供工作人员使用；④应有适当的有害生物防控设施；⑤如果必要，工厂应具备足够容量的有温度控制的存放设施，以保证产品保存在合适温度下，并能进行温度监控和记录；⑥应具备对接收原料的装载容器或仓库、运输工具（船舶除外）进行清洗消毒的设施。具备对运输工具轮胎进行消毒的足够设施。

2）应具有足够设施确保按要求处理生产后的动物副产品残余废弃物，或者将这些残余废弃物送往其他处理厂、焚化厂或共同焚化厂处理。

3）应有符合要求的废水处理系统。

4）符合欧盟（EC）No 1774/2002条例规定的生产要求。

5）根据加工工艺建立并实施监控和检查关键控制点的方法。

6）根据不同产品，抽样送畜牧兽医主管部门认可的实验室检测，检查是否符合规定标准。

7）加工厂应保留上述4）和5）项的相关记录，以便检疫检验机构检查。各种检查和实验室检测结果至少保存2年。

8）上述1）～5）项中有关检测结果或者其他表明对动物健康和公共卫生存在危害时，应报告检疫检验机构。

2. 加工要求

（1）罐装宠物食品　使用 F_0 值不低于3的热处理方法处理。

（2）非罐装宠物食品

1）必须经过至少90℃的彻底热处理，或者动物源性成分经过至少90℃的热处理，或者完全使用符合下列要求的动物源性成分：经过至少90℃的彻底热处理肉或肉制品；已按照欧盟（EC）No 1774/2002的要求加工的动物副产品或制品：奶和奶制品，明胶，水解蛋白，蛋制品，胶原质，血液制品，鱼粉、炼制的油脂和鱼油等动物蛋白，磷酸氢钙，磷酸钙或内脏调味料。

2）热处理后，应采取有效措施保证产品不被污染。

3）产品用新的包装材料包装。

（3）狗咬胶

1）加工过程中应进行充分加热处理，以杀灭病原体。

2）热处理后，应采取有效措施保证产品不被污染。

3）产品用新的包装材料包装。

3. 产品要求

1）不得含有禁止使用的药物和添加物。

2）允许使用的药物残留不超过限量标准（MRL）。

3）沙门菌，25g产品中不得检出，$n=5$，$c=0$，$m=0CFU/g$，$M=0CFU/g$。其中，n 为检测的样本数量；c 为细菌数量位于 m 和 M 之间的样本数量；m 为细菌数量的阈值；M 为细菌数量的最大值。

4）肠杆菌，1g产品中，$n=5$，$c=2$，$m=10CFU/g$，$M=300CFU/g$。

4. 对宠物食品、狗咬胶加工厂自检自控的要求

1）必须建立、实施并维持根据HACCP原理制定的长期操作规则，重点包括：①确定并控制工厂内关键控制点。②建立并实施如何检查和监控关键控制点的方法。③如果是加工厂，抽取代表性样品，以便检查以下项目：ⅰ每批生产的产品都符合欧盟（EC）No 1774/2002条例规定的要求（对微生物的要求）；ⅱ符合欧盟立法规定的最大残留限量。④须保留与上述②项和③项相关的各种检查和实验室检测结果记录至少两年，以便主管机构检查。⑤建立起能确保对每批产品进行溯源的体系。

2）如果抽样检测上述③项时，发现检测结果与本条例不符，加工厂经营者须做到以下几点。①立即向主管机构通报样品的详细情况和产品生产批次；②找出不符合因素；③在主管机构监督下，对污染批次的产

品进行再加工或者处理；④在主管机构监督下再加工前，确保没有可疑或已知污染的产品离开加工厂，并由官方进行重新采样，确保符合本条例制定的标准，否则将产品进行处理；⑤增加采样和检测次数；⑥检查与检测样品相关的动物副产品记录；⑦调查加工厂内消除污染和清洁处理措施。

5. 输欧宠物食品和狗咬胶检验检疫监管要求

检疫检验机构应对宠物食品注册登记加工厂进行定期监督检查。

1）检疫检验机构对已注册登记的宠物食品和狗咬胶加工厂的检查和监督按照如下要求进行。①检查工厂厂房、设施和员工的一般卫生状况；②检查工厂按照欧盟（EC）No 1774/2002的规定自检自控的情况，尤其是检查实验室检测结果的有效性；③检查加工后的产品标准。应依据科学公认的方法进行分析和检测（优先采用欧盟法规规定的方法，如果没有，采用国际公认标准，如果还没有，采用国家标准）；④存放条件。

2）采集实验检测所需的样品。

3）进行其他必要的检查。

4）为了执行欧盟（EC）No 1774/2002规定的职责，检疫检验机构有权力在任何时候进入加工厂任何部门并检查记录、商业单证和卫生证书。

5）根据HACCP体系，按照工厂大小、生产产品类型、风险评估等因素来确定检查和监督频率。

6）检疫检验机构检查发现加工厂有一个或多个与要求不符合的问题时，须采取适当措施。

7）每个检疫检验机构必须列出并在网上公布其辖区内已获注册登记工厂的名单和注册登记编号，适时更新维护，并向上级检疫检验机构及时报告注册登记工厂名单的相关信息。

第十章 动物卫生与动物福利监督

第一节 动物福利概述

动物福利是指最适合动物生活的条件，即动物处于卫生的、舒适的、良好的营养状态，能够安全地表达自主本能行为，不受疼痛和恐惧或其他痛苦折磨的良好状态。良好的动物福利要求有疾病预防和兽医监护，有较好的畜舍、管理、营养、文明对待等。

一、动物福利的指导原则

1）动物卫生与动物福利之间是最重要的关系。

2）动物的五项自由是动物福利的普遍共识：无饥渴和营养痛苦的自由，无恐惧和疼痛折磨自由，无生理和过热痛苦，无痛、伤和疾病的自由，能够表达本能正常行为的自由。

3）"3R"（减少，替代和优化简称）是对待动物科学原则之一：即减少动物的数量、精良的实验方法及非动物技术取代技术。

4）动物福利的科学评价要考虑各种因素，尽可能平衡这些因素。

5）农业和科学研究中使用动物、伴侣动物、消遣娱乐中相关动物等都是为人类福利做贡献。这些方面要考虑动物福利问题。

6）动物携带者具有伦理责任，必须能够保证实际上的动物福利原则。

7）农场动物福利的改善可以促进产量上升和食品安全，促进经济利益提高。实施动物福利基本原则是从源头防控畜禽疫病发生的保障。

二、动物福利与动物产品安全直接相关

1. 动物福利是国际贸易需要

随着国际动物福利组织、国际环保组织及欧盟等相关国家和地区对动物福利要求的日益提高，以及我国加入WTO后，畜禽产品的出口日益受到相关国家和地区关于动物福利方面新的技术壁垒，作为企业社会责任的一种重要体现形式，在畜禽养殖过程中对动物福利的关注程度，直接影响到其产品出口、畜禽养殖业的持续发展。

现代规模化养猪场中，饲养环境较为单一，生猪正常行为得不到发挥，常导致刻板行为、转圈、咬尾等异常行为发生。饲养环境中增加各种物件，即使用环境富集技术或设备，使生猪在采食、刨草料等行为上花费更多的时间，从而避免不良行为发生，改善生猪福利。例如，欧盟福利法规中规定：需要给猪提供玩具（稻草、干草、木头、链子等），否则农场主会被罚2500欧元。农场主可以在猪舍里放置可供操作自如的材料，以此来改善猪福利。

2. 人道养殖认证标签

在发达国家，人们考虑到家畜与人类之间的密切关系，强调在饲养、运输和屠宰家畜过程中，应该以人道方式对待它们，尽量减少其不必要的痛苦。许多国家更是制定法律，强制执行动物福利标准。英国等欧洲国家从1911年相继制定了《马丁法案》《动物保护法》《野生动物保护法》《实验动物保护法》《狗的繁殖法案》《家畜运输法案》等法规强化动物福利。自1980年以来，欧盟及美国、加拿大、澳大利亚等国家和地区先后都进行了动物福利方面立法。

随着动物福利组织在世界范围内的蓬勃发展，WTO规则中也写入了动物福利条款。北欧国家挪威于1974年就颁布了《动物福利法》。该法规定，为使家畜如牛、羊、猪和鸡等免遭额外痛苦，屠宰前一定要通过二氧化碳或者快速电击将其致昏，再行宰杀。德国于1986年和1998年分别制定了《动物保护法》和《动物福利法》。这两部法律都规定，"脊椎动物应先麻醉后屠宰，正常情况下应无痛屠宰"。

在我国相当数量的屠宰场内，屠宰一个动物时是在众多动物的面前进行的，动物眼睁睁地看着自己的同伴被屠杀，在极度恐惧的情况下，动物体内会由于应激反应而产生毒性物质，人们吃了这样动物的肉对健康是不利的。现在《中华人民共和国动物防疫法》也明确了动物福利机制。

2003年，美国开始将在符合动物福利标准条件下生产的牛奶和牛肉等产品贴上"人道养殖"认证标签。这个项目是由一个独立的非营利组织——"养殖动物人道关爱组织"（HFAC）发起的，并得到了美国一些动物保护组织的联合支持。新的"人道养殖认证"标签是向消费者保证，提供这些肉、禽、蛋及奶类产品的机构在对待家畜方面符合文雅、公正、人道标准。

欧美等发达国家消费者在畜禽产品消费上首要关心3点：①畜禽产品是否安全，对消费者自身健康是否存在潜在风险；②畜禽产品在生产过程中是否损害环境；③畜禽产品的养殖场是否执行动物福利规定。从2004年开始，欧盟市场出售的鸡蛋必须在标签上注明是自由放养还是笼养的母鸡所生，欧洲正逐步淘汰和废除用铁丝笼子饲养蛋鸡。

3. 我国未来的 GAP 认证将会增加动物福利的有关条款

GAP采取分级评价的方式，按照各关键控制点的重要性和必要性划分为3级。一级关键控制点基于通用HACCP的所有食品安全事项和与食品安全直接相关的动物福利事宜；二级关键控制点增加其他的动物福利、工人福利和环境保护，强调可持续发展；三级关键控制点增加动物福利、工人福利和环境保护，以及保证的改善措施。

三、动物福利的科学基础

1. 福利内涵

动物福利是一个寓意非常广泛的概念，主要涉及动物的生活质量，包括上述的"五大自由"；从农场动物的饲养管理、畜舍环境、疫病防控、人员操作、宰前处置、击晕等方面设置具体的技术参数，这才是真动物福利科学。

2. 科学评估

动物福利科学评估在近些年发展快速，形成了已有的动物福利基础。

3. 不良评估

包括与伤害、疾病和营养不良有关影响功能程度评估的动物福利的一些措施，其他包括提供动物需要和影响饥饿、疼痛和恐惧状态信息的措施评估，经常涉及动物嗜好、动机和讨厌的程度，涉及生理的、行为和免疫学变化或动物对各种环境变化应对的影响。

第二节　海洋运输动物福利

海洋运输涉及黄牛、水牛、鹿、骆驼、绵羊、山羊、猪和马，也可以是其他家畜禽，在运输上尽量以最短时间到达。

一、动物行为

运输途中需要了解动物习性或对动物行为有经验者陪伴。动物个体或群体行为因饲养、性别、温度、年龄及处理方式而表现出较大差异，特别是一些性情特殊的动物行为如对其他动物表现敌意都要关注到。一些动物希望控制自己的空间，这就要考虑涉及增加一些或减少一些装备。动物对陌生人都要保持一定距离，处理者不要突然进入畜群中，以免造成突然惊吓。

二、职责

凡是与动物海运有关的人员，在运输期间动物福利对每个人来说都是非常重要的职责。

1. 一般职责

出口商、进口商、动物拥有者、商业代理、货运公司、船的主人和设备拥有者对动物都要履行保持卫生和舒适程度的责任，无论是否换乘船只。

选择合适船只以方便陪同人员照顾动物；制订应急计划，包括如何应对不利天气条件的影响，使动物的应激反应降至最低；正确装卸，适当进行食物、水源储备，具有空调设备以应对不利天气，定时检查，应对随时突发情况；根据国际、国家相关法律处理动物尸体。为履行上述职责，运输团队必须具备相应资格、可利用的设备、人道处理和动物看护能力。

2. 特殊职责

1）出口商职责：组织、进行和完成运输任务，无论转包与否都应负起这些责任；保证设备和医疗条件；具有有资格处理动物相关事宜的足够专业人员。

2）动物拥有者职责：在兽医建议下对动物进行选择。

3）商业、购买/销售者职责：在兽医建议下对动物进行选择；利用适当的装备进行装卸、运输并准备应急措施。

4）船只主人职责：提供船上动物需要的适当储备。

5）装船时设备主人责任：提供动物需要的适当储备；提供适当数量人员，以保证最低应激状态装卸和避免伤害；适当的设备降低动物患病机会；适当的应急设备；提供适当的设备以备兽医在需要时以人道方式杀死动物。

6）卸船时设备主人责任：提供适当设备卸载动物或中转动物，具有适当遮蔽场所、水和饲料；以人道方式进行装卸动物。

7）进出口国家主管部门责任：建立动物福利最低标准，包括运输前和运输途中动物检查的要求、验证和记录；检验固定和运输设备、笼具、船只等；具有动物管理和设备处理者相关标准；装动物时对动物卫生和福利进行监控和评价。

8）兽医人员或无兽医人员时的动物管理者责任：运输途中以人道方式对待动物，包括应激状态动物的人道屠杀；具有独立报告和处理能力；每天都能掌握最新动物卫生和福利状况。

三、专业能力要求

专业人员按照上述所列职责在海运期间执行各自职能，这些职能通过正规训练和实践经验获得。对动物管理者的最低要求：对动物海运计划，动物存在的适当空间、饲料、水和空调条件，动物装卸福利，动物一般行为（如疾病、应急、痛苦及疲劳表现等），一般疾病预防程序，装卸动物的最佳方式，动物的特殊照顾，路途记录的了解能力等。

第三节　陆地运输动物福利

陆地运输涉及黄牛、水牛、鹿、骆驼、绵羊、山羊、猪和马，也可以是其他家畜。陆地运送动物应考虑最短时间到达。

一、动物行为

对于陆地运输的动物应该由有经验和能力的人员进行运输管理，它们对动物的各种行为有较好的理解，并以此保障动物福利和进行运输保障工作。动物个体或群体行为与饲养、性别、性情、畜龄及养护方式有关。一般来讲，最好是接近放牧和自然本能状态。有些动物因群体混居容易造成伤害就不要混群，在装卸动物时要考虑个体适当的空间，如装卸设备、运输用具等。

当人接近动物时家畜都有躲避本能，因此，接近动物时要保持一定距离。动物对于气味敏感，气味有可能给动物带来不良反应；家畜对声音比人敏感，远距离低音和突然噪声都能引起恐慌，应尽量避免。

在运输途中尽量减少动物的焦躁不安，如潮湿地面或光亮金属反光刺激，可移去强光源；在光线暗进口时，灯光不要直射眼睛；动物不要直接看到运动的人员或在动物头上装有设备；进入通道要有弯路，不要直接通到末端；不要有不平地面和突然下坡路面；不要有噪声；门或终点尽量使用橡胶而不要用金属装置；气流不要直接吹到动物身上，最好采用间接方式。

二、职责

（1）动物拥有者和管理者职责

1）保证旅途中动物一般卫生、全面福利，对动物进行人道处理。

2）保证兽医和其他认证要求。

3）动物管理者要具备相应的处理突发事件的能力。

4）在装卸期间要保证有足够的处理人员。

5）保证良好设备和兽医协助人员。

（2）商业代理或购买者/出售者的职责

1）选择适合陆地运输的动物。

2）选择适当的设备。

（3）运输公司、运载工具拥有者、司机的职责

1）针对不同动物种类选择适当的运输工具。

2）保证训练有素的职工装卸动物。

3）有经验的司机操作。

4）制定最贴近的应急计划。

5）制定运输计划，包括装车计划、旅途持续时间、休息场地等。

6）采取正确的装载方式。

7）实施实际运输途中的动物福利。

（4）运输开始、中间休息和终末点的设备管理

1）提供适当的装卸动物场所，保证水和饲料供应，提供天气突变的必要设备。

2）有足够的人员进行操作，以最小应激反应和最小伤害对待动物，尽量减少动物感染机会。

3）卸下动物后要有洗刷和消毒设备，当需要时能够人道杀死动物。

4）能够保证足够的休息时间，并以最短时间到达。

（5）主管部门的职责

1）制定运输动物的基本标准，包括运输前、中、后，并有相关记录。

2）制定动物运输设备、运载工具和笼具标准。

3）制定参与人员保障动物福利的能力标准。

4）监控和评价动物福利的实施能力。

5）准时到达。

（6）进行福利训练 所有参与人员包括兽医都要进行适当动物福利训练。

三、专业能力要求

基本同海运。

第四节　空中运输动物福利

一、家畜笼具

（1）设计 设计一般原则：空运动物笼具大小一般为224cm×318cm＋224cm×318cm；不要有伤害动物卫生和福利的材料；能够观察到动物并有航空标志在背侧，以便知道上下位置；紧急时能够接近动物；动物能够以自然站姿但不要触顶；保证粪便和尿液不漏掉。保证充足的气体条件，如笼具装载动物要有一定密度，有正常休息和睡觉的空间。

（2）不同种类动物的不同要求 一般而言，脾气暴躁的动物或怀孕后期的动物不宜空运（表10-1）。

表 10-1　不宜空运的动物或动物所处状态

雌性动物	与雄性动物接触后的天数/d
马	300
母牛	250
鹿	170～185
绵羊	115
山羊	115
母猪	90

1）马，应该以分割式笼具或板条箱运输。

2）猪，猪对热和潮湿非常敏感，板条箱通气要好，要有一定强硬度，防止猪的啃咬，垫草要无尘，不要用锯末；如果一个笼具装多猪只，不要将其他窝的猪装进同一笼中，以免打架受伤，易打架的公猪和成年公猪要有单独笼具。

3）牛，成年牛必须分开笼具运输，否则牛角等易造成伤害。

4）其他动物，具有牧群习惯的动物如水牛和鹿，应分组装进笼具，以考虑其精神和生理特征，笼具要带顶棚，否则动物易逃离；角不能去掉的就单独放入笼具中。

二、怀孕动物

原则上怀孕动物是不能空运的，除非特殊情况。一般而言，脾气暴躁的动物或怀孕后期的动物不宜空运。表 10-1 所列是不宜空运的动物或动物所处状态。

三、空运笼具内的动物密度

在空运动物时要获得准确的动物重量信息，由于飞机身体狭长，因此多采用上下两层笼具，如果运输时间超过 24h 建议动物密度减少 10%，但密度要足够大，以防止摔倒。需要以留有动物卧下和起立时不受到伤害的空间大小为前提（表 10-2）。

表 10-2　空运笼具内动物建议密度

动物品种	质量/kg	密度/（kg/m²）	空间/（头/m²）	动物单体数量		
				214cm×264cm	214cm×308cm	234cm×308cm
小牛	50	220	0.23	24	28	31
	70	246	0.28	20	23	25
	80	266	0.30	18	21	24
	90	280	0.32	17	20	22
成年牛	300	344	0.84	6	7	8
	500	393	1.27	4	5	5
	600	408	1.45	3~4	4	4~5
	700	400	1.63	3	3~4	4
绵羊	25	147	0.17	32	37	42
	70	196	0.36	15	18	20
猪	25	172	0.15	37	44	48
	100	196	0.51	10	12	14

四、空运家畜的准备工作

（1）**卫生和关税**　从法律要求看，包括动物卫生、福利和不同动物种类特殊管理。

（2）**环境**　高度潮湿和高温对动物影响是非常大的，其设备或笼具要充分考虑这些情况，最好是在较凉爽时候进行。

（3）**设施和设备**　能将动物固定好和装载上的设施和设备，如坡道、卡车和空调设施，也包括相关工作人员（电话号码和地址等，便于联系）；笼具须保证运输全程能够接触到动物。

（4）**动物的准备**　离港前必须所有动物注射相关疫苗，之前几周兽医人员进行感染病原的情况体检；许多动物有适应性过程，如猪和野生食草动物要分开管理，但在一个较大范围内群集，如果离港前突然混合会造成应激反应。脾气暴躁的动物应该单独或隔离运输。

五、消毒和灭虫

（1）**消毒**　动物用具都应该以适当方法消毒，一般用 4%碳酸钠、0.2%枸橼酸钠喷洒，消毒后都要用清水洗净。

（2）**灭虫**　根据情况不同选择不同的方式。

六、安静化措施

经验证明动物处于安静状态空运是危险的，安静状态使动物应急能力减弱。一般不建议使用此种方式，但一些动物如马和大象，一般都是站立休息，在兽医或非常专业人员的指导下进行安静状态处理也是可取的。

七、动物尸体处置

空运动物途中死亡，尸体应在飞机所在国兽医管理局的监督下进行处置，处置方法应以引入受控制疾病的风险为基础，对于有患病高风险的尸体到达目的地后，建议采取以下措施：①在兽医权威的监督下，通过焚烧、精炼或深埋来销毁；②如果从机场现场撤离，则用一个封闭的防漏容器进行运输。

八、紧急屠宰

空运期间必要时的紧急屠宰必须采取文明且减少痛苦的方式进行，而且必须是在飞机、全体人员和其他动物安全的前提下。马和其他大型动物屠杀时需要讨论可能合适的方式。

1）绑紧后注射致死性化学药物。

2）化学药物包括镇静药物和致死药物。中枢神经麻痹性药物用静脉注射，必须由有经验或经过训练人员操作。

九、食物和废物处理

空运后所用的食品、动物饲料、器具、笼具等在特定区域收集起来，装入密闭容器中。建议焚烧成灰；加热使内部温度超过100℃，30min；埋掉。

第五节　动物屠宰中的福利规则运用

一、一般规则

1. 目的

对食用动物屠宰前、过程中和死亡时要保证其福利的实施，以使运输、待宰围栏中、待宰和屠宰的动物不要产生应激反应。

2. 有关人员

对动物装卸、驱赶、进出围栏、看护、待宰检验、麻醉、屠宰和放血的人员在动物福利实施中起到重要作用。因此参与这些工作的人员要有足够的数量和相应的素质，其素质是通过训练而获得。屠宰加工必须符合动物福利要求。

3. 动物行为

动物处理者应该是有经验和相关能力，能理解动物行为的人员。由于动物种类多，行为各异，许多家畜喜欢放牧式方式，独处；有些放到一起就可能造成伤害，不要混放，要考虑个体空间问题；对接近的人员，家畜都有逃避特性，对驱赶动物或围栏中观察动物要保持适当距离；动物的味觉很敏感，有些味道可引起恐惧或其他不良反应；听觉也很敏感，不要产生过多噪声。

4. 引起烦躁的因素和处理

烦躁可引起动物停止或停滞不前，要排除这些干扰因素。

1）光亮金属或潮湿地面反射，应除去灯源或遮挡光线；暗门进入时，光线不要直接照射动物眼睛。

2）通道尽量不要直通末端，要有一定弯曲；过道不要有易滑脱的链锁等物品，以免刮伤动物；不平地面或突然破路易产生惊吓，固体硬质地面最为合适。

3）窄的过道或门处应以橡胶等软质材料接触动物，防止金属互相碰撞。

4）空气流通时尽量不要直接对着动物。

二、动物转运和处理

1. 一般考虑

应以最小损害动物健康和福利的方式将动物转运到屠宰场。如下是动物卸载、转运到宰前围栏、出围栏进屠宰间的一般原则。

1）对到来的动物都要对其福利和卫生状况进行评估。

2）有伤或有病动物要求以人道方式立即屠宰，但必须是允许的非烈性传染病。

3）动物应以自然速度行走，不要强行驱赶，防止摔倒或伤害。

4）准备屠宰的动物不要驱赶到其他动物前面。

5）动物以避免伤害、应急或受伤的方式处理，如抓尾巴、刺激眼睛等方式尽量避免。

6）当使用刺激物或其他方式时，应遵循如下原则。①当动物没有空间去运动时，不要武力或用刺激物方式驱赶，点刺激仅用在特殊情况下；允许的刺激物如平板、小旗、塑料船桨、塑料囊等；②不要以鞭打或使用刺激物的方式给动物造成痛苦和伤害；③不要大声喊叫或用噪声驱赶动物，这样可能造成动物聚堆或摔倒；④抓起动物不要引起其痛苦或伤害，如仅抓住动物毛、颈、尾、头等引起疼痛或伤害；⑤对有意识的动物不能采用扔、丢等方式处理。

2. 笼具中动物转运的准备

对于笼具中的动物转运要小心处理，不能扔、丢或翻转，尽量水平移动，笼具上要有上下位置标示。勿使笼具的弯曲、穿孔，以免在转运时伤害动物，卸载时尽量单个笼具装卸。笼具转运来的动物尽量快速屠宰，哺乳动物和平胸鸟类不要送到屠宰间，适当饮水，屠宰禽类要一直饮水。

3. 固定或绑定动物的相关准备

1）动物致晕或不致晕屠宰固定的福利。①提供非易滑地面；②固定设备不要施加太大压力，以引起动物挣扎和尖叫；③设备要减少风吹和金属的响声；④不要有尖锐的边缘；⑤固定设备避免突然的拉动。

2）对有意识的动物避免使用引起痛苦的方式，这样可引起疼痛和应激反应，如下方式不可取：①固定脚、腿，举起或悬起动物；②不加选择地使用致晕设备；③对动物脚或腿使用机械性夹具作为唯一的固定方式；④断腿、切断腿筋或致盲动物进行固定；⑤刺伤脊柱或脊髓来固定动物（适当的电致晕除外）。

三、家畜围栏的设计

屠宰家畜围栏设计也要考虑动物福利问题，以避免造成伤害为基本前提，沿着要求的方向动物可以自由行走。

1）从卸载点到屠宰点只有一个可以行走的通路，尽量减少突然拐角。

2）红肉屠宰场、畜圈、通道和疾走路线的设计应该在任何时候都能对动物进行检验，剔除有病或有伤的动物。

3）每个动物都应该有一个自由的站立和卧下的空间，脾气暴躁的动物到达后尽量快速屠宰，避免发生福利问题；动物始终能够得到饮水，尽量清除粪便，减少粪便的特殊气味造成的不良影响。

4）动物的栓系不要产生伤害和应急，不管是站立和卧下，动物都应该接触到水和食物。

5）兽医和家畜管理者都应该在侧面接触动物，动物疾跑路段不要有斜坡。

6）候宰栏应该是水平地面和硬侧面，以便于致晕；候宰栏应该是环形的，但不要有陷阱之类的设计。

7）装卸动物时升降台处应该有门或跳板，大小和高度适当，两侧有防止动物逃跑和跌落的装置，有排水井。

四、围栏中动物的看护

1）动物群体尽可能放到一起，每个动物都有站立、卧下和转身的空间，有敌意的动物应该互相分开。

2）栓系动物时，要允许动物站立和卧下，以免造成伤害或应急。

3）提供床铺材料时，要保持卫生和安全条件。

4）围栏中的动物要保持在安全状态下，看护以防止动物逃跑和捕食。

5）进入围栏开始要有饮水供应。

6）如果动物不能快速被屠宰，要提供一定饲料。

7）为防止动物过热，如猪和鸡，应使用喷水等方式降温，同时，水温与环境差别不要太大。

8）围栏区视野应该很好，晚间光线尽量柔和一些，防止直射，蓝光对禽类有安静作用。

9）对围栏内动物的卫生状况，兽医至少每天早上和晚上检查一遍，如果动物患病、虚弱、受伤或有可见的应激反应，必须分开，根据兽医建议，尽快人道屠宰。

10）哺乳的动物尽快屠宰，乳用动物紧张明显，可以通过采乳以缓解紧张情绪。

11）在运输途中或围栏中生产的动物尽快宰杀，幼畜要有吸奶的福利照顾，哺乳期幼畜不能运输。

12）有角的动物要分开管理。

五、怀孕动物屠宰时胎儿的处理

正常情况下怀孕动物是既不能运输，也不能屠宰的，如果屠宰，怀孕母畜也要分开处理，同时胎儿的福利要有保障。母体被从颈部或胸腔切开后，5min内从子宫取出胎儿。如果胎儿成熟的话要防止肺气胀。如果胎儿已经死在子宫内，胎儿的各种遗留物就不要收集。如果死胎母体被从颈部或胸腔切开15～20min后胎儿还未从子宫除去，胎儿的尿液、胎盘和胎儿组织应收集起来。如果怀疑胎儿还活着，就要以人道方式杀死。一般来讲，不要求抢救胎儿。

第六节　控制流浪犬群的动物福利规则运用

流浪和野生犬科动物引起严重的人类卫生、动物卫生和福利问题，同时也引起社会经济、公共问题，如犬引起人兽共患病狂犬病。兽医服务在控制人兽共患病和保证动物福利方面起到非常重要的作用，包括养犬数量控制和公共卫生等。要使养犬的主人认识到控制流浪犬的数量直接关系到人兽共患病的控制，犬的生态学与人类活动有密切关系，控制犬群数量与人类行为改变也有密切关系。

一、控制犬群的目的

1）改善流浪犬群和养犬人的卫生与福利。

2）减少流浪犬数量以达到可接受水平。

3）促进有责任的物主关系。

4）减少流浪犬的狂犬病和改善免疫状态。

5）减少其他人兽共患病的风险。

6）提高环境质量和对其他动物的伤害。

7）能够防止非法贸易与交易。

二、管理人员的责任与素质

1. 兽医主管部门

兽医主管部门有责任配合其他政府部门实施动物卫生和福利法规条款，对地方流行性人兽共患病如狂犬病和寄生虫病需要兽医主管部门的技术指导，并对动物卫生和公共卫生负有相关责任。但组织和监督犬群计划可能是非政府组织负责。

2. 其他政府部门

其他政府部门的责任依据处理的风险大小和控制狗群措施的目的有所不同，农业农村部负有公共卫生和控制人兽共患病的领导责任，控制流浪犬一般与公共卫生有关，因此，公共卫生部门负有一定责任，但地方政府负责公共卫生或安全的部门责任更大一些。环境保护部门也有相关责任，因流浪犬威胁人类健康和破坏优美环境，这类部门可以采取措施控制流浪犬不要接近废水或人类垃圾。

3. 私有行业兽医

私有行业兽医有责任对养犬人提出建议，他们在疾病调查与监控方面起着非常重要的作用，一般都是他们在第一现场发现人兽共患病，如狂犬病。因此，私有行业兽医有责任遵循兽医主管部门建立的规程，报告所发现的如狂犬病等犬的可疑人兽共患病。他们在处理被人们忽视的流浪犬和无人管理犬所引起的公共问题方面起到非常重要的作用。这些兽医人员有责任与能力处理犬的卫生和犬群控制，包括在没有主人的情况下犬的卫生检验、免疫预防、鉴别，并可提供犬舍。私人兽医与官方兽医主管部门有两种方式进行交流，兽医专业组织是重要的交流平台。

4. 非政府组织

非政府组织是兽医服务的重要伙伴，对于获得公共卫生预警、解读和帮助获得控制流浪犬群计划实施是不可或缺的组成部分。它们可提供当地犬群和犬拥有者的相关信息，有经验处理并能提供犬舍及各种消毒措施，也能够对犬的主人进行公共卫生教育。

5. 地方政府部门

地方政府部门在其管辖权范围内有责任与卫生、安全部门和良好的公共卫生服务提供职责，当然对流浪犬的社会问题也应该是其职责范围内的事情，应该与非政府组织、私有化兽医等共同控制流浪犬问题。

6. 养犬人

养犬人应该考虑对犬负担的责任，保证其应有的福利如行为需要，尽可能对其尊重和保护，防止其患传染病，定期消毒。确立主人关系，一般城市都有管理部门，需要登记和交管理费用等，要确保其不要发生社会和环境问题。

三、控制措施

1. 教育及宿主的法律责任

鼓励养犬人负有更多责任，防止犬的流浪，改善卫生和福利条件，降低公共交流的风险。通过立法和教育使养犬人具有更强的责任感，减少流浪犬群数量；通过政府部门、动物福利非官方组织、流浪犬收留俱乐部、私人兽医和兽医组织共同配合维持控制计划。

对养犬人进行教育需要着重如下5方面。

1）了解对犬和仔犬看护和实施福利的重要性，注意对环境的保护和相关训练。

2）注册和登记，明确犬的身份，具有合法性。

3）疾病特别是人兽共患病的预防。

4）预防对社会负面影响的发生，如对环境污染、对人健康造成威胁（如咬）或引发交通事故，对其他狗、野生动物、家畜和其他伴侣动物发生疾病或其他风险。

5）控制犬的繁殖。

2. 注册和登记

犬群控制计划的核心部分之一是犬的登记和鉴别，这要求具有允许饲养的证件。注册和登记时强调养犬人应该负有相关责任，该责任主要与动物健康有关，如定期免疫和追踪。注册和登记资料具有法律效力，便于丢失犬的主人寻找。

3. 繁殖控制

通过繁殖控制计划可控制犬的总体数量，需要政府或权威部门、犬主人及兽医的配合。繁殖控制计划包括：①外科绝育；②化学绝育；③化学避孕；④母犬与非绝育雄犬发情期分开。

4. 清除和处理

兽医主管部门以人道方式捕捉、运输和看护流浪犬，捕捉时尽量少使用暴力。

对于能找到主人的归还其主人，但要注意观察是否有狂犬病表现。看护期间要做好福利保障。

（1）**犬舍的最低标准**　　选择在容易排污、具有水和电的房舍处，还要考虑环境和噪声问题；房舍大小合适；疾病控制实施和检疫设备。

（2）**一般处理**　　适当的净水和食物；合适的卫生和清洁条件；常规的检查；健康和兽医处理监督；了解归家、绝育和安乐死政策和规则；保障犬的安全和适当处理训练；记录和向兽医主管部门报告。对于其中各项措施的采取都要考虑福利问题。

（3）**商业交易规则**　　犬的饲养者和交易者愿意进行健康犬的贸易，而对于部分不健康犬可能抛弃，使其成为流浪犬，商贸规则要求提供饲养者和交易者：在交易时提供方便设施，提供适当食物、饮水和睡觉设施，适当活动，提供兽医看护和疾病控制，定期检查（包括兽医检查）。

（4）**减少犬互咬机会**　　法规中规定犬的主人具有看护自己犬的责任，包括互相撕咬和咬人等危险行为，否则会受到惩罚。小孩是最易受到犬咬的危险群体，针对犬的行为等进行公共教育可减少这种危险的发生。

第七节　动物生产中福利运用与产品质量

动物福利与畜产品质量安全的关系：动物福利直接影响畜产品质量安全，如饲养管理的好坏会影响动物的生长速度、蛋白质和脂肪的含量、瘦肉率、屠宰率、健康状况等，饲养环境、运输环境直接左右动物体内有害物质的产生，用料、用药、免疫等因素决定了产品的品质和安全性。

环境福利：指猪、牛、羊等中大动物的饲舍环境，主要针对不同生理阶段的猪只等，给予不同的温度、湿度、风量和风速等小范围的气候条件，或是说猪舍环境条件及其人为的管理条件等。

饲养福利：指猪、牛、羊等中大动物的饲养环境、工艺、设备及饲养管理等方面的"福利标准"，从环境条件、饲养管理入手，加强饲养工艺的改造，提高动物生产水平。

一、饲养福利与产品质量

1. 营造畜禽生长的舒适环境，关注动物行为

把养殖场建在远离居民区、学校500m或1000m以外，远离主要交通道路、畜禽交易场所1000m或1500m以外的地方，减少或杜绝传染病的传播，给畜禽安静、安全的生长环境。场区布局合理，生活区、管理区、生产区、隔离区相对分离，净污道、净污沟分设，粪、尿、污水、废弃物作无害化处理（如建沼气池、氧化塘等），保证畜禽健康生长。

规范用料、用药制度，杜绝不当用药和因追求经济效益而乱用料或在饲料中添加瘦肉精、激素等违禁物品的行为，维护畜体健康。

近年来，我国养猪业有了长足的发展，规模化、现代化的饲养方式大大提高了生产力水平，满足了消费者对猪肉的需求。同时，这种养殖方式的弊端也日益暴露出来，高密度饲养导致猪的生存环境恶化，从而引发疫病流行。我国每年饲养的活猪因疫病死亡率为5%~20%，造成了极大的经济损失，同时也影响了人类的健康。

目前在养猪方面主要存在以下福利问题。

（1）猪栏福利　　猪栏合理的设计不仅能满足猪的正常休息和活动需要，同时能为经营者创造更高的经济效益。在工厂化养猪生产中，妊娠、哺乳母猪在妊娠期和哺乳期均采用限位栏饲养。在限位栏中妊娠、产仔和哺乳，虽然便于对新生仔猪进行护理和保温，可减少母猪踩压仔猪的危险，防止仔猪饥饿、扎堆和疾病等。但这种饲养方式使母猪始终朝着一个方向，无法自由活动，处于枯燥乏味的环境中，运动量减少，从而导致母猪分娩时间延长、难产，消化不良，断奶后母猪发情效果差，肌肉萎缩，骨质疏松，母猪肢蹄性疾病增加等。单体限位栏忽视了猪的福利，母猪没有机会显示挖掘、探寻和做窝等正常行为，使母猪的福利水平低下，表现为挖掘地面、咬嚼栏杆及皮质激素水平升高等应急现象，母猪的利用年限缩短，生产水平下降。保育猪栏舍较侧重于保温，而忽视仔猪爱嬉闹、喜用吻突摆弄物体和挖掘地面的行为习性，虽然有的养猪场在栏里放一些橡皮球、砖块、铁链等物以满足保育猪的生理需求，但效果并不理想。

（2）猪舍环境福利　　猪舍环境条件应满足猪对温度、湿度、光照、通风换气的要求。但多数猪场舍内小气候环境稳定性差，夏季高温高湿，冬季低温高湿。生长肥育猪舍应便于分区（采食区、休息区、排粪区）。应满足猪群同时侧躺所需要的空间。有明显不良行为的猪只应转离原群。在保育猪栏舍的设计上，不仅注意保温，而且要满足仔猪爱嬉闹、喜用吻突摆弄物体和掘地的行为要求，可在栏里放一些橡皮球、砖块、铁链。在休息区上方0.8m左右处，设置"玩具"（经消毒处理后内放小石子的易拉罐），以满足仔猪嬉闹、玩耍的行为特性，使猪在新环境中不紧张、不枯燥。避免由于并群而引起的相食症及打斗行为。猪栏要光滑无尖刺等，防止损伤猪的耳朵、皮肤等。

（3）猪舍环境福利存在的问题　　通风不良、空气污浊等都会严重影响猪的生产力和抗病力，降低饲料利用率，导致各种疾病的发生，尤其是呼吸系统疾病严重。猪舍环境福利存在以下问题。

1）空气质量差：现在猪场以自然通风为主，舍与舍之间间距小，达不到通风换气的目的。舍内粪尿的臭气、NH_3、H_2S、CO_2、粉尘等超标，造成猪舍环境恶化。

2）饲养密度过高：过高的饲养密度不仅影响猪舍的环境质量，还会导致猪无法按自然天性进行生活和生产，使猪的定点排粪行为发生紊乱，圈舍内卫生条件变差，增加猪与粪尿接触的机会，从而影响猪的生产性能和健康状况。过大的群体还会增加猪的争斗，导致身体受伤、尿中肾上腺皮质激素含量增加、体重降低、采食和饮水减少。受到攻击的猪产生不良后果。

3）环境过于单调：目前，国内广泛采用的圈栏饲养模式，圈栏内除必要的饲养设施外，没有让猪表现其天性行为的设施设备，造成猪的生活环境十分单调，使猪的啃咬、拱土等行为受到抑制，表现咬尾、咬耳和拱腹等有害异常行为。保育仔猪舍内空气质量差，仔猪生活在冰冷网床上，不合适的远红外保温灯会灼伤仔猪皮肤，光滑保温板或地面会使仔猪滑倒。

4）地板设计不合理：现在多数规模化猪场都采用全部或局部漏缝地板，可避免猪体与粪便接触，减轻工人劳动强度。然而，水泥漏缝地板表面凉滑，常导致猪只摔倒。有的猪场利用建筑工地的竹胶板等废料作仔猪和保育猪的保温地板，有的玻璃钢加热板很光滑，当猪受到惊吓时常会摔倒、摔伤。金属漏缝地板会导

致母猪乳头受损，蹄及肘部受损伤。睡在混凝土或缝漏地板上的猪会在臀部和肩部产生压痛感，使母猪哺乳时频繁地改变体位，增加了母猪压死仔猪的机会。

（4）改善饲养管理环境 给猪创造一个良好的生活生产环境。饮水水温不能太低或太高，自动饮水器安装高度要适宜，角度要合理，防止水压不足，温度过高或过低，会导致猪饮水减少。饲料要求新鲜清洁，原料无杂质，粉碎细度要合适。不喂发霉的、变质的、有毒的饲料。规范用药行为，禁止大量长期使用抗生素，防止产生耐药性。禁止添加促生长剂。要善待猪只。饲养员必须每天观察畜群的状况，禁止饲养员粗暴地对待猪只，禁止大声吆喝或殴打猪只，转猪时，正确捕捉猪只。

（5）仔猪的福利

1）断奶应急，传统养猪业一般仔猪在8～9周龄时断奶，而且母猪也只有等到合适的时机才重新配种。在宽松型产房或室外饲养时，断奶时母猪可以延长哺乳间隔时间，减少日哺乳次数，所以断奶是逐渐的过程，断奶的生理应急较小。规模化养猪，一般在3～4周龄时断奶，而且在人工断奶时突然中断了母乳供给，断奶应急大。尤其是在3周龄前进行断奶，仔猪还不适应吃固态的饲料，天然免疫系统发育不完善，仔猪抗病力差，应急更为严重。

2）剪牙，为了防止仔猪损害母猪的乳头和相互咬伤，锋利的犬牙一般都要被剪短。在剪牙时应该仔细地剪掉犬齿的尖锐部位，但是饲养员或技术员往往是从牙根部把牙剪掉。所以操作不当时，牙齿可能会破裂，牙龈暴露，容易发生牙髓炎和牙龈炎，降低仔猪的竞争能力。

3）断尾，现代化猪场生长肥育猪群养时，常引起咬尾。而断尾可以成功预防咬尾造成的自残现象。营养、气候、卫生和通风条件等因素会引起猪相食症，所以在干净、干燥、提供干草和以积肥为主的饲养条件下，经常有机会拱土和咀嚼的猪很少表现出咬尾行为。

4）去势，去势会造成仔猪术部发炎和伤口感染。在去势时，特别是在切除睾丸感觉疼痛时会发出尖叫声。部分猪场对仔猪去势的时间为10～15d，而且操作粗暴。欧盟关于猪福利的新法规定，去势应该避免痛苦，并且必须在仔猪7日龄前以有经验的兽医使用合适的麻醉药条件下进行操作。

2. 管理和运输中的福利

在平养圈舍里，当饲养员清扫猪栏时，栏内的猪就会咬扫把或玩耍饲养员的裤腿，这是猪的本能和习性。此时，如果饲养员停下来大声斥骂，甚至踢打猪，会影响猪的采食和休息，使猪处于恐惧、应激状态，不利于动物福利。装载是运输中应激反应最大的阶段，混合运输的猪只会增加活动和争斗，猪血浆中皮质醇的水平升高。装载转群时的粗暴操作，会进一步加剧应激反应。运输速度的变化和震动使猪在运输途中会发生呕吐、咀嚼、口吐白沫、不断呼吸空气等晕车现象。

二、屠宰动物福利与肉品质量的关系

在实际生产中，影响肉品质量的因素有很多，如动物基因遗传、饲养管理、运输处理及屠宰场处理等，这里重点关注屠宰与肉品质量。

1. 屠宰动物福利与肉品质量

在屠宰过程中，如果不注重动物福利，会在很大程度上给动物造成应急和身体的伤害，进而影响肉品质量。屠宰人员的一些不当操作，如电击棒或棍棒的使用、击晕方法不当、放血不完全等，都会影响肉品质量，主要表现为PSE（pale，soft，exudative，白肌肉）或DFD（dry，firm，dark，黑干肉）。PSE肉表面潮湿，肉色灰白，适口性差，多由屠宰过程中的急性应急造成；DFD肉色黑、表面干、肉质硬，易腐败变质，多是运输和屠宰过程中的长时间应急造成。

（1）屠宰前的处理

1）屠宰前休息。畜禽在运输时，由于环境改变和受到惊吓等外界因素刺激，容易过度紧张而引起疲劳，破坏或抑制了正常的生理机能，致使血液循环加速，肌肉组织内的毛细血管充满血液。因此，当动物一卸载就立刻屠宰，肉品质量将受到严重影响。确保畜禽在运输途中的生理需要和足够的空间，营造"观光、旅游"

般的舒适环境，运输前、中、后给予畜禽充足的饮水和必要的食物，避免畜禽产生饥、渴欲。根据需要，途中给畜禽适当的休息，夏避暑，冬保暖，防应急。

一般来说，动物在屠宰前要进行再分组或组群，等待屠宰的时间一般不宜超过12h，最好有2～3h的休息时间，以使动物从运输应急中得以恢复。如果等待时间过长，重组后的个体由于互不相识，极易发生争斗。争斗不但会使动物产生应激反应，还会导致身体部位的损伤而影响胴体品质。同时，经过休息，畜禽胃肠内的残留饲料能够被充分消化，转变为机体有用的营养物质，使肌肉中糖原含量趋于平衡稳定，进而保证肉品质量。

2）屠宰前的淋浴。宰前淋浴有4个优点：一是可以降低体温；二是可以缓解畜禽在运输途中因不适环境所发生的各种应激反应，使畜禽更加安静，减少打斗行为，便于击晕操作；三是可以清洁畜禽体表，减少气味及屠体在加工过程中的污染；四是可以保证取得良好的放血效果。淋浴时间在3～5min为佳，水温最好控制在20℃左右，这样有利于宰杀放血和肉品质量。

（2）待宰设施　　待宰设施包括地面、通道、待宰圈、击晕等。这些设施布局和构造是宰前处置过程中使动物所受应急最小化的关键因素，也是保障肉品质量的重要设备。

1）地面。地面应防滑，避免动物因站立不稳而减慢速度或不愿意继续前行。同时，动物在陌生地面上行走会感到不安，如饲养于网眼型地面的猪会对水泥地面产生警觉并变得小心谨慎。地面应以硬实材料或直接地面为好，防止使用如海绵状质地材料的地面。

2）通道。通道要够宽，两侧应为不透明墙体，尽量减少拐弯，但也不要直通末端，使动物产生茫然感。当动物看到同伴向前移动时，它会被驱使着自动跟着移动。墙体表面最好保持整体上的一致，两侧不透明墙体可以防止动物被干扰或受到惊吓。

3）待宰圈。实践经验表明长窄型带有不透明墙体的圈舍是科学的。它有三个优点：一是可以有效地使动物进行移动；二是墙体面积与地面面积在比例上达到最大值，可以减少动物应急；三是圈舍之间的不透明墙体可以减少动物争斗。

4）击晕间。理想的击晕间应该与圈舍或驱赶通道沿直线相连，这样可以使动物有足够的空间自由地移动至击晕间。击晕间的地面也应该防滑，且与前一段地面不能反差太大，否则会降低动物进入击晕间的速度。

（3）快速屠宰动物的方法

1）击晕。为保障动物福利和肉品质量，通常在屠宰前将动物击晕。常用方法有电击晕和气体击晕，快速击晕可使动物减少应急和挣扎。

电击晕是利用一定强度电流在很短时间内将动物电击致昏的操作，也是目前使用最广泛的方法。电击时电流、电压的强弱直接影响畜禽福利及肉品质量。适当的电流通过畜禽脑部造成实验性癫痫状态，引起畜禽心跳加剧，全身肌肉发生高度痉挛和抽搐，可达到良好的放血效果。电流不足则达不到麻痹感觉神经的目的，使应激反应加剧。为克服电击所致的淤血、出血现象，国内外都在实验应用高压、低频率的电击方法，以减少电击时间。例如，荷兰使用300V电压，15s内完成电击；我国部分肉类加工中心也在使用这种先进的现代化屠宰方法。该法的优点是快速、致昏程度深、放血良好。

气体击晕是利用CO、氩气（Ar）或各种混合气体击晕畜禽。利用CO击晕能降低PSE肉的产生，减少肌肉出现淤血和血斑现象，提高宰后肉品质量。但是这种方法由于代价昂贵，一般只适用于大型屠宰场。同时，CO击晕时，动物会经历丧失痛觉、兴奋和麻醉三个阶段（大约40s），不能使畜禽快速失去知觉，严重影响动物福利。生产上使用CO与Ar或空气与Ar的混合气体可以减轻单纯由CO击晕引起的应急，同时缩短击晕所需时间。混合气体击晕法不仅效果好，对畜禽的应急小，而且还可以改善肉品质。

2）放血。动物放血完全与否是影响肉品质量和商业价值的重要因素。为保证动物福利，放血与击晕之间的时间间隔应当尽量短，避免出现放血后动物因恢复知觉而挣扎的情况。一般情况下，应在击晕后15s之内放血。畜禽放血的方法有切断颈动脉血管法、刺杀心脏法和切断三管（血管、食管、气管）法。选择哪一种放血方法，应根据畜禽状况而定。

（4）实施动物"安乐死"　　改变屠宰场的内、外环境，让畜禽产生"屠宰场"像"饲养场"的感觉。避免畜禽产生宰前恐惧和屠宰痛苦，实施"安乐死"。借鉴国内外一些较好的"动物安乐死"做法，"猪安乐死"：把猪运至屠宰场正常饲养1～2周，消除"旅途"疲劳、应急、恐惧，减少体内有害物质的产生；宰前沐浴、引导进入屠宰通道，同时辅以柔和的灯光和音乐，猪在毫无察觉的情况下被瞬间电击而休克，自动进入屠宰、加工环节。根据需要进行系列检疫、胴体冲淋、金属探测、静置排酸、分级预冷、分割包装、冷藏保存或出售。

2. 训练有素、关爱动物的工作人员

要选择关爱动物、责任心强并有一定专业知识的人员，对其进行上岗前培训，使他们掌握畜禽的基本生物学行为和科学人道的屠宰方法。例如，工作人员赶猪时应有耐心，禁止殴打生猪，避免对生猪的人为损伤；赶猪杜绝使用硬器，也不允许出现脚踢等野蛮动作，可以使用赶猪拍或电击赶猪棒等。电击晕动物时要注意方法，电压过高或麻电时间过长，会引起畜禽呼吸中枢和血管运动中枢麻痹，导致心力衰竭，心脏收缩无力而致呛血放血不全，在后续过程血水容易渗透，出现血点、血肉等不良现象。因此，为保障肉品质量，屠宰加工企业应对工作人员进行培训，使其了解屠宰动物福利与肉品质量的关系，避免因操作不当造成动物皮肤损伤、骨折和高的PSE肉发生率。

三、水产养殖动物福利

1. 水产养殖动物福利的概念

人类在监管养殖基地、养殖过程、捕捞、运输水产养殖产品的各个环节中，均影响养殖动物活动。而这些环节中涵盖了动物福利的所有内容，在道德与法律框架下，水产养殖动物福利就表现为在人工养殖状态下为动物提供一个优质、健康、舒适和无胁迫的养殖环境，充足的饵料，以及在捕捞和运输过程中采取有利于水产养殖动物福利的措施，以达到为我们提供优质、安全的水产品要求。

2. 水产养殖与动物福利的关系

水产养殖动物，如淡水、海水中的鱼类也具有疼痛感，疼痛对鱼类有极为不利的一面。温度、溶氧量、光照、食物、捕捞、运输等一系列不利或有害条件直接影响水产养殖动物的健康成长和产品品质。与食品的安全性最相关的是影响了养殖个体的动物福利。鱼类同样具有记忆恐惧经历的能力，当不利境况重新出现的时候，具备应对不利环境的能力。养殖动物通过神经内分泌系统对外界不良刺激产生反应，会导致其生理上、行为上的预警反应。除非这种应急原持续时间很短，否则这些生理上的抵抗作用随后会导致动物产生生理补偿，高强度、持续的外界胁迫应急将导致生理耗竭以致死亡。在不良水产养殖状态下，外界对动物体的刺激超越了正常的生理界限，从而使体内平衡失调，影响了养殖动物的健康生长，进一步影响养殖动物本身的商品质量，也因此对人类的健康造成了不良影响。在水产养殖中强调动物福利的重要性就在于使我们充分认识科学的养殖环境，科学饲养、捕捞、加工的重要性，以便于在最大化的动物福利下，生产出高质量的水产品。

影响水产养殖动物福利的潜在因素包括行为、环境恶化、可获得的饵料减少、外源种群入侵、栖息地更改（变化或丢失）、种群密度减少及群居社会效应的异常、旅游观光的影响、急慢性环境污染的影响、商业和运输、养殖、捕捞过程中的组织损伤、物理挤压、严重缺氧、屠宰时的胁迫与痛苦、在简单和有限的条件下高密度养殖、恶劣的水质环境、养殖种类间的争斗、更换水体时的转移和处理、疾病伤害等。

3. 评价水产养殖动物福利的标准、方法

动物福利最具挑战的难题是评估长期或周期性的物理或应急原对动物影响。在疼痛、愉悦、惊恐、饥饿等状态下，评价水产养殖动物福利的方法有很多，常规方法包括衡量行为、健康状况和评估动物的生产能力，以及观测动物的喜好特征等。根据不同的分析对象及评价手段、方法，可以分为两类。

1）基于行为、生理生化的检测方法。传统的水产养殖动物福利评价方法以基于对养殖动物个体外部形态描述为主，包括个体生长状况、外部形态特征反应、生理生化反应等。从解剖学、行为学、生理学的一些依据来证明外界环境对养殖动物的影响状况。基于生理生化手段的方法常采用内分泌、行为、副交感神经系统及免疫方面的各种指标变化来衡量动物福利情况。例如，拥挤胁迫后鲫鱼血液皮质醇和溶菌酶水平的变化

明显，对病原的敏感性增加。捕捞胁迫和热胁迫使皮质醇水平提高，热激蛋白的合成受到抑制。轮船噪声是鱼类潜在的胁迫因子。养殖动物生长状况、行为特征和生理生化指标检测法相互之间在本质上有着必然的联系，综合比较分析能够得出更加全面、准确的数据结果。但对任何一种养殖动物而言，这些检测方法得到的结果所制定的标准并不是绝对的，因为监测本身会给动物带来应急，并且不同动物间存在个体差异，养殖动物受到相同应急时，也会出现不同的反应。

2）基于现代分子生物学技术的检测新方法。伴随着现代生物技术和分子生物学的快速发展，最新研究表明，环境胁迫对养殖动物所处生存状态产生压力，机体会产生相应的应激反应，养殖个体基于基因表达水平的相关指示，应激反应基因会在环境胁迫下产生变化，这一系列胁迫相关基因包括：热激蛋白家族系列 $Hsp70$、$Hsp90$ 基因，生长激素基因，生长激素释放肽基因，金属硫蛋白基因，细胞色素基因等，利用这些胁迫相关基因的应急表达，作为生物标记来检测动物福利状况，提供了一种更加准确有效的检测方法。研究表明，GR 基因表达能够反映环境变化情况。利用实时定量 PCR 技术快速分析相关基因表达情况，作为生物基因指标，为检测鱼类福利提供了新方法。利用养殖动物胁迫相关基因用于检测个体的生长发育研究具备了行为学、内分泌学等常规方法所无法比拟的优势。分子生物学与胁迫检测密切关联成了一种评估鱼类养殖福利的双赢结合。

4. 提高水产养殖动物福利的关键

首先，必须深入彻底地研究养殖动物的生理生活习性。利用现有对水产养殖动物生活习性的了解，全面掌握动物自然状态下的生长规律，在人为创造的养殖环境中，充分体现动物福利全面性；科学、合理、高效使用养殖设备，控制环境影响因子，提供养殖动物个体最优良的生存环境，将不良环境因子对动物体产生的应急、胁迫降低到最低程度。例如，在严格控制养殖参数的人工养殖池塘中，适度增加养殖密度，合理搭配养殖种类，可以获得高产优质的养殖商品，提高水产品的经济效益。其次，利用基于生理生化和分子基因指标对动物福利的评价，综合分析减少养殖、捕捞、屠杀过程中影响水产动物福利因素，科学、合理地加以解决，从而最大化地体现水产养殖福利性。再次，减少养殖动物的应急敏感性，提高水产养殖动物的福利，通过选择育种改变动物对应急的内在敏感性，进而获得高抗性品种用于养殖生产实践。应急敏感性在鱼中是可遗传的，并且对低应急品系的选择育种是切实可行的，低反应鱼在水产养殖条件下比高反应鱼生长得好。

5. 我国水产养殖动物福利的现状

当今世界很多地区步入了富足社会，消费者的选择随之增多，他们对食品生产标准，尤其是食品安全和质量也有了更高的期望。消费者还希望生产商能够对动物衍生食品的质量做出保证。有关动物福利的国家和国际提案、法规和立法反映了消费者在这方面关注的程度进一步提高。我国受到传统与历史影响，对于动物福利的关注与立法等相对滞后。我国水产品综合生产力、发展养殖业的地域、资源和技术优势明显，劳动力成本较低，多数水产品只重视数量上的规模生产，而对于产品质量则有所忽视。对比国际上的动物福利条款，我国养殖业基本上都达不到这些标准。与发达国家相比，技术差距大，而"动物福利"，尤其是被用来食用的动物，则甚为落后。但随着近年来国际贸易的高速发展及在贸易过程中基于动物福利所造成的壁垒，广大的水产养殖行政职能部门及养殖户的养殖动物福利观念已经有了深刻的了解、转变，我国的水产养殖动物福利现状有了极大的改善。

（1）水产养殖动物福利对我国水产品出口贸易的影响 我国是水产养殖大国，世界排名第一。2018年，海产品养殖产量达到 3310 万 t，淡水产品养殖量为 3156 万 t，占世界总产量的 2/3。但 2002 年，由于我国水产品的氯霉素含量超标，引起欧盟全面禁止从中国进口动物源性产品，给我们的出品造成重大贸易壁垒。欧盟实施了系列食品与饲料安全管理法规，包括《通用食品法》《动物饲料法》《良好农业规范》《食品企业通用规范》等，进一步拉长了食品安全控制的链条，除禁止带有 320 种农药残留的农产品在整个欧盟市场销售外，还要求食品生产与销售的每一个环节，即"始于农场止于餐桌"的全过程，都要符合新出台的一系列标准，否则欧盟委员会将取消其进口资格，并将相关外国企业列入"黑名单"。水产养殖动物福利有很好的科学性和时代特点，必须高度重视。农业农村部在总结各地经验的基础上，提出了指导大中型养殖场、无公害产地和出口原料基地建立生产日志、科学用药、水环境监测、产品标签、原料监控等 5 项制度要求。为实现从"池塘到餐桌"的水产品质量全程管理目标，2002年农业部和有关省市渔业主管厅局从源头抓起，开始实施国家水产品（产地）药物残留监控计划，城市水产品质量安全例行监测范围不断扩大。目前，我国水产品质量安全水平有了较大幅度的提升，水产品药物残留监测综合合格率由"十五"前期的89%提高到95%以上，特别是氯霉素残留检测合格率由2003年的83%提高到2005年的98.4%。从2002年起，连续四年水产品出口贸易居世界首位。

（2）**我国已制定的水产养殖动物福利政策、法规**　　经过多年来的不断努力，我国加强了水产养殖动物福利的相关政策和法治建设。全国人大1986年颁布了《中华人民共和国渔业法》，1988年颁布了《中华人民共和国野生动物保护法》，新修订的《中华人民共和国野生动物保护法》于2023年5月1日起施行，国务院1993年颁布了《中华人民共和国水生野生动物保护实施条例》，农业部发布从2001年10月1日起在全国范围内实施无公害食品行动计划。首批有73项行业标准，其中水产行业23项，它们分别涉及淡水、海水水质标准各种养殖品种的技术规范，渔用药物使用准则，水产品中渔药残留限量，水产品中有毒有害物质限量，渔用配合饲料安全限量，设置了强制性和指导性标准。农业部于2004年发布《无公害食品鲈鱼》（NY/T 5273—2004）等22项无公害水产品标准和水产品抽样，氯霉素、喹乙醇、烯雌酚、孔雀石绿、呋喃唑酮、麻痹性、腹泻性贝类毒素测定等9项水产品方法标准。相关政策、法规的日益健全，将会使整个社会水产养殖福利水平提高。

境从一般疫病转变到高致病性禽流感。2002年起欧洲许多国家市售肉业主要为活禽以及速冻禽肉，运输活禽水产品（海鲜）和冷冻禽产品为主，活禽及速冻禽肉禽产品间流通、量大、运输水等原因及疫情发生了复杂情况再次发生，是否监测病灶检测控制合并在"十年"调期的8%增加到9%以上，港口检测出染病经产品入价比例在2002年的8.3%攀升到2005年的5.4%，从2002年起，港口检测的进出口贸易以增长为背景。

（2）发图行政区检疫控制及对疫情人为事件，均有必要增加了口蹄疫管控和欧病的反应体系作为保障，一类动物疫病等防疫检重度疫病均有一套应对的疫病为人和多病人反应，则根据反应反应管控反应反应到控制进入实施控制措施是否，来此指定为5;2001年1月后为止部。

图从有法控制措施，其测控内测量增加，有必要实施控制措施。

在国际上WOAH对于动物疫病分类目前实施的有通报性疫病和非通报性疫病之分，而国内仍然使用一、二、三类动物疫病分级。

一类疫病，是指口蹄疫、非洲猪瘟、高致病性禽流感等对人、动物构成特别严重危害，可能造成重大经济损失和社会影响，需要采取紧急、严厉的强制预防、控制等措施的疫病。农业农村部2022年修订版动物疫病分类中一类疫病共计11种，包括口蹄疫、猪水疱病、非洲猪瘟、尼帕病毒性脑炎、非洲马瘟、牛海绵状脑病、牛瘟、牛传染性胸膜肺炎、痒病、小反刍兽疫、高致病性禽流感。

第一节 口 蹄 疫

口蹄疫（foot and mouth disease）是由口蹄疫病毒引起的偶蹄动物的一种急性、热性、高度接触性传染病。

一、流行病学

口蹄疫在家畜中以牛最易感，其次是猪，再次为绵羊、山羊和骆驼；仔猪和犊牛易感且死亡率高。野生动物中黄羊、鹿、麝和野猪、野牛等都易感，发病。人也可能因接触而发病。偶蹄动物发病率几乎为100%，但病死率一般不超过4%～5%，幼龄动物死亡率可达30%～90%。虽然患病动物死亡率不高，但生产力下降，病毒传播速度快，波及范围大，发病地区的畜产品限制上市，控制疫情蔓延所用开支费用巨大，经济损失严重。口蹄疫共有A、O、C、亚洲Ⅰ、南非Ⅰ、南非Ⅱ、南非Ⅲ等7个血清型，A型口蹄疫主要分布在亚洲、南美和中东地区。型间不能形成交叉免疫。传染源主要为潜伏期感染、动物和临床感染动物及临床发病动物。感染动物呼出物、唾液、泪、粪便、尿液、乳、精液及肉和副产品均可带毒。康复期动物可带毒。在病畜水疱皮内及淋巴液中含毒量最高，在水疱发展过程中，病毒进入血流，分布到全身各组织脏器和体液。发热期血液内病毒含量最高。

口蹄疫主要经由吸入、摄入、损坏的上皮和治疗途径感染，间接接触传递也占有很大比例。感染动物可多途径排泄病毒，排泄物中有少量病毒就会使易感动物感染，与感染动物、污染的动物产品、污染的人员、污染装置接触是口蹄疫的主要传播途径；空气远距离传播也有报道。人可因接触患病动物或饮食病畜生乳或未经充分消毒的病畜肉、乳及乳制品而被感染。作为人兽共患病，总体上人感染的病例报道并不多。

二、临诊检疫

各种血清型及不同动物口蹄疫表现基本一致，主要引起口腔（鼻）黏膜、蹄部和乳房皮肤发生水疱和溃烂等特征性病变。

1. 临诊病理

病畜舌背、唇内侧、鼻盘、齿龈及蹄冠、趾间，有时在乳房、阴门、阴囊等处皮肤和黏膜发生特征性水疱，水疱呈圆形凸起，有黄豆、蚕豆至核桃大，内含透明液体，初透明后呈淡黄色。水疱破溃后多形成浅表性红色溃疡，甚至化脓。消化道可见水疱、溃疡，幼畜可见骨骼肌、心肌表面出现灰白色条纹，形色酷似虎斑。

2. 临床表现

病畜常表现步行困难、跛行，严重的蹄部溃烂，蹄壳脱落；体温升高，食欲减退，闭口流涎，幼畜常有急性胃肠卡他症状（图11-1）。牛呆立流涎，猪卧地不起，羊跛行；唇部、舌面、齿龈、鼻镜、蹄踵、蹄叉、乳房等部位出现水疱；发病后期，水疱破溃、结痂，严重者蹄壳脱落，恢复期可见瘢痕、新生蹄甲；病毒传播速度快，动物发病率高；成年动物死亡率低，幼畜常突然死亡且死亡率高，仔猪常成窝死亡。

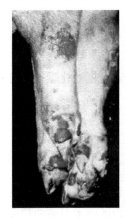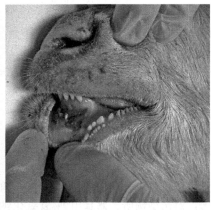

图11-1　口蹄疫的临床表现　　　　　　　　彩图

3. 鉴别诊断

（1）**传染性口炎**　　特征是牛口腔、舌面发生的水疱较小，易愈合；马属动物易感染。
（2）**猪传染性水疱病**　　症状类似口蹄疫，但不感染牛、羊，蹄部病理变化少，口腔黏膜病理变化常见。
（3）**牛恶性卡他热**　　在口腔黏膜上有糜烂，在鼻腔黏膜和鼻镜上有坏死过程，坏死前并不形成水疱，还可见角膜混浊；口蹄疫无此病变。

三、实验室检验

口蹄疫检测主要依靠中华人民共和国国家标准规范《口蹄疫诊断技术》（GB/T 18935—2018）、农业农村部行业标准《口蹄疫诊断技术规程》（NY/SY 150—2000）进行检测鉴定。

国家标准检测方法包括病毒分离鉴定、定型ELISA、多重反转录PCR（多重RT-PCR）、病毒*VP1*基因序列分析、荧光定量反转录PCR（荧光定量RT-PCR）、液相阻断ELISA（LPB-ELISA）、固相竞争ELISA（SPC-ELISA）、非结构蛋白3ABC抗体间接ELISA（3ABC-B-ELISA）。

1. 采样

用清水局部清洗（不要用乙醇、碘酒等消毒剂擦洗消毒），剪取病畜的新鲜水疱皮3～5g或水疱液至少1mL，在无法采集水疱皮和水疱液时，可采集淋巴结、脊髓、肌肉等组织样品3～5g，装入洁净小瓶中，作为检样。也可采集血清样品，做酶联免疫吸附试验检测抗体。

2. 诊断

（1）**电镜直接观察**　　有条件的单位直接电镜观察：病毒呈球形，直径（23±2）nm，无囊膜，衣壳由32个壳粒组成（图11-2）。

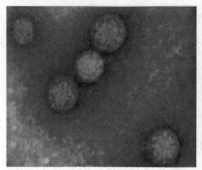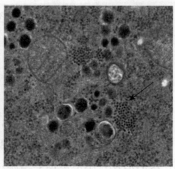

彩图
图11-2 口蹄疫病毒电镜照片
电镜不同放大倍数观察，左图为高倍放大病毒，右图为低倍放大病毒

（2）**免疫学诊断** 用ELISA、反向间接血凝试验、乳鼠中和试验、微量补体结合反应、琼脂扩散试验等免疫学方法检测抗原。

（3）**分子生物学诊断** 反转录PCR（RT-PCR）方法检测口蹄疫核酸。有商业化试剂盒可利用。

四、检疫后处理

1. 疫情发生

一旦确定疫情，立即上报，划定疫点、疫区和受威胁区，实施严格的封锁措施。对患病动物和同群动物全部扑杀销毁；对污染场所、器具用2%氢氧化钠彻底消毒。对疫区和受威胁区内未发病动物进行紧急免疫接种。

2. 屠宰检疫

宰前检疫发现该病时，立即停止生产，病猪和同群猪用不放血的方式全部扑杀销毁；场地进行严格消毒，采取防疫措施，立即上报。宰后检疫发现该病时，立即停止生产，彻底清洗、严格消毒生产场地，胴体、内脏及副产品和同批产品一同进行销毁处理。

3. 解除封锁

最后一头病畜死亡或扑杀后14d内不出现新病例，经终末消毒、动物防疫监督机构按规定审验合格后，由当地畜牧兽医行政管理部门向发布封锁令的人民政府申请解除封锁。

五、免疫预防

（1）**兔化弱毒疫苗** 舌面接种，常引起注射部位发生水疱。对犊牛有残毒，可引起死亡。牛免疫期6个月以上。

（2）**鼠化弱毒疫苗** 注射后14d产生免疫力，免疫期4～6个月，新注射区的牛，疫苗注射后，可能有10%的牛蹄部和20%～30%的牛口腔出现水疱和烂斑。此外，还有鸡胚化弱毒苗、组织培养弱毒苗和灭活苗。

（3）**遗传工程苗** 已应用于口蹄疫疫苗的研究之中，它不用口蹄疫病毒作原料，而纳入疫苗中的是一种特殊的病毒蛋白。这种特殊的病毒蛋白来自经遗传工程控制和处理的大肠埃希菌培养物，这种蛋白质只能刺激接种动物产生口蹄疫抗体，而不致由此造成感染。

中国兰州生产并已使用的口蹄疫灭活疫苗为牛羊O型口蹄疫灭活疫苗（单价苗）和牛羊O～A型口蹄疫双价灭活疫苗（双价苗），其在规模化奶牛场的免疫程序如下所述。

1）种公牛后备牛，每年注苗2次，每隔6个月注苗一次。单价苗肌内注射3mL/头，双价苗肌内注射4mL/头。

2）生产母牛，分娩前3个月肌内注射单价苗3mL/头或双价苗4mL/头。

3）犊牛，出生后4～5个月首免，肌内注射单价苗2mL/头或双价苗2mL/头。首免后6个月二免（方法、剂量同首免），以后每间隔6个月接种一次，肌内注射单价苗3mL/头或双价苗4mL/头。

FAO、WOAH和我国农业农村部发布的《国家动物疫病监测与流行病学调查计划（2021—2025）》（农牧发〔2021〕11号），推荐用口蹄疫抗体液相阻断ELISA检测方法对口蹄疫免疫效果进行评价。

第二节　非 洲 猪 瘟

非洲猪瘟（African swine fever，ASF）是一种急性、热性、传染性很高的滤过性病毒所引起的猪病，其特征是发病过程短，但死亡率高达100%。WOAH将其列为通报性疫病，我国将其列为一类动物疫病。

一、流行病学

非洲猪瘟自1921年在肯尼亚被发现以来，一直存在于撒哈拉以南的非洲国家，1957年先后流传至西欧和拉美国家，多数被及时扑灭，但在葡萄牙、西班牙西南部和意大利的撒丁岛仍有流行。国内已经是普遍流行。

在猪体内，非洲猪瘟病毒可在几种类型的细胞质中，尤其是网状内皮细胞和单核巨噬细胞中复制。猪与野猪对该病毒都系自然易感性的，各品种及各不同年龄的猪群同样是易感性。

该病毒可在钝缘蜱中增殖，非洲和西班牙半岛有几种软蜱是该病毒的贮藏宿主和媒介。近来发现，美洲等地分布广泛的很多其他蜱种也可传播该病毒。

一般认为，非洲猪瘟病毒（ASFV）传入无病地区都与用来自国际机场和港口的未经煮过的感染猪制品或残羹喂猪有关，跨区调运，人员与车辆带毒传染，或由于接触了感染家猪的污染物、胎儿、粪便、病猪组织，或喂了污染饲料而发生。ASFV可经过口和上呼吸道系统进入猪体，在鼻咽部或是扁桃体发生感染，病毒迅速蔓延到下颌淋巴结，通过淋巴和血液遍布全身。

二、临诊检疫

临床表现为发热，皮肤发绀，淋巴结、肾、胃肠黏膜明显出血。

1. 临诊病理

在耳、鼻、腋下、会阴、尾、脚无毛部分呈界线明显的紫色斑，耳朵紫斑部分常肿胀，中心深暗色分散性出血，边缘褪色，尤其在腿及腹壁皮肤肉眼可见。

2. 临床表现

自然感染潜伏期5～9d，发病时体温升高至41℃，约持续4d，直到死前48h，体温始下降为其特征，同时临床症状直到体温下降才显示出来，故与猪瘟体温升高时症状出现不同。最初3～4d发热期间，食欲减退明显，极度羸弱，尤其后肢更甚，呼吸困难，浆液或黏液脓性结膜炎，有些毒株会引起带血下痢，呕吐，血液变化似猪瘟，往往发热后第7天死亡，或症状出现仅一两天便死亡。

非洲猪瘟与猪瘟的其他出血性疾病的症状和病变都很相似，亚急性型和慢性型在生产现场实际上是不能区别的，因而必须用实验室方法才能鉴别。现场如果发现尸体解剖的猪出现脾和淋巴结严重充血，形如血肿，则可怀疑为猪瘟。

三、实验室检验

按照中华人民共和国进出境检验检疫行业标准《非洲猪瘟检测实验室生物安全操作技术规范》（SN/T 5335—2020）、国家标准《非洲猪瘟诊断技术》（GB/T 18648—2020）进行检测，农业农村部的《生猪产地检疫规程》（农牧发〔2023〕16号）、《非洲猪瘟防治技术规范》（DB51/T 2684—2020）、《养殖场非洲猪瘟病毒弱毒株防控技术指南》（疫防控〔2023〕148号）等相关规定执行检验。

1. 采样

对被感染猪只血液、组织液、内脏及其他排泄物进行采样。低温暗室内存在于血液中的病毒可生存6年，室温中可活数周。

2. 诊断

（1）直接电镜观察　病毒粒子的直径为175～215nm，呈二十面体对称，有囊膜（图11-3）。

（2）红细胞吸附试验　将健康猪的白细胞加上非洲猪瘟猪的血液或组织提取物，37℃培养，如见许多红细胞吸附在白细胞上，形成玫瑰花状或桑椹体状，则为阳性。

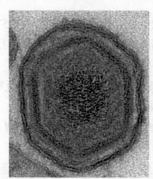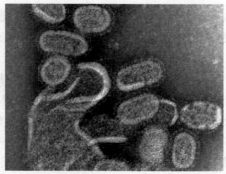

图11-3　非洲猪瘟病毒

（3）免疫学检测

1）直接免疫荧光试验：荧光显微镜下观察，如见细胞质内有明亮的荧光团，则为阳性。

2）间接免疫荧光试验：将猪瘟病毒接种在长满Vero细胞的盖玻片上，并准备未接种病毒的Vero细胞作对照。试验后，对照正常，待检样品在细胞质内出现明亮的荧光团和荧光细点可被判定为阳性。

3）酶联免疫吸附试验：对照成立（阳性血清对照吸收值大于0.3，阴性血清对照吸收值小于0.1），待检样品的吸收值大于0.3时，判定为阳性。

4）间接酶联免疫蚀斑试验：肉眼观察，或显微镜下观察，蚀斑呈棕色则为阳性，无色则为阴性。

5）免疫电泳试验：抗原于待检血清间出现白色沉淀线者可判定为阳性。

抗体检测方法的阳性判定具有等效性，间接ELISA抗体检测方法、阻断ELISA抗体检测方法和夹心ELISA，任一项检测抗体阳性，可诊断为抗体阳性。

（4）分子生物学检测　核酸检测方法（普通PCR方法、荧光PCR方法、荧光RAA方法）和病毒检测方法（高敏荧光免疫分析法、夹心ELISA抗原检测方法），任何一种方法检测阳性的，可诊断为ASF病例。

普通PCR引物如下所示。

　　　　　P1：5′-ATG GAT ACC GAG GGA ATA GC-3′

　　　　　P2：5′-CTT ACC CAT GAA AAT GAT AC-3′　　扩增出287bp片段。

荧光PCR引物如下所示。

　　　　　P3：5′-CTG CTC ATG GTA TCA ATC TTA TCG A-3′

　　　　　P4：5′-CCA CGG GAG GAA TAC CAA CCC AGT G-3′

　　　　　探针：5′-CCA CGG GAG GAA TAC CAA CCC AGT G-3′

　　　　　阈值循环数（Ct值）＜35，为阳性；Ct值＞35，为阴性。

四、检疫后处理

防止从其他国家和地区传入 ASFV，在国际机场和港口，从飞机和船舶来的食物废料均应焚毁。对无本病地区应事先建立快速诊断的方法和制定扑灭计划。仍然采用紧急隔离、紧急扑杀、禁止运输和彻底消毒的常规应急策略。

五、免疫预防

农业农村部《非洲猪瘟常态化防控技术指南（试行版）》（农办牧〔2020〕41号）在养殖生产环节、调运和屠宰环节、其他环节提出防控技术要点，提出关键风险点、风险动物和生物媒介、猪场的风险管理等。需要常规防控措施和疫苗的共同使用，防控效果才会更好。严格禁止泔水养猪，对猪场内的粪尿、污水、土壤进行非洲猪瘟病毒 PCR 检测，如发现阳性，立即按农业农村部非洲猪瘟应急预案关于疫点扑灭的办法进行无害化处理。

第三节　猪 水 疱 病

猪水疱病（swine vesicular disease，SVD）又称猪传染性水疱病，是由肠道病毒属的病毒引起的一种急性、热性接触性传染病。WOAH 将其列为通报性疫病，我国将其列为一类动物疫病。

一、流行病学

猪水疱病仅发生于猪，各种年龄、性别、品种的猪均可感染，牛、羊等家畜不发病，人类有一定的易感性。病毒不能凝集人和家兔、豚鼠、牛、绵羊、鸡、鸽等动物的红细胞，只有一个血清型。病猪、康复带毒猪和隐性感染猪为主要传染源，主要通过直接接触和消化道传播，病猪和带毒猪的粪、尿、鼻液、口腔分泌物、水疱皮及水疱液含有大量病毒，通过病猪与易感猪接触，一是从污染场地通过有外伤的皮肤直接侵入上皮组织，增殖后的病毒通过血液循环到达其他易感部位，进而产生病变。二是经口进入消化道，通过消化道上皮和黏膜侵入病毒，经血液循环到达易感部位，从而发生水疱性损伤及非化脓性脑脊髓炎等病变。流行较缓慢，不呈席卷之势。该病主要集中在欧洲和亚洲。一般来讲，该病发病率很低，许多猪为亚临床感染，在猪群中基本不引起死亡。

二、临诊检疫

1. 临诊病理

水疱性损伤是 SVD 最典型和最具代表性的病理变化。水疱性损伤的外观及显微观察与 FMD 的损伤均无差别。其特征是病猪的蹄部、口腔、鼻端和母猪乳头周围发生水疱。个别病例在心内膜有条状出血斑，其他脏器无可见的病理变化（图11-4）。

2. 临床表现

临床症状可分为典型型、温和型和隐性型。典型病例：潜伏期2~4d，有的可延长至7~8d。病初体温升高至40~42℃，在蹄冠、趾间、蹄踵出现一个或几个黄豆至蚕虫大的水疱，继而水疱融合扩大，充满水疱液，经1~2d后，水疱破裂形成溃疡，真皮暴露，颜色鲜红。由于蹄部受到损害，病猪行走出现跛行。有些病例，由于继发细菌感染，局部化脓，可造成蹄壳脱落，不能站立。在蹄部发生水疱的同时，有的病猪在鼻端、口腔和母猪乳头周围出现水疱。一般经10d左右可以自愈，但初生仔猪可造成死亡。水疱病发生后，约有2%的猪发生中枢神经系统紊乱，表现向前冲、转圈运动，或用鼻摩擦猪舍用具，有时有强直性痉挛。

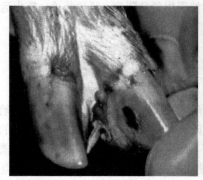
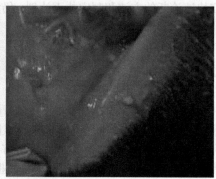

彩图　　　　　　　　　　图11-4　猪水疱病临床表现

三、实验室检验

按照中华人民共和国国家标准《猪水泡病诊断技术》①（GB/T 19200—2003）、进出境检疫行业标准《猪水泡病检疫技术规范》（SN/T 2702—2010）、国标《猪水泡病病毒荧光RT-PCR检测方法》（GB/T 22917—2008）进行检疫与实验室诊断。

《猪水泡病检疫技术规范》（SN/T 2702—2010）规定了猪水泡病临床诊断、病毒分离、琼脂扩散试验、反向间接血凝试验、中和试验、单抗阻断酶联免疫吸附试验、反转录聚合酶链反应及荧光反转录聚合酶链反应的操作规程。

1. 采样

病毒分离与鉴定，取病猪未破溃或刚破溃的水疱皮。

2. 诊断

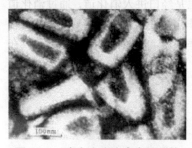

图11-5　猪水疱病病毒电镜照片

（1）**直接电镜观察**　猪水疱病病毒呈球形，由裸露的二十面体对称的衣壳和含有单股RNA的核心组成，无囊膜（图11-5）。

（2）**实验室诊断**

1）乳鼠接种试验。样品经处理后，颈部皮下接种2～3日龄的吮乳小白鼠。一般在最初1～2代内即可引起感染，实验动物发病死亡。初代分离如呈阴性结果，应继续盲传2～3代，分离毒可用猪水疱病抗血清中和后，接种2日龄乳鼠以鉴定分离毒。如注射猪水疱病免疫血清中和组小鼠健活，病毒对照或用各型口蹄疫免疫血清中和对照的乳鼠发病死亡，则被检病料为猪水疱病病毒，而不是口蹄疫病毒。

2）免疫学检测。荧光抗体试验用直接和间接免疫荧光抗体进行试验，可检出病猪淋巴结冰冻切片中的感染细胞，也可检出水疱皮和肌肉中的病毒。

中和试验、反向间接红细胞凝集试验、补体结合试验等也常用于猪水疱病的诊断。

免疫双扩散试验中待检血清孔与抗原孔之间出现沉淀线且与阳性对照沉淀线的末端完全融合，则判为阳性。

血清中和试验中测定每一份待检血清中的SVDV抗体，需设4排孔，每排孔的内容完全一样。如果病毒被血清中和，细胞不产生细胞病变（CPE），细胞呈蓝色，判为阳性。

---

① 猪水泡病即猪水疱病。

可用ELISA方法检测血清抗体。

3）生物学诊断。将病料分别接种1~2日龄和7~9日龄小鼠，如两组小鼠均死亡，则为口蹄疫。1~2日龄小鼠死亡，而7~9日龄小鼠不死者，为猪水疱病。如病料经过pH 3~5缓冲液处理，接种1~2日龄小鼠死亡者为猪水疱病，反之则为口蹄疫。

PCR除按国标方法可以检测外，商业化试剂盒也可以检测。

四、检疫后处理

预防该病的重要措施是防止该病传入。因此，在引进猪和猪产品时，必须严格检疫；做好日常消毒工作，对猪舍、环境、运输工具用有效消毒药进行定期消毒。

发生该病时，要及时向上级动物防疫部门报告，对可疑病猪进行隔离，对污染的场所、用具要严格消毒，粪便、垫草等堆积发酵消毒。确认该病时，疫区实行封锁，并控制猪及猪产品出入疫区。必须出入疫区的车辆和人员等要进行严格消毒。扑杀病猪并进行无害处理。对疫区和受威胁区的猪，可进行紧急接种。猪水疱病可感染人，常发生于与病猪接触的人或从事该病研究的人员，因此应当注意个人防护，以免受到感染。

五、免疫预防

在该病常发地区进行免疫预防，用猪水疱病高免血清进行被动免疫有良好效果，免疫期达1个月以上。目前使用的疫苗主要有鼠化弱毒疫苗和细胞培养弱毒疫苗，前者可以和猪瘟兔化弱毒疫苗共用，不影响各自的效果，免疫期可达6个月；后者对猪可能产生轻微的反应，但不引起同居感染，是目前安全性较好的弱毒苗。细胞灭活疫苗，安全可靠，注射后7~10d产生免疫力，保护率在80%以上，注射后4个月仍有很强的免疫力。

第四节　牛　　瘟

牛瘟（rinderpest）是由牛瘟病毒所引起的一种急性高度接触性传染病，牛瘟病毒属副黏病毒科麻疹病毒属，为单股RNA病毒。WOAH将其列为通报性疫病，我国将其列为一类动物疫病。

一、流行病学

该病曾广泛分布于欧洲、非洲、亚洲，但从未在美洲、澳大利亚、新西兰等地出现。目前，该病主要流行于中东和南亚、中亚地区。我国于1956年消灭了牛瘟，但近些年我国牛瘟在新疆、福建、江西、广东、安徽、浙江等省（自治区）传入且又有所流行。

病牛和带毒牛是该病主要的传染源，病牛能通过其分泌物和排泄物排出大量病毒，但大多数都是由于健康牛与病牛的直接接触而感染。病毒经消化道传染，也可经呼吸道、眼结膜、上皮组织等途径侵入。主要通过直接接触传染，也可通过密切接触的物体、昆虫间接传播，但不是主要方式。潜伏期病牛（发热期前1~2d）的眼、鼻分泌物，唾液，尿液及粪便中含有大量病毒，临床症状出现前感染牛的血液及所有组织均具传染性。牦牛最易感，水牛、黄牛次之，其他动物如绵羊、山羊、鹿及猪也易感，并且致死率很高。野生动物（非洲水牛、非洲大羚羊、大弯角羚、角马、各种羚羊、豪猪、疣猪、长颈鹿等）不分年龄和性别对该病均易感。亚洲猪比欧洲、非洲猪易感。

该病具明显的周期性和季节性，以12月至次年4月为流行时期。具很高的发病率及死亡率，发病率近100%，病死率可高达90%以上，一般为25%~50%。

二、临诊检疫

由于原来我国没有此病，属外来病，因此主要针对进口牛只等进行检疫。但目前又有流行，还是要对重点流行区及调运需要进行检疫。

1. 临诊病理

黏膜特别是消化道黏膜发炎，出血，糜烂和坏死。早期主要在第四胃出现病变，患牛胃内空虚或附着少量混有血液的黏液。胃黏膜肿胀，常呈散在的鲜红色至暗红色斑点和条纹状。胃底黏膜下层广泛水肿，黏膜增厚，切面呈胶冻样。胃壁上呈散在的腐烂区和附着纤维素伪膜溃疡，严重时可见大片上皮脱落，形成紫色或灰黑色烂斑。

2. 临床表现

《陆生动物卫生法典》认为，牛瘟的潜伏期为21d。

（1）急性型　　新发地区、青年牛及新生牛常呈最急性发作，无任何前驱症状便死亡。病畜突然高热（41～42℃），稽留3～5d不退。黏膜（如眼结膜、鼻、口腔、性器官黏膜）充血潮红。流泪、流涕、流涎，呈黏脓状。在发热后第3～4天口腔出现特征性变化，口腔黏膜（齿龈、唇内侧、舌腹面）潮红，迅速发生大量灰黄色粟粒大突起，状如撒层麸皮，互相融合形成灰黄色假膜，脱落后露出糜烂或坏死，呈现形状不规则、边缘不整齐、底部深红色的烂斑，俗称地图样烂斑。精神沉郁，食欲不振，反刍缓慢或停止，粪便少而干。

高热过后严重腹泻，里急后重，粪稀如浓汤，带血，恶臭异常，内含黏膜和坏死组织碎片。尿频，色呈黄红或黑红。从腹泻起病情急剧恶化，迅速脱水、消瘦和衰竭，不久死亡。病程一般4～10d。

（2）非典型及隐性型　　长期流行地区多呈非典型性，病牛仅呈短暂的轻微发热、腹泻和口腔变化，死亡率低，或呈无症状隐性经过。

三、实验室检验

中华人民共和国进出境检验检疫行业标准《牛瘟检疫技术规范》（SN/T 2732—2010）、农业行业标准《牛瘟诊断技术》（NY/T 906—2004），包括病毒分离鉴定、免疫荧光试验、琼脂扩散试验、电镜检查、接种动物实验等方法鉴定。

1. 采样

用于病原分离鉴定宜采集全血，加肝素（10IU/mL）或EDTA二钠（0.5mg/mL）抗凝，置冰上（但不能冻结）送检；刚死亡动物的脾、肩前或肠系膜淋巴结，置0℃以下保存待检；眼、鼻分泌物拭子（在前驱期或糜烂期采集）采样。

2. 实验室诊断

国际贸易中检测的指定诊断方法为酶联免疫吸附试验，替代诊断方法为病毒中和试验。

1）病原鉴定：用于抗原的检测方法有琼脂凝胶免疫扩散试验、直接和间接免疫过氧化物酶试验、对流免疫电泳；用于病毒分离和鉴定的方法有病毒分离、病毒中和试验；用于检测病毒RNA的方法有牛瘟特异性cDNA探针和PCR扩增。

2）血清学试验：ELISA、病毒中和试验。

四、检疫后处理

需要加强口岸检疫，避免易感染或感染动物输入。一旦发生可疑病畜应立即上报疫情，按《中华人民共和国动物防疫法》规定，采取紧急、强制性的控制和扑灭措施，扑杀病畜及同群畜，无害化处理动物尸体。

对栏舍、环境进行彻底消毒，并销毁污染器物，彻底消灭病源。对牛舍及周边环境进行消毒处理，销毁污染器物，可以使用2%氢氧化钠或3%石炭酸和煤焦油皂溶液进行消毒处理。

五、免疫预防

目前没有药物治疗，只能以预防为主，加强防疫措施，对进口牛进行隔离观察，确保不携带病毒后再放入牛群。接种疫苗，应坚持严格的检疫制度，不得从发生牛瘟的国家和地区引进反刍动物和鲜肉。

第五节 小反刍兽疫

小反刍兽疫（peste des petits ruminants，PPR）是由小反刍兽疫病毒（PPRV）引起的一种急性病毒性传染病。小反刍兽疫病毒属副黏病毒科麻疹病毒属。WOAH将其列为通报性疫病，我国将其列为一类动物疫病。

一、流行病学

小反刍兽疫（PPR）主要感染山羊、绵羊、美国白尾鹿等小反刍动物，流行于非洲西部、中部和亚洲的中东、南亚部分地区，有49个国家报告有该病流行。在疫区，该病为零星发生，当易感动物增加时，即可发生流行。病畜的分泌物和排泄物是传染源，处于亚临诊型的病羊尤为危险，主要通过直接接触传染。2007年7月，小反刍兽疫首次传入我国，在西藏首次发现流行，次年全国流行。目前西藏、新疆、甘肃、内蒙古、宁夏、湖南、辽宁、安徽和重庆均报道发生小反刍兽疫疫情。

野生物种在PPRV流行病学中的作用尚不清楚，这是控制和根除PPR全球战略的一个知识空白。非洲草原的水牛、角马、转角牛羚（Topi）、东非狷羚（Kongoni）、格兰特瞪羚（Grant's gazelle）、黑斑羚、汤姆森瞪羚（Thomson's gapelle）、疣猪（Warthog）和长颈羚（Gerenuk）的PPRV血清阳性率为19.7%。结果证明了非洲生态系统中野生偶蹄目物种在野生动物牲畜界面感染PPRV的血清学证据，其中PPRV在国内小型反刍动物中流行。可能是通过受感染的小反刍动物的外溢接触到PPRV或野生动物之间的传播，而相对较低的血清流行率表明不太可能持续传播。

二、临诊检疫

以发热、口炎、腹泻、肺炎为主要的非特异性症候。

1. 临诊病理

患畜可见结膜炎、坏死性口炎等肉眼病变，严重病例可蔓延到硬腭及咽喉部（图11-6）。皱胃常出现病变，而瘤胃、网胃、瓣胃很少出现病变，病变部常出现有规则、有轮廓的糜烂，创面红色、出血。肠可见糜烂或出血，特征性出血或斑马条纹常见于大肠，特别在结肠直肠结合处。淋巴结肿大，脾有坏死性病变。在鼻甲、喉、气管等处有出血斑。还可见支气管肺炎的典型病变。

2. 临床表现

小反刍兽疫潜伏期为4～5d，最长21d。自然发病仅见于山羊和绵羊。山羊发病严重，绵羊也偶有严重病例发生。一些康复山羊的唇部形成口疮样病变。感染动物临诊症状与牛瘟病牛相似。急性型体温可上升至41℃，并持续3～5d。感染动物烦躁不安，背毛无光，口鼻干燥，食欲减退。流黏液脓性鼻漏，呼出恶臭气体。在发热的前4d，口腔黏膜充血，颊黏膜出现进行性广泛性损害，导致多涎，随后出现坏死性病灶，开始口腔黏膜出现小的粗糙红色浅表坏死病灶，以后变成粉红色，感染部位包括下唇、下齿龈等处。严重病例可见坏死病灶波及齿垫、腭、颊部及其乳头、舌头等处。后期出现带血水样腹泻，严重脱水，消瘦，随之体温下降。出现咳嗽、呼吸异常。发病率高达100%，在严重暴发时，死亡率为100%，在轻度发生时，死亡率不超过50%。幼年动物发病严重，发病率和死亡都很高，再次流行都会减轻。

三、实验室检验

检测活动必须在生物安全3级以上实验室进行。2023年版《反刍动物产地检疫规程》（农牧发〔2023〕16号）、《小反刍兽疫诊断技术》（GB/T 27982—2011）、进出境检验检疫行业标准《小反刍兽疫检疫技术规范》（SN/T 2733—2010）、青海省地方标准《小反刍兽疫防控技术规范》（DB63/T 1963—2021）、河北省地方标准《羊场小反刍兽疫综合防控技术规范》（DB13/T 2634—2017）、广西地方标准《小反刍兽疫防治技术规范》都为检测提供法定方法。

1. 采样

病料可采用病羊口鼻棉拭子、淋巴结或血沉棕黄层。

2. 电镜直接观察

可直接对病料进行电镜观察：病毒呈多形性，多为圆形或椭圆形，通常为粗糙的球形，直径为130～390nm。病毒颗粒较牛瘟病毒大，核衣壳为螺旋中空杆状并有特征性的亚单位，有囊膜（图11-7）。

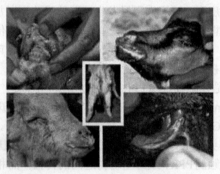 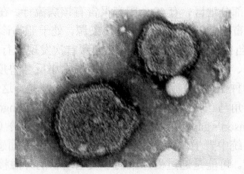

彩图　　图 11-6　小反刍兽疫临床表现　　　图 11-7　小反刍兽疫病毒

3. 实验室诊断

1）可采用细胞培养法分离病毒，病毒可在胎绵羊肾、胎羊及新生羊的睾丸细胞、Vero细胞上增殖，并产生细胞病变（CPE），形成合胞体。

2）病毒检测可采用RT-PCR结合核酸序列测定，也可采用抗体夹心ELISA法。

3）血清学检测，采用小反刍兽疫单克隆抗体竞争ELISA检测法、间接ELISA抗体检测法。

四、检疫后处理

对发病场（户）实施隔离、监控，禁止家畜、畜产品、饲料及有关物品移动，并对其内、外环境进行严格消毒。划定疫点、疫区和受威胁区，必要时，采取封锁、扑杀等措施。

疫情溯源：对疫情发生前30d内，所有引入疫点的易感动物、相关产品来源及运输工具进行追溯性调查，分析疫情来源。必要时，对原产地羊群或接触羊群（风险羊群）进行隔离观察，对羊乳和乳制品进行消毒处理。

疫情跟踪：对疫情发生前21d内及采取隔离措施前，从疫点输出的易感动物、相关产品、运输车辆及密切接触人员的去向进行跟踪调查，分析疫情扩散风险。必要时，对风险羊群进行隔离观察，对羊乳和乳制品进行消毒处理。

五、免疫预防

必要时，经国家兽医行政管理部门批准，可以采取免疫措施：与有疫情国家相邻的边境县，定期对羊群进行强制免疫，建立免疫带；发生过疫情的地区及受威胁地区，定期对风险羊群进行免疫接种。

第六节　痒　　病

痒病（scrapie）是由一种特殊的传染因子侵害中枢神经系统而引起的绵羊和山羊慢性致死性疫病。以剧痒、共济失调和高致死率为特征。痒病的病原与牛海绵状脑病类似，均为朊病毒。WOAH 将其列为通报性疫病，我国将其列为一类动物疫病。

一、流行病学

痒病病毒（痒病朊粒蛋白，PrP^{SC}）是一种弱抗原物质，不能引起免疫应答，无诱生干扰素的性能，也不受干扰素的影响；对福尔马林和高热有耐受性。在室温放置18h，或加入10%福尔马林，在室温放置6~28个月，仍保持活性。

痒病病毒大量存在于受感染羊的脑、脊髓、脾脏、淋巴结和胎盘中，脑内所含的病原比脾脏中多10倍以上。痒病只发生于绵羊，偶尔见于山羊。2~5岁的成年绵羊最为易感，18个月以下的幼龄绵羊很少表现出临床症状。不同品种和品系的绵羊，易感性不同。

病羊是该病的传染源。痒病可经口腔或黏膜感染，也可在子宫内以垂直的方式传播，直接感染胎儿。首次发生痒病的地区，发病率为5%~20%或高一些，病死率极高，几乎达100%。在已受感染的羊群中，以散发为主，常常只有个别动物发病。

二、临诊检疫

1. 临诊病理

除尸体消瘦、掉毛、皮肤损伤外，内脏器官缺乏明显可见的肉眼变化。病理组织学检查，主要是中枢神经系统的显微变化，病变出现在脑干的灰质中，可见神经节元的树突和轴突内形成大空泡，其空泡数量比正常羊多得多。

2. 临床表现

该病潜伏期较长，一般为2~5年或以上。潜伏期长短受宿主遗传特性和病原株系等许多因素影响。以瘙痒与运动共济失调为临床特征。瘙痒部位多在臀部、腹部、尾根部、头顶部和颈背侧，常常是两侧对称性的。病羊频频摩擦，啃咬，蹬踢自身的发痒部位，造成大面积掉毛和皮肤损伤（图11-8）。

运动失调表现为：转弯僵硬、步态蹒跚或跌倒，最后衰竭，躺卧不起。其他神经症状有微颤、癫痫和失明。

彩图

图 11-8　痒病临床表现

三、实验室检验

病原形态及本质目前还不是很清楚。在国际贸易中，尚未指定诊断方法。我国农业农村部提出的国标《痒病诊断技术》（GB/T 22910—2023）和《痒病组织病理学检查方法》（SN/T 1317—2003）作为诊断技术参考，基本与 WOAH、主要进行病理学检查和免疫学检测（组化和免疫印迹法），但以病理组织学检查为主，可见脑组织神经细胞变性和形成空泡，脑组织呈海绵状变化，胶质细胞增生，轻度脑脊髓炎变化。

四、检疫后处理及预防

严禁从存在痒病的国家或地区引进羊。一旦发现病羊或疑似病羊，应迅速做出诊断，立即扑杀全群，并进行深埋或焚烧、销毁等无害化处理。禁止用病肉（尸）加工成肉骨粉用作饲料或喂水貂、猫等动物。从病群引进羊只的羊群，在 42 个月以内应严格进行检疫，受染羊只及其后代必须屠杀。从可疑地区或可疑羊群引进羊只的羊群，应该每隔 6 个月检查一次，连续施行 42 个月。

第七节　牛海绵状脑病

牛海绵状脑病（bovine spongiform encephalopathy，BSE）是由感染性蛋白因子（PrP^{SC}）引起的牛的一种亚急性、渐进性、致死性中枢神经系统性病变。WOAH 将其作为通报性疫病，我国将其列为一类动物疫病。

一、流行病学

牛海绵状脑病最早于 20 世纪 80 年代在英国暴发，随后在欧洲多个国家和地区发生过疫情，后波及世界很多国家，如法国、加拿大、丹麦、葡萄牙、瑞士、美国、阿曼和德国。据考察发现，这些国家有的是因为进口英国牛肉引起的。后在英国全国扑杀所有牛只，后再建群，目前全球 BSE 已成消灭状态。

二、临诊检疫

1. 临诊病理

彩图

病牛中枢神经系统的脑灰质部分形成海绵状空泡，脑干灰质两侧呈对称性病变，神经纤维网有中等数量的不连续的卵形和球形空洞，神经细胞肿胀成气球状，细胞质变窄。另外，还有明显的神经细胞变性及坏死（图 11-9）。

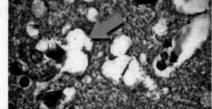

图 11-9　牛海绵状脑病脑病变

2. 临床表现

医学家发现 BSE 的病程一般为 14～90d，潜伏期长达 4～6 年。这种病多发生在 4 岁左右的成年牛身上。其症状不尽相同，多数病牛中枢神经系统出现变化，行为反常，烦躁不安，对声音和触摸，尤其是对头部触摸过分敏感，步态不稳，经常乱踢以至摔倒、抽搐（图 11-10）。发病初期无上述症状，后期出现强直性痉挛，粪便坚硬，两耳对称性活动困难，心搏缓慢（平均 50 次/分），呼吸频率增快，体重下降，极度消瘦，以至死亡。

图 11-10　牛海绵状脑病

三、实验室检验

动物源性食品标准《牛海绵状脑病诊断技术》（GB/T 19180—2020）、进出境检疫检验行业标准《牛海绵状脑病检疫技术规范》（SN/T 1316—2011）等国家规定方法，包括免疫印迹法、ELISA、试纸条检测法、病理组织学诊断法、Western blotting、核酸检测等。

1. 采样

采集病变多发部位如延髓、脑桥、中脑、丘脑。

2. 光镜直接观察

脑干灰白质呈海绵状变性水肿，神经纤维网中形成圆形空泡或空隙。

3. 实验室诊断

采用朊粒蛋白（PrP）免疫印迹检查法检疫，特异性强。

四、检疫后处理

现在对于疯牛病的处理，还没有有效的治疗办法，只有防范和控制这类病毒在牲畜中的传播。一旦发现有牛感染了疯牛病，只能宰杀并进行焚化深埋处理。但也有人认为，即使染上疯牛病的牛经过焚化处理，灰烬仍然有疯牛病病毒，把灰烬倒在堆田区，病毒就可能会因此而散播。英国实施全面扑杀牛，然后是全进全出的方式，目前控制得很好。

第八节　非　洲　马　瘟

非洲马瘟（African horse sickness）是由非洲马瘟病毒引起的马属动物的一种急性或亚急性传染病。WOAH将其列为通报性疫病，我国列为一类动物疫病。在《国家中长期动物疫病防治规划（2012—2020年）》中将其列为重点防范的外来动物疫病。我国尚无该病发生，已被WOAH认可为历史无非洲马瘟国家。

一、流行病学

非洲马瘟病毒属呼肠孤病毒科环状病毒属（图11-11），只能通过昆虫传播，其中最重要的是拟蚊螺。马对此病的易感性最高，病死率高达95%，中国尚无此病发生。此病发生有明显的季节性和地域性，多见于温热潮湿季节，常呈地方流行或暴发流行，传播迅速；厚霜、地势高、燥、自然屏障等影响媒介昆虫繁殖或运动的气候、地理条件，将使此病显著减少。潜伏期通常为7～14d，短的仅2d。

病毒的贮藏宿主目前尚未研究清楚。传染源为病马、带毒马及其血液、内脏、精液、尿、分泌物及所有脱落组织。现已知有9个血清型，各型之间没有交互免疫关系，不同型病毒的毒力强弱也不相同。

马、骡、驴、斑马是病毒的易感宿主，马尤其是幼龄马易感性最强，骡、驴依次降低。大象、野驴、骆驼、狗因接触感染的血及马肉也偶可感染。

二、临诊检疫

1. 临诊病理

特征病变是皮下和肌肉间组织胶样浸润，并以眶上窝、眼和喉尤为显著。

肺型病变为肺水肿,胸膜下、肺间质和胸淋巴结水肿,心包点状淤血,胸腔积水。

心型病变为皮下和肌间组织胶胨样水肿(常见于眼上窝、眼睑、颈部、肩部);心包积液,心肌发炎,心内外膜点状淤血;胃炎性出血。

2. 临床表现

非洲马瘟的感染期为40d。按病程长短、症状和病变部位,一般分为肺型(急性型)、心型(亚急性型、水肿型)、肺心型、发热型和神经型。

肺型:多见于该病流行暴发初期或新发病的地区,呈急性经过。病畜体温升高达40~42℃,精神沉郁,呼吸困难,心跳加快。眼结膜潮红,畏光流泪。肺出现严重水肿,并有剧烈咳嗽,鼻孔扩张,流出大量含泡沫样液体。病程5~7d,常因窒息而死。

心型:为亚急性经过,病程缓慢。病马体温不超过40.5℃,持续10多天可见眼窝处发生水肿。其后消退或扩散到头部、舌。有的蔓延至颈部、胸腹下甚至四肢。由于肺的水肿而引起心包炎、心肌炎、心内膜炎。伴有心脏衰弱的症状。

肺心型:呈亚急性经过,多发生于有一定抵抗力的马匹。具有肺型、心型的临诊症状。

发热型:此型多见于免疫或部分免疫的马匹。该型潜伏期长,病程短。表现为病马体温升高到40℃,持续1~3d。病马表现厌食,结膜微红(图11-11)。

彩图

图 11-11 非洲马瘟

三、实验室检验

依据《非洲马瘟检疫技术规范》(SN/T 2856—2011)进行检测。包括乳鼠接种、病毒分离鉴定和ELISA方法检测。

1. 采样

用于病原分离宜采集发热期病畜全血,用OPG(50%甘油+0.5%草酸钠+0.5%石炭酸)或肝素(按10IU/mL添加)抗凝,于4℃下保存或送检,或取刚死亡动物的脾、肺和淋巴结(2~4g小块),置10%甘油缓冲液,于4℃下保存或送检。

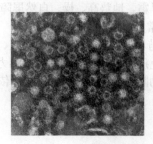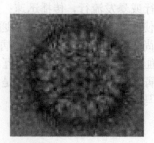

图 11-12 非洲马瘟病毒

2. 电镜直接观察

马瘟病毒的形态结构极像蓝舌病病毒。超薄切片中的病毒粒子直径为75nm,内有一个致密的核心,直径约50nm。于负染标本内，病毒粒子的总直径为60～80nm，衣壳的直径约55nm，由32个壳粒组成。有时还可看到带有细胞性囊膜的病毒粒子。

3. 实验室诊断

病毒分离：乳鼠接种、细胞接种（BHK、MS、Vero）、接种鸡胚。

病毒鉴定：酶联免疫吸附试验（ELISA）、病毒中和试验、聚合酶链反应（PCR）。

血清学诊断：酶联免疫吸附试验（ELISA）、补体结合试验、免疫印迹。

用于血清学诊断宜采集血清（最好采双份血清，分别在急性期和康复期，或相隔21d采取，于－20℃下保存）。

RT-PCR技术也可直接进行病毒鉴定。

四、检疫后处理

中国尚未发现此病，为防止从国外传入，禁止从发病国家输入易感动物。发生可疑病例时，按《中华人民共和国动物防疫法》规定，采取紧急、强制性的控制和扑灭措施。采样进行病毒鉴定，确诊病原及血清型，扑杀病马及同群马，尸体进行深埋或焚烧销毁处理。采用杀虫剂、驱虫剂或筛网捕捉等控制媒介昆虫。

第九节　高致病性禽流感

高致病性禽流感（highly pathogenic avian influenza，HPAI）又称禽流行性感冒，是由 A 型禽流行性感冒病毒引起的一种禽类（家禽和野禽）传染病。低致病性禽流感（LPAI）病毒在传播给家禽后可导致轻度至重度疾病。H5 和 H7 亚型等 LPAI 病毒在引入家禽后可进化为高致病性禽流感（HPAI）病毒，在家禽中引起严重疾病和死亡。禽流感病毒可以从家禽传播给野生鸟类（回溢），在野生鸟类中病毒可以无症状传播，或导致疾病和死亡。WOAH 将其列为通报性疫病，我国将其列为一类动物疫病。

一、流行病学

根据禽流感致病性的不同，可以将禽流感分为高致病性禽流感、低致病性禽流感和无致病性禽流感，全球分布。对于 LPAI 和 HPAI 病毒，病毒进化和流行病学的一个重要组成部分发生在野生-家养动物界面上。最近国内外由 H5N1 血清型引起的禽流感称高致病性禽流感，发病率和死亡率都很高，危害巨大。鸡、火鸡、鸭、鹅、鹌鹑、雉鸡、鹧鸪、鸵鸟、孔雀等多种禽类易感，多种野鸟也可感染发病。高致病性禽流感 H5N1 是不断进化的，其寄生的动物（宿主）范围会不断扩大，可感染虎、家猫等哺乳动物，正常家鸭携带并排出病毒的比例增加，尤其是在猪体内更常被检出。多数证据表明存在禽—人传播，可能存在环境（禽排泄物污染的环境）—人传播，以及少数非持续的 H5N1 人间传播。目前认为，H7N9 禽流感患者是通过直接接触禽类或其排泄物污染的物品、环境而感染，主要为接触传播和呼吸道传播（图 11-13）。感染禽（野鸟）及其分泌物和排泄物，污染的饲料、水、蛋托（箱）、垫草、种蛋、鸡胚和精液等媒介及气溶胶，都可传播禽流感病毒。也可经过眼结膜和破损皮肤引起感染。高致病性禽流感在禽类中传播快、危害大、病死率高。

禽流感病毒是最易发生变异的种类，新型 HPAI H5 病毒在野生/家养禽类中出现的病毒相关驱动因素包括如下方面：基因组片段的重组在野生水鸟中非常常见，也是新型禽流感病毒出现的核心。LPAI 病毒的粪口传播途径、水样中的高 AIV 多样性及野生水禽中 LPAI 病毒普遍较低的毒力优化了可能导致基因重组的共同感染条件。家禽作为整合到新型 HPAI H5 病毒中的基因组片段的供体作用非常重要。HPAI H5 病毒的选择压力可能包括基因组变化的潜在机制，如基因重组、与宿主适应（即病毒附着、组织嗜性、复制和从宿主物种释放）、HA 的激活、传染性、传播性、环境存活和免疫逃避有关机制。共感染病毒需要在其 RNA 和蛋白质方面进行匹配，以便重新配对。流感基因组片段之间的 RNA-RNA 相互作用是灵活的。野生禽类的禽流感病毒中大多数突变与家禽 HPAI H5N1 病毒的回溢事件有关。在家鸡中，基因组片段 HA、NA 和 NS 的突变与毒力和（或）宿主转换有关，而在野鸭中，基因组段 PB1、PA 和 HA 的突变与毒性和（或）寄主变化有关。HPAI H5 病毒的酸稳定性影响致病性和病毒的环境持久性，在鸡中，H5N1 致病性的增加与 HA 激活的pH 增加有关。NA 茎的缺失被视为与禽流感病毒从水生鸟类传播到陆生家禽相关的适应。聚合酶复合体（PB2、PB1、PA）的基因参与毒力和宿主范围。

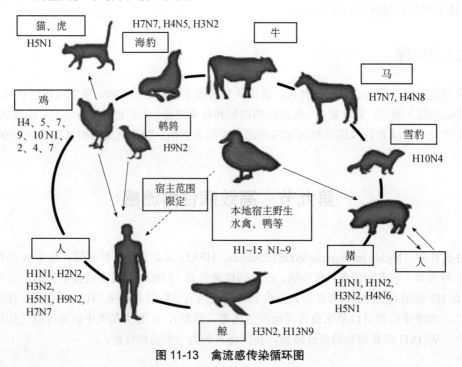

图 11-13 禽流感传染循环图

二、临诊检疫

1. 临诊病理

最急性死亡的病鸡常无眼观变化，急性者可见头部和颜面浮肿，鸡冠、肉髯肿大达 3 倍以上；皮下有黄色胶样浸润、出血，胸、腹部脂肪有紫红色出血斑；心包积水，心外膜有点状或条纹状坏死，心肌软化；病鸡腿部肌肉出血，有出血点或出血斑。消化道变化表现为腺胃乳头水肿、出血，肌胃角质层下出血，肌胃与腺胃交界处呈带状或环状出血；十二指肠、盲肠扁桃体、泄殖腔充血、出血；肝、脾、肾脏淤血肿大，有白色小块坏死；呼吸道有大量炎性分泌物或黄白色干酪样坏死；胸腺萎缩，有程度不同的点、斑状出血；法氏囊萎缩或呈黄色水肿，有充血、出血；母鸡卵泡充血、出血，卵黄液变稀薄；严重者卵泡破裂，卵黄散落到腹腔中，形成卵黄性腹膜炎，腹腔中充满稀薄的卵黄。输卵管水肿、充血，内有浆液性、黏液性或干酪样物质。

2. 临床表现

禽流感的症状依感染禽类的品种、年龄、性别、并发感染程度、病毒毒力和环境因素等而有所不同，主要表现为呼吸道、消化道、生殖系统或神经系统的异常。禽流感病毒感染后可以表现为轻度的呼吸道症状、消化道症状，死亡率较低，或表现为较严重的全身性、出血性、败血性症状，死亡率较高。

常见症状有：病鸡精神沉郁，饲料消耗量减少，消瘦；母鸡的就巢性增强，产蛋量下降；轻度直至严重的呼吸道症状，包括咳嗽、打喷嚏和大量流泪；头部和脸部水肿，神经紊乱和腹泻（图11-14）。

这些症状中的任何一种都可能单独或以不同的组合出现。有时疾病暴发很迅速，在没有明显症状时就已发现鸡死亡。

另外，禽流感的发病率和死亡率差异很大，取决于禽类种别和毒株及年龄、环境和并发感染等，通常情况为高发病率和低死亡率。在高致病力病毒感染时，发病率和死亡率可达100%。

禽流感潜伏期从几小时到几天不等，其长短与病毒的致病性、感染病毒的剂量、感染途径和被感染禽的品种有关。

图11-14 禽流感表现

彩图

三、实验室检验

可参考《高致病性禽流感诊断技术》（GB/T 18936—2020）、《家禽产地检疫规程》（农牧发〔2023〕16号）、《进出境禽鸟及其产品高致病性禽流感检疫规范》（GB/T 19441—2004）等规范、标准进行实验室诊断。

1. 采样

取病、死鸡脾、肺、脑，用磷酸缓冲液制成1∶10悬液，静置或离心后取上清液，按每毫升加入青霉素和链霉素1000IU，置4℃作用2～4h后离心。采集急性期（10d内）及康复期双份血清。

2. 电镜直接观察

禽流感病毒一般为球形，直径为80～120nm，但也常有同样直径的丝状形态，长短不一。病毒表面有10～12nm的密集钉状物或纤突覆盖，病毒囊膜内有螺旋形核衣壳（图11-15）。两种不同形状的表面钉状物是HA（棒状三聚体）和NA（蘑菇形四聚体）。

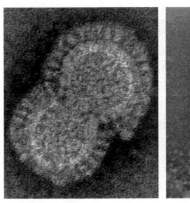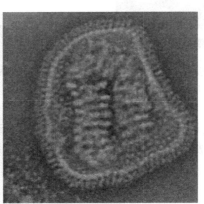

图11-15 禽流感病毒

3. 实验室诊断

用于检测禽流感抗体的血清学方法主要有血凝抑制试验、微量中和试验、琼脂扩散试验等；用于检测禽流感的病原学方法主要有组织及鸡胚培养技术、免疫荧光技术、分子生物学技术（PCR、RT-PCR技术）和免疫酶技术，用来检测患者组织或细胞培养物中的病毒等。

四、检疫后处理

可参考农业农村部《高致病性禽流感疫情应急实施方案》（农牧发〔2020〕12号）、行业标准《高致病性禽流感诊断技术及人员防护技术规范》（CN-NY—2020）、《进出境禽鸟及其产品高致病性禽流感检疫规范》（GB/T 19441—2004）等法规进行操作。

该病属法定的畜禽一类传染病，危害极大，故一旦暴发，确诊后应坚决彻底销毁疫点的禽只及有关物品，执行严格的封锁、隔离和无害化处理措施。严禁外来人员及车辆进入疫区，禽群处理后，禽场要全面清扫、清洗、消毒、空舍至3个月。目前国外也采用"冷处理"的方法，即在严格隔离的条件下，对症治疗，以减少损失。

五、免疫预防

使用疫苗防护，场内所有禽只都要注射禽流感疫苗。养殖场应该在通风口、进料口设置铁丝网，防止其他禽鸟进入。养殖场内鸡、鸭、鹅等家禽不能混养。要密切观察禽类的健康状况，发现问题及时报告，及时处理。养殖场工作人员进入养禽场需戴口罩，戴防护手套，穿防护工作服，早晚自测体温。一旦发现有肌肉酸痛、发烧等感冒症状，应立即就医。载运鸡只的交通工具应全面消毒。

彩图

第十节　牛传染性胸膜肺炎

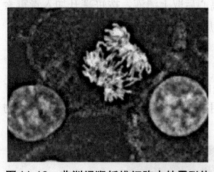

图11-16　非洲绿猴纤维细胞中的霉形体

牛传染性胸膜肺炎（contagious bovine pleuropneumonia，CBPP）也称牛肺疫，是由丝状支原体丝状亚种（*Mycoplasma mycoides* subsp. *mycoides*，Mmm，也称为霉形体，图11-16）引起的对牛危害严重的一种接触性呼吸道疾病，主要侵害肺和胸膜，其病理特征为纤维素性肺炎和浆液纤维素性肺炎。WOAH将其列为通报性疫病，我国列为一类动物疫病。

一、流行病学

牛传染性胸膜肺炎在自然条件下主要侵害牛类，包括黄牛、牦牛、犏牛、奶牛等，其中3～7岁多发，犊牛少见；该病在我国西北、东北、内蒙古和西藏部分地区曾有过流行，造成很大损失；目前在亚洲、非洲和拉丁美洲仍有流行。

病牛和带菌牛是该病的主要传染源。牛肺疫主要通过呼吸道感染，也可经消化道或生殖道感染。多呈散发性流行，常年可发生，但以冬春两季多发。非疫区常因引进带菌牛而呈暴发性流行；老疫区因牛对该病具有不同程度的抵抗力，发病缓慢，通常呈亚急性或慢性经过，往往呈散发性。

二、临诊检疫

1. 临诊病理

主要特征性病变在呼吸系统，尤其是肺脏和胸腔。肺的损害常限于一侧，初期以小叶性肺炎为特征；中期为该病典型病变，表现为浆液纤维素性胸膜肺炎，病肺呈紫红、红、灰红、黄等不同时期的肝硬变样变化，切面呈大理石状外观，间质增宽。病肺与胸膜粘连，胸膜显著增厚并有纤维素附着，胸腔有淡黄色并夹杂有纤维素的渗出物，支气管淋巴结和纵隔淋巴结肿大、出血，心包液混浊且增多；末期肺部病灶坏死并有结缔组织包囊包裹，严重者结缔组织增生使整个坏死灶瘢痕化（图11-17、图11-18），成为肺隔离症（pulmonary sequestration）。

图 11-17 牛肺疫病变肺脏

彩图

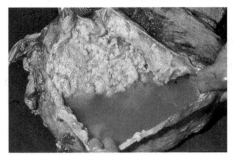

图 11-18 胸腔心包周围

彩图

2. 临床表现

潜伏期2~4周，短者7d，长者可达几个月之久。

（1）急性型 病初体温升高至40~42℃，鼻孔扩张，鼻翼扇动，有浆液或脓性鼻液流出。呼吸高度困难，呈腹式呼吸，有吭声或痛性短咳。前肢张开，喜站。反刍迟缓或消失，可视黏膜发绀，臀部或肩胛部肌肉震颤。脉细而快，每分钟80~120次。前胸下部及颈垂水肿。胸部叩诊有实音，痛感；听诊时肺泡音减弱；病情严重出现胸水时，叩诊有浊音。若病情恶化，则呼吸极度困难，病牛呻吟，口流白沫，伏卧伸颈，体温下降，最后窒息而死。

（2）亚急性型 其症状与急性型相似，但病程较长，症状不如急性型明显而典型。

（3）慢性型 病牛消瘦，常伴发癌性咳嗽，叩诊胸部有实音且敏感。在老疫区多见牛免疫力下降，消化机能紊乱，食欲反复无常，有的无临床症状但长期带毒，故易与结核相混，应注意鉴别。病程2~4周，也有延续至半年以上者。

三、实验室检验

参考《进出境牛传染性胸膜肺炎检疫规程》（SN/T 2849—2011）、《牛传染性胸膜肺炎诊断技术》（GB/T 18649—2014）进行实验室检测。病原学检查、PCR适合病原诊断，补体结合试验和竞争性ELISA适合抗体检测。

1. 采样

无菌采集肺脏、胸腔渗出液、肺门淋巴结，并将肺病料剪成3~5cm方块。胸部淋巴结，以整个淋巴结为好，胸腔渗出液用吸管吸入青霉素瓶内。

2. 病原学检查

高倍镜下见多形性菌体，琼脂上煎蛋样菌落，即可确诊（图11-19）。

3. 实验室诊断

实验室检验包括病原检查、补体结合试验、微量凝集试验。该病初期不易诊断，若引进种牛在数周内出现高热，持续不退，同时兼有浆液性纤维素胸膜肺炎的症状并结合病理变化可做出初步诊断。其病理诊断要点：①肺呈多色彩的大理石样变；②肺间质明显增宽、水肿，肺组织坏死；③浆液纤维素胸膜肺炎。

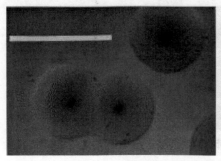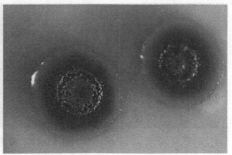

彩图

图 11-19　琼脂上丝状霉形体菌落

PCR 可快速鉴定病原，以 16S rRNA 为靶基因，设计下列引物。

上游引物：5′-AAAATGAGAGTTTGATCCTGG-3′

下游引物：5′-AGAAAGGAGGTGAT CCATCCG-3′　　扩增出 1525bp 片段。

或者按照国标法进行检测。

四、检疫后处理

发现病牛应隔离、封锁，必要时宰杀淘汰；污染的牛舍、屠宰场应用3%来尔苏或20%石灰乳消毒。

该病早期治疗可达到临床治愈。病牛症状消失，肺部病灶被结缔组织包裹或钙化，但长期带菌，应隔离饲养以防传染。

五、免疫预防

非疫区勿从疫区引牛。老疫区宜定期用牛肺疫兔化弱毒菌苗进行预防注射。

第十一节　尼帕病毒性脑炎

尼帕病毒性脑炎（Nipah virus encephalitis）是一种人兽共患性传染病，目前，在中国山东、河南两地发现30多人确诊病例。尼帕病毒（Nipah virus，NiV）属是副黏病毒科的一个病毒家族。国际病毒分类委员会（ICTV）在第七次报告中，在副黏病毒亚科原有的3个属的基础上，新设第4个属，该属包括尼帕病毒和亨德拉病毒（Hendra virus，HeV），统称为亨尼帕病毒（Henipavirus）。WOAH将其列为通报性疫病，我国将其列为一类动物疫病。

一、流行病学

尼帕病毒属于副黏病毒科RNA病毒，能引起广泛的血管炎，感染者有发热、严重头痛、脑膜炎等症状，给人及动物带来严重危害。尼帕病毒的宿主较为广泛，狐蝠科的果蝠是尼帕病毒的天然宿主，还包括人、猪、犬、猫、马、山羊、老鼠、蝙蝠等。猪是病毒的主要宿主，但发病率和死亡率低，我国鼩鼱可能是该病毒的天然储存库，与感染猪接触的人、犬、猫、马、山羊等也可被感染。通过病猪呼吸道产生的飞沫、与喉咙或鼻腔分泌物接触、屠宰猪的工人，蝙蝠粪便、分泌物或与染病动物的组织接触进行传播，与患者的分泌物和排泄物密切接触也能传播病毒。同一猪场内传播也可能是直接接触病猪的尿、体液、气管分泌物等而引起。人通过动物（如蝙蝠或猪）或者被污染的食物如椰枣传播给人类，也可以直接人传人。WHO认为人感染后的死亡率为40%～75%。

尼帕病毒最初发现于马来西亚，后在孟加拉国、印度等南亚国家发现，亨德拉病毒1994年发现于澳大利亚，可以感染马和人。

二、临诊检疫

1. 临诊病理

动物感染NiV后，主要是肺和脑部的病变，肺发生不同程度的实变，气肿，瘀斑性淤血，呼吸道带有血丝的分泌物，肺小叶间隔肿胀；脑膜弥漫性充血、水肿。其他器官无明显变化。

2. 临床表现

动物中猪是主要感染动物群体，不同年龄的猪临床症状有所不同。乳猪有轻度到重度的咳嗽，这种咳嗽很有特征性，呈爆炸性，远距离就可听到；种猪有明显的呼吸困难，嗜睡或攻击行为，腹部肌肉呈周期性痉挛；哺乳猪发生痉挛及其他神经症状；怀孕母猪发生流产、抽搐、死亡。

人类感染尼帕病毒会导致一系列临床症状，并以急性发热型脑炎、神经症状及高死亡率为特征，主要为急性呼吸道感染和致命性脑炎等。感染者最初会出现发烧、头痛、肌痛、呕吐和喉咙痛等症状，随后可能出现头晕、嗜睡、意识混乱和其他急性脑炎的神经系统体征。少数患者有呼吸道症状，部分患者伴有高血压和心动过速。

三、实验室检验

参照中华人民共和国农业行业标准《尼帕病毒病诊断技术》（NY/T 1469—2007）、中华人民共和国进出境检验检疫行业标准《尼帕病毒病检疫技术规范》（SN/T 2865—2011）进行实验室检测。包括病毒分离、病毒中和试验、PCR、RT-PCR、免疫组化法。

对进口猪只要实施严格检疫，防止尼帕病毒感染猪进入国境。病毒分离株的进一步鉴定，还需做电镜或免疫电镜、特异性抗血清中和实验、PCR等。

电镜下呈球形，病毒中心为核糖核酸和呈螺旋形排列的衣壳体，外包双层含脂蛋白囊膜，表面有小突起。

PCR：上游引物：5′-TAG AAA TAA TCT CAG ACA TCG GAA A-3′

　　　下游引物：5′-CCC ATA GAC CTG TCA ATA GTA GTA GC-3′

　　　探针：FAM-TTT GCC CCT GGA GGT TAC CCA TTA TCG-TAMRA

　　　扩增出300bp片段为阳性；RT-PCR的Ct值≤30为阳性。

四、检疫后处理

如果检疫或屠宰猪中发现尼帕病毒，即可采取隔离、封锁和无害化处理措施，污染的猪舍、屠宰场或相关环境应用3%来苏尔或20%石灰乳消毒。严禁外来人员及车辆进入疫区，猪群处理后，猪场要全面清扫、清洗、消毒、空舍至3个月。

五、免疫预防

由于尼帕病毒属于新型人兽共患病病毒，蝙蝠是重要宿主，在蝙蝠活动范围内要注意防范。

广泛灭蚊，清除积水，以消灭蚊子滋生地，也是防止病原传播的重要措施。注意日常管理，定期对猪进行检疫监测，防重于治，减少对于人和动物的危害。

新鲜椰枣汁可能被带毒的果蝠污染，采集的新鲜椰枣汁应当煮沸；果实可能会被果蝠啃咬，食用前要彻底清洗并去皮，不食用带有不明啃咬痕迹的水果。在处理患病的动物或其组织，以及在屠宰和剔除过程中时，应穿戴手套和其他防护服。尽可能避免与受感染的猪接触。目前没有可用于人类或动物的疗法或疫苗，避免与尼帕病毒感染者进行无保护的密切身体接触。

第十二章 二类动物疫病检疫

农业农村部新版动物的二类疫病是指狂犬病、布鲁氏菌病、草鱼出血病等，可对人、动物构成严重危害，可能造成较大的经济损失和社会影响，需要采取严格预防、控制等措施的共计 37 种。

多种动物共患病（7 种）：狂犬病、布鲁氏菌病、炭疽、蓝舌病、日本脑炎、棘球蚴病、日本血吸虫病。

牛病（3 种）：牛结节性皮肤病、牛传染性鼻气管炎（传染性脓疱外阴阴道炎）、牛结核病。

绵羊和山羊病（2 种）：绵羊痘和山羊痘、山羊传染性胸膜肺炎。

马病（2 种）：马传染性贫血、马鼻疽。

猪病（3 种）：猪瘟、猪繁殖与呼吸综合征、猪流行性腹泻。

禽病（3 种）：新城疫、鸭瘟、小鹅瘟。

兔病（1 种）：兔出血症。

蜂病（2 种）：美洲蜂幼虫腐臭病、欧洲蜂幼虫腐臭病。

鱼类病（11 种）：鲤春病毒血症、草鱼出血病、传染性脾肾坏死病、锦鲤疱疹病毒病、刺激隐核虫病、淡水鱼细菌性败血症、病毒性神经坏死病、传染性造血器官坏死病、流行性溃疡综合征、鲫造血器官坏死病、鲤浮肿病。

甲壳类病（3 种）：白斑综合征、十足目虹彩病毒病、虾肝肠胞虫病。

第一节 多种动物共患病

二类疫病中多种动物共患病包括狂犬病、布鲁氏菌病、炭疽、蓝舌病、日本脑炎、棘球蚴病、日本血吸虫病。

一、炭疽

炭疽（anthrax）是由炭疽杆菌所致的人兽共患急性、热性、败血性传染病。表现为脾脏显著肿大；皮下及浆膜下结缔组织出血性浸润；血液凝固不良，呈煤焦油样。炭疽杆菌在人及动物体内有荚膜，在体外不适宜的培养条件下形成芽孢。

1. 流行病学

炭疽杆菌繁殖体能分泌炭疽毒素，此毒素是由第Ⅰ因子（水肿因子，EF）、第Ⅱ因子（保护性抗原，PA）及第Ⅲ因子（致死因子，LF）所组成的复合多聚体。三种成分分别注入动物体内均无毒性，但保护性抗原加水肿因子或致死因子则可分别引起水肿、坏死或动物死亡。

1）传染源。该病为人兽共患传染病，各种家畜、野生动物都有不同程度的易感性。首先草食动物最易感，如牛、羊、马、骆驼等；其次是杂食动物，如猪和狗；再次是肉食动物，家禽一般不感染，它们可因吞食染菌食物而得病。人直接或间接接触其分泌物及排泄物可感染。炭疽动物或患者的痰、粪便及病灶渗出物具有传染性。动物带菌、腐生环境、土壤、皮毛等中可能存在菌体或芽孢，可在适当时机复活或传染。

2）传播途径。①经皮肤黏膜，由于伤口直接接触病菌而致病，病菌毒力强可直接侵袭完整皮肤。②经呼吸道，吸入带炭疽芽孢的尘埃、飞沫等而致病。③经消化道，摄入被污染的食物或饮用水等而感染。

3）自然条件下，食草兽最易感，人中等敏感，但多见于农牧民、屠宰、皮毛加工、兽医及实验室人员等与动物或动物产品接触较多的人群及误食病畜肉的人员。发病与否与人体的抵抗力有密切关系。牛等因采食雨水冲刷的河床、草地、腐殖土等炭疽芽孢而感染。

2. 临诊检疫

（1）临诊病理　　主要表现为皮肤坏死溃疡、焦痂和周围组织广泛水肿及毒血症症状，偶尔引致肺、肠和脑膜的急性感染，并可伴发败血症。当一定数量的芽孢进入皮肤破裂处，吞入胃肠道或吸入呼吸道，加上人体抵抗力减弱时，病原菌借其荚膜的保护，首先在局部繁殖，产生大量毒素，导致组织及脏器发生出血性浸润、坏死和严重水肿，形成原发性皮肤炭疽、肠炭疽及肺炭疽等。当机体抵抗力降低时致病菌即迅速沿淋巴管及血循环进行全身播散，形成败血症和继发性脑膜炎。

（2）临床表现　　潜伏期一般为20d。

1）典型症状，该病主要呈急性经过，多以突然死亡、天然孔出血、血呈酱油色不易凝固、尸僵不全、左腹膨胀为特征。

2）家畜临床表现如下。

牛：体温升高常达41℃以上，可视黏膜呈暗紫色，心动过速、呼吸困难。呈慢性经过的病牛，在颈、胸前、肩胛、下腹或外阴部常见水肿；皮肤病灶温度增高，坚硬，也可发生坏死，有时形成溃疡；颈部水肿常与咽炎和喉头水肿相伴发生，致使呼吸困难加重。急性病例一般经24～36h后死亡，亚急性病例一般经2～5d后死亡（图12-1、图12-2）。

彩图　　图12-1　牛炭疽

图12-2　斑马炭疽　　彩图

羊：多表现为最急性（猝死）病症，摇摆、磨牙、抽搐、挣扎、突然倒毙，有的可见从天然孔流出带气泡的黑红色血液。病程稍长者也只持续数小时后死亡。

马：体温升高，腹下、乳房、肩及咽喉部常见水肿。舌炭疽多见呼吸困难、发绀；肠炭疽腹痛明显。急性病例一般经24～36h后死亡，有炭疽痈时，病程可达3～8d。

猪：猪感染后多表现为咽炭疽、肠炭疽，临床症状不明显，仅表现沉郁、厌食、呕吐、下痢等症状，多在屠宰后才发现。

3. 实验室检验

各种检查，特别是实验室检验应在有专门防护的实验室内进行。依据中华人民共和国进出境检验检疫行业标准《动物炭疽病检疫技术规范》（SN/T 2701—2010）、卫生行业标准《炭疽诊断》（WS 283—2020）进行检疫检验。

（1）采样　　严格安全措施，在防止病原扩散的条件下采集皮肤损害的分泌物、痰、呕吐物、排泄物或血液、脑脊液等样品。

（2）微生物鉴定

1）组织（液）涂片检查，取水疱内容物、病灶渗出物、分泌物、痰液、呕吐物、粪便、血液及脑脊液等作涂片，先加1:1000升汞固定，以破坏芽孢，染色后可发现有荚膜的典型竹节状大杆菌（图12-3～图12-5）。

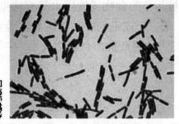

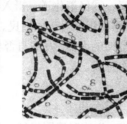

彩图　　　　图12-3　炭疽杆菌　　　　　图12-4　炭疽杆菌芽孢　　　　图12-5　炭疽杆菌典型荚膜

2）培养，检材应分别接种于血琼脂平板、普通琼脂平板、碳酸氢钠平板。血标本应事先增菌培养。检材明显污染者可先加热至65℃　30min以消灭杂菌，并于肉汤内增菌4h后接种于平板。如见可疑菌落，则根据生物学特征及动物试验进行鉴定。还可利用荚膜诱导培养检测荚膜形态。

3）样品检测，对陈旧、腐败脏器、动物尸体和环境样品进行检测。

4）实验室诊断。

免疫学试验有间接血凝法、ELISA法、酶标-葡萄球菌A蛋白（SPA）法、荧光免疫法等，用以检测血清中的各种抗体，特别是荚膜抗体及血清抗毒性抗体，一般供追溯性诊断和流行病学调查之用。Ascoli沉淀试验主要用以检验动物脏器、皮、毛等是否染菌。

鉴定试验用以区别炭疽杆菌与各种类炭疽杆菌（枯草杆菌、蜡样芽孢杆菌、蕈状杆菌、嗜热芽孢杆菌等），主要有串珠湿片法、特异性荧光抗体（抗菌体、抗荚膜、抗芽孢、抗噬菌体等）染色法，W噬菌体裂解试验、碳酸氢钠琼脂平板CO_2培养法、青霉素G抑制试验、动物致病试验、荚膜肿胀试验、动力试验、溶血试验、水杨酸苷发酵试验等。PCR引物如下所示。

保护性抗原（PA）：PA5：5'-TCC TAA CAC TAA CGA AGT CG-3'
　　　　　　　　　　PA8：5'-GAG GTA GAA GGA TAT ACG GT-3'　扩增出596bp片段。

荚膜抗原：1234：5'-CTG AGC CAT TAA TCG ATA TG-3'
　　　　　　1301：5'-TCC CAC TTA CGT AAT CTG AG-3'　扩增出846bp片段。

4. 疫疫后处理

（1）疫情报告与疫情公布　动物疫情实行逐级报告制度。炭疽病属二类动物疫病，对外疫情由农业农村部授权省畜牧兽医局统一发布，任何单位和个人不得擅自披露或公布疫情，违者追究其相应的经济责任和刑事责任。

（2）疫情处置

1）疑似疫情。发现疑似疫情时，养殖户应立即将发病动物隔离，并限制其移动。兽医职能部门要及时派人员到现场进行调查核实，包括流行病学调查、临床症状检查等，根据诊断结果采取相应措施。对病死动物尸体，严禁进行开放式解剖检查，对环境实施严格的消毒措施，防止病原污染环境，形成永久性疫源地。并按规定进行采样，进行确诊。

2）散发疫情。宰前检疫确诊为炭疽后，该病呈零星散发时，对患病动物作无血扑杀处理；动物尸体需要运送时，应使用防漏容器，须有明显标志，并在有关部门和人员的监督下实施；对同群动物立即进行强制免疫接种，并隔离观察20d。对病死动物及排泄物，可能被污染的饲料、污水等按要求进行无害化处理；对可能被污染的物品、交通工具、用具、动物舍进行严格彻底消毒。对疫区、受威胁区所有易感动物进行紧急免疫接种。

3）暴发疫情。当暴发疫情时（1个县10d内发现5头以上的患病动物），立即启动县级应急预案，县畜牧兽医局划定疫点、疫区、受威胁区，报请县政府对疫区进行封锁，对疫点、疫区、受威胁区按规定采取封锁、隔离、扑杀、销毁、消毒、无害化处理、紧急免疫接种等强制性处置措施。在疫点内所有动物及其产品处理完毕20d后解除封锁。

4）宰后确认的，整个胴体、内脏、皮毛及血液等进行销毁处理。立即停止生产，被污染的场地、用具用5%～10%氢氧化钠或20%漂白粉液消毒。凡被污染或疑为污染的肉尸、内脏应在6h内高温处理后方可利用，否则均应化制或销毁。确为未污染的胴体、内脏及副产品（血、骨、皮、毛等），不受限制出场。

5．免疫预防

流行区可以疫苗免疫注射，对易感人群注射减毒炭疽杆菌活疫苗。切断传播途径，对从事接触污染物的人群加强劳动保护，特别是屠宰和皮张加工，要加强防护。对于洪水冲刷河床草地的放牧牛羊注意观察是否发病。一旦发现炭疽患者应立即隔离。

二、狂犬病

狂犬病（rabies）即疯狗症，又名恐水症，是一种侵害中枢神经系统的急性病毒性传染病，所有温血动物包括人类，都可能被感染。它多由染病的动物咬人而得，狂犬病的人类患者多数会发病身亡。导致狂犬病的病原体是弹状病毒科狂犬病病毒属的狂犬病病毒（rabies virus）。狂犬病病毒有两种病毒株：一种是能引起狂犬病的天然病毒株，毒力强，叫作自然病毒或街毒；另一种是经过兔脑多次传代的病毒株，叫作固定毒。WOAH 将狂犬病列为通报性疫病，我国将其列为二类动物疫病。

1．流行病学

在自然界中，犬科和猫科中的很多动物常成为狂犬病的传染源和带毒者，传染源主要是野生动物，如西欧、北美的狐、臭鼬，中南美的吸血蝙蝠、食虫蝙蝠等。病犬、病狼等的唾液中含病毒较多，于发病前数日即有传染性。野生动物在保种和维持病毒循环中起到重要作用。人和多种动物对狂犬病病毒都有易感性，无症状和顿挫型感染动物可长期通过唾液排毒，并成为主要的传染源。该病主要通过患病动物咬伤而感染，健康动物皮肤黏膜损伤处接触病畜的唾液也可感染。病毒主要通过咬伤的伤口进入人体。

2．临诊检疫

（1）临诊病理 非特异性病变：急性弥漫性脑脊髓炎，尤以与咬伤部位相当的背根节及脊髓段、大脑的海马及延髓、脑桥、小脑等处为重，脑膜通常无病变。脑实质呈充血、水肿及微小出血，镜下可见非特异性变性和炎症改变、如神经细胞空泡形成、透明变性和染色质分解、血管周围单核细胞浸润等，可见到包涵体。唾液腺肿胀，质柔软，腺泡细胞明显变性，腺组织周围有单核细胞浸润。胰腺腺泡和上皮、胃黏膜壁细胞、肾上腺髓质细胞、肾小管上皮细胞等均可呈急性变性。

（2）临床表现 狂暴型犬症状可分为三期，前驱期、兴奋期和麻痹期。

1）前驱期（沉郁期），1～2d，病犬缺乏特征性症状，易被忽视。主要呈现轻度的异常现象，病犬性情敏感，举动反常，易于激怒，不听呼唤，咬伤处发痒，常以舌舔局部。

2）兴奋期，病犬高度兴奋，攻击人畜，狂暴与沉郁常交替出现。疲惫时卧地不动，但不久又立起，表现出特殊的斜视和惶恐表情；当再次受到外界刺激时，又可出现新的发作。狂乱攻击，自咬四肢、尾及阴部等。病犬野外游荡，多数不归，到处咬伤人畜。随着病程发展，陷于意识障碍，反射紊乱，消瘦，声音嘶哑，夹尾，眼球凹陷，瞳孔散大或缩小，流涎（图12-6）。

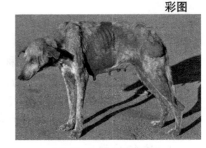

彩图

图12-6 狂犬病病犬

3）麻痹期，1～2d，病犬下颌下垂，舌脱出口外，流涎显著，后躯及四肢麻痹，卧地不起，最后因呼吸中枢麻痹或衰竭而死亡。整个病程1～10d。

3．实验室检验

参考中华人民共和国进出境检验检疫行业标准《狂犬病检疫技术规范》（SN/T 4087—2014）、中国疾病预防控制中心《狂犬病预防控制技术指南》（中疾控传防发〔2016〕12号）、北京市地方标准《狂犬病隔离检疫技术规范》（DB11/T 734—2020）等法规进行诊断。

图12-7 狂犬病病毒

根据临床症状、病理变化初步判断，实验室诊断包括荧光抗体、分离鉴定、小鼠接种分离鉴定、TCID$_{50}$测定、血清中和试验及RT-PCR等检测方法。

（1）**采样** 可采集动物血液、血浆、脑、分泌物（如唾液）。

（2）**微生物鉴定** 最特异和具有诊断意义的变化是有内格里氏小体（存在于80%狂犬病患畜的神经细胞胞质中的一种嗜酸性包涵体），圆形或椭圆形，大小3～10μm，边缘整齐，内有1～2个形状似细胞核的小点。最常见于大脑海马的锥体细胞及小脑的普尔基涅氏细胞中。内格里氏小体现已证实为病毒的集落（包涵体），电子显微镜下可见小体内含有杆状的病毒颗粒（图12-7）。如果在人脑或动物脑细胞中发现这种小体，就可以确诊。病毒一端钝圆，一端扁平，形同子弹，完整的狂犬病病毒呈子弹形，长度大约为200nm，直径为70nm左右。整个病毒由最外层的脂质双分子层外膜、结构蛋白外壳和负载遗传信息的RNA分子构成。

（3）**实验室诊断** 用脑组织内基小体检验、荧光免疫方法检查抗体、分泌物动物接种实验、血清学抗体检查、RT-PCR方法检查病毒RNA。PCR引物如下所示。

N1（+）：（587）5′-TTT GAG ACT GCT CCT TTT G-3′（605）

N2（-）：（1092）5′-CCC ATA TGA CAT CCT AC-3′（1013） 扩增出505bp片段。

4．检疫后处理

发现病例或可疑病例立即报告相关部门，动物防疫监督机构接到疫情报告后，按《动物疫情报告管理办法》及有关规定上报。封锁、隔离、无害化处理及解除封锁。发现疑似狂犬病动物后，畜主应立即隔离疑似患畜，限制其移动。发病的犬、猫立即击毙、焚毁或深埋。

5．免疫预防

1）加强犬和猫的管理，控制宠物间的传播。野犬应扑杀，为宠物强制性接种狂犬疫苗。

2）控制野生动物间的传播，通过投喂含口服狂犬疫苗的诱饵实现。对易感人群预防性免疫接种，为易于接触到狂犬病病毒的人群接种狂犬疫苗。被咬伤后预防性处理，用消毒剂充分清洗伤口，如双氧水、碘基消毒剂、0.1%新洁尔灭，迫不得已的时候甚至只用清水洗涤也有意义。

2005年卫生部发布《全国狂犬病监测方案》、《狂犬病暴露预防处置工作规范》（中疾控综传防发〔2023〕14号）、北京地方标准《狂犬病隔离检疫技术规范》（DB11/T 734—2020）等法规进行控制。

三、布鲁氏菌病

布鲁氏菌病（brucellosis）简称布病，又称地中海弛张热、马耳他热、波浪热或波状热，是由布鲁氏菌引起的人兽共患病，其临床特点为长期发热、多汗、关节痛及肝脾肿大等。农业农村部于2022年9月发布《全国畜间人兽共患病防治规划（2022—2030年）》，强调了布鲁氏菌病的公共卫生重要性和防控措施。WOAH将其列为通报性疫病，我国将其列为二类动物疫病。

1．流行病学

国际上将布鲁氏菌属（*Brucella*）分为马耳他（羊）、流产（牛）、猪、犬、森林鼠及绵羊附睾等6个生物种、19个生物型，即羊种（3个生物型），牛种（8个生物型，牛3个生物型和牛6个生物型菌的生物特性是一致的，1982年国际微生物学会布鲁氏菌分类学会将其合并为一个生物型称为3/6型），猪种（5个生物型，原为4个生物型，1982年国际会议上增加第5型）、森林鼠种、绵羊附睾和犬种各一生物型。我国以羊种菌占绝对优势，其次为牛种菌，猪种菌仅存在于少数地区。后又增加鲸种布鲁氏菌（*B. ceti*）、鳍种布鲁氏菌（*B. pinnipedialis*）、田鼠种布鲁氏菌（*B. microti*）、*B. inopinata*等种。

该病流行于世界各地，全世界160个国家中有123个国家有布鲁氏菌病发生。我国多见于内蒙古、东北、西北等牛羊主产牧区。

目前已知有60多种家畜、家禽、野生动物为布鲁氏菌的宿主，牛、羊、猪、鹿、犬属于易感动物，母畜比公畜、成年畜比幼年畜发病多。病原存在于病畜的生殖器官、内脏和血液中。与人类有关的传染源主要是羊、牛及猪。染菌动物首先在同种动物间传播，造成带菌或发病，随后波及人类。病畜的分泌物、排泄物、流产物及乳类含有大量病菌，如实验性羊布鲁氏菌病流产后每毫升乳含菌量高达3万个以上，带菌时间可达1.5～2年，所以是人类最危险的传染源。各型布鲁氏菌在各种动物间有转移现象，即羊种菌可能转移到牛、猪，反之亦然。羊、牛、猪是重要的经济动物，家畜及畜产品与人类接触密切，从而增加了人类感染的机会。

传播途径包括以下4点：①经皮肤黏膜接触传染，直接接触病畜或其排泄物、阴道分泌物、娩出物，或在饲养、挤奶、剪毛、屠宰及加工皮、毛、肉等过程中没有注意防护，可经皮肤微伤或眼结膜受染；也可间接接触病畜污染的环境及物品而受染；②经消化道传染，食用被病菌污染的食品、水或食生乳及未熟的肉、内脏而受染；③经呼吸道传染，病菌污染环境后形成气溶胶，可发生呼吸道感染，这三种途径在流行区可两种或三种途径同时发生；④其他，如苍蝇携带、蜱叮咬也可传播该病，但重要性不大。

2. 临诊检疫

（1）临诊病理　病理特征为有全身弥漫性网状内皮细胞增生和肉芽肿结节形成（图12-8）。母牛的病变主要在子宫内部，子宫绒毛膜间隙有污灰色或黄色无气味的胶样渗出物；绒毛膜有坏死病灶，表面覆以黄色坏死物或污灰色脓液；胎膜因水肿而肥厚，呈胶样浸润，表面覆以纤维素和脓汁。流产的胎儿主要为败血症变化，脾与淋巴结肿大，肝脏中有坏死灶，肺常见支气管肺炎。流产之后母牛常有继发性子宫炎，子宫内膜充血、水肿，呈污红色，有时还可见弥漫性红色斑纹，甚至尚可见到局灶性坏死和溃疡；输卵管肿大，有时可见卵巢囊肿；严重时乳腺可因间质性炎而发生萎缩和硬化。公牛主要是化脓坏死性睾丸炎或附睾炎。睾丸显著肿大，其被膜与外浆膜层粘连，切面可见到坏死灶或化脓灶。阴茎可以出现红肿，其黏膜上有时可见到小而硬的结节。

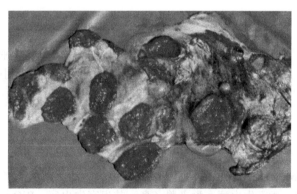

图12-8　羊布鲁氏菌病肉芽肿结节　彩图

（2）临床表现　该病常不表现症状，而首先被注意到的症状是母畜流产，主要表现为流产、睾丸炎、腱鞘炎和关节炎。潜伏期短者两周，长者可达半年。母牛流产是该病的主要症状，流产多发生于怀孕5～7个月，产出死胎或软弱胎儿。母牛流产后常伴有胎衣不下或子宫内膜炎，阴道内继续排出红褐色恶臭液体，可持续2～3周，或者子宫蓄脓长期不愈，甚至因慢性子宫内膜炎而造成不孕。患病公牛常发生睾丸炎或附睾炎。羊布鲁氏菌病是羊的一种慢性传染病，主要侵害生殖系统，羊感染后，以母羊发生流产和公羊发生睾丸炎为特征。多数病例为隐性感染，怀孕羊的主要症状是发生流产，但不是必有的症状，流产发生在怀孕后的3～4个月。有时患病羊发生关节炎和滑液囊炎而致跛行；少部分病羊发生角膜炎和支气管炎。

其他症状可能还有乳房炎、支气管炎、关节炎等。

3. 实验室检验

依据流行病学、临床症状、病理变化可做出初步诊断，确诊后需做血清学实验或细菌分离。主要依据《动物布鲁氏菌病诊断技术》（GB/T 18646—2018）进行实验室诊断。

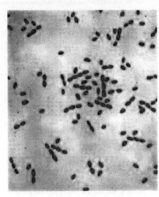

图 12-9　布鲁氏菌

彩图

（1）**采样**　　流产胎儿、阴道分泌物、血液、淋巴组织等。

（2）**微生物鉴定**　　抹片，用改良齐-尼氏抗酸染色法、美蓝法染色，布鲁氏菌染成红色，背景染成蓝色（图12-9）。以加血培养基分离培养。分离培养物接种小鼠，再从肝脾分离细菌。

（3）**实验室诊断**　　目前最常用的诊断方法是血清学诊断。其中以平板凝集试验或试管凝集试验为准。凝集试验有初筛和正式检测，参考《动物布鲁氏菌病诊断技术》（GB/T 18646—2018）。①初筛试验：虎红平板凝集试验（RBPT）、乳牛布病全乳环状试验（MRT）；②正式试验：动物布病试管凝集试验（SAT）、动物布病补体结合试验（CFT）。以上任选一种试验方法。

4. 检疫后处理

参考中国动物疫病预防控制中心、中国疾病预防控制中心《布鲁氏菌病防控技术要点（第一版）》（2022年）、农业农村部《畜间布鲁氏菌病防控五年行动方案（2022—2026年）》、四川省地方标准《家畜布鲁氏菌病防治技术规范》（DB51/T 1849—2014）等法规进行检疫防控。技术要点强调：对于布鲁氏菌病要加强饲养管理、规范免疫措施、加强畜间布病监测、进行畜间疫情报告和处置、开展布病净化和无疫建设、及时清理和消毒、严格报检和检疫、加强生物安全管理和人员防护、进行人间布病监测、联防联控。

羔羊每年断乳后进行一次布鲁氏菌病检疫。成羊两年检疫一次或每年预防接种而不检疫。对检出的阳性羊要进行隔离扑杀处理，不能留养或给予治疗。发现呈阳性和可疑反应的羊均应及时隔离，以淘汰屠宰为宜，严禁与假定健康羊接触。必须对污染的用具和场所进行彻底消毒；流产胎儿、胎衣、羊水和产道分泌物应深埋。凝集反应阴性羊用布鲁氏菌猪型2号弱毒菌或羊型5号弱毒苗进行免疫接种。现在已经使用"布鲁氏菌基因缺失标记疫苗"，可以区分自然感染或疫苗接种的阳性，可以有针对性地隔离处置。

5. 免疫预防

使用布鲁氏菌活疫苗：牛种A19株、羊种M5（M5-90）株和猪种S2株这3种活菌疫苗。当年新生羔羊通过检疫呈阴性的，疫苗免疫，用"猪2号弱毒活菌苗"饮服或注射。羊不分大小每只饮服500亿活菌。疫苗注射，每只羊25亿菌，肌内注射。最近又新审批了BA0711株、Rev.1株活疫苗。

四、棘球蚴病

棘球蚴病（echinococciosis）又称包虫病，是由棘球属虫种的幼虫寄生于猪、牛、羊等哺乳动物及野生动物内脏及肌肉内所引起的二类寄生虫病，为人兽（畜）共患寄生虫病。WOAH列为通报性疫病。

1. 流行病学

在我国引起动物和人棘球蚴病的病原为棘球蚴，它不仅压迫组织器官造成其严重变形，而且由于囊泡破裂，囊液可导致再感染或过敏性疾患，对人畜造成危害。该病的主要传染源为狗。狼、狐、豺等虽也为终宿主但作为传染源的意义不大。在流行区的羊群中常有包虫病存在，而居民常以羊或其他家畜内脏喂狗，使狗有吞食包虫囊的机会，感染常较严重，肠内寄生虫数可达数百至数千，其妊娠节片具有活动能力，可爬在皮毛上，并引起肛门发痒，当狗舐咬时把节片压碎，粪便中虫卵常污染全身皮毛，如与其密切接触则甚易遭感染。

目前被公认的虫种有细粒棘球绦虫、多房棘球绦虫、伏氏棘球绦虫、少节棘球绦虫。其形态、宿主和分布地区略有不同，以细粒棘球绦虫最为常见。

1）细粒棘球绦虫长仅1.5～6mm，由一个头节和三个体节组成。细粒棘球蚴寄生范围广，可寄生于人和猪、牛、羊、骆驼等哺乳动物的肝、肺、脾、肾等内脏，以及脑、皮下、骨、脊髓、肌肉，或游离于脂肪；成虫寄生于狗的小肠内，但狼、狐、豺等野生动物也可为其终宿主。虫卵随狗粪便排出体外，污染牧场、畜舍、蔬菜、土壤和饮水，被人或羊等其他中间宿主吞食后，经胃而入十二指肠。经消化液的作用，六钩蚴脱壳而出，钻入肠壁，随血循环进入门静脉系统，幼虫大部分被阻于肝脏，发育成包虫囊（棘球蚴）；部分可逸出而至肺部或经肺而散布于全身各器官，发育为包虫囊。狗吞食含有包虫囊的羊或其他中间宿主的内脏后，原头蚴进入小肠肠壁隐窝内发育为成虫（经7～8周）而完成其生活史（图12-10）。具有较长潜伏期，一般可达10～20年。

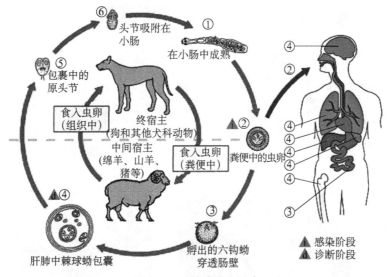

图 12-10　棘球蚴生活史

2）多房棘球绦虫的终宿主以狐、狗为主，幼虫（包球蚴）主要寄生在中间宿主啮齿动物或人体的肝脏。多房棘球蚴主要寄生于人和猪、牛、羊等哺乳动物的大网膜、肠系膜等软组织及肝脏。在欧洲中部森林中红狐是终宿主，各种啮齿动物是中间宿主。多房棘球蚴的特征是囊泡由许多小囊组成，呈桑葚状。在狗小肠内寄生的棘球蚴绦虫可随粪便排出大量孕节和虫卵，人和猪、牛、羊等哺乳动物误食被狗粪污染过的饮水、蔬菜、饲草、调料后易感染棘球蚴病。由于棘球蚴囊液中的棘球砂及破碎的生发囊均可在身体的任何部位长成新的棘球蚴，而且囊液对人和畜是异体蛋白，甚至含有毒素，囊泡破裂后可引发人和畜剧烈的过敏反应，造成呼吸困难、体温升高、腹泻，对人特别敏感。

该病呈全球性分布，主要流行于畜牧地区，见于北美洲、欧洲、亚洲三洲的冻土带或寒冷地区，在中国以甘肃、宁夏、青海、新疆、内蒙古、西藏、四川西部、陕西为多见。河北与东北等地也有散发病例。

人的感染主要由于与狗密切接触，其皮毛上的虫卵污染手指后经口感染。若狗粪中虫卵污染蔬菜或水源，尤其人畜共饮同一水源也可造成间接感染。在干旱多风地区，虫卵随风飘扬，也有经呼吸道感染的可能。

福氏棘球绦虫及少节棘球绦虫分布于中、南美洲，中国尚未发现。中间寄主主要为啮齿类动物，偶寄生于人。幼虫为多囊型棘球蚴。

2. 临诊检疫

（1）临诊病理　绵羊中，轻度感染时，在肝或肺上有1～2个棘球蚴，中等感染时有7～8个，严重时，一只羊肝脏上寄生的包虫囊数目可达百余个甚至几百个，包囊大小不等，大的像鸡蛋，且有时肝和肺同时发生感染，使整个肝脏完全被包虫囊布满，器官实质高度萎缩（图12-11～图12-15）。

（2）临床表现　一些寄生家畜表现出剧烈的过敏反应，造成呼吸困难、体温升高、腹泻，对人特别敏感。

图 12-11　麝鼠肝棘球蚴病

彩图

猪初期一般不显症状。寄生在肺时，发生呼吸困难、咳嗽、气喘及肺浊音区逐渐扩大等症状。寄生在肝时，最后多呈营养衰竭和极度虚弱。

牛包虫病：当肝脏严重感染时，右侧腹部膨大，叩诊肝浊音区扩大，触诊有痛感，病牛常臌气，偶见黄疸。当肺部严重感染时，叩诊肺部病灶呈半浊音，肺泡音微弱或消失，可见长期的呼吸困难、咳嗽，甚至拖延数年。严重感染时可引起家畜消瘦、衰弱和死亡。

图12-12　人型肝棘球蚴生发层子囊泡

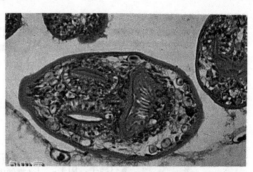

图12-13　棘球蚴包囊

彩图

图12-14　牛肝棘球蚴

图12-15　人型肝棘球蚴的子囊泡

牛脑包虫病：焦躁不安，呼吸急促，体温升高，重症者3～4天死亡。急性耐过后转为慢性，上述症状不再出现，过1～2月后，牛体况显著恶化，立卧不安，常用前额抵于某些硬物上，精神沉郁，食欲废绝，行走时摇摆不定，并出现转圈现象。有的甚至出现痉挛，或卧地不起，或站立不动。病牛常因极度虚弱而死亡。

3. 实验室检验

参考农业农村部行业标准《动物棘球蚴病诊断技术》（NY/T 1466—2018）进行实验室检测。

在猪、牛、羊等动物肝、肺等脏器中发现有囊或多发囊泡，囊内容物多为棘球蚴。也可以利用间接血凝试验、ELISA快速检测，用卡索尼皮内试验进行诊断，用PCR鉴定基因。PCR引物如下所示。

1）细粒棘球绦虫：以nad1为靶基因，引物序列如下所示。

上游引物：5'-GGT TTT ATC GGT ATG TTG GTG TTA GTG-3'

下游引物：5'-GAT TTC TTG AAG TTA ACA GCA TCA CG-3'　　扩增出219bp片段。

2）多房棘球绦虫：以nad5为靶基因，引物序列如下所示。

上游引物：5'-CAT TAA TTA TGG ATG TTT CC-3'

下游引物：5'-GGA AAT ACC CCA CTA TCC-3'　　扩增出584bp片段。

3）石渠棘球绦虫：以cox1为靶基因，引物序列如下所示。

上游引物：5'-GCT TTA AGT GCG TGA CTT TTA ATC CC-3'

下游引物：5'-CAT CAA ACC AGC ACT AAT ACT CA-3'　　扩增出471bp片段。

4. 检疫后处理

参考四川省地方标准《动物棘球蚴病（包虫病）防治技术规范》（DB51/T 1105—2010）、青海省地方标准《家畜棘球蚴病流行病学调查及检测技术规范》（DB63/T 1391—2015）等进行处理。对检出棘球蚴的动物脏器应作销毁处理；肌肉中发现棘球蚴时，将患部割除销毁，其他部分不受限制利用；但若严重感染且囊泡破裂污染肉尸时，应进行高温处理后，作工业用。

5. 免疫预防

流行区使用包虫病疫苗对牛、羊等动物一年进行两次免疫。

1）对终寄主狗的处理是预防该病的关键，以利控制传染源。流行区的野犬必须灭绝，家犬、牧羊犬、警犬或实验犬均要注册登记，用氢溴酸槟榔碱或吡喹酮等药定期驱绦。家猫也是多房棘球绦虫的终寄主，应予定期检查。应大面积灭鼠，妥善处理鼠尸。

2）严格肉食卫生检查，肉联厂或屠宰场要认真执行肉食的卫生检疫。病畜肝、肺等脏器感染包虫，必须妥善进行无活化处理，采用集中焚烧、挖坑深埋等办法进行处理。

五、蓝舌病

蓝舌病（bluetongue）是蓝舌病病毒引起的一种反刍动物的严重传染病。蓝舌病病毒属呼肠孤病毒科环状病毒属，是一种虫媒病毒。WOAH将其列为通报性疫病，我国列为二类动物疫病。主要发生于绵羊中，临床特征是发热、白细胞减少，口、鼻、唇和胃黏膜的糜烂性炎症，蹄叶炎及心肌炎等变化。

1. 流行病学

病畜、带毒畜是该病的传染源。病毒可在某些种库蠓体内长期生存和大量增殖，且可越冬，无疑也是一种重要的传染源。只能经过库蠓和伊蚊叮咬传播。病畜与健畜直接接触不传染，但是胎儿在母畜子宫内可被直接感染。病毒主要存在于动物红细胞内，并能通过精液排毒。

绵羊最易感，并表现出特有症状，纯种美利奴羊更为敏感，病羊和病后带毒羊为传染源。牛易感，但以隐性感染为主。山羊和野生反刍动物如鹿、麇、羚羊、沙漠大角羊也可感染，但一般不表现出症状。

该病有严格的季节性。主要通过媒介昆虫库蠓叮咬传播。该病也可经胎盘垂直感染；其发生和分布与库蠓的分布、习性和生活史有密切关系。一般发生于5～10月，多发生于湿热的夏季和秋季，特别是池塘、河流较多的低洼地区。

2. 临诊检疫

（1）临诊病理　　该病以发热、颊黏膜和胃肠道黏膜严重的卡他性炎为特征，病羊乳房和蹄部也常出现病变，且常因蹄真皮层遭受侵害而发生跛行。肺泡和肺间质严重水肿，肺严重充血。脾脏轻微肿大，被膜下出血，淋巴结水肿，外观苍白。骨骼肌严重变性和坏死，肌间有清亮液体浸润，呈胶样外观。

（2）临床表现　　绵羊蓝舌病的典型症状是体温升高和白细胞显著减少。病畜体温升高达40～42℃，稽留2～6d，有的长达11d。同时白细胞也明显降低。高温稽留后体温降至正常，白细胞也逐渐回升至正常生理范围。在体温升高后不久，表现厌食，精神沉郁，落群。上唇肿胀、水肿可延至面耳部，口流涎，口腔黏膜充血、呈青紫色，随即可显示唇、齿龈、颊、舌黏膜糜烂，致使吞咽困难。口腔黏膜受溃疡损伤，局部渗出血液，唾液呈红色（图12-16）。继发感染后可引起局部组织坏死，口腔恶臭。鼻流脓性分泌物，结痂后阻塞空气流通，可致呼吸困难和发出鼻鼾声。蹄冠和蹄叶发炎，出现跛行、膝行、卧地不动。病羊消瘦、衰弱、便秘或腹泻，有时下痢带血。发病率30%～40%，病死率2%～30%，高者达90%。多并发肺炎和胃肠炎而死亡。

3. 实验室检疫

依据WOAH《陆生动物卫生法典》、《蓝舌病诊断技术》（GB/T 18636—2017）、《中华人民共和国进出境检验检疫行业标准》（SN/T 5482—2022）、《进出境动物重大疫病检疫处理规程》（SN/T 2858—2011）等法规检疫处理规范进行操作。

彩图

图12-16　绵羊蓝舌病表现

左：患病舌头充血，糜烂；右：蹄冠和蹄叶发炎

还可用竞争ELISA（cELISA）、也可用荧光RT-PCR方法检测或常规PCR、病毒分离鉴定等。

（1）**采样**　　用于病毒分离鉴定宜采全血（每毫升加2IU肝素抗凝）、动物病毒血症期的肝、脾、肾、淋巴结、精液（置冷藏容器保存，24h内送到实验检查处理）。

（2）**电镜直接观察**　　在电镜下病毒粒子清晰可见，病毒颗粒大多呈丛状排列，少数单个散在，反差较好，大小一致。通过光学放大观察，病毒粒子近似球形，无囊膜，排列较整齐。核衣壳明显，在核衣壳外包有一层致密的绒毛状外层。病毒颗粒间还见有少量形态大小一致的电子密度较高的空心状病毒粒子。这种空心病毒粒子可能是由于病毒粒子中缺乏核酸的缘故或是未装配的病毒粒子。测定其完整病毒粒子直径为65～70nm（图12-17）。

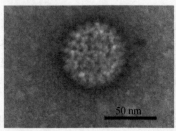
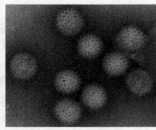
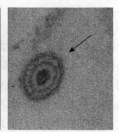

50 nm

图12-17　蓝舌病病毒电镜照片

（3）**实验室诊断**

1）琼脂凝胶免疫扩散试验：被检血清孔与抗原孔之间出现致密的沉淀线，并与标准的阳性血清的沉淀线末端互相连接，则为阳性。

2）免疫荧光试验：分为直接法和间接法。蓝舌病毒在荧光镜下可见细胞质着染，出现星状绿色颗粒。

3）cELISA：用50%抑制为判定值。

4. 检疫后处理

发生该病的地区，应扑杀病畜，清除疫源，消灭昆虫媒介，必要时进行预防免疫。无该病发生的地区，禁止从疫区引进易感动物。加强海关检疫和运输检疫，严禁从有该病的国家或地区引进牛羊或冻精。在邻近疫区地带，避免在媒介昆虫活跃的时间内放牧，加强防虫、杀虫措施，防止媒介昆虫对易感动物的侵袭，并避免畜群在低湿地区放牧和留宿。

一旦有该病传入时，应按《中华人民共和国动物防疫法》规定，采取紧急、强制性的控制和扑灭措施，扑杀所有感染动物。疫区及受威胁区的动物进行紧急预防接种。

5. 免疫预防

用于预防的疫苗有弱毒活疫苗和灭活疫苗等。蓝舌病病毒的多型性和在不同血清型之间无交互免疫性的特点，使免疫接种产生一定困难。首先，在免疫接种前应确定当地流行的病毒血清型，选用相应血清型的疫苗，才能收到满意的免疫效果；其次，在一个地区不只有一个血清型时，还应选用二价或多价疫苗。否则，只能用几种不同血清型的单价疫苗相继进行多次免疫接种。

六、日本脑炎

日本脑炎（Japanese encephalitis，JE）又称日本乙型脑炎、流行性乙型脑炎，是由日本乙型脑炎病毒（简称乙型脑炎病毒）引起的一种急性人兽共患传染病。猪主要以高热、流产、死胎和公猪睾丸炎为特征。

1．流行病学

日本乙型脑炎是自然疫源性疫病，许多动物感染后可成为该病的传染源，猪的感染最为普遍。该病主要通过蚊叮咬进行传播，病毒能在蚊体内繁殖，并可越冬，经卵传递，成为次年感染动物的来源。马属动物、猪、牛、羊、狗、鸡和野鸟、蝙蝠等几乎所有哺乳类及禽类都可感染，也包括部分冷血动物。马最易感，猪不分品种和性别均易感染。人也易感。由于经蚊虫传播，因而流行与蚊虫的滋生及活动有密切关系，有明显的季节性，80%的病例发生在7～9月。猪的发病年龄与性成熟有关，大多在6月龄左右发病，其特点是感染率高，发病率低（20%～30%），死亡率低；新疫区发病率高，病情严重，以后逐年减轻，最后多呈无症状的带毒猪。

2．临诊检疫

（1）**临诊病理**　流产胎儿脑水肿，皮下血样浸润，肌肉似水煮样，腹水增多；木乃伊胎儿从拇指大小到正常大小；肝、脾、肾有坏死灶；全身淋巴结出血；肺淤血、水肿。子宫黏膜充血、出血和有黏液，胎盘水肿或出血。公猪睾丸实质充血、出血和小坏死灶；睾丸硬化者，体积缩小，与阴囊粘连，实质结缔组织化。

（2）**临床表现**　猪只感染乙型脑炎病毒时，临诊上几乎没有脑炎症状的病例；猪常突然发生，体温升至40～41℃，稽留热，病猪精神萎靡，食欲减少或废绝，粪干呈球状，表面附着灰白色黏液；有的猪后肢呈轻度麻痹，步态不稳，关节肿大，跛行；有的病猪视力障碍，最后麻痹死亡。妊娠母猪突然发生流产，产出死胎、木乃伊和弱胎，母猪无明显异常表现，同胎也见正常胎儿。公猪除有一般症状外，常发生一侧性睾丸肿大，也有两侧性的，患病睾丸阴囊皱襞消失、发亮，有热痛感，经3～5d后肿胀消退，有的睾丸变小变硬，失去配种繁殖能力。如仅一侧发炎，仍有配种能力。

3．实验室检验

依据中华人民共和国进出境检验检疫行业标准《日本乙型脑炎检疫技术规范》（SN/T 2472—2010）、《日本乙型脑炎病毒反转录聚合酶链反应试验方法》（GB/T 22333—2008）等法规，通过病毒分离鉴定、RT-PCR、乳胶凝集试验、蚀斑减数试验、间接免疫荧光试验、血凝抑制试验和补体结合试验等进行检验。

（1）**采样**　采集临床有脑炎症状感染的脑组织材料、血液或脑脊髓液，或病程不超过2～3d死亡或濒死病例的血液或脑脊髓液或脑组织。

（2）**电镜直接观察**　乙型脑炎病毒为球形，直径40nm，内有衣壳蛋白（C）与核酸构成的核心，外披以含脂质的囊膜，表面有囊膜糖蛋白（E）刺突，即病毒血凝素，囊膜内尚有内膜蛋白（M），参与病毒的装配（图12-18）。病毒基因组为单股正链RNA。

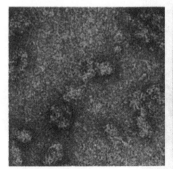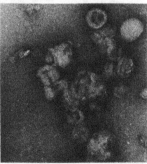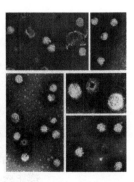

图12-18　猪乙型脑炎病毒电镜照片

（3）**实验室诊断**　病料接种于鸡胚或敏感细胞以进行病毒分离。分离的病毒可通过血清中和试验进行鉴定。

血清学检查：反向血凝抑制试验、免疫黏附血凝试验、免疫酶组化染色试验，在早期还可进行Ig抗体检查。RT-PCR引物如下所示。

P1：5′-GTG CCA TTG ACA TCA CAA G-3′

P2：5′-TCT GGG AAC CCG TAC GGG AC-3′

P3：5′-TGT CTC AGG TCC ATC TAC G-3′

P1+P3扩增出409bp片段，P2+P3扩增出219bp片段。

4. 检疫后处理

无治疗方法，一旦确诊最好淘汰。发生日本乙型脑炎时，按《中华人民共和国动物防疫法》及有关规定，采取严格控制、扑灭措施，防止疫病扩散。患病动物予以扑杀并进行无害化处理。死猪、流产胎儿、胎衣、羊水等，均须无害化处理。污染场所及用具应彻底消毒。

5. 免疫预防

驱灭蚊虫，注意消灭越冬蚊；在流行地区猪场，在蚊虫开始活动前1～2个月，对4月龄以上至两岁的公母猪，应用乙型脑炎弱毒疫苗进行预防注射，第二年加强免疫一次，免疫期可达3年，有较好的预防效果。

七、日本血吸虫病

日本血吸虫病是由日本血吸虫（*Schistosoma japonicum*）引起的人或牛、羊、猪等哺乳动物感染的严重人兽共患寄生虫病。以下痢、便血、消瘦、实质脏器散布虫卵结节等为特征。日本血吸虫是由日本学者于1904年首先鉴定并命名为日本血吸虫的。国家标准《家畜日本血吸虫病诊断技术》（GB/T 18640—2017）适用于家畜（牛、羊、猪、犬和马属动物）日本血吸虫病的诊断、检疫、流行病学调查和防治效果评价。

1. 流行病学

日本血吸虫病目前主要流行于中国、日本、菲律宾、马来西亚和印度尼西亚，其传播环节多、流行因素复杂，在我国主要分布于长江流域。日本血吸虫寄生在人或宿主动物的血管内，所产虫卵由粪便排出，在水中孵化出毛蚴，感染中间宿主钉螺（图12-19），在钉螺体内发育成熟后大量逸放出尾蚴，经皮肤或黏膜尾蚴钻入人或动物宿主，又发育成为成虫（图12-20、图12-21），交配产卵，引起病害。其中，可感染并传播日本血吸虫的动物宿主有牛、猪、羊等40多种哺乳动物，对牛的危害最大。中间宿主钉螺属湖北钉螺，只分布在淮河以南地区，无钉螺的地方，均不流行该病。由于钉螺活动和尾蚴逸出都受温度影响，因此该病感染又有明显的季节性，一般5～10月为感染期，冬季通常不发生自然感染（图12-22）。

彩图

图12-19　钉螺

图12-20　雌、雄日本血吸虫

图12-21　雌、雄日本血吸虫吸盘

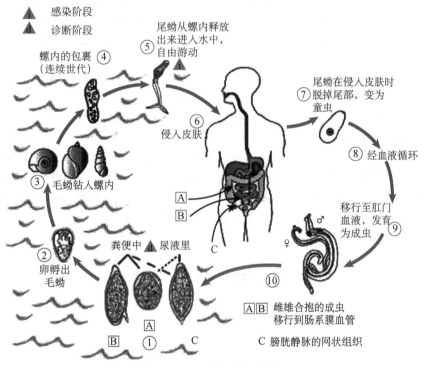

图12-22　日本血吸虫生活环

动物的感染与年龄、性别无关，只要接触含尾蚴的水，同样都能感染，但黄牛、犬等动物感染尾蚴后，虫体发育率高，粪便中排卵时间长，而在水牛和马中虫体发育率低，粪便中排卵时间短，虫体在水牛体内存活寿命较短，一般为2～3年，但在黄牛体内寿命可达10多年，孕母畜可通过胎盘或感染胎儿。

2. 临诊检疫

（1）临诊病理　病畜尸体消瘦，贫血，皮下脂肪萎缩，肝脾肿大，被膜增厚呈灰白色，肝脏有沙粒状灰白颗粒（虫卵肉芽肿）。肠壁肥厚，浆膜面粗糙，并有淡黄色黄豆样结节，以直肠最为严重，黏膜形成瘢痕组织和乳头样结节，其内往往有虫卵。肠系膜淋巴结肿大，门静脉血管肥厚，在其内可能找到虫卵。

（2）临床表现　牛感染日本血吸虫后，可呈现急性型和慢性型。

急性型：体温升到40℃以上，呈不规则的间歇热。食欲减退，精神迟钝。急性感染20d后发生腹泻，转下痢，粪便夹杂有血液和黏稠团块。贫血、消瘦、无力，严重可引起死亡。

慢性型：吃草不正常，时好时差，精神较差，有的病牛腹泻，粪便带血，日渐消瘦，贫血，母牛不孕或流产，犊牛生长发育缓慢。有些牛症状不明显，而成为带虫牛。绵羊、山羊、猪和马症状较轻，多为慢性或带虫畜。

3. 实验室检疫

《家畜日本血吸虫病诊断技术》（GB/T 18640—2017）标准规定了家畜（牛、羊、猪、犬和马属动物）日本血吸虫病临床诊断、间接血凝试验（IHA）、病原学诊断的方法和程序。

（1）采样　　粪便和血液。

（2）实验室诊断　　实验室诊断最适用的是粪便虫卵毛蚴孵化法。也可以用血清学诊断。

1）粪便虫卵毛蚴孵化法：取新鲜粪便100g左右，反复洗涤沉淀或尼龙筛兜内清洗后，将粪渣放在22～26℃的条件下孵化数小时，用放大镜观察水中有无游动的毛蚴。

2）粪便虫卵检查法：用反复水洗沉淀法，镜检粪渣中的虫卵或刮取直肠黏膜溃疡部位，压片镜检虫卵（图12-23）。

3）环卵沉淀反应：以一滴受检血清置载玻片上，再加入冻干血吸虫卵100个，用盖玻片盖上并以蜡封，置37℃温箱中培养48h。取出置显微镜下观察，凡虫卵周围出现块状或索状的虫卵为阳性反应卵。阳性反应卵占全片虫卵的2%以上时，该血清判为阳性。

4. 检疫后处理

要人、畜同步治疗，控制或消灭中间宿主。

5. 免疫预防

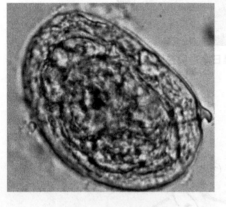

图12-23　日本血吸虫卵

严格管理人畜粪便，不使新鲜粪便落入有水的地方，畜粪进行堆积发酵，不使用新鲜粪便作肥料。搞好饮水卫生，严禁家畜与疫水接触。选择没有钉螺的地方放牧。消灭钉螺，可采用土埋、围垦及药物灭螺。灭螺药物有氯硝柳胺、茶子饼、石灰等。在疫区的人们要加强自我保护，避免与疫水接触；到疫区工作时应穿长腰靴、稻田袜，戴手套等。

第二节　牛　病

一、牛结节性皮肤病

牛结节疹（lumpy skin disease，LSD）又称牛疙瘩皮肤病、结节疹、伪荨麻疹等，是由痘病毒科山羊痘病毒属牛结节性皮肤病病毒（capripoxvirus）所引起的牛的一种急性、亚急性或慢性传染病。该病以病牛发热、消瘦，淋巴结肿大，皮肤水肿、局部形成坚硬的结节或溃疡为主要特征。该病不传染人，非人兽共患病。WOAH将其列为通报性疫病，我国将其列为二类动物疫病。

1. 流行病学

该病毒的自然宿主主要是牛，各种品种的牛均易感。水牛、家兔、绵羊、山羊、长颈鹿和黑羚羊等也可能感染。患病牛是该病的主要传染源，病毒存在于病牛的皮肤结节、肌肉、血液、内脏、唾液、鼻腔分泌物及精液中，病牛恢复后常带毒3周以上。该病主要通过节肢动物进行机械性传播，如吸血昆虫（蚊、蝇、蠓、虻、蜱等）叮咬传播，也可能通过饮水、饲料或直接接触而传播，故发病有一定的季节性。流行地区该病的发病率差异很大，即使在同一疫区的不同农场中发病率也不一样，通常为2%～45%，个别地区达80%以上；死亡率通常为10%～20%，有时达40%～75%。

该病1929年发现于赞比亚和马达加斯加，随后迅速传播至非洲南部和东部及世界其他地区。目前LSD广泛分布于非洲、中东、中亚、东欧、东南亚等地区，我国已处于包围之中，疫情形势愈发严峻。我国于1987年9月在河南省首次发现黄牛患病，后黑龙江也发现有此病病例，现在20多个省市流行。

2. 临诊检疫

可依据行业标准《牛结节疹检疫技术规范》（SN/T 2515—2010）进行检疫。

（1）临诊病理　　主要表现在消化道、呼吸道和泌尿生殖道等黏膜处，尤以口、鼻、咽、气管、支气管、肺部、皱胃、包皮、阴道、子宫壁等处病变明显。病牛体表淋巴结肿大，以肩前、腹股沟外、股前、后肢和耳下淋巴结最为突出，胸下部、乳房、四肢和阴部常出现水肿。四肢部肿大明显，可达3～4倍。眼、鼻、口腔、直肠、乳房和外生殖器等处黏膜也可形成结节并很快形成溃疡。重度感染牛康复缓慢，可形成原发性或继发性肺炎。泌乳牛可发生乳房炎，妊娠母牛可能流产，公牛病后4～6周内不育，若发生睾丸炎则可出现永久性不育。

（2）临床表现　　病牛体温升高可达40℃以上，潜伏期28d，呈稽留热型并持续7d左右。初期表现为鼻炎、结膜炎，进而表现眼和鼻流出黏脓性分泌物，并可发展成角膜炎。泌乳牛产奶量降低，体表皮肤出现硬实、圆形隆起、直径20～30mm或更大的结节，界限清楚，触摸有痛感，一般结节最先出现于头部、颈部、胸部、会阴、乳房和四肢，有时遍及全身，严重的病例在牙床和颊内面出现肉芽肿性病变。皮肤结节位于表皮和真皮，大小不等，可聚集成不规则的肿块，最后可能完全坏死，但硬固的皮肤病变可能持续存在几个月甚至几年。有时皮肤坏死可招引蝇虫叮咬最后裂开成硬痂，脱落后留下深洞；也可能继发化脓性细菌感染和蝇蛆病（图12-24、图12-25）。

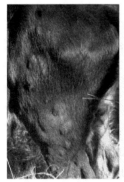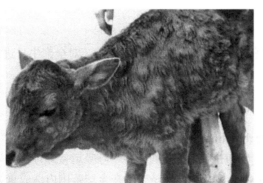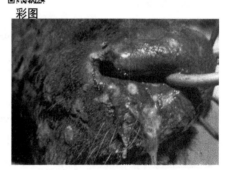

彩图

图 12-24　牛结节疹皮肤病变　　　　　　图 12-25　牛结节疹口腔周围表现

3. 实验室检验

2020年7月农业农村部颁布《牛结节性皮肤病防治技术规范》《牛结节性皮肤病诊断技术》（GB/T 39602—2020）等作为检疫检验的依据。国标诊断技术规定了牛结节性皮肤病（LSD）的临床诊断、实验室诊断技术和程序。病毒分离与鉴定适用于个体动物移动前的无感染证明或临床病例确诊；电镜观察适用于临床病例确诊；实时荧光定量PCR与普通PCR适用于个体动物移动前的无感染证明、临床病例确诊和监测感染流行率；血清中和试验适用于个体动物移动前的无感染证明、确诊临床病例、监测感染流行率和免疫效果评估。

（1）采样　　采取患病部位皮肤、黏膜、分泌物等。

（2）电镜直接观察　　电镜观察：新生皮肤结节中有大量病毒粒子，负染后很容易观察到砖形病毒粒子（图12-26、图12-27）。

（3）实验室诊断

病毒分离：常用羔羊或牛睾丸细胞，羊或牛肾细胞。

血清学检测：血清中和试验或间接免疫荧光试验。

用PCR检测，确定病原。

4. 检疫后处理

在进口牛中一旦检出该病，全群牛退回或全群扑杀并销毁尸体。

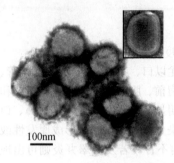

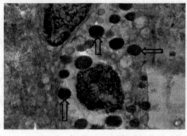

细胞中的卵圆形病毒颗粒

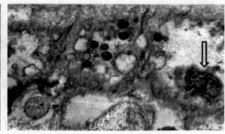

核素乱的空细胞

图 12-26　牛结节性皮肤病病毒　　图 12-27　牛结节性皮肤病病毒的组织病变及病毒颗粒

　　临床可疑和疑似疫情处置：对发病场（户）的动物实施严格的隔离、监视，禁止牛只及其产品、饲料及有关物品移动，做好蚊、蝇、蠓、虻、蜱等虫媒的灭杀工作，并对隔离场所内外环境进行严格消毒。必要时采取封锁、扑杀等措施。

　　确诊疫情处置：划定疫点、疫区和受威胁区，封锁，对疫点应采取的措施（扑杀、无害化处理患病家畜，控制环境和受污染的各种材料），对疫区应采取监管措施（禁止牛只出入，严格检疫，加强监管），对受威胁区域家畜加强管控。

5. 免疫预防

　　预防及紧急预防可免疫山羊痘病毒疫苗（按照山羊5倍剂量使用），对全部牛只进行免疫。

二、牛传染性鼻气管炎

　　牛传染性鼻气管炎（infectious bovine rhinotracheitis，IBR）又称"坏死性鼻炎""红鼻病"，属传染性脓疱外阴阴道炎，是由牛α疱疹病毒Ⅰ型（BoHV-1）引起的一种牛呼吸道接触性传染病。BoHV-1属疱疹病毒科α疱疹病毒亚科，呈球形，带囊膜。牛传染性鼻气管炎是一种在全球范围内造成重大经济损失的牛疾病，国际上正在采取措施对其净化。

1. 流行病学

　　该病目前在世界范围内流行，对乳牛的产奶量、公牛的繁殖力及役用牛的使役力均有较大影响。Madin等于1956年首次从患牛中分离到病毒，1980年我国从新西兰进口的奶牛中首次发现并报道该病，分离到一株牛传染性鼻气管炎病毒（IBRV），随后经血清学调查证实，我国广东、广西、河北、河南、上海、山东、四川、甘肃、新疆、黑龙江和青海等地的黑白花乳牛、本地黄牛、水牛或牦牛均有IBRV存在。在一些交通极不便利的地区，IBRV抗体阳性率极高。病牛和带毒动物是主要的传染源，病毒的主要来源是鼻腔分泌物和咳嗽液滴、生殖器分泌物、精液、胎儿体液和组织。可通过与受感染动物的直接接触或与受感染物质和人员的间接接触传播。传染迅速，通过飞沫、物体接触及和病牛的直接或隐性接触感染，吸血昆虫（软壳蜱等）也可传播该病，而隐性牛则看不到临床症状，却散布病毒，进而使得这种病在牛群中长期存在，很难根绝。病毒再激活可能是由于与分娩、运输或动物混合相关的应激刺激、牛群管理不足、合并感染、重叠感染、皮质类固醇治疗等引起。舍养的牛群要比放牧牛的发病率高、病情重、死亡率高。主要是因集体运输，牛只过于密集而增加侵袭机会。春冬季节往往发病较多。牛传染性鼻气管炎病毒，有细胞结合性，是潜伏感染的基础，因此野生动物也是贮藏该病病毒的场所，因为从山羊、羚羊、麋鹿、角马、水貂及雪貂也分离到该病毒。该病一般发病率为20%～100%，死亡率为5%～10%，而育肥牛的发病率和死亡率均高于奶牛。

2. 临诊检疫

　　（1）临诊病理　　呼吸道表现上呼吸道黏膜炎症，鼻腔和气管内以纤维素蛋白性渗出物为特征。生殖道型表现为外阴、阴道、宫颈黏膜、包皮、阴茎黏膜的炎症。脑炎型表现为脑非化脓性炎症变化。

（2）**临床表现** 临床分为呼吸道型、生殖道型、流产型、脑炎型和眼炎型5种。

呼吸道型：表现为鼻气管炎，为该病最常见的一种类型。病初高热（40～42℃），流泪、流涎及黏脓性鼻液。鼻黏膜高度充血，呈火红色。呼吸高度困难，咳嗽不常见（图12-28）。

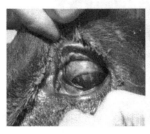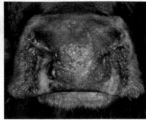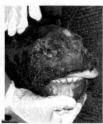

图 12-28 牛传染性鼻气管炎临床表现 　　　　　　　彩图

生殖道型：母畜表现外阴阴道炎，又称传染性脓疱性外阴阴道炎。阴门、阴道黏膜充血，有时表面有散在性灰黄色、粟粒大的脓疱，重症者脓疱融合成片，形成伪膜。孕牛一般不发生流产。公畜表现为龟头包皮炎，因此称传染性脓疱性龟头包皮炎。龟头、包皮、阴茎充血、溃疡，阴茎弯曲，精囊腺变性、坏死。

流产型：一般见于初胎青年母牛怀孕期的任何阶段，也可发生于经产母牛。

脑炎型：易发生于4～6月龄犊牛，病初表现为流涕流泪，呼吸困难，之后肌肉痉挛，兴奋或沉郁，角弓反张，共济失调，发病率低但病死率高，可达50%以上。

眼炎型：表现结膜角膜炎，不发生角膜溃疡，一般无全身反应，常与呼吸道型合并发生。在结膜下可见水肿，结膜上可形成灰黄色颗粒状坏死膜，严重者眼结膜外翻。角膜混浊呈云雾状。眼鼻流浆液脓性分泌物。

3. 实验室检验

依据中华人民共和国进出境检验检疫行业标准《牛传染性鼻气管炎检疫技术规范》（SN/T 1164.1—2011）规定病毒分离鉴定、微量血清中和试验、酶联免疫吸附试验、聚合酶联反应和实时荧光定量 PCR 方法检疫鉴定。农业行业标准《牛传染性鼻气管炎诊断技术》（NY/T 575—2019）中实时荧光定量 PCR 适合快速检测牛 α 疱疹病毒 I 型感染。

（1）**采样** 从早期感染牛采集鼻腔拭子。对于外阴道炎和子宫内膜炎病例，采取生殖道拭子，用拭子在阴道黏膜表面上用力刮取，也可用生理盐水冲洗包皮，收集其洗液。所有样品均应悬浮于运输培养基（含抗生素和 2% 犊牛血清组织培养液），储存于 4℃，并迅速送达实验室。

（2）**微生物鉴定**

1）电镜直接观察：有囊膜的 DNA 病毒（图 12-29～图 12-31）。

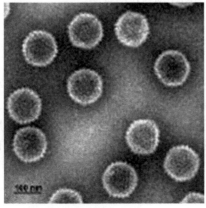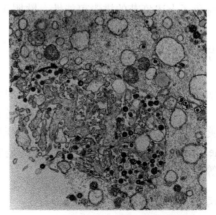

图 12-29 IBRV 　　　　　　图 12-30 牛肾细胞中 IBRV 感染

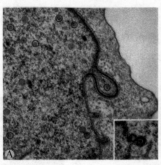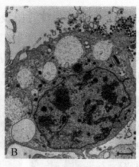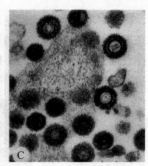

图 12-31 IBRV 复制和出芽

2）IBRV 分离：多种细胞可用于 IBRV 分离，牛胎儿肺、鼻甲或气管等组织制备的细胞株及已建立的传代细胞系（接种牛肾、肺或睾丸细胞）都比较合适。国际贸易中病原分离鉴定（仅限于精液）。

3）病原检查：病毒抗原检测（荧光抗体试验、酶联免疫吸附试验）。

（3）实验室诊断　在国际贸易中，指定诊断方法为病毒中和试验、酶联免疫吸附试验，无替代诊断方法。

IBR 的血清中和试验为国家动检规程，但方法繁杂，所用时间较长，也常用免疫间接血凝、琼脂扩散试验、PCR 法。实时荧光定量 PCR 引物如下所示。

gB 基因上游引物：5′-TGT GGA CCT AAA CCT CAC GGT-3′

gB 基因下游引物：5′-GTA GTC GAG CAG ACC CGT GTC-3′

gB 基因探针：5′-FAM-AGG ACC GCG AGT TCT TGC CGC-3′

Ct 值≤38 即为阳性，Ct 值≥45 即为阴性。

4. 检疫后处理

发病时立即隔离病牛，要对牛舍、场地及一切用具进行紧急、严格、彻底、全面消毒；粪便及污染物进行无害化处理。对健康畜圈舍要每日进行消毒，防止疫病扩散。国外一般扑杀病牛，净化牛群。

5. 免疫预防

目前国外已报道有 4 种疫苗进行实验性预防研究。①弱毒苗，用牛胎肾或急肾细胞培养传代致弱，用这种疫苗滴鼻，可刺激鼻黏膜产生抗体，分泌性 IgA 和产生细胞介导免疫，它对怀孕母牛也比较安全，接种后 72h 可获保护。②温敏毒株苗，经病毒诱变剂 HNO_2 处理，经纯化获温敏株可在上呼吸道繁殖而不在下呼吸道繁殖刺激机体产生保护性抗体。③灭活苗，用甲醛、乙醇、加热或紫外线处理病毒，加入佐剂制成苗。匈牙利报导灭活苗免疫期可达 6 个月。④亚单位苗，亚单位苗是用无离子去污剂裂解病毒囊膜，由糖蛋白组成，最大的优点是避免了上述疫苗的排毒可能性。欧盟正在力图达到净化的目的。

三、牛结核病

结核病（tuberculosis）是由结核分枝杆菌感染引起的人兽共患病。结核分枝杆菌主要有牛型、人型和禽型三型。此外，还有对人畜无致病力的鼠型。结核分枝杆菌是一种多形性的需氧菌，是纤细、平直或稍弯曲的杆菌，没有荚膜，不形成芽孢，不能运动。革兰氏染色阳性，用一般染色法难于着色，常用抗酸染色。牛结核病（bovine tuberculosis，bTB）是动物，尤其是牛的慢性疾病，可导致生产力下降，具有重大的公共健康风险。欧盟等正在计划实施净化行动。

1. 流行病学

该病可侵害多种动物，约 50 种哺乳动物，25 种禽类可患病。在家畜中以牛最敏感，其中以奶牛最多，其次为黄牛、牦牛、水牛；也常见于猪和鸡；绵羊、山羊少发，单蹄兽罕见。野生动物中以猴、鹿多见，狮、豹也有发生。牛型菌主要侵害牛，其中以乳牛发病最多，人也较敏感。禽型菌主要侵害家禽和水禽，但鸭、鹅、鸽较不敏感。人型菌主要侵害人、猿和猴等，牛、猪少见。结核病畜（禽）是主要的传染源，特别是向体外排菌的开放性畜禽。病畜（禽）可由粪便、乳汁、尿及气管分泌物排出病菌。

该病的传染方式有三：①呼吸，咳嗽喷出的飞沫，通过呼吸道而传染。②消化道，污染的草料和饮水被健康动物食入，犊牛多因喝带菌的牛奶而感染。猪、鸡大多经消化道感染。③交配感染，生殖道结核主要由这种方式传染。人因接触、食入污染肉、乳等被感染。

2. 临诊检疫

（1）临诊病理　　病理特点是在多种组织器官形成肉芽肿和干酪样、钙化结节病变。机体抵抗力强时，机体对结核菌的反应以细胞增生为主，形成增生性结核结节，即增生性炎；由类上皮细胞和巨细胞集结在结核菌周围构造特异性肉芽肿。外围是一层密集的淋巴细胞和成纤维细胞，形成非特异性肉芽组织。当机体抵抗力降低时，机体的反应则以渗出性炎为主，即在组织中有纤维蛋白和淋巴细胞的弥漫性沉积，后发生干酪样坏死，化脓或钙化，这种变化主要见于肺和淋巴结（图12-32～图12-34）。

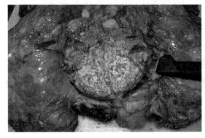  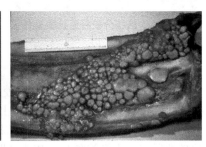

图 12-32　牛肺结核　　　　　　　　　图 12-33　禽肝结核　　　　　　　　　图 12-34　禽结核

（2）临床表现　　潜伏期长短不一，短者十几天，长者数月甚至数年。结核病具有病程长、治愈慢、易传染、易复发、易恶化的特点。由于患病器官不同，症状也不一致。

彩图

1）牛结核病：主要由牛型结核杆菌引起。人型菌和禽型菌，对牛毒力较弱，多引起局限性病灶且缺乏肉眼变化，即所谓的"无病灶反应牛"，通常这种牛很少能成为传染源。

肺结核，病初食欲、反刍无变化，但易疲劳，常发短而干的咳嗽，尤其当起立运动、吸入冷空气或含尘埃的空气时易发咳，随后咳嗽加重，频繁且表现痛苦。呼吸次数增多或发气喘。病畜日渐消瘦、贫血。有的牛体表淋巴结肿大，常见于肩前、股前、腹股沟、颌下、咽及颈淋巴结等。当纵隔淋巴结受侵害肿大压迫食道，则有慢性膨气症状。病势恶化可发生全身性结核，即粟粒性结核。胸膜腹膜发生结核病灶即所谓的"珍珠病"，胸部听诊可听到摩擦音。多数病牛乳房常被感染侵害，见乳房上淋巴结肿大，无热无痛，泌乳量减少，乳汁初无明显变化，严重时呈水样稀薄。肠道结核多见于犊牛，表现消化不良，食欲不振，顽固性下痢，迅速消瘦。

生殖器官结核，可见性机能紊乱；发情频繁，性欲亢进，慕雄狂与不孕、孕畜流产，公畜副睾丸肿大，阴茎前部可发生结节、糜烂等。中枢神经系统主要是脑与脑膜发生结核病变，常引起神经症状，如癫痫样发作、运动障碍等。

2）禽结核病：主要危害鸡和火鸡，成年鸡和老鸡多发。其他家禽和多种野禽也可感染。感染途径主要经消化道，但呼吸道感染的可能性也不能排除。临诊表现贫血、消瘦、鸡冠萎缩、跛行及产蛋减少或停止。病程持续2～3个月，有时可达一年。病禽因衰竭或肝变性破裂而突然死亡。

3）猪结核病：猪对禽型、牛型、人型结核菌都有感受性，猪对禽型菌的易感性比其他哺乳动物高。在国外从猪分离出禽型菌较多，也有分离出人型菌的报道，养猪场里养鸡或养鸡场里养猪，都可能增加猪感染禽结核的机会。猪结核很少传染猪。猪主要经消化道感染结核，在扁桃体和颌下淋巴结发生病灶，很少出现临诊症状，当肠道有病灶时则发生下痢。猪感染牛型结核菌则呈进行性病程，常导致死亡。

4）鹿结核病：常因牛型结核菌所致。其症状与病变和牛基本相同。

5）水貂对人、牛及禽型结核菌皆易感。传染途径主要是经消化道和呼吸道。临诊表现为体衰无力，活动减少，食欲不稳定，贫血，逐渐消瘦，有时咳嗽和气喘。当消化系统感染时，消瘦更为明显，常因消化不良和下痢、全身恶病质而死。

6）猴结核病：动物园的猴患结核病主要是经呼吸道和消化道感染，且多为人型结核菌。患病动物表现消瘦、咳嗽等症状。

7）绵羊及山羊的结核病：极少见，据国外资料报道，绵羊有感染牛型菌和禽型菌者，山羊有感染人型菌的个别病例。一般为慢性经过，无明显临诊症状。

3. 实验室检验

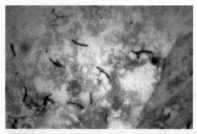

图 12-35　结核分枝杆菌抗酸染色

彩图

依据农业农村部《牛屠宰检疫规程》、《奶牛结核病防治技术规范》（D13/T 2650—2018）、《牛结核病诊断　体外检测γ干扰素法》（GB/T 32945—2016）、《动物结核病诊断技术》（GB/T 18645—2020）等国家和地方标准、技术规范进行实验室检验（规定了牛结核病诊断、疫情报告、疫情处理、防治措施、控制和净化标准）。

（1）采样　　采取病灶、痰、尿、粪便、乳及其他分泌液。

（2）微生物鉴定　　取病料涂片，用抗酸染色法染色后镜检，若发现被检病料中有红色平直或稍弯曲的杆菌（图12-35），可做出初步诊断，此法缺点是检出率较低。

（3）实验室诊断　变态反应，这是目前普遍采用的可靠诊断方法，可作为常规检疫制度来执行。我国结核病检疫使用的是结核菌素，这种变态反应诊断法，不仅有助于检出可疑病畜，也能查出隐性病畜，检出率在95%以上。

1）诊断牛结核病用牛型提纯结核菌素，即将菌素稀释后经皮内注射0.1mL，72h判定反应。局部有明显的炎性反应，皮厚差在4mm以上者即判为阳性牛。

2）诊断鸡结核病用禽型结核菌素，以0.1mL注射于鸡的肉垂内。24h出现增厚、下垂、发热，呈弥漫性水肿者为阳性。

3）诊断猪结核病用牛、禽型两种结核菌素（一侧耳根皮内注射牛型结核菌素，另侧耳根皮内注射禽型结核菌素）。如无禽型结核菌素，仅用牛型结核菌素也可。注射量为0.1mL，24h后判定，标准与牛同。

4）诊断马、绵羊、山羊结核病时须用稀释的牛型和禽型两种结核菌素同时分别皮内接种0.1mL，判定标准与牛同。

（4）动物接种试验　　豚鼠对牛型结核杆菌较为敏感。可取病料1mL注射于豚鼠鼠蹊部皮下，注射后约10d，局部发生硬结，逐渐肿大，3周后变为溃疡，1个月后全身患结核死亡。肝、脾、肺及淋巴结有大量结核结节。如被检材料怀疑为禽型结核杆菌，最好接种鸡和家兔。家兔接种后，一般在10周内死亡，主要在肝、脾发生结核病灶。

还有国标采用的干扰素测定法，具有高效准确的优点。

4. 检疫后处理

1）要进行消毒，保持清洁干燥，垫铺褥草。临产母牛在产房分娩。要妥善处理胎衣、羊水及污染物。

2）加强对奶产品的卫生管理工作。

3）固定饲养管理工具及运输车辆，并保持清洁。

4）加强饲养员及兽医人员的防护和卫生工作。

5）粪便集中发酵后利用。

5. 免疫预防

对结核病要采取综合性防疫措施；防止结核病传入和扩散；净化病畜、禽群；培育健康幼畜禽，逐步达到净化的目的。现以牛结核病为例，介绍有关预防措施。

（1）定期检疫　　对牛群每年定期用结核菌素进行变态反应检查。早期发现病牛及时隔离。对开放性病牛和无使用价值的牛全部淘汰扑杀，肉经高温处理，有病变的内脏器官应销毁或深埋。对从外地引进的牛只必须进行检疫，健康者方可引进。引入后尚需隔离、检疫，确认为健康牛时，方可混群饲养。

（2）分群隔离饲养　　将牛分成健康群、假定健康群、结核菌素阳性群和犊牛培育群。各群分隔饲养，固定用具和人员，并坚决执行有关兽医防疫措施。假定健康牛群，每年进行2～3次检疫，发现阳性病牛，及时送至病牛群隔离饲养。

（3）培育健康犊牛　　从病牛群培育健康犊牛只是一项积极的措施。通过培育健康犊牛，不断淘汰病牛，将病牛群更新为健康牛群，我国已积累了较好的经验。病母牛所产犊牛立即隔离于犊牛群，喂初乳3～5d，然后喂给消毒奶。生后1个月进行第一次检疫，3～4月龄进行第二次，6月龄进行第三次检疫，3次检查都是阴性反应，可放入假定健康育成牛群饲养，阳性反应者放入病牛群饲养，或进行淘汰处理。通过健康群培育和屠宰检疫等逐渐净化牛群是长期国策。

第三节　绵羊和山羊病

一、绵羊痘和山羊痘

绵羊痘（sheep pox）和山羊痘（goat pox）分别是由痘病毒科羊痘病毒属（*Capripoxvirus*）的绵羊痘病毒、山羊痘病毒引起的绵羊和山羊的急性热性接触性传染病。WOAH将其列为通报性疫病，我国将其列为二类动物疫病。

1. 流行病学

病羊是主要的传染源，主要通过呼吸道感染，也可通过损伤的皮肤或黏膜侵入机体。饲养和管理人员及被污染的饲料、垫草、用具、皮毛产品和体外寄生虫等均可成为传播媒介。全球性分布。

在自然条件下，绵羊痘病毒只能使绵羊发病，山羊痘病毒只能使山羊发病。该病传播快、发病率高，不同品种、性别和年龄的羊均可感染，高发病率（在流行地区为75%～100%）和死亡率（10%～85%），易感动物死亡率接近100%。羔羊较成年羊易感，细毛羊较其他品种的羊易感，粗毛羊和土种羊有一定的抵抗力。该病一年四季均可发生，我国多发于冬春季节。一旦传播到无该病地区，易造成流行。

2. 临诊检疫

（1）临诊病理　　咽喉、气管、肺、胃等部位有特征性痘疹，严重的可形成溃疡和出血性炎症。在消化道的嘴唇、食道、胃肠等黏膜上出现大小不同的扁平灰白色痘疹，其中有些表面破溃形成糜烂和溃疡，特别是唇黏膜与胃黏膜表面更明显。但气管黏膜及其他实质器官，如心脏、肾脏等黏膜或包膜下则形成灰白色扁平或半球形结节，特别是肺的病变与腺瘤很相似，多发生在肺表面，切面质地均匀，但很坚硬，数量不定，性状则一致。在这种病灶周围有时可见充血和水肿等。

（2）临床表现　　《陆生动物卫生法典》认为该病潜伏期为21d。

1）典型病例，病羊体温升至40℃以上，2～5d后在皮肤上可见明显的局灶性充血斑点，随后在腹股沟、腋下和会阴等部位，甚至全身，出现红斑、丘疹、结节、水疱，严重的可形成脓疱。欧洲某些品种的绵羊在皮肤出现病变前可发生急性死亡；某些品种山羊可见大面积出血性痘疹和大面积丘疹（图12-36～图12-38），可引起死亡。

2）顿挫型羊痘，常呈良性经过。通常不发烧，痘疹停止在丘疹期，呈硬结状，不形成水疱和脓疱，俗称"石痘"（图12-37）。

3）非典型病例，一过性羊痘仅表现轻微症状，不出现或仅出现少量痘疹，呈良性经过。有的脓疱融合形成大的融合痘（臭痘）；脓疱伴发出血形成血痘（黑痘）；脓疱伴发坏死形成坏疽痘（图12-39）。重症病羊常继发肺炎和肠炎，导致败血症或脓毒败血症而死亡。

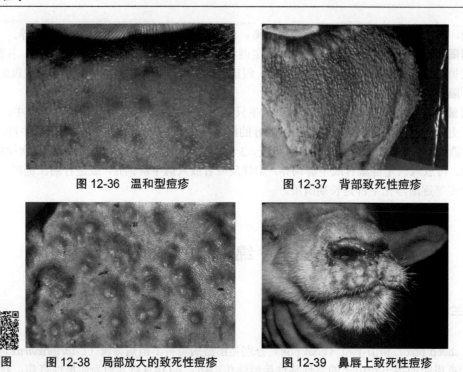

图 12-36　温和型痘疹　　　　图 12-37　背部致死性痘疹

彩图　　图 12-38　局部放大的致死性痘疹　　　图 12-39　鼻唇上致死性痘疹

3. 实验室检验

参考《绵羊痘和山羊痘检疫技术规范》（SN/T 2452—2010），适合绵羊痘和山羊痘诊断、疫情报告、疫情处理、预防措施和控制标准等相关处置；参考《绵羊痘和山羊痘诊断技术》（NY/T 576—2015）及《羊屠宰检疫规程》（农牧发〔2023〕16 号）等法规进行检疫和检验。实验室病原诊断必须在相应级别的生物安全实验室进行。诊断在很大程度上依赖于临床症状，通过使用实时荧光定量 PCR、电子显微镜、病毒分离、血清学和组织学的实验室检测来确认。

（1）采样　　严格采样措施，采取病变痘痂皮、痘疹液、血液及其他病变部位组织作为病料。

（2）电镜直接观察　　电镜检查：在水疱液和水疱痂皮研磨液负染片中均可见到大量圆形、卵圆形或似砖形样、有囊膜及典型的痘病毒核心结构，大小 300～350nm，还可见脱落的小片状壳粒，核心有鞋底状、棱状、苯环状不等（图 12-40）。

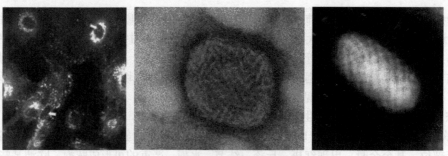

图 12-40　电镜下绵羊痘和山羊痘病毒形态

（3）实验室诊断　　由于羊痘有肉眼可见的痘疹症状，一般不需进一步做实验室检查。

在国际贸易中，尚无指定诊断方法，替代诊断方法为病毒中和试验。对于非典型羊痘，一般也采用中和试验（细胞中和试验、羊体中和试验）和生物学试验。

4. 检疫后处理

一旦发现病畜，立即向上级报告疫情，动物防疫监督机构接到疫情报告后，按国家动物疫情报告的有关规定执行。采取紧急、强制性的控制和扑灭措施。立即隔离或淘汰、扑杀病羊并深埋尸体。畜舍、饲养管理用具等进行严格消毒，污水、污物、粪便进行无害化处理，健康羊群实施紧急免疫接种。病死羊、扑杀羊尸体需要运送时，应使用防漏容器，须有明显标志，并在动物防疫监督机构的监督下实施。

5. 免疫预防

以免疫为主，采取"扑杀与免疫相结合"的综合性防治措施。饲养、生产、经营等场所必须符合农业农村部《动物防疫条件审查办法》规定的动物防疫条件，并加强种羊调运检疫管理。饲养场要控制人员、车辆和相关物品的出入，严格执行清洁和消毒程序。各饲养场、屠宰厂（场）、动物防疫监督检查站等要建立严格的卫生（消毒）管理制度。羊舍、羊场环境、用具、饮水等应定期进行严格消毒；饲养场出入口处应设置消毒池，内置有效消毒剂。绵羊痘活疫苗按操作规程和免疫程序进行免疫接种，建立免疫档案。所用疫苗必须是经国务院兽医主管部门批准使用的疫苗。

二、羊传染性胸膜肺炎

羊传染性胸膜肺炎（contagious caprine pleuropneumonia，CCPP）又称羊支原体性肺炎、烂肺病，是由丝状支原体引起的山羊、绵羊和野生反刍动物的一种严重疾病，是羊的一种常见病害。CCPP 被认为是山羊最严重、传染性最强的疾病之一，由山羊支原体山羊肺炎亚种（*Mycoplasma capricolum* subsp. *capripneumoniae*，Mccp）引起。它给从事山羊养殖的国家，特别是非洲、亚洲和中东等地区国家带来了沉重的经济损失。该病是给近 40 个国家造成重大损失的支原体感染之一，发病率和死亡率可能高达 100%，尤其是在外来品种中。在原始和本地畜群中，发病率为 100%，死亡率为 80%。

1. 流行病学

羊传染性胸膜肺炎的第一份报告可追溯到 1873 年的阿尔及利亚。随后，该病传播到欧洲、亚洲和非洲的不同国家。1881 年，从土耳其进口山羊后，南非暴发了一次大规模疫情。该病的特点是严重的血清纤维蛋白性胸膜肺炎，发病率极高，可达 100%，印度 5%～40%，死亡率高（80%～100%）。CCPP 影响着世界40 多个国家的山羊，从而对全球山羊养殖构成严重威胁。CCPP 在非洲、中东和亚洲的家畜和野生动物中的发生率也较高。最近，中国和塔吉克斯坦都十分关注 CCPP。

CCPP 是一种烈性、高度接触性传染病，病肺组织及胸腔滤出液中含有大量病原体。病羊为主要传染源，病肺组织及胸腔渗出液中含有大量病原体，主要经呼吸道分泌物排菌。耐过羊在相当长的时期内也可成为传染源。主要通过空气、飞沫传播，接触传染性强。自然条件下山羊是天然宿主，绵羊可能作为家畜的主要保藏宿主，牛也易感，很多野生动物也易感，如野羊、野山羊、瞪羚、藏羚羊、阿拉伯羚羊和沙瞪羚。

CCPP 呈地方流行性，冬季流行期平均为 15d，夏季可维持 2 个月以上。在寒冷、潮湿和过度拥挤的环境中，病原体可以持续更长时间，有利于空气、飞沫传的发生，并可能导致严重的疫情暴发。多发生在冬季和早春枯草季节，羊只营养缺乏，容易受寒感冒，机体抵抗力降低，较易发病，发病后病死率也较高。丝状支原体为一细小多形性微生物，缺乏细胞壁，革兰氏染色阴性，用吉姆萨染色、美蓝染色法着色良好。

CCPP 属于丝状支原体群，该群有不同的种和亚种，包括丝状支原体丝状亚种大菌落菌株（MmmLC）、丝状支原体丝状亚种小菌落菌株（MmmSC）、Leach 牛组 7 支原体（Mbg7）、山羊支原体山羊亚种（Mcc）和丝状支原体山羊亚种（*Mycoplasma mycoides* subsp. *capri*，Mmc）。CCPP 可以根据培养和菌落特征、经典生化、血清学，尤其是分子测试，与其他成员区分开来。在这些成员中，有些在绵羊和山羊中引起类似疾病，但也有肺外受累。

2. 临诊检疫

参考《反刍动物产地检疫规程》（农牧发〔2023〕16 号）、《羊屠宰检疫规程》（农牧发〔2023〕16 号）等进行检疫。

（1）临诊病理 典型特征为病羊呈现纤维素性肺炎和胸膜炎。CCPP 在病理学上主要发现是肺部严重实变（100%），通常是单侧，其次是肺泡渗出和胸腔积液（91%）及胸膜粘连（73%），而显微镜下病变主要包括细支气管周围间隔纤维化（82%），以及纤维蛋白性胸膜炎（64%）和肺组织中炎性单核细胞的细支气管周围坏死（55%）。CCPP 通常会导致年轻和免疫功能受损动物的急性病理变化。在显微镜下发现，巨噬细胞是肺泡渗出液中的主要细胞，其次是中性粒细胞，肺部纤维蛋白沉积较少。其他明显的组织病理学变化包括肺泡纤维蛋白沉积、间隔和支气管周围纤维化、大股形式的纤维肉芽组织、慢性纤维性胸膜炎、间隔纤维化、气道周围的淋巴结节和滤泡、单核肺泡炎、支气管间质性肺炎和显示淋巴增生的支气管淋巴结。类似的微观组织病理学病变，包括肺泡肺气肿或肺不张、小叶间隔增厚、肉芽组织、炎症细胞浸润、肺泡中蛋白质物质沉积。为胞外寄生，病原体黏附到黏膜上皮细胞从而引起病理变化。

（2）临床表现　　病羊临诊特征为高热、咳嗽，肺和胸膜发生浆液性和纤维素性炎症，呈急性和慢性经过，病死率很高。在晚期，可观察到严重的肺叶纤维蛋白性胸膜肺炎，胸膜腔内大量积液，肺部严重充血和粘连形成。

潜伏期短者 5～6d，长者 3～4 周，平均 18～20d。根据病程和临床症状，可分为最急性、急性和慢性三型。①最急性，病程一般不超过 4～5d，有的仅 12～24h。病初体温增高，可达 41～42℃，极度萎靡，食欲废绝，呼吸急促而有痛苦的鸣叫。数小时后出现肺炎症状，呼吸困难，咳嗽，并流浆液带血鼻液，肺部叩诊呈浊音或实音，黏膜高度充血，不久窒息而亡。②急性，病期多为 7～15d，有的可达 1 个月。最常见，病初体温升高，继之出现短而湿的咳嗽，伴有浆性鼻漏。4～5d 后，咳嗽变干而痛苦，鼻液转为黏液-脓性并呈铁锈色，高热稽留不退，食欲锐减，呼吸困难和痛苦呻吟，眼睑肿胀，流泪，眼有黏液-脓性分泌物。口半开张，流泡沫状唾液。头颈伸直，腰背拱起，腹肋紧缩，最后病羊倒卧，极度衰弱委顿，临死前体温降至常温以下。③慢性，多见于夏季。全身症状轻微，体温降至 40℃左右。病羊间有咳嗽和腹泻，鼻涕时有时无，身体衰弱，机体抵抗力降低时，很容易复发或出现并发症而迅速死亡。

3. 实验室检验

参考《山羊传染性胸膜肺炎检疫技术规范》（SN/T 2710—2010）和四川地标《山羊传染性胸膜肺炎诊断技术规范》（DB51/T 1298—2011）进行检疫检验。通过临床观察和血清学、分子生物学手段对山羊等进行检疫和诊断。无菌采集急性病例肺组织胸腔渗出液等作为病料，由于菌体无细胞壁，故呈杆状、丝状、球状等多形态特性。病料制片检查，呈革兰氏染色阴性，但因着色不佳，常用吉姆萨染色、瑞氏染色或美蓝染色法进行染色观察。诊断可能包括微生物学、生物化学、血清学和基于基因的鉴定。然而，由于两个主要原因，CCPP 的微生物学诊断被认为是困难的，第一个原因是病原的体外生长非常差，第二个原因是其他容易生长的支原体通常会污染样品。此时，基因检测就非常重要了。

（1）CCPP诊断中应用　　如 DNA 测序、竞争性酶联免疫吸附试验（cELISA）、重组酶聚合酶扩增（RPA）测定、多重 PCR。PCR 引物如下所示。

arcD 基因上游引物：5′-ATCATTTTTAATCCCTTCAAG-3′

arcD 基因下游引物：5′-TACTATGAGTAATTATAATATATGCAA-3′　　扩增出 316bp 片段。

16S rRNA 上游引物：5′-CGAAAGCGGCTTACTGGCTTGTT-3′

16S rRNA 下游引物：5′-TTGAGATTAGCTCCCCTTCACAG-3′　　扩增出 548bp 片段。

彩图

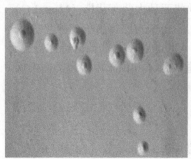

图 12-41　PPLO 琼脂上 Mccp 的煎蛋样菌落

（2）分离培养　　病料接种于血清琼脂培养基，37℃培养 3～6d，长出细小半透明微黄褐色的菌落，中心突起呈"煎蛋"状（图 12-41），涂片染色镜检，可见革兰氏染色阴性、极为细小的多形性菌体。也可用液体培养基进行分离培养。于培养基中加入特异性抗血清进行生长抑制试验，鉴定病原。

（3）动物接种试验　　采集新鲜病料或用纯培养物接种于山羊胸腔或气管内，经 3～7d 后实验羊可出现与自然病例相同的症状和病变。也可通过肌肉和静脉途径接种动物。

（4）血清学诊断　　常用的方法有琼脂免疫扩散试验片、凝集试验和荧光抗体试验。

（5）其他快速诊断　　可通过高级血清学分析手段（LAT、cELISA）鉴定。乳胶凝集试验（LAT）是一种快速、简单、更好的现场和实时诊断试验，适用于全血或血清，比补体结合试验（CFT）更敏感，比 cELISA 更容易。

4. 检疫后处理

检疫出山羊传染性胸膜肺炎或羊群发病时立即采取隔离、封锁等措施，及时上报。对相关环境、物品要严格消毒，尸体要进行无害化处理。饲养场经过严格消毒等处理 3 个月后再行使用。

5. 免疫预防

该传染病可通过注射山羊传染性胸膜肺炎弱毒苗或绵羊肺炎支原体灭活苗进行预防。加强饲养管理，防止引入病羊和带菌者。开发使用特定抗原（包膜或细胞）的新型菌株或重组疫苗，应该是在全球范围内控制该疾病的最重要策略。

坚持自繁自养，勿从疫区引进羊；加强饲养管理，增强羊的体质；对从外地引进的羊只进行严格隔离，检疫无病后方可混群饲养。

山羊传染性胸膜肺炎流行区坚持免疫接种。山羊传染性胸膜肺炎二价苗，羔羊（半岁以下）皮下或肌内注射接种 2mL，大羊（半年以上）接种 3mL。免疫期 6～10 个月。疫苗包装每瓶 100mL，2～8℃保存。

第四节　猪　　病

一、猪繁殖与呼吸综合征（经典猪蓝耳病）

1. 流行病学

猪繁殖与呼吸综合征（porcine reproductive and respiratory syndrome，PRRS）是猪群发生以繁殖障碍和呼吸系统症状为特征的一种急性、高度传染的病毒性传染病。猪繁殖与呼吸综合征（PRRS）的病原体为动脉炎病毒属的成员，是一种有囊膜的单股正链 RNA 病毒。

该病毒主要感染猪，尤其是母猪，该病严重影响其生殖功能，临床主要特征为流产，产死胎、木乃伊胎、弱胎，呼吸困难，在发病过程中会出现短暂性的两耳皮肤发绀，故又称为蓝耳病。

空气传播、接触传播、精液传播和垂直传播为猪繁殖与呼吸综合征的主要传播方式，病猪、带毒猪和患病母猪所产的仔猪及被污染的环境、用具都是重要的传染源。该病在仔猪中传播比在成猪中传播更容易。健康猪与病猪接触，如同圈饲养、频繁调运、高度集中，容易导致该病的发生和流行。猪场卫生条件差，气候恶劣，饲养密度大，可促进猪繁殖与呼吸综合征的流行。老鼠可能是猪繁殖与呼吸综合征的病原携带者和传播者。

2. 临诊检疫

（1）临诊病理　剖检猪繁殖与呼吸综合征病死猪，主要眼观病变是弥漫性间质性肺炎，并伴有细胞浸润和卡他性肺炎区，肺水肿，在腹膜及肾周围脂肪、肠系膜淋巴结、皮下脂肪和肌肉等处发生水肿。

在显微镜下观察，可见鼻黏膜上皮细胞变性，纤毛上皮消失，支气管上皮细胞变性，肺泡壁增厚，膈有巨噬细胞和淋巴细胞浸润。母猪可见脑内灶性血管炎，脑髓质可见单核淋巴细胞性血管套，动脉周围淋巴鞘的淋巴细胞减少，细胞核破裂和空泡化。

（2）临床表现　各种年龄猪发病后大多表现有呼吸困难症状，但具体症状不尽相同。母猪染病后，初期出现厌食、体温升高、呼吸急促、流鼻涕等类似感冒症状，少部分（2%）感染猪四肢末端、尾、乳头、阴户和耳尖发绀（常见），个别母猪拉稀，后期则出现四肢瘫痪等症状，一般持续 1～3 周，最后可能因为器官衰竭而死亡。怀孕前期母猪流产，怀孕中期母猪出现死胎、木乃伊胎或者产下弱胎、畸形胎，哺乳母猪产后无乳，乳猪多被饿死。

公猪感染后表现为咳嗽、打喷嚏、精神沉郁、食欲不振、呼吸急促、运动障碍、性欲减弱、精液质量下降和射精量少。

生长肥育猪和断奶仔猪染病后，主要表现为厌食、嗜睡、咳嗽、呼吸困难，有些猪双眼肿胀，出现结膜炎和腹泻，有些断奶仔猪表现下痢、关节炎、耳朵变红、皮肤有斑点。病猪常因继发感染胸膜炎、链球菌病、喘气病而致死。如果不发生继发感染，生长肥育猪可康复。

哺乳期仔猪染病后，多表现为被毛粗乱、精神不振、呼吸困难、气喘或耳朵发绀，有的有出血倾向，皮下有斑块，出现关节炎、败血症等症状，死亡率高达60%。仔猪断奶前死亡率增加，高峰期一般持续8～12周，而胚胎期感染病毒的，多在出生时即死亡或生后数天死亡，死亡率高达100%。

有一点需要注意：血清学调查证明，猪群中猪繁殖与呼吸综合征阳性率高达40%～50%，但出现临床症状的不过10%，目前对这种亚临床感染的认识仍显不足。

3．实验室检验

（1）采样　　采集流产胎儿、死亡胎儿或新生仔猪的肺、肝、肾、脾、淋巴结及血液。

（2）电镜直接观察　　病毒为有囊膜的单股正链RNA病毒，病毒粒子呈球形，直径为48～83nm，平均为50～65nm，核衣壳呈二面体对称，外绕一脂质双层膜，囊膜表面有明显的纤突（图12-42）。

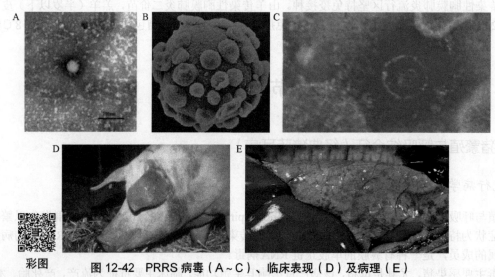

彩图　　　　图12-42　PRRS病毒（A～C）、临床表现（D）及病理（E）

（3）实验室诊断　　荧光抗体试验、ELISA、病毒中和试验检测和PCR检测。

4．检疫后处理

一旦发现带毒种猪，应果断淘汰，尤其是种公猪更应如此。发现阳性猪群要隔离、消毒，污染群中的猪只应全部肥育屠宰；有条件的种猪场可通过清群重新建群净化该病。当怀疑有该病发生时，应尽快确诊、隔离并妥善安置病猪，避免其污染环境，同时加强猪场、猪舍和猪群的卫生消毒。及时清洗和消毒猪舍及环境，保持猪舍、饲养管理用具及环境的清洁卫生。特别是流产后的胎衣、死胎及死猪，要严格做好无害化处理，产房要进行彻底消毒。

5．免疫预防

1）及时注射疫苗。一般情况下，种猪接种灭活苗，而育肥猪接种弱毒苗。因为母猪若在妊娠期后1/3的时间接种活苗，疫苗病毒会通过胎盘感染胎儿；而公猪接种活苗后，可能通过精液传播疫苗病毒。弱毒苗的免疫期为4个月以上，后备母猪在配种前进行两次免疫，首免在配种前2个月，间隔1个月进行二免。小猪在母源抗体消失前首免，母源抗体消失后进行二免。灭活苗安全，但免疫效果略差，基础免疫进行2次，间隔3周，每次每头肌注4mL，以后每隔5个月免疫1次，每头4mL。

若猪场存在病毒，在使用疫苗前，最好先对全场进行严格彻底消毒，每天一次，连续5d。

2）最根本的办法是消除病猪、带毒猪并彻底消毒猪舍（如热水清洗、空栏消毒），严密封锁发病猪场，对死胎、木乃伊胎、胎衣、死猪等，应进行焚烧等无害化处理，及时扑杀、销毁患病猪，切断传播途径。坚持自繁自养，因生产需要不得不从外地引种时，应严格检疫，避免引入带毒猪。

二、高致病性猪繁殖与呼吸综合征（高致病性猪蓝耳病）

高致病性猪蓝耳病是由猪繁殖与呼吸综合征（俗称蓝耳病，PRRS）病毒变异株（PRRSV）引起的一种急性高致死性疫病。PRRSV为套式病毒目动脉炎病毒科动脉炎病毒属病毒。WOAH将其列为通报性疫病，我国将其列为二类动物疫病。

1．流行病学

仔猪发病率可达100%，死亡率可达50%以上，母猪流产率可达30%以上，育肥猪也可发病，死亡是其特征。高致病性PRRS是毒力更强的PRRSV变异毒株引起的，说明PRRSV在不断地发生变异。

猪是该病的唯一发病对象，各年龄段的猪均可感染发病，其中以保育猪和小猪最为易感，死亡率最高。该病一年四季均可发生，但以夏秋季节多发。病猪和带毒猪是该病的主要传染源。感染母猪有明显排毒，如鼻分泌物、粪便、尿、胎儿及子宫、公猪精液均带有病毒，可经多途径感染健康猪。耐过猪可长期带毒和不断向体外排毒。该病传播迅速，主要经呼吸道感染。因此，当健康猪与病猪接触，如同圈饲养，频繁调运，高度集中更容易导致该病的发生和流行。该病也可垂直传播。猪场卫生条件差，气候恶劣、饲养密度大，可促进该病的流行。

彩图

2．临诊检疫

（1）临诊病理　肺的出血、淤血，或灶性暗红色实变为该病的主要病理特征。其他器官可表现不一致的变化，主要有：脾脏边缘或表面出现梗死灶；肾脏呈土黄色，表面可见针尖至小米粒大出血斑点，皮下、扁桃体、心脏、膀胱、肝脏和肠道均可见出血点和出血斑；另可见心衰、心肌出血、坏死；淋巴结出血；部分病例可见胃肠道出血、溃疡、坏死。

（2）临床表现　病猪主要表现为体温明显升高，可达41℃以上；厌食或不食；耳部、口鼻部、后躯及股内侧皮肤发红、淤血、出血斑、丘疹（图12-43）；眼结膜炎、眼睑水肿；咳嗽、气喘等呼吸道症状；部分猪后躯无力、不能站立或出现共济失调等

图12-43　高致病性猪繁殖与呼吸综合征（PRRS）的临床病变

神经症状；部分猪呈顽固性腹泻。仔猪发病率可达100%，死亡率可达50%以上，母猪流产率可达30%以上，成年猪也可发病死亡。

3．实验室检疫

依据行业标准《猪繁殖与呼吸综合征检疫技术规范》（SN/T 1247—2022），与前面版本相比增加了对PRRSV不同毒株型（美洲株、欧洲株和通用型）检测的荧光定量PCR检测方法，并对常规检测方法（PRRS病毒分离鉴定、间接免疫荧光试验等）作了部分修改和优化。主要依据进境种猪临床症状特征、血清学、分子生物学检测特性进行判断。国家标准《猪繁殖与呼吸综合征诊断方法》（GB/T 18090—2023）参照WOAH《陆生动物卫生法典》，检测方法包括病毒分离与鉴定、免疫过氧化物酶单层试验（IPMA）、间接免疫荧光试验、间接ELISA、RT-PCR等。

（1）采样　采取流产胎儿、死亡胎儿或新生仔猪的肺、脾、支气管淋巴结等。

（2）电镜直接观察　负染透视电镜观察，可见典型的以球形或卵圆形为主具囊膜的病毒粒子，直径大小为50～80nm，核心直径为20～40nm（图12-44）。

（3）实验室检验

1）病原检查：病料接种细胞培养，标记了抗体染色检测出病毒。

疑似疫情，经病毒分离鉴定阳性或RT-PCR检测阳性，可确诊为高致病性猪蓝耳病。中国动物疫病预防控制中心、中国兽医药品监察所已成功研制出高致病性猪蓝耳病病毒专用诊断试剂。

2）血清学试验：IPMA、间接免疫荧光试验、ELISA检测，依据《猪繁殖与呼吸综合征诊断方法》（GB/T 18090—2023）。

3）基因检测：RT-PCR，依据《猪繁殖与呼吸综合征诊断方法》（GB/T 18090—2023）。

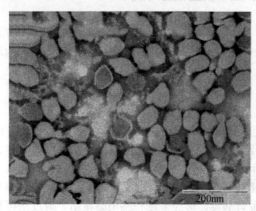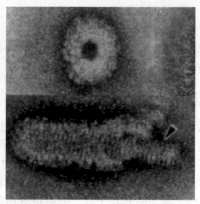

200nm

图 12-44 猪繁殖与呼吸综合征病毒

4. 检疫后处理

任何单位和个人发现猪只出现急性发病死亡的情况，应及时向当地动物防疫监督机构报告。对发病场（户）实施隔离、监控，禁止病猪及其产品和有关物品移动，并对其内、外环境实施严格消毒。对病死猪、污染物或可疑污染物进行无害化处理。必要时，对发病猪和同群猪进行扑杀并进行无害化处理，同时采集样品进行实验室诊断。高致病性猪蓝耳病病毒在外界环境中存活能力较差，只要消毒措施得当，均可杀灭。养猪生产中常用的消毒剂，如醛类、含氯消毒剂、酚类、氧化剂、碱类等均能杀灭环境中的病毒。

5. 免疫预防

目前，中国动物疫病预防控制中心、中国兽医药品监察所已成功研制出高致病性猪蓝耳病病毒专用新型疫苗。中国动物预防控制中心研究结果表明，活疫苗对经典猪蓝耳病病毒株有免疫保护效果，但对我国目前流行的高致病性猪蓝耳病病毒变异株的保护较差。勃林格殷格翰动物保健（美国）有限公司 PRRS 活疫苗、广东永顺生物制药股份有限公司生产的 PRRS 冻干疫苗、扬州威克 PRRS 活疫苗、天邦 PRRS 活疫苗等。存在该病或受该病威胁的地区，预防的关键是对健康猪进行高致病性猪蓝耳病活疫苗的免疫接种。平时应严格执行防疫规定，防止病毒或传染源与易感猪群接触。

该病发生后无有效的治疗药物，为防止疫情的扩散，应扑杀所有病猪和同群猪；对病死猪、排泄物、被污染饲料、垫料、污水等进行无害化处理；对被污染的物品、交通工具、用具、猪舍、场地等进行彻底消毒；对疫区和受威胁区所有生猪用高致病性猪蓝耳病灭活疫苗进行紧急强化免疫，并加强疫情监测。

三、猪瘟

猪瘟（classical swine fever，CSF）是黄病毒科猪瘟病毒属的猪瘟病毒引起的一种急性、发热、接触性传染病。具有高度传染性和致死性。WOAH 列为通报性疫病，我国列为二类动物疫病。

1. 流行病学

猪瘟病毒是 ssRNA 病毒黄病毒科瘟病毒属，其 RNA 为单股正链。潜伏期 24～72h。病毒存在于病猪血液、分泌物及排泄物（眼尿、粪、尿等）中。病毒对外界抵抗力很强，存在于尿内的病毒如不经发酵，则很难失去毒力，都可成为传染源。主要通过直接接触，或由于接触污染的媒介物而发病。消化道、鼻腔黏膜和破裂的皮肤为主要的感染途径；被分泌物、排泄物污染的饲料、饮水及器具等都能传播该病。一年四季都可发生，以春夏多雨季节为多。

此外，带毒猪、犬、禽、蝇及运输工具等，也都可传染该病。其传染途径为消化道、呼吸道、皮肤的创伤及眼结膜；也可通过胎盘垂直感染，给该病的免疫带来一定困难。

2. 临诊检疫

（1）临床病理　　其特征是呈急性、呈败血性变化，实质器官出血、坏死和梗死；慢性呈纤维素性坏死性肠炎（图12-45）。

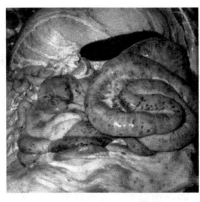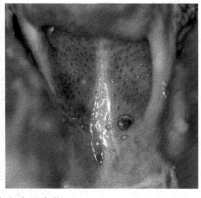

图12-45　猪瘟病理变化　　　　　彩图

（2）临床表现　　典型病例表现为最急性、亚急性或慢性病程，死亡率高。最急性型较少见，病猪体温升高，常无其他症状，1～2d内死亡。急性型最常见，体温可上升到41℃以上，食欲减退或消失，可发生眼结膜炎并有脓性分泌物，鼻腔也常流出脓性黏液，间有呕吐，有时排泄物中带血液，甚至便血。初期耳根、腹部、股内侧的皮肤常有许多点状出血或较大红点。病程一般为1～2周，最后绝大多数死亡。亚急性型常见于该病流行地区，病程可延至2～3周；有的转为慢性，常拖延1～2个月。表现黏膜苍白，眼睑有出血点。皮肤出现紫斑，病猪极度消瘦。死亡以仔猪为多，成年猪有的可以耐过。非典型病猪临诊症状不明显，呈慢性，常见于"架子猪"。剖检时急性型以出血性病变为主，常见肾皮质和膀胱黏膜中有小点出血；肠系膜淋巴结肿胀，常出现出血性肠炎，以大肠黏膜中的纽扣状溃疡为典型。

3. 实验室检验

依据国标《猪瘟诊断技术》（GB/T 16551—2020）、海关总署行业标准《猪瘟病毒及非洲猪瘟病毒检测 微流控芯片法》（SN/T 5336—2020）、国家市场监督管理总局《猪瘟病毒RT-nPCR检测方法》（GB/T 36875—2018）等规范检测鉴定。《猪瘟诊断技术》（GB/T 16551—2020）较前一版增加了"猪瘟病毒阻断ELISA抗体检测技术、间接ELISA检测方法、化学发光检测方法"。

在临床诊断的基础上，可用免疫荧光抗体检查、酶标记组织抗原定位法、血清中和试验、猪瘟单克隆抗体纯化酶联免疫吸附试验等方法进行确诊。

电镜观察其病毒粒子呈圆形，大小为38～44nm，核衣壳是立体对称二十面体，有囊膜（图12-46）。

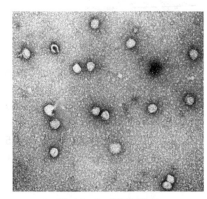

图12-46　猪瘟病毒

4. 检疫后处理

立即报告，及时诊断；划定疫点，封锁疫点、疫区；处理病猪，做无害化处理；紧急预防接种，疫区里的假定健康猪和受威胁地区的生猪即接种猪瘟免弱毒疫苗。认真消毒被污染的场地、圈舍、用具等。粪便要进行堆积发酵、无害化处理。

5. 免疫预防

预防猪瘟最有效的方法就是接种猪瘟疫苗。目前市场上预防猪瘟的疫苗主要有以下三种。
1）猪瘟活疫苗（Ⅰ）——乳兔苗。

2）猪瘟活疫苗（Ⅱ）——细胞苗。

3）猪瘟活疫苗（Ⅰ）——淋脾苗。

四、猪流行性腹泻

猪流行性腹泻（porcine epidemic diarrhea，PED）是由仔猪和育肥猪流行性腹泻病毒（PEDV）引起的一种接触性以呕吐、腹泻和脱水为特征的肠道传染病。1971年首发于英国，20世纪80年代初我国陆续发生该病。猪流行性腹泻病毒（PEDV），属于冠状病毒科冠状病毒属。目前，还没有发现该病毒有不同血清型。2010年10月，由PEDV变种引起的PED在中国大规模暴发，造成了巨大的经济损失。WOAH将其列为通报性疫病，我国列为二类动物疫病。

1．流行病学

猪流行性腹泻与传染性胃肠炎很相似，在我国多发生在每年12月份至翌年1～2月，夏季也有发病的报道。可发生于任何年龄的猪，年龄越小，症状越重，死亡率越高。该病只发生于猪，哺乳猪、架子猪或肥育猪的发病率很高，尤以哺乳猪受害最为严重，母猪发病率变动很大，为15%～90%，死亡率可达100%。我国病猪是主要的传染源，流行病学调查认为流行率42%，死亡率5.69%，仔猪略高。当PEDV感染发生在养猪场时，感染通常按以下顺序在不同年龄猪之间传播。首先感染是育肥/替代猪，然后病毒积聚并感染怀孕母猪，将病毒带到产房，亚临床感染母猪，随后将PEDV传播给哺乳仔猪，从而在仔猪中引起最终流行病。PEDV的主要传播途径是粪口，感染源是呕吐物、腹泻粪便和相关污染物。病毒存在于肠绒毛上皮细胞和肠系膜淋巴结，随粪便排出后，通过污染环境、饲料、饮水、交通工具及用具等而传染。如果一个猪场陆续有不少窝仔猪出生或断奶，病毒会不断感染失去母源抗体的断奶仔猪，使该病呈地方流行性，在这种繁殖场内，猪流行性腹泻可造成5～8周龄仔猪的断奶期顽固性腹泻。该病多发生于寒冷季节，流行病学和临床症状方面与猪传染性胃肠炎无显著差别，只是病死率比猪传染性胃肠炎稍低，在猪群中传播速度也较缓慢些。

流行性PEDV变异株往往更具致病性，并导致大量猪死亡，PEDV高变异性使现场流行病变得更加复杂和异质。2000年以来，PED在欧洲已得到控制，但该病在包括中国、韩国和日本在内的亚洲国家中仍然流行。溯源分析认为有两个分支GⅠ和GⅡ基因组，疫苗并不能完全交叉保护。与CV777（GⅠ基因组）等经典毒株相比，中国流行的PEDV的主要毒株是新变异毒株（GⅡ基因组），是各种进化轨迹的产物。对全基因组差异分析表明，PEDV中存在4个高变区，V1、V2、V3和V4（图12-47）。变异体毒株中的S基因发生了最大变化，特别是在S1区域。疫苗对变异株不能保护。

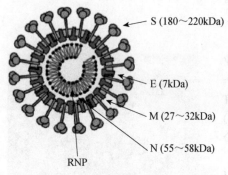

图 12-47　PEDV 模式图（Lee，2015）

S. 刺突糖蛋白；E. 囊膜蛋白；M. 膜蛋白；
N. 核衣壳蛋白；RNP. 核糖核蛋白

S (180～220kDa)
E (7kDa)
M (27～32kDa)
N (55～58kDa)
RNP

2．临诊检疫

（1）临诊病理　　眼观变化仅限于小肠，小肠扩张，内充满黄色液体，肠系膜充血，肠系膜淋巴结水肿，小肠绒毛缩短。组织学变化，见空肠段上皮细胞的空泡形成和表皮脱落，肠绒毛显著萎缩。绒毛长度与肠腺隐窝深度的比值由正常的7∶1降到3∶1。上皮细胞脱落最早发生于腹泻后2h。

（2）临床表现　　潜伏期一般为5～8d，人工感染潜伏期为8～24d。主要临床症状为水样腹泻，或者在腹泻之间有呕吐。呕吐多发生于吃食或吃奶后。症状的轻重随年龄大小而有差异，年龄越小，症状越重。一周龄内新生仔猪发生腹泻后3～4d，呈现严重脱水而死亡，死亡率可达50%，最高死亡率达100%。病猪体温正常或稍高，精神沉郁，食欲减退或废绝。断奶猪、母猪常呈精神委顿，厌食和持续性腹泻大约一周，并逐渐恢复正常。少数猪恢复后生长发育不良。肥育猪在同圈饲养感染后都发生腹泻，一周后康复，死亡率1%～3%。成年猪症状较轻，有的仅表现呕吐，重者水样腹泻3～4d可自愈。

3. 实验室检验

实验室检测是猪流行性腹泻诊断的辅助手段，包括病毒分离、血清学检测和分子生物学鉴定。猪流行性腹泻有国标方法《猪流行性腹泻病毒RT-PCR检测方法》（GB/T 34757—2017）进行RT-PCR检测，采取患病猪粪便测定。RT-PCR引物如下所示。

P1：5′-TATGGCTTGCATCACTCTTA-3′

P2：5′-TTGACTGAACGACCAACACG-3′　　扩增出315bp片段。

该病毒呈圆形，且外面覆有囊膜，为RNA病毒，属于α冠状病毒。

4. 检疫后处理

发生呕吐腹泻后立即封锁发病区和产房，尽量做到全部封锁。扑杀10日龄之内呕吐且水样腹泻仔猪，是切断传染源、保护易感猪群的做法。当出现疫情时，必须采取措施关闭传播途径，包括隔离受感染的猪和关闭任何受感染的猪舍。严格的生物安全措施对保护未受影响的猪非常有效。感染猪肠道内容物的免疫在一定程度上也是有效的，但PEDV在肠道内容物中的不均匀分布可能会影响这种治疗的疗效，并导致PEDV反复感染。

5. 免疫预防

经典疫苗使用CV777株的PEDV和TGEV重组灭活苗，也有TB腹泻特制二联灭火苗、青岛易邦PEDV基因缺失苗。猪分娩后的3d保健和对仔猪的3针保健，可选用高热金针先注射液，母猪产仔当天注射10～20mL/头，若有感染者，产后3d再注射10～20mL/头，仔猪3针保健即出生后的3d、7d、21d，分别肌注0.5mL、0.5mL、1mL。

第五节　马　病

一、马传染性贫血

马传染性贫血（equine infectious anaemia，EIA）简称马传贫，是马传染性贫血病病毒引起的马、骡、驴传染病。其特征主要为间歇性发烧、消瘦，进行性衰弱、贫血、出血和浮肿，在无烧期间则症状逐渐减轻或暂时消失。WOAH将其列为通报性疫病，我国列为二类动物疫病。

1. 流行病学

马传染性贫血病毒是反录病毒科慢病毒属成员。中国于1955年证实有此病。仅能感染马属动物（马、骡、驴）。在自然条件下，以马的易感性最高，骡、驴次之。此外也曾有几例人感染此病的报道。发烧期的病马是最危险的传染源，其血液和脏器中（肝、脾、骨髓、淋巴结等）含有大量病毒，常随同分泌物和排泄物排出体外而散播。慢性病马能长期甚至终身带毒。传染途径主要通过吸血昆虫（虻、刺蝇、蚊、蠓等）叮咬，也可由被病毒污染的注射针头和诊疗器械等散播，微量病毒就能在易感动物中引起感染。也可经消化道、呼吸道、交配、胎盘传播，还可以通过含有血液和血液制品的病毒传播。在以前没有疾病的地区的引入主要是人类活动所致。

该病的发生无严格的季节性，但以吸血昆虫活动的夏秋季节（7～9月）及森林、沼泽地带多发。主要呈地方性流行或散发。新疫区多呈急性经过，在老疫区主要呈慢性或隐性感染。

2. 临诊检疫

（1）临诊病理　急性型呈现全身败血变化。浆膜、黏膜、淋巴结和实质脏器有弥漫性出血点（斑）。脾急性肿大，暗红或紫红色，红髓软化，白髓增生，切面呈颗粒状。骨髓深暗（图12-48）。肝肿大，黄褐色或紫红色，肝细胞索变性与中央静脉、窦状隙淤血交织，使肝切面形成豆蔻状或槟榔状花纹，故有"豆蔻肝"或"槟榔肝"之称。亚急性和慢性病例以贫血、黄染和网状内皮系统增生为主，全身败血变化较轻。

彩图　　　　　图12-48　骨髓质被暗红色造血组织取代

（2）临床表现　　自然感染潜伏期一般为20～40d。以间歇性发烧、贫血、出血、黄疸、浮肿、心机能紊乱、血相变化和进行性消瘦为特征。在无烧期间则症状逐渐减轻或暂时消失。

发热：发热类型有稽留热、间歇热和不规则热。稽留热表现为体温升高40℃以上，稽留3～5d，有时达10d以上，直到死亡。间歇热表现有热期与无热期交替出现，多见于亚急性及部分慢性病例。慢性病例以不规则热为主，常有上午体温高、下午体温低的逆温差现象。

贫血、出血和黄疸：发热初期，可视黏膜潮红，随着病情加重，表现为苍白或黄染。在眼结膜、舌底面、口腔、鼻腔、阴道等黏膜等处，常见鲜红色或暗红色出血点（斑）。

心机能紊乱：心搏亢进，节律不齐，心音混浊或分裂，缩期杂音，脉搏增数。

浮肿：常在四肢下端、胸前、腹下、包皮、阴囊、乳房等处出现无热、无痛的浮肿。

血相变化：红细胞显著减少，血红蛋白降低，血沉加速。白细胞减少，丙种球蛋白增高，外周血液中出现吞铁细胞。在发热期，嗜酸粒细胞减少或消失，退热后，淋巴细胞增多。

根据临诊表现，可分为急性、亚急性、慢性和隐性4种病型。

急性型多见于新疫区流行初期，主要呈高热稽留，病程短，病死率高。

亚急性型多见于流行中期，特征为反复发作的间歇热，有的还出现逆温差现象。

慢性型常见于老疫区，病程较长，其特征与亚急型相似，但逆温差现象更明显。

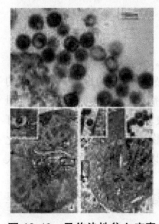

图12-49　马传染性贫血病毒

3. 实验室检验

依据中华人民共和国进出境检验检疫行业标准《马传染性贫血检疫技术规范》（SN/T 2717—2010）《马传染性贫血病间接ELISA诊断技术规程》（GB/T 17494—1998）等法规检疫检验，检验方法包括临诊检疫、病毒分离培养鉴定、ELISA、琼脂凝胶免疫扩散试验、补体结合试验等。

（1）采样　　采集可疑马的血液备用。

（2）实验室诊断　　在国际贸易中，指定诊断方法为琼脂凝胶免疫扩散试验（AGID），替代诊断方法为酶联免疫吸附试验。

病原分离与鉴定：将可疑马的血液接种易感马或用其制备的白细胞培养物，分离病毒。也可用免疫扩散试验、免疫荧光试验进行病原鉴定（图12-49）。

血清学检查：琼脂免疫扩散试验、酶联免疫吸附试验（需经AGID证实）、补体结合试验、荧光抗体试验。

4. 检疫后处理

为预防和消灭马传贫必须按《中华人民共和国动物防疫法》和农业农村部颁发的《马传染性贫血消灭工作实施方案》（农医发〔2015〕26号）、《马传染性贫血检疫技术规范》（SN/T 2017—2010）的规定，采取严格控制、扑灭措施。发现患病马匹立即上报疫情，严格隔离，扑杀病畜，其尸体、病死马尸体等一律深埋或焚烧。污染场地、用具等严格消毒，粪便、垫草等应堆积发酵消毒。经检疫健康马、假定健康马，紧急接种马传贫驴白细胞弱毒疫苗。

5. 免疫预防

平时加强饲养管理，提高马群的抗病能力。搞好马厩及其周围的环境卫生，消灭蚊、虻，防止蚊、虻等吸血昆虫侵袭马匹。经检疫健康马、假定健康马，紧急接种马传贫驴白细胞弱毒疫苗。不从疫区购进马匹，必须购买时，须隔离观察1个月以上，经过临床综合诊断和2次血液学检查，确认健康者，方准合群。

二、马鼻疽

马鼻疽（glanders）是马、骡、驴等单蹄动物的一种高度接触性传染病，也是一种人兽共患病。以在鼻腔、喉头、气管黏膜或皮肤上形成鼻疽结节、溃疡和瘢痕，在肺、淋巴结或其他实质器官发生鼻疽性结节为特征。病原为伯克霍尔德菌属（*Burkholderia*）的伯克霍尔德菌（*Burkholderia mallei*）或鼻疽杆菌。WOAH列为通报性疫病，我国列为二类动物疫病。

1. 流行病学

马鼻疽通常是通过患病或潜伏感染的马匹传入健康马群的，鼻疽马是该病的传染源，开放性鼻疽马更具危险性。自然感染是通过病畜鼻分泌液、咳出液和溃疡的脓液传播的，通常是在同槽饲养、同桶饮水、互相啃咬时随污染的饲料、饮水经由消化道发生的；皮肤或黏膜创伤而发生的感染较少见。人感染鼻疽主要经创伤的皮肤和黏膜感染；人经食物和饮水感染的罕见，人和多种温血动物都对该病易感。动物中以驴最易感，但感染率最低；骡居第二，但感染率却比马低；马通常取慢性经过，感染率高于驴、骡。我国骆驼有自然发病的报道。反刍动物中的牛、山羊、绵羊人工接种也可发病，但狼、狗、绵羊和山羊偶尔也会自然感染该病。捕获的野生狮、虎、豹、豺和北极熊因吃病畜肉也得该病而死亡。鬣狗也可感染，但可耐过。

新发病地区常呈暴发性流行，多取急性经过；在常发病地区马群多呈缓慢、延续性传播。鼻疽一年四季均可发生。马匹密集饲养，在交易市场使用公共饲槽和水桶，以及马匹大迁徙、大流动，都是造成该病蔓延因素。该病一旦在某一地区或马群出现，如不及时采取根除措施，则长期存在，并多呈慢性或隐性经过。当饲养管理不善、过劳、疾病或长途运输等应急因素影响时，又可呈暴发性流行，引起大批马匹发病死亡。

2. 临诊检疫

（1）**临诊病理**　上呼吸道病变在鼻腔、鼻中隔、喉头甚至气管黏膜形成结节、溃疡，甚至鼻中隔穿孔。慢性病例的鼻中隔和气管黏膜上，常见部分溃疡愈合形成或放射状瘢痕。

肺脏病变结节大小不一，从粟粒大到鸡卵大，散在于肺的深部。初期以渗出为主伴有米粒大小、出血的暗红色病灶，但随着向慢性转化，中心坏死、化脓、干酪化，周边被增殖性组织形成的红晕所包围。病变陈旧时红晕变得不清楚，中心部钙化。急性渗出性肺炎是由支气管扩散而来，可形成鼻疽性支气管肺炎，严重时形成鼻疽性脓肿，纤维素性黑红色或灰白色渗出物流到支气管，往往变成空洞，脓性渗出物可经支气管排出。转为慢性时，形成由结缔组织构成的包膜，钙盐沉积形成的硬节内部，可见细小的脓肿和部分发生瘢痕化。鼻疽性支气管肺炎特征是可见明显的炎性水肿，有时化脓、软化，但取慢性经过时，中心部呈灰泥样。

皮肤病变索状肿化脓、崩溃，成为糜烂性溃疡。溃疡一般浅而小有黄红色的渗出液流出，使周围被毛黏着。

淋巴结病变以颌下、咽背、颈上等体表淋巴结为主，各脏器附属的淋巴结也发生髓样肿胀，继而可见化脓、干酪化的结节。

（2）**临床表现**　鼻疽分为急性或慢性两种，慢性也可分为慢性和潜伏性。不常发病地区的马、骡、驴的鼻疽多为急性经过，常发病地区马的鼻疽主要为慢性型。

急性鼻疽　经过2～4d的潜伏期后，以弛张型高热39～41℃、寒战、一侧性黄绿色鼻液和下颌淋巴结发炎，精神沉郁，食欲减少，可视黏膜潮红并轻度黄染。鼻腔黏膜上有小米粒至高粱大的灰白色圆形结节，突出黏膜表面，周围绕以红晕。结节迅速坏死、崩解，形成深浅不等溃疡。溃疡可融合，边缘不整隆起如堤状，底面凹陷，呈灰白或黄色。由于鼻黏膜肿胀和声门水肿，呼吸困难。常发鼻衄血或咳出带血黏液，时发干性短咳。外生殖器、乳房和四肢出现无痛水肿。绝大部分病例排出带血的脓性鼻汁，并沿着颜面、四肢、肩、胸、下腹部的淋巴管，形成索状肿胀和串珠状结节，索状肿胀常破溃。患畜食欲废绝，迅速消瘦，经7～21d死亡（图12-50）。

  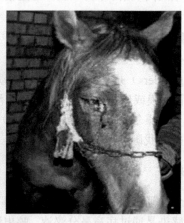

彩图　　　　　　　　　　　　　图12-50　马鼻疽临床表现

慢性鼻疽　常见感染马多为这种病型。开始由一侧或两侧鼻孔流出灰黄色脓性鼻汁，往往在鼻腔黏膜见有糜烂性溃疡，为开放性鼻疽马。呈慢性经过的病马，在鼻中隔溃疡的一部分取自愈经过时，形成放射状瘢痕。颌下、咽背、颈上淋巴结肿胀、化脓、干酪化，有时部分发生钙化，有硬结感。患畜营养下降，显著消瘦，被毛粗乱无光泽，往往陷于恶病质而死。

有的慢性鼻疽病例其临诊症状不明显。病畜常常表现不规则的回归热或间隙热。有时见到与慢性呼吸困难相结合的咳嗽，在后肢可能有鼻疽性象皮病。

潜伏性鼻疽　可能存在多年而不发生可见的病状。在部分病例，首先是潜伏性病例，鼻疽可能自行痊愈。

3. 实验室检验

依据农业农村部行业标准《马鼻疽诊断技术》（NY/T 557—2021）、中华人民共和国进出境检验检疫行业标准《马鼻疽检疫技术规范》（SN/T 2018—2007）包括临诊检疫、病原分离鉴定、鼻疽菌素变态反应试验和补体结合试验，对马鼻疽进行检验。

（1）采样　从未开放、未污染的病灶中无菌采集病料。

（2）实验室诊断　对于小量或个别病例以临床诊断、细菌学（图12-51）、变态反应、血清学及流行病学等综合判定。在大规模鼻疽检疫中，以临诊检查和鼻疽菌素点眼为主，配合进行补体结合反应。病理诊断只有必要时才可进行。

在国际贸易中指定的诊断方法为鼻疽菌素点眼和补体结合试验，无替代诊断方法。

变态反应诊断方法有鼻疽菌素点眼法、鼻疽菌素皮下注射法、鼻疽菌素眼睑皮内注射法，常用鼻疽菌素点眼法。

鼻疽补体结合反应试验，该方法为较常用的辅助诊断方法，用于区分鼻疽阳性马属动物的类型，可检出大多数活动性患畜。具有明显鼻疽临床症状的马属动物为开放性鼻疽病畜；鼻疽菌素点眼阳性者为鼻疽阳性畜。

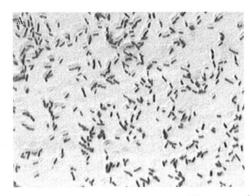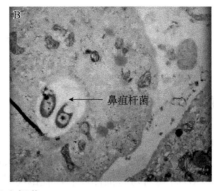

彩图

图 12-51　鼻疽杆菌
A. 纯培养的鼻疽杆菌菌体；B. 组织中的鼻疽杆菌

4. 检疫后处理

1）发现疑似患病马属动物后，应立即隔离患病马属动物，并立即向当地动物防疫监督机构报告。动物防疫监督机构接到报告后，应及时派员到现场进行诊断，包括流行病学调查、临床症状检查，并采集病料进行实验室诊断。确诊为马鼻疽病畜后，采取隔离、扑杀、销毁、消毒等强制性控制、扑灭措施，并通报毗邻地区。划定疫点、疫区、受威胁区；调查疫源，及时报请同级人民政府对疫区实行封锁，并将疫情逐级上报国务院畜牧兽医行政管理部门。

2）扑杀。对开放性鼻疽和急性鼻疽病马一般不予治疗，确诊后应立即扑杀，尸体深埋或焚烧。对鼻疽患畜或鼻疽菌素阳性马属动物，一律用静脉内注射硫酚多纳、来苏尔等药物将患病马属动物在不放血条件下进行扑杀。

3）无害化处理。扑杀的患病马属动物，焚烧应选择距村镇、学校、水源、牧场、养殖场等 1km 外的地方，挖距地面至少 2m 深的坑，将尸体掩埋。

4）消毒。对患病马属动物和可疑染疫病马属动物污染的场所、用具、物品严格进行消毒；受污染的粪尿、垫料等经泥封高温发酵处理后方可使用。

5）封锁的解除。疫区从最后一匹患病马属动物扑杀处理后，经过半年时间采用变态反应试验逐匹检查，未检出阳性马属动物的，方可解除封锁。

5. 综合防控

没有有效菌苗可以应用。

1）加强饲养管理，做好消毒等基础性防疫工作，提高马匹的抗病能力。

2）异地调运马属动物，必须来自非疫区；出售马属动物的单位和个人，应在出售前按规定报检，经当地动物防疫监督机构检疫证明马属动物装运之日无马鼻疽症状，装运前 6 个月内原产地无马鼻疽病例，装运前 15d 经鼻疽菌素试验或鼻疽补体结合反应试验，结果为阴性，并签发产地检疫证后，方可启运。

调入的马属动物必须在当地隔离观察 30d 以上，经当地动物防疫监督机构连续两次（间隔 5~6d）鼻疽菌素试验检查，确认健康无病，方可混群饲养。

3）运出县境的马属动物，运输部门要凭当地动物防疫监督机构出具的运输检疫证明承运，证明随货同行。运输途中发生疑似马鼻疽时，货主及承运者应及时向就近的动物防疫监督机构报告，经确诊后，动物防疫监督机构就地监督畜主实施扑杀等处理措施。

4）监测。稳定控制区每年每县抽查 200 匹（不足 200 匹的全检）进行鼻疽菌素试验检查，如检出阳性反应的，则按控制区标准采取相应措施。

在消灭区，每县每年鼻疽菌素试验抽查马属动物 100 匹（不足 100 匹的全检）。

第六节　禽　病

一、鸭瘟

鸭瘟（duck plague）又名鸭病毒性肠炎（duck virus enteritis，DVE），是鸭、鹅和其他雁形目禽类的一种急性、热性、败血性传染病。病原为鸭瘟病毒（duck plague virus），属于疱疹病毒科（Herpesviridae）疱疹病毒属病毒。WOAH将其列为通报性疫病，我国将其列为二类动物疫病。

1. 流行病学

鸭瘟的传染源主要是病鸭和带毒鸭，其次是其他带毒的水禽、飞鸟之类。消化道是主要的传染途径，被污染的水源、鸭舍、用具、饲料、饮水是该病的主要传染媒介；交配及通过呼吸道也可以传染，某些吸血昆虫也可能是传播媒介，野生水禽感染病毒后可成为传播来源。在自然条件下，该病主要发生于鸭，对不同年龄、性别和品种的鸭都有易感性。以番鸭、麻鸭易感性较高，北京鸭次之，自然感染潜伏期通常为2~4d，30日龄以内雏鸭较少发病。鹅也能感染发病，但很少形成流行；2周龄内雏鸡可人工感染致病；野鸭和雁也会感染发病。鸭瘟可通过病禽与易感禽的接触而直接传染，也可通过与污染环境接触而间接传染。该病一年四季均可发生，但以春、秋季流行较为严重。当鸭瘟传入易感鸭群后，一般3~7d开始出现零星病鸭，再经3~5d陆续出现大批病鸭，疾病进入流行发展期和流行盛期。鸭群整个流行过程一般为2~6周。如果鸭群中有免疫鸭或耐过鸭时，可延至2~3个月或更长。

2. 临诊检疫

（1）临诊病理　皮肤黏膜和浆膜出血，头颈皮下胶样浸润，口腔黏膜，特别是舌根、咽部和上腭黏膜表面有淡黄色的假膜覆盖，刮落后露出鲜红色出血性溃疡。最典型的是食道黏膜纵行固膜条斑和小出血点，肠黏膜出血、充血，以十二指肠和直肠最为严重；泄殖腔黏膜坏死，结痂；产蛋鸭卵泡增大、发生充血和出血；肝不肿大，但有小点出血和坏死；胆囊肿大，充满浓稠墨绿色胆汁；有些病例脾有坏死点，肾肿大、有小点出血；胸、腹腔的黏膜均有黄色胶样浸润液（图12-52）。

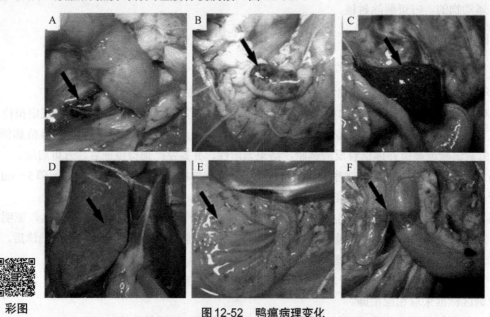

彩图

图12-52　鸭瘟病理变化

A. 法氏囊出血；B. 胸腺有出血斑和坏死区，包围有黄色液体；C. 脾变小、硬、暗斑；D. 肝表面有许多针尖大出血点；
E. 食管黏膜广泛出血斑和黄色坏死区；F. 肠外表面有出血环

（2）**临床表现** 体温升高43℃以上，并稽留至中后期。口渴，沉郁，腿麻痹无力，两翅下垂（图12-53），强行驱赶时以翅扑地前行。流泪，眼睑水肿甚至粘连，部分病鸭头颈部水肿，故有"肿头瘟"或"大头瘟"之称。下痢，粪便腥臭，呈草绿色。泄殖腔黏膜充血、水肿、外翻，上覆有绿色假膜，剥离后留下溃疡灶，公鸭有时可见阴茎脱垂。

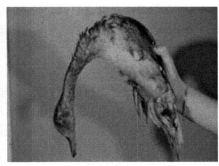

图12-53 鸭瘟   彩图

3. 实验室检验

依据《鸭病毒性肠炎检疫技术规范》（SN/T 2744—2010）规定的病毒分离鉴定、荧光定量PCR、微量中和实验和ELISA等检测鉴定方法对鸭瘟进行检验。《鸭源生物制品外源病毒检测方法》（GB/T 41698—2022）规定了鸭瘟的监测方法。

（1）**采样** 采集病死禽的肝、脾或肾供病毒分离用。

（2）**电镜直接观察** 病毒粒子呈球形，直径为120~180nm，有囊膜，病毒核酸型为DNA（图12-54）。

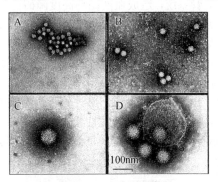

图12-54 鸭瘟病毒
A. 聚堆鸭瘟病毒；B. 散在鸭瘟病毒；C. 单独鸭瘟病毒；D. 堆聚和散在的鸭瘟病毒

（3）**实验室诊断** 病原分离和鉴定：将无菌病料接种鸡胚或鸭胚的绒毛尿囊膜，或接种于鸡胚或鸭胚的成纤维细胞，进行病毒分离和鉴定。常用的鉴定方法有中和试验、直接或间接免疫荧光试验、空斑抑制试验。荧光定量PCR和ELISA检测。

血清学检查：中和试验（但价值不大）。

4. 检疫后处理

发现该病时，依实际情况上报疫情，划定疫区，并立即采取封锁、隔离、消毒和紧急免疫接种等综合措施。集体病鸭发病，可采取隔离或扑杀。对病鸭和同群鸭扑杀病无害化处理。

5. 免疫预防

预防主要靠疫苗预防。广大养鸭户应制定免疫程序。5日龄的雏鸭应进行首免，肌内注射0.3mL；25日龄的雏鸭进行二免，肌内注射1mL。二免后免疫期可达6个月，蛋鸭产蛋前或成鸭进行第3次免疫，肌内注射1mL，免疫期可达一年。为保护雏鸭，应加强对种鸭的免疫接种，以提高雏鸭的母源抗体水平。

二、鸡新城疫

鸡新城疫（Newcastle disease，ND）是新城疫病毒引起的一种禽急性、热性、败血性和高度接触性传染病。以高热、呼吸困难、下痢、神经紊乱、黏膜和浆膜出血为特征。具有很高的发病率和病死率，是危害养禽业的一种主要传染病。新城疫病毒为副黏病毒科禽腮腺炎病毒属（*Avulavirus*）的禽副黏病毒Ⅰ型（APMV-Ⅰ）。WOAH 将其列为通报性疫病，我国将其列为二类动物疫病。

1. 流行病学

病毒存在于病禽的所有组织器官、体液、分泌物和排泄中，以脑、脾、肺含毒量最高，以骨髓含毒时间最长。病鸡是该病的主要传染源，鸡感染后临床症状出现前24h，其口、鼻分泌物和粪便就有病毒排出。在流行间歇期的带毒鸡，也是该病的传染源；鸟类也是重要的传播者。病毒可经消化道、呼吸道，也可经眼结膜、受伤的皮肤和泄殖腔黏膜侵入机体。

鸡、野鸡、火鸡、珍珠鸡、鹌鹑易感。其中以鸡最易感，野鸡次之。不同年龄的鸡易感性存在差异，幼雏和中雏易感性最高，两年以上的老鸡易感性较低。水禽如鸭、鹅等也能感染该病，并已从鸭、鹅、天鹅、塘鹅和鸬鹚中分离到病毒，但它们一般不能将病毒传给家禽。鸽、斑鸠、乌鸦、麻雀、八哥、老鹰、燕子及其他自由飞翔的或笼养的鸟类，大部分也能自然感染该病或伴有临诊症状或取隐性经过。历史上有好几个国家因进口观赏鸟类而招致了该病的流行。该病一年四季均可发生，但以春秋季较多。鸡场内的鸡一旦发生该病，可于4～5d内波及全群。

2. 临诊检疫

（1）临诊病理　病毒侵害心血管系统，造成血液循环高度障碍而引起全身性炎性出血、水肿。在该病的后期，病毒侵入中枢神经系统，常引起非化脓性脑炎变化，导致神经症状。

消化道病变以腺胃、小肠和盲肠最具特征。腺胃乳头肿胀、出血或溃疡，尤以在与食管或肌胃交界处最明显。十二指肠黏膜及小肠黏膜出血或溃疡，有时可见到"岛屿状或枣核状溃疡灶"，表面有黄色或灰绿色纤维素膜覆盖。盲肠扁桃体肿大、出血和坏死。

呼吸道以卡他性炎和气管充血、出血为主。鼻道、喉、气管中有浆液性或卡他性渗出物。弱毒株感染、慢性或非典型性病例可见到气囊炎，囊壁增厚，有卡他性或干酪样渗出。

产蛋鸡常有卵黄泄漏到腹腔形成卵黄性腹膜炎，卵巢滤泡松软变性，其他生殖器官出血或褪色（图12-55）。

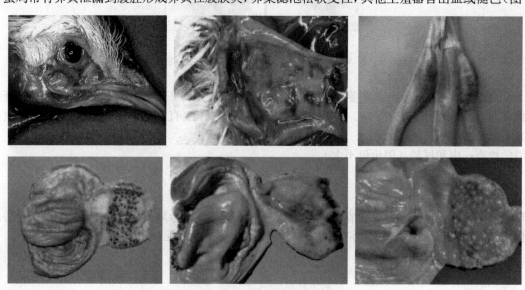

彩图

图12-55　鸡新城疫病理变化

（2）临床表现　国际上一般将该病的临床表现分为如下4个类型。

1）速发性嗜内脏型（VVND），也称Doyle氏型新城疫。发病突然，有时鸡只不表现任何症状而死亡。起初病鸡倦怠，呼吸增加，虚弱，死前衰竭，4～8d内死亡。常见眼及喉部周围组织水肿，拉绿色、有时带血的稀粪。有幸存活下来的鸡，出现阵发性痉挛，肌肉震颤，颈部扭转，角弓反张。其他中枢神经表现为面部麻痹，偶然翅膀麻痹。死亡率可达90%以上。

2）速发性嗜肺脑型（NVND），也称Beach氏型新城疫。表现为突然发病，传播迅速。可见明显的呼吸困难、咳嗽和气喘。有时能听到"咯咯"的喘鸣声，或突然的怪叫声，继而呈昏睡状态。食欲下降，不愿走动，垂头缩颈，产蛋量下降或停止。一两天内或稍后会出现神经症状，腿或翅膀麻痹和颈部扭转（图12-56）。在有些病例中，成年鸡死亡50%以上，常见的死亡率为10%；在未成年的小鸡中，死亡率高达90%；火鸡死亡率可达41.6%，而鹌鹑死亡率仅达10%。

3）中发型新城疫（MND），也称Beaudette氏型新城疫，主要表现为成年鸡的急性呼吸系统病状，以咳嗽为特征，但极少气喘。病鸡食欲下降，产蛋量降低并可能停止产蛋。中止产蛋可能延续1～3周，偶发病鸡不能恢复正常产量，蛋的质量受影响。

4）继发型新城疫（LND），也称Hitchner氏型新城疫，在成年鸡中症状可能不明显，可由毒力较弱的毒株所致，鸡只呈现一种轻度的或无症状的呼吸道感染，各种年龄的鸡只很少死亡，但在小鸡并发其他传染病时，致死率可达30%。

我国根据临诊表现和病程长短把新城疫分为最急性、急性和慢性三个类型。

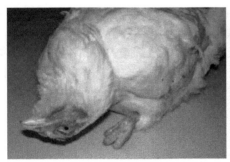

图12-56　鸡新城疫临床表现　　　　　彩图

3. 实验室检验

参照国家卫生健康委员会制定的《新城疫诊断技术》（GB/T 16550—2020），标准涵盖了新城疫的实验室检测、临床诊断等方面技术，中华人民共和国进出境检验检疫行业标准《新城疫检疫技术规范》（SN/T 0764—2011）规范，进行检疫检验。

（1）**采样**　用于病毒分离，可从病死或濒死禽采集脑、肺、脾、肝、心、肾、肠（包括内容物）或口鼻拭子，除肠内容物需单独处理外，上述样品可单独采集或者混合，或从活禽采集气管和泄殖腔拭子，雏禽或珍禽采集拭子易造成损伤，可收集新鲜粪便代替。用于血清学试验的样品，一般采集血清。

（2）**电镜直接观察**　新城疫病毒是ssRNA病毒，有囊膜。病毒颗粒具多形性，有圆形、椭圆形和长杆状等。成熟的病毒粒子直径100～400nm。囊膜为双层结构膜，由宿主细胞外膜的脂类与病毒糖蛋白结合衍生而来。囊膜表面有长12～15nm的刺突，具有血凝素、神经氨酸酶和溶血素。病毒的中心是ssRNA分子与附在其上的蛋白质衣壳粒，缠绕成螺旋对称的核衣壳，直径约18nm（图12-57）。

（3）**实验室诊断**　在国际贸易中，尚无指定的诊断方法。替代诊断方法为血凝抑制试验。

病原检查：①病毒培养鉴定，样品经处理后，接种9～10日龄SPF鸡胚，37℃孵育4～7d，收集尿囊液做HA试验测定效价，用特异抗血清（鸡抗血清）或Ⅰ试验判定ND病毒的存在。②毒力测定，1日龄雏鸡脑内接种致病指数（ICPI）测定、6周龄鸡静脉内接种致病指数（IVPI）测定、鸡胚平均死亡时间（MDT）测定。

血清学试验：病毒血凝试验（HA）、病毒血凝抑制试验（HI）、酶联免疫吸附试验（ELISA，用于现场诊断、流行病学调查和口岸进出境鸡检疫的筛检）。

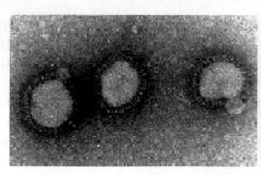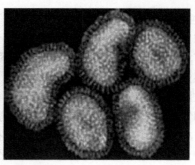

图12-57　新城疫病毒电镜照片

4. 检疫后处理

发生该病时应按《中华人民共和国动物防疫法》及其有关规定处理。扑杀病禽和同群禽，深埋或焚烧尸体；污染物要无害化处理；对受污染的用具、物品和环境要彻底消毒。对疫区、受威胁区的健康鸡立即紧急接种疫苗。

5. 免疫预防

对新城疫的免疫防治，参考农业农村部行业标准《种鸡场新城疫免疫无疫控制技术规范》（NY/T 4045—2021），应以预防接种为主要措施。接种用疫苗有两大类，一类为灭活疫苗，另一类为弱毒苗。目前灭活疫苗主要有：新城疫油乳剂灭活苗；新城疫-传染性法氏囊-减蛋综合征油乳剂联苗；新城疫-传染性法氏囊-传染性鼻炎油乳剂联苗；新城疫-传染性支气管炎；新城疫-肾型传染性支气管炎等多种联苗。弱毒苗主要有传统的Ⅰ系（Mukteswar）、Ⅱ系（B株）、Ⅲ系（F株）、Ⅳ系（1asata）等弱毒疫苗。

三、小鹅瘟

小鹅瘟（gosling plague）又称鹅细小病毒感染，是由鹅细小病毒（goose parvovirus）引起的雏鹅的一种高度接触性、急性败血性传染病。该病主要侵害4～20日龄雏鹅，以严重下痢和渗出性肠炎为特征。我国列为二类动物疫病。

1. 流行病学

病毒存在于病雏内脏组织、肠管、脑及血液中。传染源为病雏鹅及带毒鹅。主要经消化道感染，也可垂直传播。白鹅、灰鹅、狮头鹅及其他品系的雏鹅易感。番鸭也易感，其他禽类及哺乳类动物不易感。

该病一年四季均可发生，但主要发生于育雏期间。雏鹅发病率和死亡率与日龄、母源抗体水平有关。

2. 临诊检疫

（1）临诊病理　　肠道血管弩张，十二指肠黏液增多，黏膜呈现橘黄色，小肠中后段膨大增粗，肠壁变薄，里面有容易剥离的凝固性栓子。肝脏肿大，呈棕黄色，胆囊明显膨大，充满蓝绿色胆汁。胰腺颜色变暗，个别胰腺出现小白点。心肌颜色变淡，肾脏肿胀。法氏囊质地坚硬，内部有纤维素性渗出物。有神经症状的鹅剖检时，可见脑膜下血管充血。

特征病变在消化道，尤其是小肠急性浆液性—纤维素性炎症。剖检可见肠黏膜发炎、坏死，呈片状或带状脱落，与大量纤维素性渗出物凝固，形成栓子，质地坚实似香肠样。最急性型仅见小肠黏膜肿胀充血，上覆有大量淡黄色黏液。亚急性病例还可见肝、脾、胰肿大充血。

（2）临床表现　　雏鹅的临诊特点是精神委顿，食欲废绝，严重下痢，有时出现神经症状，死亡率高。对养鹅业的发展影响极大。自然感染潜伏期为3～5d。

临床上可分最急性型、急性型、亚急性型三型。

最急性型：多见于流行初期和1周龄内雏鹅，发病突然，快速死亡（图12-58）。

急性型：多发生于1～2周龄雏鹅，或由最急性转化而来。具典型的消化系统紊乱和神经症状特征。主要表现为离群、嗜睡，两肢麻痹或抽搐；下痢，排灰白色或淡黄绿色、浑浊稀便；眼和鼻有多量分泌物，病鹅不时甩头，食道膨大有多量气体和液体。病程1～2d，多取死亡转归。

亚急性型：多见于2周龄以上雏鹅或流行后期发病的雏鹅，病程3～7d，部分能自愈。发病鹅普遍出现下痢、口吐黏液、采食量减少等症状，个别鹅出现转脖、抽搐的情况。日龄较大一般没有出现神经症状，发病鹅表现为下痢、采食量减少。

3. 实验室检验

依据中华人民共和国进出境检验检疫行业标准《小鹅瘟检疫技术规范》（SN/T 1467—2020）、《家禽产地检疫规程》（农牧发〔2023〕16号）进行检验，包括临床诊断、病毒分离试验、琼脂免疫扩散试验和PCR等技术。

（1）**采样**　采取病雏鹅的脾、肝或胰等病料。

（2）**实验室诊断**　病原分离与鉴定：12～14日龄雏鹅胚接种试验（图12-59）。

血清学检查：可用中和试验、荧光抗体试验、反向间接血凝试验等。

PCR：引物序列如下所示。

上游引物：5′-CAA CGC AGG ATC AGA CGA AGA C-3′

下游引物：5′-AGC GAA CAT GCT ATG GAA AGG A-3′　　扩增出314bp片段。

图 12-58　小鹅瘟及肠道栓塞

彩图

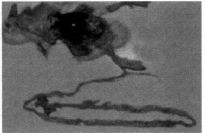

100 nm

图 12-59　鹅细小病毒

4. 检疫后处理

发现该病，应按《中华人民共和国动物防疫法》规定，采取严格控制，扑灭措施，防止扩散。扑杀病鹅和同群鹅，并深埋或焚烧。受威胁区的雏鹅可注射抗血清预防。污染的场地、用具等应彻底消毒。发病地区的雏鹅，禁止外调或出售。

5. 免疫预防

种蛋、种鹅苗及种鹅均应购自无病地区。种蛋在孵前必须经过严格消毒，以防病毒污染。孵化场必须定期用0.5%～1%的复合酚消毒剂进行场地和用具器械等消毒，特别是每批雏鹅出壳后。母鹅群在产蛋前一个月应进行一次预防注射。

第七节　啮齿动物病

兔病毒性出血症（rabbit viral hemorrhagic disease，RHD）俗称"兔瘟"、兔出血症，是兔出血症病毒引起家兔的一种急性、热性、败血性、高度接触性传染病。以全身多系统出血、肝脏坏死、实质脏器水肿、淤血、出血和高死亡率为特征。该病常呈暴发流行，发病率及病死率极高，给世界养兔业带来了巨大危害。兔出血症病毒属嵌杯病毒科（Caliciviridae）兔嵌杯病毒属（*Lagovirus*）。WOAH将其列为通报性疫病，我国将其列为二类动物疫病。

1. 流行病学

该病只发生于家兔和野兔。各种品种和不同性别的兔均可感染发病，长毛兔易感性高于肉用兔，2个月以上的青年兔和成年兔易感性高于2月龄以内的仔兔，而哺乳兔则极少发病死亡。病兔和带毒兔为该病的传染源。病毒在病兔所有的组织器官、体液、分泌物和排泄物中存在，以肝、脾、肾、肺及血液中含量最高，主要通过粪、尿排毒，并在恢复后的3~4周仍然向外界排出病毒。

主要传播途径是消化道。通过皮下、肌肉、静脉注射、滴鼻和口服等途径人工接种均易感染成功。病兔通过粪尿、鼻汁、泪液、皮肤及生殖道分泌物向外排毒。健康兔与病兔直接接触或接触上述分泌物和排泄物乃至血液而传染，同时也可以通过被污染的饲料、饮水、灰尘、用具、兔毛、环境及饲养管理人员、皮毛商人和兽医工作人员的手、衣服和鞋子而间接接触传播。RHDV可在冷冻的兔肉或脏器组织内长期存活，故可以通过国际贸易而长距离传播。此外，购进带毒的繁殖母兔及从疫区购入病兔毛皮等均可以引起该病的传播。蚊、蝇及乌鸦、鹰等肉食性鸟，可作为病毒的传播媒介。

新疫区多呈暴发流行，成年兔发病率与病死率可达90%~100%，而一般疫区病死率为78%~85%。传播迅速，流行期短，一年四季均可发生，但北方在冬季多发。

2. 临诊检疫

依据《兔屠宰检疫规程》（农牧发〔2023〕16号）进行临诊检疫。

（1）临诊病理　该病最多见的剖检变化是脏器的出血和坏死。凝血块充满全身组织的血管，血管内凝血可引发肝坏死。肝脏的一部分因坏死而呈黄色或灰白色的条纹，有的整个肝脏呈茶褐色或灰白色，切面粗糙，流出大量暗红色血液。胆囊肿大，充满稀薄胆汁。肺脏有大量的粟粒大到绿豆大小的出血斑，整个肺脏呈不同程度地充血，切开肺脏流出大量泡沫状液体。气管和支气管黏膜及胸腺有大量的出血斑。肾脏因血栓的形成而梗死，表现为皮质有针尖大小的出血点。脾脏肿大呈黑红色，有的肿大2~3倍。胃肠充盈，胃黏膜脱落，小肠黏膜充血、出血。膀胱积尿。孕母兔子宫充血、淤血和出血。多数雄性睾丸淤血。肠系膜淋巴结水肿。脑和脑膜血管淤血，松果体和下垂体常有血肿。

（2）临床表现　潜伏期为1~3d。新疫区的成年兔多呈最急性型或急性型，2月龄内幼兔发病症状轻微且多可恢复，哺乳兔多为隐性感染。根据病程可分为以下几种病型。

1）最急性型。多发生于流行的初期。突然发病，在感染后10~12h体温升高达41℃，并于6~8h突然抽搐死亡。

2）急性型。多在流行中期出现。感染后1~2d体温升高达41℃以上，精神沉郁，食欲不振，渴欲增加，衰弱或横卧。末期出现兴奋、痉挛、运动失调、后躯麻痹、挣扎、狂暴、倒地、四肢划动。呼吸困难，发出悲鸣。有的病例死亡时鼻孔流出泡沫样的血液，也有的眼部流出眼泪和血液。另外，黏膜和眼、耳部皮肤发绀，少数死兔阴道流出血液或血尿，多于1~2d死亡。死前病兔腹部胀大，肛门松弛并排出黄色黏液或附着有黏液的粪球。恢复兔有时黏膜严重苍白和黄疸，也有的2~3周后死亡。个别孕母兔出现流产、死胎。

3）慢性型。多见于老疫区或流行后期。病兔体温高达41℃左右，精神沉郁，食欲不振，被毛杂乱无光，最后消瘦、衰弱而死亡。有些可以耐过，但生长迟缓，发育不良，可从粪便排毒1个月以上。

3. 实验室检验

在国际贸易中，尚无指定诊断方法，替代诊断方法为血凝抑制试验（HI）。国内依据《实验动物 兔出血症病毒检测方法》（GB/T 14926.21—2008），中华人民共和国农业行业标准《兔出血性败血症诊断技术》（NY/T 567—2017）等规范进行检疫检验。还有团体标准《兔病毒性出血症2型防控技术规程》（T/CAAA 028—2019）。

（1）采样　感染兔血液和肝脏等脏器中病毒的含量极高，可用于病毒抗原检测。

（2）实验室诊断

1）负染电镜检查。取肝脏等病料处理提纯病毒，负染后电镜检查病毒形态结构（图12-60）。

2）血凝和血凝抑制试验。RHDV可凝集人O型红细胞，血凝试验可检出病、死兔体内的病毒。取病死兔肝脏或脾脏研磨，加生理盐水制成1:5或1:10悬液，可以直接用于该试验。玻片法可以用于现场检疫，快速简便。血凝试验结果应通过特异性血清的血凝抑制试验确证。血凝抑制试验还可用于流行病学调查和疫苗免疫效果监测。

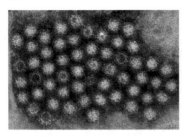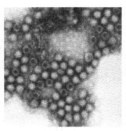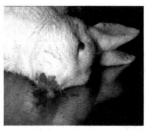

图 12-60 兔出血症病毒及临床表现   彩图

3）酶标抗体及免疫荧光抗体技术。双抗体夹心 ELISA 可用于该病的诊断。采用酶标抗体或荧光素标记抗体染色可以直接检查病死兔肝脏、脾脏触片或冰冻切片中的病毒抗原。

4）RT-PCR。可检出病料组织中的病毒核酸。

4. 检疫后处理

一旦发生该病，应按《中华人民共和国动物防疫法》的规定，将与感染群接触者全部扑杀，并进行无害化处理，同时进行封锁消毒达到净化的目的。

5. 免疫预防

首先不能从发生该病的国家和地区引进感染家兔和野兔及其未经处理过的皮毛、肉品和精液，特别是康复兔及接种疫苗后感染兔，因为存在长时间排毒的可能。

接种灭活疫苗可控制该病，在该病常在地区和国家应选用感染家兔的肝脏制成灭活疫苗接种免疫。灭活疫苗制造在不同国家方法不一，免疫期为 6～12 个月。

病毒 *VP60* 基因可用杆状病毒表达，并产生无核酸病毒样颗粒，用于口服或注射免疫均有效，但未商品化。

第八节　水生动物病

鱼类属于二类动物疫病的有 11 种，包括鲤春病毒血症、草鱼出血病、传染性脾肾坏死病、锦鲤疱疹病毒病、刺激隐核虫病、淡水鱼细菌性败血症、病毒性神经坏死病、传染性造血器官坏死病、流行性溃疡综合征、鲫造血器官坏死病、鲤浮肿病。

一、草鱼出血病

草鱼出血病（hemorrhagic disease of grass carp）是由呼肠孤病毒（grass carp hemorrhage virus，GCHV，国际病毒分类委员会称其为 reovirus of grass carp，GCRV）引起的鱼感染性疾病。GCHV 是中国分离的第一种鱼类病毒，隶属呼肠孤病毒科水生动物呼肠孤病毒，属双链 RNA 病毒。该病毒主要引起中国淡水养殖主要品种——草鱼的鱼种阶段发生出血病，主要危害草鱼、青鱼，典型症状为病鱼肌肉、肠道、鳍及鳃有不同程度的充血、出血。我国列为二类动物疫病。

1. 流行病学

1970 年被首次发现，此后相继在湖北、湖南、广东、广西、江苏、浙江、安徽、福建、江西、安徽、河南、河北、上海、四川、东北各省等省（自治区、直辖市）各主要养鱼区流行。

草鱼、青鱼都可发病，但主要危害草鱼，从2.5～15cm的草鱼都可发病，发病死亡率可高达80%～90%及以上，有时2足龄以上的大草鱼也患病。其他鱼不发病，但可能带染病毒并传播。近年来由于各地忽视了免疫工作，草鱼病毒病的发病呈上升趋势。

水温在20～33℃时发生流行，最适流行水温为20～28℃。当水质恶化，水中溶氧偏低，透明度低，水中总氮、有机氮、亚硝酸态氮和有机物耗氧率偏高，水温变化较大，鱼体抵抗力低下，病毒量多时易发生流行。水温12℃及34.5℃时也有发生。

2. 临诊检疫

（1）**临诊病理**　草鱼出血病有三种症状：一是红肌肉。病鱼体色暗黑而微红，外表无明显症状，或表现轻微出血，但肌肉充血明显，剥开皮肤可见全身肌肉呈鲜红色，有些病鱼的鳃有块状血斑。二是红鳍红鳃盖。表现为鳍基、头顶、鳃盖、口腔与眼眶四周明显充血，有些病鱼的鳞片下有出血现象，病鱼的肠道多数充血。三是肠炎。肠道充血严重，局部或全肠因出血而呈鲜红色，但体表与肌肉的充血不明显（图12-61）。

彩图

图 12-61　草鱼出血病

（2）**临床表现**　病鱼主要是充血。外部症状一般微带红色。部分病鱼口腔、下颚、鳃盖、鳍条基部也表现出血。根据病鱼所表现的症状及病理变化，大致可以分为"红肌肉型""红鳍红鳃盖型""肠炎型"三种类型。三种类型的症状，不能截然分开，有时可分两种类型，甚至三种类型都表现出来，呈混杂出现。

发病过程分潜伏期、前趋期和发展期3个阶段：①潜伏期，为1～3d，在此期间内，鱼的外表不显示任何症状，活动与摄食正常。潜伏期长短与水温及病毒浓度有密切关系，水温高，病毒浓度高，潜伏期短；反之，潜伏期则长。②前趋期，时间短，仅1～2d，鱼的体色发暗、发黑，离群独游，停止摄食。③发展期，时间长短不一，一般为1～2d，病鱼表现充血、出血症状。

病鱼各器官、组织有不同程度的充血、出血现象；体色暗黑，小的鱼种在阳光或灯光透视下，可见皮下肌肉充血、出血，病鱼的口腔上下颌、头顶部、眼眶周围、鳃盖、鳃及鳍条基部都充血，有时眼球突出。剥除鱼的皮肤，可见肌肉呈点状或块状充血、出血，严重时全身肌肉呈鲜红色，肠壁充血，但仍具韧性，肠内无食物，肠系膜及周围脂肪、鳔、胆囊、肝、脾、肾也有出血点或血丝。

红肌肉型主要表现为肌肉充血、出血，外表多数轻微。红鳍红鳃盖型表现为病鱼的鳃盖、鳍条、头顶、口腔、眼腔等表现明显充血，有时鳞片下也有充血现象，但肌肉充血不明显或仅局部表现点状充血，这种类型一般在较大的草鱼种。肠炎型的特点是体表和肌肉充血现象不太明显，但肠道严重充血。

3. 实验室检验

依据农业农村部《鱼类产地检疫规程》（农牧发〔2023〕16号）、《草鱼出血病监测技术规范》（SC/T 7023—2021）进行临床检查、病原检查和水质检测；实验室检查按《水生动物产地检疫采样技术规范》（SC/T 7103—2008）的要求进行；进出境检验检疫依据行业标准《草鱼出血病检疫技术规范》（SN/T 3584—2013）等规范进行检疫检验。

（1）**采样**　采集病变组织。取整条鱼，然后取内脏。

（2）**实验室诊断**　病原电镜检查（图12-62），病毒粒呈球形，大小在60～80nm，二十面体。葡萄球菌A蛋白协同凝集试验（SPA-COA）、RT-PCR确定病原。

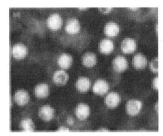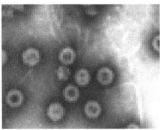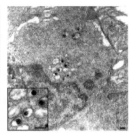

图 12-62　呼肠孤病毒电镜照片

1）中华人民共和国进出境检验检疫行业标准《草鱼出血病检疫技术规范》（SN/T 3584—2013）包括病毒分离、RT-PCR检测。RT-PCR引物序列如下所示。

上游引物：5′-CCC CCG ATC ACC ACG AT-3′

下游引物：5′-CCT TAC ATC AGC GAA CGC G-3′　　扩增出697bp片段。

2）江苏省地方标准《草鱼出血病病毒（GCHV）逆转录-聚合酶链式反应（RT-PCR）检测方法地方标准》（DB32/T 1738—2011）。RT-PCR引物序列如下所示。

上游引物：5′-CGC TTC GCT GTT TAT GC-3′

下游引物：5′-TTA TCA GGT GCC CAG TTT T-3′　　扩增出455bp片段。

或者使用商业化RT-PCR试剂盒检测。

4. 检疫后处理

经检疫合格的，出具"动物检疫合格证明"。经检疫不合格的，出具"检疫处理通知单"，并按照有关规定处理。可以治疗的，诊疗康复后可以重新申报检疫。发现不明原因死亡或怀疑为水生动物疫情的，应按照《中华人民共和国动物防疫法》、《重大动物疫情应急条例》（国务院令第450号）和农业农村部相关规定处理。病死水生动物应在渔业主管部门的监督下，由货主按照农业农村部相关规定进行无害化处理。无害化处理：①养殖水体用百万分之一的漂白粉溶液全池泼洒消毒。②装运患病草鱼的器具用百万分之十的漂白粉溶液浸泡15min或喷雾消毒。③禁止患病草鱼异地（塘）转移或上市，病死鱼用锅炉焚烧或加盖生石灰后深埋处理。

5. 免疫预防

预防草鱼出血病的有效措施是注射出血病灭活疫苗，做好鱼池的药物消毒，水质管理和科学投喂，定期用生石灰改良水质。同时采取外施药与内服药相结合的办法。

二、传染性脾肾坏死病

传染性脾肾坏死病（infectious spleen and kidney necrosis，ISKN）俗名鳜暴发性出血病或鳜虹彩病毒病（iridovirus disease of Siniperca chuatsi），是一种严重危害淡水养殖鳜的传染性、病毒性疾病，可引起暴发性死亡。对海水养殖的真鲷等鱼类也同样有较大威胁，为WOAH将其列入通报性疫病，我国将其列为二类动物疫病。病原为传染性脾肾坏死病病毒（infectious spleen and kidney necrosis virus，ISKNV）。鳜鱼是鲈形目真鲈科鳜属的鱼类，俗称鳜鱼、花鲫鱼、鳜鱼、季花鱼等。

真鲷虹彩病毒（red sea bream iridovirus，RSIV），属虹彩病毒科（Iridoviridae）细胞肿大病毒属（*Megalocytivirus*）。细胞肿大病毒属可分为5种基因型：感染性脾肾坏死病毒（ISKNV）、鲷鱼虹彩病毒（RSIV）、大菱鲆红体虹彩病毒、三刺鱼虹彩病毒（TSIV）和鳞屑病病毒（SDDV）。病毒核衣壳直径120~130nm，有囊膜。为双链线状DNA，主要衣壳蛋白（MCP）分子质量约为50kDa，占病毒粒子可溶性蛋白质的90%，形成病毒的二十面体。RSIV的靶器官是海水鱼的脾、肾、心、肝和鳃。

1. 流行病学

鳜暴发性出血病主要流行于我国南方淡水养殖的鳜中，1994年以来，流行于养殖的鳜中，具有很高的死亡率，对鳜养殖业造成很大威胁。气候突变和气温升高、水环境恶化是诱发该病大规模流行的主要因素，该病在水温25～34℃发生流行，最适流行温度为28～30℃，20℃以下呈隐性感染。危害各种大小鳜，不仅可以水平传播，而且可垂直传播，鳜在10d内死亡率高达90%左右。在澳大利亚、韩国、新加坡、马来西亚、比利时、德国、加纳、巴西等国也有报道流行。此病发生在广东、福建等地养殖的鳜（*Siniperca chuatsi*）。

真鲷虹彩病毒病（red sea bream iridovirus disease，RSIVD）是目前各国海水养殖危害最为严重的疾病之一。20世纪90年代在日本四国真鲷养殖场首次暴发该病后（Kusuda et al.，1994），逐渐蔓延到日本西部海水养殖场，引起真鲷鱼苗的大量死亡（Nakajima and Sorimachi，1994）。在日本RSIV还感染鲈形目、鲽形目等海水鱼类。目前已知的易感鱼类有真鲷（*Pagrus major*）、五条鰤（*Seriola quinqueradiata*）、花鲈（*Lateolabrax* sp.）和条石鲷（*Oplegnathus fasciatus*）等，中国南部和中国台湾西北部的养殖海水鱼中都发生过RSIVD，在泰国还有感染棕点石斑鱼或点/黑带石斑鱼（*Epinephelus malabaricus*）的报道，韩国1998年起在许多水产养殖场都发生了RSIVD，造成60%的鲷和鲈死亡。RSIVD现已在中国台湾和东南亚等其他地区流行。发病期是5～10月，高峰期为7～9月；发病水温是25～34℃，最适宜水温为28～30℃，20℃以下时较少发病。

2. 临诊检疫

（1）临诊病理 肝脏、脾脏和肾脏肿大，并有出血点，肠壁充血或出血。部分鱼体有腹水，肠内充满黄色黏稠物（图12-63、图12-64）。鳜组织病理变化最明显的是脾和肾细胞肥大，感染细胞肿大形成巨大细胞。细胞质内含大量病毒颗粒。海水鱼最显著的病理特征是病鱼的脾、心、肾、肝和鳃组织切片可见巨大细胞，嗜碱性细胞肿大。

（2）临床表现 病鱼嘴张大，呼吸加快加深，失去平衡；部分病鱼体变黑，有时有抽筋样颤动。病鳜体表、口、鳃盖等部位充血；大部分鱼鳃贫血，鳃呈苍白色；常伴有腹水，肝脏肿大出血，胆囊肿胀，脾脏、肾脏坏死；肠内充满黄色黏稠物；心脏淡红色。

病鱼口腔周围、鳃盖、鳍条基部、尾柄处充血。有的病鱼眼球突出，有蛀鳍现象。濒死鱼表现嘴张大，呼吸加快，加深，身体失去平衡，鳃苍白，部分鱼体表变黑。

彩图　图12-63　鳜鱼　　　　　图12-64　病鱼的红眼表现

3. 实验室检验

按照中华人民共和国进出境检验检疫行业标准《真鲷虹彩病毒检疫技术规范》（SN/T 1675—2011）、《鱼真鲷虹彩病毒聚合酶链反应操作规程》（SN/T 1675—2005）进行检验。

（1）采样 采集10尾病鱼，取脾和肾，特别是脾。

（2）实验室诊断

1）组织学检测：将病鱼的脾、心、肾、肝和鳃进行组织切片，显微镜观察典型、异常的巨大细胞，嗜碱性细胞肿大。

2）病毒检测：可疑样品的组织液接种斜带石斑鱼鳍细胞系（GF-1），25℃生化培养中培养，10d内用相差显微镜观察细胞病变（CPE）情况。7d可疑样品还未出现CPE，而对照样品已出现CPE，应立即再次传代细胞。如果仍未出现CPE，视为阴性，排除可疑。当CPE出现后，必须用免疫学方法或PCR方法鉴定病毒，免疫荧光检测为阳性，则可以确诊为该病。PCR引物如下所示。

上游引物：5′-CGG GGG CAA TGA CGA CTA CA-3′

下游引物：5′-CCG CCT GTG CCT TTT CTG GA-3′　　扩增出586bp片段。

对PCR阳性条带进行测序，与RSIV基因序列相同可做出诊断。电镜观察为二十面体的球状病毒（图12-65）。

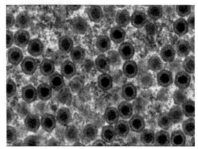

图12-65　虹彩病毒

4. 检疫后处理

病鱼经确诊后必须销毁，同时对水和用具进行无害化处理。以防为主，严格检疫，对检测呈病毒阳性的鱼要及时作淘汰处理；加强饲料管理，改良水质，对饵料鱼在饲喂前进行消毒处理，保证鳜鱼的良好生存环境等。

5. 免疫预防

预防在于严格执行检疫制度；平时加强饲养管理，健康养殖，保持水质优良，提高鱼体的抗病力；还可注射多联灭活细胞苗。对苗种场、良种场实施防疫条件审核、苗种生产许可管理制度。加强疫情监测与检疫，掌握流行病学情况。通过培育或引进抗病品种，提高抗病能力。加强饲养管理，切断传染途径。

三、锦鲤疱疹病毒病

锦鲤疱疹病毒病（infection with koi herpesvirus 或 koi herpesvirus disease，KHVD）是由锦鲤疱疹病毒（koi herpes virus，KHV）引起的锦鲤、鲤鱼及其普通变种发生鳃坏死和间质性肾炎的一种高致病性和高死亡率的疾病。锦鲤疱疹病毒是双链DNA病毒，暂列为疱疹病毒科（Herpesviridae）鲤疱疹病毒属（Cyprinivirus）。锦鲤疱疹病毒病是一种高致病传染性疾病，发病率和死亡率均可高达80%～100%。中国将其列为二类疫病。

1. 流行病学

流行于世界各地，严重危害锦鲤和鲤养殖业安全。WOAH列为必须申报的疾病。截至2023年，锦鲤疱疹病毒病已经遍布欧洲、亚洲、美洲和非洲，超过30个国家或地区暴发KHVD，包括以色列、英国、德国、美国、南非、日本、澳大利亚、韩国、马来西亚、新加坡及印尼等。2003年国内首次报道，至今仍在流行。大多数发病死亡发生在22～27℃，低于18℃，高于30℃不会致死，主要流行于春秋两季。目前的流行病学研究表明，锦鲤疱疹病毒传播迅速，可感染任何年龄的锦鲤与鲤鱼，一条健康鱼从病到死几乎只有24～48h。KHV仅感染锦鲤、鲤和剃刀鱼，其鱼苗、幼鱼、成鱼均可感染。KHVD暴发后幸存的鱼成为疾病的传播者，可将病毒传染给其他健康鱼。KHV主要通过水传播，能否垂直传播目前尚未确定，一般经鳃侵入，经血液感染全身各组织器官。锦鲤（koi carp 或 Cyprinus carpio koi）是全球主要的养殖鱼种。

鲤疱疹病毒3型（cyprinid herpesvirus 3，CyHV-3）是锦鲤疱疹病毒病的感染病原，为疱疹病毒科（Herpesviridae）鲤疱疹病毒属（Cyprinivirus）病毒，与鲤痘疮病毒（鲤疱疹病毒1型，CyHV-1）和鲫鱼造血器官坏死病毒（鲤疱疹病毒2型，CyHV-2）同属。锦鲤疱疹病毒形态特征与其他两种鱼类疱疹病毒类似，但在临床症状、宿主范围、抗原性、生长特性和细胞病变类型等方面不同于其他二者，仅仅侵害鲤鱼及其变种。从鱼组织器官中分离的病毒可能是不均质病毒，基因略有差异。

2. 临诊检疫

（1）临诊病理　鱼体皮肤上出现苍白的块斑和水疱，鳍条尤其是尾鳍充血，鳃出血并产生大量黏液或组织坏死。全身体表、肌肉和脏器出血（图12-66）。鳃和间质肾组织病变和坏死，以及肝和鳃组织及肾小球的核包涵体局灶性坏死。CyHV-3感染的鲤鱼脾细胞中出现包涵体，心肌细胞中出现核变性，脑小静脉中出现毛细血管充血。

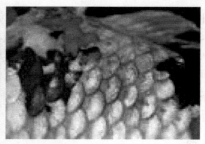

彩图　　　　　　　　　图12-66　锦鲤疱疹病毒病

（2）**临床表现**　　潜伏期为14d。锦鲤疱疹病毒病发生时病鱼反应迟钝、嗜睡、食欲不振、呼吸困难、共济失调；鳃出血坏死，眼睛凹陷，皮肤有灰白色斑点，黏液分泌增多，圆形至大规模扩张性皮肤坏死。表现为发病急、感染率高、死亡率高等特点，并且最先死亡的往往是个体肥满度比较高的，最后带毒存活往往是比较畸形、瘦小的个体。患病锦鲤无力、无食欲，呈无方向感地游泳，或在水中呈头下尾上的姿势漂游，甚至停止游泳。有些病鱼至死亡时病症仍不明显。

处于病程不同时期，其表现出的临床症状有差异性。发病初期：体表有少量出血，少量鳞片脱落，鳞片松动，鳞片上出现血丝；眼凹陷；肛门有轻微红肿，鳍条尤其是尾鳍充血严重；撕开皮肤，出现皮下充血和肌肉出血症状，出血点沿着肌刺分布较多；打开鳃盖，鳃丝颜色深红色，剪去一条鳃丝，流出的血液较少并且凝集非常迅速；打开腹腔剪开心脏，出血明显比健康的鲤鱼少，凝血迅速；肠道无卡他炎，充血发红，但尚未出血；肝小叶末端有细小出血点，表面活性物质丧失，易碎；脾脏有出血点；后肾肿大，胆固缩，颜色变深。

发病中后期：患病锦鲤出现精神沉郁，食欲废绝；行为上会出现无方向感的游泳，或在水中呈头下尾上的直立姿势漂浮，甚至停止游泳；皮肤上出现苍白的块斑和水疱；鳞片上出现血丝，病鱼口腔充血和出血，腹部出血，鳍条充血，尤其是尾鳍，病鱼鳃出血并产生大量黏液或组织坏死；患病鱼在1~2d内死亡。

3. **实验室检验**

该病毒的最后确认需要实验室的诊断结果，临床症状仅供初步判断。CyHV-3早在感染后1d就可在黏液中检测到，在感染锦鲤的大脑、脾脏、肾脏、肝脏和肠道中有较高滴度。按照中华人民共和国进出境检验检疫行业标准《锦鲤疱疹病毒病检疫技术规范》（SN/T 1674—2014）进行检验，按《国家水生动物疫情监测计划》（农渔发〔2022〕7号）技术规范进行操作。

（1）**采样**　　采集病鱼的脏器。

（2）**实验室诊断**

KHV的 *TK* 基因引物：5′-GGG TTA CCT GTA CGA G-3′

　　　　　　　　　　5′-CAC CCA GTA GAT TAT GC-3′　　扩增出410bp片段。

KHV的 *Gray Shpl* 基因引物：5′-GAC ACC ACA TCT GCA AG-3′

　　　　　　　　　　　　5′-GAC ACA TGT TAC AAT GGT CGC-3′　　扩增出292bp片段。

该病毒的最适培养温度是21℃，只对锦鲤细胞系敏感，能够产生细胞病变（CPE）。国外对KHV的检测方法尚未标准化，但通常是采用细胞培养技术分离病毒，然后用PCR进行鉴定。电镜观察（图12-67）球状病毒，病毒颗粒有囊膜，直径170~230nm，核衣壳为对称十面体，属于双链DNA病毒。

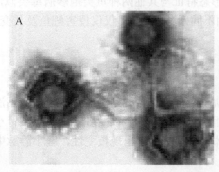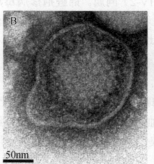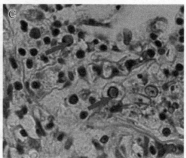

50nm

彩图　　图12-67　锦鲤疱疹病毒和腮上皮细胞中的包涵体（C图箭头）（Bergmann，2020；Gotesman，2013）

4. 检疫后处理

发现疑似病例要及时向渔业主管部门上报，并采样送检确诊，根据国家相关规定，在上级渔业主管部门的指导和监督下，进行全部扑杀。对发病死亡的鱼进行及时深埋等无害化处理，控制和消灭病原体，切断传播途径。

对已发病的池塘或地区首先进行封锁，对池内的养殖动物不向其他池塘和地区转移，不排放池水，工具未经消毒不在其他池使用。禁止排水，做好养殖区域人员和工具的消毒，防止病原扩散。该病害尚无确切有效的治疗方法，主要采取加强饲养的管理手段，优化锦鲤的养殖环境，对鱼塘进行及时的清理打扫。在鱼塘中通过投药等方式防止病毒的大量传播，不提供病毒快速传播的外部条件。

5. 免疫预防

已有减毒疫苗，保护率80%以上，但仍以综合防控措施为主。

1）禁止养殖走私苗种，加强锦鲤进口和产地的检验检疫。

2）开展流行病学调查，掌握疫病发生与流行动态。

3）改善和优化养殖环境；提高养殖种，减少投放和养殖密度，降低单位面积产量，在饲料中添加维生素C、多糖等，提高鱼体的抵抗力。

四、刺激隐核虫病

刺激隐核虫（*Cryprocaryon irritans*），也称为海水小瓜虫（*Ichrhyophthirius marinus*），是海洋硬骨鱼类的一种专性外寄生纤毛虫病原体。虫体乳黄色呈球形、卵形或梨形，前端稍尖，大小一般为（34～66）μm×（360～500）μm，体内有由4～8个卵圆形团块连接成"U"形排列的念珠状大核，全身披纤毛，虫体较大而不大透明，作缓慢旋转运动。几乎感染了世界上热带和亚热带地区的所有海洋鱼类。这种疾病，即隐核生物病，造成了水产养殖业的重大经济损失。在海水鱼寄生虫病中，刺激隐核虫病对海水鱼的危害尤为严重。刺激隐核虫病是一种在海水鱼类养殖中比较常见的鱼病，该鱼病一旦暴发，常常会造成大批鱼类死亡。WOAH将其列为通报性疫病，我国将其列为二类动物疫病。

1. 流行病学

刺激隐核虫最适繁殖水温为25～29℃，虫体无须中间寄主，靠包囊及其幼虫传播，宿主非常广泛，几乎感染所有海洋硬骨鱼类，引起"白斑病"（white spot disease）。分布于热带及亚热带，当水温低于25℃或高于30℃，此病发生率就比较低。在每年5～8月份，水温25～29℃时，最容易发生此病。海水网箱养殖在水流不畅、水质差、有机物含量丰富、高密度养殖的海区发病率最为严重。育苗室水温25.2～30.0℃，尤其是20以上日龄鱼苗，池水换水量不足4/5时最易发生，且传染速度快，死亡率高，1～2d内可造成全部死亡。印度洋、太平洋、地中海、红海和大西洋都报告了其病例和疫情，我国也有流行。也能感染适应海水的淡水鱼，包括孔雀鱼（*Poecilia reticulata*）、黑莫莉鱼（*Poecilia hybrid*）和莫桑比克罗非鱼（*Oreochromis mossambicus*）。斜带石斑鱼（*Epinephelus coioides*）和大黄鱼（*Larimichthys crocea*）更容易感染刺激隐核虫。刺激隐核虫感染会导致宿主鳃的损伤，导致鳃代谢变化和高死亡率。此外，刺激隐核虫感染总是在表皮屏障受损后引发继发性细菌或病毒感染。感染早期阶段，运动性感染性病原体侵入鱼鳃、皮肤、鳍甚至眼睛上皮，使皮肤出现白斑。

刺激隐核虫的生命周期包括4个阶段：滋养体阶段、包囊前体阶段、包囊阶段和幼体阶段，寿命全程约7d。滋养体成功入侵宿主并不断生长，主要侵害鱼类皮肤、鳃和眼睛，以宿主的整个细胞和组织碎片为食，逐渐生长成大的、有特征的白色斑点。三四天后，成熟的滋养细胞主动离开宿主组织，发育成原体和包囊。成虫经历一轮又一轮的无性分裂，形成具有传染性的成虫，这一阶段对鱼类宿主具有传染性。

2. 临诊检疫

（1）临诊病理　背部、各鳍上先出现少量白色小点，表皮和鳃感染处充血，体表有溃疡。在刺激隐核虫入侵后，鳞基和鳃盖出现局灶性出血，真皮中红细胞聚集，在寄生虫感染部位检测到积聚的肥大细胞。皮肤中的刺激隐核虫感染导致黏液细胞数量增加，皮肤表皮和中间层增厚。

（2）临床表现　　刺激隐核虫主要侵入鱼鳃、皮肤、鳍甚至眼睛的上皮，并以宿主的体液、全细胞和组织碎片为食，这会破坏宿主的渗透调节和呼吸活动。感染最明显的临床症状是可见的白斑、皮肤变色、鱼鳍粗糙和鳃苍白。刺激隐核虫感染可导致鱼类急性窒息并在几天内死亡。目前，已发现100多种海洋鱼类感染。

初期发病苗种的背部、各鳍上先出现少量白色小点，鱼体因受刺激发痒，面擦池底、池壁、网衣或在水面上跳跃，中期鱼体体表、鳃、鳍等感染部位出现许多0.5～1mm的小白点，黏液增多，感染处表皮状充血，鳃组织因贫血而呈粉红色，随后迅速传染，严重时鱼体表皮覆盖一层白色薄膜。体表这些小白点是虫体在鱼体表皮上钻孔，鱼受刺激分泌大量黏液和伴随表皮细胞增生产生白色的小囊包，虫体破坏导致细菌的继发性感染；体表发炎溃疡，鳍条缺损、开叉，眼白浊变瞎，鳃上皮增生、鳃静脉性充血或部分鳃组织贫血。病鱼离群环游，反应迟钝，食欲降下，最后因身体消瘦，运动失调衰弱而死。

3．实验室检验

对怀疑患有海水鱼类刺激隐核虫病及临床检查发现具有刺激隐核虫病相关临床症状的苗种应按《水生动物产地检疫采样技术规范》（SC/T 7103—2008）要求对该批次苗种采样送实验室检测。进出境检验检疫行业标准《刺激隐核虫检疫技术规范》（SN/T 3988—2014）进行进出口鱼类检疫。

（1）采样　　采样按《水生动物产地检疫采样技术规范》（SC/T 7103—2008）的规定执行。采集10尾有临床症状的病鱼，从病灶取样镜检；无症状病鱼一般不作为检测对象。主要采集鳃和患病处皮肤。

（2）实验室诊断　　该病可以在显微镜下镜检判断，首先将鳃片或皮肤小心取下一块，放在载玻片上，盖上盖玻片，并在其上用指头轻轻挤压一下，使鳃丝或皮肤展开。然后放到低倍（4×10）显微镜下观察。如感染该病，可见该虫的包囊在鳃丝或皮肤组织之间（图12-68），呈黑褐色圆形或椭圆形（图12-69～图12-71）。也可用PCR技术检测水体中的幼虫（图12-72）。特异性基因检测步骤如下。

1）用载玻片将鱼鳃或体表上的虫体轻轻刮下。

2）用吸管或移液器吸取一个或几个虫体于干净平皿中，用灭菌水反复洗涤3次。

3）转移到洁净的离心管中，用研磨棒磨碎，使其充分破裂。

4）加入蛋白酶K（终浓度为200μg/mL）消化，按微量样品基因组DNA抽提试剂盒说明书的方法提取DNA，将提取的DNA用双蒸水稀释至总体积40μL，4℃保存待用。

5）分别以引物对P1/P2和P1/P3进行一次和二次PCR扩增。

P1：5'-GTT CCC CTT GAA CGA GGA ATT C-3'

P2：5'-TTA GTT TCT TTT CCT CCG CT-3'

P3：5'-TGA GAG AAT TAA TCA TAA TTT ATA-3'

 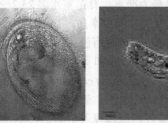  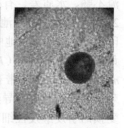

图12-68　感染阶段虫体　　　图12-69　刺激隐核虫　　图12-70　未成熟的刺激　　图12-71　刺激隐
（Jiang，2023）　　　　　　　　　　　　　　　　　隐核虫　　　　　　核虫包囊

彩图

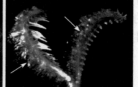

图12-72　大黄鱼鱼体和鳃上观察到针头大小的白色结节（箭头）的典型特征

以一次PCR扩增产物稀释100倍为模板进行二次PCR扩增,一次和二次PCR扩增反应程序:95℃5min(预变性);95℃20s(变性),55℃20s(退火),72℃1min(延伸),35个循环;72℃10min(延伸)。二次PCR扩增完后进行琼脂糖凝胶电泳。扩增出540bp片段。

4. 检疫后处理

一旦发现不正常鱼时应马上进行解剖镜检,早发现,早处理。监测周边养殖区疫病的发生情况,以便及时采取相应控制措施,防止病原传入。对于已发生的病鱼、死鱼,应作消毒深埋处理,以免进一步传染。

5. 免疫预防

1)观察鳃组织病理切片可以发现,当鱼体抵抗力强时,即使刺激隐核虫寄生后虫体也会中途夭折,因此日常应加强营养,投喂全价饲料,提高鱼体抵抗力。感染虫体后的鱼会获得抗体,提高抵抗力。
2)虫体的传播速度随着鱼的放养密度增加而加大,因此放养密度不宜太大。
3)对于池塘、育苗室内的养殖水域,增大换水量,改善水质,定期消毒,每月1次。
4)养殖网箱勤换洗并保持水流畅通,定期撒生石灰,以免附着包囊孵出重新感染。
5)育苗池在育苗前彻底洗刷,并用大浓度的漂白粉或高锰酸钾溶液消毒以杀灭包囊。
6)病死鱼要及时捞出,因为病鱼死后有些刺激隐核虫就离开鱼体形成包囊进行增殖。
7)采用刺激隐核虫幼虫灭活疫苗免疫,石斑鱼接种该苗后可达到85%的相对保护率。

五、淡水鱼细菌性败血症

淡水鱼细菌性败血症(freshwater fish bacteria septicemia)也被称为细菌性出血、出血病、出血性腹水病、腹水病等,为暴发性传染病,先后报道的有嗜水气单胞菌(Aeromonas hydrophila)其嗜水气单胞菌嗜水亚种(Aeromonas hydrophila subsp. hydrophila)、温和气单胞菌(Aeromonas sobria)、河弧菌(Vibrio fluvialis)、鲁克耶尔森菌(Yersinia ruckeri)等。主要病原为气单胞菌、耶尔森菌等多种病原。危害鲫、鲢、鳙等多种淡水鱼类。我国将其列为二类动物疫病。

1. 流行病学

淡水鱼细菌性败血症是我国养鱼史上危害淡水鱼种类最多、危害鱼的年龄范围最大、流行地域最广、流行季节最长、造成损失最大的一种急性传染病。发病原因如下:①放养密度高;②池塘水质差;③近亲繁殖,导致鱼种体质下降;④过多投喂商品饲料,天然饲料少导致鱼体内脂肪过多、抵抗力下降;⑤养殖户缺乏防病意识,乱扔病死鱼导致天然水域病原体增多;⑥冬季拉网过程中,消毒工作不到位导致病原体入侵鱼体受伤部位发病。气单胞菌在水生生态系统中普遍存在,经常与淡水和河口水、地表水、污水、健康或患病的鱼类、食品、动物和人类粪便中分离到,并能够导致人类和鱼类感染。2020年分析的主要是嗜水气单胞菌,危害鲫、鲢、草鱼、鳙等多种淡水鱼类。该病可通过病鱼、病菌污染饵料及水源等途径传播,鸟类捕食病鱼也可造成疾病在不同养殖池间传播。一旦该病暴发流行,3~5d内可造成鱼类大批死亡。流行季节长,6~10月是该病的暴发流行季节,流行高峰期是6~8月。发病时水温超过20℃,发病高峰为水温27~35℃。除精养池塘模式易发生病例外,网箱、拦网、水库养鱼等模式也都发生。一般认为这些细菌对鱼类来说是条件致病菌,在压力条件下,如水温升高、水质差、过度处理等,是疫情暴发的主要原因。感染的发展取决于细菌黏附在宿主皮肤或内脏上,或入侵其细胞以逃避宿主防御机制的能力。鳃、皮肤和胃肠道及可能的病变或溃疡被认为是细菌黏附和定植最容易的区域。

2. 临诊检疫

(1)临诊病理　　该病由病原产生毒素,引起鱼体溶血、出血、组织严重坏死,最后导致死亡。疾病早期及急性感染时,病鱼出现上下颌、口腔、鳃盖、眼睛及鱼体两侧轻度充血,鱼体表严重充血,以至出血,眼眶周围也充血,尤以鲢、鳙为甚,眼球突出,肛门红肿,腹部膨大,腹腔内积有淡黄色透明腹水,或红色浑浊腹水;鳃、肝、肾的颜色均较淡,且呈花斑状,病鱼严重贫血;肝脏、脾脏、肾脏肿大,脾呈紫黑色;

胆囊肿大，肠系膜、腹膜及肠壁充血，肠内没有食物，而有很多黏液，有的肠腔内积水或有气体，肠被胀大，有的病鱼鳞片竖起，肌肉充血，鳔壁充血，鳃丝末端腐烂。

（2）临床表现　　在早期急性感染时，病鱼上下颌、口腔、鳃盖、眼睛、鳍基及鱼体两侧显现轻度充血，感染早期肠内尚有少量食物，病鱼食欲减退。呈摔伤状、溃疡，当严重病变时病鱼体表严重充血，眼眶周围充血，尤以患病的鲢、鳙为甚，眼球突出，肛门红肿，腹部膨大，腹腔内积有淡黄色透明腹水或红色浑浊腹水；鳃、肝、肾的颜色均较淡，且呈花斑状，病鱼严重贫血；肝脏、脾脏、肾脏肿大，脾呈紫黑色；胆囊肿大，肠系膜、腹膜及肠壁充血，肠内没有食物，而有很多黏液，有的肠腔内积水或有气体，肠壁肿胀；有的病鱼鳞片竖起，肌肉、鳔壁充血，鳃丝末端腐烂。病情严重的鱼厌食或不吃食，静止不动或发生阵发性乱游、乱窜，有的在池边摩擦，最后衰竭死亡。

3. 实验室检验

可以按照国家标准《致病性嗜水气单胞菌检验方法》（GB/T 18652—2002）、吉林省地方标准《淡水鱼细菌性败血症防治技术规范》（DB22/T 2893—2018）、湖南省地方标准《鱼类细菌性败血症检疫技术规范》（DB43/366—2007），以间接荧光抗体法、SPA-COA检测法、细菌分离鉴定来确定病原。

（1）采样　　采集10尾有临床症状的病鱼，主要是采集患病处。

细菌性败血症要与草鱼出血病区别。可做进一步诊断，病鱼全身广泛性充血、出血，肛门红肿，腹部膨大，轻压腹部，可从肛门流出黄色或血性腹水，解剖肝、脾、肾、胆囊肿大充血，肠道因产气而成空泡状，大部分病鱼可见肌肉充血。

（2）实验室诊断　　分离培养、鉴定，在病鱼腹水或内脏检出嗜水气单胞菌即可确诊。也可能检测出弧菌、耶氏菌。

使用PCR方法快速鉴定：对嗜水气单胞菌的气溶素基因（*aerA*）引物进行PCR分析鉴定。

李寿崧（2008）PCR方法的引物序列如下所示。

F1：5′-GCA GAG CCC GTC TAT CCA GAC CAG-3′

F2：5′-TCA CGC TGA GGC TGA CGT TGT TGA AG-3′　　扩增出1393bp片段。

4. 检疫后处理

发现病情及时处理。将病死鱼及时捞出深埋，定期用生石灰、漂白粉、二氧化氯全池消毒。及时开启增氧机、加注新水。饲料中添加适量的维生素C，提高鱼体抗病能力。控制投喂量，保持良好的水质。

该病一旦发生，必须以内服与外用相结合的方式用药进行治疗，如果单用某一种方式，则达不到根治疾病的目的。

外用药物及施用方法：采用稳定性的二氧化氯0.3mg/L全池泼洒，间天用药1次，连用2次。

内服药物与施用方法：采用鱼菌清1号或者2号，按吃饲料鱼体的体重计算用药量，并将饲料的投喂量减少到平时投喂量的一半后，使药物均匀地拌在饲料中投喂，每天仅投喂1次药物饵料，连喂5d为一疗程。如果投喂颗粒饲料，可将药物预先用淀粉糊均匀地稀释后，通过搅拌使带有药物的淀粉糊黏附在颗粒饲料上，在阴凉处晾半小时后投喂。

5. 免疫预防

措施如下：①彻底清理鱼塘。一是分期分批清除淤泥。有机质沉积太多，淤泥太深，是致使细菌性败血症暴发的一个很重要的因素。二是生石灰消毒。②做好鱼种消毒工作。在成鱼塘放养鱼种时，每立方米水用1g漂白粉全池泼撒消毒1次。③放养密度和搭配比例应当合理。特别是放养密度应根据水质条件来定，不能过密。④定期进行药物预防。

六、病毒性神经坏死病

病毒性神经坏死病（viral nervous necrosis，VNN）是由野田村病毒（nodavirus）引起的一种严重危害海水鱼类鱼苗的病毒性疾病。主要危害牙鲆、石斑鱼、红鳍东方鲀、条斑星鲽、尖吻鲈、鹦嘴鱼等仔、幼鱼，死亡率较高。病毒性神经坏死病又称为病毒性脑病和视网膜病（viral encephalopathy and retinopathy，VER），病原属野田村病毒科（Nodaviridae）乙型野田村病毒属（*Beta nodavirus*），病毒颗粒直径25～30nm，为无囊膜二十面体病毒，RNA病毒，衣壳由180个亚单位组成。我国将其列为二类水生动物疫病。

1. 流行病学

按照血清型不同，可将乙型野田村病毒属分为A（对应SJNNV）、B（对应TPNNV）、C（对应RGNNV和BFNNV）三个血清型。BFNNV的宿主为冷水鱼，而RGNNV的宿主为温水鱼。目前已发现该病至少可在11科22种鱼中流行，常发生在尖吻鲈、赤点石斑鱼、棕点石斑鱼、巨石斑鱼、红鳍多纪、条斑星鲽、牙鲆和大菱鲆等海水鱼鱼苗中。最近从患病的淡水观赏孔雀花鳉（俗名孔雀花，*Poecilia reticulata*）鱼苗、七带石斑鱼的成鱼体内分离或检出VNNV，表明VNNV已从海水鱼传播到淡水鱼，从幼鱼传播到成鱼。VNN流行于美洲和非洲以外几乎所有养殖地区，并给各国海水养殖业造成巨大的损失。我国也有流行，广东福建流行严重。

对病毒的敏感性与鱼龄有关。第一次出现临床症状的时间越早，其死亡率越高，受感染鱼群死亡率通常很高（45%～100%），有时也在幼鱼中发生。尖吻鲈患病的潜伏期是4d，在自然状态下孵化后9d的鱼苗会开始发病，表明疾病主要病毒垂直传播引起。因此，病毒是经精、卵传播的。是否存在其他传播途径目前还不太清楚，病毒可以经水体、污染的运输工具和生产用具等水平传播。

2. 临诊检疫

（1）临诊病理　最常见的是中枢神经组织空泡化，通常出现在视网膜中心层，损伤视网膜。多数种类的鱼都会出现神经性坏死。

（2）临床表现　其临床症状为一系列与神经有关的异常表现，典型表现包括食欲不振、游泳不协调和体色暗淡。鱼苗具不正常的螺旋状或旋转式游动或静止时腹部朝上，用手触碰病鱼时，病鱼会出现立即游动等现象，且鱼体体色异常变化（苍白）。不同种类的鱼临床症状不同，有的鱼苗会出现鳔过度膨胀，有的病鱼厌食、消瘦等。发病严重的鱼苗伴随着极高的死亡率。

3. 实验室检验

采用中华人民共和国水产行业标准《鱼类病毒性神经坏死病诊断方法》（SC/T 7216—2022）进行实验室诊断。

（1）采样　采集病鱼10尾，取脑和眼组织。

（2）实验室诊断　主要用光学显微镜观察脑和视网膜的组织切片；也可用免疫学方法检测VNN阳性；用RT-PCR方法检测病毒的衣壳蛋白基因阳性；电镜或负染样品观察到病毒粒子或观察有无病毒包涵体均可作出确诊（图12-73、图12-74）。可用条纹月鳢细胞系（striped snakeheadcell line，SSN-1及其克隆细胞系E-11）、斜带石斑鱼鳍细胞系（GF-1）分离培养乙型野田村病毒，观察病毒产生的CPE，E-11病变更稳定和一致。不同基因型病毒的最适培养温度不同：RGNNV为25～30℃、SJNNV为20～25℃、TPNNV为20℃、BFNNV为15～20℃。也用荧光抗体测试、ELLSA检测、免疫组化等方法进行快速诊断。

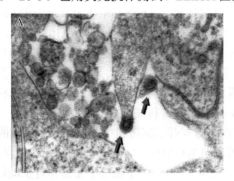
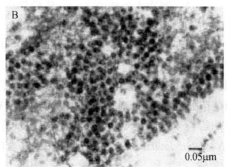

0.05μm

图12-73　野田病毒

A. 包涵体；B. 病毒粒子

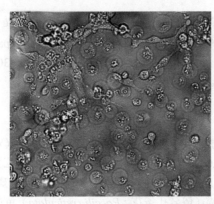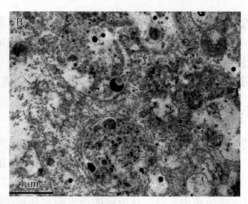

图 12-74　病毒的细胞毒性（Wang，2022）

A. 病毒对 SSN-1 细胞的损害；B. 病毒在细胞内的聚集颗粒和包涵体

国家标准 RT-PCR 方法以病鱼的脑和眼作为被检材料，引物序列如下所示。

R3：5′-CGA GTC AAC ACG GGT GAA GA-3′

F2：5′-CGT GTC AGT GAT GTG TCG CT-3′　　扩增出 421～430bp 片段。

4. 检疫后处理

及时捞出死鱼深埋，并进行池水消毒。

5. 免疫预防

对苗种场、良种场实施防疫条件审核、苗种生产许可管理制度。同时加强疫情监测，掌握流行病学情况。通过培育或引进抗病品种，提高抗病能力。另外，应加强饲养管理，改善繁育场卫生条件、降低放养密度。在繁殖鱼苗时，采用 PCR 技术检测隐性带病毒亲鱼，剔除带毒怀卵雌鱼，切断病毒垂直传播的途径。

七、传染性造血器官坏死病

传染性造血器官坏死病病毒（infectious hematopoietic necrosis virus，IHNV）引起传染性造血器官坏死病（IHN），导致鲑科鱼类的稚鱼和幼鱼器官出血和坏死。IHNV 是一种经济上重要的病原体，可导致多种三文鱼的临床疾病和死亡，包括水产养殖中生产的主要三文鱼、大西洋三文鱼（*Salmo salar*）和虹鳟（*Oncorhynchus mykiss*）。病鱼眼球突出且变黑，腹部膨胀，肛门处拖着不透明或棕褐色的假管型黏液粪便。WOAH 将其列为通报性疫病，我国将其列为二类疫病。

1. 流行病学

虹鳟是我国主要养殖冷水鱼种类之一，传染性造血器官坏死病（infectious hematopoietic necrosis，IHN）是世界性的鲑科鱼类传染性疾病，也是使我国陷入冷水鱼产业发展的瓶颈之一。病原体最初在北美西部被发现，后来传播到欧洲和亚洲。历史上，奥地利、比利时、加拿大、智利、中国、克罗地亚、捷克共和国、法国、德国、伊朗、意大利、日本、韩国、荷兰、波兰、俄罗斯、斯洛文尼亚、西班牙、瑞士、我国的台湾省和美国都曾报告过该病毒。我国的东部地区和青海、四川、吉林、河北等地流行，具有发病率和死亡率高的特点（幼鱼和鱼苗死亡率分别高达 40% 和 80%）。IHNV 为弹状病毒科成员，是 WOAH 列出的三种鳍鱼弹状病毒之一。非病毒粒子蛋白（NV）是独特的，它的存在导致在弹状病毒科中建立了一个单独的属——诺拉弹状病毒属（*Novirhabdovirus*）IHNV 是模式种。9 个国家向 WOAH 报告了养殖鱼的 IHNV（奥地利、中国、捷克共和国、德国、意大利、日本、荷兰、波兰和斯洛文尼亚）。两个国家报告了家畜和野生动物的病例（法国和美国），一个国家仅报告了野生动物的疾病（加拿大）。

IHN 主要涉及淡水鱼类，也有海洋鱼类感染的报道，北美西海岸大部分地区的野生鲑鱼和加拿大海中网箱养殖鲑鱼也有感染的报道。在种期患过鱼类传染性造血器官坏死病残留的带病毒鱼是主要传染源，病毒可随着粪、尿、性腺产物排入水中；病毒放到水中或拌在饲料中投喂均可引起发病，说明病毒已通过鳃和消化道侵入鱼体。鱼类传染性造血器官坏死病一般通过水平传播感染宿主，然而垂直传播或通过鱼卵传播也曾有报道。水平传播一般是因直接与病毒接触引起，但是在很多情况下低等无脊椎动物被认为起到中间体作用。水温在8～14℃呈现感染流行，没有15℃以上温度自然流行的报道。鱼的品种可能与易感性有很大关系。体重可能是一个因素，太小和体重较大可能易感。易感性与饲养密度也有较大关系。

2. 临诊检疫

（1）临诊病理　　常出现头肾、肾脏和脾脏造血组织广泛性变性、坏死，脾脏有典型凝固性坏死，鳃及内脏颜色变淡，体腔内有积水，肠道黏膜下层水肿，肠上皮充血及上皮细胞脱落坏死，肠黏膜下层嗜酸性颗粒细胞浸润与坏死，肝细胞变性、形成局灶性的坏死灶，脑膜和心外膜水肿，一些肝细胞胞质内能见到嗜酸性包涵体。

解剖见鳔壁、腹膜出血，胃胀气膨大和明显的肠炎，心包积液，空肠、空胃和显著肠炎（图12-75）。肌肉呈贫血状态（图12-76），皮下出血（图12-77）。尸检时肝和脾通常显苍白（图12-78），鱼腔存有血样液体，消化道中缺少食物，但胃内充满乳白色液体，肠内充盈黄色液体（图12-79）；在后肠和脂肪组织中发现瘀斑状出血，特别是大鱼；成鱼一般没有腹水。常见的病理变化是在肾脏中存在着坏死的造血细胞，并在脾和肝的某些部位造成细胞堵塞，某些胰腺组织出现变性和出血，但不同鱼之间的病理变化有差异。

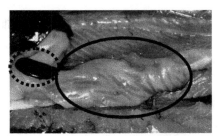
图 12-75　肠道卡他性炎

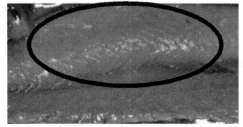
图 12-76　肌肉缺乏瘀斑

图 12-77　皮下出血

图 12-78　脾肿大

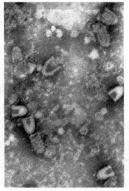

彩图

图 12-79　虹鳟传染性造血器官坏死病（左）及病毒（右）（Becker，2019）

（2）临床表现

病鱼主要临床的表现为病初厌食昏睡，异常游动，腹部积水膨大，体表发黑，肛门拖淡黄色黏液便，随后病鱼疯狂游动，眼球凸出，腹部膨胀。腮丝、肛门、腹鳍充血发炎，鱼体颠倒漂浮，呼吸急促，垂死挣扎。鳍条基部和肛门周围充血，有些感染该病毒后存活的鱼脊柱变形（图12-79）。

3. 实验室检验

在细胞质中可见到大量病毒颗粒，呈典型弹状，直径为70～90nm，长度为150～170nm。按照《传染性造血器官坏死病诊断规程》（GB/T 15805.2—2017）、《传染性造血器官坏死病检疫技术规范》（SN/T 1474—2014）操作，进行RT-PCR检测。引物序列如下所示。

F1：5′-AGA GAT CCC TAC ACC AGA GAC-3′

F2：5′-GCT GGT GTT GTT TCC GTG CAA-3′　　　扩增IHNV糖蛋白的693bp片段。

WOAH推荐的诊断临床IHN疾病的方法是在细胞培养中分离，然后使用血清学方法[中和、酶联免疫吸附试验（ELISA）、间接荧光抗体试验（IFAT）]或分子生物学方法（RT-PCR、DNA探针或测序）进行鉴定，或可以使用以下任何两种测试：基于抗体的测定、DNA探针或RT-PCR。

利用合适的鱼类细胞系分离增殖病毒，再通过抗体中和试验确认有无病毒是检测IHNV的典型方法。目前有多株细胞系可用于该病毒分离，常用的有RTG-2、EPC、CHSE、FHM等，IHNV能在这些细胞系中生长，并引起特征性的细胞病变（CPE）。病毒能够使EPC、FHM等5种常见水生细胞产生明显的细胞病变（CPE），表现为细胞变圆，聚集成葡萄状，形成空斑，最终完全脱离。

4. 检疫后处理

发病鱼及时隔离，受精卵彻底消毒，孵化及苗种培育阶段水温提升至17～20℃。WOAH推荐的病毒监测方法是在细胞培养中分离，然后使用血清学或分子生物学方法进行鉴定。

5. 免疫预防

预防该传染病最有效的方式是防止接触病毒，使用无病毒的养殖水体，使用无病毒的鱼卵，对患有IHN的养殖场的养殖废水应经消毒后再排放，进而限制病毒的扩散。

八、流行性溃疡综合征

流行性溃疡综合征（epizootic ulcerative syndrome，EUS）是一种对野生及饲养的淡水和半咸水鱼类均危害性极大的季节性流行病。曾经在不同国家被称为红点病（red spot disease，RSD）、霉菌性肉芽肿（mycotic granulomatosis，MG）或溃疡性霉菌病（ulcerative mycosis，UM）。农业农村部新版动物疫病分类称其为"传染性溃疡综合征"，WOAH和中华人民共和国进出境检验检疫技术规范仍然称为流行性溃疡综合征。流行性溃疡综合征主要表现为体表溃疡，骨骼肌中形成典型霉菌性肉芽肿，长期流行于澳洲，南亚、东南亚和西亚，对水产养殖业造成了巨大危害。随着多起实际发生分析，EUS除真菌感染外，可能还有几种细菌参与发生。我国将其列为二类水生动物疫病。

1. 流行病学

病原为卵菌纲（Oomycete）丝囊霉属（*Aphanomyces*）的几种真菌，包括侵入性丝囊霉菌（*Aphanomyces invadens*）、杀鱼丝囊霉菌（*A. piscicida*）、*A. invaderis* sp. nov.（分离自泰国的侵袭丝囊霉菌新种）及其他与EUS有关的丝囊霉菌。WOAH《水生动物卫生法典》中EUS特指由丝囊霉菌（*A. invadans*）感染。最近的一些调查分析认为可能还有嗜水气单胞菌、grp Q1链球菌、粪链球菌、藤黄微球菌和黏链球菌等细菌参与。

流行性溃疡综合征多暴发于低水温期和降大雨之后。低温和暴雨等条件可促进丝囊霉菌孢子的形成，而且长期的低水温降低了鱼对霉菌的免疫力。流行性溃疡综合征是高度接触性传染病，可以通过鱼、鸟、网具等传播，其他诱因如机械损伤导致激发感染，外伤占比可能更多，也可能包括维生素缺乏或霉菌毒素毒性。微生物侵袭其他途径，如肠道侵袭后引起全身感染，如诺卡菌、气单胞菌感染。但一般都是由体表侵袭再向深部感染。丝囊霉菌对稻田、河口、湖泊和河流中各种野生和养殖鱼类都有很高的致死率。已报道的EUS感染的鱼类包括100多种淡水鱼和部分海水鱼或半咸鱼，确诊的EUS感染鱼类有50多种，乌鳢和鳢科鱼特别易感，但罗非鱼、遮目鱼、鲤等重要养殖品种对这种病有较强的抗性。最近还发生类似的"溃疡性红嘴烂嘴烂身病"，其也具有强烈的传染性，与传染性溃疡综合征类似，检查后发现体表携带有大量寄生虫（如车轮虫、指环虫、斜管虫等），这可能也是溃疡的诱因。该类疾病主要发生于20℃以下。

2. 临诊检疫

（1）**临诊病理** 鲑鱼卵水霉病（图12-80），组织病理变化包括坏死性肉芽肿、皮炎和肌炎，头盖骨软组织和硬组织坏死（图12-81）。

图 12-80 丝囊菌引起鲑鱼卵水霉病
左图为患病卵，颜色改变，表面有含菌的小球；右图为正常卵

图 12-81 皮炎和肌肉坏死 彩图

（2）**临床表现** 发病早期出现不吃食、鱼体发黑，病鱼漂浮水面上，有时出现不停地异常游动；中期病鱼体表、头、鳃盖和尾部可见红斑；后期出现较大红色或灰色的浅部溃疡，并伴有棕色坏死；大块损伤多发生在躯干和背部。除乌鳢和鲻外，大多数鱼在这个阶段发生大量死亡。

存活的病鱼，其体表具不同程度的坏死和溃疡灶，有的红斑呈火烧样焦黑疤痕，有的红斑呈中间红色四周白色的溃疡灶（图12-81）。乌鳢等敏感鱼类虽然可带着溃疡存活很长时间，但损伤却在逐步扩展到身体较深部位，可观察到无孢子囊真菌，这些真菌向内扩展穿透肌肉后可到肾、肝等内脏器官，甚至出现头盖骨软组织和硬组织坏死，脑部和内脏裸露。

3. 实验室检验

可参考 WOAH《水生动物疾病诊断手册》的 EUS 有关章节或中华人民共和国进出境检验检疫行业标准《流行性溃疡综合症检疫技术规范》（SN/T 2120—2014）进行诊断。

（1）**采样** 按《出入境动物检疫采样》（GB/T 18088—2000）采样。取有损伤的活鱼或濒死鱼的皮肤和肌肉（＜1cm³），包括坏死部位的边缘和四周的组织，用10%的福尔马林固定。WOAH 规定，该病仅检测有病症的鱼，无临床症状鱼不作为检测对象。

（2）**实验室诊断** 从疑似感染病鱼组织或器官中检测出典型真菌性肉芽肿，或从 GP 琼脂上分离到真菌并经 PCR 确认为丝囊霉菌（图 12-82～图 12-87），可作出判断，或从病灶四周取肌肉进行压片镜检，在发现无孢子囊、直径 12～30μm 的丝囊霉菌菌丝后，采用 HE 染色和霉菌染色，能观察到典型肉芽肿和侵入菌丝，均可作出确诊；此外，分离鉴定真菌也可鉴定该病，其他细菌如气单胞菌。

（3）**PCR 方法**

Ainvad-2F：5′-TCA TTG TGA ATG AAA CGG TG-3′

Ainvad-ITSR1：5′-GGC TAA GGT TTC AGT ATG TAG-3′ 扩增丝霉菌核糖体 DNA 的 234bp 片段。

ITS11：5′-GCC GAA GTT TCG CAA GAA AC-3′

ITS23：5′-CGT ATA GAC ACA AGC ACA CCA-3′ 扩增丝霉菌核糖体 DNA 的 550bp 片段。

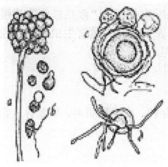

图 12-82 丝囊霉菌及发育

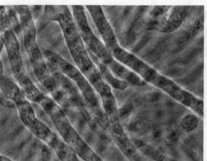

图 12-83 变形藻丝

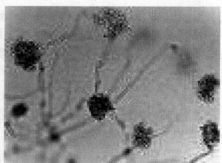

图 12-84 丝囊霉菌动孢子堆

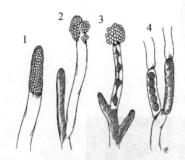

图 12-85 丝囊霉菌属

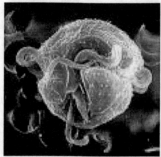

图 12-86 侵入性丝囊霉菌

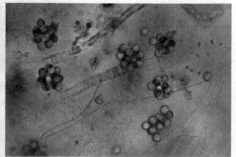

图 12-87 丝囊霉菌属分生孢子（动孢子堆）

1. 顶生孢囊；2. 不分隔菌丝与顶生孢囊；
3. 顶生孢囊和无隔菌丝中的孢子；4. 菌丝
中的孢子（动孢子）

4. 检疫后处理

小水体和封闭水体里暴发 EUS，清除病鱼后，用石灰消毒用水，改善水质等条件，可有效控制该病的蔓延，并降低死亡率。但在鱼类可以大范围内自由运动的条件下控制该病几乎不可能。发病时使用氟苯尼考，每千克鱼用 20～40mg，进行拌料投喂。

5. 免疫预防

定期投喂免疫增强剂，提高鱼体的抗病能力。保持饲料营养均衡，适量添加维生素。在其他方法无效的情况下，可尝试杀虫、头孢类药物，纳米银类药物，蛋氨酸碘的联合治疗方法。

九、鲤春病毒血症

鲤春病毒血症（spring viremia of carp，SVC），又称鲤鱼传染性腹水症，是由鲤弹状病毒引起的鲤鱼科的一种急性、出血性传染性病。鲤春病毒（spring viremia of carp virus，SVCV）又名鲤弹状病毒（rhabdovirus carpio）。只在春季流行，主要危害鲤科鱼类，以全身出血及腹水、发病急、死亡率高为特征。我国将其列为二类水生动物疫病。

1. 流行病学

该病在欧、亚两洲均有流行，死亡率可高达80%～90%。尽管美国多次引种，在北美仍未发现SVC。在奥地利、波斯尼亚、塞尔维亚、保加利亚、克罗地亚、捷克、法国、德国、英国、匈牙利、意大利、以色列、波兰、罗马尼亚、斯洛伐克、西班牙及俄罗斯等30多个国家发病和流行，亚洲的中国和伊朗都有官方报道。SVCV是鲤弹状病毒目（Mononegavirales）弹状病毒科水泡病毒属（Vesiculovirus）的暂定种，属单股负链RNA病毒。

传染源为病鱼、死鱼和带毒鱼。病鱼和无症状的带毒鱼经粪、体液、精液和鱼卵排出病毒。该病毒主要通过水源、池塘、河流等途径传播，病毒可经鳃和肠道入侵。也可能垂直传播，或由某些水生吸血寄生虫（鲺、尺蠖、鱼蛭等）机械传播，外伤是一个重要的传播途径。主要危害鲤鱼，也可感染草、鲢、鳙、鲫鱼等。该病在鲤鱼苗、种中的发病率达100%，死亡率可达50%～70%，甚至更高。该病只流行于春季（水温13～20℃），水温超过22℃时就不再发病。

韩国调查5%～10%的鱼带染，呈地方流行性，如果处理不及时，这些带毒者有90%死亡。吸血的鱼类寄生虫如鲤虱或水蛭能从这样的带毒鱼中得到病毒并传播到健康鲤鱼身上。鲤春病毒血症的暴发除与水温有直接关系外，与鲤鱼的年龄、饲养密度及环境条件也有关系。

2．临诊检疫

（1）临诊病理　以全身出血水肿及腹水为特征。消化道出血，腹腔内积有浆液性或带血的腹水。心、肾、鳔、肌肉出血及出现炎症，尤以鳔的内壁最常见。体色发黑，常有出血斑点，腹部膨大，眼球突出和出血，肛门红肿，贫血，鳃颜色变淡并有出血点（图12-88、图12-89）；腹腔内积有浆液性或带血的腹水，肠壁严重发炎，其他内脏上也有出血斑点，其中以鳔壁为最常见；肌肉也因出血而呈红色；肝、脾、肾肿大，颜色变淡，造血组织坏死，心肌炎，心包炎，肝细胞局灶性坏死。血红蛋白量减少，嗜中粒细胞及单核细胞增加，血浆中糖原及钙离子浓度降低。

图12-88　患病鲤鱼　　　　　　　　图12-89　带毒鱼腮损伤　　　彩图

（2）临床表现　该病的潜伏期为1～60d。以全身出血及腹水、发病急、死亡率高为特征。病鱼体色发黑，呼吸困难，运动失调（侧游、顺水漂流或游动异常）。常有出血斑点，腹部膨大，眼球突出，肛门红肿，皮肤和鳃渗血。无外部溃疡及其他细菌病症状，腹腔内积有浆液性或带血的腹水。

3．实验室检验

按《鲤春病毒血症诊断规程》（GB/T 15805.5—2018）、《鱼类产地检疫规程》（农牧发〔2023〕16号）、进出口行业技术标准《鲤春病毒血症检疫技术规范》（SN/T 1152—2011）等规范进行检疫检验。

（1）采样　直接采取整条鱼及内脏。

（2）电镜直接观察　具有囊膜，粒子呈弹状，为弹状病毒典型的形态学特征，其一端为圆弧形，另一端较平坦，病毒粒子长90～180nm，宽60～90nm，病毒基因组为线性单股不分段的负链RNA（图12-90）。

（3）实验室诊断　可用酶联免疫吸附试验、直接荧光抗体试验、病毒中和试验、实时荧光定量PCR等进行病毒检测。

实时荧光定量PCR引物序列如下所示。

上游引物：5′-ATC ATT CAA AGG ATT GCA TCA G-3′

下游引物：5′-ACT ATG GCT CTA AAT GAA CAG AA-3′

探针：5′-FAM-TCC CCC TCA AAG TTG CGG ATG GCT-AMRA-3′

4．检疫后处理

严格检疫，要求水源、引入饲养的鱼卵和鱼体不带病毒。发现患病鱼或疑似患病鱼必须销毁，养鱼设施要消毒。

1）检出后全面扑杀。

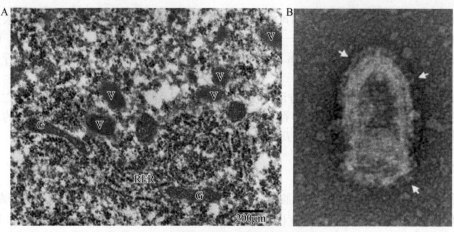

图 12-90　鲤春病毒感染鱼的肝细胞和鲤春病毒

A. 鲤鱼感染 SVCV 肝细胞电镜照片，在细胞核附近胞质散布有病毒颗粒（V. 病毒颗粒；G. 高尔基体；RER. 粗面内质网）；

B. 放大病毒，箭头指向病毒囊膜

2）同池其他养殖对象在隔离场或其他指定地点隔离观察。

3）养殖场所用二氯异氰尿酸钠或二氧化氯等进行全面消毒。

4）必要时采用聚维酮碘、含氯消毒剂和中草药进行预防。

5. 免疫预防

注射疫苗，合理控制养殖密度，使用水质改良剂，保持良好的养殖环境。

1）严格检疫和用消毒剂彻底清塘。

2）从发病池塘转入新鲜水体池塘。

3）水温提高到22℃以上；采用聚乙烯吡咯烷酮（PVP）拌料投喂，可降低死亡率。

十、鲫造血器官坏死病

鲫造血器官坏死病（rucian carphaematopoietic necrosis），也称为鲫疱疹病毒性造血器官坏死病（herpesviral hematopoietic necrosis disease of crucian carp，HVHN），是由病原体鲤疱疹病毒 2 型（cyprinid herpesvirus 2，CyHV-2）引起的鲫鱼、金鱼病毒性感染病，也称为鲫鳃出血病。这种病症主要危害的还是金鱼，但是对于鲫鱼及它的普通变种及金鱼和鲤鱼的杂交体，也能感染鲤疱疹病毒 2 型而成为该病毒的携带者。我国将其列为水生动物二类动物疫病。

1. 流行病学

鲫造血器官坏死病病原为鲤疱疹病毒 2 型（CyHV-2），隶属于疱疹病毒目鱼疱疹病毒科（Alloherpesviridae）鲤疱疹病毒属（*Cyprinivirus*），因是第二个从鲤科鱼类中分离出来的，故将其命名为鲤疱疹病毒 2 型，属鲤科鱼类高致病性病毒。该病毒又称为疱疹造血器官坏死病毒，也是金鱼的一种致病源，与鲤痘疮病毒（CyHV-1）、鲤疱疹病毒 3 型（CyHV-3）同属于鲤科疱疹病毒属。

鲤疱疹病毒 2 型为双链 DNA 病毒，其为有囊膜、呈椭圆形的病毒粒子，直径 170～220nm，病毒衣壳呈六角形或球形，内含 DNA 内核，外含有糖蛋白的刺突，病毒在细胞核内复制（图 12-91）。鲤疱疹病毒 2 型的感染谱很小，仅感染金鱼、鲫鱼及其普通变种如异育银鲫、金鱼和鲤的杂交体。该病毒主要以水平方式传播，也有垂直传播的现象。

鲤疱疹病毒 2 型（CyHV-2）可引起鲫鱼鳃出血病，致死率可达 80%，该型病毒与鲤疱疹病毒 3 型的其他特性类似，但似乎仅仅将普通鲤鱼作为侵害对象，引起鳃坏死、眼睛凹陷、黏液分泌增加（图 12-92）。肾小管上皮细胞内形成包涵体。伊朗从鲤鱼分离的毒株与从锦鲤分离的一致。

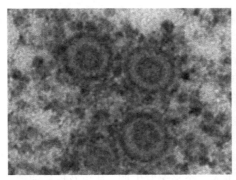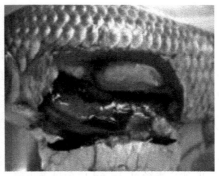

彩图

图 12-91　鲤疱疹病毒 2 型和感染鱼的内脏出血（Wen et al.，2021）

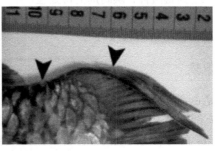

彩图

图 12-92　鲤疱疹病毒 3 型引起鳃坏死（白色箭头）、黏液分泌（黑色箭头）（Ahmadivand et al.，2020）

同其他疱疹病毒一样，鲤疱疹病毒 2 型可形成潜伏感染并成为潜在的传播源。温度是影响感染鱼组织内病毒复制的关键因素。病毒在宿主内存留遗传物质但不复制病毒颗粒，基因不表达或仅有少数潜伏的相关基因表达，在如温度改变等应激条件下，潜伏的病毒可被诱导复制，释放病毒粒子。当水温合适时，携带病毒的健康鱼将伴随病毒的大量增殖而发病，导致宿主出现临床症状。

鲫造血器官坏死病主要流行于江苏、湖北、安徽、江西、河北、天津及黑龙江等地，是严重威胁我国鲫鱼养殖业的重要疾病。该病主要发生在春秋季节，但主要还是受水温的影响，15～25℃比较容易发生该病。水温高于 25℃的时候，发病率降低，当水温提高到 27℃的时候，几乎不发生死亡现象。如果环境温度快速下降，当达到这个温度范围的时候，携带这种病毒的鱼群就会表现出发病症状，造成大量死亡，而当温度缓缓下降的时候，疾病发生也就不会那么严重了。发病迅速、死亡率高，呈典型的暴发病特征。死亡率在 50% 以上，严重的达到 90%。

2. 临诊检疫

（1）**临诊病理**　患病鱼肾和脾脏组织细胞溶解，免疫系统和造血系统受到严重破坏；中肾小球萎缩、肾小管上皮细胞脱落，肾间质出现空泡、免疫细胞浸润；肠道绒毛增生，绒毛和微绒毛长度显著减少，黏膜下层显著增厚；肝胰脏中肝细胞溶解，中央静脉受损；鳃中毛细血管破裂，血管破裂或扩大，红细胞溢出，鳃小片基部细胞显著减少。鳃丝肿胀并含有大量的黏液。病鱼鳍条末梢发白，尾鳍尤为明显，并且分叉，严重的还会变成蛀鳍状。腹部有腹水，肝脾肾等器官苍白。患病的鱼鳍上有水泡状脓疱，有些鱼出现腹部膨大、眼球突出、肌肉充血等症状。

（2）**临床表现**　以广泛的体表和内脏出血、充血为主要特征。病鱼身体发红，侧线鳞以下及胸部尤为明显，鳃盖肿胀，在鳃盖张合或鱼体跳跃过程中，血水会从鳃部流出，鳃大量出血或失血后发白，眼球凸出，鳞片竖立，鳃丝肿胀并附有大量黏液，呈暗红色。鳍条末梢失血发白，程度不一，尾鳍尤甚，严重时如蛀鳍状。发病初期，病鱼食欲减退或厌食，鱼体发黑，离群独游，于下风口处缓慢游动，多数鱼体表面光洁。昏睡、摄食少或不摄食、呼吸频率增加等，都是病鱼的表现。

3. 实验室检验

确诊方法有两种：一是通过细胞培养进行病毒分离与鉴定。二是依赖 PCR 或巢式 PCR 扩增并对扩增产物进行测序与比对分析。在临床诊断中，鳃瓣出血可视作该病的典型症状。可按照国家和行业标准《金鱼造血器官坏死病毒检测方法》（GB/T 36194—2018）和《锦鲤疱疹病毒病检疫技术规范》（SN/T 1674—2014）进行鉴定。CyHV-2 解旋酶基因 PCR 引物序列如下所示。

上游引物：5′-GGACTTGCGAAGAGTTTGATTTCTAC-3′

下游引物：5′-CCATAGTCACCATCGTCTCATC-3′　　　扩增出 366bp 片段。

4. 检疫后处理

及时确诊，早期处理，减少损失。鲫造血器官坏死症发生时采取"不换水、不投喂、不用药"等"三不"原则，患病鲫鱼的死亡率经过 4～6d 后会显著下降，进入一个平缓发生期。死鱼及疫病池塘水体、患病鱼体操作工具用高浓度高锰酸钾、碘制剂消毒处理，不要将污染的池塘水排入水沟渠。加强亲鱼、鱼苗、鱼种检疫。改善鱼体内的代谢环境，提高鱼体健康水平和抗感染能力。进行水质调控与科学投喂，改善养殖环境。合理使用一些药物。

5. 免疫预防

目前对鲫造血器官坏死症相关的免疫研究相对较少，也尚未筛选出有效的治疗药物，有针对性的疫苗尚未商品化。已有细胞培养灭活疫苗，室内免疫试验结果表明，该疫苗可诱导免疫鱼机体产生保护性抗体，免疫保护效果显著。酵母表达的基因工程苗、鲤疱疹病毒 2 型都有很好的免疫力。提高鱼体免疫力，使用疫苗和免疫增强剂，在鲫鱼饲料中适量添加多种维生素、免疫多糖制剂及肠道微生态制剂等，可明显提高鱼体细胞免疫活性。虽然免疫是预防鱼类病毒病最有效的方法，但维护好养殖动物良好的机体免疫抗病力也尤为重要。

十一、鲤浮肿病毒病

鲤浮肿病毒病（carp edema virus disease），最新农业农村部动物疫病分类称为"鲤浮肿病"（carpedema disease），该病俗称"鲤鱼急性烂鳃病"，也称为锦鲤嗜睡病（koi sleepy disease，KSD），是由一种与锦鲤和鲤鱼临床疾病暴发相关的痘病毒引起的疾病。具有发病率高、发病急、死亡率高等特点。尽管鲤鱼浮肿病毒（CEV）基因组结构尚未阐明，但分子流行病学研究表明，感染锦鲤和鲤鱼的 CEV 具有不同地理种群，可以分成三个基因组。根据联合国粮食及农业组织（FAO）的年度统计，2018 年，普通鲤鱼的渔业和水产养殖产量占全球淡水鱼产量的 7.5% 以上，KSD 在世界范围内造成巨大经济损失。鲤浮肿病毒（CEV）与鲤疱疹病毒 3 型（CyHV-3，KHV）和鲤鱼春病毒（SVCV）近似，都是世界各地常见鲤鱼种群及鲤鱼品种中引起疾病和重大损失的传染性病毒。我国将其列为水生动物二类动物疫病。

1. 流行病学

鲤浮肿病毒病是由鲤浮肿病毒（CEV）引起的，主要感染养殖鲤鱼和锦鲤，在苗种和成鱼阶段均可发生，同池塘其他品种的鱼类不会发生该病。该病毒属于痘病毒科，病原的敏感细胞系和病毒基因组序列仍然未知。主要核心蛋白 4a 基因为 357bp，据此基因将 CEV 分成三个群组。组 I 主要分离自普通鲤鱼，分布在欧洲；组 II a 分离自锦鲤，分布于亚洲和欧洲；组 II b 分离自锦鲤和普通鲤，主要分布于欧洲。该病毒的感染使鳃上皮细胞增生，呼吸及渗透压调节发生障碍，因此，死亡率较高。主要在春季和秋季流行，流行率 87.5%，死亡率可达 80%～100%。

该病最早于 1974 年在日本广岛和新潟发生，后在美国、欧盟、亚洲（印度、伊朗、韩国）陆续发生，我国也有发现。2016 年，国内也首次确诊该病，在河南、杭州、京津冀地区、台湾多次检出该病，特别是近两年，江苏也多次检出该病。该病可垂直传播，也可水平传播。主要流行水温为 18～28℃，流行时间为每年 6～7 月和 9～10 月。一般发病后 5～7d 达到死亡高峰，7～10d 为一个发病周期。可通过直接接触，摄食、水、饵料，鸟类等传播。

2．临诊检疫

（1）临诊病理　在肝、脾、肠和鳃中观察到显著的组织病理学变化。肝内有中心静脉充血和瘀点出血。肠黏膜下层有大量炎性细胞浸润，固有层空泡化。脾脏充血、瘀点出血。柱状细胞的增加导致次级片层正弦空间减小。鳃初级上皮层空泡化，次级上皮层坏死（图12-93）。

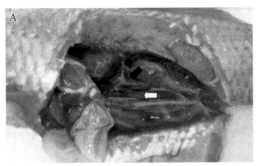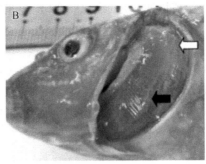

图 12-93　鲤鱼感染 CEV 表现（Luo et al.，2020）
A. 肾出血（黑箭头），肝出血（白箭头）；B. 鳃坏死（黑箭头），原丝坏死（白色箭头）；C. 眼球内陷（黑箭头）

彩图

（2）临床表现　典型临床表现为嗜睡、眼球内陷、原丝肿胀、鳃组织坏死及肾和肝出血，与锦鲤疱疹病毒（KHV）感染相似，临床上较难区分，要实施PCR方法鉴别。

病鱼漂游于水面，在池角、岸边及进水口等处聚集。死亡数量急骤增多，数日可造成全部死亡。病鱼身体浮肿（在尾柄部易判定，呈白色不透明状），眼球凹陷，鳃丝棍棒化，有明显粘连现象。另外，有时还伴有体表出血。在血液学检查上，表现为红细胞压积上升、血浆渗透压下降、乳酸值上升等。

最近发病的表现为身体浮肿、鳃丝棍棒化及粘连的症状轻微，非短时间发生大量死亡，而是多见于1周至10d内逐渐出现死亡。感染的鲤或锦鲤行动迟缓，常聚集在池塘水面或边缘处，或静置在池塘中，或在池底不动，倒向一侧，呈沉睡状态。当受到触动时，病鱼会游动，但很快又继续处于昏睡状态。病鱼的临床表现为烂鳃、体表糜烂、出血、皮下组织水肿、眼球凹陷、食欲不振、吻端和鳍基部溃疡等。

1）急性型：患病初期病鱼皮肤和内脏有明显出血性发炎，皮肤红肿，身体两侧和腹部由于充血发炎，出现不同形状和大小的浮肿红斑。鳍基部发炎，鳍条间组织破坏，形成"蛀鳍"，肛门红肿外突，全身竖鳞，鳃苍白，全身浮肿。随着病情的发展，病鱼行动迟缓，离群独游，有侧游现象，有时静卧水底，呼吸困难，不食不动，最后尾鳍僵化，失去游动能力，不久死亡。急性型病鱼一般2～14d即可死亡。

2）慢性型：开始皮肤表层局部发炎出血，表皮糜烂，脱鳞，而后形成溃疡，肌肉坏死，邻近组织发炎，呈现红肿，有时局部竖鳞，鳍充血，有自然痊愈的，也有因此而死亡的。慢性型发病过程长，可拖延至45～60d或更长一些时间。死亡之前，常伴有全身水肿，腹腔积水，眼球突出，有的出现竖鳞。在我国大部分地区均有水肿病发生，主要危害2～3龄鲤鱼，在鲤鱼产卵孵化季节，最为流行。病鱼池的鲤鱼因该病的死亡率可达45%，最高达85%，成鱼饲养池的鲤鱼，死亡率也可达50%以上。

3．实验室检验

参照中华人民共和国进出境检验检疫行业标准《鲤浮肿病检疫技术规范》（SN/T 5363－2022）、中华人民共和国水产行业标准《鲤浮肿病诊断规程》（SC/T 7229—2019）进行检疫检验。

以鳃或皮肤组织的定量PCR方法检测CEV的5′非翻译区（5′UTR）基因，引物序列如下所示。

F1：5′-GCTGTTGCAACCATTTGAGA-3′

R2：5′-TGCAAGTTATTTCGATGCCA-3′　　扩增出548bp片段。

目前可以培养CEV的细胞系：鲤上皮瘤细胞系（EPC）、胖头鳞肌肉细胞系（FHM）、鲤鱼脑细胞（CCB）、虹鳟性腺细胞系（RTG-2）、大鳞大麻哈鱼胚胎细胞系（CHSE）、红大麻哈鱼胚胎细胞系（SSE-5）、鳗鱼神经节细胞系（EK-1）、硬骨鱼细胞系（EF-2）和罗非鱼肾细胞系（TK-1）等。但细胞培养比较困难，一般采用基因PCR方法进行鉴定。

4. 检疫后处理

做好发病池的隔离。一旦发生病害，要将病死鱼作无害化处理。对发病鱼池使用的器械等进行彻底消毒，禁止将池水排放入公共水域，防止病原向周边传播蔓延。将发病鱼从饲养池取出，用 0.6% 食盐水加抗生素药浴 5~7d 可能治愈。但是体型较小的幼鱼较难恢复，通常多在采卵时净化该病。治愈的鱼可能携带病毒，对此应注意。另外，池中浮游植物对水质的净化能抑制该病的发生。

5. 免疫预防

目前对该病还没有有效的治疗措施。可加强引进鱼种的 CEV 检测。避免鲤鱼、锦鲤和金鱼混养。有条件的养殖池可用升高水温的方法进行应急治疗。

采用生石灰经水溶解后全池遍洒，每亩[①]15kg，然后用硫酸铜每立方米水体 0.9g 和硫酸亚铁每立方米水体 0.2g 合剂泼洒，效果比较明显。另外，土霉素对该病有一些效果，蛋氨酸碘、头孢类和纳米银等新型药物可以使用治疗，目前正在试治之中。

第九节　甲壳类病

根据联合国粮食及农业组织的科学展望，可以认为捕捞渔业的海产品生产是不可持续的。目前，水产养殖是海产品生产和满足全球市场对海产品需求的重要来源。在发展中国家，水产养殖是贫困人口蛋白质的重要来源。2018 年，全球水产养殖产量为 1.145 亿 t 活重。甲壳动物富含维生素、矿物质和蛋白质，特别是养殖虾在全球市场上有很高需求。由于需求量大，在过去几十年里，全球对虾养殖活动迅速增加，同时也伴发了相关疾病，导致严重的经济损失。全世界共有 2500 多种虾类，但只有 12 种被广泛养殖。斑节对虾和南美白对虾占全球产量的 90%~95% 及以上。甲壳类水产动物的二类疫病包括白斑综合征、十足目虹彩病毒病、虾肝肠胞虫病。虾类疾病的危害包括病毒、细菌、真菌和寄生虫病等。

一、白斑综合征

白斑综合征（white spot syndrome，WSS）一般指对虾白斑综合征（white spot syndrome of prawn），是由白斑综合征杆状病毒复合体引发的一种综合性病症。我国将其列为水生动物二类疫病。

1. 流行病学

白斑综合征杆状病毒复合体主要有皮下及造血组织坏死杆状病毒、日本对虾杆状病毒、系统性外胚层和中胚层杆状病毒及白斑杆状病毒等。可危害多种养殖对虾，病毒主要侵害皮下和造血组织，以甲壳上有明显白斑、肝胰脏肿大、来势快、感染率高、死亡快、危害性极大为特征。

世界上所有的养殖对虾种类均是白斑病病毒的宿主。中国对虾、日本对虾、长毛对虾、短沟对虾、南美白对虾、刀额新对虾、墨吉对虾和斑节对虾的糠虾期幼体到成虾都能因感染患病甚至死亡，也包括蟹、敖虾、淡水虾和龙虾等。我国从南到北均有发生，我国黄渤海野生中国对虾携带病毒的状况分别为朝鲜半岛南海岸群体 55%，渤海湾群体 35%，辽东湾群体 94.7%，海州湾群体 47.4%。辽东湾产卵场群体阳性检出率明显高于其他群体，应该与该区域人工孵化苗种放流、海湾地理和水质条件相关。

病虾、死虾及被污染的水源和饲料为传染源。白斑病毒可借轮虫、贝壳类、蠕虫、卤虫、挠脚类、海蟑螂及昆虫幼虫传染至健康虾只。主要是水平传播或种虾产卵时的垂直传播，经口感染，健康虾摄食病虾，因此，一般大虾先死。由病虾把带毒的粪便排入水体中，污染了水体和饲料，健康虾吞食后被感染；其他虾再吞食病、死虾及污染水体而感染。

---

① 1 亩 ≈ 666.7m²

2. 临诊检疫

（1）**临诊病理**　病虾体色往往轻度变红或暗红或棕红色，部分虾体的体色不改变。发病初期可在头胸甲上见到针尖大小的白色斑点，数量不多，需注意观察才能见到。对虾胃肠充满食物，头胸甲不易剥离。病情严重的虾体较软，白色斑点扩大至连成片状；严重的全身都有白斑，部分伴发肌肉发白，肠胃没有食物，头胸甲容易剥离（图12-94）。病虾肝胰脏肿大，颜色变淡且有糜烂现象，血凝时间长，甚至不会产生血凝。

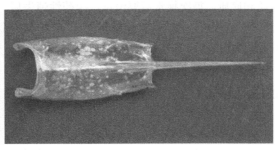

图 12-94　虾甲白斑

彩图

（2）**临床表现**　病虾离群、空胃、摄食量大减，在池边缓慢游动，行动迟钝，体弱，弹跳无力，漫游于水面或伏在池边，或在池底不动，很快死亡。活的或濒死对虾出现体色变红或暗红，在头胸甲出现白色斑点，头胸甲及腹甲易剥开，有的甲壳可见白斑，体表有黏附污物（图12-95）。血淋巴不凝固。怀疑感染白斑综合征。

3. 实验室检疫

依据《白斑综合征（WSD）诊断规程》（GB/T 28630.1—2012）、水产行业标准《白斑综合征病毒（WSSV）环介导等温扩增检测方法》（SC/T 7234—2020）等进行检疫检验。怀疑白斑综合征依据《水生动物产地检疫采样技术规范》（SC/T 7103—2008）采样。

（1）**采样**　取病、死对虾。

（2）**电镜直接观察**　病毒粒子为杆状，包含双链 DNA（图12-96）。

彩图

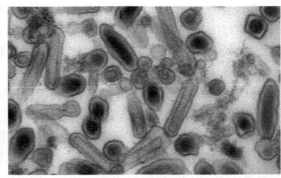

图 12-95　白斑综合征　　　　　　　　图 12-96　白斑综合征杆状病毒

（3）**实验室诊断**　依据国家标准《白斑综合征（WSD）诊断规程第1部分：核酸探针斑点杂交检测法》（GB/T 28630.1—2012）、《白斑综合征（WSD）诊断规程第2部分：套式PCR检测法》（GB/T 28630.2—2012）、《白斑综合征（WSD）诊断规程第3部分：原位杂交检测法》（GB/T 28630.3—2012）、《白斑综合征（WSD）诊断规程第4部分：组织病理学诊断法》（GB/T 28630.4—2012）、《白斑综合征（WSD）诊断规程第5部分：新鲜组织的T-E染色法》（GB/T 28630.5—2012）进行PCR法、ELISA法诊断。

4. 检疫后处理

对于死亡对虾，要先捞取死虾深埋，或进行无害化处理；对池塘周边环境、渔用工具进行药物消毒处理后，经强日光暴晒。对未发病虾池进行病毒监测，做好预防工作，防止交叉感染。如果是独立水系，可换部分水，如果不是独立水系，尽量不要排放池水，以免感染别的虾池。

5. 免疫预防

该病应以预防为主。改善水质，增强虾免疫力是预防的关键。调节水质应以微生物处理为主，定期使用"活水素"500g/亩，"活性酵素"2~3kg/亩。水质恶化时，用"活水保虾丹"全池泼洒，每亩用量为0.5~2kg，可改善水质和底质。每次换水后要消毒，等药性消失后，再投生物制剂，并保证有足够的溶氧量。增强虾免疫力要经常投内服药，如水产专用维生素C、虾用脑黄金、健胃消食散、排毒免疫素、排毒护虾丹等。增强对虾体质，提高免疫力，特别是水质恶化时和发病初期，效果显著。

二、十足目虹彩病毒病

十足目虹彩病毒病是近几年来威胁虾养殖产业的重要病害之一。其病原十足目虹彩病毒（decapoda iridescent virus，DIV）是一类新发现的感染水生甲壳动物的虹彩病毒，包含两个病毒株，即四脊滑螯虾虹彩病毒（CQIV）和虾血细胞虹彩病毒（SHIV），其中CQIV于2016年从发病的红螯螯虾体内分离得到并命名，而SHIV从2014年暴发大规模死亡的凡纳滨对虾体内分离得到并命名。由于这两种病毒的全基因组序列99%以上相似，2019年国际病毒分类委员会将SHIV和CQIV归类为一种病毒，即为十足目虹彩病毒1（DIV1）。我国将其列为水生动物二类疫病。

1. 流行病学

甲壳类虾虹彩病毒携带率较高，具有感染性强、致死率高的特点，且呈现出逐年增长的趋势。一旦处理不当，有全军覆没的风险。罗氏沼虾属于节肢动物门软甲纲十足目长臂虾科沼虾属，是一种原产于东南亚地区及大洋洲北部和西太平洋岛屿的大型淡水虾，具有生长速度快、养殖周期短、食性杂、营养价值高及经济效益好等优势。

DIV1广泛流行于我国沿海虾类主养殖区（包括台湾省），16个省中有11个检测到，印度洋野生草虾中也有检测到。南美白对虾、罗氏沼虾、红螯螯虾、日本沼虾、青虾、克氏原螯虾等虾类易感，而且死亡率可以达到80%以上。在2014年，该病毒就首次从福建省的四头螯蟹样本和浙江省的养殖南美白对虾样本中检测到，体长4~7cm的对虾检测率最高。主要在4~8月份检出，5~6月份最高。温度为31~32℃时阳性率最高，pH为7.4~7.6时阳性率最高。中华绒螯蟹和厚鳍厚吻蟹也能进行实验性感染。

十足目（Decapoda）是节肢动物软甲纲的一目，也是甲壳亚门中最大的一目，共9000多种。体分头胸部及腹部，胸肢8对，前3对形成颚足，后5对变成步足。目前虹彩病毒科分为5个属，包括虹彩病毒属、绿虹彩病毒属、蛙病毒属（*Rana*）、淋巴囊病毒属和巨细胞病毒属，DIV1为虹彩病毒科（Iridoviridae）十足虹彩病毒属（*Decapodiridovirus*）的唯一成员，为该科的第6个属，病毒具有典型的二十面体结构，双股DNA。DIV1建议命名为xiairidovirus。

DIV1具有广泛的宿主，可以在养殖和野生甲壳类动物之间传播。DIV1的准确传输模式还不清楚。DIV1可能是通过受感染动物的同类相食或通过接触受感染的粪便而水平传播。通过口服、反向灌胃和肌内注射方式对凡纳滨对虾、克氏原毒和卡氏锥虫进行的试验表明，直接水平传播是一种重要的传播途径。没有证据表明其存在垂直传播，然而，孵化场的样本被发现是DIV1阳性。

2. 临诊检疫

（1）临诊病理　　DIV1感染造血组织、淋巴器官和鳃窦、肝胰腺及其他组织中的血细胞。DIV1感染的特征是肝胰腺窦血细胞、造血组织的成血细胞和淋巴样器官球状体中存在的深色嗜酸性包涵体及肝胰窦成血细胞嗜碱性微小染色，造血组织和鳃血细胞中存在核固缩。淋巴器官的感染特征是小管结构丧失和由固缩核和核破裂组成的嗜碱性细胞质包涵体存在。

（2）临床表现　　十足目虹彩病毒对虾的感染具有不同的外观症状，患病罗氏沼虾发病初期靠塘边慢游，过3～5d额剑基部甲壳内出现白点，称为"白点"或"白头"，后期病虾表现为身体微红、鳃发红、肝胰腺发红萎缩、颜色变浅、空肠空胃、停止摄食、活力下降等症状，并陆续大量死亡，从开始发病到大规模死亡的进程约20d（图12-97）。

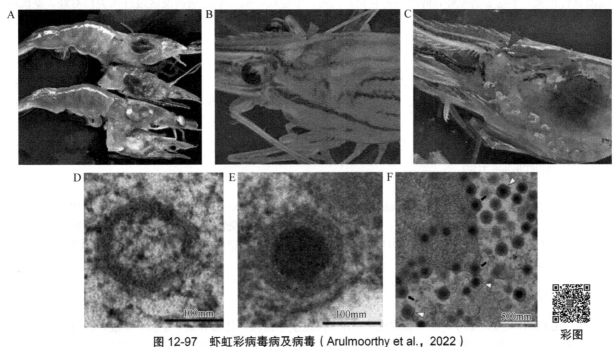

图 12-97　虾虹彩病毒病及病毒（Arulmoorthy et al.，2022）

A. 对虾肝胰深色；B，C. 虾嘴基部甲壳内显示白色区域；D～F. 病毒及病毒出芽的电镜照片

彩图

3. 实验室检验

参照进出境检验检疫行业标准《真鲷虹彩病毒病检疫技术规范》（SN/T 1675—2014）、《真鲷虹彩病毒病诊断规程》（GB/T 36191—2018）进行检疫检验。十足目虹彩病毒病除了临床观察和病理分析，受感染组织的组织病理学是诊断虾病毒感染的最佳常规诊断方法之一。对于确诊，应依靠分子检测方法。也有商业 PCR 检测试剂盒。

DIV1 的 ATP 酶基因巢式 PCR 两步法引物序列如下所示。

第一步：5′-GGG CGG GAG ATG GTG TTA GAT-3′
　　　　5′-TCG TTT CGG TAC GAA GAT GTA-3′　　　扩增出 457bp 片段。

第二步：5′-CGG GAA ACG ATT CGT ATT GGG-3′
　　　　5′-TTG CTT GAT CGG CAT CCT TGA-3′　　　扩增出 129bp 片段。

DIV1 的主要衣壳蛋白（MCP）基因定量 PCR 引物序列如下所示。

142F：5′-AAT CCA TGC AAG GTT CCT CAG G-3′

142R：5′-CAA TCA ACA TGT CGC GGT GAA C-3′

寡核苷酸探针（TaqMan probe）：5′-6-FAM-CCATACGTGCTCGCTCGGCTTCGG-TAMRA-3′　　　扩增出 142bp 片段。

4. 检疫后处理

依据《甲壳类产地检疫规程》（农牧发〔2023〕16 号）进行检疫，对亲虾/后期幼虾进行检疫、监测计划和健康认证。应尽快进行DIV1测试和能力测试的能力建设。同时，应通过监测计划，促进任何病毒病暴发或检测的及时报告。限制活甲壳类动物的活动，并将垂死或死亡的个体从受影响的农场转移，这些都会限制疾病传播。从高密度苗圃中将通过第二次疾病测试的后期幼虾放养到生长池的方式，可以被视为提高生物安全性的检疫方法。

做好池塘消毒，净化生产环境。做好水质调控，保障水体环境。做好营养管控，保障虾体健康。使用合适蛋白质含量的饲料，不使用发霉变质、低劣饲料。不建议使用鲜活饲料进行投喂。提倡生态养殖，降低传播风险。适当降低养殖密度，减少病害暴发。提倡多营养层级养殖，可混搭一定比例的、口径合适的肉食性或滤食性鱼类，不吃食病死虾，降低病害传播。同时，不建议在虹彩病毒病高发区进行南美白对虾、罗氏沼虾、青虾等近缘物种的混养，以降低病毒传播风险。

5. 免疫预防

强化苗种检疫，切断传播途径。选择不携带虾虹彩病毒的苗种进行养殖，有条件的尽量购买经检测不携带规定病原的罗氏沼虾苗种。不建议不同种类虾混养，建议将虾与少量鱼类混合养殖，因为受感染的虾可以被掠食性鱼类清除。

三、虾肝肠胞虫病

虾肝肠胞虫病（enterocytozoon hepatopenaei infection 或 hepatopancreatic microsporidiosis，HPM）是由虾肝肠胞虫（enterocytozoon hepatopenaei，EHP）引起、发生的虾传染性疾病。EHP 感染虾的肝胰上皮细胞，可导致细胞坏死和破裂，与营养相关的功能受损，影响虾的生长，造成巨大的经济损失。我国将其列为水生动物二类疫病。

1. 流行病学

从 2004 年首次发现至今，虾肝肠胞虫（EHP）已在全球范围内传播开来。中国、印度、越南、印度尼西亚、泰国、马来西亚、文莱、朝鲜、澳大利亚、委内瑞拉等多个国家已有 EHP 感染的报道。在广东、浙江、天津、河北、辽宁、江苏等地的养殖对虾中均检测出 EHP，对养殖虾业造成了严重的经济损失。朝鲜受感染对虾养殖场流行率为 4.9%～18.2%，一般养殖场流行率 0.8%，马来西亚 82.93%，泰国 60%，我国 20%～25%，天津甚至达到 29.28%～69.52%。斑节对虾、凡纳滨对虾、中国明对虾、脊尾白虾和蓝虾易感。活饵料、蟹等都有虫体检出。

虾肝肠胞虫属真菌界微孢子虫门单倍期纲壶孢目肠胞虫科肠胞虫属。同其他微孢子虫类似，严格胞内寄生。成熟的孢子呈卵圆形，大小为 $0.7\mu m \times 1.1\mu m$。

EHP 的传播途径可分为水平传播与垂直传播两种。饲料带染和病死虾带虫感染健康虾，健康虾在有虫水环境中被感染，通过粪便排出，再感染健康虾。孢卵的亲虾感染 EHP 后，EHP 孢子侵入卵巢，产卵时粘在卵上，从而导致孵化的幼体感染。对虾感染 EHP 主要包括八胞虫属（*Thelohania*）、匹里虫属（*Pleistophora*）和微粒子虫属（*Nosema*）等虾肝肠胞虫。

2. 临诊检疫

（1）临诊病理 在凡纳滨对虾的肠道表皮表层和肝脏、胰脏及附着在肝胰腺小管上皮的细胞上。被感染的对虾其病变位置出现肿大现象，并且有大量的嗜碱性包涵体存在于肝胰脏小管上皮细胞的细胞质内（图 12-98）。

（2）临床表现 对虾个体瘦小，肝胰腺颜色深，若群体中个体大小差异大，应怀疑虾肝肠胞虫病。

病虾前期无明显的感染症状，中期的个体表现为行动缓慢并伏底，清晨常浮至水面，摄食减少，反应迟钝，应激能力下降，后期可发现群体内病虾体型大小不一。虾肝肠胞虫病感染虾不会马上死去，可以继续存活，也可以进食，但活力大不如前，最严重的是它会阻碍对虾对营养物质的吸收，造成生长缓慢乃至停滞。

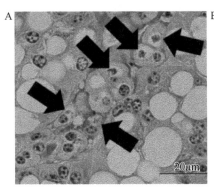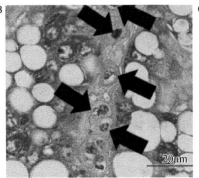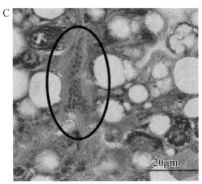

图 12-98 虾肝胰上皮细胞中虾肝肠胞虫（EHP）原形体（A、B）与窦中 EHP 成熟体（C）（Jang et al.，2022）

染病的对虾并不表现出明显的疾病症状，可正常摄食，肠胃内充满食物，并不会出现大量死亡，患病严重时可出现肝胰脏颜色加深、萎缩，少数出现白便，染病对虾生长速度严重下降，甚至停止生长，个体差异十分大，大部分染病对虾个体重停滞在 4～5g，直至养殖结束。

彩图

3. 实验室检验

虾肝肠胞虫病的主要检测方法包括显微镜技术（图 12-99）、细胞培养方法、PCR 和 ELISA，动物模型都可检测。可参考中华人民共和国水产行业标准《虾肝肠胞虫病诊断规程》（SC/T 7232—2020）、《甲壳类产地检疫规程》（农牧发〔2023〕16 号）和浙江省地方标准《虾肝肠胞虫核酸检测技术规范》（DB33/T 2492—2022）PCR 引物如下所示。

F514：5′-TTC CAG AGT TGT TAA GGG TTT-3′

R514：5′-CAC GAT GTG TCT TTG CAA TTT TC-3′　　扩增 514bp 片段。

F147：5′-TTG GCG GCA CAA TTC TCA AAC A-3′

R147：5′-GCT GTT TGT CCA ACT GTA TTG A-3′　　扩增出 147bp 片段。

病毒检验见图 12-99。

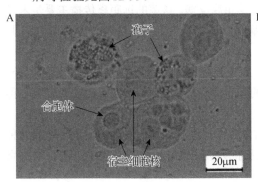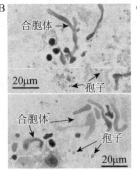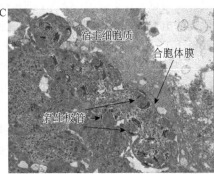

图 12-99 上皮细胞中 EHP 孢子（Chaijarasphong et al.，2021）

A. 破裂上皮细胞中 EHP 孢子；B. 合胞体和孢子；C. 原形体的前孢子发育阶段

彩图

4. 检疫后处理

池塘消毒，控制水质，对进出水进行消毒。对于病虾虽然没有特效药物治疗，但也有可以选择的药物进行适当控制，减少损失。虾池准备期间使用生石灰进行底层处理；活饵料在饲喂前在-20℃以下冻 48h 以上再用，或 70℃下 15min 以上处理。保证饵料没有活的虫体。

5. 免疫预防

EHP 为专性寄生于细胞内的微孢子虫，其孢子在常温干燥环境下的存活时间可达 6 个月。由于孢子壁较厚，在水环境下可保持一年以上的感染性。尚无有效药物进行治疗，主要以预防为主。种苗要做好检疫，防止病原带染。减少鲜活饵料的使用。增强虾体自身免疫力，用3～5g胆汁酸/kg饲料饲喂，每天一餐，连续用40d左右。转肝后每半月用一次，连用5～7d。

第十节 蜂 病

一、美洲蜂幼虫腐臭病

美洲蜂幼虫腐臭病（American foulbrood）又名烂子病，是蜜蜂幼虫和蛹的一种细菌性、急性、毁灭性病害，因其最先在美洲大陆的西方蜜蜂中被发现而得名，特征为病蜂的封盖子脾下陷、穿孔，封盖幼虫死亡、蛹虫现象等。美洲蜂幼虫腐臭病的病原为幼虫芽孢杆菌（*Bacillus larvae* 或 *Paenibacillus larvae* subsp. *larvae*），它在感染的每一个幼虫体内可产生10亿多个芽孢。这种细菌长杆状，两头稍圆，有呈链状倾向。大小很不一致，长2.5～5.0μm，宽为1.3μm，周身具有鞭毛，能运动，能形成芽孢。芽孢呈卵圆形，大约是菌体宽的两倍，位于菌体一端或中间。只有芽孢才能诱发疾病。幼虫芽孢杆菌不能在一般培养基上生长，需在胡萝卜-酵母-琼脂培养基或马铃薯培养基或酵母浸膏培养基上生长。在37℃温度下培养24h后，可形成浅乳白色、半透明、微具闪光和略为隆起的菌落。

1. 流行病学

美洲蜂幼虫腐臭病不但危害性大，而且一旦发生就很难根除。轻者影响蜂群繁殖和采集力，重者造成蜂群覆灭。幼虫芽孢杆菌主要是通过蜜蜂的消化道侵入体内，故被污染的饲料、巢脾和花粉是病害的主要传染来源。病害在蜂群内的传播途径主要是内勤蜂在清理巢房和清除病虫尸体时，把病菌带进蜜、粉房，通过饲喂将病害传给健康幼虫。病害在蜂群间传播，主要是养蜂人员不遵守卫生操作规程而致，如误将带菌的蜂蜜喂蜂和随意调换巢脾等；蜂场上的盗蜂及迷巢蜂也可传播美洲蜂幼虫腐臭病。该菌的远距离传播主要是未经检疫的出售蜂、引进蜂及蜂群的转地放牧等引起。美洲蜂幼虫腐臭病最初发生于英国，以后传到欧美各国，截至2011年分布全球，许多国家把此病列为检疫对象。

工蜂、雄蜂和蜂王的幼虫期都易感此病，但在自然条件下，很少见到蜂王和雄蜂的幼虫发生感染。美洲蜂幼虫腐臭病通常感染孵化24h左右的幼虫，其易感性随年龄的增长而下降。蜂卵孵出53h后的幼虫就不再感染此病。

美洲蜂幼虫腐臭病多在夏秋季发生流行，潜伏期为7d左右，并且美洲蜂幼虫腐臭病的发生与蜂的品种有一定关系，在通常情况下，东方蜜蜂比西方蜜蜂具有更强的抵抗力。因此，中蜂很少发生美洲蜂幼虫腐臭病。

美洲蜂幼虫腐臭病不但危害性大，而且一旦发生就很难根除。轻者影响蜂群的繁殖和采集力，重者造成蜂群的覆灭，世界上有些国家仍然采用烧毁患病蜂群的办法来根除病原。

2. 临诊检疫

依据农业农村部《蜜蜂检疫规程》（农牧发〔2023〕16号）进行检疫。

（1）临床病理 死虫黏附在巢房下壁，喙向上伸出。首先化脓腐烂，呈棕色胶状，具有强烈的酸败味和刺激的苯乙醇味，最后尸体干枯，干枯鳞片黏附在房壁，不易移出。

（2）临床表现 健康幼虫有一个发亮的、珍珠样的外观。首先在巢房基部以"C"形发育，而后伸直生长，并充满整个巢房，感染幼虫死亡时呈竖立姿势。

潜伏期一般为7d左右。《陆生动物卫生法典》认为潜伏期为45d（冬季除外，因随国家不同而不同）。患病幼虫多在封盖后死亡，尸体淡棕黄色至深褐色，腐烂呈黏胶状，挑取时可拉成长丝，有腥臭味；之后尸体干枯、黑褐色、呈典型的鳞片状，紧贴在巢壁下侧，不易被工蜂清除。染病子脾封盖潮湿、发暗、下陷或穿孔。如蛹期发病死亡，则在蛹房顶部有蛹头突出是该病的典型特征（图12-100～图12-102）。

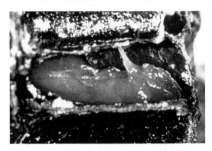
图12-100　蜂幼虫化脓呈胶状

图12-101　美洲蜂幼虫腐臭病蜂巢

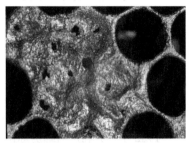
图12-102　染病子脾封盖潮湿、发暗、下陷

彩图

3. 实验室检验

（1）**采样**　一批蜂（幼虫）数量少于或等于30只时全部采样。数量为30～100只时，以30只采样数量为基础，数量大于100只时，按每批数量的30%采样。

对可疑为美洲蜂幼虫腐臭病的蜂群，随机取样3～5群，从蜂群中随抽取子脾一张，按照5点式采样方法，分别从巢脾四角与中央各启开封盖幼虫房30个，观察是否有患病幼虫存在。采样时尽量采取变色或死亡幼虫送实验室检验。

（2）**实验室诊断**　参照中华人民共和国进出境检验检疫行业标准《蜜蜂美洲幼虫腐臭病检疫技术规范》（SN/T 1681—2011）进行检验。

微生物学诊断：采用细菌学检查，挑取可疑为美洲蜂幼虫腐臭病的幼虫尸体少量，进行涂片镜检。如发现有较多的单个或呈链状排列的杆菌及芽孢时，则可进一步用芽孢染色进行镜检，如发现多数椭圆形游离芽孢时，即可确诊（图12-103）。

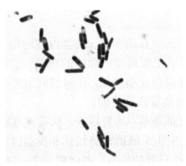
彩图

图12-103　幼虫芽孢杆菌

牛奶凝聚试验：取新鲜牛奶2～3mL，放于试管中，再挑取幼虫尸体或分离培养的细菌少许，加入试管中，充分混合后，置30～32℃培养1～2h。如牛奶凝聚时，则为美洲蜂幼虫腐臭病。

分离培养：分离出可疑细菌后进行染色、培养特性和生化鉴定。

对幼虫芽孢杆菌（*Paenibacillus larvae* subsp. *larvae*）进行PCR鉴定。

上游引物：5′-CTT GTG TTT CTT TGG GGA GAC TGC G-3′

下游引物：5′-TCT TAG AGT GCC CAC CTC TGC G-3′　　　扩增出1106bp片段。

4. 检疫后处理

一旦发现患有美洲幼虫腐臭病的蜂群，应立刻连同蜂箱巢脾烧毁，对使用的蜂具进行彻底消毒，也可只烧毁蜜蜂和巢脾，用喷灯烧烤蜂箱内壁。病情较轻的蜂群，隔离病群，采取换箱换脾，彻底消毒蜂箱蜂具，结合饲喂药物有可能治愈。对其他尚未发病的蜂群，普遍用0.1%磺胺嘧啶糖浆进行预防。

5. 综合防控

杜绝病原传人，实行检疫，操作要遵守卫生规程；饲料用蜂蜜要严格选择，禁用来路不明的蜂蜜，禁止购买有病的蜂群。进行严格消毒，每年在春季蜂群陈列以后和越冬包装之前，均要对蜂群进行一次彻底的消毒，特别是在有病或受到威胁的情况下，更应进行严格消毒。

二、欧洲蜂幼虫腐臭病

欧洲蜂幼虫腐臭病（European foulbrood）又称"黑幼虫病""纽约蜜蜂病"，是以蜂房蜜蜂球菌为主引起的蜜蜂幼虫的一种恶性、细菌性传染病。以 3～4 日龄未封盖幼虫死亡为特征。

1982 年，贝利定名蜂房球菌（*Melissococcus plutonius*）。该菌为革兰氏阳性菌，披针形，长 0.7～1.5μm，不活动，不能形成芽孢。菌体单生或呈链状，也有成对排列的，并有梅花络排列的特点。厌氧，该菌必须在含 5%CO_2 的条件下培养，在马铃薯琼脂培养基上形成边缘整齐、表面光滑、乳白色或淡黄色菌落。该病为多种细菌综合作用所引起，除蜂房球菌外，在致死幼虫的尸体中还发现多种次生菌，为一些革兰氏阳性细菌，如无毒力的蜂房芽孢杆菌（*Bacillus alvei*）、蜜蜂链球菌、蜂房类芽孢杆菌（*Paenibacillus alvei*）（图 12-104）、蜂房蜜蜂球菌（*Melissococcus pluton*）（图 12-105）、侧芽孢杆菌及其变异型蜜蜂链球菌等。

图 12-104　蜂房类芽孢杆菌

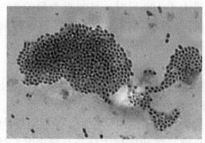

图 12-105　蜂房蜜蜂球菌　　彩图

1. 流行病学

蜂房球菌能在干尸体及蜜粉脾、空脾中存活多年。蜂群内被污染的饲料（特别是花粉）是病害的主要传染源。至于病害在蜂群内的传播途径，则主要通过内勤蜂的饲喂和清扫活动，将病菌传给健康的幼虫。养蜂人任意调换子脾、蜜粉脾和蜂箱也可使病菌互相传播。在蜂群间主要是通过盗蜂和迷巢蜂而传播。病害的远距离传播则主要是通过出售蜂群和转地放牧而发生的。

首先，病害多发生于早春气温较低的季节，入夏以来，病害就逐渐减轻或消失。虽然到了秋季有时病害还会复发，但毕竟很轻。其次，此病易发生于蜂群群势较弱和巢温过低的蜂群，而强群则很少发病，即使发病也常常可以自愈。此病通常感染 1～2 日龄的幼虫，潜伏期为 2～3d。幼虫日龄增大，则不受感染；成蜂也不受感染。

欧洲蜂幼虫腐臭病已遍及世界各地。其中东方蜜蜂发病较重，常常是 2～4 日龄的小幼虫发病死亡，蜂群患病后不能正常繁殖和采蜜。在我国的中蜂上发生较为普遍，而西方蜂种较少发生。东方蜜蜂及西方蜜蜂欧洲幼虫腐臭病病原在血清学上有明显不同。

2. 临诊检疫

（1）临诊病理　　尸体位置错乱，呈苍白色，以后渐变为黄色，最后呈深褐色，并可见白色、呈窄条状背线（发生于盘曲期幼虫，其背线呈放射状）。尸体软化、干缩于巢房底部，无黏性但有酸臭味。

（2）临床表现　　欧洲蜂幼虫腐臭病通常使 3～4 日龄的未封盖幼虫死亡。幼虫患病后常作不正常的运动而使位置错乱，发病严重时，整张巢脾幼虫死亡，成蜂离开巢脾附于箱壁，甚至飞逃。发病较轻时，仅有部分幼虫死亡，很快被工蜂清除掉而形成空房，有时蜂王又在巢房里产卵，这时可见有幼虫，但虫龄参差不齐，封盖子很少，零散分布不成片，有部分巢房为空房，形成了所谓"插花子脾"的现象。死亡幼虫初呈浅黄色，以后逐渐变成褐色。虫体上可见明显的白色背线。若是盘曲的幼虫死亡，这种背线呈放射状，若是伸直的幼虫死亡，则呈条状。幼虫尸体无黏性，但有酸臭气味。干枯的幼虫尸体不延伸，通常干缩于巢房底部，很容易被工蜂消除（图 12-106～图 12-108）。病情严重时走近蜂场便能闻到一股怪味，脾上出现严重花子现象且幼虫日龄大小不一，腐烂虫尸易取出或被工蜂消除，稍有黏性但不能拉成丝状，用镊子夹出有明显的酸臭味，虫尸干燥后会变成深褐色。

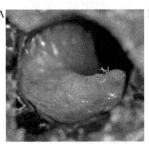
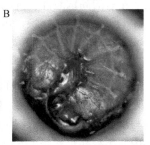

图 12-106　欧洲蜂幼虫腐臭病与美洲蜂幼虫腐臭病的区别点

A. 上弯、松软、棕色或淡黄色死亡虫体；B. 感染虫体器官系统萎缩

彩图

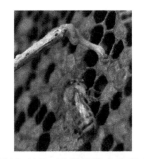

图 12-107　欧洲蜂幼虫腐臭病

有小于 1.5cm 的黏丝，但通常并不黏稠；有酸味或无味；棕色或黑色，有弹性；发生在封盖前；外表表现扭曲的淡黄至深棕色，支气管常可见到

图 12-108　美洲蜂幼虫腐臭病

大约 2.5cm 粗细咖啡色黏丝；有硫磺气味，呈"雏鸡房"；棕色至黑色，易碎；发生在封盖后；外表表现巧克力棕色至黑色，封盖常有穿孔

3. 实验室检验

（1）采样　一批蜂（幼虫）数量少于或等于 30 只时全部采样。数量为 30～100 只时，以 30 采样数量为基础，数量大于 100 只时，按每批数量的 30% 采样。

对可疑为欧洲蜂幼虫腐臭病的蜂群，随机取样 3～5 群，从蜂群中随机抽取子脾一张，按照 5 点式采样方法，分别从巢脾四角与中央各启开封盖幼虫房 30 个，观察是否有患病幼虫存在。采样时尽量采取变色或死亡幼虫送实验室检验。

（2）实验室诊断　参照中华人民共和国进出境检验检疫行业标准《蜜蜂欧洲幼虫腐臭病检疫技术规范》（SN/T 1682—2020）进行检验。

1）革兰氏染色镜检：挑取可疑幼虫尸体少许涂片，用革兰氏方法染色，镜检。若发现大量披针形、紫色、单个、成对或成链状排列的球菌，可初步诊断为该病。

细菌学检测时，先挑取蜜蜂幼虫肠道内容物于干净的载玻片上，滴加 5% 水溶性苯胺黑；将内容物用针推成 1～2cm 长，微火烘干载玻片，高倍显微镜下观察，可见到病原菌单个或多个首尾相连呈短链状，有的呈梅花状排列，同时还可见到其他杆状细菌。除显微镜观察法和细菌学检测法以外，还可以用免疫学方法和 PCR 等进行鉴定。标准株蜂房蜜蜂球菌 PCR 引物序列如下所示。

Mp1：5′-CTT TGA ACG CCT TGA AGA-3′

Mp2：5′-ATC ATC TGT CCC ACC TTA-3′　　Mp1 和 Mp2 扩增出 486bp 片段。

Mp3：5′-TTA ACC TCG CGG TCT TGC GTC TCT C-3′　　Mp1 和 Mp3 扩增出 276bp 片段。

2）致病性试验：将纯培养菌加无菌水混匀，用喷雾方法感染 1～2d 的小幼虫，如出现上述欧洲蜂幼虫腐臭病的症状，即可确诊。

4. 检疫后处理

（1）加强饲养管理　提高蜜蜂对欧洲幼虫腐臭病抗性的一个条件是维持强群，经常保持蜂群有充足的蜂蜜和蜂粮。注意春季对弱群进行合并，做到蜂多于脾。彻底清除患病群的重病巢脾，同时补充蛋白质饲料。

（2）加强预防工作　杜绝病原，烧毁重病巢脾，对巢脾和蜂具进行严格的消毒，可使用市场上出售的高效消毒剂，或者用千分之一左右的高锰酸钾水洗刷蜂箱、浸泡或喷巢脾。

（3）换掉病群蜂王　新的年轻蜂王产卵快，可更快清除病虫，尽快恢复蜂群的健康。

5. 综合防控

加强饲养管理，紧缩巢脾，注意保温，培养强群。严重的患病群，要进行换箱、换脾，并用下列任何一种药物进行消毒：①用 50mL/m³ 福尔马林煮沸熏蒸一昼夜；②用 0.5% 次氯酸钠或二氧异氰尿酸钠喷雾；③用 0.5% 过氧乙酸液喷雾。该病与环境条件和蜂群状况关系密切，防治上应着重加强管理，发病时用药物治疗。

新版三类动物疫病分类中三类疫病仍然是 126 种（见第二章第二节）。由于本教材篇幅所限，如需要了解三类动物疫病的知识情况，请教师和同学参考相关国家标准和其他书籍，在此省略具体内容，见谅。

主要参考文献

陈飞，姚永华. 2001. 浅析如何提高我国畜牧业产品的国际竞争力. 动物科学与动物医学，19（5）：5-6.

陈述光. 2008. 动物疫病诊断与防治及检验检疫关键技术实用手册. 北京：中国农业科学技术出版社.

邓云波，郭永琰，段苏华，等. 2001. 开展畜禽产品安全性监控刻不容缓. 中国牧业通讯，10：41-42.

黄保续. 2010. 兽医流行病学. 北京：中国农业出版社.

黄国清. 2000. 辨析"放心肉". 中国牧业通讯，3：54.

鞠兴荣. 2010. 动植物检验检疫学. 北京：中国轻工业出版社.

刘蜘中，陈士恩. 2010. 动物检疫学. 兰州：兰州大学出版社.

柳增善. 2010. 兽医公共卫生学. 北京：中国轻工业出版社.

彭东亮，汪植三. 2001. 论绿色畜禽产品生产. 当代畜禽养殖业，11：15-18.

孙向东，刘拥军，王幼明. 2011. 兽医流行病学调查与监测. 北京：中国农业出版社.

宋怿. 2005. 食品风险分析理论与实践. 北京：中国标准出版社.

世界动物卫生组织（OIE）. 2015. 陆生动物卫生法典. 21 版. 农业部兽医局组译. 北京：中国农业出版社.

世界动物卫生组织（OIE）. 2021. OIE 水生动物卫生法典. 22 版. 农业农村部兽牧兽医局译. 北京：中国农业出版社.

吴晖. 2009. 动植物检验检疫学. 北京：中国轻工业出版社.

徐超. 2001. 浅谈安全猪肉工程中安全用药的控制. 动物保健品信息，10：40-42.

徐百万. 2010. 动物疫病-监测技术手册. 北京：中国农业出版社.

夏红民. 2005. 重大动物疫病及其风险分析. 北京：科学出版社.

中华人民共和国国家质量监督检验检疫总局，中国国家标准化管理委员会. 2006-07-01. 食品安全管理体系 食品链中各类组织的要求：GB/T 22000—2006/ISO22000：2005. 北京：中国标准出版社.

Bernard T O M A. 2011. 使用兽医流行病学与群发病控制. 盖华武，姜雯，主译. 北京：中国农业出版社.

Bookhout T A. 1994. Research and Management Techniques for Wildlife and Habitats. 5th ed. Bethesda，Maryland：The Wildlife Society.

Ahmad F，Khan H，Khan F A，et al. 2021. The first isolation and molecular characterization of Mycoplasma capricolum subsp. capripneumoniae Pakistan strain：a causative agent of contagious caprine pleuropneumonia. J Microbiol Immunol Infect，54（4）：710-717.

Ahmadivand S，Soltani M，Shokrpoor S，et al. 2020. Cyprinid herpesvirus 3（CyHV-3）transmission and outbreaks in Iran：Detection and characterization in farmed common carp. Microb Pathog，149：104321.

Arulmoorthy M P，Soltani M，Shokrpoor S，et al. 2022. Infection with decapod iridescent virus 1：an emerging disease in shrimp culture. Arch Microbiol，204（11）：685.

Becker J A. 2019. Geographic distribution of epizootic haematopoietic necrosis virus（EHNV）in freshwater fish in South Eastern Australia：lost opportunity for a notifiable pathogen to expand its geographic range. Viruses，11（4）：315.

Bergmann S M. 2020. Koi herpesvirus（KHV）and KHV disease（KHVD）-a recently updated overview. J Appl Microbiol，129（1）：98-103.

Cameron A. 2011. Survey Toolbox，a practical manual and software package for active surveillance of livestock diseases in developing countries. Australian centre for International Agricultural Research. https://ageconsearch.umn.edu/record/114075/ files/mn94.pdf

Chaijarasphong T，Munkongwongsiri N，Stentiford G D，et al. 2021. The shrimp microsporidian Enterocytozoon hepatopenaei（EHP）：biology，pathology，diagnostics and control. J Invertebr Pathol，186：107458.

Gotesman M. 2013. CyHV-3：the third cyprinid herpesvirus. Dis Aquat Organ，105（2）：163-174.

Kim B S. 2022. First report of enterocytozoon hepatopenaei infection in giant freshwater prawn （Macrobrachium rosenbergii de Man）cultured in the Republic of Korea. Animals（Basel），12（22）：3149.

Lee C. Porcine epidemic diarrhea virus：an emerging and re-emerging epizootic swine virus. Virol J，12：193.

Luo F，Lian Z，Niu Y，et al. 2020. Molecular characterization of carp edema virus disease：an emerging threat to koi *Cyprinus carpio* in China. Microb Pathog，149：104551.

Sutherland W J. 2006. Ecological Census Techniques—A Handbook. 2nd ed. Cambridge：Cambridge University Press.

Wang Y. 2022. Mass mortalities associated with viral nervous necrosis in Murray cod in China. J Fish Dis，45（2）：277-287.

Wen J，Wang H，Xu Y，et al. 2021. Susceptibility of goldfish to cyprinid herpesvirus 2（CyHV-2）SH01 Isolated from cultured crucian carp. Viruses，13（9）：1761.

WHO/WSPA. 1990. Guidelines for Dog Population Management. WHO/ZOON/90.166.WHO.